世界数学名家精品译丛

“十二五”国家重点图书

随机过程（II）

Random Process (II)

[苏] 基赫曼 [苏] 斯科罗霍德 著

周概容 刘嘉焜 译

HITP

哈尔滨工业大学出版社

HARBIN INSTITUTE OF TECHNOLOGY PRESS

内容简介

本书的基本内容是马尔科夫过程论.研究了马尔科夫的过程的一般性质,齐次马尔科夫过程的半群理论,过程的可乘泛函和可加泛函以及各种重要的马尔科夫过程类:跳跃过程、半马尔科夫过程、分枝过程、独立增量过程和有离散分量的过程.

本书可供大、专院校数学系师生特别是概率论专业研究生,及其他专业工作者阅读参考.

图书在版编目(CIP)数据

随机过程.2/(苏)基赫曼,(苏)斯科罗霍德著;周概容,刘嘉焜译.—哈尔滨:哈尔滨工业大学出版社,2014.1(2015.3重印)

ISBN 978-7-5603-3908-5

Ⅰ.①随… Ⅱ.①基…②斯…③周…④刘… Ⅲ.①随机过程 Ⅳ.①O211.6

中国版本图书馆CIP数据核字(2012)第314804号

策划编辑 刘培杰 张永芹
责任编辑 张永芹 刘家琳
封面设计 孙茵艾
出版发行 哈尔滨工业大学出版社
社　　址 哈尔滨市南岗区复华四道街10号 邮编 150006
传　　真 0451-86414749
网　　址 http://hitpress.hit.edu.cn
印　　刷 哈尔滨工业大学印刷厂
开　　本 787mm×1092mm 1/16 印张 27.25 字数 545千字
版　　次 2014年1月第1版 2015年3月第2次印刷
书　　号 ISBN 978-7-5603-3908-5
定　　价 68.00元

◎作者简介

И·И·基赫曼(И. И. Гихман,1918 年 5 月 26 日—1985 年 7 月 30 日),乌克兰数学家,生于乌克兰的乌曼(Умань).1939 年毕业于基辅大学,参加了伟大的卫国战争,1945 年成为前苏联共产党员.1947～1965 年在基辅大学工作.1956 年获得前苏联物理—数学博士学位.1959 年晋升为教授.1965 年被选为乌克兰科学院的通讯院士.1965 年以后,成为乌克兰科学院顿涅茨(Донец)应用数学—力学研究所研究员,兼任顿涅茨大学教授……主要从事概率论与数理统计方面的工作,进行随机过程论的研究,在随机过程论和随机微分方程方面获得一系列成果;开创了随机微分方程的"平均原理","非线性随机微分方程"的研究.1971 年与斯科罗霍德一起获得乌克兰国家奖——克雷洛夫(Крылов)奖.1982 年获得"乌克兰国家奖".

基赫曼比斯科罗霍德年长近 20 岁,但是与斯科罗霍德是亲密的朋友和同事.两人在概率理论领域的教学和科研中一起工作,成果丰硕.正是当时担任基辅大学概率论与数理统计教研室主任的基赫曼,推荐本书的译者周概容做斯科罗霍德的副博士研究生的.

A・B・斯科罗霍德(A. B. Скороход,1930 年 9 月 10 日—2011 年 1 月 14 日),1930 年 9 月 10 日出生在乌克兰南部工业中心,其父母的工作主要是在小村庄及矿业城镇担任教师,其父教数学、物理和天文学,其母除了教数学,还教历史、文学、音乐……斯科罗霍德兄弟二人,其兄后来成为物理学院士.

1935 年斯科罗霍德到城市去上学,战争打断了学校教育,不得不在家接受教育.1948 年他中学毕业,并且获得金质奖章,中学毕业后,进入基辅大学数学系.他进入大学后,受到格涅坚科(Б. В. Гнедеко)院士的指导,格涅坚科后来是莫斯科大学教授.在基辅大学,斯科罗霍德与比他年长近 20 岁的概率论与数理统计教研室主任、乌克兰科学院通讯院士基赫曼(И. И. Гихман),是亲密的朋友和同事.两人一起工作,在概率论理论领域的教学和科研中,成果丰硕.

1953 年斯科罗霍德基辅大学毕业时,已经是五篇论文的作者,其中三篇发表在前苏联著名的数学刊物"Успехи Математических Наук"上,两篇论文发表在前苏联数学最高学术刊物"Доклады АН СССР"上.此外,值得注意的是,斯科罗霍德早期的两篇论文,在 1961 年被译成英文,发表在著名期刊"Selected Translations on Mathematical Statistics and Probability"上.进入基辅大学工作的同一年,斯科罗霍德进入莫斯科大学进修(1953～1956),在著名的"马尔科夫过程论"学者邓肯(Е. Б. Денкин)教授的指导下学习.当时正是莫斯科大学概率论、随机过程的理论基础研究的全盛时期.在柯尔莫格洛夫(А. Н. Колмогоров)周围聚集了一大批青年人才,在此组合中,年轻科学家斯科罗霍德迅速成为标志性的人物.他深厚的知识和很多有趣的新想法被引起注意.柯尔莫格洛夫曾经说:"一个年轻的天才的学者斯科罗霍德,从基辅来到我们莫斯科大学力学一数学系进修……".斯科罗霍德在马尔科夫过程讨论班上十分活跃.他 1957 年从莫斯科回到基辅大学后,继续在基辅大学任教.几乎同时,于 1964 年进入乌克兰科学院数学研究所,在随机过程理论部工作,并继续在基辅大学任教.1982 年和 2003 年两次获乌克兰国家科学技术奖(Державние премии науки и техники Украина).

斯科罗霍德,共出版了 23 部专著,发表了近 300 篇论文.1963 年获前苏联物理一数学科学博士学位,并晋升为教授.1967 年当选为乌克兰科学院通讯院士.1985 年当选为乌克兰科学院院士.2000 年被聘为美国科学院院士.

◎目录

引　　论

马尔科夫过程在随机过程论中占有特殊的地位.这是因为在马尔科夫过程的定义中本质上使用了概率论的概念,而正是这些概念使概率论从一般测度论中分离出来,成为一门独立的学科.以独立性概念为基础的概率论的直观,在马尔科夫过程论中体现得最完整.

马尔科夫过程论的另一个重要特点,是它可以用不多的构造性的特征量,来描述过程的全部有穷维分布,从而可以计算过程各种泛函的分布.

注意,对于其他一般过程类(高斯过程类除外),通常只能确定概率为 0 或 1 的事件.

最后,马尔科夫过程的一个最重要的特点就是它发展的进化性:过程现时的状态完全决定它将来的概率状态.因此,在很多场合,如果适当地扩充过程的相空间,就可以把所要研究的过程化为马尔科夫过程.另一方面,由过程发展的进化性可以导出递推关系式(对离散时间情形)或进化方程(对连续时间情形),从而决定过程的概率特征.

当前,在随机过程论中很大程度上是研究各种马尔科夫过程类.

作为马尔科夫链的推广产生了马尔科夫过程的概念. 马尔科夫链是一种试验序列,最初由 A·A·马尔科夫所研究. 和 Bernoulli 概型不同,对马尔科夫所研究的序列,将来试验中事件出现的概率依赖于过去试验的结果. A. H. Колмогоров 在"概率论的解析方法"(1931 年)一文中提出了马尔科夫过程的一般概念. 在这篇文章中 A. H. Колмогоров 研究了随机决定体系,也就是现时状态能完全决定将来概率状态的体系:这些体系是由函数 $P(s,x,t,B)$ 描述的,其中 $P(s,x,t,B)$ 是体系在时刻 s 处于状态 x,而在时刻 $t(t>s)$ 的状态属于 $B\in\mathfrak{B}$ 的概率,$\mathfrak{B}$ 是相空间 $\mathscr{X}$ 的子集的 σ 代数. $P\{s,x,t,B\}$ 称做转移概率. 由全概率公式和随机决定性可知,转移概率满足下列关系式

$$P(s,x,t,B)=\int_{\mathscr{X}}P(s,x,u,\mathrm{d}y)P(u,y,t,B)\quad(s<u<t)\tag{1}$$

其中 $\mathscr{X}$ 是体系的相空间. 上式称做 Колмогоров－Chapman 方程.

这里首先出现的一个问题,就是讨论方程(1) 的各类解的问题.

当相空间 $\mathscr{X}$ 由有穷或可列个点 $x_1,x_2,\cdots$ 组成时,转移概率由一组函数 $p_{ij}(s,t)=P(s,x_i,t,\{x_j\})$ 所决定,其中 $\{x_j\}$ 是一个点 x_j 所组成的集合. A. H. Колмогоров 证明了,在一定的条件下函数 $p_{ij}(s,t)$ 满足下列微分方程组

$$\frac{\mathrm{d}p_{ij}(s,t)}{\mathrm{d}s}=\sum_k a_{ik}(s)p_{kj}(s,t)$$

$$\frac{\mathrm{d}p_{ij}(s,t)}{\mathrm{d}t}=\sum_k p_{ik}(s,t)a_{kj}(t)$$

A. H. Колмогоров 所研究的另一个重要的过程类,是有转移概率密度 $p(s,x,t,y)$,而相空间是有穷维欧几里得空间的过程类. 当函数 $p(s,x,t,y)$ 满足一定条件时(这些条件与体系运动的连续性的直观概念相对应),A. H. Колмогоров 得到了函数 $p(s,x,t,y)$ 的下列偏微分方程

$$\frac{\partial p(s,x,t,y)}{\partial s}+\sum_k a_k(s,x)\frac{\partial p(s,x,t,y)}{\partial x_k}+\frac{1}{2}\sum_{i,k}b_{ik}(s,x)\frac{\partial^2 p(s,x,t,y)}{\partial x_i\partial x_k}=0$$

$$\frac{\partial p(s,x,t,y)}{\partial t}+\sum_k\frac{\partial}{\partial y_k}[a_k(t,y)p(s,x,t,y)]-$$

$$\frac{1}{2}\sum_{i,k}\frac{\partial^2}{\partial y_i y_k}[b_{ik}(t,y)p(s,x,t,y)]=0$$

A. H. Колмогоров 还给出了欧几里得空间中更一般过程的方程. 这些过程的状态可能连续地变化,也可能跳跃地变化. 对所有上述情形,A. H. Колмогоров 成功地把非线性函数方程(1) 化为更常见的进化型线性微分方程(对中断过程,是积分－微分方程). 这时,过程的本身由相应方程的系数来表征. 而这些系数具有简单的概率含意,并且是过程的无穷小特征.

И. Г. Петровский 和 А. Я. Хинчин 曾利用马尔科夫过程来构造扩散的概率模型. 后来,这种过程被称做扩散过程. 结果表明,由 A. H. Колмогоров 所引进

的过程的无穷小特征，不仅可以确定转移概率而且还能计算过程的各种泛函的分布（过程到达某区域的时间以及在到达区域边界时过程值的分布等）.

A. H. Колмогоров 的思想是马尔科夫过程数学理论的基础，并且指出了研究的总的方向：研究过程的无穷小特征，构造对应于给定无穷小特征的转移概率.

然而，A. H. Колмогоров 所引进的过程的无穷小特征并不是在任何情况下都存在的，而且即使存在也不是都能唯一地决定过程的. 因此，W. Feller 提出的运用伴随转移概率的算子半群理论的思想是很有成效的. 算子半群理论适用于时间齐次过程，也就是转移概率 $P(s,x,t,B)$ 仅依赖于时间变量之差 $t-s$ 的过程，即 $P(s,x,t,B)=P(t-s,x,B)$. 这一限制并非实质性的. 因为，只要适当地改变相空间，就可以很容易地把任意马尔科夫过程化为齐次马尔科夫过程.

设 $\mathscr{F}_{\mathscr{X}}$ 为所有 $\mathfrak{B}$ 可测的有界实函数的空间. 由

$$T_t f(x)=\int f(y)P(t,x,\mathrm{d}y) \quad (f\in\mathscr{F}_{\mathscr{X}},t>0)$$

所定义的算子 T_t 的族称做伴随转移概率 $P(t,x,B)$ 的半群. 该半群完全决定转移概率. 另一方面，在很多情形下半群唯一地决定于它的无穷小算子 A，其中

$$Af(x)=\lim_{t\downarrow 0}\frac{T_t f(x)-f(x)}{t}$$

只要对所有 $x\in\mathscr{X}$ 右侧的极限存在. W. Feller 提出把无穷小算子 A 看做过程的无穷小特征. 他利用半群方法论述了闭区间上的全部扩散过程. 这时过程的无穷小算子具有如下形式

$$Af=a\frac{\mathrm{d}f}{\mathrm{d}x}+\frac{1}{2}b\frac{\mathrm{d}^2 f}{\mathrm{d}x^2}$$

其中 a 和 b 就是 Колмогоров 方程中的那些系数. 算子 A 的定义域依赖于过程在边界点上的状态，并由满足一定附加（边界）条件的全体二次可微函数组成. W. Feller 和 A. Д. Вентцель 论述了各种可能的附加条件.

E. Б. Дынкин 通过对过程轨道的研究，改进了 W. Feller 的纯解析方法. 他引进了现在普遍使用的马尔科夫过程的一般定义，详细地研究了过程的强马尔科夫性（即关于不依赖于将来的随机时间，过程的马尔科夫性仍然成立）. E. Б. Дынкин 定义了强马尔科夫过程的特征算子 $\mathfrak{U}$. 如果 $\mathfrak{U}$ 的定义域为 $\mathscr{D}_{\mathfrak{U}}$，则在一些十分自然的条件下有 $\mathscr{D}_A\subset\mathscr{D}_{\mathfrak{U}}$，并且当 $f\in\mathscr{D}_A$ 时有 $Af=\mathfrak{U}f$.

和无穷小算子比较，特征算子的优越性在于：为计算特征算子，只需知道在流出初始点任意小的邻域之前（包括流出的瞬时）轨道的状态. 所以，在很多场合（例如，对跳跃过程和直线上的连续过程）可以很容易地算出特征算子. 因而，如果特征算子已知，则为求无穷小算子，只需找出它的定义域 $\mathscr{D}_A$. $\mathscr{D}_A$ 是 $\mathscr{D}_{\mathfrak{U}}$ 的收缩，从而可以利用一定的附加（边界）条件将 $\mathscr{D}_A$ 从 $\mathscr{D}_{\mathfrak{U}}$ 中划分出来. 可见，在

一般情形下也要出现与区间上的扩散过程类似的情形.

刻画与给定的特征算子相对应的无穷小算子定义域的一般性问题尚未解决. 结果表明,该问题的解决与对过程的调和函数和过分函数的研究有关,过程的这两种函数由 G. A. Hunt 所研究. 另一方面,E. Б. Дынкин 引进的可乘泛函和可加泛函,对于构造过程的各种变换(这些变换可以大大简化对过程的研究)起着十分重要的作用. 而这些概念又与过分函数的概念有密切的联系. 对过程的过分函数以及对可加泛函和可乘泛函的研究,是当前马尔科夫过程一般理论的重要组成部分. 在《马尔科夫过程论基础》和《马尔科夫过程》这两部专著中,E. Б. Дынкин 首次相当完整地阐述了这一理论.

在发展一般理论的同时,对各种专门的马尔科夫过程类进行了详细的研究. 每一个马尔科夫过程类描述一种具有更为独特性质的体系的模型. 下面列举最重要的马尔科夫过程类.

独立增量过程是重要的一类马尔科夫过程,即这样一类过程 $\xi(t)$:对任意 n 和 $0 < t_1 < t_2 < \cdots < t_n$,变量

$$\xi(0), \xi(t_1) - \xi(0), \cdots, \xi(t_n) - \xi(t_{n-1})$$

相互独立. 这类过程可以看做连续时间的随机徘徊,最初用来描述布朗运动. 这种类型的一般过程是作为(空间) 均匀随机介质中任意体系的进化模型而应用的. B. Finetti,A. H. Колмогоров 和 P. Levy 的工作全面论述了随机连续的独立增量过程. 从一般理论的角度来看,独立增量过程就是空间齐次马尔科夫过程.

除对独立增量过程分布的解析论述之外,还研究了过程样本函数的性质. P. Levy 证明了随机连续的独立增量过程没有第二类间断点. A. Я. Хинчин 研究了独立增量过程的局部增长,特别是证明了著名的重对数定律.

为描述生物群体的数量,F. Galton 和 H. W. Watson 提出一类随机过程. 在概括这类过程的基础上,A. H. Колмогоров 和 H. A. Дмитриев 引进了一个特别的可列状态马尔科夫过程类,并称之为分枝过程. 后来,在生物学和物理学中,在描述具有个体(质点) 的出现、消失和蜕变的体系时,这类过程得到了广泛的应用. 分枝过程在每一时刻的状态决定于体系中每种类型质点的个数(例如,生物群体每种性别的个数). 每个质点可以蜕变:或完全消失,或裂变为任意数量任何可能类型的其他质点. 如果体系中现有的每个质点以后的演化不依赖于它的年龄以及其他质点的演化,则这样的过程就是马尔科夫分枝过程. 灭绝概率或每种类型的一个质点在无穷小的时间段内蜕变为质点群体的概率,是过程的无穷小特征. 利用这些特征,可以列出体系中质点个数的母函数的微分方程.

当 $t \to \infty$ 时,对体系中质点个数渐近行为的研究,其中包括求全部质点从体系中消失(退化) 的概率,以及求质点个数无限增长(暴发) 的概率,是很有意义的.

为了更精确地描述现实中的体系，自然应考虑质点蜕变的概率依赖于质点年龄的分枝过程. 这一点是可以做到的，为此只需引进这样一个相空间：质点在相空间中可以变动位置，并且质点蜕变的概率与它在相空间中的位置有关. 这样便得到马尔科夫分枝过程的一般定义，它的状态既取决于每种类型质点的个数，也取决于它们在某一相空间的位置；并且每个质点在相空间中的运动是由一个马尔科夫过程来描述的，该过程的转移概率只依赖于质点的类型.

如果不是用个数而是用质量来表征质点的类型，并且假设质量可以连续地变化，就可以得到分枝过程另一有趣的推广. 开展对一般分枝过程研究的时间尚不很久，而且在这一理论中仅得到了一些初步的结果. 这些结果涉及求过程的无穷小特征，以及根据这些特征来构造过程等.

包括应用在内的大量文献涉及排队论的问题. 服务系统有下列一些特征：输入事件流，服务线的条数，每条服务线对每个事件的服务时间. 如果输入事件流是Poisson流，而服务时间服从指数分布，则这样的服务系统由可列状态马尔科夫过程来描述. 我们用一个专门的马尔科夫过程类，即所谓半马尔科夫过程来描述更为一般的服务系统. 半马尔科夫过程有可列个状态，而且由一个状态到另一状态的转移概率依赖于过程在该状态的逗留时间. 如果把半马尔科夫过程的状态连同过程在该状态的逗留时间二者同看成某一体系的状态，则这个体系就成为马尔科夫体系. 在半马尔科夫过程理论中，根据应用特点提出来的基本问题是：计算转移概率，求其在相空间中的平稳分布，确定应用遍历性定理的条件.

具有离散随机扰动的一般过程是半马尔科夫过程的自然推广. 这类过程在接连出现的两个随机扰动之间是马尔科夫过程. 随机扰动的作用，在于过程（以非马尔科夫的方式）突然改变它在相空间中的状态. 这时，过程的状态连同上次随机扰动出现以来的时间二者构成一个马尔科夫过程.

随机过程（Ⅱ）的全部内容都是马尔科夫过程论. 在随机过程（Ⅱ）中，既阐述了一般理论，也论述了最重要的马尔科夫过程类. 但扩散过程除外，我们把它留到随机过程（Ⅲ）再做详细研究.

在第一章中给出马尔科夫过程、马尔科夫随机函数以及强马尔科夫过程的一般定义；建立强马尔科夫性准则；研究马尔科夫过程的可乘泛函和子过程；研究样本函数的性质. 在叙述一般理论之前，先介绍广义马尔科夫过程，即不依赖于过程样本函数概念的那部分基本理论. 这里导出了各种过程的 Колмогоров 方程.

第二章讲齐次马尔科夫过程. 本章中引进伴随马尔科夫过程的半群、过程的预解式和生成算子；证明 Hille－Yosida 定理，即伴随给定生成算子的半群的存在性定理. 第二章以相当大的篇幅研究紧空间和局部紧空间的 Feller 过程；

找出了给定的算子是局部紧空间上 Feller 过程特征算子的条件;描述具有给定特征算子的全部过程. 研究马尔科夫过程的可加泛函. 描述了 Feller 过程的所有连续可加泛函;研究了时间的随机替换.

第三章研究跳跃过程. 给出一般定义,研究跳跃过程的构造;研究可列状态齐次过程、半马尔科夫过程、具有半马尔科夫随机扰动的过程以及有离散随机扰动的一般过程.

第四章研究独立增量过程. 研究过程样本函数的性质,局部增长和在无穷的增长. 对于一维过程得到了过程基本泛函的分布:首达某一水平的时间和通过该水平的跃度的分布以及过程的上确界、下确界和过程值的联合分布. 此外还论述了过程的一些非负的连续可加泛函类.

第五章是马尔科夫分枝过程. 研究具有有限种类型的质点的分枝过程、有连续质量的过程和有分枝的一般马尔科夫过程.

正文中很多地方没有引证原始文献,但在书末附注中一定程度地作了介绍. 在参考文献中作者尽量列入与书中所提到问题有关的马尔科夫过程的全部主要文献.

第一章 马尔科夫过程的一般定义和性质

§1 广义马尔科夫过程

定义 “无后效”过程的思想是马尔科夫过程概念的基础. 设想有一个可以处于不同状态的体系(或质点). 该体系可能的状态组成一个集合 $\mathscr{X}$, 即所谓体系的相空间. 假设体系随时间而进化. 我们以 x_t 表示它在时刻 t 的状态. 如果 $x_t \in B$, 其中 $B \subset \mathscr{X}$, 则说体系在时刻 t 位于集合 B 中. 设想体系的发展具有随机性, 也就是说, 它在时刻 t 的状态一般不是唯一地决定于它在时刻 $s(s < t)$ 以前的状态, 而是随机的, 需要用概率的规律来描述. 记 $P(s,x,t,B)$ 为在 $x_s = x$ 的条件下事件 $\{x_t \in B\}(s < t)$ 的概率.

称函数 $P(s,x,t,B)$ 为所考察体系的转移概率. 所谓无后效体系是指这样的体系: 在时刻 $s(s < t)$ 以前体系的运动完全已知的条件下, 它在时刻 t 位于集 B 中的概率等于 $P(s,x,t,B)$. 因而这个概率只依赖于体系在时刻 s 的状态. 在以后各节中将要给出完全严格的定义. 现在我们只引进这一概念的简单的、然而对一系列问题已够用的定义.

记 $P(s,x,u,y,t,B)$ 为在 $x_s=x, x_u=y(s\leqslant u\leqslant t)$ 的条件下事件$\{x_t\in B\}$ 的条件概率. 由条件概率的一般性质有

$$P(s,x,t,B)=\int_{\mathscr{X}}P(s,x,u,y,t,B)P(s,x,u,\mathrm{d}y) \tag{1}$$

对于无后效体系 $P(s,x,u,y,t,B)=P(u,y,t,B)$. 这时，等式(1) 化为

$$P(s,x,t,B)=\int_{\mathscr{X}}P(u,y,t,B)P(s,x,u,\mathrm{d}y)\quad (s<u<t) \tag{2}$$

式(2) 称做 Колмогоров－Chapman 方程. 它可以作为无后效过程，也就是以后所说的马尔科夫过程的定义的基础.

设$\{\mathscr{X},\mathfrak{B}\}$ 是一可测空间. 如果函数 $P(x,B), x\in\mathscr{X}, B\in\mathfrak{B}$，满足下列条件：

a) 对固定的 x，$P(x,B)$ 是 $\mathfrak{B}$ 上的测度，并且 $P(x,\mathscr{X})\leqslant 1$；

b) 对固定的 B，$P(x,B)$ 是 x 的 $\mathfrak{B}$ 可测函数.

则称 $P(x,B)$ 为半随机核；如果对所有 $x\in\mathscr{X}$，$P(x,\mathscr{X})=1$，则称 $P(x,B)$ 为随机核.

在更为一般的场合，当函数 $P(x,B)$ 的自变量 x 在不同于$\{\mathscr{X},\mathfrak{B}\}$ 的另一可测空间$\{\mathscr{X}_0,\mathfrak{B}_0\}$ 取值时，仍使用这些术语.

设 $\mathscr{I}$是有穷或无穷半区间. 满足 Колмогоров－Chapman 方程的半随机(随机) 核族

$$\{P_{st}(x,B)=P(s,x,t,B), s<t, (s,t)\in\mathscr{I}\times\mathscr{I}\}$$

称做马尔科夫半随机(随机) 核族.

定义 1　称下列对象的全体为广义马尔科夫过程：

a) 可测空间$\{\mathscr{X},\mathfrak{B}\}$；

b) 实数轴上的区间(半区间，线段)$\mathscr{I}$;

c) 马尔科夫随机核族

$$\{P_{st}(x,B), s<t, (s,t)\in\mathscr{I}\times\mathscr{I}\}$$

核族 $P_{st}(x,B)=P(s,x,t,B)$ 称为马尔科夫过程的转移概率，空间$\{\mathscr{X},\mathfrak{B}\}$ 称为体系的相空间；$\mathscr{I}$中的点视为时间，而把 $P_{st}(x,B)=P(s,x,t,B)$ 的值看做"在时刻 $s(s<t)$ 体系位于相空间中点 x 的条件下，它在时刻 t 位于集 B"的条件概率.

以后，我们假设核 $P_{st}(x,B)$ 在 $s=t$ 时也有定义. 这时，自然规定

$$P_{tt}(x,B)=\chi(B,x)$$

其中$\chi(B,x)$ 是集 B 的示性函数：当 $x\in B$，$\chi(B,x)=1$，而当 $x\overline{\in} B$，$\chi(B,x)=0$.

显然，如果这样定义核 $P_{tt}(x,B)$，则当 $u=s$ 或 $u=t$ 时等式(2) 一定成立.

Колмогоров－Chapman 方程表明，核 $P_{st}(x,B)$ 是 $P_{su}(x,B)$ 和 $P_{ut}(x,B)$

$(s \leqslant u \leqslant t)$ 的卷积.关于核的卷积的定义见随机过程(Ⅰ).

中断马尔科夫过程 以后,我们不但要研究由随机核决定的马尔科夫过程,而且还要研究由半随机核决定的马尔科夫过程.这时,关系式 $P(s,x,t,\mathscr{X})<1$ 自然地解释为:体系有可能从相空间中消失.这里,如果 $x_s=x$,则规定它在时间区间 $(s,t]$ 上消失的概率 $\widetilde{p}(s,x,t)$ 等于 $1-P(s,x,t,\mathscr{X})$.由 Колмогоров－Chapman 方程知,$\widetilde{p}(s,x,t)$ 作为 t 的函数不减.事实上,当 $h>0$ 时,有

$$P(s,x,t+h,\mathscr{X})=\int P(s,x,t,\mathrm{d}y)P(t,y,t+h,\mathscr{X})\leqslant$$

$$\int P(s,x,t,\mathrm{d}y)=P(s,x,t,\mathscr{X})$$

能这样来解释关系式 $P(s,x,t,\mathscr{X})<1$ 的根据如下.体系从相空间中消失,可以看成它落入某一状态 $\mathfrak{b}$,$\mathfrak{b}\overline{\in}\mathscr{X}$.把相空间 $\mathscr{X}$ 扩充,给它补充一个新点 $\mathfrak{b}$,并且把扩充后的相空间记作 $\mathscr{X}_{\mathfrak{b}}$.在 $\mathscr{X}_{\mathfrak{b}}$ 中引进 σ 代数 $\mathfrak{B}_{\mathfrak{b}}$,它由属于 $\mathfrak{B}$ 的所有集 B 和形如 $B\cup\{\mathfrak{b}\}$,$B\in\mathfrak{B}$ 的集组成.对 $x=\mathfrak{b}$,$B\in\mathfrak{B}_{\mathfrak{b}}$,补定义函数 $P(s,x,t,B)$:当 $x\neq\mathfrak{b}$ 时,令

$$\widetilde{P}(s,x,t,B)=P(s,x,t,B\backslash\{\mathfrak{b}\})+\chi(B,\mathfrak{b})\widetilde{p}(s,x,t)$$

而当 $x=\mathfrak{b}$ 时,令

$$\widetilde{P}(s,\mathfrak{b},t,B)=\chi(B,\mathfrak{b})$$

引理 1 随机核族 $\widetilde{P}(s,x,t,B)(s\in\mathscr{I},t\in\mathscr{I},s<t)$,$x\in\mathscr{X}_{\mathfrak{b}}$,$B\in\mathfrak{B}_{\mathfrak{b}}$ 是马尔科夫随机核族.

为证明引理只需要验证 $\widetilde{P}$ 满足 Колмогоров－Chapman 方程.有

$$\widetilde{P}(s,\mathfrak{b},t,B)=\widetilde{P}(s,\mathfrak{b},u,\{\mathfrak{b}\})\widetilde{P}(u,\mathfrak{b},t,B)=$$

$$\int_{\mathscr{X}_{\mathfrak{b}}}\widetilde{P}(s,\mathfrak{b},u,\mathrm{d}x)\widetilde{P}(u,x,t,B)\quad(B\in\mathfrak{B}_{\mathfrak{b}},s<u<t)$$

如果 $B\in\mathfrak{B}$,$x\in\mathscr{X}$,则

$$\widetilde{P}(s,x,t,B)=P(s,x,t,B)=\int_{\mathscr{X}}P(s,x,u,\mathrm{d}y)\cdot P(u,y,t,B)=$$

$$\int_{\mathscr{X}_{\mathfrak{b}}}\widetilde{P}(s,x,u,\mathrm{d}y)\widetilde{P}(u,y,t,B)$$

现设 $x\in\mathscr{X}$,$B_0\in\mathfrak{B}$,$B=B_0\cup\{\mathfrak{b}\}$,那么

$$\widetilde{P}(s,x,t,B)=P(s,x,t,B_0)+\widetilde{P}(s,x,t,\{\mathfrak{b}\})=$$

$$\int_{\mathscr{X}_{\mathfrak{b}}}\widetilde{P}(s,x,u,\mathrm{d}y)\widetilde{P}(u,y,t,B_0)+$$

$$\widetilde{P}(s,x,t,\{\mathfrak{b}\})$$

但

$$\widetilde{P}(s,x,t,\{\mathfrak{b}\})=1-P(s,x,t,\mathscr{X})=$$

$$1-\int_{\mathscr{X}} P(s,x,u,\mathrm{d}y)P(u,y,t,\mathscr{X})=$$
$$1-\int_{\mathscr{X}_{\mathfrak{b}}} P(s,x,u,\mathrm{d}y)P(u,y,t,\mathscr{X})=$$
$$\int_{\mathscr{X}_{\mathfrak{b}}} \widetilde{P}(s,x,u,\mathrm{d}y)\widetilde{P}(u,y,t,\{\mathfrak{b}\})$$

所以

$$\widetilde{P}(s,x,t,B_0\cup\{\mathfrak{b}\})=\int_{\mathscr{X}_{\mathfrak{b}}}\widetilde{P}(s,x,u,\mathrm{d}y)\widetilde{P}(u,y,t,B_0)+$$
$$\int_{\mathscr{X}_{\mathfrak{b}}}\widetilde{P}(s,x,u,\mathrm{d}y)\widetilde{P}(u,y,t,\{\mathfrak{b}\})=$$
$$\int_{\mathscr{X}_{\mathfrak{b}}}\widetilde{P}(s,x,u,\mathrm{d}y)\widetilde{P}(u,y,t,B_0\cup\{\mathfrak{b}\})$$

引理得证.

如上所证,可以相当容易地把马尔科夫半随机核族化为马尔科夫随机核族.尽管如此,由于相空间补充了一个新点,它的拓扑结构发生了变化.所以,区别这两种情形有时还是有意义的.

定义 2 由相空间$\{\mathscr{X},\mathfrak{B}\}$、时间区间 $\mathscr{I}$ 和$\{\mathscr{X},\mathfrak{B}\}$中的马尔科夫半随机核族$\{P_{st}(x,B),s<t,(s,t)\in\mathscr{I}\times\mathscr{I}\}$所组成的对象的全体,称做中断广义马尔科夫过程.["中断"二字是指体系从相空间中消失(过程中断)的可能性.]而若$P_{st}(x,\mathscr{X})\equiv 1$,则称这样的过程是不中断的.

马尔科夫过程的流入律 因为这一节只考虑广义马尔科夫过程,所以常将"广义"二字省略.

回忆上面给出的(中断或不中断)马尔科夫过程的定义,可见它们一般并不以事件$\{x_t\in B\}$的概率有定义为前提.

然而,如果在 $\mathfrak{B}$(或 $\mathfrak{B}_{\mathfrak{b}}$)上给出一个概率测度 q_s,并且令 $P\{x_s\in B\}=q_s(B)$,则根据概率论的一般公式,当 $t>s$ 时,事件$\{x_t\in B\}$的概率 $q_t(B)$ 应由下面的等式来定义

$$q_t(B)=P\{x_t\in B\}=\int P(s,x,t,B)q_s(\mathrm{d}x)\tag{3}$$

这个定义就下面的理解是合理的.

根据式(3)算出 q_u 和 $q_t(s<u<t)$,然后在式(3)中令 $s=u,q_s=q_u$,再重新计算 q_t.那么,用不同方法算出的测度 q_t 相同.确切地说就是:对给定的 t,s 和 $q_s=q_u$,如果把按式(3)求 q_t 的运算记作 $q_t=F_t(s,q)$,则对任意 $u\in(s,t)$ 有

$$q_t=F_t(u,q_u)=F_t(u,F_u(s,q))\tag{4}$$

这一命题的证明要用到一个简单的引理.

设$\{\mathscr{X}_i,\mathfrak{B}_i\}(i=1,2)$是两个可测空间,$m$ 是 $\mathfrak{B}_1$ 上的测度,$q(x,B)(x\in\mathscr{X}_1,$

$B \in \mathfrak{B}_2$）是半随机核.

令

$$q(B)=\int_{\mathscr{X}_1} q(x,B)m(\mathrm{d}x)$$

显然，$q(B)$ 是 $\mathfrak{B}_2$ 上的测度，并且 $q(B) \leqslant m(\mathscr{X}_1)$.

引理 2 如果测度 m 有穷，则对任意有界并且 $\mathfrak{B}_2$ 可测的函数 $f(y)$ 有

$$\int_{\mathscr{X}_1} m(\mathrm{d}x)\int_{\mathscr{X}_2} f(y)q(x,\mathrm{d}y)=\int_{\mathscr{X}_2} f(y)q(\mathrm{d}y) \tag{5}$$

证 记 K 为使(5)成立的函数类. 那么，K 包含属于 $\mathfrak{B}_2$ 的集合的示性函数，并且是线性的，从而它包含所有简单函数. 其次，K 关于单调序列的极限运算封闭；因而它包含所有非负的和有界的 $\mathfrak{B}_2$ 可测函数. 引理得证.

利用已证明的引理，容易验证式(4). 事实上，由 Колмогоров－Chapman 方程

$$\begin{aligned}F_t(u,F_u(s,q))=&\int P(u,y,t,B)q_u(\mathrm{d}y)=\\&\int q(\mathrm{d}x)\int P(u,y,t,B)P(s,x,u,\mathrm{d}y)=\\&\int P(s,x,t,B)q(\mathrm{d}x)=\\&F_t(s,q)\end{aligned}$$

由上面证明的事实可见，如果 $\mathscr{I}$ 中有最小元素 a，并且随意给出一个概率测度 q_a：$q_a(B)=P\{x_a \in B\}$，则可以由式(3)得到随机元素 x_t 在以后所有时刻的分布. 如果 $\mathscr{I}$ 中没有最小元素，为对所有 $t \in \mathscr{I}$ 给出 x_t 的分布，则显然必须在 $\mathfrak{B}$ 上给出这样一族概率分布 $\{q_t, t \in \mathscr{I}\}$，使它的任意两个测度都满足式(3).

定义 3 称 $\mathfrak{B}$ 上的概率测度族 $\{q_t, t \in \mathscr{I}\}$ 为广义马尔科夫过程的流入律，如果它和转移概率有式(3)的关系.

前面的论述表明，如果 $\mathscr{I}$ 有最小元素 a，则 $\mathfrak{B}$ 上的测度族

$$q_t(B)=\int P(a,x,t,B)q(\mathrm{d}x)$$

（其中 q 为 $\mathfrak{B}$ 上的任意概率测度）是马尔科夫过程的流入律.

由转移概率产生的算子 转移概率可以与两个算子族相联系.

记 $\mathscr{M}=\mathscr{M}(\mathfrak{B})$ 为 $\mathfrak{B}$ 上所有有穷测度的全体. 令 $m_{ts}=T_{ts}^* m$，其中

$$m_{ts}(B)=\int P(s,y,t,B)m(\mathrm{d}y) \quad (s \leqslant t, B \in \mathfrak{B}) \tag{6}$$

显然，T_{ts}^* 是把 $\mathscr{M}$ 映入 $\mathscr{M}$ 的算子. 由 Колмогоров－Chapman 公式可以得出算子 T_{ts}^* 的简单复合律.

设 $s<u<t$. 利用方程(2)和引理 2，得

$$m_{ts}(B)=\int_{\mathscr{X}} m(\mathrm{d}x)\int P(u,y,t,B)P(s,x,u,\mathrm{d}y)=$$
$$\int_{\mathscr{X}}(\int_{\mathscr{X}} P(s,x,u,\mathrm{d}y)m(\mathrm{d}x))P(u,y,t,B)=$$
$$\int_{\mathscr{X}} m_{us}(\mathrm{d}y)P(u,y,t,B)$$

又可以写成

$$T_{ts}^{*}=T_{tu}^{*}T_{us}^{*}\quad(s<u<t) \tag{7}$$

从而，作为区间$[s,t]$的函数，算子族 T_{ts}^{*} 在一定意义上是区间的有向可乘函数. 这里，区间的可乘函数的方向是指(对应于区间的给定分割的)乘积因子的两个可能的排列顺序之一.

现在要引进的另一个算子族，它作用于全体有界 $\mathfrak{B}$ 可测函数空间. 记该空间为 $b(\mathfrak{B})$，它的全体非负函数记作 $b(\mathfrak{B})_{+}$. 令 $T_{st}f=f_{st}$，其中

$$f_{st}=\int f(y)P(s,x,t,\mathrm{d}y)$$

由转移概率关于 x 的 $\mathfrak{B}$ 可测性知，函数 $f_{st}(x)$ 为 $\mathfrak{B}$ 可测. 其次，如果在 $b(\mathfrak{B})$ 中引进范数：$\|f\|=\sup|f(x)|$，则显然 $\|f_{st}\|\leqslant\|f\|$.

因而，算子 T_{st} 把 $b(\mathfrak{B})$ 和 $b(\mathfrak{B})_{+}$ 变换为它自身. 当 $s<u<t$ 时，利用 Колмогоров－Chapman 公式和引理 2，得

$$f_{st}(x)=\int f(y)P(s,x,t,\mathrm{d}y)=$$
$$\int f(y)\int P(s,x,u,\mathrm{d}z)P(u,z,t,\mathrm{d}y)=$$
$$\int f_{ut}(z)P(s,x,u,\mathrm{d}z)$$

或

$$T_{st}=T_{su}T_{ut}\quad(s<u<t) \tag{8}$$

因而，算子 T_{st} 也构成区间的(不可交换的)可乘函数，但是它的方向性与 T_{ts}^{*} 不同.

如果 $P_{st}(x,\mathscr{X})=1$，则

$$T_{st}1=1$$

一般 $T_{st}1\leqslant 1$. 因为 $P_{ss}(x,B)=\chi(B,x)$，所以

$$T_{ss}f=f \text{ 或 } T_{ss}=I$$

其中 I 是单位算子.

定义 4 马尔科夫过程称为齐次的，如果 $\mathscr{I}=[0,\infty)$，并且核 $P_{st}(x,B)$ 作为变量(s,t)的函数仅依赖于差 $t-s$

$$P_{st}(x,B)=P_{t-s}(x,B)\quad(t>s)$$

对于齐次马尔科夫过程,Колмогоров－Chapman 方程具有如下形式

$$P_{u+v}(x,B)=\int P_u(x,\mathrm{d}y)P_v(y,B) \quad (u>0,v>0) \tag{9}$$

核族$\{P_t(x,B),t>0\}$又称做齐次马尔科夫过程的转移概率.

对齐次情形,算子$T^*_{t+s,s}$和$T_{s,s+t}$都不依赖于s.因此,用由

$$T^*_t m(B)=\int P_t(x,B)m(\mathrm{d}x)$$

$$T_t f(x)=\int f(y)P_t(x,\mathrm{d}y)$$

所决定的单参数算子族$\{T^*_t,t>0\}$和$\{T_t,t>0\}$来代替两个参数的算子族$\{T^*_{ts},t>s>0\}$和$\{T_{st},0<s<t\}$更为适宜.这样,复合公式(7)和(8)就具有如下形式

$$T^*_{u+v}=T^*_u T^*_v, T_{u+v}=T_u T_v$$

这说明,算子族$\{T^*_t,t>0\}$,$\{T_t,t>0\}$在相应的空间中组成算子半群(见第二章).

Колмогоров 方程　可以指出马尔科夫过程论的下面一些最重要的问题:

a) 确定具有各种独特性质的重要马尔科夫过程类(模型),并用转移概率族来描述它们;

b) 全面地、构造性地描述对应于已知马尔科夫过程类的转移概率;

c) 研究各种马尔科夫过程类的转移概率的渐近性质.

当然,上面的提法是很一般和很不确切的,而实际的研究领域是十分广泛的.在这一节我们只能涉及它的个别环节.这里所引进的定义和结果是初步的,其目的在于说明一般问题的提法和后面将要得到的有关结果.

马尔科夫过程的分类,首先是它们按相空间的分类.从这个角度来看,最简单的过程是有限和可列状态马尔科夫过程.这时,如果给转移概率加上一些解析上的限制,则可以使Колмогоров－Chapman方程线性化,由此得到常微分方程组(即所谓Колмогоров向前微分方程和向后微分方程),在一些场合它们完全决定转移概率.

在更为一般的相空间中,可以这样来定义广义马尔科夫过程,使它的转移概率具备某些性质,而且这些性质反映体系在相空间中运动特点的直观概念.根据这种观点可以定义如下一些过程类:

a) 跳跃过程.这类过程对应这样的体系:体系落入相空间的某点之后,在一个随机的正时间区间之内逗留于该点;随后由一个跳跃随机地落入空间另外一点;然后体系在此又渡过一个随机时间区间,等.

b) 具有离散随机扰动的过程.这种过程本身就是动态体系,其轨道在随机时刻呈现具有随机跃度第一类间断点.

c) 扩散过程. 这是指有穷维线性空间中的过程，它们在短时间区间上的行为类似于连续独立增量过程.

d) 有穷维空间中在短时间区间上、可以用任意独立增量过程逼近的马尔科夫过程.

在定义各种广义马尔科夫过程类时，通常是以前面提到的、关于Колмогоров－Chapman 方程线性化的思想为出发点. 这就是给转移概率附加一些条件，使它的非线性方程(2) 可以化为线性方程. 后者是积分－微分方程，或者是抛物型偏微分方程，或是既包含一阶和二阶偏导数又有积分项的方程. 下面将要对于某些马尔科夫过程类导出这种方程. 现在我们指出推导这些方程的方法的一般思想.

设 $\mathscr{I}=[0,t^*)$. 固定某个 $t\in\mathscr{I}$，记 $\mathscr{D}$ 为满足下列条件的函数类：$f(x)\in b(\mathfrak{B})$，对每个 $s\in(0,t)$，$x\in\mathscr{X}$，存在极限

$$\lim_{h\downarrow 0}\frac{T_{s-h,s}f(x)-f(x)}{h}=A_sf(x)$$

和

$$\lim_{h\downarrow 0}T_{t-h,t}f(x)=f(x)$$

这里 A_s 是定义在 $\mathscr{D}$ 上，依赖于 $s\in(0,t)$ 的算子. 显然，$\mathscr{D}$ 是线性空间，而 A_s 是线性算子.

令

$$f(s,x)=T_{st}f(x)\quad(s\in[0,t])$$

假设 $T_{st}f(x)\in\mathscr{D}$. 那么，对函数 $f(s,x)$ 的左导数有

$$\begin{aligned}\frac{\partial f(s,x)}{\partial s}&=\lim_{h\downarrow 0}\frac{f(s-h,x)-f(s,x)}{-h}=\\&-\lim_{h\downarrow 0}\frac{T_{s-h,s}f(s,x)-f(s,x)}{h}=\\&-A_sf(s,x)\end{aligned}$$

在很多场合，由此可推出导数$\dfrac{\partial f(s,x)}{\partial s}$ 的存在性，因而它满足方程

$$\frac{\partial f(s,x)}{\partial s}=-A_sf(s,x)\quad(s\in(0,t))\tag{10}$$

还应根据 $\mathscr{D}$ 的定义给出方程的边界条件

$$\lim_{s\uparrow t}f(s,x)=f(x)\tag{11}$$

当$\chi(B,x)\in\mathscr{D}$时，令 $f(x)=\chi(B,x)$. 可见 $f(s,x)=P(s,x,t,B)$ 满足方程

$$\frac{\partial P(s,x,t,B)}{\partial s}=-A_s[P(s,x,t,B)]\quad(s\in[0,t])$$

$$\lim_{s\uparrow t} P(s,x,t,B)=\chi(B,x)$$

甚至当$\chi(B,x)\overline{\in}\mathscr{D}$时，函数类$\mathscr{D}$仍然可以是相当广泛的，以致使$T_{st}f(x)(f\in\mathscr{D})$的值唯一地决定转移概率$P(s,x,t,B)$. 如果类$\mathscr{D}$关于函数的有界逐点收敛在$b(\mathfrak{B})$中处处稠密，则上述情形成立. 这时，如果对任意$f\in\mathscr{D}$，方程(10)～(11)解的存在性和唯一性定理成立，则它们(在区间$(0,t)$上)唯一决定转移概率，并且可以用来实际求出函数$P(s,x,t,B)$或者研究它的性质.

方程(10)～(11)称为Колмогоров向后方程.

类似的讨论也适用于算子族$\{T_{ts}^*, t\geqslant s\geqslant 0\}$.

记$W=W(\mathfrak{B})$为$\mathfrak{B}$上全体有穷负荷的空间，即$\mathfrak{B}$上全体有穷完全可加集函数的集合；记$\mathscr{D}^*$为W的子集，它由满足下列条件的负荷$q(B)$组成：对任意$(t,B)\in[s,t^*)\times\mathfrak{B}_0$(其中$\mathfrak{B}_0\subset\mathfrak{B}$，$s$固定)存在极限

$$\lim_{h\downarrow 0}\frac{T_{t+h,t}^*q(B)-q(B)}{h}=A_t^*q(B)$$

$$\lim_{h\downarrow 0}T_{s+h,s}^*q(B)=q(B)$$

令$q(t,B)=T_{ts}^*q(B)$. 如果对$q(B)$有$q(t,B)\in\mathscr{D}^*$，则一阶导数$\dfrac{\partial q(t,B)}{\partial t}$存在，并且

$$\frac{\partial q(t,B)}{\partial t}=\lim_{h\downarrow 0}\frac{q(t+h,B)-q(t,B)}{h}=\lim_{h\downarrow 0}\frac{T_{t+h,t}^*q(t,B)-q(t,B)}{h}$$

于是$q(t,B)$满足方程

$$\frac{\partial q(t,B)}{\partial t}=A_t^*q(t,B) \tag{12}$$

$$\lim_{t\downarrow s}q(t,B)=q(B) \tag{13}$$

如果$\chi(B,x)\in\mathscr{D}^*$，则当$q(B)=\chi(B,x)$时，方程(12)～(13)化为

$$\frac{\partial P(s,x,t,B)}{\partial t}=A_t^*[P(s,x,t,B)]$$

$$\lim_{t\downarrow s}P(s,x,t,B)=\chi(B,x)$$

称方程(12)～(13)为Колмогоров向前方程. 关于这些方程及其应用可以作与Колмогоров向后方程类似的说明.

下面我们将给出部分马尔科夫过程类的算子A_s和A_t^*的形式.

有穷或可列状态过程　设$\mathscr{X}$是由有限或可数个点组成的空间，$\mathfrak{B}$是$\mathscr{X}$的全体子集类. 我们用$i,j,k,\cdots$表示空间$\mathscr{X}$的点. 考虑在$\mathscr{X}$中取值的不中断广义马尔科夫过程. 令

$$p_{ij}(s,t)=P(s,i,t,\{j\})$$

显然，对任意 $B\subset\mathscr{X}$，概率 $p_{ij}(s,t)$ 决定转移概率

$$P(s,i,t,B)=\sum_{j\in B}p_{ij}(s,t)$$

下列各式显然

$$p_{ij}(s,t)\geqslant 0,\sum_{j\in\mathscr{X}}p_{ij}(s,t)=1,p_{ij}(s,s)=\delta_{ij}$$

设 $f(j)$ 是 $\mathscr{X}$ 上的任意有界函数. 这时，算子 T_{st} 由下面的式子给出

$$f_{st}(i)=T_{st}f(i)=\sum_{j\in\mathscr{X}}p_{ij}(s,t)f(j)$$

如果 m 是 $\mathfrak{B}$ 上的任意测度，$m(j)=m(\{j\})$，则算子 T_{ts}^{*} 决定于下列关系式

$$m_{ts}(j)=T_{ts}^{*}m(\{j\})=\sum_{i\in\mathscr{X}}m(i)p_{ij}(s,t)$$

这时，Колмогоров－Chapman 方程具有如下形式

$$p_{ij}(s,t)=\sum_{k\in\mathscr{X}}p_{ik}(s,u)p_{kj}(u,t)\quad(s\leqslant u\leqslant t)$$

可以把上面的式子写得更精炼些. 假设 $\mathscr{X}$ 的元素按某种方式排成一个序列. 以 $\boldsymbol{P}(s,t)$ 表示以 $p_{ij}(s,t)$ 为元的矩阵，$\boldsymbol{f}$ 表示以 $f(i)$ 为分量的列向量；类似，$\boldsymbol{m}$ 是列向量，分量为 $m(i)$；$\boldsymbol{P}^{*}(s,t)$ 是矩阵 $\boldsymbol{P}(s,t)$ 的转置，$\boldsymbol{m}^{*}$ 是行向量（单行矩阵，即单列矩阵的转置）. 那么

$$T_{st}\boldsymbol{f}=\boldsymbol{P}(s,t)\boldsymbol{f},T_{ts}^{*}\boldsymbol{m}=\boldsymbol{m}^{*}\boldsymbol{P}^{*}(s,t)$$

$$\boldsymbol{P}(s,t)=\boldsymbol{P}(s,u)\boldsymbol{P}(u,t)\quad(s\leqslant u\leqslant t)$$

Колмогоров－Chapman 方程表明，矩阵 $\boldsymbol{P}(s,t)$ 是区间 (s,t) 的可乘函数.

集 $\mathscr{D}$ 由所有满足下列条件的序列 $\{f(j),j\in\mathscr{X}\}$ 组成：对任意 $i\in\mathscr{X},s\in(0,t)$，存在极限

$$(A_sf)(i)=\lim_{h\downarrow 0}\sum_{j\in\mathscr{X}}\frac{p_{ij}(s-h,s)-\delta_{ij}}{h}f(j)$$

并且

$$\lim_{h\downarrow 0}\sum_{j\in\mathscr{X}}p_{ij}(t-h,t)f(j)=f(i)$$

这里，当 $i=j$ 时 $\delta_{ij}=1$，而当 $i\neq j$ 时 $\delta_{ij}=0$.

例如，如果对每对 $(i,j)\in\mathscr{X}\times\mathscr{X}$ 和 $s\in(0,t]$ 存在有穷极限

$$a_{ij}(s)=\lim_{h\downarrow 0}\frac{p_{ij}(s-h,s)-\delta_{ij}}{h}\tag{14}$$

则 $\mathscr{D}$ 包含满足条件 $\sum_{j\in\mathscr{X}}|f(j)|<\infty$ 的所有序列 $f(j)$，这时

$$(A_sf)(i)=\sum_{j\in\mathscr{X}}a_{ij}(s)f(j)\tag{15}$$

在很多场合上面的说明是不够的，需要进一步阐述. 为此我们指出，如果极

限(14) 存在，则

$$a_i(s)=a_{ii}(s)\leqslant 0,a_{ij}(s)\geqslant 0\quad(i\neq j)$$

由不等式

$$\frac{1-p_{ii}(s-h,s)}{h}\geqslant\sum_{j\in J}\frac{p_{ij}(s-h,s)}{h}$$

(J 是有穷下标集，$i\overline{\in}J$) 可见

$$\sum_j^{(i)}a_{ij}(s)\leqslant a_i(s)\tag{16}$$

其中 $\sum_j^{(i)}$ 表示对所有 $j\in\mathscr{X}\backslash\{i\}$ 求和. 在充分规则的场合，例如当级数

$$\sum_j^{(i)}\frac{p_{ij}(s-h,s)}{h}$$

对任意 $s\geqslant 0$ 关于 $h>0$ 一致收敛时，可以把不等式(16) 化为等式

$$\sum_j^{(i)}a_{ij}(s)=a_i(s)\tag{17}$$

引理 3　如果对任意$(i,j)\in\mathscr{X}\times\mathscr{X}$和 $s>0$ 极限(14) 存在，而且等式(17) 成立，则 $\mathscr{D}$ 包含所有有界序列$\{f(j),j\in\mathscr{X}\}$.

证　注意，由引理的条件可知，级数(15) 绝对收敛. 不失一般性，可以假设 $\sup|f(j)|\leqslant 1$. 考虑差

$$\Delta=\sum_{j\in\mathscr{X}}\frac{p_{ij}(s-h,s)-\delta_{ij}}{h}f(j)-\sum_{j\in\mathscr{X}}a_{ij}(s)f(j)$$

对任意 $\varepsilon>0$ 存在一个有穷集 $J\subset\mathscr{X}$，使 $i\in J$，并且

$$\sum_{j\in\mathscr{X}\backslash J}a_{ij}(s)=-\sum_{j\in J}a_{ij}(s)\leqslant\frac{\varepsilon}{4}$$

现在有不等式

$$|\Delta|\leqslant\left|\sum_{j\in J}\left[\frac{p_{ij}(s-h,s)-\delta_{ij}}{h}-a_{ij}\right]\right|+\sum_{j\in\mathscr{X}\backslash J}\frac{p_{ij}(s-h,s)}{h}+\frac{\varepsilon}{4}$$

选择一个 $h_0>0$，使对任意 $h\in(0,h_0)$ 上式右侧第一项小于$\frac{\varepsilon}{4}$. 这时

$$\sum_{j\in\mathscr{X}\backslash J}\frac{p_{ij}(s-h,s)}{h}=\sum_{j\in J}\left[\frac{\delta_{ij}-p_{ij}(s-h,s)}{h}+a_{ij}(s)\right]-\sum_{j\in J}a_{ij}(s)<\frac{\varepsilon}{2}$$

因而，当 $h\in(0,h_0)$ 时 $|\Delta|<\varepsilon$. 引理得证.

为得到上述过程的 Колмогоров 向后方程，我们加强关于存在极限(14) 的要求，引进更强的条件，即要求存在极限

$$\lim_{s_1\uparrow s,s_2\downarrow s}\frac{p_{ij}(s_1,s_2)-\delta_{ij}}{s_2-s_1}=a_{ij}(s)\tag{18}$$

我们指出，仿照引理 3 可以证明下面的命题：如果对所有 j，极限(18) 在 s 点存在，并且等式(17) 成立，则级数

$$\sum_{j\in\mathscr{X}}\frac{p_{ij}(s_1,s_2)-\delta_{ij}}{s_2-s_1}\tag{19}$$

关于 s_1 和 s_2，$s_1<s<s_2$，$s_2-s_1<h_0$，一致收敛.

定理 1 如果对任意 $(i,j,s)\in\mathscr{X}\times\mathscr{X}\times(0,t)$ 极限(18) 存在并满足等式(17)，则概率 $p_{ij}(s,t)$ 对 $s(0<s<t)$ 可微，并且满足下列微分方程组(Колмогоров 向后方程)

$$-\frac{\partial p_{ij}(s,t)}{\partial s}=\sum_{x\in\mathscr{X}}a_{ik}(s)p_{kj}(s,t)\tag{20}$$

证 因为

$$-\frac{\partial p_{ij}(s,t)}{\partial s}=\lim_{s_1\uparrow s,s_2\downarrow s}\frac{p_{ij}(s_1,t)-p_{ij}(s_2,t)}{s_2-s_1}=$$

$$\lim_{s_1\uparrow s,s_2\downarrow s}\sum_{k\in\mathscr{X}}\frac{p_{ik}(s,t)-\delta_{ik}}{s_2-s_1}p_{kj}(s_2,t)$$

所以由上面提到的级数(19) 的一致收敛性，有

$$-\frac{\partial p_{ij}(s,t)}{\partial s}-\sum_{k\in\mathscr{X}}a_{ik}(s)p_{kj}(s,t)=$$

$$\lim_{s_1\uparrow s,s_2\downarrow s}\sum_{k\in\mathscr{X}}\left[\frac{p_{ik}(s_1,s_2)-\delta_{ik}}{s_2-s_1}-a_{ik}(s)\right]p_{kj}(s_2,t)+$$

$$\lim_{s_2\downarrow s}\sum_{k\in\mathscr{X}}a_{ik}(s)[p_{kj}(s_2,t)-p_{kj}(s,t)]=0$$

定理得证.

现在来推导 Колмогоров 向前方程. 我们只限于考虑状态有限的情形($\mathscr{X}$ 由有限个点组成). 假设极限(18) 存在. 那么式(17) 自然成立.

设

$$m_j(t)=\sum_{k\in\mathscr{X}}m_k(t)p_{kj}(s,t)\quad(t>s)$$

那么当 $t_1<t<t_2$ 时

$$\frac{m_j(t_2)-m_j(t_1)}{t_2-t_1}=\sum_{k\in\mathscr{X}}m_k(t_1)\frac{p_{kj}(t_1,t_2)-\delta_{kj}}{t_2-t_1}\to\sum_{k\in\mathscr{X}}m_k(t)a_{kj}(t)$$

因而

$$\frac{\partial m_j(t)}{\partial t}=\sum_{k\in\mathscr{X}}m_k(t)a_{kj}(t)\quad(t>s)\tag{21}$$

特别

$$\frac{\partial p_{ij}(s,t)}{\partial t}=\sum_{k\in\mathscr{X}}p_{ik}(s,t)a_{kj}(t)\quad(t>s)\tag{22}$$

在状态有限的场合，方程组(20) 或(22) 是线性常微分方程组. 在关于函数 $a_{kj}(s)$ 的相当宽的条件下，它有唯一解满足初始条件 $p_{kj}(s,s)=\delta_{kj}$. 因而，这时每个 Колмогоров 方程组都唯一决定转移概率.

广义跳跃过程　在充分正则的场合可以预料到，可列状态马尔科夫过程是下面一种过程的模型：在一个随机时间区间内动点处于初始状态，之后按一定的概率规律转移到另外一个可能的状态，并在一个随机时间区间内逗留于该状态中，然后又转移到新的状态，等.

可以在任意相空间内考虑类似的过程，称它们为跳跃马尔科夫过程.

在相空间$\{\mathscr{X},\mathfrak{B}\}$中考虑广义马尔科夫过程，它的转移概率为$P(s,x,t,B)$，$s<t,(s,t)\in\mathscr{I}\times\mathscr{I}$. 假设$\sigma$代数$\mathfrak{B}$包含$\mathscr{X}$的单点子集. 我们只考虑不中断过程.

定义5　广义马尔科夫过程称为跳跃的，如果对任意$(s,x,B)\in\mathscr{I}\times\mathscr{X}\times\mathfrak{B}$存在极限

$$\lim_{t\downarrow s}\frac{P(s,x,t,B)-\chi(B,x)}{t-s}=\bar{a}(s,x,B) \tag{23}$$

而且对固定的(s,x)，$\bar{a}(s,x,B)$是$\mathfrak{B}$上的有限负荷.

广义跳跃马尔科夫过程称为规则的，如果在式(23)中关于$(s,x,B)\in[0,t]\times\mathscr{X}\times\mathfrak{B}$的收敛是一致的，并且当$(x,B)$固定时，函数$\bar{a}(s,x,B)$关于$(x,B)$对$s\in[0,t]$一致连续，其中$t$是$\mathscr{I}$中的任意数.

我们指出，函数$\bar{a}(s,x,B)$具有如下性质

$$\bar{a}(s,x,\mathscr{X})=0$$

$$\bar{a}(s,x,B)=\lim_{t\downarrow s}\frac{P(s,x,t,B)}{t-s}\geqslant 0\quad(x\overline{\in}B)$$

$$\bar{a}(s,x,\{x\})=-\bar{a}(s,x,\mathscr{X}\setminus\{x\})=\lim_{t\downarrow s}\frac{P(s,x,t,\{x\})-1}{t-s}\leqslant 0$$

其中$\{x\}$是一个点x的单点集. 可以把这些式子联立为

$$\bar{a}(s,x,B)=-a(s,x)\chi(B,x)+a(s,x,B)$$

其中

$$a(s,x)=-\bar{a}(s,x,\{x\}),a(s,x,B)=\bar{a}(s,x,B\setminus\{x\})$$

而$a(s,x,B)$是$\mathfrak{B}$上的有限测度，$a(s,x,\{x\})=0$.

对于规则跳跃过程，由式(23)的一致收敛性可见，$\bar{a}(s,x,B)$是$\mathfrak{B}$上的有限负荷.

事实上，由函数$a(s,x,B)$的定义可以直接看出，它是$\mathfrak{B}$上的非负可加集函数. 现在设$B_n\subset B_{n+1}$，$B_n\in\mathfrak{B}$，$B=\bigcup_{n=1}^{\infty}B_n$，$x\overline{\in}B$. 那么

$$a(s,x,B)=\lim_{t\downarrow s}\frac{P(s,x,t,B)}{t-s}=\lim_{t\downarrow s}\lim_{n\to\infty}\frac{P(s,x,t,B_n)}{t-s}=$$

$$\lim_{n\to\infty}\lim_{t\downarrow s}\frac{P(s,x,t,B_n)}{t-s}=\lim_{n\to\infty}a(s,x,B_n)$$

因为式(23)关于B为一致收敛，所以可以变更极限顺序. 从而函数$a(s,x,B)$的完全可加性得证.

我们再指出规则跳跃马尔科夫过程的一个性质：对每个 $t \in \mathscr{I}$ 存在这样一个常数 K，使对所有 $(s,x,B) \in [0,t] \times \mathscr{X} \times \mathfrak{B}$ 有

$$|\bar{a}(s,x,B)| \leqslant K$$

从现在起，我们在这一节中只考虑规则跳跃过程.

令
$$\Pi(t,x,B)=\begin{cases}\dfrac{a(t,x,B)}{a(t,x)} & \text{当 } a(t,x)>0\\ \chi(B,x) & \text{当 } a(t,x)=0\end{cases}$$

对固定的 (t,x)，$\Pi(t,x,B)$ 是 $\mathfrak{B}$ 上的概率测度. 不难看出它的概率意义. 由 (23) 可见，当 $\Delta t \to 0, \varepsilon \to 0$ 时

$$P(t,x,t+\Delta t,\{x\})=1-(a(t,x)+\varepsilon)\Delta t$$

因而，精确到高阶无穷小，$a(t,x)\Delta t$ 是“在时刻 t 动点处于状态 x，而在时刻 $t+\Delta t$ 它已不在该状态”的概率. 其次，当 $a(t,x) \neq 0$ 时

$$\Pi(t,x,B)=\lim_{\Delta t \to 0}\frac{P(t,x,t+\Delta t,B\setminus\{x\})}{P(t,x,t+\Delta t,\mathscr{X}\setminus\{x\})}$$

这样，$\Pi(t,x,B)$ 可视为“体系在时刻 t 处于状态 x 并在同一时刻离开此状态，通过一个跳跃落入集 B”的条件概率. 之所以能解释函数 $\Pi(t,x,B)$，在第三章 §1 将得到证明.

关系式(23) 可以化为

$$P(s,x,t,B)=[1-a(s,x)(t-s)]\chi(B,x)+\\ [a(s,x,B)+r(s,x,t,B)](t-s) \tag{24}$$

其中 $r(s,x,t,B)$ 是某一个函数，当 $t \downarrow s$ 时，它关于 (s,x,B)，$s \in [0,t]$，一致收敛于 0.

特别，由上式可见，对任意 $u \in \mathscr{I}$ 有

$$|P(s,x,t,B)-\chi(B,x)| \leqslant K_1(t-s) \tag{25}$$

其中 K_1 是常数，不依赖于 $(s,x,t,B) \in [0,u] \times \mathscr{X} \times [0,u] \times \mathfrak{B}$.

现在我们来推导跳跃过程的 Колмогоров 方程. 先推导向前方程.

设 s 固定 $(t>s)$，m 是 $\mathfrak{B}$ 上的任意概率测度，而 $m_t(B)=T_{ts}^* m(B)$，其中 T_{ts}^* 是前面定义的算子. 如果 $t_2>t_1>s$，则

$$m_{t_2}(B)-m_{t_1}(B)=\int_{\mathscr{X}} m_{t_1}(\mathrm{d}x)[P(t_1,x,t_2,B)-\chi(B,x)]$$

因此，由不等式(25) 可见

$$\sup_B |m_{t_2}(B)-m_{t_1}(B)| \leqslant K_1(t_2-t_1)$$

其次，由式(24) 可知

$$m_{t_2}(B)-m_{t_1}(B)=(t_2-t_1)\int_{\mathscr{X}}[\bar{a}(t_1,x,B)+r(t_1,x,t_2,B)]m_{t_1}(\mathrm{d}x) \tag{26}$$

现在令 $t_2 \downarrow t, t_1 \uparrow t$. 那么

$$\sup_{(x,B)}\left|\frac{m_{t_2}(B)-m_{t_1}(B)}{t_2-t_1}-\int_{\mathscr{X}}\bar{a}(t,x,B)m_t(\mathrm{d}x)\right|\leqslant$$
$$\sup_{(x,B)}|r(t_1,x,t_2,B)|+$$
$$\sup_{(x,B)}\left|\int_{\mathscr{X}}[\bar{a}(t_1,x,B)-\bar{a}(t,x,B)]m_{t_1}(\mathrm{d}x)\right|+$$
$$\sup_{(x,B)}\left|\int_{\mathscr{X}}\bar{a}(t,x,B)[m_{t_1}(\mathrm{d}x)-m_t(\mathrm{d}x)]\right|\leqslant$$
$$\varepsilon_1+\varepsilon_2+K\sup_B|m_{t_1}(B)-m_t(B)|$$

其中

$$\varepsilon_1=\sup_{(x,B)}|r(t_1,x,t_2,B)|\to 0,t_1\uparrow t,t_2\downarrow t$$
$$\varepsilon_2=\sup_{(x,B)}|\bar{a}(t_1,x,B)-\bar{a}(t,x,B)|\to 0,t_1\uparrow t$$

由式(26)还可看到，当 $t_1\uparrow t$ 时，$\sup_B|m_{t_1}(B)-m_t(B)|\to 0$. 从而，我们证明了下面的定理.

定理 2 对于规则跳跃过程，当 $t>s$ 时，$T_{ts}^*(B)$ 作为自变量 t 的函数可微，而且

$$\frac{\mathrm{d}T_{ts}^*m}{\mathrm{d}t}=A_t^*T_{ts}^*m \tag{27}$$

其中

$$A_t^*m(B)=\int_{\mathscr{X}}\bar{a}(t,y,B)m(\mathrm{d}y)=-\int_B a(t,y)m(\mathrm{d}y)+\int_{\mathscr{X}}a(t,y,B)m(\mathrm{d}y)$$

可以把式(27)写为

$$\frac{\mathrm{d}m_t(B)}{\mathrm{d}t}=-\int_B a(t,y)m_t(\mathrm{d}y)+\int_{\mathscr{X}}a(t,y,B)m_t(\mathrm{d}y) \tag{28}$$

设 $m(B)=\chi(B,x)$，得 $m_t(B)=P(s,x,t,B)$. 由定理 2 得下面的推论.

系 规则跳跃过程的转移概率 $P(s,x,t,B)$ 对 t 可微，并且

$$\frac{\partial P(s,x,t,B)}{\partial t}=-\int_B a(t,y)P(s,x,t,\mathrm{d}y)+\int_{\mathscr{X}}a(t,y,B)P(s,x,t,\mathrm{d}y) \tag{29}$$

由式(23)可以得到微分方程(28)和(29)的初始条件

$$\lim_{t\downarrow s}m_t(B)=m(B),\lim_{t\downarrow s}P(s,x,t,B)=\chi(B,x) \tag{30}$$

如果方程(29)对于相应的初始条件有唯一解，则解该方程即可得到所考察过程的转移概率.

现在我们来推导 Колмогоров 向后方程.

设 t 固定，$f(x)\in b(\mathfrak{B})$，$\|f\|=\sup_x|f(x)|$，而

$$f_s(x)=T_{st}f(x)=\int_{\mathscr{X}}f(y)P(s,x,t,\mathrm{d}y)\quad(s<t)$$

设 $s_1 < s < s_2 < t$. 那么

$$f_{s_2}(x) - f_{s_1}(x) = \int [f_{s_2}(x) - f_{s_1}(y)] P(s_1, x, s_2, \mathrm{d}y) =$$

$$(s_2 - s_1) \int [f_{s_2}(x) - f_{s_1}(y)][\bar{a}(s_1, x, \mathrm{d}y) + r(s_1, x, s_2, \mathrm{d}y)]$$

由此可见

$$\sup_{\mathscr{X}} | f_{s_2}(x) - f_{s_1}(x) | \leqslant 2(s_2 - s_1)[K + 2 \sup_{(x,B)} | r(s_1, x, s_2, B) |] \quad (31)$$

其次,考虑到 $\bar{a}(s, x, \mathscr{X}) = 0$,有不等式

$$\left\| \frac{f_{s_2}(x) - f_{s_1}(x)}{s_2 - s_1} + \int f_s(y) \bar{a}(s, x, \mathrm{d}y) \right\| \leqslant$$

$$\left\| \int [f_s(y) - f_{s_2}(y)] \bar{a}(s, x, \mathrm{d}y) \right\| +$$

$$\left\| \int f_{s_2}(y) [\bar{a}(s, x, \mathrm{d}y) - \bar{a}(s_1, x, \mathrm{d}y)] \right\| +$$

$$\left\| \int [f_{s_2}(x) - f_{s_2}(y)] r(s_1, x, s_2, \mathrm{d}y) \right\|$$

而由不等式(31) 可知,上式不大于

$$2 \| f \| (s_2 - s)[K + 2 \sup_{(x,B)} | r(s_1, x, s_2, B) |] +$$

$$\| f \| 2 \sup_{(x,B)} | \bar{a}(s, x, B) - \bar{a}(s_1, x, B) | +$$

$$2 \| f \| 2 \sup_{(x,B)} | r(s_1, x, s_2, B) |$$

由关于跳跃过程规则性的假设可知,当 $s_1 \uparrow s, s_2 \downarrow s$ 时,上式趋向于 0. 于是,我们证明了下面的定理.

定理 3 对于规则广义跳跃过程,函数 $f_s(x) = T_{st} f(x), s < t$,(关于 x 一致) 对 s 可微,并且满足方程

$$\frac{\partial f_s(x)}{\partial s} = -\int f_s(y)\, \bar{a}(s, x, \mathrm{d}y) =$$

$$a(s, x)[f_s(x) - \int f_s(y) \Pi(s, x, \mathrm{d}y)] \quad (s < t) \qquad (32)$$

和边界条件

$$\lim_{s \uparrow t} f_s(x) = f(x) \qquad (33)$$

方程(32) 是规则跳跃过程的 Колмогоров 向后方程. 前面引进的算子 A_s 现在具有如下形状

$$A_s f(x) = a(s, x)[-f(x) + \int f(y) \Pi(s, x, \mathrm{d}y)]$$

系 规则跳跃过程的转移概率对 $s(s < t)$ 可微,并且满足方程

$$\frac{\partial P(s, x, t, B)}{\partial s} = a(s, x)[P(s, x, t, B) - \int P(s, y, t, B) \Pi(s, x, \mathrm{d}y)] \quad (34)$$

和边界条件

$$\lim_{s\uparrow t} P(s,x,t,B)=\chi(B,x)$$

现在我们来证明，在一定的条件下函数 $a(t,x)$ 和 $a(t,x,B)$ 唯一决定规则广义马尔科夫过程. 首先讨论在相应的边界条件下方程(29) 和(32) 的解的问题.

设 $\mathscr{I}=[0,t^*)$. 按照对跳跃过程规则性的要求，对函数 $a(t,x)$ 和 $a(t,x,B)$ 加下列条件：

a) 对固定的$(t,x)\in\mathscr{I}\times\mathscr{X}$, 函数 $a(t,x,B)$ 是 $\mathfrak{B}$ 上的测度，而且 $a(t,x,\{x\})=0, a(t,x)=a(t,x,\mathscr{X})$；

b) 对固定的(x,B)，函数 $a(t,x,B), t\in\mathscr{I}$, 关于$(x,B)$ 对 t 一致连续；而当(t,B) 固定时，它是 x 的 $\mathfrak{B}$ 可测函数.

记 $W=W(\mathfrak{B})$ 是定义在可测空间$\{\mathscr{X},\mathfrak{B}\}$ 上的全体有限完全可加函数(有限负荷)$w(B)$ 的空间. 在 W 中定义距离 $\rho(w_1,w_2)$ 如下

$$\rho(w_1,w_2)=\| w_1(B)-w_2(B)\| \quad (w_i\in W)$$

其中

$$\| w(B)\| =\sup\{| w(B)|, B\in\mathfrak{B}\}$$

不难看出，W 是完全赋范空间. 我们把方程(28) 和(29) 看成是空间 W 中的方程，而且对式(28) 左侧的导数也作相应的解释.

我们再引进一个在 W 中取值的连续函数 $\check{w}=\check{w}_t=w_t(B), t\in[s,t^*]$ 的空间 $\mathscr{L}^w[s,t^*]$，它的范数 $|||\check{w}|||=\max\{\|\check{w}_t\|, t\in[s,t^*]\}$.

定理 4 如果函数 $a(t,x,B)$ 满足条件 a) 和 b)，则方程组(28) 和(30) 在 $\mathscr{L}^w$ 中有唯一解. 如果 $m(B)$ 是测度，则这个解也是测度.

证 注意，由条件 b) 可知函数 $a(t,x)$ 关于(t,x) 一致有界，$a(t,x)\leqslant K<\infty$. 在 $\mathscr{L}^w[s,t^*]$ 中引进函数 $q_t(B)$

$$q_t(B)=\int_B \exp\left\{\int_s^t a(\theta,x)\mathrm{d}\theta\right\} m_t(\mathrm{d}x)$$

在 W 中，如果函数 m_t 可微，则 q_t 也可微. 反过来也对. 并且

$$\frac{\mathrm{d}q_t(B)}{\mathrm{d}t}=\int_B a(t,x)q_t(\mathrm{d}x)+\int_B \exp\left\{\int_s^t a(\theta,x)\mathrm{d}\theta\right\}\frac{\mathrm{d}m_t}{\mathrm{d}t}(\mathrm{d}x)$$

若用方程(28) 右侧替换$\dfrac{\mathrm{d}m_t}{\mathrm{d}t}$，则得

$$\frac{\mathrm{d}q_t(B)}{\mathrm{d}t}=\int_B\int_{\mathscr{X}} \exp\left\{\int_s^t [a(\theta,x)-a(\theta,y)]\mathrm{d}\theta\right\} a(t,y,\mathrm{d}x)q_t(\mathrm{d}y)=$$

$$\int_{\mathscr{X}} b(t,y,B)q_t(\mathrm{d}y)$$

其中

$$b(t,y,B)=\int_B \exp\left\{\int_s^t [a(\theta,x)-a(\theta,y)]\mathrm{d}\theta\right\} a(t,y,\mathrm{d}x)$$

因而，方程(28)，(30) 和下列方程等价

$$q_t(B)=m(B)+\int_s^t\int_{\mathscr{X}} b(\theta,y,B)q_\theta(\mathrm{d}y)\mathrm{d}\theta \quad (t\in[s,t^*]) \tag{35}$$

其中 $b(t,y,B)$ 一致有界，$b(t,y,B)\leqslant K_1$，而且对固定的 (t,y)，它是 B 的测度. 由等式

$$(Q^* w)_t(B)=m(B)+\int_s^t\int_{\mathscr{X}} b(\theta,y,B)w_\theta(\mathrm{d}y)\mathrm{d}\theta$$

在 $\mathscr{L}^w$ 中所定义的算子 Q^* 满足下列关系式

$$\|(Q^*\check{w}')_t-(Q^*\check{w}'')_t\|\leqslant 2K_1(t-s)\,|||\,\check{w}'-\check{w}''\,|||$$

$$\|(Q^{*n}\check{w}')_t-(Q^{*n}\check{w}'')_t\|\leqslant (2K_1)^n\frac{(t-s)^n{}''}{n!}\,|||\,\check{w}'-\check{w}''''\,|||$$

其中 Q^{*n} 表示算子 Q^* 的 n 次幂. 因此，算子 Q^* 的某次幂是压缩算子. 由压缩映射原理可知，方程(35) 在 $\mathscr{L}^w$ 中有唯一解. 可以用逐次逼近法求此解. 所以，如果 $m(B)$ 是测度，则 $q_t(B)$ 也是测度，定理得证.

可以同样讨论方程(32). 经替换

$$f_s(x)=\exp\left\{-\int_s^t a(\theta,x)\mathrm{d}\theta\right\} g_s(x)$$

方程(32) 可以化为较简单的等价方程

$$\frac{\partial g_s(x)}{\partial s}=-\int_{\mathscr{X}} g_s(y)\exp\left\{\int_s^t[a(\theta,x)-a(\theta,y)]\mathrm{d}\theta\right\}a(s,x,\mathrm{d}y) \quad (s<t)$$

其边界条件为 $g_t(x)=f(x)$. 而此方程又等价于方程

$$g_s(x)=f(x)+\int_s^t\int_{\mathscr{X}} g_v(y)\exp\left\{\int_v^t[a(\theta,x)-a(\theta,y)]\mathrm{d}\theta\right\}a(v,x,\mathrm{d}y)\mathrm{d}v \tag{36}$$

记 $\mathscr{L}^{b(\mathfrak{B})}[0,t]$ 为连续函数 $\check{f}=f_s=f_s(x)$ 的空间：s 是自变量，$b(\mathfrak{B})$ 是 f_s 的值域；$\check{f}$ 的范数 $|||\,\check{f}\,|||=\sup\{|f_s(x)|:(s,x)\in[0,t]\times\mathscr{X}\}$. 设 Q 是 $\mathscr{L}^{b(\mathfrak{B})}[0,t]$ 上的线性算子

$$(Q\check{g})_s(x)=f(x)+\int_s^t\int_{\mathscr{X}} g_v(y)\exp\left\{\int_v^t[a(\theta,x)-a(\theta,y)]\mathrm{d}\theta\right\}a(v,x,\mathrm{d}y)\mathrm{d}v$$

它把空间 $b(\mathfrak{B})$ 中非负函数的集合映入它自身，而且

$$\|(Q\check{g}')_s-(Q\check{g}'')_s\|\leqslant K_2(t-s)\,|||\,\check{g}'-\check{g}''\,|||$$

$$\|(Q^n\check{g}')_s-(Q^n\check{g}'')_s\|\leqslant K_2^n\frac{(t-s)^n}{n!}\,|||\,\check{g}'-\check{g}''\,|||$$

其中 $K_2=Ke^{Kt}$. 因此，算子 Q 的某次幂是压缩算子，而方程(36)(从而方程(32)) 在 $\mathscr{L}^{b(\mathfrak{B})}[0,t]$ 中有唯一解，满足边界条件(33).

定理 5 如果函数 $a(t,x,B)$ 满足条件 a) 和 b)，则方程(32) ～ (33) 有唯

一解. 特别,此时函数 $a(t,x,B)$ 唯一决定过程的转移概率.

注 可以用逐步逼近法来求方程(36)的解. 因此,方程(32)～(33)的解可表为

$$f_s(x)=\sum_{n=0}^{\infty}f_s^{(n)}(x)$$

其中

$$f_s^{(0)}(x)=\exp\left\{-\int_s^t a(\theta,x)\mathrm{d}\theta\right\}f(x)$$

$$f_s^{(n+1)}(x)=\int_s^t\int_{\mathscr{X}}f_v^{(n)}(y)\exp\left\{-\int_s^v a(\theta,x)\mathrm{d}\theta\right\}a(v,x,\mathrm{d}y)\mathrm{d}v$$

特别,可以得到转移概率 $P(s,x,t,B)$ 的如下表达式

$$P(s,x,t,B)=\sum_{n=0}^{\infty}P^{(n)}(s,x,t,B) \tag{37}$$

其中

$$P^{(0)}(s,x,t,B)=\exp\left\{-\int_s^t a(\theta,x)\mathrm{d}\theta\right\}\chi(B,x) \tag{38}$$

$$\begin{aligned}P^{(n+1)}(s,x,t,B)=\int_s^t\int_{\mathscr{X}}&P^{(n)}(v,y,t,B)\cdot\\&\exp\left\{-\int_s^v a(\theta,x)\mathrm{d}\theta\right\}a(v,x,\mathrm{d}y)\mathrm{d}v\\&(n=0,1,2,\cdots)\end{aligned} \tag{39}$$

在第三章 §1 中将要说明,函数 $P^{(n)}(s,x,t,B)$ 有简单的概率意义. 那里还将说明,在比上述情形更一般的条件下,如何根据已给函数 $a(s,x,B)$ 来构造马尔科夫过程.

所得结果可用于可列状态过程. 这时,空间 $\mathscr{X}$ 由可列多个点组成,故只考虑向单点集的转移概率就可以了. 设 $p_{ij}(s,t)=P(s,i,t,\{j\}),i,j\in\mathscr{X}$. 代替 $a(s,x,B)$,我们考虑函数 $a(s,i,j)$,有

$$a(s,i,j)=\lim_{t\downarrow s}\frac{p_{ij}(s,t)}{t-s}\quad(i\neq j)$$

它和前面引进的函数 $a_{ij}(s)$ 相同. 这时,条件 a) 和 b) 取下列形式:

a) 如式

$$a(t,i)=\sum_{j\in\mathscr{X}}a(t,i,j)$$

其中

$$a(s,i)=\lim_{t\downarrow s}\frac{1-p_{ij}(s,t)}{t-s}$$

b) $a(t,i,j)$ 在 $[0,t^*]$ 上关于 (i,j) 对 t 一致连续.

如果这些条件成立,则可列状态马尔科夫过程的 Колмогоров 向前方程和

向后方程有唯一解，此解可由上述公式来求出.

例如

$$p_{ij}(s,t)=\sum_{n=0}^{\infty}p_{ij}^{(n)}(s,t)$$

其中

$$p_{ij}^{(0)}(s,t)=\exp\left\{-\int_s^t a_i(\theta)\mathrm{d}\theta\right\}\delta_{ij}$$

$$p_{ij}^{(n+1)}(s,t)=\int_s^t\sum_{k\in\mathscr{X}}p_{kj}^{(n)}(v,t)\exp\left\{-\int_s^v a_i(\theta)\mathrm{d}\theta\right\}\cdot a_{ik}(v)\mathrm{d}v\quad(n=0,1,2,\cdots)\tag{40}$$

独立增量过程 设 $\mathscr{X}$ 是度量向量空间，$\mathfrak{B}$ 是 $\mathscr{X}$ 的 Borel 集的 σ 代数. 记 $B+x(B\subset\mathscr{X},x\in\mathscr{X})$ 为集 B 关于 x 的推移：$B+x=\{y:y=z+x,z\in B\}$. 考虑 $\mathfrak{B}$ 上的概率测度族 $P_{st}(\cdot)(s\geqslant 0,t>s)$，满足下列条件：

a) 对任意 $B\in\mathfrak{B}$，$P_{st}(B-x)$ 是 x 的 $\mathfrak{B}$ 可测函数；

b) 如果 $s<u<t$，则

$$P_{st}(B)=\int_{\mathscr{X}}P_{ut}(B-y)P_{su}(\mathrm{d}y)\tag{41}$$

不难验证，对任意有界 $\mathfrak{B}$ 可测函数 $f(x)$，等式

$$\int_{\mathscr{X}}f(x+y)P_{st}(\mathrm{d}y)=\int_{\mathscr{X}}f(y)P_{st}(\mathrm{d}y-x)$$

成立(对 $\mathfrak{B}$ 可测集的示性函数等式显然). 所以，由(41) 可见

$$P_{st}(B-x)=\int_{\mathscr{X}}P_{ut}(B-y)P_{su}(\mathrm{d}y-x)$$

故如令 $P(s,x,t,B)=P_{st}(B-x)$，则函数 $P(s,x,t,B)$ 就是转移概率. 它具有空间齐性. 这就是说，对所有 $y\in\mathscr{X}$

$$P(s,x+y,t,B+y)=P(s,x,t,B)$$

相反，如果转移概率具有上述性质，则 $P(s,x,t,B)=P_{st}(B-x)$.

设 $q(B)$ 是 $\{\mathscr{X},\mathfrak{B}\}$ 上的任意概率测度. 考虑分布族 $\{P_{t_1,\cdots,t_n},0\leqslant t_1<\cdots<t_n,n=1,2,\cdots\}$，其中 $P_{t_1,\cdots,t_n}(B^{(n)})$ 是 $\{\mathscr{X}^n,\mathfrak{B}^n\}$ 上的分布，由下式给出($B^{(n)}\in\mathfrak{B}^n$)

$$P_{t_1,\cdots,t_n}(B^{(n)})=\int_{\mathscr{X}}\left\{\int_{B^{(n)}}P(0,x_0,t_1,\mathrm{d}x_1)P(t_1,x_1,t_2,\mathrm{d}x_2)\cdot\cdots\cdot P(t_{n-1},x_{n-1},t_n,\mathrm{d}x_n)\right\}q(\mathrm{d}x_0)$$

不难验证，上述分布族决定独立增量过程. 这就是说，如果把 $P_{t_1,\cdots,t_n}$ 看成是随机元素序列 $\xi(t_1),\cdots,\xi(t_n)$ 的联合分布，则对任意 $t_1,t_2,\cdots,t_n(0<t_1<t_2<\cdots<t_n)$ 随机向量 $\boldsymbol{\xi}(0),\boldsymbol{\xi}(t_1)-\boldsymbol{\xi}(0),\cdots,\boldsymbol{\xi}(t_n)-\boldsymbol{\xi}(t_{n-1})$ 相互独立.

事实上，如果 $f_k(x)(k=0,1,\cdots,n)$ 是任意有界 $\mathfrak{B}$ 可测函数，则

$$Ef_0(\boldsymbol{\xi}(0))f_1(\boldsymbol{\xi}(t_1)-\boldsymbol{\xi}(0))\cdots f_n(\boldsymbol{\xi}(t_n)-\boldsymbol{\xi}(t_{n-1}))=$$
$$\int_{\mathscr{X}}\cdots\int_{\mathscr{X}}f_0(x)f_1(x_1-x)\cdots f_n(x_n-x_{n-1})q(\mathrm{d}x)\cdot$$
$$P_{0t_1}(\mathrm{d}x_1-x)P_{t_1t_2}(\mathrm{d}x_2-x_1)\cdots P_{t_{n-1}t_n}(\mathrm{d}x_n-x_{n-1})=$$
$$\int_{\mathscr{X}}\cdots\int_{\mathscr{X}}f_n(y_n)f_{n-1}(y_{n-1})\cdots f_1(y_1)f_0(x)\cdot$$
$$P_{t_{n-1}t_n}(\mathrm{d}y_n)\cdots P_{0t_1}(\mathrm{d}y_1)q(\mathrm{d}x)=$$
$$Ef_0(\boldsymbol{\xi}(0))Ef_1(\boldsymbol{\xi}(t_1)-\boldsymbol{\xi}(0))\cdots Ef_n(\boldsymbol{\xi}(t_n)-\boldsymbol{\xi}(t_{n-1}))$$

由此可知,随机向量 $\boldsymbol{\xi}(0),\boldsymbol{\xi}(t_1)-\boldsymbol{\xi}(0),\cdots,\boldsymbol{\xi}(t_n)-\boldsymbol{\xi}(t_{n-1})$ 相互独立.

在随机过程(Ⅰ)第三章 §1 中,对于 $\mathscr{X}$ 是有穷维空间($\mathscr{X}=\mathscr{R}^m$),而独立增量过程随机连续并且具有空间齐性(即 $P_{st}(B)=P_{t-s}(B)$) 的情形,曾全面刻画了满足式(41) 的测度族 $\{P_{st}\}$ 的结构. 具体地说,在这些条件下画分布 $P_t(B)$ 的特征函数 $J(t,u)$ 可表为

$$J(t,u)=\int_{\mathscr{R}^m}\mathrm{e}^{\mathrm{i}(u,x)}P_t(\mathrm{d}x)=\exp\left\{t\left[\mathrm{i}(\boldsymbol{a},u)-\frac{1}{2}(\boldsymbol{b}u,u)+\right.\right.$$
$$\left.\left.\int_{\mathscr{R}^m}\left(\mathrm{e}^{\mathrm{i}(u,z)}-1-\frac{\mathrm{i}(u,z)}{1+|z|^2}\right)\frac{1+|z|^2}{|z|^2}\Pi(\mathrm{d}z)\right]\right\}\tag{42}$$

其中 $\boldsymbol{a}\in\mathscr{R}^m$,$\boldsymbol{b}$ 是从 $\mathscr{R}^m$ 到 $\mathscr{R}^m$ 的一非负定对称映射,Π 是 $\mathfrak{B}$ 上的有穷测度,$\Pi\{0\}=0$. 注意,上式可化为

$$J(t,u)=\exp\left\{t\left[\mathrm{i}(\boldsymbol{a},u)-\frac{1}{2}(\boldsymbol{b}u,u)+\int_S(\mathrm{e}^{\mathrm{i}(u,z)}-1-\mathrm{i}(u,z))\Pi(\mathrm{d}z)+\right.\right.$$
$$\left.\left.\int_{\mathscr{R}^m\setminus S}(\mathrm{e}^{\mathrm{i}(u,z)}-1)\Pi(\mathrm{d}z)\right]\right\}\tag{43}$$

其中 S 是 $\mathscr{R}^m$ 中以原点为中心的球,向量 $\boldsymbol{a}$ 和测度 Π 的含意不同于上式(它未必有穷),但是仍然满足 $\Pi\{0\}=0$ 和下列条件

$$\int_S|z|^2\Pi(\mathrm{d}z)<\infty,\Pi(\mathscr{R}^m\setminus S)<\infty$$

当 $\Pi\equiv 0$ 时,过程是高斯过程. 这时,$\boldsymbol{b}$ 称为过程的方差算子(或方差矩阵). 而若 $\boldsymbol{a}=\boldsymbol{0},\boldsymbol{b}=\boldsymbol{0},\Pi(\mathscr{R}^m)=q<\infty$,则过程称做广义 Poisson 过程. 这时,$P_t(B)$ 与 $v(t)$ 个独立同分布随机向量之和的分布相同;它们之中每个随机向量的分布为 $\dfrac{1}{q}\Pi(B)$,而 $v(t)$ 是以 q 为参数(强度) 的 Poisson 过程.

令

$$f_s(x)=\int_{\mathscr{R}^m}f(y)P(s,x,t,\mathrm{d}y)=\int_{\mathscr{R}^m}f(x+y)P_{st}(\mathrm{d}y)\quad(s<t)$$

显然,如果 $f(x)$ 是二次连续可微函数,而且它连同一阶和二阶偏导数有界,则函数 $f_s(x)$ 具有同样的性质. 由等式

$$\frac{f_{s-h}(x)-f_s(x)}{h}=\int_{\mathscr{R}^m}[f_s(x+y)-f_s(x)]\frac{1}{h}P_{s-h,h}(\mathrm{d}y)$$

以及第一卷第三章 §1 证明定理 3 时所得到的结果可知，导数$\dfrac{\partial f_s(x)}{\partial s}$存在，并且满足方程

$$\begin{aligned}\frac{\partial f_s(x)}{\partial s}=&(\boldsymbol{a},\nabla)f_s(x)+\frac{1}{2}(\boldsymbol{b}\nabla,\nabla)f_s(x)+\\&\int_{\mathscr{R}^m\setminus S}[f_s(x+z)-f_s(x)]\Pi(\mathrm{d}z)+\\&\int_S[f_s(x+z)-f_s(x)-(z,\nabla)f_s(x)]\Pi(\mathrm{d}z)\end{aligned}\quad(44)$$

其中 $\boldsymbol{a},\boldsymbol{b},\Pi,S$ 的含意和式(43)相同；∇f 是函数 f 的梯度

$$(\boldsymbol{a},\nabla)f=\sum_{k=1}^m\boldsymbol{a}_k\frac{\partial f(x)}{\partial x_k},(\boldsymbol{b}\nabla,\nabla)f=\sum_{k,j=1}^m b_{k_j}\frac{\partial^2 f(x)}{\partial x_k\partial x_j}$$

$\boldsymbol{a}_k$ 是向量 $\boldsymbol{a}$ 在 $\mathscr{R}^m$ 的某一基底中的分量，b_{k_j} 是上述同一基底中映射矩阵 $\boldsymbol{b}$ 的元.

对于任意随机连续的独立增量过程，在第四章将通过其他方法得到类似的结果.

广义弱可微马尔科夫过程 在有穷维空间中研究马尔科夫过程时，自然要研究和独立增量过程具有同样局部结构的过程类. 对这类过程可以给出很一般的定义.

我们引进分布 $P(s,x,t,B)$ 的特征函数

$$J(s,x,t,u)=\int_{\mathscr{R}^m}\mathrm{e}^{\mathrm{i}(u,y)}P(s,x,t,\mathrm{d}y)\quad(s<t,J(s,x,t,u)=1)$$

广义马尔科夫过程称为弱可微的，如果在点 $s=t$，函数 $J(s,x,t,u)$ 在 u 的有限变化域内对 s 一致可微，也就是说，对所有 $x\in\mathscr{R}^m,t\in(0,t^*)$，极限

$$g(t,x,u)=\lim_{s\uparrow t}\frac{J(s,x,t,u)-1}{t-s}$$

为关于 u，$|u|\leqslant A$ 的一致收敛，其中 A 任意.

由前面提到的、随机过程(Ⅰ)第三章 §1 定理 3 的结果可知，如果马尔科夫过程弱可微，则存在向量 $\boldsymbol{a}(s,x)\in\mathscr{R}^m$，以及将 $\mathscr{R}^m$ 变为自身的非负定对称映射 $\boldsymbol{b}(s,x)$ 和 $\mathfrak{B}$ 上的测度 $q(s,x,B)$，使对任意二次连续可微函数 $f(x),x\in\mathscr{R}^m$，当 $f(x)$ 及其一阶和二阶偏导数有界时，下列等式成立

$$\begin{aligned}A_sf(x)=&\lim_{h\downarrow 0}\frac{T_{s-h,s}f(x)-f(x)}{h}=\\&(\boldsymbol{a}(s,x),\nabla)f(x)+\frac{1}{2}(\boldsymbol{b}(s,x)\nabla,\nabla)f(x)+\\&\int_{\mathscr{R}^m\setminus S}[f(x+z)-f(x)]q(s,x,\mathrm{d}z)+\end{aligned}$$

$$\int_S [f(x+z)-f(x)-(z,\nabla)\times f(x)]q(s,x,\mathrm{d}z) \tag{45}$$

而且 $q(s,x,\{0\})=0, q(s,x,\mathscr{R}^m\setminus S)<\infty$

$$\int_S |z|^2 q(s,x,\mathrm{d}z)<\infty$$

特别,如果 $q(s,x)=q(s,x,\mathscr{R}^m)<\infty$,则式(45) 可写作

$$A_s f(x)=(\tilde{\boldsymbol{a}}(s,x),\nabla)f(x)+\frac{1}{2}(\boldsymbol{b}(s,x)\nabla,\nabla)f(x)-$$

$$\left[q(s,x)f(x)-\int_{\mathscr{R}^m} f(x+z)q(s,x,\mathrm{d}z)\right] \tag{46}$$

如果 $\tilde{\boldsymbol{a}}_j(s,x)\equiv 0, \boldsymbol{b}_{jk}(s,x)\equiv 0(j,k=1,\cdots,m)$,则由上面的结果可知,相应的马尔科夫过程是跳跃过程.

在一般情形下,对式(46) 可以作如下说明. 以 $\boldsymbol{\xi}(t)$ 表由已给马尔科夫过程所描绘的体系的状态. 假设 $\boldsymbol{\xi}(s)=\boldsymbol{x}$. 那么精确到高阶无穷小可以把 $\Delta\boldsymbol{\xi}(s)=\boldsymbol{\xi}(s+\Delta s)-\boldsymbol{x}$ 表为:$\Delta\boldsymbol{\xi}(s)=\Delta\boldsymbol{\xi}_1+\Delta\boldsymbol{\xi}_2+\Delta\boldsymbol{\xi}_3$,其中 $\Delta\boldsymbol{\xi}_1$ 是位移 $\Delta\boldsymbol{\xi}$ 的非随机分量,并且可以表为 $\Delta\boldsymbol{\xi}_1=\tilde{\boldsymbol{a}}(s,x)\Delta s$;$\Delta\boldsymbol{\xi}_2$ 对应于以 $\boldsymbol{b}(s,x)\Delta s$ 为方差阵的 Wiener 过程的位移;最后,$\Delta\boldsymbol{\xi}_3$ 以概率 $1-q(s,x)\Delta s$ 等于 $\mathbf{0}$,而以概率 $q(s,x)$ 等于一分布为 $q(s,x,B)/q(s,x)$ 的随机向量. 这里 $\Delta\boldsymbol{\xi}_2$ 和 $\Delta\boldsymbol{\xi}_3$ 独立.

如果式(45) 中 $q(s,x,B)\equiv 0$,则相应的马尔科夫过程称做扩散过程. 这时,位移 $\Delta\boldsymbol{\xi}(s)$ 的主部由非随机项 $\boldsymbol{a}(s,\boldsymbol{\xi}(s))\Delta s$(移动向量) 和振动项组成,其中振动项服从 m 维高斯分布,均值向量等于 $\mathbf{0}$,协方差阵为 $\boldsymbol{b}(s,\boldsymbol{\xi}(s))\Delta s$.

扩散过程在马尔科夫过程的理论和应用中起重要作用,它将在随机过程(Ⅲ) 中详细研究. 这里只限于给出它的一个稍为不同的定义及其 Колмогоров 方程的严格推导.

定义 6 广义马尔科夫过程称为扩散过程,如果下列条件成立:

a) 对任意 $x\in\mathscr{R}^m, \varepsilon>0$,关于 $t(s<t\leqslant t^*)$ 一致有

$$P(s,x,t,\overline{S_\varepsilon(x)})=o(t-s) \tag{47}$$

其中 $\overline{S_\varepsilon(x)}$ 是以 x 为中心以 ε 为半径的球的补集;

b) 存在取值于 $\mathscr{R}^m$ 的函数 $\boldsymbol{a}(s,x)$ 和把 $\mathscr{R}^m$ 变为它自身的线性非负定对称算子 $\boldsymbol{b}(s,x)((s,x)\in[0,t^*]\times\mathscr{R}^m)$,使对任意 $x\in\mathscr{R}^m$ 和 $\varepsilon>0$,关于 $s(s<t)$ 一致有

$$\int_{S_\varepsilon(x)}(y-x)P(s,x,t,\mathrm{d}y)=\boldsymbol{a}(s,x)(t-s)+o(t-s) \tag{48}$$

$$\int_{S_\varepsilon(x)}(z,y-x)^2P(s,x,t,\mathrm{d}y)=(\boldsymbol{b}(s,x)z,z)(t-s)+o(t-s) \tag{49}$$

向量 $\boldsymbol{a}(s,x)$ 称为移动向量,算子 $\boldsymbol{b}(s,x)$ 称为马尔科夫过程的扩散算子.

在 $\mathscr{R}^m$ 中选取一个基底. 向量 $\boldsymbol{a}(s,x)$ 在这个基底中的分量记作 $a_i(s,x)$, $i=1,\cdots,m$, 而在同一基底中算子矩阵 $\boldsymbol{b}(s,x)$ 的元记作 $b_{ij}(s,x)$, $i,j=1,\cdots,m$.

定理 6 如果函数 $\boldsymbol{a}(s,x)$, $\boldsymbol{b}(s,x)$ 连续, 而 $f(x)$ 是有界连续函数, 使

$$u(s,x)=\int_{\mathscr{R}^m} f(y)P(s,x,t,\mathrm{d}y)$$

有连续偏导数 $\dfrac{\partial u(s,x)}{\partial x_i}$, $\dfrac{\partial^2 u(s,x)}{\partial x_i \partial x_j}$, 则 $u(s,x)$ 有连续偏导数 $\dfrac{\partial u(s,x)}{\partial s}$, 并且满足方程

$$-\frac{\partial u(s,x)}{\partial s}=(\boldsymbol{a}(s,x),\nabla)u(s,x)+\frac{1}{2}(\boldsymbol{b}(s,x)\nabla,\nabla)u(s,x) \tag{50}$$

和边界条件

$$\lim_{s\uparrow t} u(s,t)=f(x) \tag{51}$$

证 设 $s_1 \leqslant s \leqslant s_2 < t$. 因为函数有界, 所以

$$u(s_1,x)-u(s_2,x)=\int_{\mathscr{R}^m}[u(s_2,y)-u(s_2,x)]$$

$$P(s_1,x,s_2,\mathrm{d}y)=\int_{S_\varepsilon(x)}[u(s_2,y)-u(s_2,x)]P(s_1,x,s_2,\mathrm{d}y)+o_\varepsilon(s_2-s_1)$$

其中对任意固定 $\varepsilon>0$, $\dfrac{o_\varepsilon(s_2-s_1)}{s_2-s_1}\to 0$. 根据 Taylor 公式可知

$$u(s_2,y)-u(s_2,x)=(y-x,\nabla)u(s_2,x)+\frac{1}{2}(y-x,\nabla)^2 u(s_2,x)+r(x,y,s_2)$$

并且当 $y\in S_\varepsilon(x)$ 时, $|r(x,y,s_2)|\leqslant|y-x|^2\omega_\varepsilon$, 其中当 $\varepsilon\to 0$ 时, 有

$$\omega_\varepsilon=\sup_{i,j,s_2,y\in S_\varepsilon(x)}\left|\frac{\partial^2 u(s_2,x+\theta(y-x))}{\partial x_i\partial x_j}-\frac{\partial^2 u(s_2,x)}{\partial x_i\partial x_j}\right|\to 0$$

由此得等式

$$u(s_1,x)-u(s_2,x)=[(\boldsymbol{a}(s_2,x),\nabla)u(s_2,x)+\frac{1}{2}(\boldsymbol{b}(s_2,x)\nabla,\nabla)u(s_2,x)+R'](s_2-s_1) \tag{52}$$

其中 $\lim\limits_{\varepsilon\to 0}\lim\limits_{s_2-s_1\downarrow 0}R'=0$. 在式(52)两侧同除以 s_2-s_1, 然后对 $s_2\downarrow s$, $s_1\uparrow s$ 求极限. 由于该式右侧前三项对 s_2 连续, 即得方程(50).

由下式和 $f(x)$ 的连续性可以得到边界条件(51)

$$u(s,x)-f(x)=\int_{S_{\varepsilon(x)}}[f(y)-f(x)]P(s,x,t,\mathrm{d}y)+o_\varepsilon(t-s)$$

其中 $\varepsilon>0$ 是任意小的数. 定理得证.

现在假设存在概率密度, 即存在一个函数 $p(s,x,t,y)$, 使得对任意 Borel 集 B

$$P(s,x,t,B)=\int_B p(s,x,t,y)\mathrm{d}y$$

这里积分对 $\mathscr{R}^m$ 上的 Lebesgue 测度进行. 这时 Колмогоров－Chapman 方程可写为

$$p(s,x,t,y)=\int_{\mathscr{R}^m} p(s,x,u,z)p(u,z,t,y)\mathrm{d}z \quad (s<u<t) \tag{53}$$

如果 $p(s,x,t,y)$ 作为 (t,y) 的函数充分光滑，则它满足 Колмогоров 向前方程，又叫做 Focker－Planck 方程.

定理 7　如果式(47),(48),(49) 关于 x 一致成立，并且有连续导数

$$\frac{\partial p(s,x,t,y)}{\partial t},\frac{\partial[a_i(t,y)p(s,x,t,y)]}{\partial x_i},\frac{\partial^2[b_{ij}(t,y)p(s,x,t,y)]}{\partial x_i\partial x_j}$$

则对 $(t,y)\in(s,t^*)\times\mathscr{R}^m$，函数 $p(s,x,t,y)$ 满足方程

$$\frac{\partial p(s,x,t,y)}{\partial t}=-(\nabla,\boldsymbol{a}(t,y)p(s,x,t,y))+\frac{1}{2}(\nabla,\nabla\boldsymbol{b}(t,y)p(s,x,t,y)) \tag{54}$$

证　设 $g(x)$ 是任意二次连续可微函数，并且在某一紧致集以外为 0. 仿照上一定理的证明可以断定，关于 x 一致有

$$\lim_{t_2\downarrow t,t_1\uparrow t}\frac{1}{t_2-t_1}\left[\int g(y)p(t_1,x,t_2,y)\mathrm{d}y-g(x)\right]=$$

$$(\boldsymbol{a}(t,x),\nabla)g(x)+\frac{1}{2}(\boldsymbol{b}(t,x)\nabla,\nabla)g(x)$$

根据定理的条件和上式可得

$$\frac{\partial}{\partial t}\int p(s,x,t,y)g(y)\mathrm{d}y=\lim_{t_1\uparrow t,t_2\downarrow t}\frac{1}{t_2-t_1}\int[p(s,x,t_2,y)-p(s,x,t_1,y)]g(y)\mathrm{d}y=$$

$$\lim_{t_1\uparrow t,t_2\downarrow t}\int p(s,x,t_1,y)\left[\frac{1}{t_2-t_1}\int_{\mathscr{R}^m}p(t_1,y,t_2,z)g(z)\mathrm{d}z-g(y)\right]\mathrm{d}y=$$

$$\int p(s,x,t,y)\left[(\boldsymbol{a}(t,y),\nabla)g(y)+\frac{1}{2}(\boldsymbol{b}(t,y)\nabla,\nabla)g(y)\right]\mathrm{d}y$$

对上式作分部积分，得

$$\int\frac{\partial}{\partial t}p(s,x,t,y)g(y)\mathrm{d}y=-\int[(\nabla,p(s,x,t,y)\boldsymbol{a}(t,y))\cdot$$

$$\frac{1}{2}(\nabla,\nabla\,p(s,x,t,y)\boldsymbol{b}(t,y))]g(y)\mathrm{d}y$$

由于函数 $g(y)$ 的任意性，由上式即得方程(54). 定理得证.

§2　马尔科夫随机函数

定义和简单性质　在随机过程(Ⅰ)中引进了马尔科夫过程的定义. 在这

一节里我们以更一般的形式重述这一定义. 但是,凡是以前称为马尔科夫过程的地方,这里称马尔科夫函数. 这是因为,习惯上所谓马尔科夫过程指的不是一个过程,而是指以一定方式相联系的随机过程的全体. 按照下面所用的术语,马尔科夫随机函数只不过是和所说的马尔科夫过程相对应的、全部随机过程中的一个.

在这一节里只限于给出和不中断马尔科夫过程相对应的定义.

设$\{\Omega,\mathfrak{S},P\}$是一概率空间. 考虑定义在$\mathscr{I}$上取值于某一可测空间$\{\mathscr{X},\mathfrak{B}\}$的随机函数$\xi(t,\omega)$(或$\xi(t)$),$t\in\mathscr{I},\omega\in\Omega$. 这里$\mathscr{I}$是实数轴(其中包括点$+\infty$和$-\infty$)的子集(即$\mathscr{I}\subset[-\infty,+\infty]$). 记$\xi_\omega(t)$为随机函数$\xi(t,\omega)$的$\omega$截口(即固定$\omega$,视其为$t$的函数),或(在不至引起误解时)简记为$\xi(t)$;记$\xi_t(\omega)$或$\xi_t$为它的$t$截口(即固定$t$,视其为$\omega$的函数).

如果$\{\mathfrak{S}_t,t\in\mathscr{I}\}$是一$\sigma$代数流(即对任意$t,t_1,t_2\in\mathscr{I},\mathfrak{S}_t\subset\mathfrak{S}$,当$t_1<t_2$时,$\mathfrak{S}_{t_1}\subset\mathfrak{S}_{t_2}$),而(对每个$t\in\mathscr{I}$)$\xi_t$为$\mathfrak{S}_t$可测,则说随机函数$\xi(t,\omega)$适应$\sigma$代数流$\mathfrak{S}_t$.

定义 1 称取值于$\{\mathscr{X},\mathfrak{B}\}$的随机函数$\xi(t,\omega),t\in\mathscr{I}$,关于$\sigma$代数流$\{\mathfrak{S}_t,t\in\mathscr{I}\}$为马尔科夫函数($\mathfrak{S}_t$马尔科夫函数),如果它适应$\sigma$代数流$\{\mathfrak{S}_t,t\in\mathscr{I}\}$,并且对所有$s$和$t,s\leqslant t(s,t\in\mathscr{I})$,及$B(B\in\mathfrak{B})$有

$$P\{\xi(t)\in B\mid\mathfrak{S}_s\}=P\{\xi(t)\in B\mid\xi(s)\}(\bmod P)\tag{1}$$

条件(1)等价于下列条件:对任意$s,t,S(s<t,s,t\in\mathscr{I},S\in\mathfrak{S}_s)$下列等式成立

$$\int_S P\{\xi(t)\in B\mid\xi(s)\}\mathrm{d}P=P\{[\xi(t)\in B]\cap S\}\tag{2}$$

关于条件(1)的概率意义在第一卷中已有说明. 简而言之,条件(1)表明,对于随机元素来说,σ代数流$\mathfrak{S}_u(u\leqslant s)$描绘试验流所能提供的信息,和在时刻$s$对随机函数值的一次观测所提供的信息,二者是相同的.

由马尔科夫函数的定义可知,如果$t_i\in\mathscr{I},t_1<t_2<\cdots<t_n\leqslant t$,则

$$P\{\xi(t)\in B\mid\xi(t_1),\cdots,\xi(t_n)\}=P\{\xi(t)\in B\mid\xi(t_n)\}(\bmod P)\tag{3}$$

此外,设$\{\mathfrak{F}_t,t\in\mathscr{I}\}$是一$\sigma$代数流,$\mathfrak{F}_t\subset\mathfrak{S}_t,t\in\mathscr{I}$,而$\xi(t)$为$\mathfrak{F}_t$可测. 那么,$\mathfrak{S}_t$马尔科夫函数同时也是$\mathfrak{F}_t$马尔科夫函数.

引进下列记号

$$\mathfrak{N}_t^s=\sigma\{\xi(u),u\in\mathscr{I},s\leqslant u\leqslant t\}$$

$$\mathfrak{N}^s=\sigma\{\xi(u),u\in\mathscr{I},u\geqslant s\}$$

$$\mathfrak{N}_t=\sigma\{\xi(u),u\in\mathscr{I},u\leqslant t\}$$

由以前所述可知,马尔科夫函数都是$\mathfrak{N}_t$马尔科夫函数. 这种情形最为重要,但是在解决一系列问题时,必须用更广的σ代数(例如,用它的完备化)来代

替 σ 代数 $\mathfrak{N}_t$.

定理 1 设 $\xi(t), t\in\mathscr{I}$,是取值于 $\{\mathscr{X},\mathfrak{B}\}$ 的随机函数,并且适应 σ 代数流 $\{\mathfrak{S}_t, t\in\mathscr{I}\}$. 下列命题等价:对任意 $s,t\in\mathscr{I}(s<t)$,有:

a) 对所有 $B\in\mathfrak{B}$

$$P\{\xi(t)\in B\mid\mathfrak{S}_s\}=P\{\xi(t)\in B\mid\xi(s)\}(\bmod P) \tag{4}$$

b) 对任意有界 $\mathfrak{B}$ 可测函数 $f(x)(x\in\mathscr{X})$

$$E\{f(\xi(t))\mid\mathfrak{S}_s\}=E\{f(\xi(t))\mid\xi(s)\}(\bmod P) \tag{5}$$

c) 对任意有界 $\mathfrak{N}^t$ 可测随机变量 η

$$E\{\eta\mid\mathfrak{S}_t\}=E\{\eta\mid\xi(t)\}(\bmod P) \tag{6}$$

d) 对任意 $A\in\mathfrak{N}^t$ 和 $C\in\mathfrak{S}_t$

$$P\{A\cap C\mid\xi(t)\}=P\{A\mid\xi(t)\}P\{C\mid\xi(t)\}(\bmod P) \tag{7}$$

证 假设a) 成立. 记 K_1 为使b) 成立的 $\mathfrak{B}$ 可测函数的全体. 由 a) 可知,K_1 包含 $\mathfrak{B}$ 可测集的示性函数;由条件数学期望的性质可知,K_1 是线性的,并且对非负函数的单调非降序列的极限封闭. 所以,K_1 包含所有 $\mathfrak{B}$ 可测的非负函数和 $\mathfrak{B}$ 可测的有界函数.

现证由 b) 可以推出 c). 注意式(5) 的下列特殊情形:如果 $t_1<t_2<\cdots<t_n\leqslant t$,则

$$E\{f(\xi(t))\mid\xi(t_1),\xi(t_2),\cdots,\xi(t_n)\}=E\{f(\xi(t))\mid\xi(t_n)\} \tag{8}$$

记 K_2 为使式(6) 成立的随机变量 η 的全体. K_2 是线性的,并且对非负随机变量的单调非降序列的极限封闭.

设 $f_k(x)$ 是有界 $\mathfrak{B}$ 可测函数$(k=1,2,\cdots,n)$,$t\leqslant t_1<t_2<\cdots<t_n$. 那么

$$\begin{aligned}E\{\prod_{k=1}^{2}f_k(\xi(t_k))\mid\mathfrak{F}_t\}=&E\{f_1(\xi(t_1))E[f_2(\xi(t_2))\mid\mathfrak{F}_{t_1}]\mid\mathfrak{F}_t\}=\\&E\{f_1(\xi(t_1))E[f_2(\xi(t_2))\mid\xi(t_1)]\mid\mathfrak{F}_t\}=\\&E\{f_1(\xi(t_1))E[f_2(\xi(t_2))\mid\xi(t_1)]\mid\xi(t)\}=\\&E\{E[f_1(\xi(t_1))f_2(\xi(t_2))\mid\xi(t),\xi(t_1)]\mid\xi(t)\}=\\&E\{\prod_{k=1}^{2}f_k(\xi(t_k))\mid\xi(t)\}\end{aligned}$$

以下利用数学归纳法. 假设

$$E\{\prod_{k=1}^{n}f_k(\xi(t_k))\mid\mathfrak{F}_t\}=E\{\prod_{k=1}^{n}f_k(\xi(t_k))\mid\xi(t)\}$$

通过类似的推导可得

$$\begin{aligned}E\{\prod_{k=1}^{n+1}f_k(\xi(t_k))\mid\mathfrak{F}_t\}=&E\{f_1(\xi(t_1))E[\prod_{2}^{n+1}f_k(\xi(t_k))\mid\mathfrak{F}_{t_1}]\mathfrak{F}_t\}=\\&E\{f_1(\xi(t_1))E[\prod_{2}^{n+1}f_k(\xi(t_k))\mid\xi(t_1)]\mathfrak{F}_t\}=\end{aligned}$$

$$E\{E[\prod_{k=1}^{n+1} f_k(\xi(t_k)) \mid \xi(t),\xi(t_1)] \mid \xi(t)\} =$$

$$E\{\prod_{k=1}^{n+1} f_k(\xi(t_k)) \mid \xi(t)\}$$

从而，对于形如 $\eta=\prod_{k=1}^{n} f_k(\xi(t_k))$（其中 f_k 是任意 $\mathfrak{B}$ 可测函数）的随机变量 η 证得式(6). 特别，K_2 包含形如 $D=\bigcap_{k=1}^{n} \{\omega:\xi(t_k) \in B_k\}$（其中 $B_k \in \mathfrak{B}, t_k \geqslant t$）的集合的示性函数及其线性组合. 因为任意有界 $\mathfrak{N}^t$ 可测函数都可以用 P 几乎处处收敛的这样一些函数序列来逼近，所以 K_2 包含所有有界 $\mathfrak{N}^t$ 可测函数.

现在来证明，由 c) 可以推出 d). 如果 $A \in \mathfrak{N}^t, C \in \mathfrak{S}_t, D=\{\omega:\xi(t) \in B\}$，则

$$P(A \cap C \cap D)=\int_{C\cap D} P\{A \mid \mathfrak{S}_t\}\mathrm{d}P =$$

$$\int_{\Omega} \chi(C)\chi(D)P\{A \mid \xi(t)\}\mathrm{d}P =$$

$$\int_{\Omega} E\{\chi(C)\chi(D)P[A \mid \xi(t)] \mid \xi(t)\}\mathrm{d}P =$$

$$\int_{\Omega} \chi(D)P\{A \mid \xi(t)\}E\{\chi(C) \mid \xi(t)\}\mathrm{d}P$$

由此得等式

$$P(A \cap C \cap D)=\int_{D} P\{A \mid \xi(t)\}P\{C \mid \xi(t)\}\mathrm{d}P$$

而式(7) 是它的推论.

最后证明，由 d) 推出 a). 事实上，对任意 $C \in \mathfrak{S}_t, A \in \mathfrak{N}^t$，有

$$P(A \cap C)=\int_{\Omega} P(A \cap C \mid \xi(t))\mathrm{d}P =$$

$$\int_{\Omega} P(A \mid \xi(t))P(C \mid \xi(t))\mathrm{d}P =$$

$$\int_{\Omega} E\{P(A \mid \xi(t))\chi(C) \mid \xi(t)\}\mathrm{d}P$$

因而

$$P(A \cap C)=\int_{\Omega} P(A \mid \xi(t))\chi(C)\mathrm{d}P=\int_{C} P(A \mid \xi(t))\mathrm{d}P$$

由此可见，$P(A \mid \mathfrak{S}_t)=P(A \mid \xi(t))(\bmod P)$. 定理证完.

注 对于 $\mathfrak{N}_t$ 马尔科夫函数，等式(7) 关于计时方向对称：“将来”和“过去”作用相同. 这就是说，对给定的 $\xi(t)$，σ 代数 $\mathfrak{N}_t$ 和 $\mathfrak{N}_t$ 条件独立. 这种对称性在马尔科夫过程的原定义中并未明显地表现出来.

转移概率 条件概率 $P\{\xi(t) \in B \mid \xi(s)\}$ 是 $s,\xi(s),t$ 以及 B 的函数. 确切

地说，存在一自变量 x 的 $\mathfrak{B}$ 可测函数 $\varphi(s,x,t,B)$，使

$$P\{\xi(t)\in B\mid\xi(s)\}=\varphi(s,\xi(s),t,B)(\mathrm{mod}\ P)$$

这时，对于任何可数个两两不相交的集 $B_n(B_n\in\mathfrak{B})$ 有

$$\varphi(s,\xi(s),t,\bigcup_1^\infty B_n)=\sum_1^\infty\varphi(s,\xi(s),t,B_n)(\mathrm{mod}\ P)$$

因为使此等式不成立的点 $\omega\in\Omega$ 的集合依赖于集合序列 $\{B_n\}$ 的选择，所以对固定的 s,t 和 ω，一般不能断定函数 $\varphi(s,\xi(s),t,\cdot)$ 是 $\mathfrak{B}$ 上的测度. 然而，存在重要而且相当一般的情形，使上述论断成立. 例如，由随机过程（Ⅰ）第一章 §3 的定理 3 可见：

如果 $\mathscr{X}$ 是完全可分度量空间，$\mathfrak{B}$ 是 $\mathscr{X}$ 的 Borel 子集的 σ 代数，则存在这样的函数 $P(s,x,t,B)(s,t\in\mathscr{I},x\in\mathscr{X},B\in\mathfrak{B})$：对固定的 s,t 和 B，它是 x 的 $\mathfrak{B}$ 可测函数；它是 $\mathfrak{B}$ 上的测度，使

$$P\{\xi(t)\in B\mid\xi(s)\}=P\{s,\xi(s),t,B\}(\mathrm{mod}\ P)\tag{9}$$

假设满足式(9) 的函数 $P(s,x,t,B)$ 存在. 那么不难验证，可以通过对测度 $P(s,x,t,\cdot)$ 的积分来求形如 $f(\xi(t_1),\xi(t_2),\cdots,\xi(t_n))$ 的随机变量的数学期望. 首先有

$$E\{f(\xi(t))\mid\xi(s)\}=\int f(x)P(s,\xi(s),t,\mathrm{d}x)\tag{10}$$

（见随机过程（Ⅰ）第一章 §3 定理 2）.

在作进一步的推导时，要用到条件数学期望的下列性质.

引理 1 设 $f(x_1,x_2)$ 是有界的 $\mathfrak{B}_1\times\mathfrak{B}_2$ 可测函数，其中 $x_i\in\mathscr{X}_i$，$\{\mathscr{X}_i,\mathfrak{B}_i\}$ 是可测空间；设 ξ_i 是在 $\{\mathscr{X}_i,\mathfrak{B}_i\}$ 中取值的随机元素，其中 ξ_1 为 $\mathfrak{F}$ 可测. 那么

$$E\{f(\xi_1,\xi_2)\mid\mathfrak{F}\}=E\{f(x_1,\xi_2)\mid\mathfrak{F}\}\mid_{x_1=\xi_1}(\mathrm{mod}\ P)$$

（见随机过程（Ⅰ），第一章 §3）.

由这个引理、等式(10) 和马尔科夫函数的定义可知，当 $s\leqslant t_1<t_2<\cdots<t_n$ 时，下列等式成立

$$\begin{aligned}&E\{f(\xi(t_1),\xi(t_2),\cdots,\xi(t_n))\mid\mathfrak{S}_s\}=\\&E\{E[f(\xi(t_1),\xi(t_2),\cdots,\xi(t_n))\mid\mathfrak{S}_{t_{n-1}}]\mid\mathfrak{S}_s\}=\\&E\{\int f(\xi(t_1),\cdots,\xi(t_{n-1}),x_n)P(t_{n-1},\xi(t_{n-1}),t_n,\mathrm{d}x)\mid\mathfrak{S}_s\}\end{aligned}\tag{11}$$

从而

$$\begin{aligned}&E\{f(\xi(t_1),\xi(t_2),\cdots,\xi(t_n))\mid\xi(s)\}=\\&\int P(s,\xi(s),t_1,\mathrm{d}x_1)\int P(t_1,x_1,t_2,\mathrm{d}x_2)\cdots\\&\int f(x_1,x_2,\cdots,x_n)P(t_{n-1},x_{n-1},t_n,\mathrm{d}x_n)\end{aligned}\tag{12}$$

特别,若在(12) 中令 $n=2, f(x_1, x_2)=\chi(B, x_2)$,则得

$$P(s,\xi(s),t_2,B)=\int P(s,\xi(s),t_1,\mathrm{d}x)\cdot P(t_1,x_1,t_2,B)(\bmod P)$$

在许多场合,可以认为函数 $P(s,x,t,B)$ 相当好,以致在把 $\xi(s)$ 换成 $x(x\in\mathscr{X}$任意)之后,上面的等式仍然成立. 于是概率 $P(s,x,t,B)$ 满足 Колмогоров－Chapman 方程

$$P(s,x,t_2,B)=\int P(t_1,x_1,t_2,B)P(s,x,t_1,\mathrm{d}x_1) \tag{13}$$

注意,对马尔科夫函数 $\xi(t)$ 有

$$P(s,\xi(s),t,\mathscr{X})=1$$

$$P(s,\xi(s),s,B)=\chi(B,\xi(s))(\bmod P)$$

其中$\chi(B,x)$ 是集合 B 的示性函数.

定义 2 函数 $P(s,x,t,B)$ 称为马尔科夫函数的转移概率,如果它满足(9),并且具有下列性质:

a)$P(s,x,t,\mathscr{X})=1$; (14)

b) 作为 x 的函数,它 $\mathfrak{B}$ 可测;

c) 当 $s\leqslant t_1\leqslant t_2$ 时,它满足 Колмогоров－Chapman 方程.

注意,以后我们还要讨论条件(14) 不成立的情形.

§3 马尔科夫过程

定义 前面给出的马尔科夫函数的定义,在许多情形下是不够用的. 首先需要研究的理论概率对象有时是一组相互联系的随机过程. 例如,刻画某体系在它的相空间运动(或进化) 时,就会出现这样的情形:运动可以在任意时刻自相空间的任意一点开始,并且要研究一切可能的运动.

为了研究这样的对象,需要引进马尔科夫过程的概念,现概括地表述如下. 假设已给一时间 t 和基本事件 ω 的函数 $\xi(t,\omega)$ 以及一概率测度族$\{P_{s,x}\}$:$\xi(t,\omega)$ 取值于体系的相空间,而每一个测度 $P_{s,x}$ 决定在时刻s 自点x 开始的运动的概率性质. 由过程的马尔科夫性(或无后效性) 知下面的描述是合理的:如果体系在时刻 s 位于点 x,则它以后的进化完全决定于测度 $P_{s,x}$,而不依赖时刻 s 以前关于体系运动的补充信息.

此外,在马尔科夫过程的定义中,最好明显地分出体系的一个特别状态,使它对应于体系从相空间消失的情形(体系“流向无穷”或“灭绝”).

从现在起到这一章的末尾(本节的最后一小节除外),总设时间区间 $\mathscr{I}=[0,$

$\infty)$.

这样,假设已知:

a) 可测空间$\{\mathscr{X},\mathfrak{B}\}$,点 $\mathfrak{b}\overline{\in}\mathscr{X}$;$\{\mathscr{X},\mathfrak{B}\}$(或 $\mathscr{X}$)称为体系(过程)的相空间;令 $\mathscr{X}_{\mathfrak{b}}=\mathscr{X}\cup\{\mathfrak{b}\}$,记 $\mathfrak{B}_{\mathfrak{b}}$ 为 $\mathscr{X}_{\mathfrak{b}}$ 中包含 $\mathfrak{B}$ 和单点集$\{\mathfrak{b}\}$ 的最小 σ 代数;

b) 可测空间$\{\Omega,\mathfrak{S}\}$ 和 σ 代数族$\{\mathfrak{S}_t^s,0\leqslant s\leqslant t\leqslant\infty\}$:$\mathfrak{S}_t^s\subset\mathfrak{S}_v^u\subset\mathfrak{S},0\leqslant u\leqslant s\leqslant t\leqslant v$;记 $\mathfrak{S}_t^0\equiv\mathfrak{S}_t,\mathfrak{S}_\infty^t\equiv\mathfrak{S}^s$;

c) $\mathfrak{S}^s$ 上的概率测度 $P_{s,x}$,$(s,x)\in[0,\infty)\times\mathscr{X}_{\mathfrak{b}}$;

d) 定义在$[0,\infty)\times\Omega$ 上、取值于 $\mathscr{X}_{\mathfrak{b}}$ 的函数 $\xi(t,\omega)$,它具有下列性质:如果对某一对(t_0,ω_0) 有 $\xi(t_0,\omega_0)=\mathfrak{b}$,则对所有 $t>t_0$ 有 $\xi(t,\omega)=\mathfrak{b}$.

有时对于 $t=\infty$ 补定义 $\xi(t,\omega)$ 的值是适宜的.为此我们规定 $\xi(\infty,\omega)=\mathfrak{b}$.以后,有时把 $\xi(t,\omega)$ 写为 $\xi(t)$,ξ_t 或 $\xi_t(\omega)$.由 a) ~ d) 所表征的一组对象简记为$\{\xi(t,\omega),\mathfrak{S}_t^s,P_{s,x}\}$.

设$\{\mathscr{X},\mathfrak{B}\}$ 和$\{\Omega,\mathfrak{S}\}$ 为任意可测空间.以 $\mathfrak{S}\mid\mathfrak{B}$ 表从$\{\Omega,\mathfrak{S}\}$ 到$\{\mathscr{X},\mathfrak{B}\}$ 的可测映射的全体.

定义 1 称对象组$\{\xi(t,\omega),\mathfrak{S}_t^s,P_{s,x}\}$ 为马尔科夫过程,如果:

a) 对每个 $t\in[0,\infty)$,$\xi_t(\omega)\in\mathfrak{S}_t^t\mid\mathfrak{B}_{\mathfrak{b}}$;

b) 对任意固定的 $s,t,B(0\leqslant s\leqslant t,B\in\mathfrak{S})$ 作为 x 的函数 $P(s,x,t,B)=P_{s,x}\{\xi(t)\in B\}$ 为 $\mathfrak{B}$ 可测;

c) 对所有 $s\geqslant 0,x\in\mathscr{X}_{\mathfrak{b}},P_{s,x}\{\xi(s)\in\mathscr{X}\setminus x\}=0$;

d) 对所有 $s,t,u,0\leqslant s\leqslant t\leqslant u<\infty,x\in\mathscr{X}_{\mathfrak{b}}$ 和 $B\in\mathfrak{B}_{\mathfrak{b}}$,有

$$P_{s,x}\{\xi(u)\in B\mid\mathfrak{S}_t^s\}=P_{t,\xi(t)}\{\xi(u)\in B\}$$

前面已经指出,当 $t\geqslant s$ 时,如果在时刻 s 体系位于 x,则应把 $P_{s,x}$ 看成决定它在相空间中运动的概率规律;条件 d) 表示过程的马尔科夫性;条件 c) 表示 $\xi(s)=x$ 或 $\xi(s)=\mathfrak{b}(\bmod P_{s,x})$.按说条件

$$P_{s,x}\{\xi(s)=x\}=1\tag{1}$$

是比较自然的.但是,在一些问题中我们希望马尔科夫过程的轨道是右连续的.为此,不得不设想比条件(1) 更一般的条件.

满足条件(1) 的马尔科夫过程称为正规的.

当 $x=\mathfrak{b}$ 时,由条件 c) 和函数 $\xi(t)$ 的性质可知,对 $t\geqslant s$ 有

$$P_{s,\mathfrak{b}}\{\xi(t)=\mathfrak{b}\}=1$$

这意味着,$\mathfrak{b}$ 是过程的吸收状态:体系在相空间中运动直到它"灭绝"(或从相空间消失)为止;这时它落入状态 $\mathfrak{b}$,并从此永远停留在该状态.如果集$\{t:\xi(t,\omega)=\mathfrak{b}\}$ 不空,则令

$$\zeta(\omega)=\inf\{t:\xi(t,\omega)=\mathfrak{b}\}$$

否则令 $\zeta(\omega)=\infty$.因为$\{\zeta(\omega)>t\}=\{\xi(t)\neq\mathfrak{b}\}\in\mathfrak{S}_t$,故 $\zeta(\omega)$ 关于$\{\mathfrak{S}_t\}$ 是随

机时间. 这时

$$\xi(t)\begin{cases}\neq \mathfrak{b} & 当\ t<\zeta(\omega)\\ \equiv \mathfrak{b} & 当\ t>\zeta(\omega)\end{cases}$$

定义 2 随机时间 ζ 称为马尔科夫过程的生存时间.

仍以 $\mathfrak{N}_t^s$ 表示随机元素 $\xi(u)(u\in[s,t],s\leqslant t)$ 产生的 σ 代数,而 $\mathfrak{N}^s=\mathfrak{N}_\infty^s$, $\mathfrak{N}_s=\mathfrak{N}_s^0$. 假设 η 为 $\mathfrak{N}^t$ 可测随机变量. 记 $E_{s,x}\eta$ 为随机变量 η 对测度 $P_{s,x}$ 的数学期望(如果它存在).

引理 1 如果 η 是有界(非负)$\mathfrak{N}^s$ 可测随机变量,则 $E_{s,x}\eta$ 是自变量 x 的 $\mathfrak{B}$ 可测函数.

证 由函数 $P(s,x,t,B)$ 对 x 的 $\mathfrak{B}$ 可测性即可推出引理的结论,这可用标准方法证明之. 使引理结论成立的随机变量组成线性单调类. 因此,只需对形如 $f(\xi(t_1),\cdots,\xi(t_n))$ 的随机变量证明引理,其中 $0\leqslant t_1\leqslant t_2\leqslant\cdots\leqslant t_n<t$,而 $f(x_1,\cdots,x_n)$ 是有界 $\mathfrak{B}^n$ 可测函数. 由逼近定理可知,为此可以只局限于形如 $\prod_{k=1}^n f_k(x_k)$ 的函数 $f(x_1,\cdots,x_n)$,其中 $f_k(x)\in b(\mathfrak{B})$. 当 $n=1$ 时,有

$$g(x)=\int f_1(y)P(s,x,t,\mathrm{d}y)$$

函数 $g(x)$ 为 $\mathfrak{B}$ 可测:因为满足此条件的函数 g 的集合是线性的,并且对单调非负函数序列的极限封闭,而且由引理的条件知,它包含 $\mathfrak{B}$ 可测集的示性函数. 为结束证明,现在只需利用数学归纳法和 §2 的式(12). 由此

$$\begin{aligned}E_{s,x}\Big(\prod_{k=1}^n f_k(\xi(t_k))\Big)=&\int P(s,x,t_1,\mathrm{d}y_1)f(y_1)\cdot\\&\int P(t_1,y_1,t_2,\mathrm{d}y_2)f(y_2)\cdot\cdots\cdot\\&\int P(t_{n-1},y_{n-1},t_n,\mathrm{d}y_n)f(y_n)\end{aligned}$$

由马尔科夫过程的定义可知,对任意 x,概率空间 $\{\Omega,\mathfrak{S}^s,P_{s,x}\}$ 上的函数 $\xi(t,\omega)$ 关于 σ 代数流 $\{\mathfrak{S}_t^s\}$ 是马尔科夫随机函数,其中 $t\geqslant s$.

除此之外,设 q 是 $\mathfrak{B}_\mathfrak{b}$ 上的任一概率测度. 对任意 $C\in\mathfrak{N}^s$ 令

$$P_{s,q}(C)=\int_{\mathscr{X}_\mathfrak{b}}P_{s,x}(C)q(\mathrm{d}x)\tag{2}$$

由引理 1 可知此定义合理. 显然,$P_{s,q}(C)$ 是 $\mathfrak{N}^s$ 上的测度. 其次,如果 $s\leqslant t\leqslant u$, $C\in\mathfrak{N}_t^s$ 和 $B\in\mathfrak{B}_\mathfrak{b}$,则

$$\begin{aligned}P_{s,q}(\{\xi(u)\in B\}\cap C)=&\int_{\mathscr{X}_\mathfrak{b}}P_{s,x}(\{\xi(u)\in B\}\cap C)q(\mathrm{d}x)=\\&\int_{\mathscr{X}_\mathfrak{b}}\int_C P_{t,\xi(t)}(\{\xi(u)\in B\})\mathrm{d}P_{s,x}q(\mathrm{d}x)=\end{aligned}$$

$$\int_C P_{t,\xi(t)}(\{\xi(u)\in B\})\mathrm{d}P_{s,q}$$

其中最后一个等式成立是根据 §1 引理 2. 由此可见

$$P_{s,q}(\{\xi(u)\in B\}\mid \mathfrak{N}_t^s)=P_{t,\xi(t)}(\{\xi(u)\in B\})(\mathrm{mod}\ P_{s,q})$$

引理 2 假设 q 是 $\mathfrak{B}_{\mathfrak{b}}$ 上的任一测度，$q(\mathscr{X}_{\mathfrak{b}})=1$. 那么，函数 $\xi(t,\omega)$，$t\geqslant s$，关于 σ 代数流 $\{\mathfrak{N}_t^s,t\geqslant s\}$ 是概率空间 $\{\Omega,\mathfrak{N}^s,P_{s,q}\}$ 上的马尔科夫随机函数，取值于 $\mathscr{X}_{\mathfrak{b}}$.

在某些场合，要求函数 $P(s,x,t,B)$ 有更强的可测性.

记 $\mathscr{T}_t$ 为 $[0,t]$ 上 Borel 集的 σ 代数.

定义 3 称马尔科夫过程为弱可测的，如果对任意 $t>0$，作为 $(s,x)\in[0,t]\times\mathscr{X}$ 的函数，$P(s,x,t,B)(t\geqslant s)$ 为 $\mathscr{T}_t\times\mathfrak{B}$ 可测.

引理 3 如果马尔科夫过程弱可测，则：

a) 对任意 $\mathscr{T}_t\times\mathfrak{B}$ 可测函数 $f(s,x)$，函数 $g(s,x)=E_{s,x}f(s,\xi_t)$ 为 $\mathscr{T}_t\times\mathfrak{B}$ 可测；

b) 对任意 $\mathfrak{N}^t$ 可测随机变量 η，函数 $g(s,x)=E_{s,x}\eta$ 为 $\mathscr{T}_t\times\mathfrak{B}$ 可测.

证 仿照引理 1 的证明，只需对形如 $f(s,x)=h(s)\chi(B,x)$ 的函数 f 来验证命题 a)，其中 h 是有界的 $\mathscr{T}_t$ 可测函数，$B\in\mathfrak{B}$. 用与引理的证明相同的方法即可得命题 b).

基本 σ 代数的完备化 在马尔科夫过程的定义中要求函数 $\xi_t(\omega)\in\mathfrak{S}_t^s\mid\mathfrak{B}_{\mathfrak{b}}(s\leqslant t)$. 在有些场合重要的是使 $\xi_t(\omega)$ 为到空间 $\{\mathscr{X},\mathfrak{B}_{\mathfrak{b}}'\}$ 里的可测映射，其中 $\mathfrak{B}'$ 是比 $\mathfrak{B}$ 更广的 σ 代数；或者使对 $\mathfrak{N}_t^s$ 中的集成立的关系式，对于更广的集合类也成立. 在这一小节中我们将要证明，可以适当地扩张 σ 代数 $\mathfrak{S}_t^s$ 和 $\mathfrak{N}_t^s$，同时保留它们在马尔科夫过程的定义和性质中的作用；特别，这时 $\xi_t(\omega)$ 是到 $\{\mathscr{X}_{\mathfrak{b}},\mathfrak{B}_{\mathfrak{b}}^*\}$ 的可测映射，其中 $\mathfrak{B}^*$（一般）是 σ 代数 $\mathfrak{B}$ 的本质的扩张.

我们回忆 σ 代数关于某一测度的完备化的含意. 设 $\mathfrak{F}$ 是一 σ 代数，q 是它上面的测度. 说 $\mathfrak{F}$ 关于测度 q 是完备的（q 完备的），如果由 $A\subset B$，$B\in\mathfrak{F}$ 和 $q(B)=0$ 可知 $A\in\mathfrak{F}$.

如果 σ 代数 $\mathfrak{F}$ 不完备，则可以通过如下方法使其完备化. 我们这样来定义集组 $\mathfrak{F}^q$：如果 F_1 和 F_2 属于 $\mathfrak{F}$，$F_1\subset A\subset F_2$，而且 $q(F_2\setminus F_1)=0$，则令 $A\in\mathfrak{F}^q$.

容易证明，集组 $\mathfrak{F}^q$ 是 q 完备 σ 代数. 可以这样来表征 $\mathfrak{F}^q$ 中的集：$A\in\mathfrak{F}^q$ 当且仅当存在 $B\in\mathfrak{F}$，使 $A\triangle B$ 是 $\mathfrak{F}$ 的一零测集的子集.

设 Q' 是一测度族. 令

$$\mathfrak{F}^{Q'}=\bigcap_{q\in Q'}\mathfrak{F}^q$$

称 $\mathfrak{F}^{Q'}$ 为 σ 代数 $\mathfrak{F}$ 关于测度族 Q' 的完备化. 如果 $\mathfrak{F}^{Q}=\mathfrak{F}$，则说 σ 代数 $\mathfrak{F}$ 是 Q' 完备的.

也可以这样来叙述 $\mathfrak{F}^{Q'}$ 的定义：$F \in \mathfrak{F}Q'$ 当且仅当对任意 $q \in Q'$ 可以找到一个集合 $F_q \in \mathfrak{F}$，使 $F \triangle F_q \in \mathfrak{F}^q$，并且 $q(F \triangle F_q)=0$.

引理 4 实函数 f 为 $\mathfrak{F}^{Q'}$ 可测，当且仅当对任意 $q \in Q'$ 存在这样两个 $\mathfrak{F}$ 可测函数 f_1 和 f_2，使 $f_1 \leqslant f \leqslant f_2$，并且 $q\{f_2 - f_1 > 0\}=0$.

引理条件的充分性显然. 对于 $\mathfrak{F}^{Q'}$ 可测集的示性函数，可以直接由 $\mathfrak{F}^{Q'}$ 的定义得出它的必要性. 另一方面，满足引理条件的函数 f 的全体是线性单调系. 因而它包含所有 $\mathfrak{F}^{Q'}$ 可测函数.

如果 Q' 是 $\mathfrak{F}$ 上有穷测度的全体，则称 $\mathfrak{F}^{Q'}$ 中的集为 σ 代数 $\mathfrak{F}$ 产生的普遍可测集.

记 $\mathfrak{F}^*$ 为 $\mathfrak{F}$ 产生的普遍可测集的 σ 代数.

以后还要用到比 σ 代数关于给定测度族的完备化稍为复杂一些的概念.

定义 4 设 $\mathfrak{F}$ 和 $\mathfrak{S}$ 是 $\mathscr{X}$ 子集的 σ 代数，Q 是 $\mathfrak{S}$ 上一有穷测度族，$\mathfrak{F} \subset \mathfrak{S}^Q$. 设 $\widetilde{\mathfrak{F}}$ 是 F 集合类. 称 $\widetilde{\mathfrak{F}}$ 为 σ 代数 $\mathfrak{F}$ 关于测度族 Q' 在 $\mathfrak{S}^Q$ 中的完备化，如果对每个测度 q，存在集 $F_q \in \mathfrak{S}^{Q'}$，使

$$F \triangle F_q \in \mathfrak{S}^{Q'}, q(F \triangle F_q)=0$$

引理 5 设 $\mathfrak{F} \subset \mathfrak{S}$. 那么 $F \in \widetilde{\mathfrak{F}}$，当且仅当对任意测度 $q \in Q'$ 存在 $S_q \in \mathfrak{S}$，使 $q(S_q \triangle F)=0$.

证 如果 F 满足引理的条件，则根据定义 $F \in \widetilde{\mathfrak{F}}$. 另一方面，如果 $F \in \widetilde{\mathfrak{F}}$，则对任意 $q \in Q'$ 存在 $F_q \in \mathfrak{S}^{Q'}$，使 $q(F \triangle F_q)=0$. 此外，对给定的 q 和 $F_q \in \mathfrak{S}^{Q'}$ 存在 $S_q \in \mathfrak{S}$，使 $q(S_q \triangle F_q)=0$. 因为 $S_q \triangle F \subset (S_q \triangle F_q) \cup (F_q \triangle F)$，故 $q(F \triangle S_q)=0$. 引理得证.

在相空间 $\{\mathscr{X}, \mathfrak{B}\}$ 中考虑某一马尔科夫过程 $\{\xi(t,\omega), \mathfrak{S}_t^s, P_{s,x}\}$. 记 $\mathfrak{B}^*$ 为 σ 代数 $\mathfrak{B}_b$ 所产生的普遍可测集的 σ 代数. 设 $\overline{\mathfrak{S}}^s$ 是 $\mathfrak{S}^s$ 关于测度族 $\{P_{u,x}, x \in \mathscr{X}, u \leqslant s\}$ 的完备化，而 $\overline{\mathfrak{S}}_t^s$ 是 $\mathfrak{S}_t^s$ 关于该测度族在 $\overline{\mathfrak{S}}^s$ 中的完备化，显然，当 s 增大时，$\overline{\mathfrak{S}}^s$ 和 $\overline{\mathfrak{S}}_t^s$ 单调不增，而当 t 增大时，$\overline{\mathfrak{S}}_t^s$ 单调不降. 类似，记 $\widetilde{\mathfrak{N}}^s$ 为 $\mathfrak{N}^s$ 关于测度族 $\{P_{u,q}, q \in Q', u \leqslant s\}$ 的完备化，其中 Q' 是 $\mathfrak{B}_b^*$ 上有穷测度的全体；$\widetilde{\mathfrak{N}}_t^s$ 是 $\mathfrak{N}_t^s$ 关于上述测度族在 $\widetilde{\mathfrak{N}}^s$ 中的完备化. 显然 $\overline{\mathfrak{S}}_t^s \supset \widetilde{\mathfrak{N}}_t^s$. 不难看出，在 $\widetilde{\mathfrak{N}}^s$ 和 $\widetilde{\mathfrak{N}}_t^s$ 的定义中，可以用测度族 $\{P_{s,q}, q \in Q'\}$ 来代替测度族 $\{P_{u,q}, q \in Q', u \leqslant s\}$.

引理 6 如果 η 是有界 $\widetilde{\mathfrak{N}}^s$ 可测随机变量，则 $E_{s,x}\eta$ 是 x 的 $\mathfrak{B}_b^*$ 可测函数.

证 设 q 是 $\{\mathscr{X}_b, \mathfrak{B}_b\}$ 上的一任意测度. 那么，对于给定的有界 $\widetilde{\mathfrak{N}}^s$ 可测随机变量 η，可以找到两个有界 $\mathfrak{N}^s$ 可测随机变量 η_1 和 η_2，$\eta_1 \leqslant \eta \leqslant \eta_2$，使 $E_{s,q}(\eta_2 - \eta_1)=0$（引理 4）. 因为

$$\int (E_{s,x}\eta_2 - E_{s,x}\eta_1) q(\mathrm{d}x) = E_{s,q}(\eta_2 - \eta_1) = 0$$

$$E_{s,x}\eta_2 - E_{s,x}\eta_1 \geqslant 0$$

$$E_{s,x}\eta_1 \leqslant E_{s,x}\eta \leqslant E_{s,x}\eta_2, E_{s,x}\eta_i \in b(\mathfrak{B}_{\mathfrak{b}}) \quad (i=1,2)$$

故由引理 1 知 $E_{s,x}\eta$ 为 $\mathfrak{B}_{\mathfrak{b}}^*$ 可测随机变量.

引理 7　设$\{\mathscr{X}_i, \mathfrak{B}_i\}$是可测空间,$Q'$ 是 $\mathfrak{B}_i$ 上的测度族,$i=1,2$. 如果 $f \in \mathfrak{B}_1 \mid \mathfrak{B}_2$,并且对任意测度 $q \in Q_1'$ 有 $qf^{-1} \in Q_2'$,则 $f \in \mathfrak{B}_1^{Q_1'} \mid \mathfrak{B}_2^{Q_2'}$.

证　需要证明,对任意集 $\widetilde{B} \in \mathfrak{B}_2^{Q_2'}$ 有 $f^{-1}(\widetilde{B}) \in \mathfrak{B}_1^{Q_1'}$. 设 $q \in Q_1'$. 那么 $q' = qf^{-1} \in Q_2'$,并且存在集 $A_{q'}, B_{q'}$ 和 $C_{q'} \in \mathfrak{B}_2$,使

$$C_{q'} \setminus A_{q'} \subset \widetilde{B} \subset C_{q'} \cup B_{q'}, q'(A_{q'}) = q'(B_{q'}) = 0$$

设 $C_q = f^{-1}(C_{q'}), A_q = f^{-1}(A_{q'}), B_q = f^{-1}(B_{q'})$. 那么

$$C_q \setminus A_q \subset f^{-1}(\widetilde{B}) \subset C_q \cup B_q, q(A_q) = q(B_q) = 0$$

从而引理得证.

系　$\xi_t(\omega) \in \widetilde{\mathfrak{N}}_t^s \mid \mathfrak{B}_{\mathfrak{b}}^*$.

定理 1　如果 $\eta \in b(\widetilde{\mathfrak{N}^t}), t > s$,则

$$E_{s,x}\{\eta \mid \overline{\mathfrak{S}}_t^s\} = E_{t,\xi(t)}\eta$$

证　由引理 6 和引理 7 的系可知,$E_{t,\xi(t)}\eta$ 为 $\widetilde{\mathfrak{N}}_t^s$ 可测,从而 $\overline{\mathfrak{S}}_t^s$ 为可测随机变量. 因此,只需证明,对任意集 $C \in \overline{\mathfrak{S}}_t^s$ 成立等式

$$\int_C \eta \mathrm{d}P_{s,x} = \int_C E_{t,\xi(t)}\eta \mathrm{d}P_{s,x} \tag{3}$$

至于式(3),则只需要证明对所有 $C \in \mathfrak{S}_t^s$ 成立(因为对任何测度 $P_{s,x}$,$\overline{\mathfrak{S}}_t^s$ 中的集和 $\mathfrak{S}_t^s$ 中相应的集只相差一 $P_{s,x}$ 零测子集).

在 $\mathfrak{B}_{\mathfrak{b}}^*$ 上定义一测度 q:$q(B) = P_{s,x}\{\xi(t) \in B\}$. 那么,对于有界的 $\widetilde{\mathfrak{N}}^t$ 可测随机变量 η 有

$$E_{t,q}\eta = \int E_{t,y}\eta q(\mathrm{d}y) = E_{s,x}E_{t,\xi(t)}\eta$$

设 $\zeta \in b(\mathfrak{N}^t)$,$\{\omega : \eta \neq \zeta\} \subset A \in \mathfrak{N}^t$,$P_{s,q}(A) = 0$,则

$$E_{s,x}E_{t,\xi(t)} \mid \eta - \xi \mid = \int E_{t,y} \mid \eta - \zeta \mid q(\mathrm{d}y) = 0$$

因此,只要对随机变量 ζ 证明式(3). 但由马尔科夫过程的一般性质可知它是成立的.

系　对象组$\{\xi(t,\omega), \overline{\mathfrak{S}}_t^s, P_{s,x}\}$是马尔科夫过程,$\{\mathscr{X}, \mathfrak{B}_{\mathfrak{b}}^*\}$是它的相空间.

在很多场合,下面的命题,即所谓 $0-1$ 律是很有用的.

定理 2　设 $B \in \mathfrak{N}_s^s$. 那么 $P_{s,x}(B) = 0$ 或 1.

定理的证明十分简单. 因为 $B \in \mathfrak{S}_s$,而且 $B \in \mathfrak{N}^s$,故由 σ 代数 $\mathfrak{S}^s$ 和 $\mathfrak{N}^s$ 的条件独立性可知(见 § 2(7)):$P_{s,x}(B) = P_{s,x}(B \cap B) = P_{s,x}(B) \cdot P_{s,x}(B)$,而这当且仅当 $P_{s,x}(B) = 0$ 或 1 时才成立.

对任意 σ 代数流$(\mathfrak{F}_t, t \geqslant 0)$,记

$$\mathfrak{F}_{t+} = \bigcap_{\delta > 0} \mathfrak{F}_{t+\delta}$$

有时，过程不但关于族$\{\mathfrak{S}_t^s\}$是马尔科夫的，而且关于族$\{\mathfrak{S}_{t+}^s\}$也是马尔科夫的. 例如，标准马尔科夫过程（见 §6），或满足 §4 定理 7 的条件的过程，都属于这种情形.

这时，如果$B \in \mathfrak{N}_s^s$，则$B \in \mathfrak{S}_{s+}^s$，$B \in \mathfrak{N}^s$. 此外，仿照上一定理可以得到它更强的结果.

定理 2a 如果过程关于 σ 代数族$\{\mathfrak{S}_{t+}^s\}$是马尔科夫的，则对$B \in \mathfrak{N}_{s+}^s$，$P_{s,x}(B)$或等于 0 或等于 1.

下面的引理和所提到的问题有一定的联系，并且在以后将要用到.

引理 8 如果$\xi(t,\omega)$关于$\{\mathfrak{N}_{t+}^s\}$是马尔科夫过程，则对任意$s,t(0 \leqslant s \leqslant t)\widetilde{\mathfrak{N}}_{t+}^s = \widetilde{\mathfrak{N}}_t^s$.

证 根据引理的条件，对于任意随机变量$\eta \in b(\mathfrak{N}^t)$和$\mathfrak{B}_b$上的任何测度，有

$$E_{s,q}\{\eta \mid \widetilde{\mathfrak{N}}_{t+}^s\} = E_{t,\xi(t)}\eta = E_{s,q}\{\eta \mid \mathfrak{N}_t^s\} \tag{4}$$

如果$\eta = \prod_{j=1}^{n} f_j(\xi(t_j))$，其中$f_j(x) \in b(\mathfrak{B}_b)$，$s \leqslant t_1 < \cdots < t_i \leqslant t < t_{i+1} < \cdots < t_n$，则（$\bmod P_{s,q}$）

$$E_{s,q}\{\eta \mid \mathfrak{N}_{t+}^s\} = \prod_{j=1}^{i} f_j(\xi(t_j)) E_{s,q}\{\prod_{j=i+1}^{n} f_j(\xi(t_j)) \mid \mathfrak{N}_t^s\} = E_{s,q}\{\eta \mid \mathfrak{N}_t^s\} \tag{5}$$

通过极限过渡可以断定，该式对任意随机变量$\eta \in b(\mathfrak{N}^s)$成立.

把$\eta = \chi(C)$代入(5)，其中$C \in \mathfrak{N}_{t+}^s$. 由此可见，$\chi(C)$只在$P_{s,q}$零测集上区别于$\mathfrak{N}_t^s$可测函数. 所以$C \in \widetilde{\mathfrak{N}}_t^s$，从而$\mathfrak{N}_{t+}^s \subset \widetilde{\mathfrak{N}}_t^s$. 另一方面，不难验证$(\widetilde{\mathfrak{N}_{t+}^s}) = (\widetilde{\mathfrak{N}}_t^s)_+$. 所以$(\widetilde{\mathfrak{N}_{t+}^s}) \subset \widetilde{\mathfrak{N}}_t^s$. 于是引理得证.

随机等价马尔科夫过程 在很多场合，希望所研究的过程具有这样或那样的“好”性质. 如果原过程不具备这些性质，则可以用别的和它没有本质差别的过程来代替它. 例如，在用一个过程代替（替换）另一个过程时，所谓非本质性是指不改变它的相空间和转移概率. 为此，我们引进如下重要定义.

定义 5 称相空间$\{\mathscr{X},\mathfrak{B}\}$中两个马尔科夫过程$\{\xi(t,\omega),\mathfrak{S}_t^s,P_{s,x}\}$和$\{\tilde{\xi}(t,\tilde{\omega}),\widetilde{\mathfrak{S}}_t^s,\widetilde{P}_{s,x}\}$是随机等价的，如果对任意$s,t,0 \leqslant s \leqslant t < \infty$，$B \in \mathfrak{B}$

$$P_{s,x}\{\xi(t,\omega) \in B\} = \widetilde{P}_{s,x}\{\tilde{\xi}(t,\tilde{\omega}) \in B\}$$

在这之前，我们已经研究过一种把给定马尔科夫过程变为等价过程的变换. 就是用较广的 σ 代数族$\{\overline{\mathfrak{S}}_t^s\}$($\mathfrak{S}_t^s \subset \overline{\mathfrak{S}}_t^s$)，或是用较窄的 σ 代数族来代替$\overline{\mathfrak{S}}_t^s$. 这时，马尔科夫过程定义中的所有关系都保持不变. 向较窄 σ 代数族的转换总是可能的，为此只需简单的压缩测度$P_{s,x}$的定义域. 扩张 σ 代数族$\mathfrak{S}_t^s$却是一个不很确定的问题. 以前研究过的 σ 代数$\mathfrak{S}_t^s$的完备化，就是这种变换的一个例子.

现在我们来研究，通过改变基本事件空间来实现的马尔科夫过程的变换．可以把这种变换大体描述如下．

假设在基本事件空间 Ω 上有一马尔科夫过程 $\{\xi(t,\omega),\mathfrak{S}_t^s,P_{s,x}\}$，$\{\mathscr{X},\mathfrak{B}\}$ 是它的相空间．考虑集 $\widetilde{\Omega}$ 到 Ω 的一单值映射 z．像通常一样，记 $z^{-1}(S)$ 为集 $S\subset\Omega$ 的一切逆象的集合，而以 $\widetilde{\mathfrak{S}}_t^s=z^{-1}(\mathfrak{S}_t^s)$ 表形如 $\widetilde{S}=z^{-1}(S)$ 的所有 $\widetilde{S}$ 的集组，其中 $S\in\mathfrak{S}_t^s$．显然 $\widetilde{\mathfrak{S}}_t^s$ 是 σ 代数．在 $\widetilde{\mathfrak{S}}_t^s$ 上定义一集函数 $\widetilde{P}_{s,x}$

$$\widetilde{P}_{s,x}(z^{-1}S)=P_{s,x}(S)$$

这个定义并非总是有意义的，因为 $\widetilde{P}_{s,x}(\widetilde{S})$ 一般不唯一确定．显然，如果定义合理，则 $\widetilde{P}_{s,x}$ 是概率测度．

引理 9　测度 $\widetilde{P}_{s,x}$ 在 $\widetilde{\mathfrak{S}}_t^s$ 上唯一的必要和充分条件是，对任意 (s,x) 和使 $z^{-1}(U)=\widetilde{\Omega}$ 的任何集 $U\in\mathfrak{S}^s$，有 $P_{s,x}(U)=1$．

由

$$1=P_{s,x}(\Omega)=\widetilde{P}_{s,x}(\widetilde{\Omega})=\widetilde{P}_{s,x}(z^{-1}(U))=P_{s,x}(U)$$

直接得引理条件的必要性．

为证充分性，假设 $S=z^{-1}(S_1)=z^{-1}(S_2)$．那么

$$z^{-1}(S_1\setminus S_1\cap S_2)=z^{-1}(S_1)\setminus z^{-1}(S_1)\cap z^{-1}(S_2)=\varnothing$$

所以 $P_{s,x}(S_1\setminus S_1\cap S_2)=0$．由此可见 $P_{s,x}(S_1)=P_{s,x}(S_1\cap S_2)$．因为在上述推导中可以交换 S_1 和 S_2 的位置，故 $P_{s,x}(S_1)=P_{s,x}(S_2)$，从而 $\widetilde{P}_{s,x}(\widetilde{S})$ 的定义的唯一性得证．

现在令 $\tilde{\xi}(t,\tilde{\omega})=\xi(t,z(\tilde{\omega}))$．不难证明下面的定理．

定理 3　如果满足引理 9 的条件，则对象组 $\{\tilde{\xi}(t,\tilde{\omega}),\widetilde{\mathfrak{S}}_t^s,\widetilde{P}_{s,x}\}$ 是马尔科夫过程，它和过程 $\{\xi(t,\omega),\mathfrak{S}_t^s,P_{s,x}\}$ 有相同的转移概率．

系　设 $\widetilde{\Omega}\subset\Omega$．当 $\omega\in\widetilde{\Omega}$ 时，令 $z(\omega)=\omega$，$\tilde{\xi}(t,\omega)=\xi(t,\omega)$（当 $\omega\overline{\in}\widetilde{\Omega}$ 时，映射 z 没有定义）．那么，$z^{-1}(S)=\{\omega:\omega\in S\cap\widetilde{\Omega}\}$，$\widetilde{P}_{s,x}(S\cap\widetilde{\Omega})=P_{s,x}(S)$，其中 $S\in\mathfrak{S}^s$．

由引理 9 和定理 3 可知，如果对所有 $(s,x)\in[0,\infty)\times\mathscr{X}$ 和任意 $U\in\mathfrak{S}^s$，$U\supset\widetilde{\Omega}$，有 $P_{s,x}(U)=1$，则 $\{\tilde{\xi}(t,\tilde{\omega}),\widetilde{\mathfrak{S}}_t^s,\widetilde{P}_{s,x}\}$ 是马尔科夫过程．它和过程 $\{\xi(t,\omega),\mathfrak{S}_t^s,P_{s,x}\}$ 的转移概率相同．

对于上述情形，我们说通过收缩基本事件空间由过程 $\xi(t,\omega)$ 得到过程 $\tilde{\xi}(t,\tilde{\omega})$．$\widetilde{\Omega}$ 是它的基本事件空间，而 σ 代数 $\widetilde{\mathfrak{S}}_t^s$，$t\in[s,\infty)$，由全体 $\widetilde{S}$ 形集组成，其中 $\widetilde{S}=S\cap\widetilde{\Omega}$，$S\in\mathfrak{S}_t^s$．

马尔科夫过程的变换的另一个重要例子，是用泛函型空间来代替基本事件空间．它和上述变换的区别，在于映射 z 不再是单值的（但逆映射 z^{-1} 是单值的）．为简便计（实际上这并不失普遍性），我们只考虑以 $\{\mathscr{X},\mathfrak{B}\}$ 为相空间的不中断过程．设 $\mathscr{I}$ 是非负半轴 $[0,\infty)$．记 $\mathscr{X}^{\mathscr{I}}$ 为从 $\mathscr{I}$ 到 $\mathscr{X}$ 的全体映射的空间；$\mathscr{N}_t$（相应的

$\mathscr{N}^s,\mathscr{N}_t^s$) 是包含底的坐标为 $t_1,t_2,\cdots,t_n$ 的所有柱集的最小 σ 代数[①],其中 $t_k\leqslant t$(相应的 $t_k\geqslant s,t_k\in[s,t]$),$k=1,2,\cdots,n$. 设 $\mathscr{N}=\sigma\{\mathscr{N}_t,t\in\mathscr{I}\}$. 记 $x(\cdot)$ 为空间 $\mathscr{X}^{\mathscr{I}}$ 的元素,$x(t)$ 为它在 t 点的值($t\in\mathscr{I}$). 对 $\widetilde{S}\in\mathscr{N}^s$,令 $\widetilde{P}_{s,x}(\widetilde{S})=P_{s,x}(S)$,其中 $S=\{\omega:\xi_\omega(\cdot)\in\widetilde{S}\}$. 显然 $S\in\mathfrak{N}^s$. 令 $\tilde{\xi}(t,x(\cdot))=x(t)(x(\cdot)\in\mathscr{X}^{\mathscr{I}})$. 由 $\widetilde{P}_{s,x}$ 的定义知对任意 $B^{(n)}\in\mathfrak{B}^n$ 有

$$\widetilde{P}_{s,x}\{(\tilde{\xi}_{t_1},\tilde{\xi}_{t_2},\cdots,\tilde{\xi}_{t_n})\in B^{(n)}\}=P_{s,x}\{(\xi_{t_1},\xi_{t_2},\cdots,\xi_{t_n})\in B^{(n)}\}$$

由此可见,$\{\tilde{\xi}(t,x(\cdot)),\mathscr{N}_t^s,\widetilde{P}_{s,x}\}$ 是马尔科夫过程,它和过程 $\{\xi(t,\omega),\mathfrak{S}_t^s,P_{s,x}\}$ 有相同的转移概率.

称过程 $\{\tilde{\xi}(t,x(\cdot)),\mathscr{N}_t^s,\widetilde{P}_{s,x}\}$ 为马尔科夫过程的典型表现. 如果对过程的典型表现作基本 σ 代数的扩张和基本事件空间的压缩,则可以得到与原过程随机等价的新马尔科夫过程. 我们称其为具有泛函型基本事件空间的马尔科夫过程.

因此,具有泛函型基本事件空间的马尔科夫过程由下列对象给出:$\mathscr{L}$——定义在 $\mathscr{I}$ 上取值于 $\mathscr{X}$ 的函数的空间;$\mathfrak{L}_t^s$——包含 $\mathscr{L}$ 中底的坐标属于线段 $[s,t]$ 的所有柱集的 σ 代数族[②]. 至于随变量族 $\tilde{\xi}_t(x(\cdot))$,则它自然由下式给出:$\tilde{\xi}_t(x(\cdot))=x(\cdot),x(\cdot)\in\mathscr{L}$.

为便于引用,现将上面的结果归纳如下.

定理 4 任何马尔科夫过程都有典型表现. 马尔科夫过程和具有泛函型基本事件空间 $\mathscr{L}$ 的马尔科夫过程,二者随机等价的必要和充分条件是,对任意 $(s,x)\in\mathscr{I}\times\mathscr{X}$ 和任何 $U:U\in\mathfrak{S}^s,U\supset\{\omega:\xi_\omega(\cdot)\in\mathscr{L}\}$,有 $P_{s,x}(U)=1$.

由转移概率构造马尔科夫过程 在这一节的最后,我们研究具有给定转移概率的马尔科夫过程的存在性问题.

具有给定转移概率、在完全可分度量空间取值的马尔科夫函数存在性的有关定理,在随机过程(Ⅰ)中大体上就有了. 那里的证明也适用于马尔科夫过程. 在这里我将扼要的重复这一证明,并且做一些必要的补充. 不失普遍性,可以局限于考虑不中断过程.

---

① 记

$$C_{t_1,\cdots,t_n}(B^{(n)})=\{\omega:(\xi_{t_1}(\omega),\cdots,\xi_{t_n}(\omega))\in B^{(n)}\}$$

其中 $B^{(n)}\in\mathfrak{B}^n$. $\mathscr{N}_t$ 是包含形如 $C_{t_1,\cdots,t_n}(B^{(n)})$ 的所有柱集的最小 σ 代数,其中 $t_k\leqslant t,k=1,2,\cdots,n$. $\mathscr{N}^s$ 和 $\mathscr{N}_t^s$ 的含义类似. —— 译者注

② 记

$$C_{t_1,\cdots,t_n}(B^{(n)})=\{\omega:(\xi_{t_1}(\omega),\cdots,\xi_{t_n}(\omega))\in B^{(n)}\}$$

对任意 $s<t$,$\mathfrak{L}_t^s$ 是包含形如 $C_{t_1,\cdots,t_n}(B^{(n)})$ 的所有柱集的 σ 代数,其中 $B^{(n)}\in\mathfrak{B},t_k\in[s,t],k=1,\cdots,n$. —— 译者注

设 $\Omega=\mathscr{X}^{\mathscr{I}}$ 是定义在 $\mathscr{I}$ 上取值于 $\mathscr{X}$ 的全体函数 $\omega=x(\cdot)$ 的空间，其中 $\mathscr{I}$ 是广义实轴 $[-\infty,+\infty]$ 的子集. 在 $\mathscr{I}\times\Omega$ 上定义函数 $\xi_t=f(t,\omega)$：当 $\omega=x(\cdot)$ 时，令 $\xi_t=f(t,\omega)=x(t)$.

像前面一样引进 σ 代数族 $\mathscr{N}_t,\mathscr{N}^s$ 和 $\mathscr{N}_t^s$. 它们是包含底的坐标为 $t_1,t_2,\cdots,t_n$ 的所有柱集的最小 σ 代数，其中对 $\mathscr{N}_t,\mathscr{N}^s$ 和 $\mathscr{N}_t^s$ 分别有 $t_k\leqslant t,t_k\geqslant s$ 和 $t_k\in[s,t],t_k\in\mathscr{I},k=1,2,\cdots,n$. 设 $\mathscr{N}=\sigma\{\mathscr{N}_t,t\in\mathscr{I}\}$.

定理 5 假设下列条件成立：

1) $\mathscr{X}$ 是完全可分度量空间，$\mathfrak{B}$ 是 $\mathscr{X}$ 中 Borel 集的 σ 代数；

2) $P(s,x,t,B)=P_{s,x}(x,B)$ 是 $\{\mathscr{X},\mathfrak{B}\}$ 中的马尔科夫随机核族；

3) $q=\{q_t(B),t\in\mathscr{I}\}$ 是关于转移概率 $P(s,x,t,B)$ 的流入律.

那么：

a) 在 $\{\Omega,\mathscr{N}\}$ 上存在一测度 $P^{(q)}$，使 $\{\xi(t,\omega),t\in\mathscr{I}\}$ 是 $\mathscr{N}_t$ 马尔科夫函数，$P(s,x,t,B)$ 是它的转移概率，而 q 是它的流入律；

b) 在 $\{\Omega,\mathscr{N}^s\}$ 上存在一不依赖于流入律 q 的测度族 $\{P_{s,x}(\cdot),x\in\mathscr{X}\}(s\in\mathscr{I})$，使对任意 $C\in\mathscr{N}^t,B\in\mathfrak{B}(s\leqslant t)$，有

$$P^{(q)}(C\mid\mathscr{N}_t)=P_{t,\xi(t)}(C)\tag{6}$$

$$P_{s,x}(C\mid\mathscr{N}_t^s)=P_{t,\xi(t)}(C)\tag{7}$$

$$P_{s,x}\{\xi(t)\in B\}=P(s,x,t,B)\tag{8}$$

证 令 $P(s,x,t,B)=\chi(B,x)$. 对任意 $t_k\in\mathscr{I}(k=1,2,\cdots,n),s\in\mathscr{I},s\leqslant t_1\leqslant\cdots\leqslant t_n$，设

$$P_{t_1,\cdots,t_n}^{(s,x)}(B^{(n)})=\int\cdots\int\chi_{B^{(n)}}(x_1,\cdots,x_n)P(s,x,t_1,\mathrm{d}x_1)\cdot\cdots\cdot P(t_{n-1},x_{n-1},t_n,\mathrm{d}x_n)\tag{9}$$

而

$$P_{t_1,\cdots,t_n}^{(q)}(B^{(n)})=\int P_{t_1,\cdots,t_n}^{(s,x)}(B^{(n)})q_s(\mathrm{d}x)\tag{10}$$

其中 $B^{(n)}\in\mathfrak{B}^n$.

由 Колмогоров－Chapman 方程可见分布族 $\{P_{t_1,\cdots,t_n}^{(q)},t_1<\cdots<t_n,t_j\in\mathscr{I}\}$ 和 $\{P_{t_1,\cdots,t_n}^{(s,x)},t_1<\cdots<t_n,t_j\in\mathscr{I}\}$ 都满足相容性条件. 而由流入律的性质可知，分布 $P_{t_1,\cdots,t_n}^{(q)}$ 不依赖于 $s(s\leqslant t_1,s\in\mathscr{I})$. 由 Колмогоров 定理知，它们在概率空间 $\{\Omega,\mathscr{N},P^{(q)}\}$ 和 $\{\Omega,\mathscr{N}^s,P_{s,x}\}$ 上分别有某种表现. 这时由定义有

$$P^{(q)}\{(\xi(t_1),\cdots,\xi(t_n))\in B^{(n)}\}=P_{t_1,\cdots,t_n}^{(q)}(C_{t_1,\cdots,t_n}(B^{(n)}))$$

其中 $C_{t_1,\cdots,t_n}(B^{(n)})$ 表示 Ω 中以 $B^{(n)}$ 为底的柱集，而 $B^{(n)}$ 的坐标为 $t_1,\cdots,t_n$. 设 $t_i\leqslant t_{i+1},i=1,2,\cdots,n+m-1$. 因为

$$\int_{B_1^{(n)}}P_{t_{n+1},\cdots,t_{n+m}}^{(t_n,x_n)}(B_2^{(m)})\mathrm{d}P_{t_1,\cdots,t_n}^{(q)}=P_{t_1,\cdots,t_{n+m}}^{(q)}(B_1^{(n)}\times B_2^{(m)})\tag{11}$$

所以

$$P^{(q)}\{C_{t_{n+1},\cdots,t_{n+m}}(B_2^{(m)})\mid\sigma\{\xi(t_1),\cdots,\xi(t_n)\}\}=P_{t_{n+1},\cdots,t_{n+m}}^{(t_n,\xi(t_n))}(B_2^{(m)})$$

特别

$$P^{(q)}\{\xi(t_{n+1})\in B\mid\sigma\{\xi(t_1),\cdots,\xi(t_n)\}\}=P(t_n,\xi(t_n),t_{n+1},B)\qquad(12)$$

满足等式

$$\int_F P(t_n,\xi(t_n),t_{n+1},B)\mathrm{d}P^{(q)}=P^{(q)}(C_{t_{n+1}}(B)\cap F)$$

的全体F组成单调类$\mathfrak{F}$,而由(12)它包含底的坐标不大于$t_{n+1}(t_n\leqslant t_{n+1})$的所有柱集.所以,$\mathfrak{F}=\mathscr{N}_{t_{n+1}}$,而且

$$P^{(q)}\{\xi(t)\in B\mid\mathscr{N}_s\}=P(s,\xi(s),t,B)$$

这证明,过程$\xi(t)$,$t\in\mathscr{I}$,是$\mathscr{N}_t$马尔科夫函数,$P(s,x,t,B)$,$s\leqslant t$,是它的转移概率.根据定义分布族$q_t(\cdot)$是过程$\xi(t)$的流入律.式(11)可化为

$$P^{(q)}(C\cap A)=\int_A P_{t,\xi(t)}(C)\mathrm{d}P^{(q)}$$

其中C是$\mathscr{N}^t$中的柱集,而A是$\mathscr{N}_t$中的柱集.因为测度可以唯一地从柱集开拓到最小σ代数,故上式对任意$A\in\mathscr{N}_t$和$C\in\mathscr{N}^t$都成立.从而,$P^{(q)}\{C\mid\mathscr{N}_t\}=P_{t,\xi(t)}(C)$.最后只剩下证明(7),(8)两式.它们可以从已证的结果得到,因为当对应于开始分布$q_s(B)=\chi(B,x)$的流入律给定时,$P_{s,x}$可视为转移概率在$t\in\mathscr{I}\cap[s,\infty]$的值集上产生的测度.定理得证.

§4 强马尔科夫过程

在很多场合,重要的是在用随机时刻代替固定时刻t时,要求马尔科夫过程的无后效性

$$P_{s,x}\{\xi(u)\in B\mid\mathfrak{S}_t^s\}=P_{t,\xi(t)}\{\xi(u)\in B\}\quad(s\leqslant t\leqslant u)$$

仍然成立.

一般并不是这样.但是可以指出相当宽的条件,使过程具备上述性质,或者可以适当选择它的随机等价过程,使之具有这种性质.例如,离散时间的过程都具备这种性质.以前我们曾称之为过程的强马尔科夫性(随机过程(Ⅰ),第一章§4,定理3).下面是相应的结果.

设$\xi(t)$是相空间$\{\mathscr{X},\mathfrak{B}\}$中离散时间齐次马尔科夫链$(t=0,1,2,\cdots)$;$\tau$是定义在$\Omega_\tau$上的随机时间;$\mathfrak{F}_\tau$是由$\tau$所产生的$\sigma$代数;$D\in\mathfrak{F}_\tau$,$D\subset\Omega_\tau$.那么,对任意$t_k$和$B_k\in\mathfrak{B}(k=1,2,\cdots,r)$

$$P^{(x)}\{D\bigcap_{k=1}^r[\xi(t_k+\tau)\in B_k]\}=\int_{\mathscr{X}}P^{(y)}(\bigcap_{k=1}^r[\xi(t_k)\in B_k])P^{(\tau)}(x,D,\mathrm{d}y)$$

其中

$$P^{(\tau)}(x,D,A)=P^{(x)}(D\cap[\xi(\tau)\in A])$$

如果随机时间有穷，则由此可见，对任意 x，随机序列 $\xi(t+\tau)$，$t=0,1,\cdots$，是马尔科夫链. 它和序列 $\xi(t)$，$t\geqslant 0$，有相同的转移概率，而且对给定的 $\xi(\tau)$，由变量 $\{\xi(t),t\geqslant\tau\}$ 所产生的 σ 代数中的事件不依赖于 $\mathfrak{F}_\tau$.

本节在一些补充条件下，对于连续时间马尔科夫过程将要证明类似的结果. 并且顺便引进一些重要概念，证明一些定理. 这些结果不仅对强马尔科夫性，而且对随机过程论的其他问题也都是很有用的.

马尔科夫时间 以后，随机时间对于马尔科夫过程起重要作用. 现在回忆随机时间的定义和性质（随机过程（Ⅰ），第二章 §2），并且证明后面要用到的一些新命题.

在可测空间 $\{\Omega,\mathfrak{F}\}$ 上考虑 σ 代数流 $\{\mathfrak{F}_t,t\in[a,\infty]\}$. 令 $\mathfrak{F}_\infty=\mathfrak{F}$. 在 $[a,\infty]$ 上取值的随机变量 τ 称为随机时间（关于 σ 代数流 $\{\mathfrak{F}_t,t\in[a,\infty]\}$），如果对所有 $t\in[a,\infty]$ 有 $\{\tau\leqslant t\}\in\mathfrak{F}_t$.

显然，τ 是随机时间，当且仅当对任意 $t\in[a,\infty]$ 有 $\{\tau>t\}\in\mathfrak{F}_t$. 如果 τ 是随机时间，则 $\{\tau=t\}\in\mathfrak{F}_t(t\in[a,\infty])$.

在这一节我们要研究各种不同的随机时间，如果不特别说明，则认为它们都是关于同一 σ 代数流的. 对于两个随机时间 τ_1 和 τ_2，$\tau_1+\tau_2$，$\min(\tau_1,\tau_2)$，$\max(\tau_1,\tau_2)$ 也都是随机时间.

对每一随机时间 τ，有一个（由随机变量 τ 产生的）σ 代数 $\mathfrak{F}_\tau$ 和它相对应. $\mathfrak{F}_\tau$ 由所有这样的集 A 组成：$A\in\mathfrak{F}$，对任意 $t\in[a,\infty]$ 有 $A\cap\{\tau\leqslant t\}\in\mathfrak{F}_t$. 不难验证：

a）随机变量 τ 为 $\mathfrak{F}_\tau$ 可测；

b）如果 $\tau_1\leqslant\tau_2$，则 $\mathfrak{F}_{\tau_1}\subset\mathfrak{F}_{\tau_2}$；

c）如果 τ_1 和 τ_2 是两个随机时间，则事件 $\{\tau_1<\tau_2\}$，$\{\tau_1\leqslant\tau_2\}$，$\{\tau_1=\tau_2\}$ 同属于 $\mathfrak{F}_{\tau_1}$ 和 $\mathfrak{F}_{\tau_2}$.

现在我们对给定的 σ 代数流 $\{\mathfrak{F}_t,t\in[a,\infty]\}$ 引进 σ 代数 $\mathfrak{F}_{t+}(t<\infty)$ 和 $\mathfrak{F}_{t-}(t>a)$：$\mathfrak{F}_{t+}$ 是包含在所有 $\mathfrak{F}_s(s>t)$ 之中的最小 σ 代数，而 $\mathfrak{F}_{t-}$ 是包含所有 $\mathfrak{F}_s(s<t)$ 的最小 σ 代数. 显然

$$\mathfrak{F}_{t-}\subset\mathfrak{F}_t\subset\mathfrak{F}_{t+},\mathfrak{F}_{t+}=\bigcap_{s>t}\mathfrak{F}_s$$

令 $\mathfrak{F}_{a-}=\mathfrak{F}_a$，$\mathfrak{F}_{\infty+}=\mathfrak{F}_\infty$. 那么 $\{\mathfrak{F}_{t-},t\in[a,\infty]\}$ 和 $\{\mathfrak{F}_{t+},t\in[a,\infty]\}$ 也是 σ 代数流.

称 σ 代数流 $\{\mathfrak{F}_t,t\in[a,\infty]\}$ 为右连续的，如果对所有 $t\in[a,\infty]$ 有 $\mathfrak{F}_t=\mathfrak{F}_{t+}$. 不难验证，$\sigma$ 代数流 $\{\mathfrak{F}_{t+},t\in[a,\infty]\}$ 右连续.

引理 1 随机变量 τ 关于 $\{\mathfrak{F}_{t+},t\in[a,\infty]\}$ 是随机时间，当且仅当对一切

$t \in [a,\infty)$ 有 $\{\tau < t\} \in \mathfrak{F}_t$.

由下列关系式即可得引理的结论

$$\{\tau \leqslant t\} = \bigcap_n \{\tau < t + \frac{1}{n}\}, \{\tau < t\} = \bigcup_n \{\tau \leqslant t - \frac{1}{n}\}$$

引理 2 如果 $\tau_n, n = 1,2,\cdots$，关于 $\{\mathfrak{F}_t, t \in [a,\infty]\}$ 是随机时间，则 $\sup \tau_n$ 关于同一 σ 代数流也是随机时间；而 $\inf \tau_n$，$\lim \tau_n$ 和 $\overline{\lim}\, \tau_n$ 关于 σ 代数流 $\{\mathfrak{F}_{t+}, t \in [a,\infty]\}$ 均为随机时间. 如果 σ 代数流 $\{\mathfrak{F}_t, t \in [a,\infty]\}$ 右连续，而 $\tau = \inf \tau_n$，则 $\mathfrak{F}_\tau = \bigcap_n \mathfrak{F}_{\tau_n}$.

证 由等式 $\{\sup \tau_n \leqslant t\} = \bigcap_n \{\tau_n \leqslant t\}$ 得第一个结论. 因为 $\{\inf \tau_n < t\} = \bigcup_n \{\tau_n < t\}$，故由引理 2 知，$\inf \tau_n$ 关于 $\{\mathfrak{F}_{t+}\}$ 是随机时间. 对于 $\overline{\lim}\, \tau_n = \inf_m \sup_{n \geqslant m} \tau_n$ 和 $\underline{\lim}\, \tau_n = \sup_m \inf_{n \geqslant m} \tau_n$，可以用类似的方法证明之.

最后，如果 $\tau = \inf \tau_n$，$\mathfrak{F}_{t+} = \mathfrak{F}_t$，则由 $\mathfrak{F}_\tau \subset \mathfrak{F}_{\tau_n}$ 可见 $\mathfrak{F}_\tau \subset \bigcap_n \mathfrak{F}_{\tau_n}$. 另一方面，如果 $A \in \mathfrak{F}_{\tau_n}$，则 $A \cap \{\tau < t\} = \bigcup_n (A \cap \{\tau_n < t\}) \in \mathfrak{F}_t$. 由此可见 $A \cap \{\tau \leqslant t\} = \bigcap_n (A \cap \{\tau < t + \frac{1}{n}\}) \in \mathfrak{F}_{t+} = \mathfrak{F}_t$，即 $\mathfrak{F}_\tau \supset \bigcap_n \mathfrak{F}_{\tau_n}$. 从而 $\mathfrak{F}_\tau = \bigcap_n \mathfrak{F}_{\tau_n}$.

设 $\{\xi(t,\omega), \mathfrak{S}_t^s, P_{s,x}\}$ 是一马尔科夫过程. 称在 $[s,\infty]$ 上取值，关于 σ 代数流 $\{\mathfrak{S}_t^s, t \geqslant s\}$ ($\{\mathfrak{N}_t^s, t \geqslant s\}$ 或 $\{\widetilde{\mathfrak{N}}_t^s, t \geqslant s\}$) 的随机时间为 $\mathfrak{S}_t^s$ ($\mathfrak{N}_t^s$- 或 $\widetilde{\mathfrak{N}}_t^s$-) 马尔科夫时间；如果明确知道是关于哪个 σ 代数流而言，则简称为马尔科夫时间. 记 $\mathfrak{S}_\tau^s$ 为 $\mathfrak{S}_t^s$ 马尔科夫时间产生的 σ 代数.

循序可测函数 在这一小节中引进与可测函数理论有关的一些概念，并证明可测函数的某些性质. 以后，它们在随机过程论，其中包括在马尔科夫过程论中会有用处.

设 $\mathscr{T}^a$ 是 $[a,\infty)$ 上 Borel 集的 σ 代数；$\mathscr{T}_t^s$ 是 $\mathscr{T}^a$ 的压缩，它是由 $[s,t]$ 的子集组成的. 记 $\mathscr{T}_t = \mathscr{T}_t^a$. 设 $\{\Omega, \mathfrak{F}\}$ 和 $\{\mathscr{X}, \mathfrak{B}\}$ 是两个可测空间；以 $\mathfrak{F} \mid \mathfrak{B}$ 表从 $\{\Omega, \mathfrak{F}\}$ 到 $\{\mathscr{X}, \mathfrak{B}\}$ 的所有可测映射的全体.

我们说函数 $x(t,\omega)$，$(t \in [a,\infty), \omega \in \Omega)$ 为 Borel 可测，如果 $x(\cdot,\cdot) \in (\mathscr{T}^a \times \mathfrak{F}) \mid \mathfrak{B}$. 记 x_t 或 $x_t(\omega)$ 为函数 $x(t,\omega)$ 的 t 截口. 由测度论知，如果 $x(\cdot,\cdot) \in (\mathscr{T} \times \mathfrak{F}) \mid \mathfrak{B}$，则对任意 $t \in [a,\infty)$ 有 $x_t(\omega) \in \mathfrak{F} \mid \mathfrak{B}$. 在很多场合往往需要假设函数有更强的可测性.

假设，在 $\{\Omega, \mathfrak{F}\}$ 上有一 σ 代数流 $\mathfrak{F}_t (a \leqslant t \leqslant \infty)$. 仍然称对象组 $\Omega, \mathfrak{F}$ 和 $\mathfrak{F}_t$ 为可测空间，并且记作 $\{\Omega, \mathfrak{F}, \mathfrak{F}_t\}$.

定义 1 称取值于 $\{\mathscr{X}, \mathfrak{B}\}$ 的函数 $x(t,\omega)$ 关于空间 $\{\Omega, \mathfrak{F}, \mathfrak{F}_t\}$ 循序可测（或 $\mathfrak{F}_t$ 循序可测），如果对任意 $s (s \in [a,\infty))$ 它在集 $[a,s] \times \Omega$ 上的压缩为 $\mathscr{T}_s \times \mathfrak{F}_s$ 可测，即如果对所有 $B \in \mathfrak{B}$ 和 $s \in [a,\infty)$ 有

$$\{(t,\omega):x(t,\omega)\in B,t\in[a,s]\}\in\mathcal{T}_s\times\mathfrak{F}_s$$

注 由定义可知 $x_t(\omega)\in\mathfrak{F}_t\mid\mathfrak{B}$,也就是说,函数族$\{x_t(\omega),t\geqslant a\}$适应$\sigma$代数流$\{\mathfrak{F}_t,t\geqslant a\}$.

下面的定理提供了循序可测函数的一个重要而简单的例子.

定理 1 设 $\mathscr{X}$ 是度量空间,而函数 $x(t,\omega)$ 具有下列性质:

a) 族$\{x_t(\omega),t\geqslant a\}$ 适应 $\{\mathfrak{F}_t,t\geqslant a\}$;

b) 对固定的 ω,函数 $x_\omega(t)$ 右连续.

那么,函数 $x(t,\omega)$ 为 $\mathfrak{F}_t$ 循序可测.

证 设 $a=t_1^n<t_2^n<\cdots<t_n^n=s$. 如果 $t\in[t_{k-1}^n,t_k^n)$,$x_n(s,\omega)=x(s,\omega)$,则令 $x_n(t,\omega)=x(t_k^n,\omega)$. 显然,函数 $x_n(t,\omega)$ 为 $\mathcal{T}_s\times\mathfrak{F}_s$ 可测,其中$(t,\omega)\in[a,s]\times\Omega$. 因为当$\lim\limits_{n\to\infty}\max\limits_k(t_k^n-t_{k-1}^n)=0$ 时,函数 $x_n(t,\omega)$ 在每一点$(t,\omega)\in[a,u]\times\Omega$ 都收敛于$x(t,\omega)$,故对每个 s,$x(t,\omega)$ 也 $\mathcal{T}_s\times\mathfrak{F}_s$ 可测. 定理得证.

在研究随机变量的复合的性质时,常要用到循序可测的概念. 首先回忆关于随机变量的复合的下列熟知结果.

引理 3 设$\{\mathscr{I},\mathcal{T}\}$,$\{\Omega,\mathfrak{F}\}$,$\{\mathscr{X},\mathfrak{B}\}$ 是任意三个可测空间. 如果 $f=f(t,\omega)$,$\varphi_i=\varphi_i(t,\omega)$,$i=1,2$,而且

$$f\in\mathcal{T}\times\mathfrak{F}\mid\mathfrak{B},\varphi_1\in\mathcal{T}\times\mathfrak{F}\mid\mathcal{T},\varphi_2\in\mathcal{T}\times\mathfrak{F}\mid\mathfrak{F}$$

则

$$g=f(\varphi_1,\varphi_2)\in\mathcal{T}\times\mathfrak{F}\mid\mathfrak{B}$$

证 记 K 是这样一些 C 集的全体:$C\in\mathcal{T}\times\mathfrak{F}$,$\{(t,\omega):(\varphi_1,\varphi_2)\in C\}\in\mathcal{T}\times\mathfrak{F}$. K 是σ 代数,它包含所有形如 $J\times F$ 的集合,其中 $J\in\mathcal{T}$,$F\in\mathfrak{F}$. 所以 $K=\mathcal{T}\times\mathfrak{F}$. 从而,如果 $C=\{(t,\omega):f(t,\omega)\in\mathfrak{B}\}$,则由 $C\in\mathcal{T}\times\mathfrak{F}$ 和刚证明的结果可见$\{(t,\omega):f(\varphi_1,\varphi_2)\in\mathfrak{B}\}=\{(t,\omega):(\varphi_1,\varphi_2)\in C\}\in\mathcal{T}\times\mathfrak{F}$.

系 设 $x(t,\omega)((t,\omega)\in[a,\infty)\times\Omega)$ 为 $\mathfrak{F}_t$ 循序可测函数,取值于$\{\mathscr{X},\mathfrak{B}\}$;$\varphi=\varphi(\omega)\in\mathfrak{F}_t\mid\mathcal{T}_t$. 那么 $x_\varphi=x(\varphi(\omega),\omega)\in\mathfrak{F}_t\mid\mathfrak{B}$.

下面的命题和上面的结果稍有不同,但是证明方法相似,故其证明可以省略.

设 φ 是在$\{\mathscr{Y},\mathfrak{L}\}$ 中取值的函数,依赖于一族自变量 $x_z:z\in\mathbf{Z}$,$x_z\in\mathscr{X}$,即 $\varphi=\varphi(x_z,z\in\mathbf{Z})$. 记 $\mathfrak{B}^{\mathbf{Z}}$ 为全体映射 $g(\mathbf{Z}\xrightarrow{g}\mathscr{X})$ 所组成的空间中,包含形如

$$\{g:g(z_1)\in B_1,\cdots,g(z_n)\in B_n,B_k\in\mathfrak{B},z_k\in\mathbf{Z}\}$$

的所有集合的最小 σ 代数.

引理 4 如果 $\varphi\in\mathfrak{B}^{\mathbf{Z}}\mid\mathfrak{L}$,而函数 $x^z(t,\omega)$,$z\in\mathbf{Z}$,关于σ代数族$\{\mathfrak{F}_t,t\geqslant a\}$循序可测,则函数 $\Phi(t,\omega)=\varphi(x^z(t,\omega),z\in\mathbf{Z})$ 为 $\mathfrak{F}_t$ 循序可测.

在下面一些定理中要研究可测函数的复合的特殊情形,它们在随机过程论中起着重要作用. 它们与某些随机过程的可测性有关,而这些过程是由其他过

程经时间的随机替换而得来的.

引理 5 设 $x(t,\omega)$ 为 $\mathfrak{F}_t$ 可测函数,τ 关于 $\{\mathfrak{F}_t, t\in[a,\infty)\}$ 是有穷随机时间. 记 $\tau_t=\min\{\tau,t\}$. 那么,函数 $x_{\tau_t}(\omega)=x(\tau_t,\omega)$ 为 $\mathfrak{F}_{\tau_t}$ 可测,而 $x_\tau(\omega)=x(\tau,\omega)$ 为 $\mathfrak{F}_\tau$ 可测.

证 由引理 3 的系可知,函数 x_{τ_t} 为 $\mathfrak{F}_t$ 可测. 因为

$$\{x_{\tau_t}\in B\}\cap\{\tau_t\leqslant u\}=\{x_{\tau_{\min(t,u)}}\in B\}\cap\{\tau_t\leqslant u\}\in\mathfrak{F}_u$$

(由引理 3 的系可知,该式右侧的第一个集合属于 $\mathfrak{F}_{\min(t,u)}$,而第二个集属于 $\mathfrak{F}_u$),所以 x_{τ_t} 为 $\mathfrak{F}_{\tau_t}$ 可测. 由 $\mathfrak{F}_{\tau_t}\subset\mathfrak{F}_\tau$ 和 $x_\tau=\lim\limits_{t\to\infty}x_t$ 可知,x_τ 为 $\mathfrak{F}_\tau$ 可测. 引理得证. ▸

定理 2 设 $x(t,\omega)$ 为 $\mathfrak{F}_t$ 可测;$\tau_t=\tau(t,\omega)$, $t\geqslant a$,是一有穷 $\mathfrak{F}_t$ 随机时间族,而且 $\tau_\omega(t)$ 是 t 的右连续单调不减函数. 那么,函数 $x_\tau(t,\omega)=x(\tau(t,\omega),\omega)$ 关于 $\{\mathfrak{F}_{\tau_t}, t\geqslant a\}$ 循序可测.

证 首先注意到,根据上一引理,对固定的 t,函数 $x_\tau(t,\omega)$ 为 $\mathfrak{F}_{\tau_t}$ 可测. 此外,由 τ_t 的单调性可知,随 t 增大 σ 代数 $\mathfrak{F}_{\tau_t}$ 单调非降. 其次,因为(像任意随机时间一样)τ_t 为 $\mathfrak{F}_{\tau_t}$ 可测,所以由定理 1 可知函数 $\tau(t,\omega)$ 为 $\mathfrak{F}_{\tau_t}$ 循序可测:

设 $A\in\mathscr{T}^a\times\mathfrak{F}_{\tau_u}$. 现在来证

$$A'=\{(t,\omega):(\tau(t,\omega),\omega)\in A, t\in[a,u]\}\in\mathscr{T}_u\times\mathfrak{F}_{\tau_u}\tag{1}$$

如果 $A=J\times C$,其中 $J\in\mathscr{T}^a$, $C\in\mathfrak{F}_{\tau_u}$,则

$$A'=\{(t,\omega):\tau(t,\omega)\in J, t\in[a,u]\}\cap\{[a,u]\times C\}\in\mathscr{T}_u\times\mathfrak{F}_{\tau_u}$$

因为 $\tau(t,\omega)$ 为 $\mathfrak{F}_{\tau_t}$ 循序可测. 显然,使 $A'\in\mathscr{T}_u\times\mathfrak{F}_{\tau_u}$ 的全体 A 组成 σ 代数. 所以,式(1) 对所有 $A\in\mathscr{T}^a\times\mathfrak{F}_{\tau_u}$ 成立. 为证明定理只需验证:对任意 $s\geqslant a$

$$\{(t,\omega):x_\tau(t,\omega)\in B, t\in[a,s]\}\in\mathscr{T}_s\times\mathfrak{F}_{\tau_s}$$

把该式左侧的集合记作 D'. 注意到

$$D'=\{(t,\omega):(\tau(t,\omega),\omega)\in D, t\in[a,s]\}$$

其中

$$D=\{(u,\omega):x(u,\omega)\in B, u\leqslant\tau(s,\omega)\}$$

由式(1) 可见只需证 $D\in\mathscr{T}^a\times\mathfrak{F}_{\tau_s}$. 令 $D=D_1\cup D_2$,其中

$$D_1=\{(u,\omega):x(u,\omega)\in B, u<\tau(s,\omega)\}$$

$$D_2=\{(u,\omega):x(u,\omega)\in B, u=\tau(s,\omega)\}$$

注意到

$$D_1=\bigcup_r\{(u,\omega):x(u,\omega)\in B, u\in[a,r]\}\cap\{[a,r]\times[r<\tau(s,\omega)]\}\tag{2}$$

其中 r 为有理数. 这时,由函数 $x(t,\omega)$ 的循序可测性知 $\{(u,\omega):x(u,\omega)\in B, u\in[a,r]\}\in\mathscr{T}_r\times\mathfrak{F}_r$. 为说明式(2) 右侧的每一项都属于 $\mathscr{T}\times\mathfrak{F}_{\tau_s}$,只需验证:如果 $D_3\in\mathscr{T}_r\times\mathfrak{F}_r$,则

$$D_3\cap([a,r]\times\{r<\tau(s,\omega)\})\in\mathscr{T}^a\times\mathfrak{F}_{\tau_s}\tag{3}$$

先设 $D_3=T\times C$,其中 $T\in\mathcal{T}_r^a$,$C\in\mathfrak{F}_r$. 这时 $D_3\cap([a,r]\times\{r<\tau(s,\omega)\})=T\times[C\cap\{r<\tau(s,\omega)\}]$. 因为

$$(C\cap\{r<\tau(s,\omega)\})\cap\{\tau_s\leqslant c\}\begin{cases}\in\mathfrak{F}_c & 若\ c\geqslant r\\ =\varnothing & 若\ c<r\end{cases}$$

故$(C\cap\{r<\tau(s,\omega)\})\in\mathfrak{F}_{\tau_s}$. 这表明式(3) 对形如 $D_3=T\times C$ 的 D_3 成立. 因为使式(3) 成立的所有集 D_3 组成 σ 代数,所以它对所有 $D_3\in\mathcal{T}_r\times\mathfrak{F}_r$ 成立. 于是 $D_1\in\mathcal{T}^a\times\mathfrak{F}_{\tau_s}$ 得证. 最后,我们把 D_2 表为

$$D_2=\{(u,\omega):x_{\tau_s}\in B,u\geqslant a\}\cap\{(u,\omega):u-\tau(s,\omega)=0,u\geqslant a\}$$

由引理 5 可见,该式右侧的第一个集合属于 $\mathcal{T}^a\times\mathfrak{F}_{\tau_s}$;因为两个函数 u 和 $\tau(s,\omega)$ 均 $\mathcal{T}^a\times\mathfrak{F}_{\tau_s}$ 可测,所以第二个集合也属于 $\mathcal{T}^a\times\mathfrak{F}_{\tau_s}$. 定理得证.

现在来重述所得到的结果,使其能用于随机过程论中.

取值于$\{\mathcal{X},\mathfrak{B}\}$ 的随机过程 $\xi(t)(t\geqslant a)$ 称为 $\mathfrak{F}_t$ 循序可测的,如果作为变量(t,ω) 的函数 $\xi(t,\omega)$ 为 $\mathfrak{F}_t$ 循序可测.

定理 3 设过程 $\xi(t)$ 为 $\mathfrak{F}_t$ 循序可测.

a) 如果 τ 关于$\{\mathfrak{F}_t,t\geqslant a\}$ 是有穷随机时间,则 $\xi_\tau=\xi(\tau,\omega)$ 是在$\{\mathcal{X},\mathfrak{B}\}$ 中取值的 $\mathfrak{F}_\tau$ 可测随机元素.

b) 如果 $\tau_t=\tau(t,\omega)(t\geqslant a)$ 关于$\{\mathfrak{F}_t,t\geqslant a\}$ 是有穷随机时间族,并且对固定的 ω,$\tau(t,\omega)$ 对 t 为右连续增函数,则随机过程 $\eta(t)=\xi(\tau_t,\omega)$ 为 $\mathfrak{F}_{\tau_t}$ 循序可测.

我们说,经时间的随机替换 $t\to\tau_t$ 由过程 $\xi(t)$ 得到过程 $\eta(t)=\xi(\tau_t,\omega)$.

强马尔科夫过程 设$\{\xi(t,\omega),\mathfrak{S}_t^s,P_{s,x}\}$ 是马尔科夫过程,$\{\mathcal{X},\mathfrak{B}\}$ 是它的相空间. 根据 §3 定理 1 的系,可以认为 $\overline{\mathfrak{S}}_t^s=\mathfrak{S}_t^s$,$\mathfrak{B}=\mathfrak{B}^*$(在这一小节中我假设两个等式成立).

马尔科夫过程称为循序可测的,如果对任意 $s,t(0\leqslant s<t<\infty)$ 函数 $\xi(u,\omega)$,$u\in[s,t]$,$\omega\in\Omega$,为 $\mathcal{T}_t^s\times\mathfrak{S}_t^s$ 可测.

定义 2 称马尔科夫过程为强马尔科夫的,如果:

a) 对固定的 B,转移概率 $P(s,x,t,B)$ 关于(s,t,x) 为 $\mathcal{T}\times\mathfrak{B}_{\mathfrak{b}}\times\mathcal{T}$可测函数,其中 $0\leqslant s\leqslant t<\infty$,$x\in\mathcal{X}_{\mathfrak{b}}$.

b) 它循序可测.

c) 对任意 $s\geqslant 0$,$t\geqslant 0$,$f(x)\in b(\mathfrak{B}_{\mathfrak{b}})$ 和任意马尔科夫时间 τ,等式

$$E_{s,x}\{f(\xi_{t+\tau})\mid\mathfrak{S}_\tau^s\}=E_{\tau,\xi_\tau}f(\xi_{t+\tau})\tag{4}$$

成立.

等式(4) 是“将来不依赖过去”的加强形式. 这里,如果令 $\tau=u=$常数,则等式(4) 就是马尔科夫性的条件(§3,定义 1 的条件 4).

现在我们来进一步说明等式右侧的含义.

令

$$g(x,s,t)=E_{s,x}f(\xi_t)\quad(0\leqslant s\leqslant t)\tag{5}$$

那么

$$E_{\tau,\xi_\tau}f(\xi_{t+\tau})=g(\xi_\tau,\tau,t+\tau)\tag{6}$$

为等式(4) 成立,必须使随机变量(6) 为 $\mathfrak{S}_\tau^s$ 可测. 因为根据假设马尔科夫过程循序可测,故为此只要求函数 $g(x,s,x)$ 为 $\mathfrak{B}_b\times\mathcal{T}\times\mathcal{T}$ 可测就够了. 由强马尔科夫性定义的条件 a) 容易看出,上述论断确实成立.

在有些场合,用下面的两个条件来代替强马尔科夫性定义中的条件 a) 和 b) 更为适宜,此即:

a′) 对固定的 (t,B),转移概率 $P(s,x,t,B)$ 为 $\mathcal{T}_t\times\mathfrak{B}_b$ 可测.

b′) 对任意 $s\geqslant 0$,函数 $\xi(t,\omega)(t\geqslant s)$ 为 $\widetilde{\mathfrak{N}}_t^s$ 循序可测.

现在来证明,由条件 a′),b′) 可以推出条件 a) 和 b). 关于 b) 显然. 为证 a) 先证明下面的引理.

引理 6 设 $\{\mathcal{U},\mathfrak{S}_\mathcal{U}\}$, $\{\mathcal{V},\mathfrak{S}_\mathcal{V}\}$, $\{\Omega,\mathfrak{S}\}$ 均为可测空间;对固定的 $v\in\mathcal{V}$, $P_v(B)$ 是 $\mathfrak{S}$ 上的测度,而对固定的 $B\in\mathfrak{S}$,它关于 $v(v\in\mathcal{V})$ 为 $\mathfrak{S}_\mathcal{V}$ 可测函数; $h(u,\omega)\in b\{\mathfrak{S}_\mathcal{U}\times\mathfrak{S}\}$. 那么,函数

$$g(u,v)=\int_\Omega h(u,\omega)\mathrm{d}P_v$$

为 $\mathfrak{S}_\mathcal{U}\times\mathfrak{S}_\mathcal{V}$ 可测.

证 使引理的结论成立的全体函数 $h(u,\omega)$ 组成线性单调类(记作 H). 它包含形如 $C\times B(C\in\mathfrak{S}_\mathcal{U},B\in\mathfrak{S}_\mathcal{V})$ 的集合的示性函数,因为这时 $g(u,v)=\chi_C(u)P_v(B)$. 从而,H 包含所有非负的(和所有有界的)$\mathfrak{S}_\mathcal{U}\times\mathfrak{S}$ 可测函数.

引理 7 设 $f\in b(\mathfrak{B}_b)$;马尔科夫过程 $\xi(t,\omega)$ 满足条件 a′) 和 b′). 那么,由式(5) 所定义的函数 $g(x,s,t)$ 为 $\mathfrak{B}_b\times\mathcal{T}\times\mathcal{T}$ 可测.

证 固定某一 $u\geqslant 0$. 在

$$g(x,s,t)=\int f(\xi(t,\omega))P_{s,x}(\mathrm{d}\omega)$$

之中,$f(\xi(t,\omega)),t\geqslant u$,为 $\mathcal{T}^u\times\widetilde{\mathfrak{N}}^u$ 可测,而对固定的 $B\in\widetilde{\mathfrak{N}}^u$,函数 $P_{s,x}(B)$ 关于 (s,x) 为 $\mathcal{T}_u\times\mathfrak{B}_b$ 可测(§3 引理 3). 由引理 6 知,函数 $g(x,s,t)$ 为 $\mathfrak{B}_b\times\mathcal{T}_u\times\mathcal{T}^u$ 可测,其中 $s\in[0,u],t\in[u,\infty)$. 另一方面,如果 A 是直线上的 Borel 集,则

$$\begin{aligned}&\{(x,s,t):s\leqslant t,g(x,s,t)\in A\}=\\&\bigcup_{u\in R}\{(x,s,t):s\leqslant u\leqslant t,g(x,s,t)\in A\}\\&\bigcup\{(x,s,s):g(x,s,s)\in A\}\end{aligned}\tag{7}$$

其中 R 是非负有理数的集合. 因为 $g(x,s,s)=f(x)$,故集 $\{(x,s,s):g(x,s,s)\in A\}$ 为 $\mathfrak{B}_b\times\mathcal{T}\times\mathcal{T}$ 可测. 同样,由以前所述可以断定,式(7) 右侧的其他项也

如此.引理得证.

注意,由强马尔科夫性定义的条件 a) 可以得到下面的结果.

引理 8 设 $P(s,x,t,B)$ 是自变量(s,x,t) 的 $\mathscr{T}\times\mathfrak{B}_{\mathfrak{b}}\times\mathscr{T}$可测函数,而 $f\in b(\mathfrak{B}_{\mathfrak{b}}^{n})$.那么,函数

$$h(x,s,t_1,t_2,\cdots,t_n)=E_{s,x}f[\xi(t_1),\cdots,f(\xi_n)]$$
$$s\leqslant\min(t_1,\cdots,t_n)$$

为 $\mathfrak{B}\times(\mathscr{T})^{n+1}$ 可测.

证 根据条件当 $n=1$ 时命题成立.用数学归纳法来证明一般情形.设 $n=m$ 时命题成立.为证明它对 $n=m+1$ 成立,可以只限于考虑形如 $f(x_1,x_2,\cdots,x_{m+1})=\prod\limits_{k}^{m+1}f_k(x_k)$ 的函数,并且设 $t_1=\min(t_1,t_2,\cdots,t_{m+1})$.这时有

$$E_{s,x}f[\xi(t_1),\cdots,\xi(t_{m+1})]=E_{s,x}[f_1[\xi(t_1)]E_{t_1,\xi(t_1)}\{\prod_{k=2}^{m+1}f_k[\xi(t_k)]\}]=$$
$$E_{s,x}\{f_1[\xi(t_1)]h_1[\xi(t_1),t_1,t_2,\cdots,t_{m+1}]\}$$

其中$h_1(x,s,t_2,\cdots,t_{m+1})=E_{s,x}\prod\limits_{k=2}^{m+1}f_k[\xi(t_k)]$.根据归纳法的假设$h_1(x,s,t_2,\cdots,t_{m+1})$ 是 $\mathfrak{B}_{\mathfrak{b}}\times(\mathscr{T})^{m+1}$ 可测函数.根据引理 6,由此可见

$$h(x,s,t_1,\cdots,t_{m+1})=\int f_1(y)h_2(y,t_1,\cdots,t_{m+1})P(s,x,t_1,\mathrm{d}y)$$

是 $\mathfrak{B}_{\mathfrak{b}}\times(\mathscr{T})^{m+2}$ 可测函数.引理得证.

下面的结果对于检验强马尔科夫定义的条件(4) 往往是很有用的.

在表述这一结果之前,先做一点说明,并且以后总假设它成立.我们说定,把每一个数值函数 $f\in b(\mathfrak{B})$ 都看成是 $b(\mathfrak{B}_{\mathfrak{b}})$ 中的函数,其中 $f(\mathfrak{b})=0$.

定理 4 满足定义中条件 a) 和 b) 的马尔科夫过程为强马尔科夫过程的必要和充分条件是:对任意 $f\in b(\mathfrak{B})$ 和 $\mathfrak{S}_t^s$ 马尔科夫时间 τ,等式

$$E_{s,x}f(\xi_{t+\tau})=E_{s,x}E_{\tau,\xi_\tau}f(\xi_{t+\tau})\tag{8}$$

成立.

证 必要性显然.为证条件(8) 的充分性,首先注意到,如果式(4) 对 $b(\mathfrak{B})$ 中任意函数成立,则它对$b(\mathfrak{B}_{\mathfrak{b}})$ 中任意函数也成立,因为任何函数 $f\in b(\mathfrak{B}_{\mathfrak{b}})$ 都可表为 $f=c+f_0$,其中 $f_0\in b(\mathfrak{B}_{\mathfrak{b}})$.现在设 $B\in\mathfrak{S}_\tau^s$ 是任意的.令

$$\tau'=\begin{cases}\tau & 若\ \omega\in B\\ \infty & 若\ \omega\overline{\in}B\end{cases}$$

因为$\{\tau'\leqslant t\}=\{\tau\leqslant t\}\cap B\in\mathfrak{S}_t^s$,故 τ' 是 $\mathfrak{S}_t^s$ 马尔科夫时间.有

$$E_{s,x}f(\xi_{t+\tau'})=E_{s,x}\chi_B f(\xi_{t+\tau})+f(\mathfrak{b})P_{s,x}(\bar{B})$$
$$E_{s,x}E_{\tau'\xi_{\tau'}}f(\xi_{t+\tau'})=E_{s,x}\chi_B E_{\tau,\xi_\tau}f(\xi_{t+\tau})+f(\mathfrak{b})P_{s,x}(\bar{B})$$

由这些等式并考虑到(8),得

$$E_{s,x}\chi_B f(\xi_{t+\tau}) = E_{s,x}\chi_B E_{\tau,\xi_\tau} f(\xi_{t+\tau})$$

由此可见式(4)成立.

现证,可以将式(4)推广到任意多个形如 $\xi(\tau+t_k)$ 的变量的函数.

定理 5 设 $\xi(t,\omega)$ 是强马尔科夫过程,而 $f(x_1,x_2,\cdots,x_n)\in b(\mathfrak{B}_0^n)$. 那么,对任意马尔科夫时间 τ 和任意正 $t_1,t_2,\cdots,t_n$,有

$$E_{s,x}\{f[\xi(\tau+t_1),\xi(\tau+t_2),\cdots,\xi(\tau+t_n)]\mid \mathfrak{S}_\tau^s\} =$$
$$E_{\tau,\xi(\tau)} f[\xi(\tau+t_1),\xi(\tau+t_2),\cdots,\xi(\tau+t_n)] \tag{9}$$

证 设 $0<t_1<t_2<\cdots<t_n$. 对 $n=1$ 式(9)成立. 假设它对 $n=m$ 成立,证它对 $n=m+1$ 也成立. 首先,由归纳法的假设,对任意 $y\in\mathscr{X}$ 下列等式成立

$$E_{s,x}\{f[y,\xi(\tau+t_2),\cdots,\xi(\tau+t_{m+1})]\mid \mathfrak{S}_{\tau+t_1}^s\} =$$
$$h_1[y,\xi(\tau+t_1),\tau+t_1,\tau+t_2,\cdots,\tau+t_{m+1}]$$

其中 $h_1(y,x,s,t_2,\cdots,t_{m+1}) = E_{s,x}f[y,\xi(t_2),\cdots,\xi(t_{m+1})]$. 注意,根据引理 6 当 $s\leqslant t_2$ 时,$h_1(y,x,s,t_2,\cdots,t_{m+1})$ 关于 (y,x,s) 为 $\mathfrak{B}_0^2\times\mathscr{T}$ 可测. 其次,由 §2 引理 2 可知

$$E_{s,x}\{f[\xi(\tau+t_1),\cdots,\xi(\tau+t_{m+1})]\mid \mathfrak{S}_t^s\} =$$
$$E_{s,x}\{E_{s,x}\{f[y,\xi(\tau+t_2),\cdots,\xi(\tau+t_{m+1})]\mid \mathfrak{S}_{\tau+t_1}^s\}\mid \mathfrak{S}_\tau^s\}_{y=\xi(\tau+t_1)} =$$
$$E_{s,x}\{h_1[\xi(\tau+t_1),\xi(\tau+t_1),\tau+t_1,\tau+t_2,\cdots,\tau+t_{m+1}]\mid \mathfrak{S}_\tau^s\} =$$
$$E_{s,x}\{h_1[\xi(\tau+t_1),\xi(\tau+t_1),u+t_1,u+t_2,\cdots,u+t_{m+1}]\mid \mathfrak{S}_\tau^s\}_{u=\tau} =$$
$$h_2(\xi(\tau),\tau,\tau+t_1,\cdots,\tau+t_{m+1})$$

因为对固定的 $t_1,\cdots,t_{m+1}$,函数 $h_1(y,y,t_1,\cdots,t_{m+1})$ 关于 y 为 $\mathfrak{B}$ 可测,故由强马尔科夫性的定义可知

$$h_2(x,s,t_1,\cdots,t_{m+1}) = E_{s,x}h_1[\xi(t_1),\xi(t_1),t_1,\cdots,t_{m+1}] =$$
$$E_{s,x}\{E_{t_1,\xi(t_1)}f[\xi(t_1),\cdots,\xi(t_{m+1})]\} =$$
$$E_{s,x}f[\xi(t_1),\cdots,\xi(t_{m+1})]$$

因此定理得证.

在关于马尔科夫过程的某些补充条件下,由强马尔科夫过程的定义可以得到更强的结果. 如果某一(马尔科夫)随机时间看成"现在",则这些结果也表征着"将来不依赖于过去".

定理 6 设 $\mathscr{X}$ 是度量空间,$\mathfrak{B}$ 是 $\mathscr{X}$ 中 Borel 集 σ 代数;$\xi(t)$ 是右连续强马尔科夫过程;τ 是任意有穷马尔科夫时间. 那么,对任意函数 $f(x_1,\cdots,x_m)\in b(\mathfrak{B}_0^m)$ 和有穷 $\mathfrak{S}_\tau^s$ 可测随机变量 η_k,$\eta_k\geqslant\tau$,$k=1,2,\cdots,m$,下列等式成立

$$E_{s,x}\{f[\xi(\eta_1),\xi(\eta_2),\cdots,\xi(\eta_m)]\mid \mathfrak{S}_\tau^s\} = E_{\tau,\xi(\tau)}f[\xi(\eta_1),\cdots,\xi(\eta_m)] \tag{10}$$

证 要求证明,对任意 $S\in\mathfrak{S}_\tau^s$ 有

$$\int_S f[\xi(\eta_1),\xi(\eta_2),\cdots,\xi(\eta_m)]\mathrm{d}P_{s,x} = \int_S g[\xi(\tau),\tau,\eta_1,\cdots,\eta_m]\mathrm{d}P_{s,x} \tag{11}$$

其中,$g(x,s,t_1,\cdots,t_m)=E_{s,x}f[\xi(t_1),\cdots,\xi(t_m)]$,而且 $g(\xi(\tau),\tau,\eta_1,\cdots,\eta_m)$ 为 $\mathfrak{S}_\tau^s$ 可测. 注意,函数 $g(x,s,t_1,\cdots,t_m)$ 为 $\mathfrak{B}_\mathfrak{b}\times(\mathscr{T})^{m+1}$ 可测(引理8);由定理的条件知,变量 $\tau,\eta_1,\cdots,\eta_m$ 均为 $\mathfrak{S}_\tau^s$ 可测;由马尔科夫时间的性质,$\xi(\tau)$ 为 $\mathfrak{S}_\tau^s$ 可测. 由此可见,随机变量 $g[\xi(\tau),\tau,\eta_1,\cdots,\eta_m]$ 也 $\mathfrak{S}_\tau^s$ 可测. 至于等式(11),只需证验它对连续函数 f 成立. 设 $S_{k_1\cdots k_m}^n=\bigcap_{j=1}^m\{\eta_j-\tau\in[\frac{k_j}{n},\frac{k_j+1}{n})\}$. 集 $S_{k_1\cdots k_m}^n$ 为 $\mathfrak{S}_\tau^s$ 可测. 当 $\eta_j\in[\frac{k_j}{n}+\tau,\frac{k_j+1}{n}+\tau)$ 时,令 $\eta_j^n=\frac{k_j+1}{n}+\tau$. 那么 $0\leqslant\eta_j^n-\eta_j<\frac{1}{n}$. 另一方面,由强马尔科夫性的定义和定理 5 可知

$$\int_{S\cap S_{k_1\cdots k_m}^n}f[\xi(\tau+\frac{k_1+1}{n}),\xi(\tau+\frac{k_2+1}{n}),\cdots,\xi(\tau+\frac{k_m+1}{n})]\mathrm{d}P_{s,x}=$$

$$\int_{S\cap S_{k_1\cdots k_m}^n}g\left[\xi(\tau),\tau,\tau+\frac{k_1+1}{n},\cdots,\tau+\frac{k_m+1}{n}\right]\mathrm{d}P_{s,x}$$

把这些等式对 $k_j=0,1,2,\cdots,j=1,2,\cdots,m$ 相加,得

$$\int_S f[\xi(\eta_1^n),\xi(\eta_2^n),\cdots,\xi(\eta_m^n)]\mathrm{d}P_{s,x}=\int_S g(\xi(\tau),\tau,\eta_1^n,\cdots,\eta_m^n)\mathrm{d}P_{s,x}\quad(12)$$

因为 $\eta_j^n\downarrow\eta_j$,故由 $\xi(t)$ 的右连续性知,$\xi(\eta_j^n)\to\xi(\eta_j)(\mathrm{mod}\ P_{s,x})$,$j=1,2,\cdots,m$. 由 $g(x,s,t_1,\cdots,t_m)$ 的定义容易看出,它关于自变量 $t_1,\cdots,t_m$ 的全体也右连续. 所以,当 $n\to\infty$ 时,可以在(12)中取极限,经取极限由(12)得(11). 定理得证.

强马尔科夫性准则 我们证明,在很多重要的场合,马尔科夫过程要么是强马尔科夫过程,要么可以用与之等价的强马尔科夫过程来代替它. 这时,要用到转移概率产生的算子半群之预解式的概念. 在第二章我们将要详细研究这一概念,它在齐次马尔科夫过程的理论中起着重要作用. 在这一小节只给出定义.

设 $f(x,t)\in b(\mathfrak{B}\times\mathscr{T})$. 和前面类似,假设函数 $f(x,t)$ 是定义在 $\mathscr{X}_\mathfrak{b}\times[0,\infty]$ 上的,其中设 $f(\mathfrak{b},t)=0$;把 $b(\mathfrak{B}\times\mathscr{T})$ 看成 $b(\mathfrak{B}_\mathfrak{b}\times\mathscr{T})$ 的相应的子空间. 考虑函数 $h(x,s,t)=E_{s,x}f[\xi(s+t),s+t]$. 不难看出,如果函数 $P(s,x,t,B)$ 关于自变量 (s,x,t),$s\leqslant t$,可测,则函数 $h(x,s,t)$ 为 $\mathfrak{B}\times(\mathscr{T})^2$ 可测. 事实上,只需对形如 $f(x,t)=f_1(x)g(t)(f_1\in b(\mathfrak{B}),g\in b(\mathscr{T}))$ 的函数 $f(x,t)$ 来验证. 这时 $h(x,s,t)=g(s+t)h_1(x_1,s,t)$,而由上述事实知 $h_1(x,s,t)=E_{s,x}f_1[\xi(s+t)]$ 为 $\mathfrak{B}\times(\mathscr{T})^2$ 可测函数. 所以 $h(x,s,t)$ 具有同样性质. 特别,对固定的 (x,s),$h(x,s,t)$ 对 t 为 $\mathscr{T}$ 可测函数.

令

$$(R_\lambda f)(x,s)=\int_0^\infty \mathrm{e}^{-\lambda t}E_{s,x}f[\xi(s+t),s+t]\mathrm{d}t\quad(\lambda>0)\qquad(13)$$

由上面刚说明的事实可知,对任意 $\lambda>0$,$(R_\lambda f)(x,s)$ 是 $\mathfrak{B}\times\mathscr{T}$ 可测和有界的函数. 因而,在加于转移概率的适当条件下,算子 R_λ 把 $b(\mathfrak{B}\times\mathscr{T})$ 变为它自身.

定义 3 算子族 R_λ 称为算子族 T_{st} 的预解式(关于算子族 T_{st} 见 §1).

注意

$$(R_\lambda f)(x,s)=E_{s,x}\int_0^\infty \mathrm{e}^{-\lambda t}f[\xi(s+t),s+t]\mathrm{d}t \tag{14}$$

定理 7 设 $\mathscr{X}$ 是度量空间,$\mathfrak{B}$ 是空间 $\mathscr{X}$ 中普遍可测集的 σ 代数;$\{\xi(t,\omega),\mathfrak{S}_t^s,P_{s,x}\}$ 是相空间$\{\mathscr{X},\mathfrak{B}\}$ 中的马尔科夫过程,满足下列条件:

a) 转移概率 $P(s,x,t,B)$ 是自变量(s,x) 的 $\mathscr{T}\times\mathfrak{B}$ 可测函数.

b) 对任意(s,x),样本函数 $\xi_\omega(t)$,$t\geqslant s$,右连续(mod $P_{s,x}$).

c) 对任意(s,x) 和 $\mathscr{X}$ 上的任意有界函数 $f(x)$,当 $t\geqslant s$ 时,样本函数 $(R_\lambda f)[\xi(t),t]$ 在$[0,\zeta)$ 上右连续(mod $P_{s,x}$).

那么,$\{\xi(t,\omega),\mathfrak{S}_{t+}^s,P_{s,x}\}$ 是强马尔科夫过程.

证 对 $t=\infty$ 补定义 $\xi(\infty,\omega)=\mathfrak{b}$. 注意,由定理 1 知,马尔科夫过程 $\xi(t,\omega)$,$t\geqslant s$,为 $\mathfrak{N}_t^s$ 循序可测. 所以,由定理的条件 a) 和引理 7 可以看出,函数 $P(s,x,t,B)$ 对变量(s,t,x) 为 $\mathscr{T}\times\mathfrak{B}\times\mathscr{T}$ 可测.

设 τ 是任意 $\mathfrak{S}_{t+}^s$ 马尔科夫时间. 令

$$\tau^n=\begin{cases}s+\dfrac{k+1}{2^n} & 若\ \tau\in\left[s+\dfrac{k}{2^n},s+\dfrac{k+1}{2^n}\right)\\ \infty & 若\ \tau=\infty\end{cases}$$

则对每个 ω,$\tau^n\downarrow\tau$,并且 τ^n 是 $\mathfrak{S}_t^s$ 马尔科夫时间. 所以,对任意连续并且有界的函数 $f(x)$,$x\in\mathscr{X}$,有

$$E_{s,x}\int_0^\infty \mathrm{e}^{-\lambda t}f[\xi(t+\tau)]\mathrm{d}t=\lim_{n\to\infty}E_{s,x}\int_0^\infty \mathrm{e}^{-\lambda t}f[\xi(t+\tau^n)]\mathrm{d}t=$$

$$\lim_{n\to\infty}E_{s,x}\sum_{k=1}^\infty \chi_k\int_0^\infty \mathrm{e}^{-\lambda t}f\left[\xi\left(t+s+\frac{k}{2^n}\right)\right]\mathrm{d}t\quad(\lambda>0)$$

其中χ_k 是事件$\{\tau^n=s+\frac{k}{2^n}\}$ 的示性函数. 因为χ_k 是 $\mathfrak{S}^s_{s+\frac{k}{2^n}}$ 可测随机变量,故由过程的马尔科夫性得等式

$$E_{s,x}\int_0^\infty \mathrm{e}^{-\lambda t}f[\xi(t+\tau)]\mathrm{d}t=\lim_{n\to\infty}E_{s,x}\sum_{k=1}^\infty \chi_k E_{s+\frac{k}{2^n},\xi(s+\frac{k}{2^n})}\int_0^\infty \mathrm{e}^{-\lambda t}f\left[\xi\left(t+s+\frac{k}{2^n}\right)\right]\mathrm{d}t=$$

$$\lim_n E_{s,x}(R_\lambda f)(\xi(\tau^n),\tau^n) \tag{15}$$

由定理的条件,函数$(R_\lambda f)(\xi(t),t)$,$t\geqslant s$,在$[0,\zeta)$ 上右连续(mod $P_{s,x}$),而在$[\zeta,\infty]$ 上等于 0. 也就是说,它在整个区间$[0,\infty]$ 右连续. 因为 $\tau^n\downarrow\tau$,故式(15) 右侧有极限,等于

$$E_{s,x}(R_\lambda f)(\xi(\tau),\tau)$$

另一方面,该式可写为

$$\int_0^\infty \mathrm{e}^{-\lambda t}E_{s,x}\{E_{u,y}f[\xi(u+t)]\mid_{u=\tau,y=\xi(\tau)}\}\mathrm{d}t \tag{16}$$

因为函数 $E_{s,x}f[\xi(t+\tau)]$ 和 $E_{s,x}E_{\tau,\xi(\tau)}f[\xi(t+\tau)]$ 有界，并且对 t 右连续，所以，比较(16) 和(15) 两式的左侧，由 Laplace 变换的唯一性定理得

$$E_{s,x}f[\xi(t+\tau)]=E_{s,x}E_{\tau,\xi(\tau)}f[\xi(t+\tau)] \tag{17}$$

这个式子是对有界函数证明的. 由此可见，它对任意有界 Borel 函数成立. 再利用 §3 引理 4 就不难证明，它对任意有界普遍可测函数成立. 引用定理 4，即可完成证明.

注 1 定理的条件成立，如果马尔科夫过程右连续，而且它的转移概率满足条件：对任意 $t>s$，函数 $F(s,x)=E_{s,x}f[\xi(t)]$ 对 s 右连续，对 x 连续(即当 $s'\downarrow s, y\to x$ 时，有 $\lim F(s',y)=F(s,x)$.

注 2 如果 $\mathscr{X}$ 局部紧并且可分，则定理 7 的条件 c) 可以减弱为，只要求它对在紧致集上不等于 0 的任意一函数 $f(x)$ 成立.

注 3 如果定理的条件成立，则过程关于 $\widetilde{\mathfrak{N}}_t^s$ 是马尔科夫的.

§5 可乘泛函

可乘泛函和半随机核 设 $\{\xi(t,\omega),\mathfrak{S}_t^s,P_{s,x}\}$ 是相空间 $\{\mathscr{X},\mathfrak{B}\}$ 中的一马尔科夫过程.

定义 1 实随机变量族 $\{\mu_t^s, 0\leqslant s\leqslant t<\infty\}$ 称为马尔科夫过程的可乘泛函，如果对所有 $s,t(0\leqslant s\leqslant t<\infty)$：

a) 随机变量 μ_t^s 为 $\widetilde{\mathfrak{N}}_t^s$ 可测.

b) 对任意 $(s,x)\in[0,\infty)\times\mathscr{X}$ 和任意 $t\in[s,u]$，有 $\mu_t^s\mu_u^t=\mu_u^s(\bmod P_{s,x})$

c) $0\leqslant\mu_t^s\leqslant 1$.

回忆 $\mathfrak{N}_t^s$ 是随机元素 $\xi(u)$, $u\in[s,t]$，产生的 σ 代数，$\widetilde{\mathfrak{N}}_t^s$ 是它关于测度族 $\{P_{s,q}, q\in Q'\}$ 在 $\widetilde{\mathfrak{N}}^s$ 中的完备化，其中 Q' 是 $\mathfrak{B}$ 上概率测度的全体(见第 40 页).

由定义可知，μ_t^s 是 t 的单调不增函数.

可乘泛函称为右连续的，如果对所有 $(s,x)\in[0,\infty)\times\mathscr{X}$ 和任意 t，函数 $\mu_t^s(t\geqslant s)P_{s,x}$ 几乎处处右连续；称它是可测的，如果对任意 s，随机过程 $\{\mu_t^s, t\geqslant s\}$ 为 $\widetilde{\mathfrak{N}}_t^s$ 循序可测. 因为 $\mu_s^s=\mu_s^s\mu_s^s=(\mu_s^s)^2$，所以 μ_s^s 只能取 0 和 1 为值. 由 0－1 律可知，$P_{s,x}\{\mu_s^s=1\}=1$ 或 0. 使 $P_{s,x}\{\mu_s^s=1\}=1$ 的点 (s,x) 叫做可乘泛函的不动点. 记 $\mathscr{X}_\mu$ 为可乘泛函的全体不动点的集合，而 $\mathscr{X}_{\mu^s}$ 表示它在时刻 s 的截口.

下面是可乘泛函的例子.

a) 积分型可乘泛函. 设所考察的马尔科夫过程 $\widetilde{\mathfrak{N}}_t^s$ 循序可测，而 $f(t,x)$ 是 $\mathscr{T}\times\mathfrak{B}^*$ 可测函数(前面已说定，这样的函数在 $[0,\infty)\times\mathscr{X}_\mathfrak{b}$ 上定义，其中 $f(t,\mathfrak{b})=0$). 令

$$\mu_t^s = \exp\left\{-\int_s^t f[u,\xi(u)]\mathrm{d}u\right\} \tag{1}$$

其中对任意 s 和 t 假设指数位上的积分有限. 这时,对每一个 t 可乘泛函连续,并且为正. 如果上述积分亦可取 ∞ 为值,则令

$$\tau = \inf\left\{t : t > 0, \int_0^t f[u,\xi(u)]\mathrm{d}u = \infty\right\}$$

$$\mu_t^s = \chi_{[0,\tau]}(t)\exp\left\{-\int_s^t f[u,\xi(u)]\mathrm{d}u\right\}$$

因为 τ 是 $\mathfrak{N}_{t+}^s$ 可测马尔科夫时间,所以如补充假设 σ 代数流 $\{\widetilde{\mathfrak{N}}_t^s\}$ 右连续,则这样定义的 μ_t^s 就是右连续可乘泛函.

b) 对例 a) 可以作如下推广. 实随机变量族 $\{\alpha_t^s, 0 \leqslant s \leqslant t < \infty\}$ 称为马尔科夫过程的可加泛函,如果:

1) α_t^s 为 $\widetilde{\mathfrak{N}}_t^s$ 可测;

2) 几乎处处 $\alpha_t^s + \alpha_u^t = \alpha_u^s (s \leqslant t \leqslant u)$.

那么,如果 α_t^s 是非负可加泛函,则 $\mu_t^s = \exp\{-\alpha_t^s\}$ 是可乘泛函.

c) $\widetilde{\mathfrak{N}}_t^s$ 随机变量族 $\{\tau_s, s \geqslant 0\}, t \geqslant s$, 称为等待时间,如果在集 $\{\tau_s > t\}$ 上 $\tau_s = \tau_t$. 等待时间 τ_s 可以视为在时刻 s 之后某事件首次出现的时间. 当 $t < \tau_s$ 令 $\mu_t^s = 1$,而当 $t \geqslant \tau_s$ 令 $\mu_t^s = 0$. 显然,μ_t^s 是右连续可乘泛函. 它的不动点集的截口 $\mathscr{X}_{\mu^s}$ 和使 $P_{s,x}\{\tau_s > s\} = 1$ 的 x 点的集合二者重合.

每一可乘泛函与 $b(\mathfrak{B})$ 中的一算子族 $Q_{st} = Q_{st}^{\mu} (0 \leqslant s \leqslant t < \infty)$ 相联系,即

$$Q_{st}f(x) = E_{s,x}f(\xi_t)\mu_t^s$$

我们说,算子族 Q_{st} 是由可乘泛函 μ_t^s 产生的. 每个算子 Q_{st} 有一半随机核与之相对应. 事实上,如令

$$Q_{st}(x,B) = Q(s,x,t,B) = E_{s,x}\,\chi_B(\xi_t)\mu_t^s$$

则对固定的 (s,x,t), $Q(s,x,t,B)$ 是 $\mathfrak{B}$ 上的测度,而对固定的 (s,t,B),它是 x 的 $\mathfrak{B}$ 可测函数. 容易看出

$$Q_{st}f(x) = \int_{\mathscr{X}} f(y)Q(s,x,t,\mathrm{d}y)$$

$$Q(s,x,t,B) \leqslant P(s,x,t,B) \quad (B \in \mathfrak{B}) \tag{2}$$

$\{Q_{st}(x,B), 0 \leqslant s \leqslant t < \infty\}$ 是马尔科夫半随机核族. 事实上,如果 $s \leqslant u \leqslant t, f \in b(\mathfrak{B})$,则

$$Q_{st}f(x) = E_{s,x}f[\xi(t)]\mu_t^s = E_{s,x}\{E_{u,\xi(u)}f[\xi(t)]\mu_t^u\}\mu_u^s =$$
$$E_{s,x}\{Q_{ut}f[\xi(u)]\mu_u^s\} = Q_{su}Q_{ut}f(x)$$

注意,算子 Q_{ss} 一般不唯一. 实际上,如果马尔科夫过程 $\xi(t)$ 正规,则

$$Q_{ss}f(x) = E_{s,x}f[\xi(t)]\mu_s^s = \chi(\mathscr{X}_{\mu^s}, x)f(x)$$

其中 $\mathscr{X}_{\mu^s}$ 是泛函 μ_t^s 的不动点集在时刻 s 的截口(是这一节的开始引进的). 从而

$$Q_{ss}(x,B)=\chi(\mathscr{X}_{\mu^s}\cap B,x) \tag{3}$$

下一步要证明，在一定条件下，在满足不等式(2)的马尔科夫核族$\{Q_{st},0\leqslant s\leqslant t<\infty\}$和转移概率为$P(s,x,t,B)$的马尔科夫过程的可乘泛函之间，可以建立某种一一对应的关系.

对于进一步的研究，只有在过程轨道落入点 $\mathfrak{b}$ 之前的马尔科夫过程可乘泛函的值才有价值. 为此我们引进可乘泛函随机等价的定义.

定义 2 同一马尔科夫过程的两个可乘泛函μ_t^s和ν_t^s称为随机等价的，如果对任意$(s,x)\in[0,\infty)\times\mathscr{X},t>s$

$$P_{s,x}\{\mu_t^s\neq\nu_t^s,\zeta>t\}=0$$

以后对随机等价的可乘泛函不予区分. 所以，当$\xi(t)=\mathfrak{b}$时，可以设$\mu_t^s=0$. 考虑到某些需要，当$t=\infty$时，我们补定义$\mu_\infty^s=0$. 关于这些假设以后就不再特别说明了. 显然，随机等价可乘泛函产生同一核族$\{Q_{st}\}$. 反过来也对.

定理 1 给定马尔科夫过程的两个可乘泛函随机等价，当且仅当它们产生同一马尔科夫核族.

证 假设对任意$x,s,t(s\leqslant t)$和$f\in b(\mathfrak{B}^*)$，有$E_{s,x}f[\xi(t)]\cdot\mu_t^s=E_{s,x}f[\xi(t)]\nu_t^s$. 记$H$为使等式$E_{s,x}\eta\mu_t^s=E_{s,x}\eta\nu_t^s$成立的随机变量的全体. 它是线性单调类. 不难验证，H包含形如$\eta=f_1[\xi(t_1)]f_2[\xi(t_2)]\cdots f_n[\xi(t_n)]$的随机变量. 其中$f_k\in b(\mathfrak{B}^*),s\leqslant t_1<t_2<\cdots<t_n\leqslant t$. 所以$H$包含所有有界$\mathfrak{N}_t^s$(和$\widetilde{\mathfrak{N}}_t^s$)可测随机变量. 由此可见，$\mu_t^s=\nu_t^s(\bmod P_{s,x})$. 定理得证.

设有一任意随机核族$\{\Omega_{s,t}(x,B)=Q(s,x,t,B),0\leqslant s\leqslant t<\infty\}$，满足不等式(2). 假设所考虑的马尔科夫过程是正规的. 因为$P(s,x,t,B)=\chi(B,x)$，故$Q(s,x,t,B)=k_s(x)\,\chi(B,x)$. 由等式$Q_{ss}*Q_{ss}=Q_{ss}$可知，$k_s^2(x)=k(x)$，所以$k_s(x)$只能取0或1为值. 令

$$\mathscr{X}_{1s}^Q=\{x:k_s(x)=1\}$$

显然$\mathscr{X}_{1s}^Q\in\mathfrak{B}^*$. 由等式$Q_{st}=Q_{ss}*Q_{st}*Q_{tt}$不难得出

$$Q(s,x,t,B)=\chi(\mathscr{X}_{1s}^Q,x)Q(s,x,t,B\cap\mathscr{X}_{1t}^Q) \tag{4}$$

该式表明，作为x的函数一切核$Q_{st}(x,B)$都集中在$\mathscr{X}_{1s}^Q$上：当$x\overline{\in}\mathscr{X}_{1s}^Q$时，$Q_{st}(x,B)\equiv0$.

由等式(2)和Radon－Nikodym定理可知，对固定的(s,x,t)存在$\mathfrak{B}^*$可测函数$q_{st}(x,y)$，使

$$Q(s,x,t,B)=\int_B q_{st}(x,y)P(s,x,t,\mathrm{d}y) \tag{5}$$

不失普遍性可以设$0\leqslant q_{st}(x,y)\leqslant1$. 此外，如果$\sigma$代数$\mathfrak{B}$是由可列多个集合产生的，则函数$q_{st}(x,y)$对变量$(x,y)$为$\mathfrak{B}^*\times\mathfrak{B}^*$可测. 事实上，考虑等式(5)在$B\in\mathfrak{B}$集合的组上的收缩. 因为$\sigma$代数是由可列多个集合产生的，故可以应用

随机过程(Ⅰ)第二章 §2 的定理 5. 根据此定理

$$q_{st}(x,y)=\lim_{n\to\infty}\frac{Q(s,x,t,A_{nk}(y))}{P(s,x,t,A_{nk}(y))} \tag{6}$$

其中 $A_{nk}(y)$ 是空间 $\{\mathscr{X},\mathfrak{B}\}$ 的完全分割系①中包含 y 点的集合(见随机过程(Ⅰ)第二章 §2,引理 5). 因为式(6) 右侧极限号下为 $\mathfrak{B}^*\times\mathfrak{B}^*$ 可测函数,所以 $q_{st}(x,y)$ 也是 $\mathfrak{B}^*\times\mathfrak{B}^*$ 可测函数. 其次,由式(6) 知,可以假设函数 $q_{st}(x,y)$ 在 $\mathscr{X}_{1s}^{Q}\times\mathscr{X}_{1t}^{Q}$ 之外为 0. 如果 x 和 y 之一取 b 为值,则令 $q_{st}(x,y)=0$. 这样一来 $q_{st}(x,y)$ 的定义域就开拓到 $\mathscr{X}_b\times\mathscr{X}_b$ 上.

定理 2 假设有一正规马尔科夫过程 $\xi(t)$ 以及 $\{\mathscr{X},\mathfrak{B}\}$ 上的一马尔科夫核族 $\{Q_{st},0\leqslant s\leqslant t<\infty\}$,满足不等式(2). 假设下列条件成立:

a) 存在 $\mathscr{X}$ 的一个可列子集系 $\mathfrak{U}$,使 $\sigma(\mathfrak{U})=\mathfrak{B}$.

b) 在 $[0,\infty)$ 上存在一处处稠密的可列子集 J,使 $\sigma\{\xi(u),u\in J_t^s\}=\mathfrak{N}_t^s$,其中 $J_t^s=J\cap[s,t]$.

那么存在由 $\{Q_{st}\}$ 产生的、过程 $\xi(t)$ 的可乘泛函.

如果 σ 代数流 $\{\widetilde{\mathfrak{N}}_t^s,t\geqslant s\}$ 右连续,并且对所有 (s,x),函数 $Q(s,x,t,\mathscr{X})$ 在点 $t=s$ 对 t 连续,则可以定义泛函,使之右连续.

证 设 S 为某一序列 $(t_0,t_1,\cdots,t_n)$,其中 $s=t_0<t_1<\cdots<t_n=t$. 令

$$\mu_t^s(S)=q_{t_0t_1}[\xi(t_0),\xi(t_1)]q_{t_1t_2}[\xi(t_1),\xi(t_2)]\cdots q_{t_{n-1}t_n}[\xi(t_{n-1}),\xi(t_n)]$$

显然,$\mu_t^s(S)$ 是 $\widetilde{\mathfrak{N}}_t^s$ 可测函数,而且 $0\leqslant\mu_t^s(S)\leqslant 1$. 在 $\mathfrak{B}^n$ 上定义核 $Q_S(x,B^{(n)})$ 如下:对 $B^{(n)}=B_1\times B_2\times\cdots\times B_n$,$B_k\in\mathfrak{B}$,令

$$Q_S(x,B^{(n)})=\int_{B_n}\cdots\int_{B_1}Q_{t_0t_1}(x,\mathrm{d}y_1)Q_{t_1t_2}(y_1,\mathrm{d}y_2)\cdots Q_{t_{n-1}t_n}(y_{n-1},\mathrm{d}y_n)$$

然后再利用测度开拓的一般方法,把它补定义到整个 $\mathfrak{B}^n$ 上. 核 $Q_S(x,B^{(n)})$ 称为核 $Q_{t_0t_1},Q_{t_1t_2},\cdots,Q_{t_{n-1}t_n}$ 的真积,它是在随机过程(Ⅰ)中引进的(随机过程(Ⅰ),第二章 §4). 对任意函数 $h(x_0,x_1,x_2,\cdots,x_n)\in b(\mathfrak{B}^{n+1})$ 有

$$\int_{\mathscr{X}^n}h(x,x_1,x_2,\cdots,x_n)Q_S(x,\mathrm{d}(x_1,\cdots,x_n))=E_{s,x}h[\xi(s),\xi(t_1),\cdots,\xi(t_n)]\mu_t^s(S) \tag{7}$$

(见随机过程(Ⅰ),第二章 §4). 特别,当 $f\in b(\mathfrak{B})$ 时,有

---

① 设 $\{\mathscr{X},\mathfrak{B}\}$ 是可测空间. 称空间 $\mathscr{X}$ 的分割系列 $\{A_{nk},k\geqslant 1\}$,$n\geqslant 1$,为完全的,如果:

a) $A_{nk}\in\mathfrak{B}$,$A_{nk}\cap A_{nr}=\varnothing$,$k\neq r$,$\bigcup_{k=1}^{\infty}A_{nk}=\mathscr{X}$,$n=1,2,\cdots$;

b) 第 $n+1$ 个分割是第 n 个分割的子分割,即对任意 j 存在 $k=k(j)$,使 $A_{(n+1)j}\subset A_{nk}$;

c) 包含一切 A_{nk},$k\geqslant 1$,$n\geqslant 1$ 的最小 σ 代数与 $\mathfrak{B}$ 重合.

(见随机过程(Ⅰ)第二章 §2 定理 4 系 1 之后)—— 译者注

$$\int f(y)Q_{st}(x,\mathrm{d}y)=E_{s,x}f[\xi(t)]\mu_t^s(S) \tag{8}$$

容易看出，如果 S_1 是 S 的一个子列，其中包含 s 和 t：$S_1=\{t_{10},t_{11},\cdots,t_{1m}\}$，则对任意形如 $\eta=h[\xi(t_{10}),\cdots,\xi(t_{1m})]$ 的随机变量 η 有

$$E_{s,x}\eta\mu_t^s(S_1)=E_{s,x}\eta\mu_t^s(S) \tag{9}$$

特别

$$E_{s,x}\{\mu_t^s(S)\mid\sigma_{S_1}\}=\mu_t^s(S_1) \tag{10}$$

其中 σ_{S_1} 是随机元素 $\xi(t_{10}),\xi(t_{11}),\cdots,\xi(t_{1m})$ 产生的 σ 代数. 现在考虑线段 $[s,t]$ 上的递增点列族 S_n，它们都包含线段的两个端点. 记 $\bigcup_n S_n=J_t^s$. 由式(9)可知，序列 $\{\mu_t^s(S_n),\sigma_{S_n}\}$ 是鞅. 所以对每个 x 以概率 1 存在极限 $\lim\mu_t^s(S_n)=\mu_t^s$. 因为变量 μ_t^s 的定义依赖 x 的选择，所以 $\mu_t^s(S)=\lim_n\mu_t^s(S_n)(\mathrm{mod}\ P_{s,x})$，其中 $x=\xi(s)$.

显然，μ_t^s 为 $\widetilde{\mathfrak{N}}_t^s$ 可测，而且可以设 $0\leqslant\mu_t^s\leqslant 1$. 现在证明，$\mu_t^s$ 不依赖于序列 S_n 的选择. 假设 $\{\widetilde{S}_n\}$ 是线段 $[s,t]$ 上的另外一点列族，它和 $\{S_n\}$ 满足相同的条件，并且 $\widetilde{\mu}_t^s=\lim\mu_t^s(\widetilde{S}_n)$. 在证明 $\widetilde{\mu}_t^s=\mu_t^s(\mathrm{mod}\ P_{s,x})$ 时，可以假设 $\widetilde{S}_n\supset S_n$ 而不失普遍性. 这时，对任意随机变量 $\eta\in b(\sigma_{S_n})$ 有

$$E_{s,x}\eta[\mu_t^s(\widetilde{S}_n)-\mu_t^s(S_n)]=0$$

对任意 $\eta\in b\{\sigma_{S_n},n=1,2,\cdots\}=\mathfrak{N}_t^s$，当 $n\to\infty$ 时，在上式中取极限，得

$$E_{s,x}\eta(\widetilde{\mu}_t^s-\mu_t^s)=0$$

这说明该式对于任意有界 $\widetilde{\mathfrak{N}}_t^s$ 可测随机变量成立. 由此可见

$$P_{s,x}\{\widetilde{\mu}_t^s\neq\mu_t^s\}=0$$

对于任意 (s,t)，$s<t$，我们按上述方法构造一随机变量 μ_t^s，并且令 $\mu_s^s=\chi\{\mathscr{X}_{1s}^Q,\xi(s)\}$. 注意，这时 $\chi(\mathscr{X}_{1s}^Q,x)=q_{ss}(x,x)$. 下面证明随机变量族 $\mu_t^s(0\leqslant s\leqslant t<\infty)$ 是由核族 $\{Q_{st}\}$ 产生的可乘泛函. 因为 $0\leqslant\mu_t^s\leqslant 1$，而且 μ_t^s 为 $\mathfrak{N}_t^s$ 可测，故只需验证定义 1 的条件 b). 设 $s<u<t$. 根据以上所述可以假设 $S'''_n=S'_n\cup S''_n$，其中 S'''_n，S'_n 和 S''_n 分别为定义 μ_t^s，μ_u^s 和 μ_t^u 时所用的线段 $[s,t]$，$[s,u]$ 和 $[u,t]$ 上的点列族. 那么，由定义不难直接看出 $\mu_t^s(S'''_n)=\mu_u^s(S'_n)\times\mu_t^u(S''_n)$. 在该式两侧同取极限即可得 $\mu_t^s=\mu_u^s\mu_t^u$. 根据以前所述容易验证：$\mu_s^s\mu_t^s=\mu_t^s\mu_t^t=\mu_t^s(\mathrm{mod}\ P_{s,x})$. 显然，如果 $\xi(t)=\mathfrak{b}$，则 $\mu_t^s=0$(因为根据定义 $q_{st}(x,\mathfrak{b})=0$). 因而，μ_t^s 是满足前面的补充条件的可乘泛函. 如果在式(7)中设 $S=S_n$，并且令 $n\to\infty$ 取极限，则得

$$\int f(y)Q_{st}(x,\mathrm{d}y)=E_{s,x}f(\xi(t))\mu_t^s$$

即 $\{Q_{st}\}$ 是可乘泛函产生的核族. 定理的第一部分得证.

现在假设对任意 (s,t)，$\lim\limits_{t\downarrow s}Q_{st}(x,\mathscr{X})=Q_{ss}(x,\mathscr{X})$. 由等式 $E_{s,x}\mu_t^s=Q_{st}(x,$

$\mathscr{X}$) 可知$\lim\limits_{t\downarrow s}E_{s,x}(\mu_s^s-\mu_t^s)=0$. 假设 r 只取有理数，记 $\nu_t^s=\lim\limits_{r\downarrow t}\mu_r^s$. 这个极限显然存在，而且 v_t^s 关于 $t(t\geqslant s)$ 右连续. 因为 $v_t^s\leqslant\mu_t^s$，而且

$$E_{s,x}(\nu_t^s-\mu_t^s)=\lim_{r\downarrow t}E_{s,x}(\mu_r^s-\mu_t^s)=\lim_{r\downarrow t}E_{s,x}\mu_t^s(\mu_r^t-1)=0$$

所以 $\nu_t^s=\mu_t^s(\bmod P_{s,x})$. 由 σ 代数流$\{\widetilde{\mathfrak{N}}_t^s,t\geqslant s\}$ 的右连续性知，随机变量 ν_t^s 为 $\widetilde{\mathfrak{N}}_t^s$ 可测. 不难验证，ν_t^s 是可乘泛函. 这样，如果定理第二部分的条件成立，则存在右连续可乘泛函，它产生给定的核族. 定理得证.

注 1　如果 $\mathscr{X}$是可分度量空间，$\mathfrak{B}$是空间 $\mathscr{X}$中的 Borel 集 σ 代数，而过程 $\xi(t)$ 右连续，则定理的条件 a) 和 b) 成立.

注 2　设 $\mathscr{X}$是完全可分度量空间，$\mathscr{E}$是取值于 $\mathscr{X}$的全体函数 $v=x(t)$，$t\geqslant 0$，的集合，$\mathscr{N}^s(\mathscr{N}_t^s)$ 是 $\mathscr{E}$ 中包含下列柱集的最小 σ 代数，其中每个柱集底的坐标属于$[s,\infty)$(相应的属于$[s,t]$)，$s\leqslant t$.

按照 §3 定理 5，我们由马尔科夫半随机核族$\{Q_{st},0\leqslant s<t<\infty\}$ 构造一测度族$\{Q_{s,x},\mathscr{N}^s\}$. 则对任意有界的 $\mathscr{N}_t^s$ 可测函数 $h(v)$，下面的等式成立

$$\int_{\mathscr{E}}h(v)\mathrm{d}Q_{s,x}=E_{s,x}h[\xi(\cdot)]\mu_t^s \tag{11}$$

为证明(11)，先看形如 $h(v)=h[x(t_0),x(t_1),\cdots,x(t_m)]$ 的函数 $h(v)$. 根据刚证明的定理，我们在式(7) 中设 $S=S_n$，然后令 $n\to\infty$ 取极限. 这样就可以对上述形状的函数 $h(v)$ 得出式(11). 最后，使用在这种情形下常用的方法可以证明，式(11) 对任意非负和有界 $\mathscr{N}_t^s$ 可测函数 $h(v)$ 成立.

注 3　在定理证明的第一部分所建立的泛函，也就是在它被修正为右连续的之前，它不但 $\widetilde{\mathfrak{N}}_t^s$ 可测，而且也 $\mathfrak{N}_t^s$ 可测.

一个与可乘泛函相联系的积分方程　在有些问题中，给定的可乘泛函所产生核族 $Q(s,x,t,B)$ 的解析表现是很有用的. 对积分型可乘泛函，可以得出函数 $Q(s,x,t,B)$ 的积分方程.

设

$$\mu_t^s=\exp\left\{-\int_s^t f(u,\xi(u))\mathrm{d}u\right\} \tag{12}$$

其中 $f(t,x)$ 是非负 $\mathscr{T}\times\mathfrak{B}$ 可测函数，而式(12) 中的积分对所有(s,t)，$0\leqslant s\leqslant t\leqslant\zeta$，收敛. 因为对几乎一切 s 有

$$\frac{\mathrm{d}\mu_t^s}{\mathrm{d}s}=f[s,\xi(s)]\mu_t^s$$

故

$$\mu_t^s=1-\int_s^t f[u,\xi(u)]\mu_t^u\mathrm{d}u\quad(t<\zeta)$$

把上式两侧同时乘以$\chi[B,\xi(t)]$，然后再同对 $P_{s,x}$ 求积分，得

$$Q(s,x,t,B)=P(s,x,t,B)-\int_s^t E_{s,x}f[u,\xi(u)]\mu_t^u\chi[B,\xi(t)]\mathrm{d}u$$

由等式

$$E_{s,x}f[u,\xi(u)]\mu_t^u\chi[B,\xi(t)]=E_{s,x}f[u,\xi(u)]E_{u,\xi(u)}\chi[B,\xi(t)]\mu_t^u=$$
$$E_{s,x}f[u,\xi(u)]Q(u,\xi(u),t,B)$$

得核 $Q(s,x,t,B)$ 的积分方程

$$Q(s,x,t,B)=P(s,x,t,B)-\int_s^t f(u,y)Q(u,y,t,B)P(s,x,u,\mathrm{d}y)$$

子过程 在相空间$\{\mathscr{X},\mathfrak{B}\}$中,考虑定义在同一基本事件空间$\{\Omega,\mathfrak{S}\}$上的两个马尔科夫过程$\{\xi(t,\omega),\mathfrak{S}_t^s,P_{s,x}\}$和$\{\tilde{\xi}(t,\omega),\mathfrak{S}_t^s,P_{s,x}\}$.它们的生存时间分别记作$\zeta$和$\tilde{\zeta}$.

我们说,通过缩短过程$\xi(t)$的生存时间可以得到$\tilde{\xi}(t)$,如果对任意(s,x)有$P_{s,x}\{\tilde{\zeta}\leqslant\zeta\}=1$,而且当$t<\tilde{\zeta}$时$\xi(t)=\tilde{\xi}(t)$.

定义 3 马尔科夫过程$\eta(t)$称为过程$\xi(t)$的子过程,如果通过缩短某一马尔科夫过程$\tilde{\xi}(t)$的生存时间可以得到过程$\eta(t)$,这里$\tilde{\xi}(t)$是和$\xi(t)$随机等价的过程.

设$Q(s,x,t,B)$和$P(s,x,t,B)$分别是过程$\eta(t)$和$\xi(t)$的转移概率.因为事件$\{\eta(t)\in B\}\subset\{\xi(t)\in B\}$,$B\in\mathfrak{B}$,所以$Q(s,x,t,B)\leqslant P(s,x,t,B)$.下面的定理是定理 2 的直接推论.

定理 3 如果马尔科夫过程$\xi(t)$满足定理 2 的条件,而$\eta(t)$是它的子过程,则过程$\eta(t)$的转移概率$Q(s,x,t,B)$可以由过程$\xi(t)$的某一可乘泛函产生,即存在$\xi(t)$的一可乘泛函,使

$$Q(s,x,t,B)=E_{s,x}\chi_B[\xi(t)]\mu_t^s \tag{13}$$

可以证明,在一定意义下逆命题也成立.这就是说,对马尔科夫过程$\xi(t)$的任意可乘泛函μ_t^s都有一子过程$\eta(t)$和它相对应,而且过程$\eta(t)$和过程$\xi(t)$的可乘泛函之间的关系由式(13)给出.为证明这一事实,我们建立一个新的基本事件空间$\tilde{\Omega}$,并在它上面定义一个和$\xi(t)$随机等价的马尔科夫过程$\tilde{\xi}(t)$.结果表明,在这个新空间$\tilde{\Omega}$上,缩短给定马尔科夫过程生存时间变得更为简单.由此可以得到通过式(13)和可乘泛函相联系的子过程$\eta(t)$.首先描述必要的步骤.

假设当$t=\infty$时,过程$\xi(t)$也有定义:$\xi(\infty)=\mathfrak{b}$.回忆,我们曾经假设当$t=\infty$时,μ_t^s有定义:$\mu_\infty^s=0$.其次,我们还假设Ω中存在一点ω^*,使$\xi(t,\omega^*)\equiv\mathfrak{b}$,$t\geqslant 0$.假如在$\Omega$中不存在这样一点,则可以给它补充一个点,并同时对$\sigma$代数$\mathfrak{S}_t^s$作相应的扩张:对任意$s,t$假设集$\{\omega^*\}$为$\mathfrak{S}_t^s$可测.这时对测度作相应的开拓,令$P_{s,x}(\omega^*)=0$.

引进一新的基本事件空间$\tilde{\Omega}=\Omega\times[0,\infty]$，其中的点$\tilde{\omega}=(\omega,\lambda)$，$\omega\in\Omega$，$\lambda\in[0,\infty]$. 设$\tilde{\mathfrak{S}}=\mathfrak{S}\times\mathscr{T}_\infty$，其中$\mathscr{T}_\infty$是$[0,\infty]$上Borel集的$\sigma$代数；$\check{\xi}(t)=\check{\xi}(t,\omega)=\xi(t,\omega)$；又设$\check{\mathfrak{S}}_t^s(\check{\mathfrak{S}}^s)$是由$\tilde{\mathfrak{S}}$中所有形如$S\times[0,\infty]$的子集组成的，其中$S\in\mathfrak{S}_t^s(\in\mathfrak{S}^s)$. 显然，当$u\leqslant s\leqslant t\leqslant v$时，$\check{\mathfrak{S}}_t^s\subset\check{\mathfrak{S}}_v^u$，$\check{\mathfrak{S}}_t^s$是$\sigma$代数，而$\check{\xi}_t(\tilde{\omega})$为$\check{\mathfrak{S}}$可测.

在$\check{\mathfrak{S}}^s$上引进一测度族$\{\check{P}_{s,x}\}$：对$\check{S}=S\times[0,\infty]$，令$\check{P}_{s,x}(\check{S})=P_{s,x}(S)$. 显然，对象组$\{\check{\xi}(t,\omega),\check{\mathfrak{S}}_t^s,\check{P}_{s,x}\}$是马尔科夫过程，它和过程$\{\xi(t,\omega),\mathfrak{S}_t^s,P_{s,x}\}$随机等价. 现在我们来定义对过程$\check{\xi}(t,\omega)$的生存时间的压缩. 令

$$\tilde{\xi}(t,\tilde{\omega})=\begin{cases}\check{\xi}(t,\tilde{\omega})=\xi(t,\omega) & 若\ t<\lambda\\ \mathfrak{b} & 若\ t\geqslant\lambda\end{cases}$$

设$\tilde{\Omega}^s=\Omega\times(s,\infty]$，$\sigma$代数$\tilde{\mathfrak{S}}^s=\mathfrak{S}^s\times\mathscr{T}_\infty^s$. $\tilde{\Omega}^s$是$\tilde{\Omega}$的子集. 记$\tilde{\mathfrak{S}}_t^s$为满足下列条件的集合$\tilde{S}\subset\tilde{\Omega}$组成的集组：$\tilde{S}\in\tilde{\mathfrak{S}}^s$，$\tilde{S}\cap\tilde{\Omega}^t=S_1\times(t,\infty]$，其中$S_1\in\mathfrak{S}_t^s$. 显然，$\tilde{\mathfrak{S}}_t^s$是$\sigma$代数，而且对$u\leqslant s\leqslant t\leqslant v$有$\tilde{\mathfrak{S}}_t^s\subset\tilde{\mathfrak{S}}_v^u$；取值于$\{\mathscr{X}_\mathfrak{b},\mathfrak{B}_\mathfrak{b}\}$的随机变量$\tilde{\xi}_t(\omega)$为$\tilde{\mathfrak{S}}_t^s$可测($s\leqslant t$).

注意，如果σ代数$\mathfrak{S}_t^s$右连续，则$\tilde{\mathfrak{S}}_t^s$也右连续. 事实上，设$\tilde{S}\in\tilde{\mathfrak{S}}_{t+}^s$，则对任意$n$有$S\in\tilde{\mathfrak{S}}_{t+\frac{1}{n}}^s$，从而$\tilde{S}\cap\tilde{\Omega}^{t+\frac{1}{n}}=S_n\times(t+\dfrac{1}{n},\infty)$，其中$S_n\in\mathfrak{S}_{t+\frac{1}{n}}^s$. 显然所有$S_n$都相等. 令$S_n=S$. 则$S\in\mathfrak{S}_{t+}^s=\mathfrak{S}_t^s$. 因为$\tilde{S}\cap\tilde{Q}^t=\bigcup\limits_n(\tilde{S}\cap\tilde{Q}^{t+\frac{1}{n}})$，故$\tilde{S}\cap\tilde{Q}^t=S\times(t,\infty]$，即$\tilde{S}\in\tilde{\mathfrak{S}}_t^s$. 因而$\tilde{\mathfrak{S}}_{t+}^s=\mathfrak{S}_t^s$.

设给定过程$\{\xi(t,\omega),\mathfrak{S}_t^s,P_{s,x}\}$的一右连续可乘泛函$\mu_t^s$. 记$\Omega_s$为一$\omega$集，它满足条件：对每个$\omega\in\Omega_s$和每个$t(t\geqslant s)$，泛函$\mu_t^s$右连续，而$\mu_s^s$只取0或1为值. 由假设对所有$x$，$P_{s,x}(\Omega_s)=1$. 对每个$s\geqslant0$和$\omega\in\Omega_s$我们在$(s,\infty]$上定义一随机测度$\alpha_{s\omega}$：$\alpha_{s\omega}(\lambda,\infty]=\mu_\lambda^s(s\leqslant\lambda)$，而$\alpha_{s\omega}\{s\}=0$，这里$\{s\}$是$s$一个点的集合. 由这些条件在$\mathscr{T}_\infty^s$上确定唯一一个测度. 当$\mu_s^s=1$时，它是规范的($\alpha_{s\omega}(s,\infty]=1$)，而当$\mu_s^s=0$时有$\alpha_{s\omega}\equiv0$. 对$\omega\overline{\in}\Omega_s$补定义$\alpha_{s\omega}$：例如可以令$\alpha_{s\omega}=0$. 不难看出，对任意$T\in\mathscr{T}_\infty^s$，$\alpha_{s\omega}(T)$是$\omega$的$\tilde{\mathfrak{N}}^s$可测函数. 此外，如果$\tilde{S}\in\tilde{\mathfrak{S}}^s$，则$\tilde{S}_\omega=\{\lambda:(\omega,\lambda)\in\tilde{S}\}\in\mathscr{T}_\infty^s$，而且$\alpha_{s\omega}(\tilde{S}_\omega)$是$\omega$的$\tilde{\mathfrak{N}}^s$可测函数. 事实上，显然一方面满足上述条件的全体$\tilde{S}$集组成$\sigma$代数，另一方面不难验证，它包含形如$\tilde{S}=S\times T$的所有$\tilde{S}$集，其中$S\in\mathfrak{S}^s$，$T\in\mathscr{T}^s$.

设$\mathscr{X}_{\mu^s}$是泛函μ_t^s的不动点集的截口：$\mathscr{X}_{\mu^s}=\{x:P_{s,x}\{\mu_s^s=1\}=1\}$. 在$\tilde{\mathfrak{S}}^s$上定义一测度$\tilde{P}_{s,x}$：对$\tilde{S}\in\tilde{\mathfrak{S}}$，令

$$\begin{cases}\tilde{P}_{s,x}\{\tilde{S}\}=E_{s,x}[\alpha_{s\omega}(\tilde{S}_\omega)] & 若\ x\in\mathscr{X}_{\mu^s}\\ \tilde{P}_{s,x}\{\tilde{S}\}=\chi(\tilde{S},\tilde{\omega}^*) & 若\ x\overline{\in}\mathscr{X}_{\mu^s}\end{cases}$$

其中 $\tilde{\omega}^* = (\omega^*, 0)$.

记 $\tilde{E}_{s,x}$ 为对概率测度 $\tilde{P}_{s,x}$ 求数学期望. 注意

$$\tilde{E}_{s,x}\eta = E_{s,x}\left\{\int_s^\infty \eta(\omega,\lambda)\alpha_{s,\omega}(\mathrm{d}\lambda)\right\} \quad (x \in \mathscr{X}_{\mu^s}) \tag{14}$$

其中 $\eta=\eta(\omega,\lambda) \in b(\tilde{\mathfrak{S}}^s)$. 对于集 $\tilde{S} \in \tilde{\mathfrak{S}}^s$ 的示性函数,可以由定义直接推出式(14),然后再用标准方法证明它对任意随机变量 $\eta \in b(\tilde{\mathfrak{S}}^s)$ 成立.

记 $\tilde{\zeta}$ 为过程 $\tilde{\xi}(t,\tilde{\omega})$ 的生存时间. 显然还没有证明 $\tilde{\xi}(t,\tilde{\omega})$ 是马尔科夫过程,但生存时间的概念是清楚的. 直接由 $\tilde{\xi}(t,\tilde{\omega})$ 的定义可知,如果 $t < \tilde{\zeta}$,则 $\tilde{\zeta} \leqslant \zeta$,而且对 $\tilde{\omega} = (\omega,\lambda)$ 有 $\xi(t,\omega) = \tilde{\xi}(t,\tilde{\omega})$.

注意,如果 $x \in \mathscr{X}_{\mu^s}$,则 $\tilde{P}_{s,x}\{\tilde{\xi}(s) = x\} = 1$;而若 $x \overline{\in} \mathscr{X}_{\mu^s}$,但 $x \in \mathscr{X}$,则 $\tilde{P}_{s,x}\{\tilde{\xi}(s) = x\} = 0$. 因而,对于对象组 $\{\tilde{\xi}(t,\tilde{\omega}), \tilde{\mathfrak{S}}_t^s, \tilde{P}_{s,x}\}$,马尔科夫过程定义中的正规性条件未必成立.

定理 4 设 μ_t^s 是正规马尔科夫过程 $\{\xi(t,\omega), \mathfrak{S}_t^s, P_{s,x}\}$ 的右连续可乘泛函. 那么,过程 $\{\tilde{\xi}(t,\tilde{\omega}), \tilde{\mathfrak{S}}_t^s, \tilde{P}_{s,x}\}$ 是过程 $\{\xi(t,\omega), \mathfrak{S}_t^s, P_{s,x}\}$ 的子过程,而且对所有 $f \in b(\mathfrak{B}^*)$, $s \leqslant t \leqslant \infty$,有

$$\tilde{E}_{s,x} f(\tilde{\xi}_t) = E_{s,x}\{f(\xi_t)\mu_t^s\} \tag{15}$$

$$\tilde{P}_{s,x}\{\tilde{\zeta} > t \mid \tilde{\mathfrak{S}}^s\} = \mu_t^s \tag{16}$$

对所有 $(s,x) \in [0,\infty] \times \mathscr{X}$,如果 $P_{s,x}\{\mu_s^s = 1\} = 1$,则子过程 $\tilde{\xi}(t,\tilde{\omega})$ 是正规马尔科夫过程.

证 先证等式(15). 首先注意到,当 $t \geqslant s$, $f(x) \in b(\mathfrak{B}^*)$ 时,变量 $f(\tilde{\xi}_t)$ 为 $\tilde{\mathfrak{S}}^s$ 可测. 对 $x = \mathfrak{b}$ 式(15) 显然,因为 $\mu_t^s \equiv 0 (\bmod P_{s,x})$. 同理,当 $x \overline{\in} \mathscr{X}_{\mu^s}$ 时,等式(15) 两侧均为 0.

其次,如果 $\lambda < t$,则对 $x \in \mathscr{X}_{\mu^s}$ 有 $f(\tilde{\xi}_t) = f(\mathfrak{b}) = 0$. 于是由式(14) 和 $\tilde{\xi}(t,\tilde{\omega})$ 的定义可得

$$\tilde{E}_{s,x} f(\tilde{\xi}_t) = E_{s,x}\int_t^\infty f(\xi_t)\alpha_{s\omega}(\mathrm{d}\lambda) = E_{s,x} f(\xi_t)\mu_t^s$$

我们现在来证明 $\{\tilde{\xi}(t,\tilde{\omega}), \tilde{\mathfrak{S}}_t^s, \tilde{P}_{s,x}\}$ 是马尔科夫过程.

对任意 $\tilde{S} \in \tilde{\mathfrak{S}}_t^s$, $B \in \mathfrak{B}^*$ 和 $s \leqslant t \leqslant u$,为证

$$\int_{\tilde{S}} \tilde{E}_{t,\tilde{\xi}_t}\{\chi_B(\tilde{\xi}_u)\}\mathrm{d}\tilde{P}_{s,x} = \int_{\tilde{S}} \chi_B(\tilde{\xi}_u)\mathrm{d}\tilde{P}_{s,x} \tag{17}$$

首先注意到,当 $x \overline{\in} \mathscr{X}_{\mu^s}$ 时它显然成立,因为这时式(17) 两侧都等于 0. 设 $x \in \mathscr{X}_{\mu^s}$. 因为 $\tilde{S} \cap \tilde{\Omega}^t = S \times (t,\omega]$, $\{\tilde{\xi}_u \in B\} \in \tilde{\Omega}^u$,则 $\{\tilde{\xi} \in B\} \cap \tilde{S} = \{[\xi_u \in B] \cap S\} \times (u,\omega]$. 所以由式(15) 可见,式(17) 右侧可化为

$$\int_{\tilde{S}} \chi_B(\tilde{\xi}_u)\mathrm{d}\tilde{P}_{s,x} = E_{s,x}\chi(\{\xi_u \in B\} \cap S,\omega)\mu_u^s =$$

$$E_{s,x}\chi(S,\omega)\mu_t^s E_{t,\xi_t}\chi(\{\xi_u \in B\},\omega)\mu_u^t$$

另一方面，如果记

$$F(y)=\widetilde{E}_{t,y}\chi[\{\tilde{\xi}_u\in B\},\tilde{\omega}]=E_{t,y}[\{\xi_u\in B\},\omega]\mu_u^t$$

并且注意到 $F(\mathfrak{b})=0$，则式(17) 左侧可以化为

$$\widetilde{E}_{s,x}\{\chi(\widetilde{S},\tilde{\omega})F[\tilde{\xi}(t)]\}=E_{s,x}\{\chi(S,\omega)F[\xi(t)]\mu_t^s\}=$$

$$E_{s,x}\chi(S,\omega)\mu_t^s E_{t,\xi_t}\chi[\{\xi_u\in B\},\omega]\mu_u^t$$

从而式(17) 得证. 它表明

$$\widetilde{P}_{s,x}\{\tilde{\xi}_u\in B\mid\widetilde{\mathfrak{S}}_t^s\}=\widetilde{P}_{t,\tilde{\xi}_t}\{\tilde{\xi}_u\in B\}$$

即过程 $\tilde{\xi}(t,\tilde{\omega})$ 具有马尔科夫性. 由该过程的定义可知 $\tilde{\xi}_t(\tilde{\omega})\in\widetilde{\mathfrak{S}}_t^s\mid\mathfrak{B}_{\mathfrak{b}}$，而且 $\widetilde{P}_{s,x}(\widetilde{S})$ 是 x 的可测函数. 所以，$\tilde{\xi}(t,\tilde{\omega})$ 是马尔科夫过程. 这时，如果 $\mathscr{X}_{\mu^s}=\mathscr{X}$，则 $\tilde{\xi}(t,\tilde{\omega})$ 是正规马尔科夫过程.

为证式(16)，注意到

$$\widetilde{P}_{s,x}\{\tilde{\zeta}>t\mid\check{\mathfrak{S}}_t^s\}=\widetilde{P}_{s,x}\{\tilde{\xi}(t)\in\mathscr{X}\mid\check{\mathfrak{S}}^s\}$$

设 $\check{S}\in\check{\mathfrak{S}}^s$，即 $\check{S}=S\times(0,\infty]$，$S\in\mathfrak{S}^s$. 那么

$$\int_{\check{S}}\widetilde{P}_{s,x}\{\tilde{\zeta}>t\mid\check{\mathfrak{S}}^s\}\mathrm{d}\check{P}_{s,x}=\widetilde{P}_{s,x}(\check{S}\cap\{\tilde{\xi}(t)\in\mathscr{X}\})=$$

$$\check{E}_{s,x}\chi[\{\tilde{\xi}(t)\in\mathscr{X}\},\tilde{\omega}]\chi(\check{S},\tilde{\omega})$$

由(14) 该式又等于

$$E_{s,x}\left\{\int_s^\infty\chi(\{\tilde{\xi}(t,\omega,\lambda)\in\mathscr{X}\},(\omega,\lambda))\chi(S,\omega)\alpha_{s\omega}(\mathrm{d}\lambda)\right\}=$$

$$E_{s,x}\chi(\{\xi(t,\omega)\in\mathscr{X}\},\omega)\chi(S,\omega)\mu_t^s=$$

$$E_{s,x}\chi(S,\omega)\mu_t^s=\int_{\check{S}}\mu_t^s\mathrm{d}\check{P}_{s,x}$$

由此得(16). 定理证完.

注 关于式(16) 可作如下说明. σ 代数 $\check{\mathfrak{S}}^s$ 实际上提供关于过程 $\xi(t)$，$t\geqslant s$ 的行为的全部信息. 因此，(在已知上述全部信息的条件下) 过程 $\tilde{\xi}(t)$ 的生存时间大于 t 的条件概率，仅依赖于过程 $\xi(t)$ 在时间区间 $[s,t]$ 上的行为，也就是说不依赖过程 $\xi(t)$ 的“将来”. 此外，(粗略地说) 在关于过程 $\xi(t)$ 的全部信息已知的条件下，事件“过程 $\tilde{\xi}(t)$ 在时间区间 $(t,t+\mathrm{d}t)$ 上‘灭绝’”的条件概率等于 $-\dfrac{\mathrm{d}\mu_t^s}{\mu_t^s}$.

§6 马尔科夫过程样本函数的性质

这一节研究马尔科夫过程的存在性问题，这时要求它具有给定的转移概

率，而且样本函数具有这样或那样的光滑性.

在随机过程（Ⅰ）中得到的关于随机过程的一系列结果，可以很容易地应用到马尔科夫过程的情况. 为此，我们引进马尔科夫函数族的概念.

在不依赖于随机过程（Ⅰ）结果的情况下，我们来研究在局部紧相空间中构造"标准"马尔科夫过程的可能性问题，并且要求它具备一系列"好"性质.

最后，将要得到可分和循序可测马尔科夫过程存在性的一些结果.

马尔科夫族 初看起来，下面引进的马尔科夫族的概念似乎比马尔科夫过程的概念更广些，但是将要证明，前者可以归结为后者. 为简便计，我们仅考虑不中断马尔科夫函数.

定义 1 所谓相空间$\{\mathscr{X},\mathfrak{B}\}$中的马尔科夫族$\{\xi^{s,x}(t),t\geqslant s,s\in[0,\infty),x\in\mathscr{X}\}$，是指定义在概率空间$\{\Omega^{s,x},\mathfrak{S}^{s,x},P_{s,x}\}$上、适应$\sigma$代数流$\mathfrak{S}_t^{s,x},t\geqslant s$的马尔科夫函数族$\{\xi^{s,x}(t,\omega)\}$，且满足等式

$$P_{s,x}\{\xi^{s,x}(t)\in B\}=P(s,x,t,B)\quad(t\geqslant s,B\in\mathfrak{B})$$

这里$P(u,y,t,B)$是它的公共转移概率

$$P_{s,x}\{\xi^{s,x}(t)\in B\mid\xi^{s,x}(u)\}=P(u,\xi^{s,x}(u),t,B)\quad(s\leqslant u\leqslant t)$$

函数$P(s,x,t,B)$称为马尔科夫族的转移概率. 和马尔科夫过程同样，马尔科夫族也有转移概率，它对该族中的函数是公共的.

如果$\Omega^{s,x}=\Omega,\xi^{s,x}(t,\omega)=\xi(t,\omega)$，$\Omega$和$\xi(t,\omega)$不依赖于$s,x$，而且$\mathfrak{S}^{s,x}=\mathfrak{S}^s$不依赖于$x$，则马尔科夫族的定义和马尔科夫过程的定义相同. 另一方面，对每一马尔科夫族，可以通过扩充基本事件空间，使它和有相同转移概率的马尔科夫过程相对应. 为此，我们引进三维点$\tilde{\omega}=(s,x,\omega)$的空间$\tilde{\Omega}$，其中$s\in[0,\infty)$，$x\in\mathscr{X},\omega\in\Omega^{s,x}$. 如果$\tilde{S}\subset\tilde{\Omega}$，则记$\tilde{S}_{s,x}$为集$\tilde{S}$的$(s,x)$截口：$\tilde{S}_{s,x}=\{\omega:(s,x,\omega)\in\tilde{S},\omega\in\Omega^{s,x}\}$.

在Ω中定义一σ代数族$\tilde{\mathfrak{S}}^s(\tilde{\mathfrak{S}}_u^s,u\geqslant s)$：$\tilde{S}\in\tilde{\mathfrak{S}}^s(\in\tilde{\mathfrak{S}}_u^s,u\geqslant s)$，当且仅当对任意$(t,x)$，$0\leqslant t\leqslant s,x\in\mathscr{X}$，有$\tilde{S}_{s,x}\in\mathfrak{S}^{t,x}(\tilde{S}_{t,x}\in\mathfrak{S}_u^{t,x})$. 显然，随$s$的增大$\sigma$代数$\tilde{\mathfrak{S}}^s(\tilde{\mathfrak{S}}_u^s,u\geqslant s)$单调不增，而且当$u\geqslant s$时$\tilde{\mathfrak{S}}^s\supset\tilde{\mathfrak{S}}_u^s$.

和以前类似，我们引进记号$\tilde{\mathfrak{S}}_u\subset\tilde{\mathfrak{S}}_u^0$. 若$\tilde{\omega}=(s,x,\omega),s\leqslant t$，则令$\tilde{\xi}(t,\tilde{\omega})=\xi^{s,x}(t,\omega)$. 当$t<s$时，函数$\tilde{\xi}(t,\tilde{\omega})$的定义在一定程度上是任意的. 为确定计，当$t<s$时令$\tilde{\xi}(t,\tilde{\omega})=x$. 不难验证，若$t\in[s,v]$，则函数$\tilde{\xi}(t,\tilde{\omega})$为$\tilde{\mathfrak{S}}_v^s$可测. 事实上，如果$\tilde{S}=\{\tilde{\omega}:\tilde{\xi}(t,\tilde{\omega})\in B\}$，则对所有$s\leqslant t\leqslant v,\tilde{S}_{s,x}=\{\omega:\xi^{s,x}(t)\in B\}\in\mathfrak{S}_v^{s,x}$.

在每一个σ代数$\tilde{\mathfrak{S}}^s$上定义一个测度族$\tilde{P}_{s,x}$：$\tilde{P}_{s,x}(\tilde{S})=P_{s,x}(\tilde{S}_{s,x})$. 由定义可知

$$\tilde{P}_{s,x}\{\tilde{\xi}(t,\tilde{\omega})\in B\}=P_{s,x}\{\xi^{s,x}(t)\in B\}=P(s,x,t,B)$$

因为，$\tilde{\mathfrak{S}}^s$上的测度$\tilde{P}_{s,x}$经映射$(s,x,\omega)\rightarrow\omega$变为$\mathfrak{S}^s$上的测度$P_{s,x}$，所以

$$\widetilde{P}_{s,x}\{\tilde{\xi}(t,\tilde{\omega}) \in B \mid \widetilde{\mathfrak{S}}_u^s\} = P_{s,x}\{\xi^{s,x}(t,\omega) \in B \mid \mathfrak{S}_u^s\} =$$
$$P_{u,\xi^{s,x}(u)}\{\xi^{s,x}(t,\omega) \in B\} =$$
$$P(u,\xi(u),t,B) =$$
$$\widetilde{P}_{u,\xi(u)}\{\tilde{\xi}(t,\tilde{\omega}) \in B\}$$

这样,我们证明了下面的定理.

定理 1 上面所构造的一组对象$\{\tilde{\xi}(t,\tilde{\omega}),\widetilde{\mathfrak{S}}_t^s,\widetilde{P}_{s,x}\}$是马尔科夫过程,$P(s,x,t,B)$是它的转移概率.这时

$$\tilde{\xi}(t,\tilde{\omega}) = \xi^{s,x}(t,\omega),\tilde{\omega} = (s,x,\omega)$$
$$\widetilde{P}_{s,x}(\widetilde{S}) = P_{s,x}(\widetilde{S}_{s,x})$$

系 对于任意(s,x),假设马尔科夫函数$\xi^{s,x}(t,\omega)$满足下列条件之一:对$P_{s,x}$几乎所有$\omega \in \Omega^{s,x}$,函数$\xi_\omega^{s,x}(t)$:

a) 有左极限而且右连续($t \geqslant s$);

b) 对所有$t \geqslant s$连续.

那么,马尔科夫过程相应的具有下列性质:函数$\tilde{\xi}_\omega(t)(t \geqslant s)\widetilde{P}_{s,x}$几乎处处:

a) 有左极限而且右连续($t \geqslant s$);

b) 对所有$t \geqslant s$连续.

马尔科夫过程样本函数的性质 由随机过程(Ⅰ)关于随机过程样本函数的结果,可以从定理 1 直接得到将马尔科夫过程样本函数正则化的一系列推论.

设$\mathscr{X}$是度量空间,$r(x_1,x_2)$是它的距离;$U_\varepsilon(x)$是$\mathscr{X}$中以x为中心ε为半径的球,而$\overline{U}_\varepsilon(x)$是它的余集.

定义 2 称度量空间$\mathscr{X}$中的马尔科夫过程在点t_0随机连续,如果对任意$\varepsilon > 0, x \in \mathscr{X}$,当$s \uparrow t_0, t \downarrow t_0$时有

$$P(s,x,t,\overline{U}_\varepsilon(x)) \to 0$$

定义 3 称马尔科夫过程是连续的(无第二类间断点的),如果对任意$(s,x) \in [0,\infty) \times \mathscr{X}$和$P_{s,x}$几乎所有$\omega$,它的样本函数对一切$t \geqslant s$连续(相应的无第二类间断点).

设J是可列集,它在$[0,\infty)$上处处稠密.记

$$A_\omega(t,J) = \bigcap_n \left[\left\{x : x = \xi_\omega(u), u \in J \cap \left(t - \frac{1}{n}, t + \frac{1}{n}\right)\right\}\right]$$

这里,对任意集B,$[B]$表示它的闭包.这样,$A_\omega(t,J)$是函数$\xi_\omega(u)$在点$u=t$的极限值的集合,其中极限是对$u \in J$来求的.

此外,我们再引进记号

$$A_\omega^+(t,J) = \bigcap_n \left[\left\{x : x = \xi_\omega(u), u \in J \cap \left(t, t + \frac{1}{n}\right)\right\}\right]$$

定义 4 称马尔科夫过程为可分的(右可分的),如果存在一个在$[0,\infty)$上

处处稠密的可列集 J，使对任意 $(s,x)\in[0,\infty)\times\mathscr{X}$ 存在 $N_{s,x}\subset\Omega$，使 $P_{s,x}(N_{s,x})=0$，而且当 $\omega\overline{\in}N_{s,x}$ 时 $\xi_\omega(t)\in A_\omega(t,J)$（相应的 $\xi_\omega(t)\in A_\omega^+(t,J)$）. 这时，称 J 为马尔科夫过程的可分集.

定理 2 设 $\{\xi(t,\omega),\mathfrak{S}_t^s,P_{s,x}\}$ 是相空间 $\{\mathscr{X},\mathfrak{B}\}$ 中的马尔科夫过程，对所有 $t\geqslant 0$ 随机连续. 那么：

a) 如果 $\mathscr{X}$ 局部紧而且可分，则存在和 $\xi(t,\omega)$ 随机等价的可分马尔科夫过程.

b) 如果过程 $\xi(t,\omega)$ 可分，而且对所有 $\varepsilon>0$

$$\lim_{\delta\to 0}\sup_{\substack{(s,x)\\|t-s|<\delta}}P(s,x,t,\overline{U_\varepsilon(x)})=0$$

则它和某过程随机等价，后者的样本函数有左极限并且右连续.

c) 如果过程 $\xi(t,\omega)$ 可分，无第二类间断后，而且对任意 $\varepsilon>0$，$(s,x)\in[0,\infty)\times\mathscr{X}$ 和 $T>s$，以及线段 $[s,T]$ 的任意分割 $\{t_{n,k},k=0,1,\cdots,n\}$，当 $\max\limits_k(t_{n,k+1}-t_{n,k})\to 0$ 时，有

$$\sum_{k=0}^{n-1}P_{s,x}\{r[\xi(t_{n,k}),\xi(t_{n,k+1})]>\varepsilon\}\to 0$$

则 $\xi(t,\omega)$ 和一连续马尔科夫过程随机等价.

由定理 1 及其系，并利用随机过程（Ⅰ）第三章的结果，容易证明该定理.

事实上，由（随机过程（Ⅰ），第三章 §2）定理 2 和定理 5 知，对每一个马尔科夫函数 $\{\xi(t,\omega),\mathfrak{S}^s,P_{s,x}\}$，$t\geqslant s$，存在随机等价的可分函数，而且可以选 $[s,\infty)\cap R$ 作为它的可分集，其中 R 是 $[0,\infty)$ 上处处稠密的可列子集. 所以，可以假设 R 不依赖于 (s,x). 但是，这时 R 是定理证明中所构造的过程 $\tilde{\xi}(t,\tilde{\omega})$ 的可分集，从而命题 a) 得证. 由（随机过程（Ⅰ），第三章 §4）定理 1 的系和定理 4 可得命题 b)，而由上述同一系和（随机过程（Ⅰ），第三章 §5）定理 1 得命题 c).

标准马尔科夫过程 下面证明，在一定条件下，局部紧可分相空间中的马尔科夫过程随机等价于某一过程，而后者的样本函数具有许多“好”的性质. 和上一小节不同，这里所用的方法是以鞅论为基础的.

以前我们引进了作用于 $b(\mathfrak{B})$ 到 $b(\mathfrak{B})$ 的算子族 $\{T_{st}\}$. 现在我们再引进从 $b(\mathscr{I}\times\mathfrak{B})$ 到 $b(\mathscr{I}\times\mathfrak{B})$ 的、伴随转移概率的另一算子族：当 $f=f(t,x)\in b(\mathscr{I}\times\mathfrak{B})$ 时，令

$$\widetilde{T}_t f(s,x)=\int f(s+t,y)P(s,x,s+t,\mathrm{d}y)=E_{s,x}f(s+t,\xi_{s+t})$$

如果在空间 $b(\mathscr{I}\times\mathfrak{B})$ 中引进范数

$$\|f\|=\sup_{t\in[0,\infty),x\in\mathscr{X}}|f(t,x)|$$

则显然 $\|\widetilde{T}_t f\|\leqslant\|f\|$. 算子族 $\{\widetilde{T}_t\}$ 组成半群，即

$$\widetilde{T}_{t_1+t_2}=T_{t_1}T_{t_2}$$

事实上

$$\begin{aligned}(\widetilde{T}_{t_1}\widetilde{T}_{t_2}f)(s,x)=&E_{s,x}(\widetilde{T}_{t_2}f)(s+t_1,\xi_{s+t_1})=\\&E_{s,x}E_{s+t_1},{}_{\xi_{s+t_1}}f(s+t_1+t_2,\xi_{s+t_1+t_2})=\\&E_{s,x}f(s+t_1+t_2,\xi_{s+t_1+t_2})=\\&\widetilde{T}_{t_1+t_2}f(s,x)\end{aligned}$$

对于以前(§4,(13))引进的算子 R_λ(马尔科夫过程的预解式)下面的等式成立

$$(R_\lambda f)(s,x)=\int_0^\infty \mathrm{e}^{-\lambda t}(\widetilde{T}_tf)(s,x)\mathrm{d}t$$

下面的引理指出了马尔科夫过程和上鞅之间的联系.

引理 1 设 $f(t,x)\geqslant 0,f(t,x)\in b(\mathscr{T}\times\mathfrak{B}),g(s,x)=(R_\lambda f)(s,x)$. 那么,对任意 $s\geqslant 0,x\in\mathscr{X}$

$$\{\mathrm{e}^{-\lambda t}g(t,\xi_t),\mathfrak{S}_t^s,t\geqslant s\}$$

是概率空间 $\{\Omega,\mathfrak{S}^s,P_{s,x}\}$ 上的非负上鞅.

证 首先注意到

$$\begin{aligned}\mathrm{e}^{-\lambda t}[(\widetilde{T}_tg)(s,x)]=&\mathrm{e}^{-\lambda t}\widetilde{T}_t\left\{\int_0^\infty \mathrm{e}^{-\lambda u}\widetilde{T}_uf\mathrm{d}u\right\}(s,x)=\\&\mathrm{e}^{-\lambda t}\int_0^\infty \mathrm{e}^{-\lambda u}(\widetilde{T}_{t+u}f)(s,x)\mathrm{d}u=\\&\int_t^\infty \mathrm{e}^{-\lambda u}(\widetilde{T}_uf)(s,x)\mathrm{d}u\leqslant g(s,x)\end{aligned}\tag{1}$$

设 $t'>t$,而 $B\in\mathfrak{S}_t^s$ 是任意的. 由过程 ξ_t 的马尔科夫性可知

$$\begin{aligned}\int_B \mathrm{e}^{-\lambda t'}g(t',\xi_{t'})\mathrm{d}P_{s,x}=&\int_B \mathrm{e}^{-\lambda t'}E_{s,x}\{g(t',\xi_{t'})\mid\mathfrak{S}_t^s\}\mathrm{d}P_{s,x}=\\&\int_B \mathrm{e}^{-\lambda t'}E_{t,\xi_t}g(t',\xi_{t'})\mathrm{d}P_{s,x}\end{aligned}$$

由(1)得

$$\int_B \mathrm{e}^{-\lambda t'}g(t',\xi_{t'})\mathrm{d}P_{s,x}\leqslant\int_B \mathrm{e}^{-\lambda t}g(t,\xi_t)\mathrm{d}P_{s,x}$$

由此可见 $\mathrm{e}^{-\lambda t}g(t,\xi_t)$ 是上鞅.

以后要用到上鞅的一条简单性质.

引理 2 设 $\{\eta_t,\mathfrak{S}_t,t\in J\}$ 是非负上鞅,J 是有理数集. 那么

$$P\{\eta_t>0,\inf_{s\leqslant t,s\in J}\eta_s=0\}=0$$

证 定义过程 ζ_t:当 $t\in J$ 时令 $\zeta_t=\eta_t$;当 $t\,\overline{\in}\,J$ 时,如果(以概率 1)存在极限 $\lim\limits_{r\downarrow t,r\in J}\eta_t$,则令 $\zeta_t=\lim\limits_{r\downarrow t,r\in J}\eta_t$,否则令 $\zeta_t=0$. 不难验证,ζ_t 关于 σ 代数流 $\{\mathfrak{S}_{t+}\}$ 是可分非负上鞅,其中 $\mathfrak{S}_{t+}=\bigcap\limits_{r>t}\mathfrak{S}_r$. 如果集 $\left\{s:s\in J,s\leqslant t,\zeta_s-\eta_s<\dfrac{1}{n}\right\}$ 不空,

则令

$$\tau_n = \inf\left\{s : \zeta_s - \eta_s < \frac{1}{n}, s \in J, s \leqslant t\right\}$$

否则令 $\tau_n = t$. 变量 τ_n 是 $\mathfrak{S}_{t+}$ 随机时间 $t \geqslant \tau_{n+1} \geqslant \tau_n$，而 $\zeta_{\tau_n} < \frac{1}{n}(\bmod P)$. 因而序列 $\zeta(\tau_1), \zeta(\tau_2), \cdots, \zeta(\tau_n), \cdots, \zeta(t)$ 是上鞅. 记 $S_n = \{\tau_n < t\}$. 那么

$$\int_{S_n} \zeta(t) \mathrm{d}P \leqslant \int_{S_n} \zeta(\tau_n) \mathrm{d}P \leqslant \frac{1}{n}$$

所以在 S 上 $\zeta(t) = 0(\bmod P)$，其中 $S = \bigcap_n S_n$. 引理得证.

定义 5 度量空间中的马尔科夫过程称为拟左连续的(或在$[0,\zeta)$ 上为拟左连续的)，如果：

a) 它循序可测.

b) 当 $\lim \tau_n < \zeta$ 时，对任意 s 和非降$\{\mathfrak{S}_t^s, t \geqslant s\}$ 马尔科夫时间序列 τ_n 有

$$\lim_n \xi(\tau_n) = \xi(\lim_n \tau_n)$$

如果条件 b) 不仅当$\lim\limits_n \tau_n < \zeta$ 时成立，而且对满足 $\lim \tau_n < \infty$ 的所有 ω 成立，则说马尔科夫过程在$[0,\infty)$ 上拟左连续.

定义 6 马尔科夫过程称为标准的，如果

a) 它的相空间 $\mathscr{X}$ 是局部紧可分度量空间，而且当 $\mathscr{X}$ 不是紧致时，并入它的点 $\mathfrak{b}$ 是无穷远点；当 $\mathscr{X}$ 是紧致时，$\mathfrak{b}$ 是孤立点.

b) $\mathfrak{B}$ 是空间 $\mathscr{X}$ 中的 Borel 集的 σ 代数.

c) 对所有 $s, t (0 \leqslant s \leqslant t < \infty)$，$\mathfrak{S}_t^s = \mathfrak{S}_{t+}^s = \overline{\mathfrak{S}}_t^s$.

d) 它的样本函数在$[0,\infty)$ 上几乎必然右连续，而且在$[0,\zeta)$ 上有左极限.

e) 它是强马尔科夫过程.

f) 它在$[0,\zeta)$ 上拟左连续.

我们来证明标准马尔科夫过程的下列性质.

引理 3 如果 $\xi(t)$ 是标准马尔科夫过程，则集 $B(\omega) = \{\xi(s) : 0 \leqslant s \leqslant t, t < \zeta\}$ 几乎必然位于某一紧致集中.

证 考虑紧致集序列 $\{K_n\} : K_n \subset \mathrm{Int}(K_{n+1})$，$\bigcup\limits_1^\infty K_n = \mathscr{X}$. 设 $\zeta_n = \inf\{t : \xi(t) \overline{\in} K_n\}$. 因为 $\mathscr{X}_\mathfrak{b} \setminus K_n$ 是开集，而 $\xi_\omega(t)$ 右连续，故事件 $\{\tau_n \leqslant t\} = \bigcup\limits_{t_n \leqslant t, t_n \in J} \{\xi(t_n) \in \mathscr{X}_\mathfrak{b} \setminus K_n\}$，从而它 $\mathfrak{S}_t^s$ 可测.

设 $\tau = \lim \tau_n$. 由拟左连续性知当 $\tau < \zeta$ 时几乎处处 $\xi(\tau_n) \to \xi(\tau)$. 另一方面，$\xi(\tau_{n+1}) \overline{\in} K_{n-1}$，因而 $\xi(\tau) = \mathfrak{b}$，即几乎处处有 $\tau = \zeta$. 所以，对于 $t < \zeta$ 和每个 ω 可以找到一个 n，使 $t < \tau_n \leqslant \zeta$，而且 $B(\omega) \subset K_n$. 引理得证.

系 在时间区间$[0,\zeta)$ 上，标准马尔科夫过程几乎处处位于 $\mathscr{X}$ 之中.

下面我们在相当一般的条件下证明，在可分局部紧相空间中可以构造一马

尔科夫过程,使它具有给定的转移概率.

设 $\mathscr{X}$ 是可分局部紧空间;$\mathfrak{B}$ 是 $\mathscr{X}$ 中 Borel 集的 σ 代数. $\mathscr{L}_0$ 是 $\mathscr{X}$ 中连续函数 $f(x)$ 的空间,对其中每个 $f(x)$ 当 $x \to \mathfrak{b}$ 时,$f(x) \to 0$;$P(s,x,t,B)$ 是 $\{\mathscr{X},\mathfrak{B}\}$ 中的转移概率,满足条件:$P(s,x,t,B)=\chi(B,x)$,$P(s,x,t,\mathscr{X})=1$.

称转移概率为 Feller 转移概率,如果:

a) 对所有 $s,t(0\leqslant s<t<\infty)$ 有 $T_{st}(\mathscr{L}_0)\subset\mathscr{L}_0$,而且对任意 $f\in\mathscr{L}_0$,函数 $T_{st}f$ 对变量(s,t,x) 的全体连续,其中 $0\leqslant s\leqslant t, x\in\mathscr{X}$.

b) 对每个函数 $f\in\mathscr{L}_0$,当 $t\downarrow s$ 时关于 $x\in\mathscr{X}$ 一致有 $T_{st}f\to f$.

定理 3 对可分局部紧相空间$\{\mathscr{X},\mathfrak{B}\}$ 中的任意 Feller 转移概率 $P(s,x,t,B)$,存在一标准马尔科夫过程,使其转移概率为 $P(s,x,t,B)$.

证 首先按 §1 的一般方法在空间$\{\mathscr{X}_\mathfrak{b},\mathfrak{B}_\mathfrak{b}\}$ 中构造一转移概率 $\widetilde{P}(s,x,t,B)$,其中 $\mathfrak{b}$ 点起吸收状态的作用,是作为极限无穷远点并入 $\mathscr{X}$ 的. 记 $\mathscr{L}$ 为 $\mathscr{X}_\mathfrak{b}$ 中连续函数的空间. 设 $\widetilde{T}_t$ 是本小节一开始引进的算子,它对应于转移概率 $\widetilde{P}(s,x,t,B)$. 这时,如果 $f\in\mathscr{L}$,则

$$(\widetilde{T}_tf)(s,x)=\int_{\mathscr{X}}[f(y)-f(\mathfrak{b})]P(s,x,t,\mathrm{d}y)+f(\mathfrak{b})$$

由此可见当 n 固定时,$(\widetilde{T}_tf)(s,x)$ 对 x 连续. 因为

$$(\widetilde{T}_{t+h}f)(s,x)-(\widetilde{T}_tf)(s,x)=\widetilde{T}_t(\widetilde{T}_hf-f)(s,x)$$

所以$(\widetilde{T}_tf)(s,x)$ 对 t 右连续. 考虑过程的预解式

$$(R_\lambda f)(s,x)=\int_0^\infty \mathrm{e}^{-\lambda t}(\widetilde{T}_tf)(s,x)\mathrm{d}t$$

对固定的 s,它是 x 的连续函数,而且如果 $f(x)>0, x\in\mathscr{X}$,则$(R_\lambda f)(s,x)>0$. 此外,当 $\lambda\to\infty$ 时关于 x 一致有

$$\lambda(R_\lambda f)(s,x)=\int_0^\infty \mathrm{e}^{-t}(\widetilde{T}_{\frac{t}{\lambda}}f)(s,t)\mathrm{d}t\to f(x)$$

根据 §3 定理 5,我们在相空间$\{\mathscr{X}_\mathfrak{b},\mathfrak{B}_\mathfrak{b}\}$ 中构造一马尔科夫过程$\{\xi(t,\omega),\mathscr{N}_t^s,\widetilde{P}_{s,x}\}$,使它的转移概率为 $\widetilde{P}(s,x,t,B)$. 这里,$\mathscr{N}_t^s$ 是 $\mathscr{X}_\mathfrak{b}^{\mathscr{I}}$ 中的柱集产生的 σ 代数,这些柱集底的坐标都属于$[s,t]$(见第 44 页译注);$\mathscr{X}_\mathfrak{b}^{\mathscr{I}}$ 是从半直线 $\mathscr{I}=[0,\infty)$ 到 $\mathscr{X}_\mathfrak{b}$ 的全体映射的空间;$\xi_t=\xi(t,\omega)=x(t)$,$\omega=x(\cdot)\in\mathscr{X}_\mathfrak{b}^{\mathscr{I}}$. 照例记 $\mathscr{N}^s$ 为包含所有 σ 代数 $\mathscr{N}_t^s(t\geqslant s)$ 的最小 σ 代数,而 $\mathscr{N}=\mathscr{N}^0$.

设 $f(x)\in\mathscr{L}$,$f(x)\geqslant 0(x\in\mathscr{X})$,$g(s,x)=(R_\lambda f)(s,x)$. 由引理 1 可知,定义在概率空间$\{\mathscr{X}_\mathfrak{b}^{\mathscr{I}},\mathscr{N}^s,\widetilde{P}_{s,x}\}$ 上的过程 $\mathrm{e}^{-\lambda t}g(t,\xi(t))$ 关于 σ 代数流$\{\mathscr{N}_t^s,t\geqslant s\}$ 是非负上鞅,其中 $s\geqslant 0, x\in\mathscr{X}_\mathfrak{b}$.

设 $\mathscr{J}$ 是非负有理数的集. 由上鞅的一般性质可知,当 $t\geqslant s$ 时,对 $\widetilde{P}_{s,x}$ 几乎所有 ω,过程 $\mathrm{e}^{-\lambda r}g(r,\xi(r))$,$r\in\mathscr{J}$,在 t 点有右极限,而当 $t>s$ 时它在 t 点有左极限. 记 $\Omega'_s(\lambda,f)$ 是使上述极限存在的全体 ω 的集合. 显然,当 $s_1>s_2$ 时,$\Omega'_{s_1}(\lambda,$

$f) \supset \Omega'_{s_2}(\lambda,f)$，而且 $\Omega'_s(\lambda,f) \in \mathscr{N}^s$.

设 $f_n, n=1,2,\cdots$，是 $\mathscr{L}$ 中处处稠密的可列网络(因为 $\mathscr{L}$ 可分，所以它存在)，$\lambda_n, n=1,2,\cdots$，是递增正数数列，$\lambda_n \uparrow \infty$. 令

$$\Omega'_s = \bigcap_{n,k} \Omega'_s(\lambda_n, f_k), \Omega'_0 = \Omega'$$

这时，对任意 $(s,x) \in [0,\infty) \times \mathscr{X}$ 有 $\widetilde{P}_{s,x}(\Omega'_s) = 1$. 因为当 $n \to \infty$ 时关于 x 一致有 $\lambda_n(R_{\lambda_n} f_k)(s,x) \to f_k(x)$，所以当 $\omega \in \Omega'_s$ 时，$f_k(\xi(t,\omega))$ 对任意 $t>0$ 有左极限，而对任意 $t \geqslant 0$ 有右极限，$k=1,2,\cdots$. 由此可见，对任意 $f \in \mathscr{L}, \omega \in \Omega'$，当 $t>s$ 时 $f(\xi(t,\omega))$ 有左极限，而当 $t \geqslant s$ 时它有右极限. 因而函数 $\xi(t,\omega)$ 也有同样的性质.

现在设 $f \in \mathscr{L}$，而且当 $x \in \mathscr{X}$ 时 $f(x)>0$，$f(\mathfrak{b})=0$. 那么，$g(s,x)>0$，$(s,x) \in [0,\infty) \times \mathscr{X}$；事件 $Q_s = \{\omega$：当 $t \in [s,r] \cap \mathscr{J}$ 时 $\xi(t,\omega)$ 无界，但是对某个 $r \geqslant s$ 有 $\xi(t,\omega) \in \mathscr{X}\}$ 可表为

$$\Omega_s = \bigcup_{r \in \mathscr{J}^s} \{\omega : \mathrm{e}^{-\lambda r} g(r,\xi(r,\omega)) > 0, \inf_{t \in \mathscr{J}_r^s} \mathrm{e}^{-\lambda t} g(t,\xi(t,\omega)) = 0\}$$

其中 $\mathscr{J}_r^s = \mathscr{J} \cap [s,r]$，$\mathscr{J}^s = \mathscr{J} \cap [s,\infty)$. 显然 $Q_s \in \mathscr{N}^s$，而由引理 2 有 $\widetilde{P}_{s,x}(Q_s) = 0$. 令 $\Omega_s = \Omega'_s \backslash \Omega_s$. 由定义可知，马尔科夫过程 $\{\xi(t,\omega), \mathscr{N}_t^s, \widetilde{P}_{s,x}\}(t \in \mathscr{J}, \omega \in \mathscr{X}^{\mathscr{J}})$ 在基本事件空间 $\Omega \equiv \Omega_0$ 上的压缩存在(见 §3). 为简便计，和这个压缩有关的各种对象的原记号保持不变.

对每个 $\omega \in \Omega$，函数 $\xi(t,\omega)$ 具有下列性质：

a) 当 $t \geqslant 0$ 和 $t>0$ 时，分别存在极限

$$\lim_{r \downarrow t, r \in \mathscr{J}} \xi(r,\omega) \text{ 和 } \lim_{r \uparrow t, r \in \mathscr{J}} \xi(r,\omega)$$

b) 如果 $\xi(t,\omega) \in \mathscr{X}, t \in \mathscr{J}$，则存在一紧致 $K=K(\omega)$，$K \subset \mathscr{X}$，使对任意 $r \leqslant t, r \in \mathscr{J}$ 有 $\xi(t,\omega) \in K$. 特别，如果对 $t \in \mathscr{J}$ 有 $\xi(t,\omega) = \mathfrak{b}$，则对任意 $r \in \mathscr{J}^t$ 有 $\xi(r,\omega) = \mathfrak{b}$.

令

$$\eta(t,\omega) = \lim_{r \downarrow t, r \in \mathscr{J}} \xi(r,\omega)$$

不难验证，函数 $\eta(t,\omega)$ 具有下列性质：

a) 对每个 ω，函数 $\eta_\omega(t)$ 右连续，而且对任意 $t>0$ 它有左极限.

b) 如果 $\eta_\omega(t) = \mathfrak{b}$，则对 $t'>t$ 有 $\eta_\omega(t') = \mathfrak{b}$.

因为对任意 $s \leqslant t$ 函数 ξ_t 为 $\mathscr{N}_t^s$ 可测，故 η_t 为 $\mathscr{N}_{t+}^s$ 可测. 现在我们来证明，$\{\eta(t,\omega), \mathscr{N}_{t+}^s, \widetilde{P}_{s,x}\}$ 是马尔科夫过程，它的转移概率为 $P(s,x,t,B)$，而且过程 $\xi(t,\omega)$ 和 $\eta(t,\omega)$ 随机等价.

设 $s \leqslant u < t_n, t_n \in \mathscr{J}, t_n \downarrow u$. 因为 $\xi(t,\omega)$ 是马尔科夫过程，故当 $f \in \mathscr{L}_0$，$g \in b(\mathfrak{B}_\mathfrak{b})$ 时，下列等式成立

$$\widetilde{E}_{s,x} f(\xi_{t_n}) g(\xi_u) = \widetilde{E}_{s,x} \widetilde{E}_{u,\xi_u} f(\xi_{t_n}) g(\xi_u) =$$

$$\widetilde{E}_{s,x}g(\xi_u)(\widetilde{T}_{ut_n}f)(\xi_u)$$

利用 Feller 转移概率的性质 b)，当 $n\to\infty$ 时在上式中取极限，得

$$\widetilde{E}_{s,x}f(\eta_u)g(\xi_u)=\widetilde{E}_{s,x}f(\xi_u)g(\xi_u)$$

使等式 $\widetilde{E}_{s,x}h(\eta_u,\xi_u)=\widetilde{E}_{s,x}h(\xi_u,\xi_u)$ 成立的全体函数 $h(x,y)$ 组成线性单调类，因而它包含所有函数 $h\in b(\mathfrak{B}_{\mathfrak{b}}\times\mathfrak{B}_{\mathfrak{b}})$. 由此可见，$\eta_u=\xi_u(\mathrm{mod}\ P_{s,x})$. 其次，设：$f\in\mathscr{L}_0$，$s\leqslant u\leqslant t$，$u_n\downarrow u$，$t_n\downarrow t$，$u_n\leqslant t_n$，而且 u_n 和 t_n 均为有理数，$S\in\mathscr{N}^s_{u+}$. 那么，由过程 $\xi(t,\omega)$ 的马尔科夫性可见

$$\int_S f(\xi_{t_n})\mathrm{d}\widetilde{P}_{s,x}=\int_S(\widetilde{T}_{u_nt_n}f)(\xi_{u_n})\mathrm{d}\widetilde{P}_{s,x}\tag{2}$$

其中，当 $n\to\infty$ 时，$\xi_{t_n}\to\eta_t$，$\xi_{u_n}\to\eta_u$. 考虑到 Feller 转移概率的性质 a)，当 $n\to\infty$ 时在式(2) 中取极限，得

$$\int_S f(\eta_t)\mathrm{d}\widetilde{P}_{s,x}=\int_S(\widetilde{T}_{ut}f)(\eta_u)\mathrm{d}\widetilde{P}_{s,x}$$

因为该式对任意 $f\in\mathscr{C}_0$ 成立，所以对属于 $b(\mathfrak{B}_{\mathfrak{b}})$ 的任意函数也成立. 也就是说，$\{\eta(t,\omega),\mathscr{N}^s_{t+},\widetilde{P}_{s,x}\}$ 是马尔科夫过程，$P(s,x,t,B)$ 是它的转移概率.

设 $\mathscr{L}$ 是取值于 $\mathscr{X}$ 并且满足下列条件的函数 $\omega=x(t)$ 构成的空间：对每个 t 函数 $x(t)$ 右连续而且有左极限；如果 $x(s)=\mathfrak{b}$，则对所有 $t>s$ 有 $x(t)=\mathfrak{b}$. 记 $\check{\mathfrak{S}}^s_t(\check{\mathfrak{S}}^s)$ 为包含所有柱集的最小 σ 代数，这些柱集底的坐标都属于$[s,t]([s,\infty))$. 利用以前描述过的方法，把测度 $\widetilde{P}_{s,x}$ 开拓到 $\check{\mathfrak{S}}^s$ 上，并把新测度记作 $P_{s,x}$. 显然，$\{\xi_0(t,\omega),\check{\mathfrak{S}}^s_{t+},P_{s,x}\}$，其中 $\xi_0(t,\omega)=x(t)$ 是马尔科夫过程. 如果把 σ 代数 $\check{\mathfrak{S}}^s_{t+}$ 换成它的完备化(见 §3)，则得过程$\{\xi_0(t,\omega),\mathfrak{S}^s_t,P_{s,x}\}$. 因为 §4 定理 7 的条件成立，所以它是强马尔科夫过程. 由 §3 引理 8 可见 $\mathfrak{S}^s_t=\mathfrak{S}^s_{t+}$. 最后只剩下证明过程 $\xi_0(t,\omega)$ 的拟左连续性. 设 τ_n 是单调非减的 $\mathfrak{S}^s_t$ 马尔科夫时间序列，$\lim\tau_n=\tau<\infty$. 设 $\xi_0(\tau^-)=\lim\xi_0(\tau_n)$. 由过程 $\xi_0(\cdot)$ 的右连续性可知 $\xi_0(\tau)=\lim\limits_{h\downarrow 0}\lim\limits_{n}\xi_0(\tau_n+h)$. 设 f 和 g 属于 $\mathscr{C}$. 由强马尔科夫性得等式

$$\begin{aligned}E_{s,x}f(\xi_0(\tau^-))g(\xi_0(\tau))&=\lim_{h\downarrow 0}\lim_{n\to\infty}E_{s,x}f(\xi_0(\tau_n))g(\xi_0(\tau_n+h))=\\&\lim_{h\downarrow 0}\lim_{n\to\infty}E_{s,x}f(\xi_0(\tau_n))(\widetilde{T}_{\tau_n,\tau_n+h}g)(\xi_0(\tau_n))=\\&E_{s,x}f(\xi_0(\tau^-))g(\xi_0(\tau^-))\end{aligned}$$

对任意 $x\in\mathscr{X}_{\mathfrak{b}}$，使

$$E_{s,x}h(\xi_0(\tau^-),\xi_0(\tau))=E_{s,x}h(\xi_0(\tau^-),\xi_0(\tau^-))\tag{3}$$

成立的全体函数 $h(x,y)\in b(\mathfrak{B}_{\mathfrak{b}}\times\mathfrak{B}_{\mathfrak{b}})$ 组成线性单调类. 而由刚证明的结果可知，它包含形如 $h(x,y)=f(x)g(y)$ 的函数，其中 $f,g\in\mathscr{C}$. 所以，对任意 $h\in b(\mathfrak{B}_{\mathfrak{b}}\times\mathfrak{B}_{\mathfrak{b}})$ 等式(3) 成立. 由此可得等式 $\xi_0(\tau)=\xi_0(\tau^-)(\mathrm{mod}\ P_{s,x})$. 从而定理得证.

循序可测过程 在这一小节我们研究一般循序可测过程的构造.

设 f 是从 $\{\Omega,\mathfrak{F}\}$ 到 $\{\mathscr{X},\mathfrak{B}\}$ 的可测映射,其中 $\mathscr{X}$ 是度量空间,r 是它中间的距离,$\mathfrak{B}$ 是它的 Borel 集 σ 代数.

考虑这样一个函数类,它包含取值于 $\mathscr{X}$ 的 $\mathfrak{F}$ 可测简单函数,并且对极限运算(即对每个 ω 在 $\mathscr{X}$ 中的点收敛)封闭.如果 f 属于上述函数类,则我们称它为可数 $\mathfrak{F}$ 可测的.

函数 f 为可数 $\mathfrak{F}$ 可测的必要和充分条件是它 $\mathfrak{F}$ 可测,并且有可分值集.

事实上,一方面,具有可分值集的 $\mathfrak{F}$ 可测函数类对极限封闭,所以它包含全部可数 $\mathfrak{F}$ 可测函数;另一方面,对每一个具有可分值集的 $\mathfrak{F}$ 可测函数,都可以用一个 $\mathfrak{F}$ 可测的简单函数的序列来逼近它.

设 $\xi(t,\omega)$,$t\geqslant 0$,是概率空间 $\{\Omega,\mathfrak{F},P\}$ 上的随机过程,$\{\mathscr{X},\mathfrak{B}\}$ 是它的相空间.$\mathscr{N}_t^s$ 是随机元素 $\xi_u(\omega)$,$u\in[s,u]$,在 Ω 中所产生的 σ 代数族.$\mathscr{N}_t^s$ 称为过程 $\xi(t,\omega)$,$t\geqslant s$,产生的自然 σ 代数流.

如果对任意 $s\geqslant 0$,过程 $\xi(t,\omega)$,$t\geqslant s$,关于 σ 代数流 $\{\mathscr{N}_t^s,t\geqslant s\}$ 为循序可测,则称它为自然可测的.

记 E 为从 $\{\Omega,\mathfrak{F}\}$ 到 $\{\mathscr{X},\mathfrak{B}\}$ 的 $\mathfrak{F}$ 可测映射的度量空间,它的度量 ρ 和依概率收敛等价.以 $\check{\xi},\check{\eta},\cdots,\check{\xi}=f(\omega)$ 表示 E 的元素.随机过程 $\xi(t,\omega)$,$t\in[0,\infty)$,决定把$[0,\infty)$ 映入 E 的某一函数 $\check{\xi}_t$.

设 $\mathscr{E}$ 是空间 E 中 Borel 集的 σ 代数.我们把随机过程 $\xi(t,\omega)$ 看成是将可测空间$\{[0,\infty),\mathscr{T}\}$ 映入$\{E,\mathscr{E}\}$ 的一个映射 $\check{\xi}_t$.和前面一样,这里 $\mathscr{T}$ 表示$[0,\infty)$ 上 Borel 集的 σ 代数.

显然,(对度量 ρ) 连续的函数 $\check{\xi}_t$ 是可数 $\mathscr{E}$ 可测的,而且 $\check{\xi}_t$ 在点 $t=t_0$ 连续就意味着过程 $\xi(t,\omega)$ 在 $t=t_0$ 随机连续.

定理 4 如果随机过程 $\xi(t,\omega)$ 为可数 $\mathscr{T}\times\mathfrak{F}$ 可测,则函数 $\check{\xi}_t$ 为可数 $\mathscr{E}$ 可测.反之,如果函数 $\check{\xi}_t$ 为可数 $\mathscr{E}$ 可测,则存在随机等价的自然可测并可数 $\mathfrak{B}$ 可测过程 $\xi(t,\omega)$.

证 定理的第一部分很容易证明.以 Ξ 表随机过程类$\{\xi(t,\omega)\}$,对于其中每个过程 $\xi(t,\omega)$,相应的函数 $\check{\xi}_t$ 为可数 $\mathscr{E}$ 可测.首先考虑形如 $\Sigma\chi_{\Delta_k}(t)f_k(\omega)$ 的过程,其中 Δ_k 是$[0,\infty)$ 上的 Borel 集,$\bigcup\Delta_k=[0,\infty)$,而 $f_k(\omega)$ 是$\{\Omega,\mathfrak{F}\}$ 上的可测函数.因为它们所对应的函数 $\check{\xi}_t$ 是简单函数,故都属于 Ξ.其次,Ξ 对$[0,\infty)$ 上的点收敛封闭,因而它包含所有 $\mathscr{T}\times\mathfrak{B}$ 可测函数 $\xi(t,\omega)$.

现在假设 $\check{\xi}_t=\check{\xi}(t)$ 是可数 $\mathscr{E}$ 可测函数,R 是它值域的闭包.建立集 R 的一分割序列 $S_1^n,S_2^n,\cdots$,其中每个分割把 R 分为若干个直径小于 2^{-n} 的 Borel 集,而且第 $n+1$ 个分割是第 n 个分割的再分割.令

$$\Delta_{ji}^{(n)}=\left\{t:\check{\xi}(t)\in S_j^n,t\in\left[\frac{i}{2^n},\frac{i+1}{2^n}\right]\right\}$$

$\Delta_{ji}^{(n)}$ 均为 Borel 集，它们的全体$\{\Delta_{ji}^{(n)},i=0,1,\cdots,j=1,2,\cdots\}$构成$[0,\infty)$的分割. 如果$\Delta_{ji}^{(n)}$不空，则我们从中任取一点$t_{ji}^{(n)}$，使对任意$n$有$\{t_{ji}^{(n)},i=0,1,\cdots,j=1,2,\cdots\}\subset\{t_{ij}^{(n+1)},i=0,1,\cdots,j=1,2,\cdots\}$. 当$t\in\Delta_{ji}^{(n)}$时令$\varphi_n(t)=t_{ji}^{(n)}$. 那么，$\varphi_n(t)$是 Borel 函数，而且当$t=t_{ji}^{(m)}(n\geqslant m)$时，有

$$\check{\xi}(\varphi_n(t))=\check{\xi}(t),\ |\varphi_n(t)-t|<\frac{1}{2^n}$$

此外，当$t\in\Delta_{ji}^{(n)}$时$\check{\xi}(\varphi_n(t))=\check{\xi}(t_{ji}^{(n)})$，故$\rho(\check{\xi}(\varphi_n(t)),\check{\xi}(t))<2^{-n}$，从而对每个$t$和几乎所有$\omega$有$\xi(\varphi_n(t),\omega)\to\xi(t,\omega)$. 令

$$\xi_0(t,\omega)=\lim_n\xi(\varphi_n(t),\omega)$$

当右侧极限不存在时，令$\xi_0(t,\omega)=x_0$. 那么，过程$\xi_0(t,\omega)$和$\xi(t,\omega)$随机等价，而且$\xi(t_{ji}^{(n)},\omega)$的值和点x_0的选择完全决定$\xi_0(t,\omega)$.

如果$\delta>0$，而n充分大，则$\xi(\varphi_n(t),\omega)$在$[a,b)$上的压缩为可数$\mathcal{T}_{b+\delta}^{a-\delta}\times\mathcal{N}_{b+\delta}^{a-\delta}$可测，其中$\{\mathcal{N}_t^s\}$是过程$\xi_0(t,\omega)$的自然$\sigma$代数流. 所以对所有$\delta>0$，$\xi_0(t,\omega)$具有同样的可测性. 现在不难证明，过程$\xi_0(t,\omega)$为循序可数$\mathcal{T}_b^a\times\mathcal{N}_b^a$可测. 事实上，对任意$B\in\mathfrak{B}$

$$\begin{aligned}\{(t,\omega):\xi(t,\omega)\in B,t\in[a,b]\}=&\{(a,\omega):\xi(a,\omega)\in B\}\cup\\&\{(t,\omega):\xi(t,\omega)\in B,t\in(a,b)\}\cup\\&\{(b,\omega):\xi(b,\omega)\in B\}\end{aligned}$$

这里右侧的第一和第三个集合均为$\mathcal{T}_b^a\times\mathcal{N}_b^a$可测；第二个集合也$\mathcal{T}_b^a\times\mathcal{N}_b^a$可测，因为

$$\{(t,\omega):\xi(t,\omega)\in B,t\in(a,b)\}=\bigcup_n\left\{(t,\omega):\xi(t,\omega)\in B,t\in\left(a+\frac{1}{n},b-\frac{1}{n}\right)\right\}$$

而

$$\left\{(t,\omega):\xi(t,\omega)\in B,t\in\left(a+\frac{1}{n},b-\frac{1}{n}\right)\right\}\in\mathcal{T}_a^a\times\mathcal{N}_n^a$$

定理证完.

若$\mathcal{X}$是紧空间，则可以改进上面的构造，从而得到更强的结果.

设f是某一把$[0,\infty)$映入$\mathcal{X}$的函数. 记$f(J)$为集合J的映象，$J\subset[0,\infty)$. 令

$$A_+(f,J,t)=\bigcap_n\left[f\left(\left[t,t+\frac{1}{n}\right]\cap J\right)\right]$$

$$A_-(f,J,t)=\bigcap_n\left[f\left(\left[t-\frac{1}{n},t\right]\cap J\right)\right]$$

$$A(f,J,t)=A_+\cup A_-$$

$A_+(f,J,t)$是函数$f(\cdot)$在t点的所有右极限值的集合，这里极限是在集J上求的. $A_-(f,J,t)$和$A(f,J,t)$的含义类似. 过程$\xi(t,\omega)$称为可分的(左可分

的或右可分的)，可分集为 J，如果存在一可列集 J，使对每个 ω 和所有 t 有 $\xi_\omega(t)\in A(\xi_\omega,J,t)(\in A_-(\xi_\omega,J,t)$ 或 $\in A_+(\xi_\omega,J,t))$.

定理 5 如果 $\mathscr{X}$ 是紧度量空间，则可以选择上面的构造中所描述的过程 $\xi(t,\omega)$，使它是可分的(右可分的).

证 我们稍许改变上一证明中 $\xi_0(t,\omega)$ 的定义. 取一在 $\mathscr{X}$ 中处处稠密的点列 $\{z_n\}$. 记 $n_{11}(t,\omega)$ 为满足下列条件的最小的 $n\geqslant 1$.

$$r(z_1,\xi[\varphi_n(t),\omega])\leqslant \varliminf_{m\to\infty} r(z_1,\xi[\varphi_m(t),\omega])+1$$

(r 是 $\mathscr{X}$ 中的度量)；记 $n_{ij}(t,\omega)$ 为满足下列条件的最小的 n：$n>n_{1,j-1}$

$$r(z_1,\xi[\varphi_n(t),\omega])\leqslant \varliminf_{m\to\infty} r(z_1,\xi[\varphi_m(t),\omega])+\frac{1}{j}$$

显然

$$\lim_{j\to\infty} r(z_1,\xi[\varphi_{n_{1j}}(t),\omega])=\varliminf_{n\to\infty} r(z_1,\xi[\varphi_n(t),\omega])$$

而且对任意 $\delta>0$ 和充分大的 j，$\xi[\varphi_{n_{1j}}(t),\omega]$ 在 $[0,a)\times\Omega$ 上的压缩为 $\mathscr{T}_{a+\delta}\times\mathscr{N}_{a+\delta}$ 可测.

其次，我们这样来构造整数序列 $\{n_{kj}\}$，使它们满足下列条件：它们都是 $\{n_{k,j-1}\}$ 的子列；对任意 $\delta>0$ 和充分大的 j，$\xi[\varphi_{n_{kj}}(t),\omega]$ 在 $[0,a)\times\Omega$ 上的压缩为 $\mathscr{T}_{a+\delta}\times\mathscr{N}_{a+\delta}$ 可测，而且

$$\lim_{j\to\infty} r(z_k,\xi[\varphi_{n_{kj}}(t),\omega])=\varliminf_{j\to\infty} r(z_k,\xi[\varphi_{n_{k,j-1}}(t),\omega])$$

那么，对所有 k,t 和 ω 存在极限 $\lim\limits_{j\to\infty} r(z_k,\xi[\varphi_{n_{jj}}(t),\omega])$. 因而，对所有 t 和 ω，$\xi[\varphi_{n_{jj}}(t),\omega]$ 有极限，记作 $\xi_0(t,\omega)$. 显然，过程 $\xi_0(t,\omega)$ 和 $\xi(t,\omega)$ 随机等价，并且具有上一定理证明中所提到的一切性质.

最后我们指出，倘若 $\varphi_n(t)\geqslant t$，则过程 $\xi_0(t,\omega)$ 就右可分. 上述假设一般并不成立，但是如果用下面的方法改变一下 φ_n 的定义，就可以做到这一点. 如果 $\Delta_{ji}^{(n)}$(记号见上一定理证明) 中有最大点，则可以把它选作 $t_{ji}^{(n)}$. 若不然，则设 $\{t_{ji,k}^{(n)},k\geqslant 1\}$ 是 $\Delta_{ji}^{(n)}$ 中一单调递增点列，它的极限为 $\sup\{t,t\in\Delta_{ji}^{(n)}\}$，而且当 $t\in\Delta_{ji}^{(n)}\cap[t_{ji,k-1}^{(n)},t_{ji,k}^{(n)})$ 时，令 $\varphi_n(t)=t_{ji,k}^{(n)}$，其中 $k\geqslant 1$，$t_{ji,0}^{(n)}=i\cdot 2^{-n}$. 定理得证.

齐次马尔科夫过程

第二章

§1　基本定义

第一章给出了马尔科夫过程的一般定义，并且研究了它的基本性质. 在这一章里，我们研究最重要的一类马尔科夫过程——齐次(确切地说，时间齐次)马尔科夫过程. 粗略地说，称马尔科夫过程为齐次的，如果它的转移概率 $P(s,x,t,B)$ 只依赖于差 $t-s$. 不过，在现代马尔科夫过程论中，对于齐次马尔科夫过程使用较窄的定义，它对过程的样本函数的集合也加上某些限制. 我们将采用更窄的定义. 事实说明，这样的定义在解决理论的基本问题时是适宜的. 而且在由给定的转移概率构造过程时，它又是最自然的. 下面要引进的定义和一般定义的基本区别在于，它所考虑的马尔科夫过程，是关于由过程样本函数值产生的 σ 代数流而言的，而不是关于任意 σ 代数流的.

我们先引进不中断马尔科夫过程的定义.

我们说定义了一个齐次马尔科夫过程，如果给出了下列对象：

首先，给出一可测空间，即所谓过程的相空间 $\{\mathscr{X},\mathfrak{B}\}$. 其次，给定轨道(样本函数)的空间，即定义在 $[0,\infty)$ 上，取值于 $\mathscr{X}$ 的某一函数 $x(t)$ 的集合 $\mathscr{F}$(注意，$\mathscr{F}$ 未必等于在 $[0,\infty)$ 上定义、取值于 $\mathscr{X}$ 的所有函数的集合)；假设集 $\mathscr{F}$ 满足条件：对任意 $x(\cdot)\in\mathscr{F}$ 和 $h>0$，$\theta_h x(\cdot)$ 也属于 $\mathscr{F}$，其中 $\theta_h x(t)=x(t+h)$.

这里定义的算子 θ_h 叫做推移算子. 显然,它们组成半群:$\theta_{h+s}=\theta_h\theta_s$.

对所有 u 和 $t(0\leqslant u\leqslant t\leqslant\infty)$ 假设 $\mathscr{N}_t^u$ 是 $\mathscr{F}$ 上包含形如 $\{x(\cdot):x(s)\in B\}$, $s\in[u,t]$, $B\in\mathfrak{B}$, 的所有集合的最小 σ 代数. 简记 $\mathscr{N}_t=\mathscr{N}_t^0$, $\mathscr{N}^u=\mathscr{N}_\infty^u$, $\mathscr{N}=\mathscr{N}_\infty^0$.

最后,假设在 $(\mathscr{F},\mathscr{N})$ 上给定一族概率测度 P_x:P_x 对所有 $x\in\mathscr{X}$ 有定义,并且满足条件

$$P_x\{x(s+h)\in B\mid\mathscr{N}_h\}=P_{x(h)}\{x(s)\in B\}\ (\operatorname{mod} P_x)\tag{1}$$

($P_x\{\cdot\mid\mathscr{N}_h\}$ 表示关于概率测度 P_x 的条件概率).

这样,齐次马尔科夫过程决定于三个元素:相空间,轨道空间(这两个元素又决定推移算子和 σ 代数 $\mathscr{N}_t^u$)以及概率分布族 P_x. 另一方面,可以认为 $\mathscr{F}$ 和 $\mathscr{N}$ 共同决定相空间;所以我们把齐次马尔科夫过程记作 $\{\mathscr{F},\mathscr{N},P_x\}$(此乃具有同一可测空间 $\{\mathscr{F},\mathscr{N}\}$ 的一个特别概率空间族)①.

关系式(1)容许简单的推广. 记 θ_hA 为集 $A(A\in\mathscr{N})$ 关于映射 θ_h 的象. 容易看出,当 $A\in\mathscr{N}$ 时,$\theta_hA\in\mathscr{N}$. 由(1)可见,对所有 $A\in\mathscr{N}$

$$P_x\{\theta_hA\mid\mathscr{N}_h\}=P_{x(h)}(A)\ (\operatorname{mod} P_x)\tag{2}$$

我们来简短地讨论一下上述齐次马尔科夫过程的定义. 第一,我们注意到,可以假设测度 P_x 是定义在某一可测空间 $\{\Omega,\mathfrak{S}\}$ 上的,而过程 $x(t)$ 的轨道是形如 $x(t,\omega)$ 的随机函数. 注意,在我们的定义中 $\{\mathscr{F},\mathscr{N}\}$ 起 $\{\Omega,\mathfrak{S}\}$ 的作用. 第二,σ 代数 $\mathscr{N}_t^u$ 有时不够广,因为它一般不包含形如 $\{x(\cdot):x(s)\in A,u\leqslant s\leqslant t\}$, $A\in\mathfrak{B}$, 的这样一些集合. 在很多场合,它们属于 $\mathscr{N}_t^u$ 关于测度 P_x(对任意 x)的完备化. 所以,最好用 σ 代数 $\overline{\mathscr{N}}_t^u$ 来代替 σ 代数 $\mathscr{N}_t^u$,这里 $\overline{\mathscr{N}}_t^u$ 是 $\mathscr{N}_t^u$ 关于测度 P_x 的完备化对 $x\in\mathscr{X}$ 的交.

其次,我们来讨论测度 P_x 对 x 的依赖关系. 由(1)和(2)两式可见,对任意 $A\in\mathscr{N}$, $h>0$(和任意 x)$P_{x(h)}(A)$ 等于($\operatorname{mod} P_x$)某一 $\mathscr{N}_h$ 可测函数. 以后我们处处假设满足更强的条件,即对所有 $A\in\mathscr{N}$,假设函数 $P_x(A)$ 为 $\mathfrak{B}$ 可测. 而这一条件成立,当且仅当对所有 $B\in\mathfrak{B}$ 和 $t>0$,转移概率 $P(t,x,B)$ 是 x 的可测函数($x\in\mathscr{X}$),这里

$$P(t,x,B)=P_x\{x(\cdot):x(t)\in B\}$$

(我们称这样的过程为空间可测的). 这时对任意柱集 $\{x(\cdot):x(t_1)\in B_1,\cdots,x(t_k)\in B_k\}$, $0<t_1<\cdots<t_k$,有

$$P_x(A)=\int_{B_1}P(t_1,x,\mathrm{d}x_1)\cdots\int_{B_k}P(t_k-t_{k-1},x_{k-1},\mathrm{d}x_k)\tag{3}$$

而且由 $P(t,x,B)$ 的 $\mathfrak{B}$ 可测性可知 $P_x(A)$ 为 $\mathfrak{B}$ 可测. 对于其他 $A\in\mathscr{N}$ 可以利

① 有时把马尔科夫过程简记为 $x(t)$,这里 $x(t)$ 是过程的样本函数;只有在不致引起误解时,我们才使用这样的记号.

用下列事实：使 $P_x(A)$ 为 $\mathfrak{B}$ 可测的全体 A 组成 σ 代数，它包含 $\mathscr{N}$ 中的柱集的代数，从而它等于 $\mathscr{N}$. 注意，对可测过程由(1) 可以得出过程转移概率的 Колмогоров－Chapman 方程：当 $t_1 < t_2$ 时

$$P(t_2, x, B) = \int P(t_1, x, \mathrm{d}y) P(t_2 - t_1, y, B) \tag{4}$$

最后，我们指出式(1) 的一个变形，即把式中的概率换成数学期望. 为此我们考虑 $\mathscr{F}$ 上的 $\mathscr{N}$ 可测变量(即 $\mathscr{N}$ 可测泛函). 每个这样的泛函都可以通过对形如 $\varphi_k(x(\cdot)) = g_k(x(t_1), \cdots, x(t_k))$ 的简单函数的有限次或可数次极限运算而得到，其中 $g_k(x_1, \cdots, x_k)$ 是 $\mathscr{X}^k$ 上的 $\mathfrak{B}^k$ 可测函数，而 $0 < t_1 < \cdots < t_k$. 对于变量 $\varphi_k(x(\cdot))$ 可以定义一推移算子 θ_k：$\theta_k \varphi_k(x(\cdot)) = \varphi_k(\theta_k[x(\cdot)])$. 可以把这个算子连续地扩展到所有 $\mathscr{N}$ 可测函数(变量)φ. 现在式(2) 等价于：对任意有界可测变量 φ

$$E_x(\theta_h \varphi \mid \mathscr{N}_h) = E_{x(h)} \varphi (\mathrm{mod}\ P_x) \tag{5}$$

这里 E_x 表示对测度 P_x 求数学期望，而 $E_x(\cdot \mid \mathscr{N}_h)$ 表示对 P_x 求条件数学期望. 容易看出，对于空间可测马尔科夫过程，$E_x \varphi$ 为 $\mathfrak{B}$ 可测函数，其中 φ 是任意有界 $\mathscr{N}$ 可测变量.

式(3) 表明，转移概率完全决定测度 P_x 在 $\mathscr{N}$ 中柱集上的值，从而完全决定它在 $\mathscr{N}$ 上的值.

两个齐次马尔科夫过程称为随机等价的，如果它们的转移概率相同. 这样的过程仅可能在轨道空间 $\mathscr{F}$ 上不同. 显然，对于任何过程 $\{\mathscr{F}, \mathscr{N}, P_x\}$ 都可以指出它的随机等价过程 $\{\widetilde{\mathscr{F}}, \widetilde{\mathscr{N}}, \widetilde{P}_x\}$，使 $\widetilde{\mathscr{F}}$ 是在 $[0, \infty)$ 上定义、取值于 $\mathscr{X}$ 的所有函数 $x(\cdot)$ 的空间；这里 $\widetilde{\mathscr{N}}$ 是 $\widetilde{\mathscr{F}}$ 中的柱集产生的 σ 代数，而 $\widetilde{P}_x$ 决定于

$$\widetilde{P}_x(A) = P_x(A \cap \mathscr{F})$$

(对任意 $\widetilde{\mathscr{N}}$ 可测集 A，集 $A \cap \mathscr{F}$ 为 $\mathscr{N}$ 可测).

注意，如果把由 $\widetilde{P}_x$ 构造的外测度记作 $\widetilde{P}_x^*$，则 $\widetilde{P}_x^*(\mathscr{F}) = 1$，而且对所有 $A \in \mathscr{N}$

$$\widetilde{P}_x(A) = \widetilde{P}_x^*(A)$$

相反，若 $\{\widetilde{\mathscr{F}}, \widetilde{\mathscr{N}}, \widetilde{P}_x\}$ 是一马尔科夫过程，$\widetilde{\mathscr{F}}$ 是它的轨道空间，$\mathscr{F}$ 是 $\widetilde{\mathscr{F}}$ 的任一子集，而且 $\widetilde{P}_x^*(\mathscr{F}) = 1$($\widetilde{P}_x^*$ 是由 $\widetilde{P}_x$ 构造的外测度)，则它和马尔科夫过程 $\{\mathscr{F}, \mathscr{N}, P_x\}$ 随机等价，其中 $\mathscr{N}$ 是 $\mathscr{F}$ 的柱集产生的 σ 代数，而 $P_x(A) = \widetilde{P}_x^*(A)$.

容易看出，在轨道空间的扩张和压缩这两种变换下，随机等价过程互相转换.

在第一章中我们研究了具有给定转移概率的马尔科夫过程的存在性问题. 容易验证，当转移概率为时间齐次时，由第一章的构造得齐次马尔科夫过程 $\{\mathscr{F}, \mathscr{N}, P_x\}$：$\mathscr{F}$ 是在 $[0, \infty)$ 上定义、取值于 $\mathscr{X}$ 的所有函数 $x(t)$ 的空间，$\mathscr{N}$ 是 $\mathscr{F}$ 上的

集产生的 σ 代数，P_x 是由转移概率产生的概率测度族，对形如 $A=\{x(\cdot):x(t_1)\in B_1,\cdots,x(t_k)\in B_k\},t_1<\cdots<t_k$ 的柱集，$P_x(A)$ 由式(3) 定义.

以后会看到，研究齐次马尔科夫过程，比研究一般过程更为方便；这里，有强有力的齐次过程的半群理论. 人们的主要注意力之所以放在齐次马尔科夫过程上，是因为经十分简单的变换可把非齐次过程化为齐次的. 下面我们来描述这一变换.

为简便计，我们考虑样本函数的集合 $\mathscr{F}$ 等于所有函数的集合的情形. 我们定义一个新的相空间 $[0,\infty)\times\mathscr{X}$，其中 $\mathscr{X}$ 是原过程的相空间. 设样本函数 $\widetilde{x}(t)$ 的集合 $\widetilde{\mathscr{F}}$ 由函数 $\widetilde{x}(t)=(t_0+t;x(t))$ 构成，其中 $x(t)$ 是在 $\mathscr{X}$ 中取值的任意函数，而 $t_0\in[0,\infty)$.

现在我们在 $\widetilde{\mathscr{F}}$ 上把概率 $\widetilde{P}_{\tilde{x}}(\widetilde{A}),\widetilde{x}\in\widetilde{\mathscr{X}}$，定义为两个测度 λ_{t_0} 和 $P_{t_0,x}$ 的积. 这里 λ_{t_0} 是形如 $g_s(t)=s+t(s,t\in[0,\infty))$ 的函数空间上的概率测度，它集中在函数 $g_{t_0}(t)$ 上；而 $P_{t_0,x}$ 是 $\mathscr{F}$ 上的测度，它对应于原非齐次过程.

容易看出，这样构造的过程是齐次的. 因此，非齐次马尔科夫过程可以看成特殊形复合马尔科夫过程的一个分量(所谓复合过程，指它是乘积空间上的过程；所谓特殊形，是指它的一个分量是决定性的).

伴随齐次马尔科夫过程的半群　设 $\{\mathscr{F},\mathscr{N},P_x\}$ 是相空间 $\{\mathscr{X},\mathfrak{B}\}$ 中的一空间可测齐次马尔科夫过程. 记 B 为 $\mathscr{X}$ 上所有 $\mathfrak{B}$ 可测有界数值函数的空间. 如果在 B 中引进范数

$$\|f\|=\sup_x|f(x)|$$

则 B 就成为 Banach 空间. 以后我们在 B 中只考虑这一种范数.

在 B 上定义算子族 $\{T_t\}$

$$T_tf(x)=\int f(y)P(t,x,\mathrm{d}y)$$

由 $P(t,x,\cdot)$ 对 x 的可测性知，对所有 $f\in B$ 有 $T_tf\in B$，即算子 T_t 把 B 变换到 B. 算子 T_t 显然是线性的，而且

$$\|T_t\|=\sup_{\|f\|\leqslant1}\|T_tf\|=\sup_{\|f\|\leqslant1}\sup_x\left|\int f(y)P(t,x,\mathrm{d}y)\right|\leqslant$$
$$\sup_{\|f\|\leqslant1}\|f\|\sup_x P(t,x,\mathscr{X})=1$$

我们再指出算子 T_t 的一条重要性质. 设 B_+ 是 B 中的非负函数组成的子集. 那么当 $f\in B_+$ 时，有 $T_tf\in B_+$，即算子 T_t 不改变函数的非负性. 最后由方程(4) 可见

$$T_tT_sf=T_{t+s}f\text{，即 }T_tT_s=T_{t+s}$$

换句话说，族 $\{T_t\}$ 构成算子半群. 显然，随机等价过程的算子半群相同. 可以利用半群来研究马尔科夫过程的转移概率.

如果有一算子半群$\{T_t\}$，它保留非负性并且满足条件$T_t1=1$(1表示恒为1的函数)，则存在一函数$\check{P}(t,x,B)=T_t\chi_B(x)$和它相联系，其中$B\in\mathfrak{B}$，$\chi_B$是$B$的示性函数. 除了对$B$的完全可加性之外，函数$\check{P}(t,x,B)$具备转移概率的所有性质. 注意，它对$B$有穷可加，而且对任意函数$f\in B$可以决定$\int f(y)\check{P}(t,x,\mathrm{d}y)$；容易证明，上面的积分等于$T_tf$. 由此可见，$\check{P}$满足Колмогоров－Chapman方程(4).

存在可测空间$\{\mathscr{X},\mathfrak{B}\}$，使它上面的任何有穷可加测度同时也是完全可加的.(具有Borel集σ代数的紧致就是这种空间的一个例子). 在这样的空间中，$\check{P}(t,x,B)$是真正的转移概率. 从而，在这样的空间上，在转移概率和上述线性变换半群之间存在一一对应关系. 在其他可测空间中(例如，$\mathscr{X}$是可列集，$\mathfrak{B}$包含$\mathscr{X}$的所有子集)，则存在不具备完全可加性的有穷可加测度. 这时，不是任何算子半群都有转移概率和它相伴随. 然而，在任何时候考虑伴随马尔科夫过程的算子半群都是有益的，因为这个半群永远可以完全决定过程的转移概率.

中断马尔科夫过程 我们在第一章研究了一般的中断过程. 那里曾经指出，在一些扩充过的空间中如何把中断过程化为不中断过程. 下面引进的构造，可以把中断齐次马尔科夫过程化为前面所刻画的齐次马尔科夫过程.

设$\{\mathscr{X},\mathfrak{B}\}$是一可测空间. 给该空间补上一点$\mathfrak{b}$(无穷点)，记$\hat{\mathscr{X}}$为扩充过的空间. 包含单点集$\{\mathfrak{b}\}$和$\mathfrak{B}$中所有集的$\sigma$代数记为$\hat{\mathscr{B}}$. 我们将要研究可测空间$\{\hat{\mathscr{X}},\hat{\mathfrak{B}}\}$和该空间具有如下特殊形式的齐次马尔科夫过程$\{\hat{\mathscr{F}},\hat{\mathscr{N}},\hat{P}_x\}$，其中$\hat{\mathscr{F}}$由所有这样的函数$\hat{x}(t)$组成：当$s>\zeta=\inf\{t:\hat{x}(t)=\mathfrak{b}\}$时$\hat{x}(s)=\mathfrak{b}$；$\hat{\mathscr{N}}$是$\hat{\mathscr{F}}$中的柱集产生的$\sigma$代数；而$\hat{P}_x$是一概率测度族，使$\{\hat{\mathscr{F}},\hat{\mathscr{N}},\hat{P}_x\}$为马尔科夫过程. 我们称$\{\hat{\mathscr{F}},\hat{\mathscr{N}},\hat{P}_x\}$为在时刻$\zeta$中断的过程，$\zeta$为它的中断时间. 随机变量$\zeta$为$\hat{\mathscr{N}}$可测，而且事件$\{\zeta>t\}\in\hat{\mathscr{N}}_t$. 中断时间的一条重要性质，就是在集$\{\zeta>t\}$上$\theta_t\zeta=\zeta-t$. 显然，$\hat{\mathscr{F}}$中的函数决定于它们在区间$[0,\zeta)$上(若$x(\zeta)\neq\mathfrak{b}$)或区间$[0,\zeta]$上(若$x(\zeta)=\mathfrak{b}$)的值，即在使它们属于$\mathscr{X}$的最大(右开或右闭)区间上的值. 测度$\hat{P}_x$唯一地决定于它在集$A\cap\{\zeta>t\}$上的值，其中$A\in\mathscr{N}_t$；对固定的$t$，$\hat{P}_x(A\cap\{\zeta>t\})$是$\mathscr{N}_t$上的测度. 所以，有了定义的区间$[0,\zeta)$或$[0,\zeta)$上、取值于$\mathscr{X}$的函数$x(\cdot)$，以及$\sigma$代数族$\mathscr{N}_t$上的测度，就可以决定中断马尔科夫过程. 然而，就其构造来说，这样的定义要比前面的定义复杂.

对任意$B\in\mathfrak{B}$定义概率$P(t,x,B)=P_x\{x_t\in B\}=\hat{P}_x\{x_x\in B,\zeta>t\}$. 函数$P(t,x,B)$具备转移概率的所有性质，只是$P(t,x,\mathscr{X})$未必等于1；而$1-P(t,x,\mathscr{X})$是过程在时刻$t$中断的概率. 我们仍称函数$P(t,x,B)$为(中断过程的)转移概率. 这时，也可以由转移概率$P(t,x,B)$建立过程的伴随半群$\{T_t\}$：$T_tf=\int f(y)P(t,x,\mathrm{d}y)$. 它和不中断过程的伴随半群的唯一区别是$T_t1$未必等

于 1. 对中断过程仍使用记号 P_x 和 E_x. 这时，对于 $A \in \mathscr{N}$，$P_x(A) = \hat{P}_x(A \cap \{\zeta > t\})$；对 $\mathscr{N}$ 可测随机变量 ξ，$E_x\xi$ 是对测度 P_x 的积分. 特别，对于 $B \in \mathfrak{B}$ 有 $P_x\{x_t \in B\} = P(t,x,B)$，而对任意函数 f 有

$$E_x f(x_t) = \int f(y) P(t,x,\mathrm{d}y)$$

§2　弱可测马尔科夫过程的预解式和生成算子

相空间 $\{\mathscr{X},\mathfrak{B}\}$ 中马尔科夫过程的转移概率 $P(t,x,B)$ 称为可测的，如果对任意 $B \in \mathfrak{B}$，它在可测空间的积 $\{\mathscr{R}_+,\mathfrak{U}_+\} \times \{\mathscr{X},\mathfrak{B}\}$ 上对 (t,x) 可测，这里 $\mathscr{R}_+ = [0,\infty)$，而 $\mathfrak{U}_+$ 是 $\mathscr{R}_+$ 的 Borel 集的 σ 代数.

称齐次马尔科夫过程是弱可测的，如果它的转移概率可测. 在这一节里我们只考虑弱可测过程.

设 T_t 是伴随可测过程的算子半群. 由公式

$$R_\lambda f(x) = \int_0^\infty \mathrm{e}^{-\lambda t} \int f(y) P(t,x,\mathrm{d}y)\,\mathrm{d}t = \int_0^\infty \mathrm{e}^{-\lambda t} T_t f(x)\,\mathrm{d}t \tag{1}$$

把过程的预解式 R_λ 定义为 B 上的算子族，其中 λ 为复数，$\mathrm{Re}\,\lambda > 0$.

容易看出，$R_\lambda f(x)$ 是复值可测函数. 记 B^* 是定义在 $\mathscr{X}$ 上的复值有界 $\mathfrak{B}$ 可测函数 $g(x)$ 的空间，$\|g\| = \sup\limits_x |g(x)|$ 是它的范数. 则 R_λ 是从 B 到 B^* 的线性算子.

预解核定义为

$$R_\lambda(x,B) = \int_0^\infty \mathrm{e}^{-\lambda t} P(t,x,B)\,\mathrm{d}t \tag{2}$$

对每个 x 和 $\lambda(\mathrm{Re}\,\lambda > 0)$，$R_\lambda(x,B)$ 是 $\mathfrak{B}$ 上的完全可加的复值集函数. 所以，对所有 $f \in B$，积分

$$\int f(y) R_\lambda(x,\mathrm{d}y)$$

有定义，它是从 B 到 B^* 的有界线性算子. 由于该算子和算子 R_λ 在 $\mathfrak{B}$ 的柱集上相等，可知

$$R_\lambda f(x) = \int f(y) R_\lambda(x,\mathrm{d}y) \tag{3}$$

因此，为定义过程的预解核，只需知道它的预解式. 而若知道了 $R_\lambda(x,B)$，就可以对任意 x 和 $B \in \mathfrak{B}$，对几乎所有 $t > 0$（但不是对所有 $t > 0$）求出 $P(t,x,B)$. 所以不能排除非随机等价过程的预解式相同的可能性. 不过我们将证明，在关于相空间的某些条件下，$R_\lambda(x,B)$ 唯一决定转移概率.

引理 1 设 σ 代数 $\mathfrak{B}$ 可分，$P(t,x,B)$ 和 $P_1(t,x,B)$ 是两个可测的转移概率. 如果对所有 $x \in \mathscr{X}$ 和 $B \in \mathfrak{B}$，关于 Lebesgue 测度对几乎所有 t，$P(t,x,B)$ 和 $P_1(t,x,B)$ 相等，则它们处处相等.

证 对每个 x 我们建立一完备 Lebesgue 测度集 $E_x \subset [0,\infty)$，使对 $t \in E_x$ 和事先给定的序列 $B_k \in \mathfrak{B}$，有 $P(t,x,B_k) = P_1(t,x,B_k)$. 如果取 B_k 作生成 $\mathfrak{B}$ 的序列，则对 $t \in E_x$，测度 $P(t,x\ \cdot)$ 和 $P(t,x,\cdot)$ 相等. 此外，我们有

$$P_1(t,x,B) - P(t,x,B) = \frac{1}{t}\int_0^t \left[\int P_1(s,y,B)P_1(t-s,x,\mathrm{d}y) - \int P(s,y,B)\cdot P(t-s,x,\mathrm{d}y)\right]\mathrm{d}s =$$

$$\frac{1}{t}\int_0^t \int [P_1(s,y,B) - P(s,y,B)]P(t-s,x,\mathrm{d}y)\mathrm{d}s$$

这里我用到测度 $P(t-s,x,\cdot)$ 和 $P_1(t-s,x,\cdot)$ 对几乎所有 s 相等这一事实. 记 $\Delta(t,x) = | P_1(t,x,B) - P(t,x,B) |$. 那么

$$\Delta(t,x) \leqslant \frac{1}{t}\int_0^t \int P(t-s,x,\mathrm{d}y)\ \frac{1}{s}\int_0^s \int P(s-u,y,\mathrm{d}z)\Delta(u,z)\mathrm{d}u\mathrm{d}s$$

经换元和扩大积分域，得

$$\Delta(t,x) \leqslant \frac{1}{t}\int_0^t \int_0^t \iint P(t-u-v,x,\mathrm{d}y)\ \frac{1}{u+v}P(v,y,\mathrm{d}z)\Delta(u,z)\mathrm{d}u\mathrm{d}v =$$

$$\frac{1}{t}\int_0^t \iint \left\{\int_0^t \frac{\Delta(u,z)}{u+v}P(t-u-v,x,\mathrm{d}y)\mathrm{d}u\right\} P(v,y,\mathrm{d}z)\mathrm{d}v = 0$$

因为大括号中的式子为 0. 引理得证.

预解式的基本性质 下面我们固定一齐次马尔科夫过程 $\{\mathscr{F},\mathscr{N},P_x\}$：$P(t,x,B)$ 是它的可测转移概率，T_t 是伴随过程的半群，而 R_λ 和 $R_\lambda(x,B)$ 分别为预解式和预解核. 现在我们研究预解式的基本性质.

把 $T_t T_\tau f = T_{t+\tau} f$ 乘以 $\mathrm{e}^{-\lambda t-\mu\tau}$，然后从 0 到 ∞ 对 t 和 τ 求积分，得

$$R_\lambda R_\mu f = \int_0^\infty \int_0^\infty \mathrm{e}^{-\lambda t-\mu\tau} T_{t+\tau} f\,\mathrm{d}t\mathrm{d}\tau =$$

$$\int_0^\infty \mathrm{d}s T_s f \int_0^s \mathrm{e}^{-\lambda(s-\tau)-\mu\tau}\mathrm{d}\tau =$$

$$\int_0^\infty T_s f\,\mathrm{e}^{-\lambda s}\ \frac{\mathrm{e}^{(\lambda-\mu)s}-1}{\lambda-\mu}\mathrm{d}s =$$

$$\frac{1}{\lambda-\mu}[R_\mu f - R_\lambda f]$$

这样，对所有 λ 和 μ（$\mathrm{Re}\,\lambda > 0$，$\mathrm{Re}\,\mu > 0$）下面的预解方程成立

$$R_\lambda R_\mu = \frac{1}{\lambda-\mu}[R_\mu - R_\lambda] \tag{4}$$

利用预解方程可以证明下面的结果.

引理 2 当 $\mathrm{Re}\,\lambda > 0$ 时，$R_\lambda f$ 是 λ 的解析函数，并且

$$\frac{\mathrm{d}}{\mathrm{d}\lambda}R_{\lambda}f=-R_{\lambda}^{2}f$$

(以后用 $R_{\lambda}^{k}f$ 表示算子 R_{λ} 的 k 次幂).

系 1　对所有 $\lambda(\mathrm{Re}\,\lambda>0)$,有

$$\frac{\mathrm{d}^{n}}{\mathrm{d}\lambda^{n}}R_{\lambda}f=(-1)^{n}n!\ R_{\lambda}^{n+1}f \tag{5}$$

用数学归纳法可以证明

$$\frac{\mathrm{d}}{\mathrm{d}\lambda}(R_{\lambda}^{m}f)=mR_{\lambda}^{m-1}\frac{\mathrm{d}}{\mathrm{d}\lambda}R_{\lambda}f$$

而由此可得式(5).(这里重要的是,R_{λ} 和 R_{μ} 是可以交换的:$R_{\lambda}R_{\mu}=R_{\mu}R_{\lambda}$;这是预解方程(4)的推论).

系 2　如果 $\mathrm{Re}\,\lambda=k>0$,则当 $|\lambda-\lambda_{0}|<k$ 时,$R_{\lambda}f$ 有下面的分解

$$R_{\lambda}f=\sum_{n=0}^{\infty}(\lambda_{0}-\lambda)^{n}R_{\lambda_{0}}^{n+1}f \tag{6}$$

这是解析函数 $R_{\lambda}f$ 在 λ_{0} 点的 Taylor 公式.

系 3　对于所有 $\lambda(\mathrm{Re}\,\lambda>0)$,为确定 $R_{\lambda}(x,B)$ 只需知道它在某一点 λ_{0} $(\mathrm{Re}\,\lambda_{0}>0)$ 的值.

事实上,这时可以根据(6)把 R_{λ} 开拓到整个半平面 $\mathrm{Re}\,\lambda>0$. 于是,马尔科夫过程的预解式是从 B 到 B^{*} 的一线性算子 R_{λ} 的族,满足下列条件:

a) 族中的算子对 $\mathrm{Re}\,\lambda>0$ 有定义,而且当 $\mathrm{Re}\,\lambda>0$,$\mathrm{Re}\,\mu>0$ 时,它们满足预解方程(4);

b) 如果 $\lambda>0$,则对 $f\in B_{+}$ 有 $R_{\lambda}f\in B_{+}$,$R_{\lambda}1\leqslant\frac{1}{\lambda}$;

c) $\|R_{\lambda}\|\leqslant\frac{1}{\mathrm{Re}\,\lambda}$.

性质 b) 显然. 由不等式

$$\begin{aligned}|R_{\lambda}f(x)|&\leqslant\int_{0}^{\infty}|\mathrm{e}^{-\lambda t}||T_{t}f(x)|\,\mathrm{d}t\leqslant\\ &\|f\|\int_{0}^{\infty}|\mathrm{e}^{-\lambda t}|\,\mathrm{d}t=\\ &\|f\|\int_{0}^{\infty}\mathrm{e}^{-t\mathrm{Re}\,\lambda}\mathrm{d}t=\\ &\frac{\|f\|}{\mathrm{Re}\,\lambda}\end{aligned}$$

得性质 c). 注意,对于不中断过程,当 $\lambda>0$ 时有 $\|R_{\lambda}\|=\frac{1}{\lambda}$.

系 3 表明,对于所有 $\lambda(\mathrm{Re}\,\lambda>0)$,为求 R_{λ},只需对某一点 λ_{0} 知道 $R_{\lambda_{0}}$. 下面我们找出已知算子 R 等于算子 $R_{\lambda_{0}}$ 的条件,其中 R_{λ} 是满足条件 a) ~ c) 的算子

族，而 $\lambda_0 > 0$. 为此，我们指出 $\lambda > 0$ 时算子 R_λ 的一条性质.

引理 3 设 $Q(s)$ 是可表为

$$Q(s) = s\int_0^{\infty} \mathrm{e}^{-t} q(st)\,\mathrm{d}t \tag{7}$$

的任一多项式，其中 $q(t)$ 是在$[0,\infty)$ 上的非负多项式. 则算子 $Q(R_\lambda)$ 把 B_+ 变为 B_+.

证 设

$$q(t) = \sum_{k=0}^{n} a_k t^k$$

那么

$$Q(s) = \sum_{k=0}^{n} a_k s^{k+1}\int_0^{\infty} \mathrm{e}^{-t} t^k\,\mathrm{d}t = \sum_{k=0}^{n} a_k k!\ s^{k+1}$$

所以

$$\begin{aligned} Q(R_\lambda)f = \sum_{k=0}^{n} a_k k!\ R_\lambda^{k+1} f = \\ \sum_{k=0}^{n} a_k (-1)^k \frac{\mathrm{d}^k}{\mathrm{d}\lambda^k} R_\lambda f = \\ \sum_{k=0}^{n} a_k \int_0^{\infty} \mathrm{e}^{-\lambda t} t^k T_t f\,\mathrm{d}t = \\ \int_0^{\infty} \mathrm{e}^{-\lambda t} q(t) T_t f\,\mathrm{d}t \end{aligned}$$

如果 $f \in B_+$，则 $T_t f \in B_+$. 从而最末一个积分属于 B_+，因为当 $t > 0$ 时 $\mathrm{e}^{-\lambda t} q(t) \geqslant 0$. 引理得证.

引理 4 设算子 R 满足下列条件：

1) 它把 B 变为 B，B_+ 变为 B_+，而且对给定的 $\lambda_0 > 0$ 有 $R1 = \frac{1}{\lambda_0}$.

2) 对于可以表为(7) 的任意多项式 $Q(s)$，算子 $Q(R)$ 把 B_+ 变为 B_+[①]（在式(7) 中 $q(t)$ 对 $t \geqslant 0$ 为非负的多项式).

那么，存在一算子族 $R_\lambda(\mathrm{Re}\,\lambda > 0)$ 满足条件 a) ～ c)，而且 $R_{\lambda_0} = R$.

证 我们利用式(6) 和解析开拓来建立算子族. 当 λ 为实数时，需使每一步所得到的算子都满足条件 2).

对 $|\lambda - \lambda_0| < \lambda_0$，令

$$R_\lambda = \sum_{k=0}^{\infty} (\lambda_0 - \lambda)^k R^{k+1}$$

---

① 把 B_+ 变为 B_+ 的算子简称做正的.

由 $\| R^{k+1} \| \leqslant \lambda_0^{-k-1}$，$\left|\dfrac{(\lambda_0-\lambda)}{\lambda_0}\right| < 1$ 可知此级数收敛. 那么 $R_{\lambda_0}=R$. 容易验证预解方程

$$R_\lambda R_\mu=\sum_{k=0}^{\infty}(\lambda_0-\lambda)^k R^{k+1}\sum_{j=0}^{\infty}(\lambda_0-\mu)^j R^{j+1}=$$
$$\sum_{n=1}^{\infty}\sum_{i=0}^{n-1}(\lambda_0-\mu)^i(\lambda_0-\lambda)^{n-1-i}R^{n+1}=$$
$$\sum_{n=1}^{\infty}\frac{(\lambda_0-\lambda)^n-(\lambda_0-\mu)^n}{\mu-\lambda}R^{n+1}=$$
$$\frac{1}{\mu-\lambda}[R_\lambda-R_\mu]$$

现在证，当 $0<\lambda<2\lambda_0$ 时，R_λ 是正算子. 当 n 为偶数时，多项式 $q_n(t)=\sum_{k=0}^{n}\dfrac{t^k}{k!}$ 处处为正，因为在绝对极小点 $q_n'(t)=\sum_{k=0}^{n-1}\dfrac{t^k}{k!}=0$，而 $q_n(t)=q_n'(t)+\dfrac{t^n}{n!}>0$. 因此，如果

$$Q_n(s)=s\int_0^{\infty}\mathrm{e}^{-t}q_n((\lambda_0-\lambda)st)\,\mathrm{d}t=$$
$$\sum_{k=0}^{n}(\lambda_0-\lambda)^k s^{k+1}$$

则由条件 2) 对偶数 n，$Q_n(R)$ 是正算子. 因为当 $n\to\infty$ 时，有

$$\| R_\lambda-Q_n(R)\| \leqslant \frac{1}{\lambda_0}\sum_{k=1}^{\infty}\left|\frac{\lambda-\lambda_0}{\lambda_0}\right|^k\to 0$$

故 R_λ 也是正算子. 因为对正算子 R_λ 有 $\| R_\lambda \| = \| R_\lambda 1 \|$，而

$$R_\lambda 1=\sum_{k=0}^{\infty}(\lambda_0-\lambda)\left(\frac{1}{\lambda_0}\right)^{k+1}=\frac{1}{\lambda}$$

所以 $\| R_\lambda \| =\dfrac{1}{\lambda}$，而且对于 R_λ 条件 b) 成立. 现在我们证明，当 $0<\lambda<2\lambda_0$ 时，R_λ 也满足条件 2). 如果 $Q(s)$ 可表为式(7)，则

$$Q(R_\lambda)=Q\Big(\sum_0^{\infty}(\lambda_0-\lambda)^k R^{k+1}\Big)=G(R)$$

其中 $G(s)$ 是一幂级数

$$G(s)=Q\Big(\sum_0^{\infty}(\lambda_0-\lambda)^k s^{k+1}\Big)=$$
$$Q\left(\frac{s}{1+s(\lambda-\lambda_0)}\right)=$$
$$\int_0^{\infty}\mathrm{e}^{-\frac{t}{s}}\mathrm{e}^{(\lambda_0-\lambda)t}q(t)\,\mathrm{d}t$$

容易看出，当 $s \leqslant \dfrac{1}{\lambda_0}$ 时 $G(s)$ 有定义.

算子 $\widetilde{Q}_n(R)$ 是正的，其中

$$\widetilde{Q}_n(s) = \int_0^{\infty} e^{-\frac{t}{s}} \sum_{k=0}^{2n} \frac{(\lambda_0 - \lambda)^k t^k}{k!} q(t)\,dt$$

我们证明当 $n \to \infty$ 时，$\widetilde{Q}_n(R)$ 收敛于 $Q(R_\lambda)$

$$Q(s) - \widetilde{Q}_n(s) = \sum_{k=2n+1}^{\infty} \int_0^{\infty} e^{-\frac{t}{s}} \frac{(\lambda_0 - \lambda)^k t^k}{k!} \sum_{j=1}^{m} a_j t^j\,dt =$$

$$\sum_{j=0}^{m} a_j \sum_{k=2n+1}^{\infty} \int_0^{\infty} e^{-\frac{t}{s}} \frac{(\lambda_0 - \lambda)^k t^{k+j}}{k!}\,dt =$$

$$\sum_{j=0}^{m} a_j \sum_{k=2n+1}^{\infty} (\lambda_0 - \lambda)^k s^{k+j+1} \frac{(k+j)!}{k!}$$

从而

$$Q(R_\lambda) - \widetilde{Q}_n(R) = \sum_{j=0}^{m} a_j \sum_{k=2n+1}^{\infty} \frac{(\lambda_0 - \lambda)^k (k+1)!}{k!} R^{k+j+1}$$

于是，当 $n \to \infty$ 时

$$\| Q(R) - \widetilde{Q}_n(R) \| \leqslant \frac{1}{\lambda_0} \sum_{j=0}^{m} \frac{|a_j|}{\lambda_0^j} \sum_{k=2n+1}^{\infty} \left| \frac{\lambda - \lambda_0}{\lambda_0} \right|^k \frac{(k+j)!}{k!} \to 0$$

而 $Q(R_\lambda)$ 是正算子.

这样，若选取任一 $\lambda_1 (\lambda_0 < \lambda_1 < 2\lambda_0)$，我们可以把 R_λ 的定义开拓到圆 $|\lambda - \lambda_1| < \lambda_1$ 上；而且对任意 λ，这时 R_λ 满足条件 b)，同时也满足预解方程. 重复上述过程，我们可以把 R_λ 开拓到所有 $\lambda (\mathrm{Re}\,\lambda > 0)$，并且保留其性质不变. 最后只剩下验证性质 c).

对于实部 $\sigma > 0$ 的任意复数 $\sigma + i\tau$ 和充分大的 λ，有

$$R_{\sigma+i\tau} = \sum_{k=0}^{\infty} (\lambda - \sigma - i\tau)^k R_\lambda^{k+1}$$

所以

$$\| R_{\sigma+i\tau} \| \leqslant \frac{1}{\lambda} \sum_{k=0}^{\infty} \left(\frac{|\lambda - \sigma - i\tau|}{\lambda} \right)^k =$$

$$\left(\frac{1}{\lambda - \sqrt{(\lambda - \sigma)^2 + \tau}} \right)^2 =$$

$$\frac{\lambda + \sqrt{(\lambda - \sigma)^2 + \tau^2}}{2\lambda\sigma - \sigma^2 - \tau^2}$$

当 $\lambda \to +\infty$ 时取极限，得 $\| R_{\sigma+i\tau} \| \leqslant \dfrac{1}{\sigma}$.

引理证完.

半群的生成算子　我们仍然只考虑弱可测马尔科夫过程. 记

$$B_0=\{f:\lim_{t\downarrow 0}\|T_tf-f\|=0,f\in B\}$$

B_0 是 B 的线性子集.它是闭集,因为

$$\overline{\lim_{t\downarrow 0}}\|T_tf-f\|\leqslant\overline{\lim_{t\downarrow 0}}\|T_t\varphi-\varphi\|+2\|\varphi-f\|$$

如果 $\|f_n-f\|\to 0,f_n\in B_0$,则 $f\in B_0$.因而 B_0 是 B 的线性子空间.算子 T_t 把 B_0 变为 B_0:如果 $f\in B_0$ 则

$$\lim_{h\downarrow 0}\|T_hT_tf-T_tf\|\leqslant\lim_{h\downarrow 0}\|T_t\|\|T_hf-f\|=0$$

我们证明,对所有 $f\in B$(当 $\lambda>0$ 时)有 $R_\lambda f\in B_0$.事实上

$$T_h\int_0^\infty T_sf(x)\mathrm{e}^{-\lambda s}\mathrm{d}s=\int P(h,x,\mathrm{d}y)\int_0^\infty T_sf(x)\mathrm{e}^{-\lambda s}\mathrm{d}s=$$

$$\int_0^\infty\left[\int P(h,x,\mathrm{d}y)T_sf(y)\right]\mathrm{e}^{-\lambda s}\mathrm{d}s=$$

$$\int_0^\infty T_{s+h}f(x)\mathrm{e}^{-\lambda s}\mathrm{d}s$$

(因为 $T_sf(y)$ 对变量(s,y) 的全体可测,所以可以变更积分的顺序).因此

$$T_hR_\lambda f-R_\lambda f=\int_0^\infty T_{s+h}f\mathrm{e}^{-\lambda s}\mathrm{d}s-\int_0^\infty T_sf\mathrm{e}^{-\lambda s}\mathrm{d}s=$$

$$\mathrm{e}^{\lambda h}\int_h^\infty T_sf\mathrm{e}^{-\lambda s}\mathrm{d}s-\int_0^\infty T_sf\mathrm{e}^{-\lambda s}\mathrm{d}s=$$

$$(\mathrm{e}^{ih}-1)\int_0^\infty T_sf\mathrm{e}^{-\lambda s}\mathrm{d}s-\mathrm{e}^{ih}\int_0^h T_sf\mathrm{e}^{-\lambda s}\mathrm{d}s$$

这样就证明了关系式

$$T_hR_\lambda f-R_\lambda f=(\mathrm{e}^{\lambda h}-1)R_\lambda f-\mathrm{e}^{\lambda h}\int_0^h T_sf\mathrm{e}^{-\lambda s}\mathrm{d}s \tag{8}$$

我们以后要用到它.由式(8) 可以推出

$$\|T_hR_\lambda f-R_\lambda f\|\leqslant(\mathrm{e}^{\lambda h}-1)\|R_\lambda f\|+h\|f\|$$

由此可见 $R_\lambda f\in B_0$.

设 $R_\lambda(B)$ 是算子 R_λ 的值域.我们证明了 $R_\lambda(B)\subset B_0$.由预解方程可知,$R_\lambda(B)$ 对所有 $\lambda>0$ 相同.现在证明 B_0 等于 $R_2(B)$ 的闭包.为此我们证明下面简单的命题:

引理 5 对 $f\in B_0$

$$\lim_{\lambda\to+\infty}\|\lambda R_\lambda f-f\|=0 \tag{9}$$

证

$$\lambda R_\lambda f-f=\lambda\int_0^\infty\mathrm{e}^{-\lambda t}(T_tf-f)\mathrm{d}t=\int_0^\infty\mathrm{e}^{-t}(T_{\frac{t}{\lambda}}f-f)\mathrm{d}t$$

所以

$$\|\lambda R_\lambda f-f\|\leqslant\int_0^\infty\mathrm{e}^{-t}\|T_{\frac{t}{\lambda}}f-f\|\mathrm{d}t$$

因为 $\| T_{\frac{t}{\lambda}} f - f \| \leqslant 2 \| f \|$，故当 $\lambda \to +\infty$ 时可以在积分号下取极限. 引理得证.

现在我们定义过程的强生成算子. 我们说函数 φ 属于过程的生成算子 A 的定义域 $\mathscr{D}_A$，如在按范数收敛的意义下存在极限

$$\lim_{h \downarrow 0} \frac{1}{h}(T_h \varphi - \varphi) = A\varphi$$

这个极限决定生成算子 A 在函数 $\varphi \in \mathscr{D}_A$ 上的值. 显然 $\mathscr{D}_A \subset B_0$. 下面我们证明，算子 A 在 B_0 上决定 T_t. 为此我们证明下面的定理.

定理 1 对于所有 $f \in B_0$

$$AR_\lambda \varphi = \lambda R_\lambda f - f \tag{10}$$

对所有 $\varphi \in \mathscr{D}_A$

$$R_\lambda A\varphi = \lambda R_\lambda \varphi - \varphi \tag{11}$$

证 式(8)除以 h，然后当 $h \downarrow 0$ 时取极限得式(10)(对 $f \in B_0$，当 $h \downarrow 0$ 时，$\| \frac{1}{h}\int_0^h e^{-\lambda s} T_s f \mathrm{d}s - f \| \to 0$). 为证(11)注意到，对 $\varphi \in \mathscr{D}_A$，当 $h \downarrow 0$ 时对 t 一致有

$$\left\| \frac{T_{t+h}\varphi - T_t \varphi}{h} - T_t A\varphi \right\| \leqslant \| T_t \| \left\| \frac{T_h \varphi - \varphi}{h} - A\varphi \right\| \to 0$$

所以

$$\begin{aligned} R_\lambda A\varphi &= \int_0^\infty e^{-\lambda t} T_t A\varphi \mathrm{d}t = \lim_{h \downarrow 0} \int_0^\infty e^{-\lambda t} \frac{T_{t+h}\varphi - T_t \varphi}{h} \mathrm{d}t = \\ &\lim_{h \downarrow 0} \frac{1}{h}\left(T_h \int_0^\infty e^{-\lambda t} T_t \varphi \mathrm{d}t - \int_0^\infty e^{-\lambda t} T_t \varphi \mathrm{d}t\right) = \\ &\lim_{h \downarrow 0} \frac{T_h R_\lambda \varphi - R_\lambda \varphi}{h} = \\ &\lambda R_\lambda \varphi - \varphi \end{aligned}$$

(这也用到式(8)).

因此，算子 R_λ 把 B_0 映入 $\mathscr{D}_A$. 该映射是一一对应的，因为由(10)有，当 $R_\lambda f = 0$ 时 $f = 0$. 最后，由(11)可知，任意 $\varphi \in \mathscr{D}_A$ 都可表为 $\varphi = R_\lambda f$，其中 $f \in B_0$(f 取作 $\lambda\varphi - A\varphi$ 即可).

系 1 有如下式子

$$R_\lambda f = (\lambda I - A)^{-1} f \tag{12}$$

其中 I 是 B_0 到 B_0 的恒等变换算子.

由(10)和(11)得式(12).

系 2 算子 A 唯一决定 B_0 上的半群 T_t.

事实上，由(12)可见，对所有 $f \in B_0$，算子 A 决定

$$R_\lambda f = \int_0^\infty T_t f \mathrm{e}^{-\lambda t} \mathrm{d}t$$

现在注意到，对 $f \in B_0$，$T_t f$ 对 t 连续

$$\| T_{t+h} f - T_t f \| \leqslant \| T_h f - f \|$$

而连续函数唯一地决定于它自己的拉普拉斯变换（对固定的 x，我们把 $T_t f(x)$ 看成 t 的函数）.

Hille — Yosida 定理　当然，希望能弄清满足条件 a）～ c）的算子族 R_λ 是某一马尔科夫过程预解式的条件. 但是在一般相空间中解决这个问题是困难的，这里只能给出保证半群 T_t 在 B_0 中存在的条件. 这个半群是否对应于某马尔科夫过程的问题尚未解决.

这样，我们假设有一把 B 变为 B^* 的算子族 $R_\lambda(\mathrm{Re}\,\lambda > 0)$，它满足条件 a）～c）. 对实数 λ，记 B_0 为算子 R_λ 的值域的闭包. 注意，这个值域不依赖于 λ，因为由预解方程有

$$R_{\lambda_2} = R_{\lambda_1} + (\lambda_1 - \lambda_2) R_{\lambda_1} R_{\lambda_2} \tag{13}$$

由此可见，对复数 λ 算子 R_λ 的值域属于 B_0^*，其中 B_0^* 是形如 $f_1 + \mathrm{i} f_2(f_1, f_2 \in B_0)$ 的函数的集合. 我们在 B_0 中建立一算子族 T_t，使它满足下列条件：

1）对所有 $f \in B_0 \cap B_+$，$\| T_t \| \leqslant 1$，有 $T_t f \geqslant 0$；

2）当 $t \downarrow 0$ 时，$\| T_t f - f \| \to 0$；

3）$T_{t+s} = T_t T_s$；

4）$R_\lambda f = \int_0^\infty \mathrm{e}^{-\lambda t} T_t f \mathrm{d}t, f \in B_0$.

记 B_2 是形如 $R_\mu^2 f, \mu > 0$，的函数的集合，其中 $f \in B_0$. 利用(13)可以证明，$B_2 = R_\lambda(B_1)$，其中 $B_1 = R_\lambda(B_0)$，$\lambda > 0$，而且 B_1 和 B_2 不依赖于 λ 的选择. 由

$$\lim_{\lambda \to \infty} \lambda R_\lambda R_\mu f = \lim_{\lambda \to \infty} \frac{\lambda}{\lambda - \mu} [R_\mu f - R_\lambda f] = R_\mu f$$

可知（因为 $\| R_\lambda \| \leqslant \frac{1}{\lambda}$），对 $f \in B_0$ 在依范数收敛意义下有

$$\lim_{\lambda \to \infty} \lambda R_\lambda f = f$$

因为该式在闭集和 $R_\lambda(B)$ 上成立. 所以对 $f \in B_0$ 在依范数收敛意义下有

$$\lim_{\lambda \to \infty} \lim_{\mu \to \infty} \lambda_\mu R_\lambda R_\mu f = f$$

因此 B_2 在 B_0 中处处稠密.

设 $f \in B_2$. 那么存在 $g \in B_0$，使 $f = R_1^2 g$. 由预解方程可得表现

$$R_\lambda f = \frac{f}{\lambda - 1} - \frac{R_1 g}{(\lambda - 1)^2} + \frac{1}{(\lambda - 1)^2} R_\lambda g \tag{14}$$

所以存在对 t 连续的函数 $u_f(t, x)$，使

$$R_\lambda f(x) = \int_0^\infty u_f(t, x) \mathrm{e}^{-\lambda t} \mathrm{d}t$$

它决定于

$$u_f(t,x)=f(x)\mathrm{e}^t-t\mathrm{e}^tR_1g(x)+\frac{1}{2\pi\mathrm{i}}\int_{\sigma-\mathrm{i}\infty}^{\sigma+\mathrm{i}\infty}\frac{1}{(\lambda-1)^2}R_\lambda g(x)\mathrm{e}^{\lambda t}\mathrm{d}\lambda \tag{15}$$

其中 $\sigma>1$. 由 $R_\lambda g$ 在直线 $\mathrm{Re}\,\lambda=\sigma$ 上有界性可知，上述积分收敛，而且绝对收敛. 我们引进 $u_f(t,x)$ 的另一表现，它只用到 $R_\lambda(\lambda>0)$ 的值. 为此我们要用下面的引理.

引理 6 设 $h(t)$ 是 $[0,\infty)$ 上的连续数值函数，对某个 $c>0$ 有 $|h(t)|=O(\mathrm{e}^{ct})$，而 $\varphi(\lambda)=\int_0^\infty \mathrm{e}^{-\lambda t}h(t)\mathrm{d}t$. 则

$$h(t)=\lim_{n\to\infty}(-1)^n\left(\frac{n}{t}\right)^{n+1}\frac{1}{n!}\frac{\mathrm{d}^n}{\mathrm{d}\lambda^n}\varphi(\lambda)\Big|_{\lambda=\frac{n}{t}} \tag{16}$$

由下列关系式即可证明该式

$$\begin{aligned}(-1)^n\left(\frac{n}{t}\right)^{n+1}\frac{1}{n!}\frac{\mathrm{d}^n}{\mathrm{d}\lambda^n}\varphi(\lambda)\Big|_{\lambda=\frac{n}{t}}&=\frac{1}{n!}\int_0^\infty\left(\frac{n}{t}\right)^{n+1}\mathrm{e}^{-\frac{ns}{t}}s^nh(s)\mathrm{d}s=\\&\frac{1}{n!}\int_0^\infty \mathrm{e}^{-u}u^nh\left(\frac{tu}{n}\right)\mathrm{d}u=\\&h(t)+\frac{1}{n!}\int_0^\infty \mathrm{e}^{-u}u^n\left[h\left(\frac{tu}{n}\right)-h(t)\right]\mathrm{d}u\end{aligned}$$

由于 $u_f(t,x)$ 对 t 连续，而且 $u_f(t,x)=O(\mathrm{e}^{\sigma t})$，故可以把式(16) 用于 $u_f(t,x)$. 因为

$$\frac{\mathrm{d}^n}{\mathrm{d}\lambda^n}R_\lambda f(x)=(-1)^n n!\ R_\lambda^{n+1}f(x)$$

所以

$$u_f(t,x)=\lim_{n\to\infty}\left(\frac{n}{t}R_{\frac{n}{t}}\right)^{n+1}f(x) \tag{17}$$

由此可见，$\|u_f(t,\cdot)\|\leqslant\|f\|$. 当 $f\in B_0$ 时，函数 $u_f(t,x)$ 对 x 可测. 所以可以设 $u_f(t,x)=T_tf(x)$，其中 T_t 是从 B_2 到 B 的算子，$\|T_t\|\leqslant 1$. 可以把算子 T_t 连续地开拓到 B_2 的闭包，即开拓到 B_0. 根据式(15)，容易断定

$$\lim_{\mu\to\infty}\mu R_\mu u_f(t,\cdot)=u_f(t,\cdot)，即\ u_f(t,\cdot)\in B_0$$

因而，T_t 把 B_2 变为 B_0；从而 T_t 把 B_0 变为 B_0. 由式(16) 可见，对 $f\in B_2\cap B_+$ 有 $T_tf\in B_2\cap B_+$，而由式(15) 可知 T_t 和 R_μ 可交换：$R_\mu T_tf=T_tR_\mu f$. 取 $f\in B_0\cap B_+$，我们有(对 $\lambda>0,\mu>0$)

$$R_\lambda R_\mu f\in B_2\cap B_+,\lambda_\mu T_tR_\lambda R_\mu f\in B_0\cap B_+$$

从而

$$T_tf=\lim_{\lambda\to\infty}\lim_{\mu\to\infty}\lambda\mu T_tR_\lambda R_\mu f\in B_0\cap B_+$$

其次，当 $f\in B_0$ 时

$$\int_0^{\infty} \mathrm{e}^{-st} T_t f \mathrm{d}t = \lim_{\lambda,\mu\to\infty} \lambda\mu \int_0^{\infty} \mathrm{e}^{-st} R_\lambda R_\mu T_t f \mathrm{d}t =$$
$$\lim_{\lambda,\mu\to\infty} \lambda\mu R_s R_\lambda R_\mu f =$$
$$R_s f$$

这样，性质 1) 和 4) 得证. 为证明性质 2)，我们注意到，对 $f \in B_2$ 由(15) 和 $\sigma > 1$ 的任意性有

$$\| T_t f - f \| \leqslant | \mathrm{e}^t - 1 | \ \| f \| + t\mathrm{e}^t \| R_1 g \|$$

即当 $t \downarrow 0$ 时，$\| T_t f - f \| \to 0$. 如果 $f_n \in B_2$，而且 $\| f - f_n \| \to 0$，则 $\| T_t f_n - T_t f \| \leqslant \| f_n - f \|$，从而 $T_t f_n(x)$ 关于 t 和 x 一致收敛于 $T_t f(x)$. 由此可见，对所有 $f \in B_0$

$$\| T_t f - f \| \leqslant \| T_t f_n - f_n \| + 2 \| f_n - f \|$$

趋于 0，而且 $T_t f$ 依范数连续

$$\| T_{t+h} f - T_t f \| \leqslant \| T_h f - f \|$$

为证明性质 3)，我们看函数 $T_t T_s f$ 和 $T_{t+s} f$（它们都对 t 和 s 连续）的二重拉普拉斯变换

$$\int_0^{\infty}\int_0^{\infty} T_t T_s f \mathrm{e}^{-\lambda t-\mu s} \mathrm{d}t\mathrm{d}s = \int_0^{\infty} T_t \left[\int_0^{\infty} T_s f \mathrm{e}^{-\mu s} \mathrm{d}s\right] \mathrm{e}^{-\lambda t} \mathrm{d}t = R_\lambda R_\mu f \tag{18}$$

等式 $T_t \int_0^{\infty} T_s f \mathrm{e}^{-\mu s} \mathrm{d}s = \int_0^{\infty} T_t T_s f \mathrm{e}^{-\mu s} \mathrm{d}s$ 是由下面的结果得出来的

$$\lim_{h\downarrow 0} \left\| \int_0^{\infty} T_s f \mathrm{e}^{-\mu s} \mathrm{d}s - h \sum_{k=1}^{\infty} T_{kh} f \mathrm{e}^{-\mu kh} \right\| = 0$$

另一方面

$$\int_0^{\infty}\int_0^{\infty} T_{t+s} f \mathrm{e}^{-\lambda t-\mu s} \mathrm{d}t\mathrm{d}s = \int_0^{\infty} T_u f \int_0^{u} \mathrm{e}^{-\lambda t-\mu(u-t)} \mathrm{d}t\mathrm{d}u = \frac{R_\lambda f - R_\mu f}{\mu - \lambda} \tag{19}$$

根据预解方程，(18) 和(19) 两式的右侧相等，所以连续函数 $T_t T_s f$ 和 $T_{t+s} f$ 也相等. 性质 3) 得证.

上面所描述的根据预解式构造半群的方法适用于任何 Banach 空间. 这一构造就是 Hille－Yosida 定理的内容.

设 B 是某一实 Banach 空间，B^* 是它的复扩张，即形如 $x + \mathrm{i}y$(其中 $x, y \in B$) 的元素的集合. 这时有

$$\| x + \mathrm{i}y \| = \sup_{\| l \| \leqslant 1} \| l(x) + \mathrm{i}l(y) \|$$

其中 l 是 B 上的线性泛函，而上确界 sup 是对所有范数不大于 1 的泛函来求的.

Hille－Yosida 定理 设在 B^* 上给定一算子族 R_λ($\mathrm{Re}\,\lambda > 0$)，它满足下列条件：

1) $\| R_\lambda \| \leqslant \dfrac{1}{\mathrm{Re}\,\lambda}$；

2) 当 $\lambda > 0$ 时，$R_\lambda(B) \subset B$；

3) 预解方程成立：当 $\mathrm{Re}\,\lambda > 0, \mathrm{Re}\,\mu > 0$ 时

$$R_\lambda - R_\mu = (\mu - \lambda) R_\lambda R_\mu$$

4) 对某个 $\lambda > 0$，$R_\lambda(B)$ 在 B 中处处稠密.

那么，在 B 上存在线性算子 T_t 的半群，满足下列条件：

(Ⅰ) $T_t(B) \subset B$；

(Ⅱ) 对所有 $t > 0, \tau > 0, T_t T_\tau = T_{t+\tau}$；

(Ⅲ) 对所有 $x \in B$，当 $t \downarrow 0$ 时，$\| T_t x - x \| \to 0$；

(Ⅳ) $\| T_t \| \leqslant 1$；

(Ⅴ) 对所有 $x \in B$，$R_\lambda x = \int_0^\infty e^{-\lambda t} T_t x \, dt$.

如果所有算子 R_λ 把某一圆锥 K 变为它自身，则算子 T_t 也具有同样的性质.

仿照在 B_0 上构造半群 T_t 的方法即可证明该定理. 只是应注意到，可以把取值于 B 的函数的积分看成一般(或广义)黎曼积分，因为所有这些函数都连续.

§3 随机连续过程

现在假设，$\mathscr{X}$ 是一拓扑空间，满足 Hausdorff 分离公理，σ 代数 $\mathfrak{B}$ 取作 $\mathscr{X}$ 中 Borel 集的 σ 代数，即 $\mathscr{X}$ 的开集产生的 σ 代数. 称相空间 $\{\mathscr{X}, \mathfrak{B}\}$ 中的齐次马尔科夫过程 $\{\mathscr{F}, \mathscr{N}, P_x\}$ 为随机连续的，如果对任意 $x \in \mathscr{X}$ 和点 x 的任意邻域 U_x 有 $\lim\limits_{t\to 0} P(t, x, U_x) = 1$，其中 $P(t, x, B)$ 是过程的转移概率. 满足上述条件的转移概率 $P(t, x, B)$ 也称做随机连续的.

记 $\mathscr{C}_{\mathscr{X}}$ 是定义在 $\mathscr{X}$ 上的有界连续函数 $f(x)$ 的集合，$\| f \| = \sup\limits_x | f(x) |$ 是它的范数. $\mathscr{C}_{\mathscr{X}}$ 是 Banach 空间. 我们指出随机连续过程的如下一些性质.

Ⅰ. 对所有 $f \in \mathscr{C}_{\mathscr{X}}$ 和 $x \in \mathscr{X}$ 有

$$\lim_{t \downarrow 0} T_t f(x) = f(x)$$

事实上，选择点 x 的一邻域 U，使当 $y \in U$ 时 $| f(y) - f(x) | < \varepsilon$. 那么

$$\varlimsup_{t \downarrow 0} \left| \int P(t, x, dy) f(y) - f(x) \right| =$$

$$\varlimsup_{t \downarrow 0} \left| \int_U P(t, x, dy) [f(y) - f(x)] + \right.$$

$$\left. \int_{\mathscr{X} \setminus U} P(t, x, dy) f(y) + P(t, x, \mathscr{X} \setminus U) f(x) \right| \leqslant \varepsilon$$

因为 $P(t,x,\mathscr{X}\setminus U)\to 0$.

Ⅱ. 对所有 $f\in\mathscr{C}_{\mathscr{X}}$ 和每个 x，函数 $T_tf(x)$ 对 t 右连续. 这由下式可以推出

$$\lim_{h\downarrow 0} T_{t+h}f(x)=\lim_{h\downarrow 0}\int P(t,x,\mathrm{d}y)T_hf(y)=$$

$$\int P(t,x,\mathrm{d}y)\lim_{h\downarrow 0}T_hf(y)=$$

$$T_tf(x)$$

这里用到关于在积分号下取极限的 Lebesgue 定理和性质 Ⅰ.

Ⅲ. 对所有 $f\in\mathscr{C}_{\mathscr{X}}$，预解式 R_λ 满足

$$\lim_{\lambda\to+\infty}\lambda R_\lambda f(x)=f(x)\quad（对所有\ x\in\mathscr{X}）$$

为证明这一点，我们考虑

$$\lambda R_\lambda f(x)=\lambda\int_0^\infty \mathrm{e}^{-\lambda t}T_tf(x)\mathrm{d}t=\int_0^\infty \mathrm{e}^{-u}T_{\frac{u}{\lambda}}f(x)\mathrm{d}u$$

并注意到，当 $\lambda\to+\infty$ 时有 $T_{\frac{u}{\lambda}}f(x)\to f(x)$，而且 $|T_{\frac{u}{\lambda}}f(x)|\leqslant\|f\|$.

Ⅳ. 当 $f\in\mathscr{C}_{\mathscr{X}}$ 时，对所有 $x\in\mathscr{X}$，用完全相同的方法可以由

$$\lambda^nR_\lambda^nf(x)=\frac{1}{(n-1)!}\int_0^\infty t^{n-1}\mathrm{e}^{-t}T_{\frac{t}{\lambda}}f(x)\mathrm{d}t$$

推出

$$\lim_{\lambda\to\infty}\lambda^nR_\lambda^nf(x)=f(x)$$

由于当 $f\in\mathscr{C}_{\mathscr{X}}$ 时，$T_tf(x)$ 对 t 右连续，故它唯一地决定于自己的拉普拉斯变换. 当 $f\in\mathscr{C}_{\mathscr{X}}$ 时，虽然 T_tf 也具有一定的好性质，然而对 $f\in\mathscr{C}_{\mathscr{X}}$，$T_tf$ 一般不能在 B 上决定 T_t，因而它也就不能决定转移概率.

我们考虑更窄的过程类. 设 $\mathfrak{B}'$ 是使 $\mathscr{C}_{\mathscr{X}}$ 中的所有函数可测的最小 σ 代数. $\mathfrak{B}'$ 叫做 Baire 集的 σ 代数. 显然 $\mathfrak{B}'\subset\mathfrak{B}$. 称 $P(t,x,B)$ 为 Baire 转移概率，如果对所有 $B\in\mathfrak{B}'$，$P(t,x,B)$ 是 Baire 函数，即 $P(t,x,B)$ 为 $\mathfrak{B}'$ 可测. 那么，可以在相空间 $\{\mathscr{X},\mathfrak{B}'\}$ 考虑一新的马尔科夫过程 $\{\mathscr{F},\mathscr{N}',P'_x\}$：轨道空间 $\mathscr{F}$ 和以前相同；$\mathscr{N}'$ 是 $\mathscr{N}$ 的子 σ 代数，它是由形如 $\{x(\cdot):x(t)\in B\}$，$B\in\mathfrak{B}'$，的集合产生的；P'_x 是测度 P_x 在 $\mathscr{N}'$ 上的收缩. 我们称这样的过程为 Baire 过程. 因为任何 Baire 函数可经有限或可数多次极限运算由 $f\in\mathscr{C}_{\mathscr{X}}$ 得到，所以为求 Baire 过程的转移概率，只需知道预解式 R_λ 在 $\mathscr{C}_{\mathscr{X}}$ 上的值.

度量空间中的过程　在度量空间中，Borel 集的 σ 代数和 Baire 集的 σ 代数相同. 所以，为求过程的转移概率，这里只需知道预解式 R_λ 在 $\mathscr{C}_{\mathscr{X}}$ 上的值. 此外，这时伴随过程的半群 T_t 完全决定于它在 B_0 上的值（B_0 的定义见上一节）. 事实上，在 §2 中已说明，B_0 和预解式在 B 上的值域的闭包相同. 因为由性质 Ⅲ，$R_\lambda(\mathscr{C}_{\mathscr{X}})$ 在有界收敛意义下的闭包包含 $\mathscr{C}_{\mathscr{X}}$，故 B_0 在有界收敛意义下的闭包包含 $\mathscr{C}_{\mathscr{X}}$. 从而它包含一切有界 Baire 函数的集合，而后者与 B 重合. 记 B_1 为

$\bigcup\limits_{\lambda>0} R_\lambda(\mathscr{C}_{\mathscr{X}})$ 关于一致度量的闭包. 前面已指出 $B_1 \subset B_0$. 此外, B_1 关于有界收敛的闭包等于 B. 其次,若 $f \in B_1$,则 $T_t f \in B_1$. 事实上,由 $f \in \bigcup\limits_{\lambda} R_\lambda(\mathscr{C}_{\mathscr{X}})$ 可见,对所有 $\mu>0$, $R_\mu R_\lambda f \in \bigcup\limits_{\lambda} R_\lambda(\mathscr{C}_{\mathscr{X}})$,因为 $R_\mu R_\lambda f = \dfrac{1}{\lambda-\mu}(R_\mu f - R_\lambda f)$. 所以算子 R_λ 把 B_1 变为 B_1. 对 $f \in B_1$,当 $|t-s| \to 0$ 时, $\| T_t f - T_s f \| \to 0$. 另外

$$\left\| T_t f - \left(\frac{n}{t}R_{\frac{n}{t}}\right)^{n+1} f \right\| \leqslant \frac{1}{n!}\left(\frac{n}{t}\right)\int_0^\infty e^{-\frac{sn}{t}}\left(\frac{ns}{t}\right)^n \| T_t f - T_s f \| ds \leqslant$$

$$\frac{1}{n!}\left(\frac{n}{t}\right)\int_{|s-t|\leqslant\varepsilon} e^{-\frac{sn}{t}}\left(\frac{ns}{t}\right)^n \| T_t f - T_s f \| ds +$$

$$\frac{2\|f\|}{n!}\left(\frac{n}{t}\right)\int_{\substack{|s-t|>\varepsilon\\ s>0}} e^{-\frac{sn}{t}}\left(\frac{ns}{t}\right)^n ds$$

对任意 $\varepsilon>0$ 当 $n\to\infty$ 时,第二项趋于 0;而第一项不大于 $\sup\limits_{|t-s|\leqslant\varepsilon} \| T_t f - T_s f \|$,而后者当 $\varepsilon \to 0$ 时也趋于 0. 因而

$$\lim_{n\to\infty} \left\| T_t f - \left(\frac{n}{t}R_{\frac{n}{t}}\right)^{n+1} f \right\| = 0$$

因为当 $f \in B_1$ 时 $\left(\frac{n}{t}R_{\frac{n}{t}}\right)^{n+1} f \in B_1$,所以 $T_t f \in B_1$.

这样,转移概率(或伴随半群)完全决定于半群在集 B_1 上的值, B_1 满足下列三个条件:

a) 它对于诸算子 T_t 不变;

b) 半群在它上面强连续:当 $t \downarrow 0$ 时, $\| T_t f - f \| \to 0$;

c) 它的有界收敛闭包包含 B.

显然, B_0 也具备性质 a) ~ c). 但是最好能找到 B 中函数的一个集合,使它具备性质 a) ~ c),而包含尽可能少的函数(自然要找对于诸算子 T_t 不变的一个"最小"集合,使这些算子在它上面的值完全决定半群). 集合 B_1 一般比 B_0 要窄. 我们现在证明,对于可分空间可以构造一可分集 B_2,使它满足条件 a) ~ c). 为此取 $\mathscr{C}_{\mathscr{X}}$ 中函数的一个子集 $\mathscr{C}^1$,使它的有界收敛闭包包含 $\mathscr{C}_{\mathscr{X}}$(因而也包含 B). 记 B_2 为 $\bigcup\limits_{\lambda} R_\lambda(\mathscr{C}^1)$ 的一致收敛闭包. 因为 $B_2 \subset B_0$,故条件 b) 成立;而由于 B_2 的有界收敛闭包包含 $\mathscr{C}^1$,所以条件 c) 成立. 和 B_1 的情形完全相同可以证明条件 a) 成立. 因为可列集

$$\bigcup_{k,n} R_{\frac{k}{n}}(D)$$

(其中 D 是在 $\mathscr{C}^1$ 中处处稠密的可列集) 在 B_2 中稠密,所以 B_2 可分.

如果给出一邻域组 $U_{x_0} = \{x: |f(x) - f(x_0)| < \varepsilon\}$,其中 $\varepsilon>0$, $f \in B_i (i=1,2)$,则可以利用函数集 B_1 和 B_2 在 $\mathscr{X}$ 中引进一新的拓扑. 在引进这一新拓扑之后, B_i 中的所有函数都成为连续的. 若取 $i=2$,则还可以在 $\mathscr{X}$ 中引进新的

度量，使 B_2 中所有函数连续. 为此我们选取一函数序列 $\{f_i\}$，$f_i \in B_2$，$\| f_i \| \leqslant 1$，使它的线性生成系在 B_2 中稠密. 令

$$r_2(x,y)=\sum_{k=1}^{\infty} c_k \mid f_k(x)-f_k(y) \mid$$

其中 $c_k > 0$，$\sum_{k=1}^{\infty} c_k < \infty$.

注意，由 $r_2(x,y)=0$ 可见，对一切 $f \in B_2$ 有 $f(x)=f(y)$，而由条件 c) 对一切 $f \in B$ 有 $f(x)=f(y)$，但这时 $x=y$.

于是，对可分度量空间中的随机连续过程，总可以找到一个新度量，使存在一个连续函数的集合满足条件 a) ～ c). 一般，$\mathscr{C}_{\mathscr{X}}$ 未必等于关于度量 r_2 连续的所有函数的集合. 因此，不能断定，关于新度量连续函数的集合对于半群 T_t 不变. 满足这一条件的过程有特殊的意义.

Feller 过程 拓扑空间 $\mathscr{X}$ 中的过程 $\{\mathscr{F},\mathscr{N},P_x\}$ 称为 Feller 的（又称它具有 Feller 性），如果对所有 $t>0$，$T_t(\mathscr{C}_{\mathscr{X}}) \subset \mathscr{C}_{\mathscr{X}}$. 这时，称转移概率为 Feller 的. 我们感兴趣的主要是，$\mathscr{X}$ 为可分度量空间，而过程随机连续的情形. 因为对于 Feller 过程 $R_\lambda(\mathscr{C}_{\mathscr{X}}) \subset \mathscr{C}_{\mathscr{X}}(\lambda>0)$，所以上一节中建立的集合 B_1（以及 B_2）是空间 $\mathscr{C}_{\mathscr{X}}$ 的子集. 随机连续 Feller 过程的预解式满足下列条件：

1) 对所有 $\lambda>0$，$R_\lambda(\mathscr{C}_{\mathscr{X}}) \subset \mathscr{C}_{\mathscr{X}}$，而对所有 λ，$\mathrm{Re}\,\lambda>0$，$R_\lambda(\mathscr{C}_{\mathscr{X}}) \subset \mathscr{C}_{\mathscr{X}}^*$，其中 $\mathscr{C}_{\mathscr{X}}^*$ 是 $\mathscr{X}$ 上的复值连续函数的空间，$\| f \| = \sup\limits_x \mid f(x) \mid$ 是它的范数；这时 $\| R_\lambda \| \leqslant \dfrac{1}{\mathrm{Re}\,\lambda}$；

2) $R_\lambda - R_\mu = (\mu-\lambda)R_\lambda R_\mu$；

3) $\lim\limits_{\lambda\to\infty} \lambda R_\lambda f(x) = f(x)$，$f \in \mathscr{C}_{\mathscr{X}}$；

4) 对所有 λ，算子 R_λ 具有如下形式

$$R_\lambda f(x) = \int R_\lambda(x,\mathrm{d}y) f(y) \tag{1}$$

其中 $R_\lambda(x,\cdot)$ 是完全可加集函数，对 $\lambda>0$ 它非负.

产生一个问题，条件 1) ～ 4) 是否足以保证以 R_λ 为预解式的马尔科夫过程的存在？

下面的例子表明这并非如此.

例 设 $\mathscr{X}$ 是实直线. 对 $f \in \mathscr{C}_{\mathscr{X}}$ 设

$$T_t f(x) = f(\tan(t+\arctan x))$$

对几乎所有 t 和每个 x，函数 $T_t f(x)$ 有定义并且连续，而 $\mid T_t f \mid \leqslant \| f \|$. 容易验证，对几乎所有 $t,\tau>0$

$$T_t T_\tau f(x) = T_\tau f(\tan(t+\arctan x)) =$$
$$f(\tan(t+\arctan\tan(\tau+\arctan x))) =$$

$$f(\tan(t+\tau+\arctan x)) = T_{t+\tau}f(x) \tag{2}$$

对 $\mathrm{Re}\,\lambda > 0$ 我们定义一函数

$$R_\lambda f(x) = \int_0^\infty T_t f(x)\mathrm{e}^{-\lambda t}\,\mathrm{d}t = \int_0^\infty f(\tan(t+\arctan x))\mathrm{e}^{-\lambda t}\,\mathrm{d}t =$$

$$\mathrm{e}^{\lambda\arctan x}\left[\int_x^\infty f(y)\mathrm{e}^{-\lambda\arctan y}\frac{\mathrm{d}y}{1+y^2} + \frac{1}{1-\mathrm{e}^{-\lambda\pi}}\int_{-\infty}^\infty f(y)\mathrm{e}^{-\lambda\arctan y}\frac{\mathrm{d}y}{1+y^2}\right]$$

显然 R_λ 满足条件 1),3) 和 4);这时

$$R_\lambda(x,B) = \int_B \mathrm{e}^{\lambda\arctan x - \lambda\arctan y}\frac{1}{1+y^2}(1+\chi_0(x+y))\mathrm{d}y$$

其中当 $z>0$ 时$\chi_0(z)=1$,当 $z<0$ 时$\chi_0(z)=0$. 将式(2) 乘以 $\mathrm{e}^{-\lambda t-\mu\tau}$,然后从 0 到 ∞ 对 t 和 τ 积分,就可得出预解方程(见 §2). 但这里以 R_λ 为预解式的转移概率不存在.

然而,若 $\mathscr{X}$是完备度量空间,由式(1) 及 $R_\lambda(x,B)$ 给出的算子 R_λ 满足条件 1) ~ 4),则可以构造一减弱的马尔科夫过程. 这从构造的本身就可以看出它的含义.

利用 §2 的结果,我们可以在空间 $\mathscr{C}_\mathscr{X}$ 的线性子空间 B_1 上构造一半群 T_t. 换句话说,对所有 $f\in\mathscr{C}_\mathscr{X}$ 和所有 $\mu>0$, $T_tR_\mu f$ 有定义.

对所有 $f\in B_1$,设

$$G(t,f) = \int_0^t T_s f\,\mathrm{d}s$$

那么

$$R_\lambda f = \int_0^\infty \mathrm{e}^{-\lambda s}T_s f\,\mathrm{d}s = \int_0^\infty \mathrm{e}^{-\lambda t}\,\mathrm{d}_t G(t,f)$$

因为

$$\lim_{\mu\to\infty} R_\lambda \mu R_\mu f = R_\lambda f$$

故存在

$$\lim_{\mu\to\infty}\int_0^\infty \mathrm{e}^{-\lambda t}\,\mathrm{d}_t G(t,\mu R_\mu f)$$

因而对所有 $f\in\mathscr{C}_\mathscr{X}\cap B_+$,当 $\mu\to\infty$ 时,(对固定的 x 关于 t) 非减函数的序列 $G(t,\mu R_\mu f)$ 弱收敛于某一非减函数 $G(t,f)$. 这就是说,对所有 $f\in\mathscr{C}_\mathscr{X}$ 存在极限

$$G(t,f) = \lim_{\mu\to\infty} G(t,\mu R_\mu f)$$

由不等式

$$\| G(t_2,\mu R_\mu f) - G(t_1,\mu R_\mu f)\| \leqslant \left\|\int_{t_1}^{t_2} T_s\mu R_\mu f\,\mathrm{d}s\right\| \leqslant |t_2-t_1|\cdot\|f\|$$

可见,对所有 $f\in\mathscr{C}_\mathscr{X}$, $x\in\mathscr{X}$,函数 $G(t,f)$ 连续,而且几乎处处对 t 可微.

此外,对一切 $f\in\mathscr{C}_\mathscr{X}$ 有

$$R_\lambda f=\int_0^\infty e^{-\lambda t}\,d_t G(t,f)$$

因为对每个 x,$G(t,f)$ 是 $\mathscr{C}_{\mathscr{X}}$ 上的非负线性泛函,满足条件

$$|G(t,f)|\leqslant e^{\lambda t}\int |f(y)|R_\lambda(x,dy)$$

故

$$G(t,f)=\int f(y)Q(t,x,dy)$$

其中 $Q(t,x,\cdot)$ 是 $\mathfrak{B}$ 上的有穷测度(见随机过程(Ⅰ),第五章 §1).显然当 $t_1<t_2$ 时,$Q(t_1,x,B)\leqslant Q(t_2,x,B)$.对给定的 x,选取一紧致序列 $\{K_n\}$,使 $Q(T,x,\mathscr{X}\setminus K_n)\leqslant 2^{-n}$.其次,设序列 $h_m\downarrow 0$.记

$$\Lambda(n,\varepsilon)=\left\{t:t\in[0,T],\overline{\lim_{m\to\infty}}\frac{1}{h_m}[Q(t+h_m,x,\mathscr{X}\setminus K_n)-Q(t,x,\mathscr{X}\setminus K_n)]>\varepsilon\right\}$$

因为 $Q(t,x,\mathscr{X}\setminus K_n)$ 对 t 几乎处处可微,故

$$\Lambda(n,\varepsilon)\subset\{t:t\leqslant T,Q'_t(t,x,\mathscr{X}\setminus K_n)>\varepsilon\}\cup\{t:Q'_t\text{ 不存在}\}$$

因此,若记 $\operatorname{mes}\Lambda$ 为集 Λ 的 Lebesgue 测度,则

$$\operatorname{mes}\Lambda(n,\varepsilon)\leqslant\frac{1}{\varepsilon}\int_0^t Q'_t(t,x,\mathscr{X}\setminus K_n)dt\leqslant\frac{1}{\varepsilon}2^{-n}$$

如果 $t\in[0,T]\setminus\bigcap_{m=1}^{\infty}\bigcup_{n=m}^{\infty}\Lambda\left(n,\frac{1}{m}\right)$,则从某个 m 起对所有充分大的 n 有

$$\frac{1}{h_m}[Q(t+h_m,x,\mathscr{X}\setminus K_n)-Q(t,x,\mathscr{X}\setminus K_n)]\leqslant\frac{1}{n}$$

从而,对这些 t,测度族

$$\frac{1}{h_m}[Q(t+h_m,x,\cdot)-Q(t,x,\cdot)]\tag{3}$$

是紧的.而因为

$$\operatorname{mes}\bigcap_{m=1}^{\infty}\bigcup_{n=m}^{\infty}\Lambda\left(n,\frac{1}{m}\right)=0$$

故测度族(3)对几乎所有 $t\in[0,T]$ 是紧的;而由 T 的任意性可知,它对所有 t 紧.因为对 $f\in\mathscr{C}_{\mathscr{X}}$,$G(t,f)$ 几乎处处对 t 可微,故对任意 $f\in\mathscr{C}_{\mathscr{X}}$ 和几乎所有 t 存在

$$\lim_{m\to\infty}\frac{1}{h_m}\int f(y)[Q(t+h_m,x,dy)-Q(t,x,dy)]=\frac{d}{dt}G(t,f)$$

取函数的某一可列集 $\mathscr{C}^0\subset\mathscr{C}_{\mathscr{X}}$,使 $\int f\,d\mu$,$f\in\mathscr{C}^0$ 的值完全决定测度 μ.我们断定,对几乎所有 t,测度序列(3)收敛于某一测度 $P(t,x,B)$,并且对所有 $f\in\mathscr{C}_{\mathscr{X}}$ 和几乎所有 t 有

$$\int P(t,x,dy)f(y)=\frac{d}{dt}G(t,f)$$

此外

$$R_\lambda f(x)=\int_0^\infty \mathrm{e}^{-\lambda t}\int P(t,x,\mathrm{d}y)f(y)\mathrm{d}t \tag{4}$$

函数 $P(t,x,B)$ 是集 B 的测度，它对每个 x 和几乎所有 t 有定义（自然，作为 t 的定义域不依赖 x）. 上面的例子说明，在一般情形下不会得出更多的结果.

我们现在假设 $\mathscr{X}$ 是一紧致. 那么测度族 $P(t,x,B)$ 是一紧集. 对于 $f\in B_1$ 和每个 x，由 T_tf 对 t 的连续性可知，可以把测度 $P(t,x,B)$ 连续地开拓到所有 t. 从而，这时转移概率和函数 R_λ 相对应.

我们可以这样来利用上面的结果. 假设可以构造空间 $\mathscr{X}$ 的一紧扩张 $\hat{\mathscr{X}}$，使得可以连续地把 B_1 中的所有函数开拓到 $\hat{\mathscr{X}}$ 上. 这时，可以在 $\hat{\mathscr{X}}$ 上构造一转移概率 $\hat{P}(t,x,B)$，对所有 $x\in\mathscr{X}$ 和几乎所有 t，使 $\hat{P}(t,x,\hat{\mathscr{X}}\setminus\mathscr{X})=0$（$\mathscr{X}$ 是 $\hat{\mathscr{X}}$ 中的开集）. 这时，可以在空间 $\mathscr{X}$ 的某一扩张上构造一过程，使它的轨道对几乎所有 t 都在 $\mathscr{X}$ 之中.

我们还要指出一个条件，它连同条件 1) ～ 4) 构成使和 R_λ 相对应的转移概率存在的必要和充分条件. 这个条件的不足之处，就是难以检验它是否成立.

定理 考虑满足下列条件的转移概率 $P(t,x,B)$：对 $f\in\mathscr{C}_{\mathscr{X}}$

$$\lim_{h\downarrow 0}\frac{1}{h}\int_0^h T_tf(x)\mathrm{d}t=f(x)$$

函数

$$R_\lambda(x,B)=\int_0^\infty \mathrm{e}^{-\lambda t}P(t,x,B)\mathrm{d}t \tag{5}$$

以及由式(1) 通过 $R_\lambda(x,B)$ 所确定的算子 R_λ 满足条件 1) ～ 4).

那么，满足上述条件的转移概率 $P(t,x,B)$ 存在的必要和充分条件是：

5) 对每个 t，由

$$\int\pi_n(t,x,\mathrm{d}y)f(y)=\left(\frac{n}{t}\right)^{n+1}R_{\frac{n}{t}}^{n+1}f(x) \tag{6}$$

所决定的测度 $\pi_n(t,x,B)$ 的集合是紧集.

事实上，在所作的假设条件下，有

$$\lim_{n\to\infty}\int\pi_n(t,x,\mathrm{d}y)f(y)=T_tf(x) \tag{7}$$

由此得条件 5) 的必要性.

如果条件 5) 成立，则利用(7) 对所有 $f\in B_1$ 成立以及测度 π_n 的紧性，即可断定满足(5) 的转移概率 $P(t,x,B)$ 存在.

§4　局部紧空间的 Feller 过程

在这一节我们要研究随机连续的齐次 Feller 马尔科夫过程. 它们的相空间

$\mathscr{X}$是可分的局部紧空间. 首先看 $\mathscr{X}$是紧致的情形.

紧空间上的 Feller **过程.** 设 $\mathscr{X}$是紧致集. $\{\mathscr{F},\mathscr{N},P_x\}$ 是 $\mathscr{X}$中一(不中断)齐次马尔科夫过程,它随机连续并且具有 Feller 性. 记 $P(t,x,B)$ 为过程的转移概率,而 T_tf 是伴随过程的半群. 我们只在 $\mathscr{C}_{\mathscr{X}}$ 上考虑半群. 现在我们来证明,对所有 $f\in\mathscr{C}_{\mathscr{X}}$

$$\lim_{t\downarrow 0}\| T_tf-f\| =0 \tag{1}$$

使式(1) 成立的 $\mathscr{C}_{\mathscr{X}}$ 中函数 f 的集合,是 $\mathscr{C}_{\mathscr{X}}$ 的子空间,记作 $\mathscr{L}$. 由 §2 式(8) 可见,$R_\lambda(\mathscr{C}_{\mathscr{X}})\subset\mathscr{L}$. 假设 $\mathscr{L}$和 $\mathscr{C}$不相同. 那么在 $\mathscr{C}_{\mathscr{X}}$ 上存在一线性泛函 $l(f)$,使对所有 $f\in\mathscr{L}$有 $l(f)=0$,而且 $\| l\| =1$. 但是 $\mathscr{C}_{\mathscr{X}}$ 上的任意泛函都具有如下形式

$$l(f)=\int f(y)l(\mathrm{d}y)$$

其中 $l(B)$ 是 $\mathfrak{B}$ 上的有穷完全可加函数,而 $\mathfrak{B}$ 是 $\mathscr{X}$中 Borel 集的 σ 代数. 因为对所有 $f\in\mathscr{C}_{\mathscr{X}}$,$\lambda R_\lambda f\in\mathscr{L}$,故

$$0=\int\lambda R_\lambda f(y)l(\mathrm{d}y)$$

因为当 $\lambda\to\infty$ 时,$\lambda R_\lambda f$ 有界收敛于 f,故根据在积分号下取极限的 Lebesgue 定理,对所有 $f\in\mathscr{C}_{\mathscr{X}}$ 有

$$\int f(y)l(\mathrm{d}y)=l(f)=0$$

而这和条件 $\| l\| =1$ 矛盾. 这说明 $\mathscr{L}=\mathscr{C}_{\mathscr{X}}$,于是(1) 得证.

下面我们来描述紧空间上 Feller 过程的生成算子.

定理 1 设 $\mathscr{D}$ 是在 $\mathscr{C}_{\mathscr{X}}$ 中处处稠密的一个集合. 定义在 $\mathscr{D}$ 上的算子 A,是紧空间 $\mathscr{X}$上一随机连续 Feller 过程的生成算子的必要和充分条件是:

1) 对某个 $\lambda>0$,算子 $\lambda I-A$ 把 $\mathscr{D}$ 变化为 $\mathscr{C}_{\mathscr{X}}$($I$ 是恒等变换算子)

2) 对于算子 A,满足极大值原理:即如果 $f\in\mathscr{D}$,$f(x_0)\geqslant f(x)$,则 $Af(x_0)\leqslant 0$.

证 由 $\mathscr{D}=R_\lambda(\mathscr{C}_{\mathscr{X}})$ 可见条件 1) 必要. 条件 2) 也成立,因为

$$Af(x_0)=\lim_{t\downarrow 0}\frac{1}{t}\int P(t,x_0,\mathrm{d}y)[f(y)-f(x_0)]$$

$$\int P(t,x_0,\mathrm{d}y)[f(y)-f(x_0)]\leqslant 0$$

下面证充分性. 首先证明,当 $\mathrm{Re}\,\lambda>0$ 时,算子 $\lambda I-A$ 可逆. 分别以 $\mathscr{D}^*$ 和 $\mathscr{C}_{\mathscr{X}}^*$ 表示形如 $g=g_1+\mathrm{i}g_2$ 的函数的集合,其中 $g_1,g_2\in\mathscr{D}$或相应地 $g_1,g_2\in\mathscr{C}_{\mathscr{X}}$. 在 $\mathscr{C}_{\mathscr{X}}^*$ 中引进范数 $\| g\| =\sup_x|g(x)|$.

设$(\lambda I-A)g=0(g\in\mathscr{D}^*)$. 那么 $Ag=\lambda g$. 假设$\sup_x|g(x)|=|g(x_0)|$. 把 g 乘以常数,可以使 $\| g\| =g(x_0)$. 那么,显然 $g_2(x_0)=0$,$g_1(x_0)\geqslant g_1(x)$

$(g = g_1 + \mathrm{i}g_2)$. 因为

$$Ag_1(x_0) = \sigma g_1(x_0) - \tau g_2(x_0) = \sigma g_1(x_0)$$

其中 $\sigma + \mathrm{i}\tau = \lambda, \sigma > 0$，故由条件 2 有

$$g_1(x_0) = \frac{1}{\sigma} Ag_1(x_0) \leqslant 0$$

因此 $\| g \| = g_1(x_0) \leqslant 0$，即 $\| g \| = 0$. 算子 $\lambda I - A$ 的可逆性得证. 记

$$R_\lambda = (\lambda I - A)^{-1}$$

现在证明，算子 R_λ 满足条件

$$\| R_\lambda \| \leqslant \frac{1}{\mathrm{Re}\,\lambda} \quad (\mathrm{Re}\,\lambda > 0) \tag{2}$$

设 $R_\lambda f = g$. 那么 $\lambda g - Ag = f$. 如果 $\| g \| = | g(x_0) |$，并且令 $\tilde{g} = g\mathrm{e}^{\mathrm{i}\arg g(x_0)}$，则有

$$\lambda \tilde{g} - A\tilde{g} = \tilde{f}$$

其中 $\tilde{f} = f\mathrm{e}^{-\mathrm{i}\arg g(x_0)}$. 这时 $\| g \| = \tilde{g}(x_0)$，$\| f \| = \| \tilde{f} \|$. 记 $\lambda = \sigma + \mathrm{i}\tau$，$\tilde{g} = \tilde{g}_1 + \mathrm{i}\tilde{g}_2$，$\tilde{f} = \tilde{f}_1 + \mathrm{i}\tilde{f}_2$. 显然 $\tilde{g}_1(x_0) \geqslant \tilde{g}_1(x)$，$\tilde{g}_2(x_0) = 0$. 因此

$$\sigma \tilde{g}_1(x_0) - A\tilde{g}_1(x_0) = \tilde{f}_1(x_0)$$

或由条件 2) 有

$$\| g \| = \tilde{g}_1(x_0) = \frac{1}{\sigma}[\tilde{f}_1(x_0) + A\tilde{g}_1(x_0)] \leqslant$$

$$\frac{1}{\sigma}\tilde{f}_1(x_0) \leqslant \frac{1}{\sigma} \| \tilde{f}_1 \| \leqslant \frac{1}{\sigma} \| f \|$$

因而

$$\| g \| \leqslant \frac{1}{\mathrm{Re}\,\lambda} \| f \|, \| R_\lambda f \| \leqslant \frac{1}{\mathrm{Re}\,\lambda} \| f \|$$

不等式(2) 得证.

设 $f \in \mathscr{C}_{\mathscr{X}}, f \geqslant 0$. 我们证明，当 $\lambda > 0$ 时 $R_\lambda f \geqslant 0$. 假设 $R_\lambda f(x) \geqslant R_\lambda f(x_0)$. 根据定义

$$\lambda R_\lambda f(x_0) - AR_\lambda f(x_0) = f(x_0)$$

但是由条件 2) 有 $AR_\lambda f(x_0) \geqslant 0$. 因此 $\lambda R_\lambda f(x_0) \geqslant f(x_0)$. 这样，算子 R_λ 不改变自己的正性. R_λ 的预解方程成立

$$\begin{aligned} R_\lambda - R_\mu = & (\lambda I - A)^{-1} - (\mu I - A)^{-1} = \\ & R_\lambda(\lambda I - A)[(\lambda I - A)^{-1} - (\mu I - A)^{-1}](\mu I - A)R_\mu = \\ & R_\lambda[(\mu I - A) - (\lambda I - A)]R_\mu = \\ & (\mu - \lambda)R_\lambda R_\mu \end{aligned}$$

利用预解方程可以断定，R_λ 的值域不依赖于 $\lambda(\lambda > 0)$，并且等于 $\mathscr{D}$. 现在我们运用 Hille－Yosida 定理. 根据该定理，存在把 $\mathscr{C}_{\mathscr{X}}$ 变为它自身的半群 T_t($\mathscr{D}$ 的闭包

等于 $\mathscr{C}_{\mathscr{X}}$). 这时 $\| T_t \| = 1$，而且对 $f \geqslant 0$ 有 $T_t f \geqslant 0$. 因为对每个 t 和 x，$T_t f$ 是 $\mathscr{C}_{\mathscr{X}}$ 上的线性泛函，故在 $\mathfrak{B}$ 上存在一可加集函数 $P(t,x,B)$，使

$$T_t f(x) = \int f(y) P(t,x,\mathrm{d}y)$$

由 $T_t f$ 的正性可知，$P(t,x,B)$ 是测度. 由等式 $R_\lambda 1 = \dfrac{1}{\lambda}$(由条件 2)，$A1=0$) 可知 $T_t f = 1$. 由此 $P(t,x,\mathscr{X}) = 1$. 从而 $P(t,x,B)$ 是马尔科夫过程的转移概率. 因为 $T_t(\mathscr{C}_{\mathscr{X}}) \subset \mathscr{C}_{\mathscr{X}}$，所以该过程是 Feller 过程. 我们证明它随机连续.

由 Hille－Yosida 定理可见，对所有 $f \in \mathscr{C}_{\mathscr{X}}$ 有 $T_t f \to f$. 因此(设 $f(x) \in \mathscr{C}_{\mathscr{X}}$，而且当 $x \neq x_0$ 时 $f(x) > 0$，$f(x_0) = 0$；V 是包含 x_0 的任一闭集)

$$\begin{aligned}\overline{\lim_{t\downarrow 0}} P(t,x_0,V) &\leqslant \frac{1}{\inf\limits_{x\in V} f(x)} \overline{\lim_{t\downarrow 0}} \int_V f(y) P(t,x_0,\mathrm{d}y) \leqslant \\ &\frac{1}{\inf\limits_{x\in V} f(x)} \overline{\lim_{t\to 0}} T_t f(x_0) = \\ &\frac{1}{\inf\limits_{x\in V} f(x)} f(x_0) = 0\end{aligned}$$

过程的随机连续性得证. 定理证完.

局部紧空间的规则过程　现在设 $\mathscr{X}$ 是可分的局部紧空间. 考虑 $\mathscr{X}$ 上的随机连续 Feller 过程，$P(t,x,B)$ 是它的转移概率. 假设转移概率满足下列条件：

C_0：对任意 $t > 0$，紧集 K 和 $\varepsilon > 0$，存在一紧集 K_1，使对 $x \overline{\in} K_1$ 有 $P(t,x,K_1) < \varepsilon$.

记 $\mathscr{C}_0$ 是 $\mathscr{C}_{\mathscr{X}}$ 中这样一些连续函数 $f(x)$ 的集合，使对任意 $\varepsilon > 0$，集合 $\{x: | f(x) | \geqslant \varepsilon\}$ 是紧集. 注意，条件 C_0 和下面的条件等价：算子 T_t，$T_t f(x) = \int P(t,x,\mathrm{d}y) f(y)$，把 $\mathscr{C}_0$ 变为 $\mathscr{C}_0$.

事实上，如果条件 C_0 成立，则对 $f \in \mathscr{C}_0$

$$\{x: | T_t f(x) | < \varepsilon\} \subset \mathscr{X} \backslash K_1$$

其中 K_1 是一紧集，对 $x \overline{\in} K_1$ 有 $P(t,x,K) < \dfrac{\varepsilon}{2} \cdot \| f \|$，而 $K = \{x: | f(x) | \geqslant \dfrac{\varepsilon}{2}\}$，因为

$$\begin{aligned}T_t f(x) &= \int_K P(t,x,\mathrm{d}y) f(y) + \int_{\mathscr{X}\backslash K} P(t,x,\mathrm{d}y) f(y) \leqslant \\ &\| f \| P(t,x,K) + \frac{\varepsilon}{2}\end{aligned}$$

现在假设当 $f \in \mathscr{C}_0$ 时，$T_t f \in \mathscr{C}_0$. 对上述紧集 K 取一非负函数 $f \in \mathscr{C}_0$，使 $f(x) \geqslant 1$，$x \in K$. 由 $T_t f \in \mathscr{C}_0$ 可见，$\{x: | T_t f(x) \geqslant \varepsilon\} = K_1$ 是紧集. 因此当

$x \in \mathscr{X} \backslash K_1$ 时

$$P(t,x,K) \leqslant T_t f(x) < \varepsilon$$

转移概率满足条件 C_0 的过程以及此转移概率本身都称做规则的(正则的).

设 $\mathscr{X}^0$ 是由空间 $\mathscr{X}$ 的点和点 $\mathfrak{b}$ 组成的集合. 在 $\mathscr{X}^0$ 中引进拓扑如下:原属 $\mathscr{X}$ 的点 x 的邻域就是它原在 $\mathscr{X}$ 中的邻域,而点 $\mathfrak{b}$ 的邻域是形如 $\mathscr{X}^0 \backslash K$ 的集,其中 K 是 $\mathscr{X}$ 中的紧集. $\mathscr{X}^0$ 是紧集. 如果 f 是 $\mathscr{X}^0$ 上的连续函数,则 $f(x)-f(\mathfrak{b}), x \in \mathscr{X}$,是属于 $\mathscr{C}_0$ 的函数. 相反,如果 $f \in \mathscr{C}_0$,而 c 是任一常数,则 $f_0(x)=f(x)+c, x \in \mathscr{X}$,而 $f_0(\mathfrak{b})=c$,是 $\mathscr{X}^0$ 上的连续函数. 设 $\mathfrak{B}^0$ 是空间 $\mathscr{X}^0$ 的 Borel 集的 σ 代数. 我们把 $\{\mathscr{X}^0, \mathfrak{B}^0\}$ 上的转移概率 $P(t,x,B)$ 作如下开拓

$$P^0(t,x,B^0)=P(t,x,B^0 \cap \mathscr{X}) \quad (x \in \mathscr{X})$$

$$P^0(t,x,B^0)=\begin{cases}1 & \text{当 } \mathfrak{b} \in B^0 \text{ 时} \\ 0 & \text{当 } \mathfrak{b} \overline{\in} B^0 \text{ 时}\end{cases}$$

(容易看出,属于 $\mathfrak{B}^0$ 但不包含 $\mathfrak{b}$ 的集合,同时也属于 $\mathfrak{B}$). 对于我们所研究的过程,点 $\mathfrak{b}$ 是吸收点,而 $\mathscr{X}$ 是不变集:$P^0(t,x,\mathscr{X})=1, x \in \mathscr{X}$. 显然,对任一马尔科夫过程,若它的转移概率 $P^0(t,x,B^0)$ 满足条件:$P^0(t,x,\mathscr{X})=1, x \in \mathscr{X}$,和 $P^0(t,\mathfrak{b},\{\mathfrak{b}\})=1$($\{\mathfrak{b}\}$ 是 $\mathfrak{b}$ 一个点的集),则在 $\mathscr{X}$ 上(精确到随机等价性)有唯一一个马尔科夫过程和它相对应,而且它们的转移概率相同:$P(t,x,B)=P^0(t,x,B)$.

现在我们来研究,以 $P^0(t,x,B)$ 为转移概率的马尔科夫过程的预解式 R_λ^0 满足哪些条件. 除了紧空间上的随机连续 Feller 过程的预解式所满足的通常条件外,R_λ^0 还满足条件

$$R_\lambda^0(x,\mathscr{X})=\frac{1}{\lambda} \quad (\text{对所有 } x \in \mathscr{X})$$

$$R_\lambda^0(\mathfrak{b},B^0)=\begin{cases}\dfrac{1}{\lambda} & \text{当 } \mathfrak{b} \in B^0 \text{ 时} \\ 0 & \text{当 } \mathfrak{b} \overline{\in} B^0 \text{ 时}\end{cases}$$

考虑测度

$$\delta_{\mathfrak{b}}(B^0)=\begin{cases}1 & \text{若 } \mathfrak{b} \in B^0 \\ 0 & \text{若 } \mathfrak{b} \overline{\in} B^0\end{cases}$$

那么

$$R_\lambda^0(x,B^0)=R_\lambda(x,B^0 \cap \mathscr{X})+\frac{1}{\lambda}\delta_{\mathfrak{b}}(B^0)$$

最后,对于 $\mathscr{X}^0$ 上的函数 f^0,存在

$$A^0 f^0=\lim_{t \downarrow 0} \frac{1}{t}\left[\int f^0(y) P^0(t,x,\mathrm{d}y)-f^0(x)\right]$$

当且仅当对 $x \in \mathscr{X}$ 存在极限

$$Af_{\mathscr{X}}^{0}(x)=\lim_{t\downarrow 0}\frac{1}{t}\left[\int_{\mathscr{X}}f_{\mathscr{X}}^{0}(x)P(t,x,\mathrm{d}y)-f^{0}(x)\right]$$

并且是属于 $\mathscr{C}_0$ 的函数($f_{\mathscr{X}}^0$ 表示函数 f^0 限于 $\mathscr{X}$上). 这样,对 $x\in\mathscr{X}$

$$A^0 f(x)=Af_{\mathscr{X}}^0(x),A^0 f(\mathfrak{b})=0$$

我们现在利用定理 1 来描绘规则过程的全部生成算子. 所谓规则过程,即转移概率满足条件 C_0 的过程.

定理 2 算子 A 是相空间 $\mathscr{X}$ 中具有规则转移概率的马尔科夫过程的无穷小算子,当且仅当满足下列条件:

1)A 的定义域 $\mathscr{D}$ 是一函数的集合,它关于一致收敛拓扑在空间 $\mathscr{C}_{\mathscr{X}}^0$ 中处处稠密,这里 $\mathscr{C}_{\mathscr{X}}^0$ 是形如 $f+c(f\in\mathscr{C}_0,c$ 是常数) 的函数的空间;

2) 对于一切 $f\in\mathscr{D}$,如果 $f(x_0)\geqslant f(x)(x\in\mathscr{X})$,则 $Af(x_0)\leqslant 0$,(即满足极大值原理);

3) 对某一 $\lambda>0$,算子 $\lambda I-A$ 把 $\mathscr{D}$ 变到 $\mathscr{C}_{\mathscr{X}}^0$ 里.

证 设算子 A^0 定义在 $\mathscr{D}^0\subset\mathscr{C}_{\mathscr{X}^0}$ 上,即定义在这样一些函数 f^0 上:f^0 是由函数 $f\in\mathscr{D}$ 经连续开拓到点 $\mathfrak{b}$ 而得到的,而且对 $f^0\in\mathscr{D}^0$

$$A^0 f^0(x)=Af_{\mathscr{X}}^0(x),x\in\mathscr{X},A^0 f^0(\mathfrak{b})=0$$

显然 A^0 满足定理的条件. 所以在$\{\mathscr{X}^0,\mathfrak{B}^0\}$ 上存在转移概率 $P^0(t,x,B^0)$,使 A^0 是它的生成算子. 设 $f(x)\in\mathscr{C}_{\mathscr{X}^0}$,$f(\mathfrak{b})=0$,则$\int P^0(t,\mathfrak{b},\mathrm{d}y)f(y)=0$. 这对 $f\in\mathscr{D}^0$ 是对的,因为函数 $\lambda(t)=\int P^0(t,\mathfrak{b},\mathrm{d}y)f(y)$ 连续,而它的右导数等于 0

$$\lim_{h\downarrow 0}\frac{\lambda(t+h)-\lambda(t)}{h}=\lim_{h\downarrow 0}\frac{1}{h}\int P^0(h,\mathfrak{b},\mathrm{d}y)\left[\int P^0(t,y,\mathrm{d}z)f^0(z)-\int P^0(t,x,\mathrm{d}z)f^0(z)\right]=0$$

(由于$\int P^0(t,y,\mathrm{d}z)f^0(z)\in\mathscr{D}^0$). 此外 $\lambda(0)=0$. 由此可见 $\lambda(t)=0$. 可将该式连续开拓到 $\mathscr{C}_{\mathscr{X}^0}$ 的所有函数,因而对所有 $f\in\mathscr{C}_{\mathscr{X}^0}$,$f(\mathfrak{b})=0$,有

$$\int_{\mathscr{X}}f(y)P^0(t,\mathfrak{b},\mathrm{d}y)=0$$

取一函数序列$\{f_n\}$:$f_n\in\mathscr{C}_{\mathscr{X}^0}$,它几乎处处收敛于1,$|f_n|\leqslant K<\infty$,$f_n(\mathfrak{b})=0$. 那么

$$P^0(t,\mathfrak{b},\mathscr{X})=0$$

我们现在证明,对 $x\in\mathscr{X}$有 $P^0(t,\mathfrak{b},\mathscr{X})=1$. 设 R_λ^0 是转移概率 $P^0(t,x,B)$ 的预解式. 这时

$$f^0=(\lambda I-A^0)R_\lambda^0 f^0=\lambda R_\lambda^0 f^0-A^0R_\lambda^0 f^0=\begin{cases}\lambda R_\lambda^0 f^0-A^0[R^0 f^0]_{\mathscr{X}} & (x\in\mathscr{X})\\ \lambda R_\lambda^0 f^0(\mathfrak{b}) & (x=\mathfrak{b})\end{cases}$$

因此

$$[R_\lambda^0 f^0]_{\mathscr{X}} = R_\lambda f_{\mathscr{X}}^0 = \int_{\mathscr{X}} f^0(y) R_\lambda(x, \mathrm{d}y)$$

由 $\mathscr{C}_0$ 上的线性泛函的一般形式可知 $R_\lambda f_{\mathscr{X}}^0$ 具有上面的形式.

设 $f^0(\mathfrak{b}) = 0$. 那么

$$\int_0^\infty \int f^0(y) P^0(t, x, \mathrm{d}y) \mathrm{e}^{-\lambda t} \mathrm{d}t = \int_{\mathscr{X}} f^0(y) R_\lambda(x, \mathrm{d}y)$$

因此,若取一序列 $f_n^0(x): f_n^0(\mathfrak{b}) = 0, f_n^0(x) \to 1 (x \in \mathscr{X})$,则得

$$\int_0^\infty P(t, x, \mathscr{X}) \mathrm{e}^{-\lambda t} \mathrm{d}t = R_\lambda(x, \mathscr{X}) = (\lambda I - A)^{-1} 1 = \frac{1}{\lambda}$$

(因为 $A1 = 0$).

由此可见,对几乎所有 $t, P^0(t, x, \mathscr{X}) = 1$. 剩下来只需注意到,由

$$\begin{aligned} P^0(t+\tau, \mathscr{X}) = & \int P^0(t, x, \mathrm{d}y) P^0(\tau, y, \mathscr{X}) = \\ & \int_{\mathscr{X}} P^0(t, x, \mathrm{d}y) P^0(\tau, y, \mathscr{X}) + \\ & [1 - P^0(t, x, \mathscr{X})] P^0(\tau, \mathfrak{b}, \mathscr{X}) \leqslant \\ & P^0(t, x, \mathscr{X}) \end{aligned}$$

可见,$P^0(t, x, \mathscr{X})$ 是单调函数. 因此 $P^0(t, x, \mathscr{X}) = 1$,而 $P(t, x, B) = P^0(t, x, B), x \in \mathscr{X}, B \in \mathfrak{B}$,是马尔科夫过程的规则转移概率. 定理得证.

注 在这之前,我们只考虑过程的转移概率,而没有顾及过程的轨道. 我们证明,对于规则过程可以选取轨道的集合,使其中的轨道在每一点都没有第二类间断点. 为此我们首先注意到,当 $\mathscr{X}$ 为紧集时,规则过程满足一致随机连续条件:对任意 $\varepsilon > 0$ 和 $V_\varepsilon(x) = \{y: r(x, y) > \varepsilon\}$ 有

$$\lim_{t \downarrow 0} \sup_{x \in \mathscr{X}} P(t, x, V_\varepsilon(x)) = 0 \tag{3}$$

事实上,若不然,则可以找到两个序列 $x_k \to x_0$ 和 $t_k \downarrow 0$,使 $P(t_k, x_k, V_\varepsilon(x_k)) > \delta > 0$. 现在设 $f(x) = \frac{2}{\varepsilon} r(x, V_{\frac{\varepsilon}{2}}(x_0))$. 那么当 $r(x, x_0) < \frac{\varepsilon}{2}$ 时,有

$$\begin{aligned} f(x) - \int P(t_k, x, \mathrm{d}y) f(y) \geqslant & f(x) - [1 - P(t_k, x, V_\varepsilon(x))] = \\ & P(t_k, x, V_\varepsilon(x)) + f(x) - 1 \end{aligned}$$

因而

$$\lim_{k \to \infty} \left[f(x_k) - \int P(t_k, x_k, \mathrm{d}y) f(y) \right] \geqslant \varliminf_{k \to \infty} P(t_k, x_k, V_\varepsilon(x_k)) \geqslant \delta$$

这和(1) 矛盾.

由第一章 §6 定理 2 可见条件(3) 保证存在一过程:它具有和原过程相同的联合分布(因此也有相同的转移概率),但是没有第二类间断点.

现在考虑局部紧空间 $\mathscr{X}$ 中具有规则转移概率的过程. 把转移概率开拓到

$\mathscr{X}^0$. 可以看出，对这些转移概率，在 $\mathscr{X}$ 中存在一没有第二类间断点的过程.

记 $\mathscr{D}_{\mathscr{X}}[0,\infty)$ 是 $[0,\infty)$ 上在 $\mathscr{X}$ 中取值的这样一些函数 $x(t)$ 的集合：它们没有第二类间断点，而且在每一点 t 都有 $x(t-0)$ 及 $x(t+0)\in\mathscr{X}$. 容易看出，$\mathscr{D}_{\mathscr{X}}[0,\infty)$ 是 $\mathscr{D}_{\mathscr{X}^0}[0,\infty)$ 中的可测集（关于由柱集所产生的最小 σ 代数可测）.

我们现在设 μ_x 是 $\mathscr{D}_{\mathscr{X}^0}[0,\infty)$ 中的测度，它对应于以 $P^0(t,x,B)$ 为转移概率、初值为 $x(0)=x$ 的过程，而且该过程没有第二类间断点，并证明 $\mu_x(\mathscr{D}_{\mathscr{X}}[0,\infty))=1$. 为此只需证明，对任意 $\varepsilon>0$ 和 $T>0$，存在一紧集 K，使

$$\mu_x(\{x(\cdot):x(t)\in K,0\leqslant t\leqslant T\})>1-\varepsilon$$

设 $0<t_1<\cdots<t_n=T$，而 K_1 和 K 是两个集合. 那么

$$\begin{aligned}&1-\mu_x(\{x(\cdot):x(t_i)\in K,i<n,x(T)\in K_1\})\leqslant\\&\sum_k\mu_x(\{x(\cdot):x(t_i)\in K,i=1,\cdots,k-1,\\&x(t_k)\,\overline{\in}\,K,x(T)\in K_1\})+P(T,x,\mathscr{X}\backslash K_1)\leqslant\\&\sup_k\sup_{y\in K}P(T-t_k,y,K_1)+P(T,x,\mathscr{X}\backslash K_1)\end{aligned}$$

由 $x(t)$ 没有第二类间断点可见

$$\begin{aligned}&1-\mu_x(\{x(\cdot):x(t)\in K,x(T)\in K_1\})\leqslant\\&\sup_{0\leqslant t\leqslant T}\sup_{y\,\overline{\in}\,K}P(t,y,K_1)+P(T,x,\mathscr{X}\backslash K_1)\end{aligned}$$

因为我们可以选择 K_1，使 $P(T,x,\mathscr{X}\backslash K_1)$ 任意地小，所以，为证明我们的命题只需证明，对任意 $\varepsilon>0$，$T>0$ 和紧集 K_1，存在一紧集 K，使

$$\sup_{0\leqslant t\leqslant T}\sup_{y\,\overline{\in}\,K}P(t,y,K_1)<\varepsilon$$

设 $f\in\mathscr{C}_0$，$0\leqslant f(x)\leqslant 1$，当 $x\in K_1$ 时 $f(x)=1$. 函数

$$f(t,x)=\lambda\int R_\lambda f(y)P^0(t,x,\mathrm{d}y)$$

（其中 λ 满足 $|f(x)-\lambda R_\lambda f(x)|\leqslant\frac{\varepsilon}{2}$）具有下列性质：

1) $\lim\limits_{|t_1-t_2|\to 0}\sup\limits_x|f(t_2,x)-f(t_1,x)|=0$；

2) 对任意 t 和 $\delta>0$，存在一紧集 $K(t,\delta)$，使对 $x\,\overline{\in}\,K(t,\delta)$ 有

$$|f(t,x)|<\delta$$

由性质 1) ～ 2) 可见，对任意 $\varepsilon>0$ 和 t，可以找到一个区间 $\Delta\ni t$ 和一紧集 K^t，使对所有 $s\in\Delta$，$x\in K^t$ 有 $|f(s,x)|<\frac{\varepsilon}{2}$. 由 $[0,T]$ 的紧性可知，存在一紧集 K，使当 $x\in K$，$t\in[0,T]$ 时

$$|f(t,x)|<\frac{\varepsilon}{2}$$

因此，当 $y\,\overline{\in}\,K$ 时

$$P(t,y,K_1) \leqslant \int f(x)P(t,y,\mathrm{d}x) \leqslant$$

$$\frac{\varepsilon}{2} + \int R_\lambda f(z)P(t,y,\mathrm{d}z) \leqslant$$

$$\frac{\varepsilon}{2} + f(x,y) < \varepsilon$$

我们的命题得证.

中断过程 在§1中曾经指出,如何通过给相空间补充一个状态(过程在中断时落入的状态),把中断过程化归为一般过程.现在在特别的假设条件下,我们来更详细的讨论一下这个问题.

设 $\mathscr{X}$ 是局部紧空间,$\mathscr{X}^0$ 是它的紧化.我们来考虑对 $t>0, x\in\mathscr{X}, B\in\mathfrak{B}$ 定义的函数 $P(t,x,B)$.假设它满足下列条件:

1) $P(t,x,\cdot)$ 是 $\mathfrak{B}$ 上的测度,而且 $P(t,x,\mathscr{X})\leqslant 1$;

2) 对固定的 t 和 B,$P(t,x,B)$ 对 x 可测;

3) 对所有 $t>0,\tau>0,x\in\mathscr{X},B\in\mathfrak{B}$

$$\int P(t,y,B)P(\tau,x,\mathrm{d}y) = P(t+\tau,x,B)$$

如果对所有 t 和 x,$P(t,x,\mathscr{X})=1$,则 $P(t,x,B)$ 是普通过程的转移概率.如果对某一对 t 和 x 有 $P(t,x,\mathscr{X})<1$,则称函数 $P(t,x,B)$ 为中断过程的转移概率.$1-P(t,x,\mathscr{X})$ 是过程在时刻 t 中断的概率.设 $\mathfrak{b}$ 是补充给 $\mathscr{X}$ 使之变为紧致 $\mathscr{X}^0$ 的一个点.我们把 $\mathfrak{b}$ 看成过程在消失之后的状态.对 $x\in\mathscr{X},B^0\in\mathfrak{B}$,假设

$$P^0(t,x,\{\mathfrak{b}\}) = 1 - P(t,x,\mathscr{X})$$

$$P^0(t,\mathfrak{b},B^0) = \delta_{\mathfrak{b}}(B^0)$$

容易看出,$P^0(t,x,B)$ 是 $\{\mathscr{X}^0,\mathfrak{B}^0\}$ 上的转移概率.现在看它是否满足 Колмогоров-Chapman 方程:对 $x\in\mathscr{X}$

$$\int P^0(t,x,\mathrm{d}y)P^0(\tau,y,B) = \int_{\mathscr{X}} P(t,x,\mathrm{d}y)P(\tau,y,B\setminus\{\mathfrak{b}\}) + [1-P(t,x,\mathscr{X})]\delta_{\mathfrak{b}}(B) +$$

$$\int_{\mathscr{X}} P(t,x,\mathrm{d}y)\cdot[1-P(\tau,y,\mathscr{X})]\delta_{\mathfrak{b}}(B) =$$

$$P(t+\tau,x,B\setminus\{\mathfrak{b}\}) + [1-P(t+\tau,x,\mathscr{X})]\delta_{\mathfrak{b}}(B) =$$

$$P(t+\tau,x,B)$$

而

$$\int P^0(t,\mathfrak{b},\mathrm{d}y)P^0(\tau,y,B) = \int \delta_{\mathfrak{b}}(\mathrm{d}y)P^0(\tau,y,B) =$$

$$P^0(\tau,\mathfrak{b},B) =$$

$$\delta_{\mathfrak{b}}(B) =$$

$$P(t+\tau,\mathfrak{b},B)$$

考虑满足条件 C_0 的随机连续Feller转移概率. 那么显然转移概率 $P^0(t,x,B)$ 在紧空间 $\mathscr{X}^0$ 上也是随机连续的和 Feller 的. 事实上,对所有 $f_{\mathscr{X}}(y)\in\mathscr{C}_0$ 和任意函数 $f(x)\in\mathscr{C}_{\mathscr{X}^0}$, $f(\mathfrak{b})=0$,有

$$\int P^0(t,x,\mathrm{d}y)f(y)=\int P(t,x,\mathrm{d}y)f_{\mathscr{X}}(y)$$

而由规则性可见,对 $f\in\mathscr{C}_0$

$$\int P(t,x,\mathrm{d}y)f(y)\in\mathscr{C}_0$$

此外

$$\int P^0(t,x,\mathrm{d}y)\cdot c=c$$

所以在 $\mathscr{X}^0$ 中存在一过程,其轨道没有第二类间断点, $P^0(t,x,B)$ 是它的转移概率. 设该过程为 $\{\mathscr{D}_{\mathscr{X}^0},\mathscr{N},P_x\}$,其中 $\mathscr{D}_{\mathscr{X}^0}$ 是函数 $x(t)$ 的集合: $x(t)$ 对 $t\geqslant 0$ 定义,在 $\mathscr{X}^0$ 取值,而且没有第二类间断点. 我们证明,对任意紧集 $K\subset\mathscr{X}$ 和 $\varepsilon>0$,存在一紧集 $K_1\subset\mathscr{X}$,使

$$P_x\{x^0(\cdot):x^0(t)\in K,x^0(t+h)\in K,\exists s\in[t,t+h]:x(s)\overline{\in}K_1\}<\varepsilon \tag{4}$$

和上一小节一样可以看出,这个概率不大于

$$\sup_{0\leqslant u\leqslant h}\sup_{y\in K_1}P(u,y,K)$$

适当选择紧集 K_1,可以使该式的值任意小(见上一小节).

由(4)可见,对所有 x 和紧集 $K\subset\mathscr{X}$ 有

$$P_x\{x^0(\cdot):x^0(t)\in K,x^0(t+h)\in K,\exists s\in[t,t+h]:x^0(s-0)=\mathfrak{b},\text{或 }x^0(s)=\mathfrak{b},\text{或 }x^0(s+0)=\mathfrak{b}\}=0$$

因此

$$P_x\{x^0(\cdot):x^0(t)\neq\mathfrak{b},x^0(t+h)\neq\mathfrak{b},\exists s\in[t,t+h]:x^0(s-0)=\mathfrak{b},\text{或 }x^0(s)=\mathfrak{b},\text{或 }x^0(s+0)=\mathfrak{b}\}=0$$

设 $\widetilde{\mathscr{D}}_{\mathscr{X}^0}(\subset\mathscr{D}_{\mathscr{X}^0})$ 由 $\mathscr{D}_{\mathscr{X}^0}$ 中满足下列条件的函数 $x(t)$ 组成:如果 $x^0(s-0)$, $x^0(s)$ 和 $x^0(s+0)$ 之一等于 $\mathfrak{b}$,则对所有 $t>s$, $x(t)=\mathfrak{b}$. 因为所有测度 P_x 都集中在集 $\widetilde{\mathscr{D}}_{\mathscr{X}^0}$ 上,故存在一随机变量 ζ,使

$$x^0(s)\begin{cases}\in\mathscr{X} & \text{若 } s<\zeta\\ =\mathfrak{b} & \text{若 } s>\zeta\end{cases}$$

现在看 $\mathscr{X}$ 中的过程,其轨道定义在区间 $[0,\zeta)$ 上. 我们把它的转移概率 $P(t,x,B)$ 看成"$x(t)$ 在时刻 t 有定义,且在 B 中取值"的概率.

如果对 x 存在一致极限

$$\lim_{t\downarrow 0}\frac{1}{t}\left[\int P(t,x,\mathrm{d}y)f(y)-f(x)\right]=\varphi(x)$$

则中断过程的无穷小算子定义为：$Af=\varphi, f\in\mathscr{D}_A$. 我们证明，$\mathscr{D}_A$ 关于一致收敛拓扑在 $\mathscr{C}_0$ 中处处稠密. 设 A^0 是以 $P^0(t,x,B)$ 为转移概率的过程的无穷小算子，$\mathscr{D}^0$ 是它的定义域. 记 $\mathscr{D}$ 为一函数的集合，其中每个函数是由形如 $f^0(x)-f^0(\mathfrak{b})(f^0\in\mathscr{D}^0)$ 的函数限制于 $\mathscr{X}$ 上而得到的. 那么，对所有 $f=[f^0-f^0(\mathfrak{b})]_{\mathscr{X}}$

$$\frac{1}{t}\left[\int P(t,x,\mathrm{d}y)f(y)-f(x)\right]=\frac{1}{t}\left[\int P^0(t,x,\mathrm{d}y)f^0(y)-f^0(x)\right]_{\mathscr{X}}$$

从而 $f\in\mathscr{D}_A$.

我们指出算子 A 的两条性质.

如果 $\max\limits_{x\in\mathscr{X}} f(x)=f(x_0)\geqslant 0, f\in\mathscr{D}_A$，则

$$\frac{1}{t}\left[\int P(t,x_0,\mathrm{d}y)f(y)-f(x)\right]\leqslant\frac{1}{t}\int P(t,x,\mathrm{d}y)[f(y)-f(x_0)]\leqslant 0$$

因此 $Af(x_0)\leqslant 0$.

第二条性质：如果

$$R_\lambda f(x_0)=\int_0^\infty \mathrm{e}^{-\lambda t}T_tf(x)\mathrm{d}t$$

$$T_tf(x)=\int P(t,x,\mathrm{d}y)f(y)$$

则对 $f\in\mathscr{C}_0$ 有 $R_\lambda f=(\lambda I-A)^{-1}f$. 由规则性显然 $R_\lambda(\mathscr{C}_0)\subset\mathscr{C}_0$.

此外，对 $f\in\mathscr{C}_0, R_\lambda f=[R_\lambda^0 f^0]_{\mathscr{X}}$，其中 R_λ^0 是转移概率 $P^0(t,x,B)$ 的预解式，f^0 是 f 到 $\mathscr{X}^0$ 的连续开拓($f^0(\mathfrak{b})=0$). 所以

$$AR_\lambda f=[A^0R_\lambda^0f^0]_{\mathscr{X}}=[\lambda R_\lambda^0f^0-f^0]_{\mathscr{X}}=\lambda R_\lambda f-f$$

结果表明，为使算子 A 是某一中断马尔科夫过程的无穷小算子，上述性质是充分的. 这由下面的定理可以看出.

定理 3　设集 $\mathscr{D}_A$ 关于一致收敛拓扑在 $\mathscr{C}_0$ 中处处稠密；算子 A 定义在 $\mathscr{D}_A$ 上，满足下列条件：

1) 对任意函数 $\varphi\in\mathscr{D}_A, \varphi(x_0)\geqslant 0, \varphi(x_0)\geqslant\varphi(x)$

$$A\varphi(x_0)\leqslant 0$$

2) 对某一 $\lambda>0$，算子$(\lambda I-A)$ 把 $\mathscr{D}_A$ 变到 $\mathscr{C}_0$ 里.

那么存在一(一般的中断的) 过程，使 A 是它的无穷小算子.

证　考虑函数 f^0 的集合 $\mathscr{D}^0$，其中$[f^0(x)-f^0(\mathfrak{b})]_{\mathscr{X}}\in\mathscr{D}_A$. 显然 $\mathscr{D}^0$ 在 $\mathscr{C}_{\mathscr{X}^0}$ 中稠密. 对 $f^0\in\mathscr{D}^0$ 设

$$A^0f^0=A[f^0-f^0(\mathfrak{b})]_{\mathscr{X}}, x\in\mathscr{X}, A^0f^0(\mathfrak{b})=0$$

算子 A 满足定理 2 的条件 1) ～ 3)(在函数 $f^0(x)$ 的极大点 x_0，函数$[f^0-f^0(\mathfrak{b})]_{\mathscr{X}}$ 是非负的). 而对所有 $g\in\mathscr{C}_{\mathscr{X}^0}$，方程

$$\lambda f^0-A^0f^0=g^0$$

有如下形状的解

$$f^0(x)+\frac{g^0(\mathfrak{b})}{\lambda}$$

其中 f^0 是函数 $f \in \mathscr{C}_0$ 的连续开拓，f 又是方程

$$\lambda f - Af = [g^0 - g^0(b)]_{\mathscr{X}}$$

的解. 所以存在转移概率 $P^0(t,x,B)$，使 A^0 是它的无穷小算子. 因为对所有 $f^0 \in \mathscr{D}^0$，$A^0 f^0(b)=0$，故如以前所证 $P^0(t,\mathfrak{b},\{\mathfrak{b}\})=1$. 所以，对所有 $x \in \mathscr{X}$和 $B \in \mathfrak{B}$，$P(t,x,B)=P^0(t,x,B)$ 是转移概率(只是 $P(t,x,\mathscr{X})=1$ 未必成立). 容易验证，它具有规则性，而 A 是它的无穷小算子.

现在证明转移概率 $P(t,x,B)$ 的 Feller 性. 设 $f \in \mathscr{C}_{\mathscr{X}}$，而 K 是任一紧集. 对任意 $\varepsilon>0$ 我们选取一紧集 K_1，使 $P(t,x,\mathscr{X}\setminus K_1)<\varepsilon$，$x \in K$. 设 $f_1 \in \mathscr{C}_0$，在 K 上 $f_1=f$，$\| f_1 \| = \| f \|$. 那么对 $x \in K$

$$| T_t f_1(x) - T_t f(x) | < 2\| f \| \varepsilon$$

因为 $T_t f_1 \in \mathscr{C}_0 \subset \mathscr{C}_{\mathscr{X}}$，故在 K 上 $T_t f$ 是 $\mathscr{C}_{\mathscr{X}}$ 中函数的一致极限. 于是 $T_t f \in \mathscr{C}_{\mathscr{X}}$.

定理得证.

中断规则过程的势　函数 $P^0(t,x,\{\mathfrak{b}\})=1-P(t,x,\mathscr{X})$，$x \in \mathscr{X}$，在 $\mathscr{X}$ 上(但不是在 $\mathscr{X}^0$ 上)是连续的，而且随 t 的增大而递增. 所以 $\Delta_t=\{x:P(t,x,\mathscr{X})=1\}$ 是闭集，而且它随 t 的增大而递降. 于是 $\Delta=\bigcap_{t>0}\Delta_t$ 也是闭集. 我们证明，Δ 是过程的不变集，即对所有 $x \in \Delta$ 和 $t>0$，$P(t,x,\Delta)=1$. 事实上，如果对某一 $s>0$，$P(t,x,\mathscr{X}\setminus\Delta_s)>0$，则

$$1-P(t+s,x,\mathscr{X}) > \int_{\mathscr{X}\setminus\Delta_s}[1-P(s,y,\mathscr{X})]P(t,x,\mathrm{d}y)>0$$

而这和 $x \in \Delta$ 的条件矛盾.

称过程为以概率1中断的，如果 Δ 是空集. 我们证明，这时算子 A 在 $\mathscr{C}_0$ 上可逆. 设 $\varphi \in \mathscr{C}_0$，$A\varphi=0$. 由

$$T_t\varphi-\varphi=\lim_{h\downarrow 0}\int_0^t T_s\frac{T_h\varphi-\varphi}{h}\mathrm{d}s=\int_0^t T_s A\varphi\,\mathrm{d}s$$

可见，对一切 t 有 $T_t\varphi=\varphi$. 另一方面，如果 $x_0 \in \mathscr{X}$是使 φ 达到正极大值的点，则

$$\varphi(x_0)=\int P(t,x_0,\mathrm{d}y)\varphi(y) \leqslant \varphi(x_0)P(t,x_0,\mathscr{X}) < \varphi(x_0)$$

因为当 t 充分大时，$P(t,x_0,\mathscr{X})<1$. 用同样的方法可以证明 φ 没有负极小值. 于是 $\varphi=0$.

设 F 是 $\mathscr{X}$ 中的任意紧集. 因为$\{x:P(t,x,\mathscr{X})<1\}$ 是开集，而且它们覆盖 F，故存在 F 的有限覆盖：$F \subset \bigcup_{k=1}^n \{x:P(t_k,x,\mathscr{X})<1\}$. 那么当 $t \geqslant \tau=\max_k t_k$ 时，$P(t,x,\mathscr{X})<1$，$x \in F$；从而 $\delta=1-\sup_{x\in F}P(\tau,x,\mathscr{X})>0$. 我们证明

$$\sup_x \int_0^\infty P(t,x,F)\mathrm{d}t<\infty$$

因为

$$\int_0^\infty P(t,x,F)\mathrm{d}t=\int_0^\tau\sum_{k=0}^\infty P(t+k\tau,x,F)\mathrm{d}t=$$

$$\int_0^\tau\int P(t,x,\mathrm{d}y)\sum_{k=0}^\infty P(k\tau,y,F)\mathrm{d}t$$

故只需证明$\sum\limits_{k=0}^\infty P(k\tau,y,F)\leqslant L$,其中 L 是不依赖于 y 的常数.

注意到

$$P(n\tau,y,F)=\sum_m\sum_{0<i_1<\cdots<i_m<n}P_y\{x(k\tau)\overline{\in}F,k\neq i_1,\cdots,i_m;$$

$$x(l\tau)\in F,l=i_1,\cdots,i_m;x(n\tau)\in F\}$$

所以

$$\sum_n P(n\tau,y,F)=\sum_m\sum_n\sum_{0<i_1<\cdots<i_m<n}P_y\{x(k\tau)\overline{\in}F,$$

$$k\neq i_1,\cdots,i_m;x(l\tau)\in F,$$

$$l=i_1,\cdots,i_m;x(n\tau)\in F\}$$

其次,对任意一组 $i_1<i_2<\cdots<i_m$

$$\sum_{n=i_m+1}^\infty P_y\{x(k\tau)\overline{\in}F,k\neq i_1,\cdots,i_{m-1},k<n;$$

$$x(l\tau)\in F,l=i_1,\cdots,i_m;x(n\tau)\in F\}=$$

$$\int_F P_y\{x(k\tau)\overline{\in}F,k\neq i_1,\cdots,i_m,k<i_m;$$

$$x(l\tau)\in F,l=i_1,\cdots,i_{m-1};x(i_m\tau)\in \mathrm{d}z\}\cdot$$

$$\sum_{r=1}^\infty P_z\{x(l\tau)\overline{\in}F,l<r;x(r\tau)\in F\}$$

注意到,对 $z\in F$

$$\sum_{r=1}^\infty P_z\{x(l\tau)\overline{\in}F,l<r;x(r\tau)\in F\}=P_z\{\exists r>0:x(r\tau)\in F\}\leqslant$$

$$P_z\{x^0(\tau)\neq\mathfrak{b}\}<1-\delta$$

所以

$$\sum_{0<i_1<\cdots<i_m<n}P_y\{x(k\tau)\overline{\in}F,k\neq i_1,\cdots,i_m,k<n;$$

$$x(l\tau)\in F,l=i_1,\cdots,i_m;x(n\tau)\in F\}\leqslant$$

$$(1-\delta)\sum_{0<i_1<\cdots<i_m<n}P_y\{x(k\tau)\overline{\in}F,k\neq i_1,\cdots,i_{m-1},$$

$$k<i_m;x(l\tau)\in F,l=i_1,\cdots,i_m\}\leqslant$$

$$(1-\delta)^{m+1}$$

因此

$$\sum_n P(n\tau,y,F) \leqslant \sum_{m=0}^{\infty}(1-\delta)^{m+1} < \frac{1-\delta}{\delta}$$

$$\int_0^{\infty} P(t,x,F)\mathrm{d}t \leqslant \int_0^{\tau}\left(1+\frac{1-\delta}{\delta}\right)\mathrm{d}t = \frac{\tau}{\delta}$$

由所证明的可见,对任意在某一紧集 F 上不为 0 的函数 $f(x)$,存在

$$\int_0^{\infty}\int P(t,x,\mathrm{d}y)f(y)\mathrm{d}t$$

由空间 $\mathscr{C}_F$ 中线性泛函的表示定理可见,存在测度 $K(x,\mathrm{d}y)$,使

$$\int_0^{\infty}\int P(t,x,\mathrm{d}y)f(y)\mathrm{d}t = \int K(x,\mathrm{d}y)f(y)$$

其中 $K(x,B)$ 对每个 x,在每个紧致上是有穷测度.而由于 $\mathscr{X}$ 是局部紧空间,故 $K(x,\cdot)$ 是 σ 有穷测度.函数 $K(x,B)$ 称为转移概率 $P(t,x,B)$ 的(位)势.我们证明了,任何以概率 1 中断的规则过程的位势存在.算子 K

$$Kf(x) = \int K(x,\mathrm{d}y)f(y)$$

对一切有限支集函数 f 定义.但它也定义在更广的函数类上.例如,它对一切形如 $T_t f$(f 为有限支集函数)的函数有定义.事实上

$$\int_0^{\infty}\int P(s,x,\mathrm{d}y)T_t f(y)\mathrm{d}y = \int_0^{\infty} P(s+t,x,\mathrm{d}y)f(y) =$$

$$Kf(x) - \int_0^t T_s f(x)\mathrm{d}s$$

同理

$$T_t K f = Kf - \int_0^t T_s f\mathrm{d}s \tag{5}$$

这样,算子 K 定义在函数集 $\widetilde{\mathscr{C}}$ 上.$\widetilde{\mathscr{C}}$ 中的函数要么是有限支集函数,要么形如 $T_t f$,其中 f 是有限支集函数.算子 K 和 T_t 对所有 $t>0$ 可交换($\widetilde{\mathscr{C}}$ 是 T_t 的不变集).

对所有 $f \in \widetilde{\mathscr{C}}$,存在一致极限

$$\lim_{h\downarrow 0}\frac{T_h K f - Kf}{h} = -f \tag{6}$$

由式(5)可见,对 $f \in \widetilde{\mathscr{C}}$,$K(T_t f - f)$ 是连续函数.设 $f \in \widetilde{\mathscr{C}}$ 是非负函数.那么,若改变积分顺序

$$\int_0^{\infty}\int_0^{\infty} \mathrm{e}^{-\lambda t} T_{t+s} f\mathrm{d}t\mathrm{d}s = \int_0^{\infty} \mathrm{e}^{-\lambda t} T_t K f\mathrm{d}t = \int_0^{\infty} T_s R_\lambda f\mathrm{d}s$$

则可以看出,算子 K 对 $R_\lambda f$,$f \in \widetilde{\mathscr{C}}$,有定义,而且

$$KR_\lambda f = R_\lambda K f$$

记 $\mathscr{D}_K$ 为算子 K 的定义域,它是满足下列条件的函数 f 的集合

$$\sup_x \int K(x,\mathrm{d}y) \mid f(y) \mid < \infty$$

显然，$R_\lambda(\mathscr{D}_K) \subset \mathscr{D}_K$，而对 $t>0$ 有 $T_t(\mathscr{D}_K) \subset \mathscr{D}_K$.

设 f 使 $Af \in \mathscr{D}_K$（例如，$f = R_\lambda \varphi, \varphi \in \mathscr{D}_K$），则 $Af = \lambda f - \varphi \in \mathscr{D}_K$，因为 $\mathscr{D}_K$ 是线性流形. 那么

$$KAf = -f$$

事实上，由积分 $\int_0^\infty T_t f \mathrm{d}t (f \in \mathscr{D}_K)$ 收敛可见，当 $t \to \infty$ 时，$T_t f \to 0$. 因此有

$$KAf = \lim_{t\to\infty} \int_0^t T_s A f \mathrm{d}s = \lim_{t\to\infty}(T_s f - f) = -f$$

记 $\widetilde{\mathscr{D}} = \{f: Af \in \mathscr{D}_K\}$. 那么对 $f \in \widetilde{\mathscr{D}}, KAf = -f$. 设 $\widetilde{\Delta}$ 是算子 A 的值集 $(f \in \widetilde{\mathscr{D}})$，则 $\widetilde{\Delta} \subset \mathscr{D}_K$，而且对 $\varphi \in \widetilde{\mathscr{D}}$ 有 $K\varphi \in \mathscr{C}_0$. 式(6) 表明，这时 $K\varphi \in \mathscr{D}_A$

$$AK\varphi = -\varphi$$

我们已证明算子 A 可逆，即 A^{-1} 存在. 设 Δ 是 A 的值域. 算子 A^{-1} 把 Δ 变到 $\mathscr{D}_A$. 在集 Δ 的某一子集 $\widetilde{\Delta}$ 上算子 K 也有定义，在这个集合上 $K = -A^{-1}$. 我们证明 $\widetilde{\Delta}$ 在 Δ 中稠密. 如果 $\varphi \in \Delta$，则 $\varphi = Af, f \in \mathscr{C}_0$. 所以 $\varphi = \lim\limits_{\lambda\to\infty} \lambda A R_\lambda f$. 现在选取 $f_n \in \mathscr{D}_K$，使 $\| f_n - f \| \to 0$. 可以建立一函数 $\lambda_n A R_{\lambda_n} f$ 的序列，使其中每个函数都属于 $\widetilde{\Delta}$，而且 $\lambda_n A R_{\lambda_n} f \to \varphi$. 算子 A 是封闭的，因而算子 A^{-1} 也封闭.

我们证明，算子 K 的扩张 $\widetilde{K}$ 也封闭. 这里，若 $\int_0^\infty T_t f \mathrm{d}t$ 关于 x 一致收敛，则 K 在 f 上有定义.

事实上，设 $\| f_n - f \| \to 0$，积分 $\int_0^\infty T_t f_n \mathrm{d}t$ 关于 x 一致收敛，且当 $n, m \to \infty$ 时

$$\left\| \int_0^\infty T_t f_n \mathrm{d}t - \int_0^\infty T_t f_m \mathrm{d}t \right\| \to 0$$

那么

$$\overline{\lim_{c\to\infty}} \lim_{n,m\to\infty} \left\| \int_c^\infty T_t f_n \mathrm{d}t - \int_c^\infty T_t f_m \mathrm{d}t \right\| \leqslant$$

$$\lim_{c\to\infty} \| T_c \| \lim_{n,m\to\infty} \left\| \int_0^\infty T_t f_n \mathrm{d}t - \int_0^\infty T_t f_n \mathrm{d}t \right\| = 0$$

因此，积分

$$\int_0^\infty T_t f_n \mathrm{d}t$$

关于 x 和 n 一致收敛. 所以可以在积分号下取极限. 算子 A^{-1} 和 $\widetilde{K}$ 封闭，它们在处处稠密集 $\widetilde{\Delta}$ 上相等. 因而它们处处相等.

根据测度 $K(x, \mathrm{d}y)$ 可以构造算子 K 如下：和前面一样，先在 $\mathscr{D}_K$ 上构造 K；然后选 $\mathscr{D}_K$ 的一个子集，使对属于该子集的 f 有 $Kf \in \mathscr{C}_0$；在所选子集上令 $\widetilde{K} = K$；再取 $\widetilde{K}$ 的闭包.

设 $x(t)$ 是 $\mathscr{X}$ 中的中断过程，$x^0(t)$ 是 $\mathscr{X}^0$ 中和 $x^0(t)$ 对应的过程. 前面已经

证明,可以这样构造 $x^0(t)$,使之没有第二类间断点.

设 $f \in \mathscr{D}_K$ 是非负函数,而 f^0 是它到 $\mathscr{X}^0$ 的连续开拓.那么

$$Kf(x)=\int_0^{\infty}\int P(t,x,\mathrm{d}y)f(y)\mathrm{d}t=$$
$$\int_0^{\infty}\int P^0(t,x,\mathrm{d}y)f^0(y)\mathrm{d}t=$$
$$E_x^0\int_0^{\infty}f(x^0(t))\mathrm{d}t=$$
$$E_x\int_0^{\zeta}f(x(t))\mathrm{d}t \tag{7}$$

其中 ζ 是过程 $x(t)$ 的中断时间.

考虑算子 K 有界的情形.为此

$$\sup_x K(x,\mathscr{X})\leqslant C<\infty$$

必要并且充分.而由式(7)可见,这又等价于

$$\sup_x E_x\zeta\leqslant C<\infty$$

从而

$$\sup_x P_x\{\zeta>T\}\leqslant\frac{C}{T}\quad 或\quad P(T,x,\mathscr{X})\leqslant\frac{C}{T}$$

若选择 T,使$\dfrac{C}{T}<\alpha<1$,则有

$$\sup_x P(kT,x,\mathscr{X})=\sup_x\int P((k-1)T,x,\mathrm{d}y)P(T,y,\mathscr{X})\leqslant$$
$$\alpha\sup_x P((k-1)T,x,\mathscr{X})\leqslant\alpha^k$$

所以

$$\sup_x P(t,x,\mathscr{X})\leqslant L\mathrm{e}^{-\beta t} \tag{8}$$

其中 $L=\dfrac{1}{\alpha}$,$\beta=-\dfrac{1}{T}\ln\alpha$.这样,在所考虑的情形下,对任意连续函数 $f\in\mathscr{C}_{\mathscr{X}}$

$$\sup_x\left|\int P(t,x,\mathrm{d}y)f(y)\right|\leqslant\|f\|L\mathrm{e}^{-\beta t}$$

所以

$$\int_0^{\infty}\int P(t,x,\mathrm{d}y)f(y)\mathrm{d}t$$

关于 $x\in\mathscr{X}$一致收敛,并且是属于 $\mathscr{C}_{\mathscr{X}}$ 的连续函数.而 $\mathscr{C}_0$ 中的函数变为 $\mathscr{C}_0$ 中的函数.

我们指出函数 $K(x,B)$ 是某一规则随机连续 Feller 过程的势的必要和充分条件.

定理 4 设对每个 $x\in\mathscr{X}$,函数 $K(x,B)$,$x\in\mathscr{X}$,$B\in\mathfrak{B}$,是 $\mathfrak{B}$ 上的测度,满

足条件：

1) 当 $f \in \mathscr{C}_{\mathscr{X}}$ 时，$\int K(x,\mathrm{d}y)f(y)$ 是 $\mathscr{C}_{\mathscr{X}}$ 中的函数，而当 $f \in \mathscr{C}_0$ 时，它是 $\mathscr{C}_0$ 中的函数；

2) 算子 K 的值域：$Kf = \int K(x,\mathrm{d}y)f(y)$ 在 $\mathscr{C}_0$ 中处处稠密；

3) 如果 $f \in \mathscr{C}_0$，$Kf(x_0) \geqslant 0$，且对所有 x，$Kf(x_0) \geqslant Kf(x)$，则 $f(x_0) \geqslant 0$.

那么 $K(x,B)$ 是规则随机连续 Feller 过程的势.

如果 $\sup\limits_x K(x,\mathscr{X}) < \infty$，则上述条件对于该命题也是必要的.

证 条件 1) 的必要性前面已证明. 由 $K^{-1} = -A$ 可见条件 2) 和 3) 必要. 现在证明这些条件的充分性. 先证在 $\mathscr{C}_0$ 中 K 的可逆性.

设 $f \in \mathscr{C}_0$，而且

$$\int K(x,\mathrm{d}y)f(y) = 0$$

那么，由条件 3) 可见，对所有 x 有 $f(x) \geqslant 0$. 关于 $-f$ 有完全相同的结论. 于是 $f = 0$. 设 $\mathscr{D} = K(\mathscr{C}_0)$，在 $\mathscr{D}$ 上定义算子 A 如下

$$A = -K^{-1}$$

算子 A 把 $\mathscr{D}$ 变到 $\mathscr{C}$ 里. 我们证明，算子 A 满足定理 3 的条件.

由定理 4 的条件 3) 可以推出定理 3 的条件 1). 为验证定理 3 的条件 2)，我们注意到

$$(\lambda I - A) = (\lambda I + K^{-1}) = K^{-1}(\lambda K + I)$$

所以，对 $\lambda < \dfrac{1}{\| K \|}$ 有

$$(\lambda I - A)^{-1} = K\left(\sum_{k=0}^{\infty}(-1)^k \lambda^k K^k\right) = \sum_{k=0}^{\infty}(-1)^k \lambda^k K^{k+1}$$

它是定义在 $\mathscr{C}_0$ 上的、把 $\mathscr{C}_0$ 变到 $\mathscr{D}$ 里的有界算子. 从而，$(\lambda I - A)$ 把 $\mathscr{D}$ 变到 $\mathscr{C}_0$. 由定理 3 该定理得证.

注 设 $P(t,x,B)$ 是 $\mathscr{X}$ 中一规则过程的转移概率. 我们考虑转移概率 $P_0(t,x,B) = \mathrm{e}^{-\lambda t}P(t,x,B)$. 它是某一中断过程的转移概率，它的势等于以 $P(t,x,B)$ 为转移概率的过程的预解核 $R_\lambda(x,\mathrm{d}y)$. 所以由定理 4 可以得出下面的结果：R_λ 是某一规则马尔科夫过程的必要和充分条件是：

1) $R_\lambda(x,B)$ 对 $x \in \mathscr{X}$，$B \in \mathfrak{B}$ 有定义，而且它对 B 为测度；

2) 算子 R_λ 把 $\mathscr{C}_0$ 变到 $\mathscr{C}_0$，而且它的值域在 $\mathscr{C}_0$ 中稠密；

3) 如果对所有 $f \in \mathscr{C}_0, x \in \mathscr{X}$ 有 $R_\lambda f(x_0) \geqslant R_\lambda f(x), R_\lambda f(x_0) \geqslant 0$，则 $f(x_0) \geqslant 0$.

§5 局部紧空间的强马尔科夫过程

强马尔科夫过程的定义 我们对于这一章所研究的齐次马尔科夫过程类重述强马尔科夫过程的定义(一般定义见第一章 §4).

称 $\mathscr{N}$ 可测非负变量 τ 关于马尔科夫过程 $\{\mathscr{F}, \mathscr{N}, P_x\}$ 为马尔科夫时间，如果对所有 $t > 0$ 事件 $\{\tau > t\} \in \mathscr{N}_t$. 对于 $\mathscr{F}$ 上的所有 $\mathscr{N}$ 可测变量，可以定义算子 θ_τ 如下：如果 $\varphi(x(\cdot)) = f(x(t_1), \cdots, x(t_k))$，则

$$\theta_\tau \varphi = f(x(t_1 + \tau), \cdots, x(t_k + \tau))$$

然后把 θ_τ 连续地开拓到所有 $\mathscr{N}$ 可测函数. 此外，我们再引进 σ 代数 $\mathscr{N}_\tau$，它是包含形如 $\{\tau > t\} \cap \mathfrak{U}_t, \mathfrak{U}_t \in \mathscr{N}_t$ 的集合的最小 σ 代数. 如果 τ 是非随机的，而 φ 有界并且 $\mathscr{N}$ 可测，则由 §1 的式(5) 有

$$E_x(\theta_\tau \varphi \mid \mathscr{N}_\tau) = E_{x(\tau)} \varphi \pmod{P_x} \tag{1}$$

对于任意马尔科夫时间 τ 和有界 $\mathscr{N}$ 可测函数，如果变量 $\theta_\tau \varphi$ 也 $\mathscr{N}$ 可测，而且式(1) 成立，则称过程为强马尔科夫的.

假设相空间 $\mathscr{X}$ 是度量空间，$\mathscr{F}$ 只包含右连续函数，而过程是 Feller 的(见 §4)，如第一章 §4 的定理 7 所证明的，$\{\mathscr{F}, \mathscr{N}, P_x\}$ 是强马尔科夫过程.

有时不得不考虑过程在非 $\mathscr{N}$ 可测的随机时刻(例如，在不依赖于过程进程的时刻)的值. 可以根据马尔科夫过程关于任意 σ 代数流 $\mathscr{F}_t$ 的一般构造，来给马尔科夫过程以更一般的定义. 为在所给齐次过程的定义下引进这样的时间，我们再考虑一概率空间 $\{\Omega, \mathfrak{S}, P\}$. $\Omega \times \mathscr{F}$ 上 $\mathfrak{S} \times \mathscr{N}$ 可测的非负随机变量 τ 称为广义马尔科夫时间，如果对任意 $t > 0$，事件 $\{\tau > t\} \in \mathfrak{S} \times \mathscr{N}_t$. 设 $P_x = P \times P_x$ 是 $\Omega \times \mathscr{F}$ 上的测度，$\widetilde{\mathscr{N}} = \mathfrak{S} \times \mathscr{N}, \widetilde{\mathscr{N}}_t = \mathfrak{S} \times \mathscr{N}_t, \widetilde{E}_x$ 是对 $\widetilde{P}_x$ 的积分. 我们定义作用于 $\mathscr{N}$ 可测随机变量 ξ 的算子 θ_τ，使

$$\theta_\tau \xi_1 \xi_2 = \theta_\tau \xi_1 \cdot \theta_\tau \xi_2, \theta_\tau(\xi_1 + \xi_2) = \theta_\tau \xi_1 + \theta_\tau \xi_2$$

$$\theta_\tau \lim \xi_n = \lim \theta_\tau \xi_n$$

对任意 Borel 函数 $g(x)$ 和 $t_1 > 0$

$$\theta_\tau g(x_{t_1}) = g(x_{t_1 + \tau})$$

对任意 $\mathfrak{S}$ 可测随机变量 $\xi, \theta_\tau \xi = \xi$. 记 $\widetilde{\mathscr{N}}_\tau$ 为事件 $\mathfrak{U}_t \cap \{\tau > t\}$ 产生的 σ 代数，其中 $\mathfrak{U}_t \in \mathscr{N}_t$，那么下面的引理成立.

引理 1 如果 $\{\mathscr{F}, \mathscr{N}, P_x\}$ 是强马尔科夫过程，则对任意有界 $\widetilde{\mathscr{N}}$ 可测随机变量 ξ

$$\widetilde{E}_x(\theta_\tau\xi \mid \widetilde{\mathscr{N}}_\tau)=\widetilde{E}_{x(\tau)}(\xi \mid \mathfrak{S})$$

证　只需对所有 $t>0$，$\mathfrak{U}_t\in\mathscr{N}_t$ 和有界 $\mathfrak{S}$ 可测随机变量 η 证明等式

$$\widetilde{E}_x\theta_\tau\xi\chi_{\mathfrak{U}_t}\chi_{\{\tau>t\}}\eta=\widetilde{E}_x[\widetilde{E}_{x_\tau}(\xi \mid \mathfrak{S})\chi_{\mathfrak{U}_t}\chi_{\{\tau>t\}}\eta] \tag{2}$$

根据 Fubini 定理，随机变量 τ 和 ξ 对于几乎一切固定 ω 为 $\mathscr{N}$ 可测. 记 τ_ω 和 ξ_ω 为 $\mathscr{N}$ 可测随机变量：对于固定的 ω，$\tau=\tau_\omega$，$\xi=\xi_\omega$. 那么，根据 Fubini 定理

$$\widetilde{E}_x\theta_\tau\xi\chi_{\mathfrak{U}_t}\chi_{\{\tau>t\}}\eta=E[E_x\theta_{\tau_\omega}\xi_\omega\chi_{\mathfrak{U}_t}\chi_{\{\tau_\omega>t\}}]\eta$$

其中 E 是对测度 P 的积分. 容易看出，对几乎所有 ω，τ_ω 是马尔科夫时间. 故

$$E_x\theta_{\tau_\omega}\xi_\omega\chi_{\mathfrak{U}_t}\chi_{\{\tau_\omega>t\}}=E_x[E_{x_{\tau_\omega}}\xi_\omega]\chi_{\mathfrak{U}_t}\chi_{\{\tau_\omega>t\}}$$

因此，式(2) 的右侧现在化为

$$EE_x[E_{x_{\tau_\omega}}\xi_\omega]\chi_{\mathfrak{U}_t}\chi_{\{\tau_\omega>t\}}\eta$$

最后，因为根据 Fubini 定理 $\widetilde{E}_x\xi\eta=EE_x\xi_\omega\eta$，故对几乎所有 ω 和测度 P，有

$$\widetilde{E}_x(\xi \mid \mathfrak{S})=E_x\xi_\omega$$

把 $E_{x_{\tau_\omega}}\xi_\omega$ 换成 $\widetilde{E}_{x_\tau}(\xi \mid \mathfrak{S})$，即可得出式(2) 的左侧.

此引理说明了，在推移一广义马尔科夫时间时，强马尔科夫过程是如何行动的.

这一节下面我们要研究局部紧相空间的右连续 Feller 过程(从而它又是强马尔科夫过程).

在马尔科夫时间的半群. 特征算子　根据公式

$$T_tf(x)=E_xf(x_t)$$

可以决定半群在随机时间的值. 设 f 是连续函数，而 τ 是马尔科夫时间. 那么 $f(x_\tau)$ 是 $\mathscr{N}$ 可测随机变量. 事实上，我们先假设 τ 只取 kh 的值. 那么

$$f(x_\tau)=\sum_{k=0}^{\infty}f(x_{kh})\chi_{\{\tau=kh\}}$$

它显然是 $\mathscr{N}$ 可测随机变量. 当 $\dfrac{k}{n}\leqslant\tau<\dfrac{(k+1)}{n}$ 时，设 $\tau_n=\dfrac{(k+1)}{n}$. τ_n 是马尔科夫时间. 因为对于一般情形

$$f(x_\tau)=\lim_{n\to\infty}f(x_{\tau_n})$$

故作为 $\mathscr{N}$ 可测随机变量 $f(x_{\tau_n})$ 的极限，$f(x_\tau)$ 也 $\mathscr{N}$ 可测. 由此立即可以得出如下结果：对任意马尔科夫时间 τ 和 Borel 函数 f，随机变量 $f(x_\tau)$ 为 $\mathscr{N}$ 可测.

如果 f 是有界 Borel 函数，则设

$$T_\tau f(x)=E_xf(x_\tau)$$

引理 2　设 $f\in\mathscr{D}_A$，而 τ 是马尔科夫时间，$E_x\tau<\infty$. 则

$$T_\tau f(x)=f(x)+E_x\int_0^\tau Af(x_s)\mathrm{d}s \tag{3}$$

证 设 τ 只取 kh 为值. 那么

$$f(x_\tau)=\sum_{k=0}^{\infty}[f(x_{(k+1)h})-f(x_{kh})]\chi_{\{\tau>kh\}}+f(x)[\chi_{\{\tau>0\}}+\chi_{\{\tau=0\}}]$$

由此可见

$$\begin{aligned}E_xf(x_\tau)=f(x)+\sum_{k=0}^{\infty}E_x\chi_{\{\tau>kh\}}E[f(x_{(k+1)h})-f(x_{kh})\mid\mathcal{N}_{kh}]=\\ f(x)+\sum_{k=0}^{\infty}E_x\chi_{\{\tau>kh\}}E\left(\int_{kh}^{(k+1)h}Af(x_s)\mathrm{d}s\mid\mathcal{N}_{kh}\right)=\\ f(x)+E_x\sum_{k=0}^{\infty}\chi_{\{\tau>kh\}}\int_{kh}^{(k+1)h}Af(x_s)\mathrm{d}s=\\ f(x)+E_x\int_0^{\tau}Af(x_s)\mathrm{d}s\end{aligned}$$

(在上面的一串等式中,我们用到级数 $\sum_{k=0}^{\infty}E_x\chi_{\{\tau>kh\}}=\frac{1}{h}E_x\tau$ 的收敛性).

对任意 τ,我们仿照上面引进一马尔科夫时间序列 τ_n. 那么

$$E_xf(x_{\tau_n})=f(x)+E_x\int_0^{\tau_n}Af(x_s)\mathrm{d}s$$

当 $n\to\infty$ 时,在该式中取极限. 由不等式

$$\left|\int_0^{\tau_n}Af(x_s)\mathrm{d}s-\int_0^{\tau}Af(x_s)\mathrm{d}s\right|\leqslant\frac{1}{n}\|Af\|$$

即可得出引理的结论.

考虑特殊形式的马尔科夫时间. 设 G 是开集. 我们证明,随机变量

$$\tau_G=\inf[s:x(s)\overline{\in}G]$$

(首次流出 G 的时间)是马尔科夫时间. 因为 x_s 右连续,故 τ_G 决定于它在有理点上的值. 由此可见 τ_G 为 $\mathcal{N}$ 可测. 现在证明,事件 $\{\tau_G>t\}$ 属于 $\mathcal{N}_t$. 设 Γ 是集 G 的边界. 显然 $\{x(s)\in G\cup\Gamma,s\leqslant t\}\in\mathcal{N}_t$. 设 $h(s)=r(x_s,\Gamma)$,其中 r 是 $\mathscr{X}$ 中的距离. 函数 $h(t)$ 右连续并且 $\mathcal{N}_t$ 可测. 所以

$$\{\tau_G>t\}=\{x(s)\in G\cup\Gamma,s\leqslant t\}\setminus\{h(s)>0,s\leqslant t\}$$

我们证明 $\{h(s)>0,s\leqslant t\}\in\mathcal{N}_t$. 设 $\{s_k\}$ 是一在 $[0,t]$ 上稠密的点列. 如果 $h(s_k)>0$,则存在包含 s_k 的一个最小区间 $[\alpha_k,\beta_k)\subset[0,t]$,使 $\inf h(s)>0:s\in(\gamma,\delta),\alpha_k<\gamma<\delta<\beta_k$. 容易看出,随机变量 α_k 和 β_k 为 $\mathcal{N}_t$ 可测. 但是

$$\begin{aligned}\{h(s)>0,s\leqslant t\}=[\bigcap_{k=0}^{\infty}\{h(s_k)>0\}]\cdot\cap\{\bigcup_{k=1}^{\infty}[\alpha_k,\beta_k)=[0,t)\}\cdot\\ \cap\{h(t)>0\}\cap[\bigcap_{k=1}^{\infty}\{h(\alpha_k)>0\}]\end{aligned}$$

于是 $\{h(s)>0,s\leqslant t\}\in\mathcal{N}_t$ 得证.

很容易证明,对任意闭集 S,随机变量 $\tau_S=\inf[s:x(s)\overline{\in}S]$ 也是马尔科夫时间.

设 τ 是首次流出点 x 的邻域 U 的时间，其中集 $U=\{y: |Af(x)-Af(y)|<\varepsilon\}$. 如果 $E_x\tau<\infty$，则由式(3)得

$$T_tf(x)=f(x)+[Af(x)+O(\varepsilon)]E_x\tau \tag{4}$$

我们来求使 $E_x\tau$ 在点 x 充分小的邻域内有限的条件.

x 称为吸收点，如果对所有 $t>0$，$P_x\{x_t=x\}=1$. 我们证明，对非吸收点 x 存在一邻域 U，使 $E_x\tau_U<\infty$.

设 $f\in\mathscr{C}_{\mathscr{X}}$，$0\leqslant f\leqslant 1$，而当 $x\neq y$ 时 $f(x)=1$，$f(y)<1$. 如果 x 不是吸收点，则对某一 t 有 $T_tf(x)<1$. 从而存在 $\delta>0$ 和 x 的一邻域 U_1，使 $T_tf(y)<1-2\delta$，$y\in U_1$. 若设 $U_2=\{y: f(y)>1-\delta\}$，则对 $y\in U=U_1\cap U_2$

$$P(t,y,U)\leqslant\frac{1}{1-\delta}\int P(t,y,\mathrm{d}z)f(z)\leqslant 1-\delta$$

因此

$$P_x\{\tau_U>kt\}\leqslant P_x\{x(lt)\in U, l=1,\cdots,k\}\leqslant(1-\delta)^k$$

由此可见，τ_U 的各阶矩都存在.

由式(4)可以得到下面的结果. 设 $f\in\mathscr{D}_A$，U_n 是吸收点 x 的邻域序列，满足条件：对任意邻域 U 存在 N，使当 $n>N$ 时 $U_n\subset U$（记作 $U_n\downarrow x$）. 那么

$$Af(x)=\lim_{n\to\infty}\frac{E_xf(x_{\tau_n})-f(x)}{E_x\tau_n}\quad(\tau_n=\tau_{U_n}) \tag{5}$$

为由(4)得到(5)，只需注意到当 $n\to\infty$ 时

$$\varepsilon_n=\sup_{y\in U_n}|f(y)-f(x)|\to 0$$

设 x 是吸收点. 因为 $P_x\{x_t=x\}=1$，而且 x_t 右连续，故 $P_x\{x_t=x, t\geqslant 0\}=1$. 这时，对一切 $U\ni x$ 有 $\tau_U=+\infty$，而且 $E_x\tau_U=+\infty$. 另一方面，对于吸收点 x，有

$$Af(x)=\lim_{t\downarrow 0}\frac{T_tf(x)-f(x)}{t}=\lim_{t\downarrow 0}\frac{f(x)-f(x)}{t}=0$$

因此，如果令 $\dfrac{c}{+\infty}=0$，则式(5)仍然成立.

我们定义过程的特征算子 $\mathfrak{U}$ 如下.

我们说函数 $f\in\mathscr{C}_{\mathscr{X}}$ 属于算子 $\mathfrak{U}$ 在 x 点的定义域 $\mathscr{D}_{\mathfrak{U},x}$，如果存在极限

$$\mathfrak{U}f(x)=\lim_{n\to\infty}\frac{E_xf(x_{\tau_n})-f(x)}{E_x\tau_n} \tag{6}$$

其中 τ_n 是首次流入 U_n 的时刻，而 U_n 是 x 点的任意邻域列，$U_n\downarrow x$. $\mathfrak{U}f(x)$ 就是算子 $\mathfrak{U}$ 作用于函数 f 后在 x 点上的值. 称集 $\mathscr{D}_{\mathfrak{U}}=\bigcap_{x\in\mathscr{X}}\mathscr{D}_{\mathfrak{U},x}$ 为算子 $\mathfrak{U}$ 的定义域：对于 $f\in\mathscr{D}_{\mathfrak{U}}$，在一切点 x 上，函数 $\mathfrak{U}f(x)$ 由式(6)定义. 由式(5)可见，$\mathscr{D}_A\subset$

$\mathscr{D}_{\mathfrak{U}}$，而且在 $\mathscr{D}_A$ 上 $A=\mathfrak{U}$，即 $\mathfrak{U} \supseteq A$(特征算子是无穷小算子的扩张).

特征算子之所以方便，是因为它的定义只要求知道过程在流出初始点任意小的邻域之前的行为. 换句话说，特征算子具有某种局部的特性.

紧空间上过程的特征算子 由两个过程的特征算子相等，一般不能得出它们转移概率相同的结论；由以上所证明的只知道，它们的无穷小算子是同一算子的压缩. 以后我们会看到，不同的过程确实可以有相同的特征算子. 然而，对于有一类过程，具体地说，对于紧空间上的随机连续 Feller 过程，特征算子决定过程的转移概率.

设 $\mathscr{X}$ 是紧空间，$\mathfrak{U}$ 是马尔科夫过程 $\{\mathscr{F},\mathscr{N},P_x\}$ 的特征算子，这里过程 $\{\mathscr{F},\mathscr{N},P_x\}$ 是随机连续的和 Feller 的. 我们证明，这时特征算子 $\mathfrak{U}$ 决定无穷小算子 A. 确切地说，我们要证明，算子 A 的定义域由所有使 $\mathfrak{U}f \in \mathscr{C}_{\mathscr{X}}$ 的函数 $f \in \mathscr{C}_{\mathscr{X}} \cap \mathscr{D}_{\mathfrak{U}}$ 组成，记 $\mathscr{D}_0$ 为这样函数的集合. 设 $\overline{A}$ 是定义在 $\mathscr{D}_0$ 上的算子：$\overline{A}f=\mathfrak{U}f$. 容易看出，如果 $f \in \mathscr{D}_{\mathfrak{U}}$ 并且在 x_0 有极大值，则 $\mathfrak{U}f(x_0) \leqslant 0$. 从而 $\overline{A}$ 满足极大值原理(见 §4 定理 1)，而且其定义域是一处处稠密的集合，因为 $\mathscr{D}_0 \supset \mathscr{D}_A$，而 $\mathscr{D}_A$ 在 $\mathscr{C}_{\mathscr{X}}$ 中稠密. 对于任意 $\lambda>0$ 和一切 $g \in \mathscr{C}_{\mathscr{X}}$，我们证明方程 $\lambda f-\overline{A}f=g$ 有解(由 §4 定理 1 的证明知，由极大值原理可以推出此解的唯一性，即算子 $(\lambda I-\overline{A})$ 有可逆性). 函数 $R_\lambda g$(其中 R_λ 是所考虑的马尔科夫过程的预解式)就是这样的解. 事实上，由 $R_\lambda g \in \mathscr{D}_A$ 知 $\overline{A}R_\lambda g=AR_\lambda g$. 故

$$\lambda R_\lambda g=\overline{A}R_\lambda g=\lambda g-AR_\lambda g=g$$

因此

$$(\lambda I-\overline{A})^{-1}g=R_\lambda g$$

从而 $\mathscr{D}_0=\mathscr{D}_A$，$\overline{A}=A$.

这一结果对于局部紧空间的规则过程有如下推广.

定理 1 如果 $\{\mathscr{F},\mathscr{N},P_x\}$ 是局部紧空间 $\mathscr{X}$ 中的规则过程，$\mathfrak{U}$ 是它的特征算子，则无穷小算子的定义域 $\mathscr{D}_A$ 与 $\mathscr{D}_{\mathfrak{U}} \cap \mathscr{C}_0 \cap \{f:\mathfrak{U}f \in \mathscr{C}_0\}$ 重合，即 $\mathfrak{U}$ 唯一决定过程的无穷小算子.

这一定理的证明和 $\mathscr{X}$ 紧致的情形完全相同.

局部紧空间中，在首次流出所有紧集的瞬时中断的过程. 一般来说，我们将研究局部紧空间中的中断强马尔科夫 Feller 过程. 假设过程满足下面较强的随机连续性，以后我们称之为局部一致随机连续性：

对所有 $f \in \mathscr{C}_{\mathscr{X}}$，在 $\mathscr{X}$ 中的每一紧集 K 上一致有

$$\lim_{t \downarrow 0} T_t f(x)=f(x)$$

由这一条件可知，当 $\lambda \to +\infty$ 时，在 $\mathscr{X}$ 的每一紧集上 $\lambda R_\lambda f \to f$($R_\lambda$ 是过程的预解式).

§3 的例子表明，为使 R_λ 是一马尔科夫过程的预解式，上述条件和 §3 的

条件 1) ～ 4) 是不充分的. 所以，甚至在局部一致随机连续条件成立时，描绘局部紧空间中马尔科夫过程的所有预解式(或即描绘所有无穷小算子) 的问题，比对紧空间上的过程(或对局部紧空间的规则过程) 解决该问题更为复杂，它没有那样简单的答案.

我们先研究一个特别的中断过程类. 在 §4 我们曾经指出，如果给 $\mathscr{X}$ 补充上一点 $\mathfrak{b}$ 以把它扩张为紧空间 $\mathscr{X}^0$，并且在 $\mathscr{X}^0$ 上给出一个过程，使 $\mathfrak{b}$ 是它的吸收点，从而也就在 $\mathscr{X}$ 中给出一中断过程. 我们仍然假设这个 $\mathscr{X}$ 中的过程是右连续的和强马尔科夫的. 我们称首次流出开集 $\mathscr{X}$ 的时刻 ζ 为过程的消失或中断时间. 我们说，过程在 $\mathscr{X}$ 之内中断，如果对于任意紧集 K，它首次流出这一紧集的时间 $\tau_K < \zeta$. 称 $\{\mathscr{F},\mathscr{N},P_x\}$ 为在无穷中断的过程，如果存在一紧集序列 K_n，$K_n \subset K_{n+1}$，$\bigcup K_n = \mathscr{X}$，使 $\zeta = \xi = \lim\limits_{n\to\infty} \tau_{K_n}$.

此外，在这一节我们要研究中断的右连续 Feller 强马尔科夫过程，假设它满足局部一致随机连续条件，并且在 $\mathscr{X}$ 之内中断. 我们将要给出根据已给过程的转移概率来构造在时刻 ζ 中断的过程之转移概率的方法. 同时证明，后者唯一地决定于原过程的特征算子.

记 x_t 为过程 $\{\mathscr{F},\mathscr{N},P_x\}$ 的轨道. 我们考虑函数

$$P^v(t,x,E) = E_x \chi_E(x_t)\exp\left\{-\int_0^t v(x_s)\mathrm{d}s\right\}$$

其中 $v(x)$ 是 $\mathscr{X}$ 上某一非负连续函数，$B \in \mathfrak{B}$. 我们证明，$P^v(t,x,B)$ 是转移函数. 至于说 $P^v(t,x,B)$ 对于 B 为测度是显然的. 其次

$$\begin{aligned}
&E_x \chi_B(x_{t+u})\exp\left\{-\int_0^{t+u} v(x_s)\mathrm{d}s\right\} = \\
&E_x \exp\left\{-\int_0^t v(x_s)\mathrm{d}s\right\} E\left(\exp\left\{-\int_t^{t+u} v(x_s)\mathrm{d}s\right\}\chi_B(x_{t+u}) \mid \mathscr{N}_t\right) = \\
&E_x \exp\left\{-\int_0^t v(x_s)\mathrm{d}s\right\} E_{x_t} \chi_B(x_s)\exp\left\{-\int_0^u v(x_s)\mathrm{d}s\right\} = \\
&E_x \exp\left\{-\int_0^t v(x_s)\mathrm{d}s\right\} P^v(u,x,B) = \\
&\int P^v(u,y,B)P^v(t,x,\mathrm{d}y)
\end{aligned}$$

因为对任意有界可测函数 $h(y)$ 有

$$\int P^v(t,x,\mathrm{d}y)h(y) = E_x h(x_s)\exp\left\{-\int_0^t v(x_s)\mathrm{d}s\right\}$$

这样，$P^v(t,x,B)$ 满足 Колмогоров－Chapman 方程. $P^v(t,x,B)$ 对 x 可测，因为

$$P^v(t,x,B) = \lim_{n\to\infty} E_x \chi_B(x_t)\exp\left\{-\frac{t}{n}\sum_{k=1}^n v(x_{\frac{kt}{n}})\right\} =$$

$$\lim_{n\to\infty} E_x \exp\left\{-\frac{t}{n}v(x_{\frac{kt}{n}})\right\} E_{x(\frac{t}{n})} \exp\left\{-\frac{t}{n}v\left[x\left(\frac{t}{n}\right)\right]\right\} \times \cdots \times$$

$$E_{x(\frac{t(n-1)}{n})} \exp\left\{-\left(\frac{t}{n}\right)v\left[x\left(\frac{t}{n}\right)\right]\right\}\chi_B\left[x\left(\frac{t}{n}\right)\right]$$

而对任意有界可测函数 $g(x)$，函数 $E_x \mathrm{e}^{-\lambda v(x_s)} g(x_s)$ 可测. 由于

$$\int P^v(t,x,\mathrm{d}y)f(y) = E_x f(x_t)\exp\left\{-\int_0^t v(x_s)\mathrm{d}s\right\}$$

故对所有 $f \in \mathscr{C}_{\mathscr{X}}$

$$\lim_{t\downarrow 0} \int P^v(t,x,\mathrm{d}y)f(y) = f(x)$$

即转移概率 $P^v(t,x,B)$ 随机连续.

假设当 $x \to \infty$ 时 $v(x) \to +\infty$，使对所有 $t > 0$

$$\lim_{x\to\infty} E_x \exp\left\{-\int_0^t v(x_s)\mathrm{d}s\right\} = 0$$

为此只需 $v(x)$ 满足下面的条件：如果 U_n 是具有紧闭包的开集序列，$\bigcup U_n = \mathscr{X}$，$[U_n] \subset U_{n+1}$，而 h_n 是这样一些数，当 $x \in [U_{n+1}] \backslash U_n$ 和 $t \leqslant h_n$ 时满足不等式

$$P(t,x,U_{n+2} \backslash [U_{n+1}]) \geqslant 1 - \frac{1}{n}$$

则 $h_n \inf\limits_{x\in U_{n+2}\backslash[U_{n-1}]} v(x) \to \infty (n\to\infty)$. 事实上，这时对 $x \in [U_{n+1}] \backslash U_n$ 有

$$E_x \exp\left\{-\int_0^t v(x_s)\mathrm{d}s\right\} \leqslant E_x \exp\left\{-\int_0^{h_n} v(x_s)\mathrm{d}s\right\} \leqslant \frac{1}{h_n}E_x\int_0^{h_n} \mathrm{e}^{-v(x_s)h_n}\mathrm{d}s \leqslant$$

$$\exp\{-\inf_{x\in U_{n+2}\backslash[U_{n-1}]} v(x)h_n\}\left(1-\frac{1}{n}\right) + \frac{1}{n} \to 0$$

对于这样选择的 $v(x)$ 和 $f \in \mathscr{C}_{\mathscr{X}}$

$$\lim_{x\to\infty} \int P^v(t,x,\mathrm{d}y)f(y) = 0$$

引理 3　如果 $\bar{\zeta}$ 是流出所有紧集的时刻，而且 $v(x)$ 满足上面所指出的条件，$v(x) > 0$，则

$$P_x\left\{\int_0^{\bar{\zeta}} v(x_s)\mathrm{d}s = +\infty\right\} = 1$$

而且当 $P_x\{\bar{\zeta} < \infty\} > 0$ 时

$$P_x\left\{\int_0^{\bar{\zeta}} v(x_s)\mathrm{d}s = +\infty \mid \bar{\zeta} < \infty\right\} = 1$$

证　因为 $v(x) > 0$，故 $P_x\left\{\int_0^{\infty} v(x_s)\mathrm{d}s = +\infty\right\} = 1$. 所以为证明引理，只需证明第一个式子. 我们证明，对任意 $\varepsilon > 0$ 和 $x \in \mathscr{X}$

$$P_x\left\{\int_0^{\bar{\zeta}+\varepsilon} v(x_s)\mathrm{d}s = +\infty\right\} = 1$$

为此只需证明，对任意 x 有 $P_x-\lim\limits_{n\to\infty}\int_{\tau_n}^{\tau_n+\varepsilon}v(x_s)\mathrm{d}s=+\infty$，其中 τ_n 是流出 U_n 的时刻(U_n 是 $v(x)$ 的定义中的开集)．我们有

$$P_x\left\{\int_{\tau_n}^{\tau_n+\varepsilon}v(x_s)\mathrm{d}s>L\right\}=E_xP_{x_{\tau_n}}\left\{\int_0^{\varepsilon}v(x_s)\mathrm{d}s>L\right\}=$$

$$E_xP_{x_{\tau_n}}\left\{\exp\left\{-\int_0^{\varepsilon}v(x_s)\mathrm{d}s\right\}<\mathrm{e}^{-L}\right\}\geqslant$$

$$1-\mathrm{e}^{L}E_xE_{x_{\tau_n}}\exp\left\{-\int_0^{\varepsilon}v(x_s)\mathrm{d}s\right\}$$

而由于 $x_{\tau_n}\to\infty$，故当 $n\to\infty$ 时 $E_{x_{\tau_n}}\exp\left\{-\int_0^{\varepsilon}v(x_s)\mathrm{d}s\right\}\to 0$．由刚证明的可见，对所有 x

$$P_x\left\{\int_0^{\bar{\zeta}}v(x_s)\mathrm{d}s=+\infty\right\}=1$$

事实上，如果过程在时刻 $\bar{\zeta}$ 中断，则

$$\int_0^{\bar{\zeta}}v(x_s)\mathrm{d}s=\int_0^{\bar{\zeta}+\varepsilon}v(x_s)\mathrm{d}s$$

而若过程在时刻 $\bar{\zeta}$ 不中断，则由过程的右连续性和强马尔科夫性可见，对充分小的 $\varepsilon>0$

$$\int_{\bar{\zeta}}^{\bar{\zeta}+\varepsilon}v(x_s)\mathrm{d}s=\theta_{\bar{\zeta}}\int_0^{\varepsilon}v(x_s)\mathrm{d}s$$

有限．因此，由于对所有 $\varepsilon>0$，$\int_0^{\bar{\zeta}+\varepsilon}v(x_s)\mathrm{d}s$ 无穷，故 $\int_0^{\bar{\zeta}}v(x_s)\mathrm{d}s$ 无穷．引理得证．

以后要用到下面的一致局部有界条件：我们说过程满足一致局部有界条件，如果对每个紧集 K 和 $\varepsilon>0$ 存在一紧集 K_1，使

$$\sup_x P_x\{x(\tau_K)\overline{\in}K_1\}<\varepsilon$$

定理 2　如果过程满足一致局部有界条件，则转移概率 $P^v(t,x,B)$ 是规则的．

为证明该定理，只需确立转移概率 $P^v(t,x,B)$ 的 Feller 性．先证明下面的辅助命题．

引理 4　如果 $f\in\mathscr{C}_{\mathscr{X}}$，$\varphi\in\mathscr{C}_{\mathscr{X}_t}$，而 $g(\lambda)$ 是连续数值函数，则对 $t>0$，函数 $E_xg\left(\int_0^t f(x_s)\mathrm{d}s\right)\varphi(x_t)$ 属于 $\mathscr{C}_{\mathscr{X}}$．

证　因为 $\left|\int_0^t f(x_s)\mathrm{d}s\right|\leqslant t\|f\|$，而 $g(\lambda)$ 在线段 $[-t\|f\|,t\|f\|]$ 上可以表为多项式的一致极限，所以只需对 $g(\lambda)=\lambda^n$ 证明引理．这时

$$g\left(\int_0^t f(x_s)\mathrm{d}s\right)=n!\int\cdots\int_{0<s_1<\cdots<s_n<t}f(x_{s_1})\cdots f(x_{s_n})\mathrm{d}s_1\cdots\mathrm{d}s_n$$

因而

$$E_x g\left(\int_0^t f(x_s)\mathrm{d}s\right)\varphi(x_t)=n!\int\cdots\int_{0<s_1<\cdots<s_n<t} E_x[f(x_{s_1})\cdots f(x_{s_n})\varphi(x_t)]\mathrm{d}s_1\cdots\mathrm{d}s_n=$$

$$n!\int\cdots\int_{0<s_1<\cdots<s_n<t} T_{s_1}f\cdots T_{s_n-s_{n-1}}fT_{t-s_n}\varphi(x)\mathrm{d}s_1\cdots\mathrm{d}s_n$$

因为最后一个积分对 t 连续而以 $\|f\|^n\cdot\|\varphi\|$ 为界，所以根据在积分号下取极限的 Lebesgue 定理知它对 t 连续. 引理得证.

我们现在来证明定理 2. 设

$$v_n(x)=\begin{cases}v(x) & 若\ v(x)\leqslant n\\ n & 若\ v(x)\geqslant n\end{cases}$$

那么对 $f\geqslant 0, f\in\mathscr{C}_{\mathscr{X}}$

$$E_x\exp\left\{-\int_0^t v(x_s)\mathrm{d}s\right\}f(x_t)=\lim_{n\to\infty}E_x\exp\left\{-\int_0^t v_n(x_s)\mathrm{d}s\right\}f(x_s)$$

极限号后面是递减连续函数列，所以函数

$$T_t^v f(x)=E_x\exp\left\{-\int_0^t v(x_s)\mathrm{d}s\right\}f(x_t)$$

对 x 上半连续. 我们现在证明，对于 $f\in\mathscr{C}_{\mathscr{X}}, f\geqslant 0$，函数 $T_t^v f(x)$ 也下半连续. 为此只需证明 $T_t^v 1(x)$ 下半连续. 事实上，这时函数 $T_t^v(\|f\|-f)$ 是上半连续的，因为它非负；它是下半连续的，因为函数 $T_t^v 1$ 和 $-T_t^v f$ 下半连续. 因此对 $f\geqslant 0$ 和 $f\in\mathscr{C}_{\mathscr{X}}$，函数 $T_t^v f$ 连续. 由此已经可以看出，如果 $T_t 1\in\mathscr{C}_{\mathscr{X}}$，则对所有 $f\in\mathscr{C}_{\mathscr{X}}$ 有 $T_t f\in\mathscr{C}_{\mathscr{X}}$.

从而对 $f\in\mathscr{C}_{\mathscr{X}}, f\geqslant 0$，函数

$$R_\lambda^v f(x)=\int_0^\infty T_t^v f(x)\mathrm{e}^{-\lambda t}\mathrm{d}t$$

上半连续. 为证明 $R_\lambda^v f\in\mathscr{C}_{\mathscr{X}}(f\in\mathscr{C}_{\mathscr{X}})$，也只需证明 $R_\lambda^v 1$ 下半连续. 如果对所有 $f\in\mathscr{C}_0$ 有 $R_\lambda^v f\in\mathscr{C}_0$，则由 §2 的式(15) 对 $\sigma>1$ 有

$$T_t^v(R_1)^2 f=(R_1^v)^2 f\mathrm{e}^t-t\mathrm{e}^t R_1^v f+\frac{1}{2\pi\mathrm{i}}\int_{\sigma-\mathrm{i}\infty}^{\sigma+\mathrm{i}\infty}\frac{1}{(\lambda-1)^2}R_\lambda f\mathrm{e}^{\lambda t}\mathrm{d}\lambda$$

从而对所有 $f\in\mathscr{C}_0$ 有 $T_t^v(R_1^v)^2 f\in\mathscr{C}_0$. 这样，对所有 $f\in\mathscr{C}_0$ 和 $\lambda>0$ 有 $T_t^v(R_1^v)^2 f\in\mathscr{C}_0$. 因为

$$T_t^v f=\lim_{\lambda\to+\infty}T_t^v\lambda^2(R_\lambda^v)^2 f$$

而且从右边的收敛是一致的，所以对所有 $f\in\mathscr{C}_0$ 有 $T_t^v f\in\mathscr{C}_0$. 如果选取一序列 $f_n\uparrow 1, f_n\in\mathscr{C}_0$，则可以看出 $T_t^v 1(x)=\lim T_t^v f_n(x)$，即 $T_t^v 1$ 下半连续. 前面已经指出，由此可得定理的结论.

于是，为证明定理，只需证明函数

$$g(x)=E_x\int_0^\infty \exp\left\{-\int_0^t v(x_s)\mathrm{d}s-\lambda t\right\}\mathrm{d}t$$

下半连续. 因为$\int_0^{\bar{\zeta}} v(x_s)\mathrm{d}s=+\infty$，而且 $\tau_n \uparrow \bar{\zeta}$，故

$$g(x)=\lim_{n\to\infty} E_x\int_0^{\tau_n}\exp\left\{-\int_0^t v(x_s)\mathrm{d}s-\lambda t\right\}\mathrm{d}t$$

而且极限号后面的函数序列递增. 函数 $v(x)$ 在 U_n 上有界. 所以为证明定理，只需证明，对 $\varphi\in\mathscr{C}_{\mathscr{X}}$，$\varphi\geqslant 0$，函数

$$g_1(x)=E_x\int_0^{\tau}\exp\left\{-\int_0^t\varphi(x_s)\mathrm{d}s-\lambda t\right\}\mathrm{d}t$$

在 U 内的每一紧集 K 上为下半连续，其中 U 是具有紧闭包的开集，而 τ 是首次流出 U 的时间.

设 $h(x)\in\mathscr{C}_{\mathscr{X}}$，而且当 $x\in V\subset U$ 时 $h(x)=0$，当 $x\,\overline{\in}\,U$ 时 $h(x)=1$，$0\leqslant h(x)\leqslant 1$. 令

$$f_m(x)=E_x\int_0^{\infty}\exp\left\{-\int_0^t\varphi(x_s)\mathrm{d}s-\lambda t-m\int_0^t h(x_s)\mathrm{d}s\right\}\mathrm{d}t \tag{7}$$

由引理 4 可见，对所有 m 有 $f_m(x)\in\mathscr{C}_{\mathscr{X}}$. 其次

$$\begin{aligned}f_m(x)=&E_x\int_0^{\tau}\exp\left\{-\int_0^t\varphi(x_s)\mathrm{d}s-\lambda t-m\int_0^t h(x_s)\mathrm{d}s\right\}\mathrm{d}t+\\&E_x\int_{\tau}^{\infty}\exp\left\{-\int_0^t\varphi(x_s)\mathrm{d}s-\lambda t-m\int_0^t h(x_s)\mathrm{d}s\right\}\mathrm{d}t\leqslant\\&g(x)+E_xE_{x_\tau}\int_0^{\infty}\exp\left\{-\int_0^t\varphi(x_s)\mathrm{d}s-\lambda t-m\int_0^t h(x_s)\mathrm{d}s\right\}\mathrm{d}t\cdot\\&\chi_{\{x_\tau\in U_n,\tau<\infty\}}+P_x\{x_\tau\,\overline{\in}\,U_n,\tau<\infty\}\end{aligned}$$

由不等式($x\in U_n\setminus U$)

$$\begin{aligned}E_x\exp\left\{-m\int_0^t h(x_s)\mathrm{d}s\right\}\leqslant&\frac{1}{\Delta}E_x\int_0^{\Delta}\exp\left\{-\frac{m}{\Delta}\Delta\, h(x_s)\right\}\mathrm{d}s\leqslant\\&\sup_{x\in U_n\setminus U}\frac{1}{\Delta}\int_0^{\Delta}P(s,x,\mathscr{X}\setminus U_n)\mathrm{d}s+\mathrm{e}^{-m\Delta}\end{aligned}$$

可见，对任意 n 可以选择 m，使

$$E_{x_\tau}\int_0^{\infty}\exp\left\{-\int_0^t\varphi(x_s)\mathrm{d}s-\lambda t-m\int_0^t h(x_s)\mathrm{d}s\right\}\mathrm{d}t\,\chi_{\{x_\tau\in U_n,\tau<\infty\}}$$

可以任意地小. 因此，对任意 n 和 $\delta>0$，当 m 充分大时有

$$f_m(x)\leqslant g(x)+\delta+P_x\{x_\tau\,\overline{\in}\,U,\tau<\infty\}$$

由一致局部有界条件，当 $n\to\infty$ 时 $\sup\limits_{x\in K}P_x\{x_\tau\,\overline{\in}\,U_n,\tau<\infty\}\to 0$. 所以，对任意 $\varepsilon>0$ 和所有充分大的 m，不等式 $f_m(x)\leqslant g(x)+\varepsilon$ 成立. 另一方面

$$g(x)=\lim_{m\to\infty}\lim_{V\uparrow U}f_m(x)$$

由此即可知 $g(x)$ 下半连续. 定理得证.

下面的例子说明，对于不满足一致局部有界条件的过程，转移概率 $P^v(t,$

$x,E)$ 未必是 Feller 的.

例 $\mathscr{X}$ 由全体自然数和点 $x_n=1-\dfrac{1}{n}, n=1,2,\cdots$ 组成. 在时间区间 τ_n 内过程位于点 x_n；τ_n 服从指数分布，均值为 a_n；在服从均值为 b_n 的指数分布的时间区间内过程位于点 n，其中 $\sum a_n<\infty$，$\sum b_n<\infty$，而且

$$\lim_{N\to\infty}\left(\sum_{n=N}^{\infty}\frac{b_n}{a_N}\right)=0,\ \lim_{N\to\infty}\left(\sum_{n=N+1}^{\infty}\frac{a_n}{a_N}\right)=0$$

过程(以概率 1) 从点 n 向点 $n+1$ 转移，它以概率 $\dfrac{1}{n}$ 从 x_n 向点 $n+1$ 转移，而以概率 $1-\dfrac{1}{n}$ 向点 x_{n+1} 转移. 经无穷多次转移之后过程落入点 1，然后又按以前的规律继续自己的进程. $\mathscr{X}$ 中的拓扑是一般的，1 是唯一的一个极限点. 显然当 $t\downarrow 0$ 时，$T_tf(x_n)\to f(x_n)$，而 $T_tf(n)\to f(n)$. 为验证局部一致随机连续条件只需证明，当 $t_n\downarrow 0, n\to\infty$ 时，$T_{t_n}f(x_n)\to f(1)$. 记 ζ_1 为过程首达自然数集的时间，而 ζ_2 为首达无穷的时间. 那么

$$P(t_n,x_n,[2,3,\cdots])\leqslant P_{x_n}\{\xi_1<t_n,\zeta_1+\zeta_2>t_n\}+P_1\{\tau_1<t_n\}$$

其中 τ_1 是首次流出点 1 的时间. 显然

$$\lim_{n\to\infty}P\{\tau_1<t_n\}=0$$

而

$$P_{x_n}\{\zeta_1<t_n,\zeta_1+\zeta_2>t_n\}=\int_0^{t_n}P_{x_n}\{\zeta_1\in \mathrm{d}s\}P_{x_n}\{\zeta_2>t_n-s\mid\zeta_1=s\}$$

容易看出

$$P_{x_n}\{\zeta_1\in\mathrm{d}s\}=\frac{1}{a_n}\mathrm{e}^{-\frac{s}{a_n}}(1+o(1))\mathrm{d}s$$

而

$$P_{x_n}\{\zeta_2>t_n-s\mid\zeta_1=s\}\leqslant\min\left[1;\sum_{k=n+1}^{\infty}\frac{b_k}{t_n-s}\right]$$

从而

$$P\{\zeta_1<t_n,\zeta_1+\zeta_2>t_n\}\sim\frac{1}{a_n}\int_0^{t_n}\mathrm{e}^{-\frac{s}{a_n}}\min\left[1,\sum_{k=n+1}^{\infty}\frac{b_k}{t_n-s}\right]\mathrm{d}s$$

可以用

$$\min_{\delta\leqslant t_n}\left[\frac{\delta}{a_n}+\frac{1}{\delta}\sum_{k=n+1}^{\infty}b_k\right]\leqslant\varepsilon+\frac{1}{\varepsilon}\sum_{k=n+1}^{\infty}\frac{b_k}{a_n}$$

来估计上式的右侧，可见它趋于 0. 因此，当 $n\to\infty$ 时

$$|T_{t_n}f(x_n)-f(1)|\leqslant\sup_{m>n}|f(x_m)-f(1)|+2P(t_n,x_n,[2,3,\cdots])\to 0$$

由此可见，当 $t\downarrow 0$ 时，在每一紧集上有 $T_tf(x)\to f(x)$(局部一致随机连续性).

容易证明过程的 Feller 性. 然而，一致局部有界条件对于该过程并不成立. 如果 K 是由点 $x_n(n=1,2,\cdots)$ 和 1 构成的紧集，则 $P_{x_n}\{x(\tau_n)>n\}=1$. 这时转移概率 $P^v(t,x,B)$ 不是 Feller 的，因为 $T_t^v f(1)$ 可以取任意值，而

$$\lim_{n\to\infty} T_t^v f(x_n)=\lim_{n\to\infty} T_t^v f(n)=0$$

注 对于以概率 1 连续的过程，跃度有界的过程，以及具有离散拓扑的空间中的过程，一致局部有界条件自然成立，因为在这样的空间中只有有穷集才是紧集.

我们现在来构造以 $P^v(t,x,B)$ 为转移概率的过程. 设 $\{\mathscr{F},\mathscr{N},P_x\}$ 是已给马尔科夫过程. 记 $\check{\mathscr{F}}$ 为定义在 $[0,\zeta)$ 上的函数 $x(t)$ 的集合，其中 ζ 是任意实数，满足不等式 $\zeta\leqslant\bar{\zeta}$($\bar{\zeta}$ 是流出一切紧集的时间)，而且每个函数 $x(t)$，$t\in[0,\zeta)$，与 $\mathscr{F}$ 中的一个函数(当 $t\in[0,\zeta)$ 时) 重合. 以 $\check{\mathscr{N}}_t$ 表 $\check{\mathscr{F}}$ 的子集的 σ 代数：它由形如 $\mathscr{F}^t\cap A$ 的集合所产生，其中 A 是 $\mathscr{N}_t$ 中的柱集，而 $\mathscr{F}^t$ 是 $\check{\mathscr{N}}$ 中的函数 $x(s)$，$s\in[0,\zeta)$，$\zeta>t$，的集合. 对于任意 $A\in\check{\mathscr{N}}_t$，测度 P_x^v 定义为

$$P_x^v(A)=E_x\,\chi_A(x(\cdot))\exp\left\{-\int_0^t v(x_s)\mathrm{d}s\right\} \tag{8}$$

这里所引进的数 ζ 就是过程的中断时间.(由引理 3 可知，以 $P^v(t,x,B)$ 为转移概率的过程的中断时间满足不等式 $\zeta\leqslant\bar{\zeta}$).

我们来研究过程 $\{\mathscr{F},\mathscr{N},P_x\}$ 和 $\{\check{\mathscr{F}},\check{\mathscr{N}},P_x^v\}$ 的特征算子之间的联系. 前者的特征算子记作 $\mathfrak{U}$，而后者的记作 $\mathfrak{U}^v$. 如果 $\varphi\in\mathscr{D}_{\mathfrak{U},x}$，则

$$\begin{aligned}E_x^v\varphi(x_{\tau_U})-\varphi(x)&=E_x\varphi(x_{\tau_U})\exp\left\{-\int_0^{\tau_U}v(x_s)\mathrm{d}s\right\}-\varphi(x)=\\&E_x\varphi(x_{\tau_U})-\varphi(x)+E_x\varphi(x_{\tau_U})\cdot\\&\left[\exp\left\{-\int_0^{\tau_U}v(x_s)\mathrm{d}s\right\}-1\right]\end{aligned}$$

因为

$$\exp\left\{-\int_0^{\tau_U}v(x_s)\mathrm{d}s\right\}-1=-\tau_U[v(x)+O(\sup_{y\in U}|v(y)-v(x)|)]$$

故当 $U\downarrow x$，而且 x 不是吸收点时

$$\frac{E_x^v\varphi(x_{\tau_U})-\varphi(x)}{E_x^v\tau_U}\to\mathfrak{U}\varphi(x)-v(x)\varphi(x)$$

对于吸收点 x，$\mathfrak{U}^v$ 没定义，但是对这样的点自然设 $\mathfrak{U}^v f=-vf$. 假设一致局部有界条件成立，而 A^v 是过程 $\{\check{\mathscr{F}},\check{\mathscr{N}},P_x^v\}$ 的无穷小算子. 因为该过程是规则的，所以算子 A^v 定义在 $\mathscr{C}_0$ 中稠密的子集 $\mathscr{D}_0$ 上. 在该集合上算子 A^v 和 $\mathfrak{U}^v$ 相等. 对 $\varphi\in\mathscr{D}_0$

$$A^v\varphi = \mathfrak{U}p - v\varphi$$

而由定理 1 可知,$\mathscr{D}_0$ 包含所有满足 $\mathfrak{U}\varphi - v\varphi \in \mathscr{C}_{\mathscr{X}}$ 的 φ.

我们现在来讨论如何定义在流出所有紧集之后中断的过程. 设

$$P_n(t,x,B) = E_x \chi_B(x_t)\exp\left\{-\frac{1}{n}\int_0^t v(x_s)\mathrm{d}s\right\}$$

其中 v 是和前面同样的函数. 对所有 $f \in \mathscr{C}_{\mathscr{X}}$ 存在极限

$$\lim_{n\to\infty}\int P_n(t,x,\mathrm{d}y)f(y) = \lim_{n\to\infty} E_x f(x_t)\exp\left\{-\frac{1}{n}\int_0^t v(x_s)\mathrm{d}s\right\}$$

这个极限可以写为

$$\int P^0(t,x,\mathrm{d}y)f(y)$$

其中 $P^0(t,x,B)$ 也是转移概率. 对任意 $f \geqslant 0$,下面的不等式成立

$$\int P_n(t,x,\mathrm{d}y)f(y) \leqslant \int P^0(t,x,\mathrm{d}y)f(y) \leqslant \int P(t,x,\mathrm{d}y)f(y)$$

由此可见,在每一紧集上一致有

$$\lim_{t\downarrow 0}\int P^0(t,x,\mathrm{d}y)f(y) = f(x)$$

因此对转移概率 $P^0(t,x,B)$,局部一致随机连续条件也成立.

为了说明所找到的转移概率 $P^0(t,x,B)$ 确实是在时刻 $\bar{\zeta}$ 中断的过程的转移概率,只需注意到,以概率 $P_x = 1$ 有

$$\lim_{n\to\infty}\exp\left\{-\frac{1}{n}\int_0^t v(x_s)\mathrm{d}s\right\} = \chi_{\{\bar{\zeta}>t\}}$$

因为 $P_x\left\{\int_0^{\bar{\zeta}} v(x_s)\mathrm{d}s = +\infty\right\} = 1$.

我们指出一种求转移概率 $P^v(t,x,B)$ 的方法,它也适用于一致局部有界条件不成立的情形.

引理 5 如果 $\varphi \in \mathscr{C}_{\mathscr{X}}, f \in \mathscr{C}_{\mathscr{X}}$,则函数

$$u(t,x) = E_x\exp\left\{-\int_0^t \varphi(x_s)\mathrm{d}s\right\} f(x_t)$$

满足下列积分方程

$$u(t,x) = T_t f(x) - \int_0^t\int u(t-s,y)\varphi(y)P(s,x,\mathrm{d}y)\mathrm{d}s \tag{9}$$

证 把等式

$$\exp\left\{-\int_s^t \varphi(x_u)\mathrm{d}u\right\} = 1 - \int_0^t \exp\left\{-\int_s^t \varphi(x_u)\mathrm{d}u\right\}\varphi(x_s)\mathrm{d}s$$

两侧同乘以 $f(x_t)$,然后求数学期望 E_x. 由

$$E_x\exp\left\{-\int_s^t\varphi(x_u)\mathrm{d}u\right\}\varphi(x_s)f(x_t)=E_x\varphi(x_s)E_{x_s}\exp\left\{-\int_0^{t-s}\varphi(x_u)\mathrm{d}u\right\}f(x_{t-s})$$

得式(9).

注 最好用拉普拉斯变换来解方程(9).设

$$u_\lambda(x)=\int_0^\infty \mathrm{e}^{-\lambda t}u(t,x)\mathrm{d}t$$

则得 $u_\lambda(x)$ 的下列方程

$$u_\lambda(x)=R_\lambda f(x)-\int R_\lambda(x,\mathrm{d}y)u_\lambda(y)\varphi(y) \tag{10}$$

其中 $R_\lambda(x,B)=R_\lambda\chi_B(x)$.因为 $\|R_\lambda\|\leqslant\frac{1}{\lambda}$,故当 $\lambda>\|\varphi\|$ 时,方程(10)有唯一解(和 $t<\|\varphi\|^{-1}$ 时方程(9)完全一样).若对充分小的 t 知道了函数

$$E_x\exp\left\{-\int_0^t\varphi(x_s)\mathrm{d}s\right\}f(x_t)$$

的值,则利用关系式

$$E_x\exp\left\{\int_0^t\varphi(x_s)\mathrm{d}s\right\}f(x_t)=E_x\exp\left\{-\int_0^{t-h}\varphi(x_s)\mathrm{d}s\right\}\cdot$$
$$E_{x_{t-h}}\exp\left\{-\int_0^h\varphi(x_s)\mathrm{d}s\right\}f(x_h) \tag{11}$$

我们就可以对任意大的 t 确定该函数.因而,对所有 n 和 m 可以确定函数

$$E_x\exp\left\{-\frac{1}{m}\int_0^t v_n(x_s)\mathrm{d}s\right\}f(x_t)$$

其中当 $v(x)\leqslant n$ 时 $v_n(x)=v(x)$,而当 $v(x)>n$ 时 $v_n(x)=n$.现在有

$$\int P^0(t,x,\mathrm{d}y)f(y)=\lim_{m\to\infty}\lim_{n\to\infty}E_x\exp\left\{-\frac{1}{m}\int_0^t v_n(x_s)\mathrm{d}s\right\}f(x_t) \tag{12}$$

我们研究转移概率 $P^0(t,x,B)$ 的 Feller 性问题,假设一致局部有界条件成立.因为对 $f\in\mathscr{C}_\mathscr{X}, f\geqslant 0$

$$\int P^0(t,x,\mathrm{d}y)f(y)=\lim_{n\to\infty}\int P_n(t,x,\mathrm{d}y)f(y)$$

而且积分号下是递增连续函数的序列,故对这样的 f,函数 $\int P^0(t,x,\mathrm{d}y)f(y)$ 下半连续.所以,如果 $R_\lambda^0 1\in\mathscr{C}_\mathscr{X}$,则对所有 $f\in\mathscr{C}_\mathscr{X}$ 有 $R_\lambda^0 f\in\mathscr{C}_\mathscr{X}$.由 §2 式(15)可见,对所有 $f\in\mathscr{C}_\mathscr{X}$

$$\int P^0(t,x,\mathrm{d}y)(R_\lambda^0)^2 f(y)\in\mathscr{C}_\mathscr{X}$$

我们现在注意到,由原过程的 Feller 性可知,对任意紧集 K,当 $x\in K$ 时,测度族 $P(t,x,\cdot)$ 弱紧.由随机过程(Ⅰ)第六章 §1 定理 1 可知,对任意 $\varepsilon>0$ 可以找到一紧集 K_1,使 $P(t,x,\mathscr{X}\setminus K_1)<\varepsilon, x\in K$.因此,当 $x\in K$ 时,有

$$P^0(t,x,\mathscr{X}\setminus K_1)\leqslant P(t,x,\mathscr{X}\setminus K_1)<\varepsilon$$

因为

$$\sup_{x\in K}\left|\int P^0(t,x,\mathrm{d}y)f(y)-\int P^0(t,x,\mathrm{d}y)\lambda^2(R_\lambda^0)^2f(y)\right|\leqslant$$
$$2\varepsilon+\sup_{x\in K_1}|f(x)-\lambda^2(R_\lambda^0)^2f(x)|$$

$\lim\limits_{\lambda\to+\infty}\sup\limits_{x\in K_1}|f(x)-\lambda^2(R_\lambda^0)^2f(x)|=0$，而且在每一紧致上一致有$\lim\limits_{t\downarrow 0}\int P^0(t,x,\mathrm{d}y)f(y)=f(x)$，所以$\int P^0(t,x,\mathrm{d}y)f(y)$在每一紧集上作为$\mathscr{C}_{\mathscr{X}}$中函数的一致极限，它也是$\mathscr{C}_{\mathscr{X}}$中的函数.

利用这个事实，可以引进转移概率$P^0(t,x,B)$的Feller性的某些充分条件.

定理3　在满足一致局部有界条件的情形下，下列每一个条件对于转移概率$P^0(t,x,B)$的Feller性充分：

1. 在每一紧集上一致有

$$\lim_{n\to\infty}E_xE_{x_{\tau_n}}(1-\mathrm{e}^{-\lambda\bar{\zeta}})\chi_{\{\tau_n<\infty\}}=0$$

2. 对任意t在每个紧集上一致有

$$\lim_{L\to\infty}P_x\left\{L<\int_0^t v(x_s)\mathrm{d}s<\infty\right\}=0$$

证　如果条件1成立

$$R_\lambda^0 1(x)=E_x\int_0^{\bar{\zeta}}\mathrm{e}^{-\lambda t}\mathrm{d}t=E_x\frac{1-\mathrm{e}^{-\lambda\bar{\zeta}}}{\lambda}=$$
$$\frac{1}{\lambda}-\frac{1}{\lambda}E_x\mathrm{e}^{-\lambda\tau_n}+\frac{1}{\lambda}E_x[\mathrm{e}^{-\lambda\tau_n}-\mathrm{e}^{-\lambda\bar{\zeta}}]\chi_{\{\tau_n<\infty\}}=$$
$$\frac{1}{\lambda}-\frac{1}{\lambda}E_x\mathrm{e}^{-\lambda\tau_n}+\frac{1}{\lambda}E_x\mathrm{e}^{-\lambda\tau_n}[1-\mathrm{e}^{-\lambda(\bar{\zeta}-\tau_n)}]\chi_{\{\tau_n<\infty\}}=$$
$$E_x\int_0^{\tau_n}\mathrm{e}^{-\lambda t}\mathrm{d}t+\frac{1}{\lambda}E_x\mathrm{e}^{-\lambda\tau_n}\chi_{\{\tau_n<\infty\}}E_{x_{\tau_n}}[1-\mathrm{e}^{-\lambda\bar{\zeta}}]$$

上式中第二项不大于

$$\frac{1}{\lambda}E_x\chi_{\{\tau_n<\infty\}}E_{x_{\tau_n}}[1-\mathrm{e}^{-\lambda\bar{\zeta}}]$$

且在每一紧集上一致收敛于0. 对于$G(x)\in\mathscr{C}_{\mathscr{X}}$，当$x\in U_n$时$G(x)=0$，当$x\bar{\in}U_n$时$G(x)>0$，函数

$$E_x\int_0^{\tau_n}\mathrm{e}^{-\lambda t}\mathrm{d}t=\lim_{m\to\infty}E_x\int_0^{\infty}\exp\left\{-\lambda t-m\int_0^t G(x_s)\mathrm{d}s\right\}\mathrm{d}t$$

作为连续函数的递减序列的极限，它上半连续. 这就证明了条件1的充分性. 对于条件2，当$m>n$时

$$E_x\left[\exp\left\{-\frac{1}{n}\int_0^t v(x_s)\mathrm{d}s\right\}-\exp\left\{-\frac{1}{m}\int_0^t v(x_s)\mathrm{d}s\right\}\right]\leqslant$$

$$\left(\frac{1}{n}-\frac{1}{m}\right)L+P_x\left\{L<\int_0^t v(x_s)\mathrm{d}s<\infty\right\}$$

所以，在每一紧集上 $P_n(t,x,\mathscr{X})$ 一致收敛于 $P^0(t,x,\mathscr{X})$. 因此，对所有 t, $P^0(t,x,\mathscr{X})$ 作为 x 的函数属于 $\mathscr{C}_{\mathscr{X}}$. 定理得证.

我们称过程为局部 Feller 的，如果对所有 $f\in\mathscr{C}_0$ 有 $T_tf\in\mathscr{C}_{\mathscr{X}}$.

定理 4 设 $\mathfrak{U}$ 是定义在某一集合 $\mathscr{D}_{\mathfrak{U}}\subset\mathscr{C}_{\mathscr{X}}$ 上的算子. 假设存在一非负函数 $v(x)$, $\lim\limits_{x\to+\infty}v(x)=+\infty$，并且满足下列条件：

1) 对某一 $\lambda>0$ 和所有自然数 n，算子 $A_{v,\lambda}^{(n)}$

$$A_{v,\lambda}^{(n)}f=\mathfrak{U}f-\left(\lambda+\frac{1}{n}v\right)f$$

定义在 $\mathscr{C}_0$ 中处处稠密的集合 $\mathscr{D}_0^{(n)}$ 上，而且把 $\mathscr{D}_0^{(n)}$ 变为一在 $\mathscr{C}_0$ 中稠密的集；

2) 对所有 n，该算子满足下述极大值原理：如果 $f\in\mathscr{D}_0^{(n)}$，而且 $f(x_0)\geqslant f(x)$, $f(x_0)>0$，则 $A_{v,\lambda}^{(n)}f(x_0)\leqslant 0$；

3) 存在一函数 $\chi_n(x)\in\mathscr{D}_0^{(n)}$ 的序列：$\sup\limits_n\chi_n(x)<\infty$, $\chi_n(x)$ 收敛于连续函数 $\chi(x)$, $\sup\limits_n A_{v,\lambda}^{(n)}\chi_n<\infty$，而且对所有 x

$$\lim_{n\to\infty}A_{v,\lambda}^{(n)}\chi_n(x)=-1$$

那么，上述条件是使算子 $\mathfrak{U}$ 为局部 Feller 过程的特征算子的充分条件；而如果过程满足局部一致随机连续条件和一致局部有界条件，则上述条件对于 $\mathfrak{U}$ 是局部 Feller 过程的特征算子也是必要的.

证 在这一小节前面已证明了条件 1) 和 2) 的必要性(应取 $\mathscr{D}_0^{(n)}$ 为以 $P(t,x,B)$ 为转移概率的过程之无穷小算子的定义域). 我们证明条件 3) 的必要性. 设 $\chi_n(x)=R_\lambda^{(n)}g_n(x)$，其中 $R_\lambda^{(n)}$ 是以 $P_n(t,x,B)$ 为转移概率的过程的预解式，而 $g_n(x)\in\mathscr{C}_0$：$\sup\limits_n g_n(x)<\infty$，在每一紧集上 $g_n(x)$ 一致收敛于 1. 那么

$$A_{v,\lambda}^{(n)}\chi_n(x)=-\left[\lambda\chi_n(x)-\left(\mathfrak{U}-\frac{1}{n}v\right)\chi_n(x)\right]=-g_n(x)$$

此外

$$\lim_{n\to\infty}R_\lambda^{(n)}g_n(x)=\lim_{n\to\infty}\int_0^\infty \mathrm{e}^{-\lambda t}E_x\exp\left\{-\frac{1}{h}\int_0^t v(x_s)\mathrm{d}s\right\}g_n(x_t)\mathrm{d}t=$$

$$E_x\int_0^{\zeta}\mathrm{e}^{-\lambda t}\mathrm{d}t=R_\lambda^{(0)}1(x)$$

而由过程的 Feller 性知，函数 $R_\lambda^{(0)}1(x)$ 连续.

现在证明这些条件的充分性. 根据 §4 定理 2 可以构造一过程，使它的无穷小算子在 $\mathscr{D}_0^{(n)}$ 上与 $\mathfrak{U}-\frac{1}{n}v$ 重合. 设 $P_n(t,x,B)$ 是该过程的转移概率，而 $x_t^{(n)}$ 是它的右连续轨道. 对 $m<n$ 记

$$P_m^{(n)}(t,x,B)=E_x\chi_B(x_t^{(n)})\exp\left\{\left(\frac{1}{n}-\frac{1}{m}\right)\int_0^t v(x_s)\mathrm{d}s\right\}$$

仿照前面容易验证，$P_m^{(n)}(t,x,B)$ 是规则转移概率. 和以 $P_m(t,x,B)$ 为转移概率的过程的算子的定义一样(见本小节前面)，可以定义所构造过程的特征算子. 此即

$$\mathfrak{U}_n+\left(\frac{1}{n}-\frac{1}{m}\right)v=\mathfrak{U}-\frac{1}{m}v$$

这里 $\mathfrak{U}_n$ 是过程 $x_t^{(n)}$ 的特征算子. 因为规则过程的转移概率决定于它的特征算子，故

$$P_m^{(n)}(t,x,B)=P_m(t,x,B)$$

所以对 $m<n$

$$P_m(t,x,B)=E_x\chi_B(x_t^{(n)})\exp\left\{\left(\frac{1}{n}-\frac{1}{m}\right)\int_0^t v(x_s^{(n)})\mathrm{d}s\right\}\leqslant$$

$$E_x\chi_B(x_t^{(n)})=P_n(t,x,B)$$

从而，存在极限

$$P^0(t,x,B)=\lim_{n\to\infty}P_n(t,x,B)$$

$P^0(t,x,B)$ 是某一过程的转移概率. 对于 $f\in\mathscr{C}_{\mathscr{X}}, f>0$，由不等式

$$\int P_n(t,x,\mathrm{d}y)f(y)\leqslant\int P^0(t,x,\mathrm{d}y)f(y)$$

可见，当 $t\downarrow 0$ 时，在每一紧集上一致有$\int P_n(t,x,\mathrm{d}y)f(y)\to f(x)$. 事实上，若不然，则存在一点列 $x_k\to x_0$ 和 $\varphi\in\mathscr{C}_{\mathscr{X}}$，使

$$\varlimsup_{\substack{k\to\infty\\ t\to 0}}\left|\varphi(x_k)-\int P^0(t,x_k,\mathrm{d}y)\varphi(y)\right|>\delta>0$$

设 $\psi(x)\in\mathscr{C}_{\mathscr{X}}, \psi(x)<\psi(x_0)=1(x\neq x_0), V_\rho=\{x:\psi(x)<1-\rho\}$. 对点 x_0 的每一邻域 U 存在 $\rho>0$，使 $V_\rho\cup U=\mathscr{X}$. 现在选择 n，邻域 U 和 $h>0$，使对 $x\in U, t<h$

$$0<\psi(x_0)-\int P_n(t,x,\mathrm{d}y)\psi(y)<\varepsilon$$

那么对 $x\in U, t<h$

$$0<\psi(x_0)-\int P^0(t,x,\mathrm{d}y)\psi(y)<\varepsilon$$

从而当 $x\in U, t<h$ 时有 $P^0(t,x,V_\rho)<\frac{\varepsilon}{(1-\rho)}$. 所以

$$\varlimsup_{\substack{t\to 0\\ k\to\infty}}\left|\varphi(x_k)-\int P^0(t,x_k,\mathrm{d}y)\varphi(y)\right|\leqslant$$

$$2\|\varphi\|\varlimsup_{\substack{t\to 0\\ k\to\infty}}P^0(t,x_k,V_\rho)+\sup_{x\overline{\in}V_\rho}|\varphi(x)-\varphi(x_0)|\leqslant$$

$$2\|\varphi\|\frac{\varepsilon}{1-\rho}+\sup_{x\in V_\rho}|\varphi(x)-\varphi(x_0)|$$

即对任意 $\varepsilon>0,\rho>0,\delta\leqslant 2\|\varphi\|\frac{\varepsilon}{1-\rho}+\sup\limits_{x\in V_\rho}|\varphi(x)-\varphi(x_0)|$. 这与 $\delta>0$ 矛盾. 这样就证明了,对于转移概率 $P^0(t,x,B)$,局部一致随机连续条件成立.

我们证明,对所有 $f\in\mathscr{C}_0$, $T_t^0f(x)=\int P^0(t,x,\mathrm{d}y)f(y)$ 连续,即证明过程的局部 Feller 性. 注意到,对 $f\geqslant 0$

$$\int P_n(t,x,\mathrm{d}y)f(y)\uparrow\int P^0(t,x,\mathrm{d}y)f(y)$$

因此,对所有 $f\in\mathscr{C}_{\mathscr{X}}$, $f>0$

$$R_\lambda^0 f(x)=\int_0^\infty\int P^0(t,x,\mathrm{d}y)f(y)\mathrm{e}^{-\lambda t}\mathrm{d}t$$

是连续函数

$$R_\lambda^{(n)}f(x)=\int_0^\infty\int P_n(t,x,\mathrm{d}y)f(y)\mathrm{e}^{-\lambda t}\mathrm{d}t$$

的递减序列的极限,所以它下半连续. 我们现在证明,对所有 $f\in\mathscr{C}_{\mathscr{X}}$, $R_\lambda^0 f\in\mathscr{C}_{\mathscr{X}}$. 为此只需证明 $R_\lambda^0 1\in\mathscr{C}_{\mathscr{X}}$. 而这由定理的条件 3) 即可得出,因为

$$R_\lambda^0 1(x)=\lim_{n\to\infty}E_x\int_0^\infty\exp\left\{-\lambda t-\frac{1}{n}\int_0^t v(x_s)\mathrm{d}s\right\}g_n(x_t)\mathrm{d}t$$

其中 $g_n=A_{v,\lambda}^{(n)}\chi_n$,而条件 3) 保证了函数 χ_n 的存在性. 因而,对所有 $f\in\mathscr{C}_{\mathscr{X}}$, $R_\lambda^0 f\in\mathscr{C}_{\mathscr{X}}$. 由 §3 式(4)

$$T_t(R_t^0)^2f=\mathrm{e}^t(R_1^0)^2f-t\mathrm{e}^tR_1^0f+\frac{1}{2\pi\mathrm{i}}\int_{\sigma-\mathrm{i}\infty}^{\sigma+\mathrm{i}\infty}\frac{R_\lambda^0 f}{(\lambda-1)^2}\mathrm{e}^{\lambda t}\mathrm{d}\lambda$$

其中 $\sigma>1$. 因此,对所有 $f\in\mathscr{C}_{\mathscr{X}}$, $T_t(R_1^0)^2f\in\mathscr{C}_{\mathscr{X}}$. 因为对 $\mu>0$, R_μ 不依赖于 μ,故对所有 $f\in\mathscr{C}_{\mathscr{X}}$ 和 $\mu>0$, $T_t(R_\mu^0)^2f\in\mathscr{C}_{\mathscr{X}}$. 如果 $0\leqslant g\leqslant f$, $g\in\mathscr{C}_{\mathscr{X}}$, $f\in(R_\mu^0)^2\mathscr{C}_{\mathscr{X}}$,则函数 $T_t(g-f)$ 和 T_tf 下半连续,而 T_tg 连续,故 T_tf 也连续. 因为 $(R_\mu^0)^2\mathscr{C}_{\mathscr{X}}$ 关于在每一紧集上的有界一致收敛的意义上在 $\mathscr{C}_{\mathscr{X}}$ 中处处稠密,所以对任意非负的有限支集函数(即在某一紧集之处为 0 的函数),存在一函数 $f\in(R_\mu^0)^2\mathscr{C}_{\mathscr{X}}$,使 $g\leqslant f$. 从而,对 $\mathscr{C}_{\mathscr{X}}$ 中的任意有限支集函数 g, $T_tg\in\mathscr{C}_{\mathscr{X}}$. 因为对于 $\mathscr{C}_0$ 中的函数,都可以用有限支集函数逼近它,故对所有 $f\in\mathscr{C}_0$, $T_tf\in\mathscr{C}_{\mathscr{X}}$. 定理得证.

注 在定理 4 的条件下,在无穷中断的过程未必是 Feller 过程. 看下面的例子.

设 $\mathscr{X}=[0,\infty)$. $\mathscr{F}$ 是由区间 $[0,\frac{\pi}{2}-\alpha)$ 上的函数 $\tan(t+\alpha)$, $0\leqslant\alpha<\frac{\pi}{2}$,组成. 那么中断时间 ζ 依赖于初始值

$$P_x\{\zeta=\frac{\pi}{2}-\arctan x\}=1$$

因此 $x=\cot x$ 是

$$T_t 1(x)=\begin{cases}1 & t<\frac{\pi}{2}-\arctan x\\ 0 & t\geqslant\frac{\pi}{2}-\arctan x\end{cases}$$

的间断点. 但是定理 4 的条件对于该过程成立. 算子 $\mathfrak{U}$ 在可微函数 $f(x)$ 上定义为

$$\mathfrak{U}f(x)=(1+x^2)f'(x)$$

取 $v(x)=(1+x^2)$. 那么当 $c>0$ 时对于所有 $g\in\mathscr{C}_0$，方程 $\lambda f-\mathfrak{U}f+c(1+x^2)f=g$ 在 $\mathscr{C}_0$ 中有唯一解

$$f(x)=\int_x^{\infty}\frac{g(z)}{1+z^2}\exp\{c(x-z)+\lambda[\arctan x-\arctan z]\}\,\mathrm{d}z$$

而

$$R_\lambda^0 1(x)=\mathrm{e}^{\lambda\arctan x}\,\frac{\mathrm{e}^{-\lambda\arctan x}-\mathrm{e}^{-\frac{\lambda\pi}{2}}}{\lambda}$$

是连续函数.

如果对给定的 x_0，$T_t^0 1(x)$ 在点 t_0 对 t 连续，则 $T_{t_0}^0 1(x)$ 在点 x_0 对 x 连续. 事实上，因为 $T_t^0 f(x)=P_x^0\{\bar{\zeta}>t\}$，当 $x\to x_0$ 时，分布 $P_x^0\{\bar{\zeta}<t\}$ 的拉普拉斯变换收敛于分布 $P_{x_0}^0\{\bar{\zeta}<t\}$ 的拉普拉斯变换，由此即可得出上述结论. 这说明 $T_t^0 1(x)$ 对 t 的连续性保证过程的 Feller 性.

过程有界的条件 考虑不中断过程 $\{\mathscr{F},\mathscr{N},P_x\}$，假设它的转移概率 $P(t,x,B)$ 满足局部一致随机连续条件. 可以像上一小节所指出的那样，由该过程构造一过程 $\{\mathscr{F}^0,\mathscr{N}^0,P_x^0\}$，使之以 $P^0(t,x,B)$ 为转移概率并且在流出所有紧集的时刻中断. 如果 $\bar{\zeta}$ 是此过程的中断时间，则过程 $\{\mathscr{F}^0,\mathscr{N}^0,P_x^0\}$ 的轨道 x_t^0 在每个区间 $[0,\bar{\zeta}-\varepsilon]$ 上有界(即完全处于某一紧集之中)；如果 $\bar{\zeta}=+\infty$，则 x_t^0 在每个有穷区间上有界；反之，x_t^0 在每个有穷区间上有界是 $\bar{\zeta}=+\infty$ 的充分条件. 因为过程 $\{\mathscr{F},\mathscr{N},P_x\}$ 的轨道 x_t 在 $[0,\zeta)$ 上与 x_t^0 重合，所以过程 $\{\mathscr{F},\mathscr{N},P_x\}$ 与 $\{\mathscr{F}^0,\mathscr{N}^0,P^0\}$ 重合，是过程在每个有穷区间上有界的必要和充分条件(简称这样的过程为有界的). 而此条件成立，当且仅当转移概率 $P(t,x,B)$ 与 $P^0(t,x,B)$ 相同. 因为由转移概率 $P(t,x,B)$ 求转移概率 $P^0(t,x,B)$ 并不简单，所以验证上述准则并不甚方便. 下面引进过程有界的某些条件，这些条件的验证往往是比较简便的.

定理 5 假设 $\{\mathscr{F},\mathscr{N},P_x\}$ 是不中断的 Feller 马尔科夫过程，它的轨道满足一致局部有界条件和局部一致连续条件，$\mathfrak{U}$ 是它的特征算子. $\{\mathscr{F},\mathscr{N},P_x\}$ 为有界

过程的必要和充分条件是存在一非负连续函数,使:

a) $\lim\limits_{x\to\infty} v(x)=+\infty$;

b) 对所有 n,$\mathfrak{U}-\frac{1}{n}v$ 是某一规则马尔科夫过程的无穷小算子的扩张;

c) 存在一有界收敛于 1 的函数$\chi_n(x)\in\mathscr{C}_0$ 的序列,使 $\mathfrak{U}\chi_n-\frac{1}{n}v\chi_n\in\mathscr{C}_0$,并且有界收敛于 0.

证 必要性 选取 v 为上一小节所说的函数,它满足条件 a) 和 b). 设 $R_\lambda^{(n)}$ 是以 $\mathfrak{U}-\frac{1}{n}v$ 为无穷小算子的过程的预解式. 令$\chi_n(x)=R_\lambda^{(n)}g_n(x)$. 那么

$$\lambda\chi_n(x)-\mathfrak{U}\chi_n(x)+\frac{1}{n}v(x)\chi_n(x)=g_n(x)$$

如果 $g_n(x)$ 有界收敛于 1,则

$$\chi_n(x)=E_x\int_0^\infty \exp\left\{-\lambda t-\frac{1}{n}\int_0^t v(x_s)\mathrm{d}s\right\}g_n(x_t)\mathrm{d}t$$

$$\to E_x\int_0^{\bar{\zeta}} \mathrm{e}^{-\lambda t}\mathrm{d}t=\frac{1}{\lambda}$$

因为根据假设 $\bar{\zeta}=+\infty$,从而$\left(\mathfrak{U}-\frac{1}{n}v\right)\chi_n$ 有界收敛于 0.

充分性 设

$$P_n(t,x,B)=E_x^0\chi_B(x_t)\exp\left\{-\frac{1}{n}\int_0^t v(x_s)\mathrm{d}s\right\}$$

半群 $T_t^{(n)}$

$$T_t^{(n)}f=\int P_n(t,x,\mathrm{d}y)f(y)$$

把 $\mathscr{C}_0$ 变为 $\mathscr{C}_0$,它的特征算子(见上一小节)$\mathfrak{U}^{(n)}$ 定义为

$$\mathfrak{U}^{(n)}f=\mathfrak{U}f-\frac{1}{n}vf$$

所以根据定理1,半群 $T_t^{(n)}$ 的生成算子 $A^{(n)}$ 对于一切使 $\mathfrak{U}f-\frac{vf}{n}\in\mathscr{C}_0$ 的 $f\in\mathscr{C}_0$ 有定义,并且等于 $\mathfrak{U}^{(n)}$.

因为

$$R_\lambda^0 1(x)=\lim_{n\to\infty}E_x^0\int_0^\infty \exp\left\{-\frac{1}{n}\int_0^t v(x_s)\mathrm{d}s-\lambda t\right\}g_n(x_t)\mathrm{d}t$$

其中 R_λ^0 是以 $P^0(t,x,B)$ 为转移概率的过程的预解式,而 $g_n(x)$ 是任意有界收敛于 1 的函数序列,所以如果取函数 $g_n(x)$ 为

$$g_n(x)=\chi_n(x)-\frac{1}{\lambda}\left[\mathfrak{U}\chi_n(x)-\frac{1}{n}v(x)\chi_n(x)\right]$$

其中χ_n满足条件 c),则有

$$R_1^0 1(x)=\lim_{n\to\infty} R_\lambda^{(n)}\left\{\chi_n(x)-\frac{1}{\lambda}\left[\mathfrak{U}-\frac{1}{n}v(x)\right]\chi_n(x)\right\}=$$

$$\lim_{n\to\infty}\frac{1}{\lambda}\chi_n(x)=\frac{1}{\lambda}$$

其中$R_\lambda^{(n)}$是半群$T_t^{(n)}$的预解式. 由此可见,$P^0(t,x,\mathscr{X})=1$;而由于$P(t,x,B)-P^0(t,x,B)\geqslant 0$,$P(t,x,\mathscr{X})-P^0(t,x,\mathscr{X})=0$,故$P(t,x,B)=P^0(t,x,B)$. 定理得证.

注 1 满足局部一致随机连续条件和一致局部有界条件的过程有界的必要和充分条件是:对于任意非负的连续函数$v(x)$,存在一有界收敛于 1 的函数列$\bar{\chi}_n(x)$:$\bar{\chi}_n(x)\in\mathscr{C}_0$,$\mathfrak{U}\bar{\chi}_n\in\mathscr{C}_0$并且一致收敛于 0,而且对于一切$n$有$v\bar{\chi}_n\in\mathscr{C}_0$. 事实上,我们选择$v(x)$,使定理 5 的条件 a) 和 b) 成立. 其次,令$\lambda_n=\sup\limits_x|v(x)\cdot\bar{\chi}_n(x)|$,并且选取一数列$m_n$,使$\frac{1}{n}\lambda_{m_n}\to 0$($\{m_n\}$中有的数可能相同,但是$m_n\to\infty$). 那么定理 5 的条件 c) 对于函数列$\chi_n=\bar{\chi}_{m_n}$成立. 如果存在有限支集函数列$\bar{\chi}_n$:$\bar{\chi}_n\in\mathscr{C}_0$并且有界地收敛于 1,而$\mathfrak{U}\bar{\chi}_n\in\mathscr{C}_0$并且有界收敛于 0,则所列举的条件成立.

注 2 我们通过过程的预解式来表达它有界的条件. 设

$$R_\lambda(x,B)=\int_0^\infty e^{-\lambda t}P(t,x,B)\mathrm{d}t$$

如果存在一连续函数$w(x)>0$,使对某一$\lambda>0$和所有x,积分

$$\int R_\lambda(x,\mathrm{d}y)w(y)=h(x)$$

有定义,$h(x)$连续,而且当$x\to\infty$时$h(x)\to+\infty$,则过程x_t有界. 为证明这一点我们考虑过程

$$\xi(t)=e^{-\lambda t}h(x_t)$$

这个过程是半鞅,因为

$$\begin{aligned}E_x[\xi(t+h)\mid\xi(s),s\leqslant t]&=e^{-\lambda(t+h)}E_x[h(x_{t+h})\mid\mathscr{N}_t]=\\&e^{-\lambda(t+h)}E_{x_t}h(x_h)=\\&e^{-\lambda(t+h)}E_{x_t}E_{x_h}\int_0^\infty e^{-\lambda s}w(x_s)\mathrm{d}s=\\&e^{-\lambda t}E_{x_t}\int_h^\infty e^{-\lambda s}w(x_s)\mathrm{d}s\leqslant\\&e^{-\lambda t}E_{x_t}\int_0^\infty e^{-\lambda s}w(x_s)\mathrm{d}s=\\&\xi(t)\end{aligned}$$

因此,根据随机过程(Ⅰ)第三章 §4 的定理,过程$\xi(t)$有界. 所以过程$h(x_t)$有

界，而因为当 $x\to+\infty$ 时 $h(x)\to+\infty$，故过程 x_t 也有界.

定义 Borel 函数 $h(x)$ 称为过程 $\{\mathscr{F},\mathscr{N},P_x\}$ 的 λ 调和的，若对任意马尔科夫时间 $\tau<\bar{\zeta}$(其中 $\bar{\zeta}$ 是首次流出所有紧集的时间) 满足

$$E_x e^{-\lambda\tau}h(x_\tau)=h(x)$$

(此等式本身也意味着左侧数学期望的存在).

注 3 不中断过程 $\{\mathscr{F},\mathscr{N},P_x\}$ 有界，当且仅当除 $h\equiv 0$ 外，再没有其他 λ 调和函数.

事实上，如果 $\bar{\zeta}=+\infty$，则 $t<\bar{\zeta}$ 是马尔科夫时间，所以对于有界 λ 调和函数 $h(x)$，有

$$E_x e^{-\lambda t}h(x_t)=e^{-\lambda t}E_x h(x_t)=h(x)$$

当 $t\to\infty$ 时取极限，得 $h(x)=0$.

现在假设对某一 x，$P_x\{\bar{\zeta}=+\infty\}<1$. 那么

$$h(x)=E_x e^{-\lambda\bar{\zeta}}$$

是有界 Borel 函数，而且对任意马尔科夫时间 $\tau<\bar{\zeta}$

$$\begin{aligned}E_x e^{-\lambda\tau}h(x_\tau)&=E_x e^{-\lambda\tau}E_{x_\tau}e^{-\lambda\bar{\zeta}}=E_x e^{-\lambda\tau}E_x(\theta_\tau e^{-\lambda\bar{\zeta}}\mid\mathscr{N}_\tau)=\\&E_x e^{-\lambda\tau}\theta_\tau e^{-\lambda\bar{\zeta}}=\\&E_x e^{-\lambda\bar{\zeta}}=\\&h(x)\end{aligned}$$

因为 $\theta_\tau\bar{\zeta}=\bar{\zeta}-\tau$. 因此，$h(x)$ 是过程 $\{\mathscr{F},\mathscr{N},P_x\}$ 的(在使 $P_x\{\bar{\zeta}=+\infty\}<1$ 的点 x) 不等于 0 的有界 λ 调和函数. 命题得证.

不中断强马尔科夫过程 设 $\{\mathscr{F},\mathscr{N},P_x\}$ 是右连续的不中断强马尔科夫过程，满足局部一致连续条件和一致局部有界条件. 设 $\mathfrak{U}$ 是它的特征算子，R_λ 是预解式，x_t 是它的轨道；设 ζ^0 是首次流出所有紧集的时间，x_t^0 是由原过程经在时刻 ζ^0 中断而得到的过程的轨道，R_λ^0 是它的预解式. 我们的目的是描述预解式 R_λ；换句话说，就是要描绘所有特征算子为 $\mathfrak{U}$ 的不中断过程. 在研究这个问题时，我们假设下面的"从无穷规则返回的条件"成立.

从无穷规则返回的条件：对任意紧集 K 和 $\varepsilon>0$ 存在一紧集 K_1，使

$$P_x\{x_{\zeta^0}\in K_1\}\geqslant 1-\varepsilon,x\in K$$

由等式

$$E_x\int_0^\infty e^{-\lambda t}f(x_t)\mathrm{d}t=E_x\int_0^{\zeta^0}e^{-\lambda t}f(x_t)\mathrm{d}t+E_x e^{-\lambda\zeta^0}\int_0^\infty e^{-\lambda s}f(x_{\zeta^0+s})\mathrm{d}s$$

明显地可以得到

$$R_\lambda f=R_\lambda^0 f+E_x e^{-\lambda\zeta^0}R_\lambda f(x_{\zeta^0})\tag{13}$$

我们引进算子

$$\mathscr{T}_\lambda g(x)=E_x e^{-\lambda\zeta^0}g(x_{\zeta^0})$$

并且研究它的性质. 对属于算子 R_λ 的值域的所有 g，函数 $\mathcal{T}_\lambda g \in \mathcal{C}_{\mathcal{X}}$. 根据从无穷返回的条件，对于任意紧集 K，当 $x \in K$ 时，$\{\mathcal{X},\mathfrak{B}\}$ 上的测度族

$$v_\lambda(x,B)=E_x \mathrm{e}^{-\lambda\zeta^0}\chi_B(x_{\zeta^0})$$

是紧的. 由于当 $x_n \to x_0$ 时测度序列 $v_\lambda(x_n,\cdot)$ 弱紧，而且对所有 $f \in R_\lambda(\mathcal{C}_{\mathcal{X}})$，有

$$\int v_\lambda(x_0,\mathrm{d}y)f(y)=\lim_{n\to\infty}\int v_\lambda(x_n,\mathrm{d}y)f(y)$$

可见对一切 $f \in \mathcal{C}_{\mathcal{X}}$ 有

$$\int v_\lambda(x_0,\mathrm{d}y)f(y)=\lim_{n\to\infty}\int v_\lambda(x_n,\mathrm{d}y)f(y)$$

因为 $\{\mathcal{X},\mathfrak{B}\}$ 上的任何测度 μ 都唯一地决定于积分

$$\int f(y)\mu(\mathrm{d}y)\quad(f \in R_\lambda(\mathcal{C}_{\mathcal{X}}))$$

因为 $\mathcal{T}_\lambda f(x)=\int v_\lambda(x,\mathrm{d}y)f(y)$，故对所有 $f \in \mathcal{C}_{\mathcal{X}}$，$\mathcal{T}_\lambda f \in \mathcal{C}_{\mathcal{X}}$.

对所有 $g \in \mathcal{C}_{\mathcal{X}}$，函数 $\mathcal{T}_\lambda g$ 是 λ 调和的

$$\begin{aligned}E_x \mathrm{e}^{-\lambda\tau}E_{x_\tau}\mathrm{e}^{-\lambda\zeta^0}g(x_{\zeta^0})&=E_x\mathrm{e}^{-\lambda\tau}E[\mathrm{e}^{-\lambda\theta_\tau\zeta^0}g(\theta_\tau x_{\zeta^0})\mid\mathcal{N}_\tau]=\\&E_x\mathrm{e}^{-\lambda\tau}E[\mathrm{e}^{-\lambda(\zeta^0-\tau)}g(x_{\zeta^0})\mid\mathcal{N}_\tau]=\\&E_x\mathrm{e}^{-\lambda\zeta^0}g(x_{\zeta^0})=\\&\mathcal{T}_\lambda g(x)\end{aligned}$$

$$(\tau<\zeta^0,\theta_\tau\zeta^0=\zeta^0-\tau,\theta_\tau g(x_{\zeta^0})=g(x_{\zeta^0}))$$

显然，对于 $g \geqslant 0$ 有 $\mathcal{T}_\lambda g \geqslant 0$，而 $\mathcal{T}_\lambda 1=E_x\mathrm{e}^{-\lambda\zeta^0}$.

注意，对任意有界 λ 调和函数 φ，（当 $\zeta^0<\infty$ 时）存在极限 $\varphi(x_{\zeta^0-0})=\lim\varphi(x_{\tau_n})$，其中 τ_n 是任一递增的马尔科夫时间序列，$\tau_n \uparrow \zeta^0$. 这由如下事实可知，序列 $\mathrm{e}^{-\lambda\tau_n}\varphi(x_{\tau_n})$ 是鞅

$$\begin{aligned}E_x[\mathrm{e}^{-\lambda\tau_n}\varphi(x_{\tau_n})\mid\mathcal{N}_{\tau_{n-1}}]&=E_{x_{\tau_{n-1}}}[\mathrm{e}^{-\lambda(\tau_n-\tau_{n-1})}\varphi(x_{\tau_n-\tau_{n-1}})]\mathrm{e}^{-\lambda\tau_{n-1}}=\\&\mathrm{e}^{-\tau_{n-1}}\varphi(x_{\tau_{n-1}})\end{aligned}$$

从而存在极限

$$\lim_{n\to\infty}\mathrm{e}^{-\lambda\tau_n}\varphi(x_{\tau_n})=\mathrm{e}^{-\lambda\zeta^0}\lim_{n\to\infty}\varphi(x_{\tau_n})$$

利用 R_λ 和 R_λ^0 的预解方程，得

$$\begin{aligned}(\mu-\lambda)R_\lambda R_\mu&=R_\lambda-R_\mu=R_\lambda^0-R_\mu^0+\mathcal{T}_\lambda(R_\lambda-R_\mu)+(\mathcal{T}_\lambda-\mathcal{T}_\mu)R_\mu=\\&(\mu-\lambda)[R_\lambda^0+\mathcal{T}_\lambda R_\lambda][R_\mu^0+\mathcal{T}_\mu R_\mu]=\\&(\mu-\lambda)\left[\frac{R_\lambda^0-R_\mu^0}{\mu-\lambda}+\mathcal{T}_\lambda R_\lambda R_\lambda^0+R_\lambda^0\mathcal{T}_\mu R_\mu+\mathcal{T}_\lambda R_\lambda\mathcal{T}_\mu R_\mu\right]\end{aligned}$$

由此可见

$$\mathscr{T}_\lambda(R_\lambda - R_\mu) + (\mathscr{T}_\lambda - \mathscr{T}_\mu)R_\mu =$$
$$(\mu-\lambda)\{\mathscr{T}_\lambda R_\lambda[R_\mu^0 + \mathscr{T}_\mu R_\mu] + R_\lambda^0 \mathscr{T}_\mu R_\mu\} =$$
$$(\mu-\lambda)[\mathscr{T}_\lambda R_\lambda R_\mu + R_\lambda^0 \mathscr{T}_\mu R_\mu]$$

因此$(\mathscr{T}_\lambda - \mathscr{T}_\mu)R_\mu = (\mu-\lambda)R_\lambda^0 \mathscr{T}_\mu R_\mu$.

因为算子 R_μ 可逆,故在算子 R_μ 的值域内

$$\mathscr{T}_\lambda - \mathscr{T}_\mu = R_\lambda^0 \mathscr{T}_\mu \tag{14}$$

由于式(14) 两侧算子有界可知,式(14) 对所有 $f \in \mathscr{C}_{\mathscr{X}}$ 成立.

由式

$$R_\lambda^0 1(x) = E_x \int_0^{\zeta^0} \mathrm{e}^{-\lambda t}\,\mathrm{d}t =$$
$$E\,\frac{1-\mathrm{e}^{-\lambda\zeta^0}}{\lambda} =$$
$$\frac{1}{\lambda}[1 - \mathscr{T}_\lambda 1(x)]$$

可见

$$\mathscr{T}_\lambda 1(x) = 1 - \lambda R_\lambda^0 1(x) \tag{15}$$

以后我们要用到算子 $\mathscr{T}_\lambda$ 的不变函数. 这些函数容易描述如果 $\varphi \in \mathscr{C}_{\mathscr{X}}, \mathscr{T}_\lambda\varphi = \varphi$,而马尔科夫时间序列 $\tau_n \uparrow \zeta^0$,则对任意 $m < n$

$$E_{x_{\tau_m}}\, \mathrm{e}^{-\lambda\tau_n}\varphi(x_{\tau_n}) = E_{x_{\tau_m}}\, \mathrm{e}^{-\lambda\zeta^0}\varphi(x_{\zeta^0})$$

由此可见

$$E_x[\mathrm{e}^{-\lambda(\tau_n-\tau_m)}\varphi(x_{\tau_n}) \mid \mathscr{N}_{\tau_n}] = E[\mathrm{e}^{-\lambda(\zeta^0-\tau_m)}\varphi(x_{\zeta^0}) \mid \mathscr{N}_{\tau_m}]$$

先后令 $n \to \infty$ 和 $m \to \infty$,取极限,得

$$\varphi(x_{\zeta^0-0}) = E[\varphi(x_{\zeta^0}) \mid \mathscr{N}_{\zeta^0-0}]$$

其中 $\mathscr{N}_{\zeta^0-0} \equiv \bigcup_{m=1}^{\infty} \mathscr{N}_{\tau_m}$,因为 $\varphi(x_{\zeta^0-0})$ 关于 $\mathscr{N}_{\zeta^0-0}$ 可测. 容易验证,这个条件对于 $\mathscr{T}_\lambda\varphi = \varphi$ 是充分的. 为此要利用 ζ^0 的 $\mathscr{N}_{\zeta^0-0}$ 可测性和下面的事实:对于 λ 调和函数 φ

$$\varphi(x) = E_x \mathrm{e}^{-\lambda\zeta^0}\varphi(x_{\zeta^0-0})$$

算子

$$R_\lambda^1 = R_\lambda^0 + \sum_{k=1}^{\infty} (\mathscr{T}_\lambda)^k R_\lambda^0 \tag{16}$$

(其中$(\mathscr{T}_\lambda)^k$ 是算子 $\mathscr{T}_\lambda$ 的 k 次幂) 是方程(13) 的最小解. 我们证明 R_λ^1 也是某一齐次马尔科夫过程的预解式. 为此我们引进随机变量 $\zeta_k^0 = \theta_{\zeta^0}\zeta_{k-1}^0 + \zeta_{k-1}^0, k > 1$, $\zeta_1^0 = \zeta^0$. ζ_k^0 是过程 x_t 首达无穷的时间. 所有 ζ_k^0 都是马尔科夫时间. 令 $\zeta^1 = \sup_k \zeta_k^0$,它也是马尔科夫时间. 由过程的强马尔科夫性可见

$$E_x\int_{\zeta_k^0}^{\zeta_{k+1}^0} e^{-\lambda t}f(x_t)\mathrm{d}t = E_x e^{-\lambda\zeta_k^0}E_{x\zeta_k^0}\int_0^{\zeta^0} e^{-\lambda t}f(x_t)\mathrm{d}t =$$
$$E_x e^{-\lambda\zeta_k^0}R_\lambda^0 f(x_{\zeta_k^0})$$

此外

$$E_x e^{-\lambda\zeta_k^0}g(x_{\zeta_k^0}) = E_x e^{-\lambda\zeta^0}E_{x_{\zeta^0}} e^{-\lambda\zeta_{k-1}^0}g(x_{\zeta_{k-1}^0}) =$$
$$\mathscr{T}_\lambda[E_x e^{-\lambda\zeta_{k-1}^0}g(x_{\zeta_{k-1}^0})]$$

所以 $E_x e^{-\lambda\zeta_k^0}g(x_{\zeta_k^0}) = (\mathscr{T}_\lambda)^k g(x)$，而

$$E_x\int_{\zeta_k^0}^{\zeta_{k+1}^0} e^{-\lambda t}f(x_t)\mathrm{d}t = (\mathscr{T}_\lambda)^k R_\lambda^0 f(x)$$

因此

$$R_\lambda^1 f(x) = R_\lambda^0 f(x) + \sum_{k=1}^{\infty}(\mathscr{T}_\lambda)^k R_\lambda^0 f(x) =$$
$$E_x\left[\int_0^{\bar\zeta} e^{-\lambda t}f(x_t)\mathrm{d}t + \sum_{k=1}^{\infty}\int_{\zeta_k^0}^{\zeta_{k+1}^0} e^{-\lambda t}f(x_t)\mathrm{d}t\right] =$$
$$E_x\int_0^{\zeta^0} e^{-\lambda t}f(x_t)\mathrm{d}t$$

这样，R_λ^1 是一马尔科夫过程的预解式，它的转移概率为

$$P^1(t,x,B) = P_x\{x_t \in B, \zeta^1 > t\}$$

设 R_λ^0 是一在首达无穷时中断的局部 Feller 过程 $\{\mathscr{F}^0, \mathscr{N}^0, P_x^0\}$ 的预解式，x_t^0 是该过程的轨道. 定理 4 给出了对这类过程的特征算子的描述. 记 H_λ 为过程 $\{\mathscr{F}^0, \mathscr{N}^0, P_x^0\}$ 的所有连续有界 λ 调和函数的集合. 我们找出为使式(16) 决定一齐次马尔科夫过程的预解式算子 $\mathscr{T}_\lambda$ 应满足的条件.

引理 6 设从 $\mathscr{C}_x$ 到 H_λ 的算子 $\mathscr{T}_\lambda$ 满足下列条件：

1) 对于 $f \geqslant 0, \mathscr{T}_\lambda f \geqslant 0$；

2) $\mathscr{T}_\lambda 1 = 1 - R_\lambda^0 1$；

3) $\mathscr{T}_\lambda - \mathscr{T}_\mu = (\mu - \lambda)R_\lambda^0\mathscr{T}_\mu$.

那么式(16) 决定一随机连续齐次过程的预解式. 这个过程是局部 Feller 的，如果满足条件：

4) $R_\lambda^1 1(x) \in \mathscr{C}_x$.

这个条件等价于下面的条件：

4′) $\lim\limits_{n\to\infty}(\mathscr{T}_\lambda)^n 1(x) \in \mathscr{C}_x$.

证 选择一函数 $f_n \in \mathscr{C}_0$ 的序列，使 $\{f_n\}$ 在 $\mathscr{C}_0$ 中(关于 $\mathscr{C}_0$ 中的范数) 处处稠密. 因为 $\mathscr{T}_\lambda f_n(x)$ 是 λ 调和函数，故对任意马尔科夫时间序列 $\tau_n \uparrow \zeta^0$，以概率 $P_x = 1$ 存在极限

$$\lim_{\tau_n\uparrow\zeta^0} e^{-\lambda\tau_n}\mathscr{T}_\lambda f_m(x_{\tau_n}) = e^{-\lambda\zeta^0}\mathscr{T}_\lambda f_m(x_{\zeta^0-0})$$

记 $\mathscr{F}_0=\{x_t^0:\mathscr{T}_\lambda f_m(x_{\zeta^0-0})$ 对所有 m 存在$\}$.那么对所有 $x\in\mathscr{X}$

$$P_x\{\mathscr{F}_0\setminus\{\zeta^0<\infty\}\}=0$$

如果 $x_t^0\in\mathscr{F}_0$,则对所有 $f\in\mathscr{C}_0$,$\mathscr{T}_\lambda f(x_{\zeta^0-0})$ 存在.显然,对于每个 $x_t^0\in\mathscr{F}_0$,算子 $\mathscr{T}_\lambda f(x_{\zeta^0-0})$ 是 $\mathscr{C}_0$ 上的线性泛函,从而可以表为

$$\mathscr{T}_\lambda f(x_{\zeta^0-0})=\int m(x^0(\cdot),\mathrm{d}y)f(y)$$

其中 $m(x^0(\cdot),\cdot)$ 是$\{\mathscr{X},\mathfrak{B}\}$ 上的测度,对所有 $B\in\mathfrak{B}$,$m(x^0(\cdot),B)$ 为 $\mathscr{N}^0$ 可测.注意到,对于有界函数 $f\geqslant 0$,序列

$$\mathrm{e}^{-\lambda\tau_n}R_\lambda^0 f(x_{\tau_n})$$

是有界非负鞅,而且当 $n\to\infty$ 时

$$E_x^0\mathrm{e}^{-\lambda\tau_n}R_\lambda^0 f(x_{\tau_n})=E_x\int_{\tau_n}^{\zeta^0}\mathrm{e}^{-\lambda s}f(x_s)\mathrm{d}s\to 0$$

所以对 $\zeta^0<\infty$,存在极限

$$\lim_{n\to\infty}R_\lambda^0 f(x_{\tau_n})=R_\lambda^0 f(x_{\zeta^0-0})$$

而且对任意 x 该极限以概率 $P_x=1$ 等于 0.

现在由条件 3) 可见,对任意 $\lambda>0$ 和 $\mu>0$

$$\mathscr{T}_\lambda f(x_{\zeta^0-0})=\mathscr{T}_\mu f(x_{\zeta^0-0})$$

由条件 2) 可见,$\mathscr{T}_\lambda 1(x_{\zeta^0-0})=1$,即对 $x^0(\cdot)\in\mathscr{F}_0$,$m(x^0(\cdot),\mathscr{X})=1$.我们证明,对一切 $f\in\mathscr{C}_x$ 有

$$\mathscr{T}_\lambda f(x)=E_x^0\mathrm{e}^{-\lambda\zeta^0}\int m(x^0(\cdot),\mathrm{d}y)f(y)\tag{17}$$

(当 $\zeta^0=+\infty$ 时,虽然 $m(x^0(\cdot),\cdot)$ 无定义,但是我们设等式左侧等于 0).事实上,因为 $\mathscr{T}_\lambda f$ 是λ 调和函数,故对任意马尔科夫时间 $\tau<\zeta^0$ 有

$$\mathscr{T}_\lambda f(x)=E_x^0\mathscr{T}_\lambda f(x_\tau^0)\mathrm{e}^{-\lambda\tau}$$

当 $\tau\uparrow\zeta^0$ 时,在右侧的数学期望号 E_x 下取极限,即可得式(17).

现在设函数 $v_\lambda(x)$ 可表为

$$v_\lambda(x)=\int_0^\infty\mathrm{e}^{-\lambda t}g(t,x)\mathrm{d}t$$

我们考虑 $\mathscr{T}_\lambda v_\lambda(x)$ 的表达式.由(17) 可见

$$\begin{aligned}\mathscr{T}_\lambda v_\lambda(x)=&E_x\mathrm{e}^{-\lambda\zeta^0}\int m(x^0(\cdot),\mathrm{d}y)\left[\int_0^\infty\mathrm{e}^{-\lambda t}g(t,\mathrm{d}y)\mathrm{d}t\right]=\\&E_x\mathrm{e}^{-\lambda\zeta^0}\int_0^\infty\mathrm{e}^{-\lambda t}\left[\int m(x^0(\cdot),\mathrm{d}y)g(t,y)\right]\mathrm{d}t=\\&E_x^0\int_0^\infty\mathrm{e}^{-\lambda t}\chi_{\{\zeta^0<t\}}\int g(t-\zeta^0,y)m(x^0(\cdot),\mathrm{d}y)\mathrm{d}t\end{aligned}$$

从而

$$\mathscr{T}_\lambda v_\lambda(x)=\int_0^\infty\mathrm{e}^{-\lambda t}\left[E_x^0\chi_{\{\zeta^0<t\}}\int g(t-\zeta^0,y)m(x^0(\cdot),\mathrm{d}y)\right]\mathrm{d}t$$

即 $\mathscr{T}_\lambda v_\lambda(x)$ 也是某一函数的拉普拉斯变换.由这一事实可见,对所有整数 k 存在函数 $g_k(t,x,B)$,使

$$(\mathscr{T}_\lambda)^k R_\lambda^0 f(x)=\int_0^\infty \mathrm{e}^{-\lambda t}\int g_k(t,x,\mathrm{d}y)f(y)\mathrm{d}t \tag{18}$$

$g_k(t,x,B)$ 关于 B 是测度,它决定于下列递推关系式

$$g_1(t,x,B)=E_x^0\chi_{\{\zeta^0<t\}}\int P^0(t-\zeta^0,y,B)m(x^0(\cdot),\mathrm{d}y) \tag{19}$$

$$g_k(t,x,B)=E_x^0\chi_{\{\zeta^0<t\}}\int g_{k-1}(t-\zeta^0,y,B)m(x^0(\cdot),\mathrm{d}y)\quad (k>1) \tag{20}$$

我们证明级数

$$P^1(t,x,B)=P^0(t,x,B)+\sum_{k=1}^\infty g_k(t,x,B) \tag{21}$$

收敛.为此只需证明级数

$$P^0(t,x,\mathscr{X})+\sum_{k=1}^\infty g_k(t,x,\mathscr{X})$$

收敛.因为

$$\begin{aligned}&\int_0^\infty \mathrm{e}^{-\lambda t}\left[P^0(t,x,\mathscr{X})+\sum_{k=1}^n g_k(t,x,\mathscr{X})\right]\mathrm{d}t=\\&R_\lambda^0 1(x)+\sum_{k=1}^n(\mathscr{T}_\lambda)^k R_\lambda^0 1(x)=\\&\frac{1}{\lambda}[1-\mathscr{T}_\lambda 1(x)]+\sum_{k=1}^n(\mathscr{T}_\lambda)^k[1-\mathscr{T}_\lambda 1(x)]=\\&\frac{1}{\lambda}[1-(\mathscr{T}_\lambda)^{n+1}1(x)]\end{aligned}$$

故存在

$$\begin{aligned}&\lim_{n\to\infty}\int_0^\infty \mathrm{e}^{-\lambda t}\left[P^0(t,x,\mathscr{X})+\sum_{k=1}^n g_k(t,x,\mathscr{X})\right]\mathrm{d}t=\\&\int_0^\infty \mathrm{e}^{-\lambda t}\left[P^0(t,x,\mathscr{X})+\sum_{k=1}^\infty g_k(t,x,\mathscr{X})\right]\mathrm{d}t\end{aligned}$$

而且对几乎所有 t

$$P^0(t,x,\mathscr{X})+\sum_{k=1}^\infty g_k(t,x,\mathscr{X})<\infty$$

由不等式

$$\chi_{\{\zeta^0<t\}}P^0(t-\zeta^0,y,\mathscr{X})\geqslant\chi_{\{\zeta^0<s\}}P^0(s-\zeta^0,y,\mathscr{X})\quad (t<s)$$

可见,$g_1(t,x,\mathscr{X})$ 对 t 不增.利用数学归纳法由式(20)可知,当 $k>1$ 时,$g_k(t,x,\mathscr{X})$ 对 t 不增.因此对所有 $t>0$,级数

$$P^1(t,x,\mathscr{X})=P^0(t,x,\mathscr{X})+\sum_{k=1}^\infty g_k(t,x,\mathscr{X})$$

收敛，并且是 t 的非增函数. 这样，式(21) 完全决定函数 $P^1(t,x,B)$，而且

$$R_\lambda^1 f(x)=\int_0^\infty \mathrm{e}^{-\lambda t}\int P^1(t,x,\mathrm{d}y)f(y)$$

为证明 $P^1(t,x,B)$ 是一过程的转移概率，我们验证 R_λ^1 满足预解方程

$$R_\lambda^1-R_\mu^1=R_\lambda^0-R_\mu^0+\sum_{k=1}^\infty(\mathscr{T}_\lambda)^k(R_\lambda^0-R_\mu^0)+\sum_{k=1}^\infty[(\mathscr{T}_\lambda)^k-(\mathscr{T}_\mu)^k]R_\mu^0=$$

$$(\mu-\lambda)\Big[R_\lambda^0R_\mu^0+\sum_{k=1}^\infty(\mathscr{T}_\lambda)^kR_\lambda^0R_\mu^0+\sum_{k=1}^\infty\sum_{i=0}^{k-1}(\mathscr{T}_\lambda)^iR_\lambda^0(\mathscr{T}_\mu)^{k-1}R_\mu^0\Big]=$$

$$(\mu-\lambda)\Big[R_\lambda^0+\sum_{k=1}^\infty(\mathscr{T}_\lambda)^kR_\lambda^0\Big]\Big[R_\mu^0+\sum_{i=1}^\infty(\mathscr{T}_\mu)^iR_\mu^0\Big]=$$

$$(\mu-\lambda)R_\lambda^1R_\mu^1$$

从而 $P^1(t,x,B)$ 是转移概率. 现在假设条件 4) 成立. 那么对 $f\geqslant 0, f\in\mathscr{C}_\mathscr{X}$

$$R_\lambda^1 f=\lim_{n\to\infty}\Big[R_\lambda^0 f+\sum_{k=1}^n(\mathscr{T}_\lambda)^kR_\lambda^0 f\Big]$$

因此 $R_\lambda^1 f$ 下半连续. 由 $R_\lambda^1 1$ 的连续性可知，对于 $f\in\mathscr{C}_\mathscr{X}$，有 $R_\lambda^1 f\in\mathscr{C}_\mathscr{X}$. 过程局部 Feller 性的证明和定理 4 完全相同. 引理得证.

注 我们看如何由过程$\{\mathscr{F}^0,\mathscr{N}^0,P_x^0\}$ 构造转移概率为 $P^1(t,x,B)$ 的过程$\{\mathscr{F}^1,\mathscr{N}^1,P_x^1\}$. 取 $\mathscr{F}^1$ 为具有如下形状的函数 x_t^1 的集合：它定义在 $\bigcup\limits_k[\zeta_k^0,\zeta_{k+1}^0)$ 上，其中 $\zeta_0^0=0,\zeta_1^0=\zeta^0$；当 $t\in[D,\zeta_1^0)$ 时，$x_t^1=x_t^0$，其中 x_t^0 是 $\mathscr{F}^0$ 中的某一轨道，$\zeta^0=\zeta_1^0$ 是它的中断时间；当 $t\in[\zeta_k^0,\zeta_{k+1}^0)$ 时，$x_t^1=x_{t-\zeta_k^0}^{0,k}$，其中 $x_t^{0,k}$ 是 $\mathscr{F}^0$ 中的某一轨道，$\zeta_{k+1}^0-\zeta_k^0$ 是它的中断时间. 显然，序列 $\zeta_1^0,\zeta_2^0,\cdots$ 分别是首次，第二次，…到达无穷的时间的序列. 如果 $\mathscr{N}^2$ 是包含 $\mathscr{F}^1$ 中柱集的最小 σ 代数，则这些时间为 $\mathscr{N}^1$ 可测，而且是马尔科夫时间. 随机变量 $\zeta^1=\sup\limits_x\zeta_k^0$ 是 x_t^1 的中断时间. 概率 P_x^1 定义如下. 设 $C_0,C_1,\cdots,C_k$ 是 $\mathscr{N}^0$ 中一集合列，$x_t^0,x_t^{0,1},\cdots,x_t^{0,k}$ 和 x_t^1 具有上面所说的联系. 那么

$$D=\{x^1(\cdot):x_t^0\in C_0,x_t^{0,1}\in C_1,\cdots,x_t^{0,k}\in C_k\}\in\mathscr{N}^1$$

而

$$P_x^1\{x^1(\cdot):x_t^0\in C_0\}=P_x^0(C_0)$$

$$P_x^1\{x^1(\cdot):x_t^0\in C_0,x_t^{0,1}\in C_1,\cdots,x_t^{0,k}\in C_k\}=$$

$$E_x^0\chi_{C_0}(x^0(\cdot))\int m(x^0(\cdot),\mathrm{d}y)\cdot$$

$$P_y^1\{x^1(\cdot):x_t^0\in C_0,x_t^{0,1}\in C_1,\cdots,x_t^{0,k-1}\in C_k\}$$

其中 $m(x^0(\cdot),\cdot)$ 是在引理 6 中所构造的测度. 这些式子对于一切上述形状的集合 D(递推地) 定义了测度 P_x^1. 由于这样的 D 产生 σ 代数 $\mathscr{N}^1$，所以这些式子在整个 σ 代数 $\mathscr{N}^1$ 上定义测度 P_x^1. 由式(21) 和 $g_k(t,x,B)$ 的形状容易看出，由测度 P_x^1 所构造的转移概率与 $P^1(t,x,B)$ 重合. 由过程$\{\mathscr{F}^1,\mathscr{N}^1,P_x^1\}$ 的构造可见，

如果把它在首达无穷的时间中断，我们就可以得到过程$\{\mathscr{F}^0,\mathscr{N}^0,P_x^0\}$. 过程$\{\mathscr{F}^1,\mathscr{N}^1,P_x^1\}$ 和$\{\mathscr{F}^0,\mathscr{N}^0,P_x^0\}$ 的特征算子重合. 由于对任意马尔科夫时间$\tau(\tau<\zeta^0)$,x_τ^1 和 x_τ^0 的分布相同，故这些过程的λ 调和函数也相同. 容易看出，不管用什么方法构造以 $P'(t,x,B)$ 为转移概率的过程$\{\mathscr{F}^1,\mathscr{N}^1,P_x^1\}$，只要它有右连续轨道，那么上述两个过程的特征算子和调和函数就分别相等.

设$\{\mathscr{F},\mathscr{N},P_x\}$ 是不中断的随机连续强马尔科夫过程，x_t 是它的轨道. 我们引进一马尔科夫时间 $\zeta^\alpha(\alpha\geqslant 0)$ 的超限序列，其中α 取遍所有可数序数：ζ^0 是首达无穷的时间；如果 α 是第一类超限序数，则 $\zeta^\alpha=\lim\limits_{n\to\infty}\zeta_n^{\alpha-1}$，其中 $\zeta_1^{\alpha-1}=\zeta^{\alpha-1}$，$\zeta_n^{\alpha-1}=\theta_{\zeta^{\alpha-1}}\cdot\zeta_{n-1}^{\alpha-1}+\zeta^{\alpha-1}$；而若 α 是第二类超限序数，则 $\zeta^\alpha=\sup\limits_{\beta<\alpha}\zeta^\beta$. 也可能出现 $\zeta^\alpha=+\infty$，这时对所有 $\beta>\alpha$，$\zeta^\beta=+\infty$. 我们引进算子

$$\mathscr{T}_\lambda^\alpha f(x)=E_x\mathrm{e}^{-\lambda\zeta^\alpha}f(x(\zeta^\alpha))$$

它对所有 $f\in B$ 有定义，并且在 B 中取值. 设 H'_λ 是过程的有界(未必连续)λ 调和函数的集合. 那么对所有 α，有 $\mathscr{T}_\lambda^\alpha f\in H'_\lambda$. 我们列举算子 $\mathscr{T}_\lambda^\alpha$ 的一些性质.

1° 如果 $\beta<\alpha$，则 $\mathscr{T}_\lambda^\beta\mathscr{T}_\lambda^\alpha=\mathscr{T}_\lambda^\alpha$. 这由等式 $\theta_{\zeta^\beta}\zeta^\alpha+\zeta^\beta=\zeta^\alpha$ 推出

$$E_x\mathrm{e}^{-\lambda\zeta^\beta}E_{x(\zeta^\beta)}\mathrm{e}^{-\lambda\zeta^\alpha}f(x(\zeta^\alpha))=E_x\mathrm{e}^{-\lambda\zeta^\beta}E[\theta_{\zeta^\beta}e^{-\lambda\zeta^\alpha}f(x(\zeta^\alpha))\mid\mathscr{N}_{\zeta^\beta}]=E_x\mathrm{e}^{-\lambda\zeta^\alpha}f(x(\zeta^\alpha))$$

2° 对 $f\geqslant 0$，$\mathscr{T}_\lambda^\alpha f\geqslant 0$；$\|\mathscr{T}_\lambda^\alpha\|\leqslant 1$.

3° 对所有 $x\in\mathscr{X}$，$\inf\limits_\alpha\mathscr{T}_\lambda^\alpha 1(x)=0$. 这由等式$\sup\limits_\alpha\zeta^\alpha=+\infty$ 可推出. 而该式成立是因为，当 $\zeta^\alpha<\infty$ 时，$\zeta^{\alpha+1}>\zeta^\alpha$.

我们再引进算子 R_λ^α

$$R_\lambda^\alpha f(x)=E_x\int_0^{\zeta^\alpha}\mathrm{e}^{-\lambda t}f(x_t)\mathrm{d}t$$

算子 R_λ^α 和 $\mathscr{T}_\lambda^\alpha$ 的联系如下：

4° 如果 $\beta<\alpha$，则

$$R_\lambda^\alpha=R_\lambda^\beta+\mathscr{T}_\lambda^\beta R_\lambda^\alpha$$

因为

$$\int_0^{\zeta^\alpha}\mathrm{e}^{-\lambda t}f(x_t)\mathrm{d}t=\int_0^{\zeta^\beta}\mathrm{e}^{-\lambda t}f(x_t)\mathrm{d}t+\mathrm{e}^{-\zeta^\beta}\theta_{\zeta^\beta}\int_0^{\zeta^\alpha}\mathrm{e}^{-\lambda t}f(x_t)\mathrm{d}t$$

5° 对所有 α，R_λ^α 满足预解方程

$$R_\lambda^\alpha-R_\mu^\alpha=(\mu-\lambda)R_\lambda^\alpha R_\mu^\alpha$$

6° 对所有 α，$\mathscr{T}_\lambda^\alpha$ 满足方程

$$\mathscr{T}_\lambda^\alpha-\mathscr{T}_\mu^\alpha=(\mu-\lambda)R_\lambda^\alpha\mathscr{T}_\lambda^\alpha$$

因为 R_λ^α 是由原过程经在时刻 ζ^α 的中断所得过程的预解式，由此可以得出性质 5°. 为证明性质 6°，只需利用 R_λ^α 和 R_λ^β 的预解方程以及性质 4°(和式(14) 的推导

完全相同).

7° 对所有 $\alpha>0$,$\mathcal{T}_\lambda^\alpha 1=1-\lambda R_\lambda^\alpha 1$,因为

$$E_x e^{-\lambda\zeta^\alpha}=1-\lambda E_x\int_0^{\zeta^\alpha} e^{-\lambda t}\,dt$$

8° 算子 $R_\lambda^{\alpha+1}$ 可以通过 R_λ^α 和 $\mathcal{T}_\lambda^\alpha$ 表为

$$R_\lambda^{\alpha+1}=R_\lambda^\alpha+\sum_{k=1}^{\infty}(\mathcal{T}_\lambda^\alpha)^k R_\lambda^\alpha \tag{22}$$

而若 α 是第二类超限序数,则对 $f\geqslant 0$

$$R_\lambda^\alpha f=\sup_{\beta<\alpha} R_\lambda^\beta f \tag{23}$$

由等式

$$\int_0^{\zeta^{\alpha+1}} e^{-\lambda t} f(x_t)\,dt=\int_0^{\zeta^\alpha} e^{-\lambda t} f(x_+)\,dt+\sum_{k=1}^{\infty} e^{-\lambda\zeta_k^\alpha}\theta_{\zeta_k^\alpha}\int_0^{\zeta^\alpha} e^{-\lambda t} f(x_t)\,dt$$

和

$$E_x e^{-\lambda\zeta_k^\alpha} g(x(\zeta_k^\alpha))=(\mathcal{T}_\lambda^\alpha)^k g(x)$$

得(22),而式(23)是等式 $\zeta^\alpha=\sup\limits_{\beta<\alpha}\zeta^\beta$ 的推论.

容易看出,如果 R_λ^0 和 $\mathcal{T}_\lambda^\alpha$ 已知,则(22)和(23)两式唯一决定算子 R_λ^α. 当 $f\geqslant 0$ 时,原过程的预解式 R_λ 决定于

$$R_\lambda f=\sup_\alpha R_\lambda^\alpha f \tag{24}$$

对所有 α 它满足方程

$$R_\lambda=R_\lambda^\alpha+\mathcal{T}_\lambda^\alpha R_\lambda \tag{25}$$

我们指出 R_λ^α 和算子族 $\mathcal{T}_\lambda^\alpha$ 决定某一不中断过程的预解式 R_λ 的条件.

定理 6 设 R_λ^0 是一随机连续的 Feller 强马尔科夫过程$\{\mathscr{F}^0,\mathscr{N}^0,P_x^0\}$的预解式,$H_\lambda$ 是该过程的λ 调和连续函数的集合. 此外,假设对所有 $\lambda>0$ 和可数序数 $\alpha(\alpha\geqslant 0)$,给定从 $\mathscr{C}_\mathscr{X}$ 到 H_λ 的算子 $\mathcal{T}_\lambda^\alpha$,满足下列条件:

1) 如果 $\beta<\alpha$,则 $\mathcal{T}_\lambda^\beta\mathcal{T}_\lambda^\beta=\mathcal{T}_\lambda^\alpha$;

2) 对 $f\geqslant 0$,$\mathcal{T}_\lambda^\alpha f\geqslant 0$,$\mathcal{T}_\lambda^\alpha 1\leqslant 1$;

3) 如果 α 是第一类序数,则 $\mathcal{T}_\lambda^\alpha 1=\lim\limits_{n\to\infty}(\mathcal{T}_\lambda^{\alpha-1})^n 1$,而若 α 是第二类序数,则 $\mathcal{T}_\lambda^\alpha 1=\inf\limits_{\beta<\alpha}\mathcal{T}_\lambda^\beta 1$;

4) 如果 α 是第一类序数,则对 $\lambda>0$,$\mu>0$

$$\lim_{n\to\infty}(\mathcal{T}_\lambda^{\alpha-1})^n\mathcal{T}_\mu^\alpha=\mathcal{T}_\lambda^\alpha$$

而若 α 是第二类序数,则对 $f\geqslant 0$,$f\in\mathscr{C}_\mathscr{X}$,$\lambda>0$,$\mu>0$,有

$$\inf_{\beta<\alpha}\mathcal{T}_\lambda^\beta\mathcal{T}_\mu^\alpha f=\mathcal{T}_\lambda^\alpha f$$

5) 对于 $\lambda>0$,$\mu>0$,$\mathcal{T}_\lambda^0-\mathcal{T}_\mu^0=(\mu-\lambda)R_\lambda^0\mathcal{T}_\mu$,$\mathcal{T}_\lambda^0 1=1-\lambda R_\lambda^0 1$.

那么,存在一不中断随机连续 Feller 马尔科夫过程,它的预解式 R_λ 对所有

α 满足方程(15)，其中 R_λ^α 对所有 $\alpha>0$ 决定于(22) 和(23).

证 我们首先证明，所有的算子 R_λ^α 都有定义. 为此我们证明，级数(22) 收敛，而 $\sup\limits_\alpha \| R_\lambda^\alpha \|$ 有界. 用数学归纳法来证明. 如果 R_λ^α 有定义，则由(22) 和(23) 可见，对于 $f\geqslant 0$ 有 $R_\lambda^\alpha f\geqslant 0$. 所以，只需证明级数 $\sum\limits_{k=1}^{\infty}(\mathscr{T}_\lambda^\alpha)^k R_\lambda^\alpha 1$ 收敛.

当 $\alpha=1$ 时，我们有

$$R_\lambda^1 1=\lim_{n\to\infty}\Big[R_\lambda^0 1+\sum_{k=1}^{n}(\mathscr{T}_\lambda^0)^k R_\lambda^0 1\Big]=$$

$$\frac{1}{\lambda}\lim_{n\to\infty}[1-(\mathscr{T}_\lambda^0)^{n+1}1]=$$

$$\frac{1}{\lambda}[1-\mathscr{T}_\lambda^1 1]$$

利用条件 3) 容易证明

$$R_\lambda^\alpha 1=\frac{1}{\lambda}(1-\mathscr{T}_\lambda^\alpha 1)$$

这样，同时也就证明了 R_λ^α 对所有 α 有定义，而且 $\| R_\lambda^\alpha \|\leqslant \frac{1}{\lambda}$.

我们现在证明，对所有 α 和 $\lambda>0$，$\mu>0$

$$\mathscr{T}_\lambda^\alpha-\mathscr{T}_\mu^\alpha=(\mu-\lambda)R_\lambda^\alpha\mathscr{T}_\mu^\alpha \tag{26}$$

仍然用数学归纳法来证明. 如果 $\alpha=0$，则由条件 5) 得式(26). 假设式(26) 对某一 α 成立. 那么由条件 1) 可见

$$(\mu-\lambda)R_\lambda^{\alpha+1}\mathscr{T}_\mu^{\alpha+1}=(\mu-\lambda)\sum_{k=0}^{\infty}(\mathscr{T}_\lambda^\alpha)^k R_\lambda^\alpha\mathscr{T}_\mu^\alpha\mathscr{T}_\mu^{\alpha+1}=$$

$$\sum_{k=0}^{\infty}(\mathscr{T}_\lambda^\alpha)^k(\mathscr{T}_\lambda^\alpha-\mathscr{T}_\mu^\alpha)\mathscr{T}_\mu^{\alpha+1}=$$

$$\lim_{n\to\infty}\sum_{k=0}^{n}(\mathscr{T}_\lambda^\alpha)^k[\mathscr{T}_\lambda^\alpha-\mathscr{T}_\mu^\alpha]\mathscr{T}_\mu^{\alpha+1}=$$

$$\lim_{n\to\infty}[(\mathscr{T}_\lambda^\alpha)^{n+1}\mathscr{T}_\mu^{\alpha+1}-\mathscr{T}_\mu^{\alpha+1}]=$$

$$\mathscr{T}_\lambda^{\alpha+1}-\mathscr{T}_\mu^{\alpha+1}$$

(其中最后一步也用到条件 4)). 如果式(26) 对所有 $\beta<\alpha$ 成立，其中 α 是第二类序数，则对 $f\in\mathscr{C}_\mathscr{X}$，$f\geqslant 0$，$\mu>\lambda$，有

$$(\mu-\lambda)R_\lambda^\alpha\mathscr{T}_\mu^\alpha f=(\mu-\lambda)\sup_{\beta<\alpha}R_\lambda^\beta\mathscr{T}_\mu^\alpha f=$$

$$(\mu-\lambda)\sup_{\beta<\alpha}R_\lambda^\beta\mathscr{T}_\mu^\beta\mathscr{T}_\mu^\alpha f=$$

$$(\mu-\lambda)\sup_{\beta<\alpha}(\mathscr{T}_\lambda^\beta-\mathscr{T}_\mu^\beta)\mathscr{T}_\lambda^\alpha f=$$

$$(\mu-\lambda)[\mathscr{T}_\lambda^\alpha f-\inf_{\beta<\alpha}\mathscr{T}_\lambda^\alpha f]=$$

$$(\mu-\lambda)[\mathscr{T}_\lambda^\alpha f-\mathscr{T}_\mu^\alpha f]$$

从而(26)得证.我们证明,R_λ^α 对所有 α 是某一齐次随机连续马尔科夫过程的预解式.证明 R_λ^α 满足预解方程.当 $\alpha=0$ 时,这可以由定理的条件得出.如果对某一 α,R_λ^α 满足预解方程,则

$$R_\lambda^{\alpha+1}-R_\mu^{\alpha+1}=\sum_{k=0}^\infty(\mathscr{T}_\lambda^\alpha)^kR_\lambda^\alpha-\sum_{k=0}^\infty(\mathscr{T}_\mu^\alpha)^kR_\mu^\alpha=\sum_{k=0}^\infty(\mathscr{T}_\lambda^\alpha)^k[R_\lambda^\alpha-R_\mu^\alpha]+$$
$$\sum_{k=1}^\infty\sum_{i=0}^{k-1}(\mathscr{T}_\lambda^\alpha)^i[\mathscr{T}_\lambda^\alpha-\mathscr{T}_\mu^\alpha](\mathscr{T}_\mu^\alpha)^{k-i-1}R_\mu^\alpha=$$
$$(\mu-\lambda)R_\lambda^{\alpha+1}R_\mu^{\alpha+1}$$

如果对所有 $\beta<\alpha$ 满足预解方程,而 α 是第二类序数,则对 $f\geqslant 0,\beta_n\uparrow\alpha$

$$R_\lambda^\alpha f-R_\mu^\alpha f=\lim_{n\to\infty}[R_\lambda^{\beta_n}f-R_\lambda^{\beta_n}f]=\lim_{n\to\infty}(\mu-\lambda)R_\lambda^{\beta_n}R_\mu^{\beta_n}f=$$
$$(\mu-\lambda)R_\lambda^\alpha R_\mu^\alpha f+\lim_{n\to\infty}R_\lambda^{\beta_n}[R_\lambda^{\beta_n}-R_\lambda^\alpha]f+$$
$$\lim_{n\to\infty}R_\lambda^\alpha[R_\mu^{\beta_n}-R_\mu^\alpha]f=$$
$$(\mu-\lambda)R_\lambda^\alpha R_\mu^\alpha f$$

因为对所有 $x\in\mathscr{X}$

$$|R_\lambda^{\beta_n}[R_\mu^{\beta_n}-R_\lambda^\alpha]f|\leqslant R_\lambda^\alpha|R_\mu^\alpha f-R_\mu^{\beta_n}f|,R_\mu^\alpha f-R_\mu^{\beta_n}f\downarrow 0$$

而

$$R_\lambda^\alpha f(x)=\int R_\lambda^\alpha(x,\mathrm{d}y)f(y)$$

其中对固定的 x,$R_\lambda^\alpha(x,\cdot)$ 是$\{\mathscr{X},\mathfrak{B}\}$上的测度(若对 α 用归纳法,则容易证明这一点).于是 R_λ^α 满足预解方程.

我们证明,对所有 α,存在随机连续局部 Feller 转移概率,满足

$$R_\lambda^\alpha f(x)=\int_0^\infty\left[\int P^\alpha(t,x,\mathrm{d}y)f(y)\right]\mathrm{e}^{-\lambda t}\mathrm{d}t \tag{27}$$

我们用数学归纳法证明.对应于预解式 R_λ^1、以 $P^1(t,x,B)$ 为转移概率的过程,是在引理 6 及其注中构造的.进一步的构造完全类似.

设 $\zeta_1^0,\zeta_1^1,\cdots$ 是过程 x_t^1 接连到达无穷的时间序列.那么,对所有 $f\in\mathscr{C}_{\mathscr{X}}$ 存在$\lim\limits_{n\to\infty}\mathrm{e}^{-\lambda\zeta_k^0}\mathscr{T}_\lambda^1f(x^1(\zeta_k^0))$,因为

$$E_x^1\mathrm{e}^{-\lambda\zeta_1^0}\mathscr{T}_\lambda^1f(x^1(\zeta_k^0))=\mathscr{T}_\lambda^0\mathscr{T}_\lambda^1f(x)=\mathscr{T}_\lambda^1f(x)$$

从而 $\mathrm{e}^{-\lambda\zeta_k^0}\mathscr{T}_\lambda^1f(x^1(\zeta_k^0))$ 是鞅.如果 $\zeta^1=\sup\limits_k\zeta_k^0<\infty$,则存在极限

$$\lim_{n\to\infty}\mathscr{T}_\lambda^1f(x^1(\zeta^0))=\int m^1(x^1(\cdot),\mathrm{d}y)f(y)$$

对任意 B,$m^1(x^1(\cdot),B)$ 为 $\mathscr{N}^1$ 可测随机变量.仿照引理 6 可以证明这样测度的存在.这里 $m^1(x^1(\cdot),\mathscr{X})=1$.用与引理 6 中由测度 $m(x^0(\cdot),\cdot)$ 及转移概率 $P^0(t,x,B)$ 构造转移概率 $P^1(t,x,B)$ 的完全相同的方法,可以由测度

$m^1(x^1(\cdot),\cdot)$ 及转移概率 $P^1(t,x,B)$ 构造转移概率 $P^2(t,x,B)$.

设 α 是第一类序数. 假设已构造出过程 $\{\mathscr{F}^{\alpha-1},\mathscr{N}^{\alpha-1},P_x^{\alpha-1}\}$, $x_t^{\alpha-1}$ 是它的轨道, $\zeta^{\alpha-1}$ 是中断时间, $P^{\alpha-1}(t,x,B)$ 是对应于预解式 $R_\lambda^{\alpha-1}$ 的转移概率. 记 $\mathscr{F}^\alpha$ 为定义在 $\bigcup\limits_{k=0}^{\infty}[\zeta_k^{\alpha-1},\zeta_{k+1}^{\alpha-1})(\zeta_0^{\alpha-1}=0,\zeta_1^{\alpha-1}=\zeta^{\alpha-1})$ 上的函数 x_t^α 的集合：在 $[0,\zeta_1^{\alpha-1})$ 上, $x_t^\alpha=x_t^{\alpha-1,0}$；在 $[\zeta_k^{\alpha-1},\zeta_{k+1}^{\alpha-1})$ 上, $x_t^\alpha=x_{t-\zeta_k^{\alpha-1}}^{\alpha-1,k}$, 其中 $x_t^{\alpha-1,k}\in\mathscr{F}^{\alpha-1}$, $k=0,1,\cdots$；$x_t^{\alpha-1,k}$ 的中断时间等于 $\zeta_{k+1}^{\alpha-1}-\zeta_k^{\alpha-1}$. 记 $\mathscr{N}^\alpha$ 为 $\mathscr{F}^\alpha$ 中的柱集产生的 σ 代数. 设 $m^{\alpha-1}(x^{\alpha-1}(\cdot),B)$ 是 $\{\mathscr{X},\mathfrak{B}\}$ 上的测度：对所有 $B\in\mathfrak{B}$, $m^{\alpha-1}(x^{\alpha-1}(\cdot),B)$ 为 $\mathscr{N}^{\alpha-1}$ 可测；对任意马尔科夫时间序列 $\tau_n\uparrow\zeta^{\alpha-1}$（其中 τ_n 是到达无穷的时间）和所有 $f\in\mathscr{C}_{\mathscr{X}}$, 成立等式

$$\lim_{n\to\infty}\mathscr{T}_\lambda^{\alpha-1}f(x_{\tau_n}^{\alpha-1})=\int m^{\alpha-1}(x^{\alpha-1}(\cdot),\mathrm{d}y)f(y)$$

那么 P_x^α 定义如下. 设集合序列 $C_0,C_1,\cdots,C_k\in\mathscr{N}^{\alpha-1}$ 是任意的, 而在 $x_t^{\alpha-1,i}$ 和 x_t^α 之间存在定义 $\mathscr{T}^\alpha$ 时所指出的联系. 我们令

$$P_x^\alpha\{x^\alpha(\cdot):x^{\alpha-1,0}(\cdot)\in C_0\}=P_x^{\alpha-1}(C_0)$$

$$P_x^\alpha\{x^\alpha(\cdot):x^{\alpha-1,0}(\cdot)\in C_0,\cdots,x^{\alpha-1,k}(\cdot)\in C_k\}=$$

$$E_x^{\alpha-1}\chi_{C_0}(x_t^{\alpha-1})\int m^{\alpha-1}(x^{\alpha-1}(\cdot),\mathrm{d}y)\cdot$$

$$P_y^\alpha\{x^\alpha(\cdot):x^{\alpha-1,0}(\cdot)\in C_0,\cdots,x^{\alpha-1,k-1}(\cdot)\in C_{k-1}\}$$

过程 $\{\mathscr{F}^\alpha,\mathscr{N}^\alpha,P_x^\alpha\}$ 的转移概率 $P^\alpha(t,x,B)$ 决定于等式

$$P_x^\alpha\{x^\alpha(t)\in B\}=\sum_{k=0}^{\infty}Q_x^{\alpha,k}(t,B)$$

其中

$$Q_x^{\alpha,k}(t,B)=P_x^\alpha\{x^\alpha(t)\in B,\zeta_k^{\alpha-1}\leqslant t<\zeta_{k+1}^{\alpha-1}\}$$

概率 $Q_x^{\alpha,k}(t,B)$ 决定于如下递推公式

$$Q_x^{\alpha,0}(t,B)=P^{\alpha-1}(t,x,B)$$

$$Q_x^{\alpha,k+1}(t,B)=E_x^{\alpha-1}\chi_{\{\zeta^{\alpha-1}<t\}}\int m^{\alpha-1}(x^{\alpha-1}(\cdot),\mathrm{d}y)Q_y^{\alpha,k}(t-\zeta^{\alpha-1},B)$$

利用 $R_\lambda^\alpha f$（对所有 $f\in\mathscr{C}_{\mathscr{X}}$）的连续性, 和定理 4 完全相同可以证明, x_t^α 是局部 Feller 过程.

设 α 是第二类序数, 对于 $\beta<\alpha$ 转移概率 $P^\beta(t,x,B)$ 有定义. 那么令

$$P^\alpha(t,x,B)=\sup_{\beta<\alpha}P^\beta(t,x,B)$$

这时式(27) 成立. 假设对所有 $\beta<\alpha$ 已经构造出过程 $\{\mathscr{F}^\beta,\mathscr{N}^\beta,P_x^\beta\}$. 我们来说明, 如何构造转移概率为 $P^\alpha(t,x,B)$ 的过程 $\{\mathscr{F}^\alpha,\mathscr{N}^\alpha,P_x^\alpha\}$. 选择一第二类序数 β_n 的序列, 使 $\beta_n\uparrow\alpha$. 记 $\mathscr{F}^\alpha$ 为定义在 $\bigcup\limits_{k=0}^{\infty}[\zeta_k,\zeta_{k+1})$ 上的函数 x_t^α 的集合：在 $[\zeta_k,\zeta_{k+1})$ 上 $x_t^{\alpha,k}=x_{t-\zeta_k}^\alpha\in\mathscr{F}^{\beta_k}$, 并且在时刻 $\zeta_{k+1}-\zeta_k$ 中断. 在普通方法定义 σ 代数

$\mathscr{N}^{\alpha}$. 对 $C_1 \in \mathscr{N}^{\beta_1}, \cdots, C_k \in \mathscr{N}^{\beta_k}$，我们定义概率 P_x^{α} 如下

$$P_x^{\alpha}\{x^{\alpha}(\cdot): x^{\alpha,1}(\cdot) \in C_1, \cdots, x^{\alpha,k}(\cdot) \in C_k\} =$$

$$E_x^{\beta_1} \chi_{C_1}(x^{\beta_1}(\cdot)) \int m^{\beta_1}(x^{\beta_1}(\cdot), dx_1) E_{x_1}^{\beta_2} \chi_{C_1}(x^{\beta_2}(\cdot)) \cdot$$

$$\int m^{\beta_2}(x^{\beta_2}(\cdot), dx_2) \cdots E_{x_{k-1}}^{\beta_{k-1}} \chi_{C_{k-1}}(x^{\beta_{k-1}}(\cdot)) \cdot$$

$$\int m^{\beta_{k-1}}(x^{\beta_{k-1}}(\cdot), dx_k) E_{x_k}^{\beta_k} \chi_{C_k}(x^{\beta_k}(\cdot))$$

其中测度 $m^{\beta}(x^{\beta}(\cdot), \cdot)$ 对所有 $\beta < \alpha$ 定义. 对给定的 α，我们由等式

$$\int f(y) m^{\alpha}(x^{\alpha}(\cdot), dy) = \lim_{n \to \infty} \mathscr{T}_{\lambda}^{\alpha} f(x^{\alpha}(\zeta_n))$$

定义 $m^{\alpha}(x^{\alpha}(\cdot), \cdot)$. 这样，对于所有可数序数，满足式(27)的转移概率 $P^{\alpha}(t, x, B)$ 是用对 α 的超限归纳法来定义的. 它们都满足局部 Feller 性.

最后，设

$$P(t, x, B) = \sup_{\alpha} P^{\alpha}(t, x, B)$$

那么，对 $f \in \mathscr{C}_{\mathscr{X}}, f \geqslant 0$，函数 $\int f(y) P(t, x, dy)$ 下半连续. 因为对 $f \geqslant 0$

$$\int e^{-\lambda t} \int P(t, x, dy) f(y) dt = R_{\lambda} f(x) = \sup_{\alpha} R_{\lambda}^{\alpha} f(x)$$

而

$$R_{\lambda} 1 = \sup_{\alpha} R_{\lambda}^{\alpha} 1 = \sup_{\alpha} \frac{1}{\lambda}(1 - \mathscr{T}_{\lambda}^{\alpha} 1) =$$

$$\frac{1}{\lambda} - \frac{1}{\lambda} \inf_{\alpha} \mathscr{T}_{\lambda}^{\alpha} 1 =$$

$$\frac{1}{\lambda}$$

故 $P(t, x, \mathscr{X}) \equiv 1$ 是连续函数. 所以，对所有 $f \in \mathscr{C}_{\mathscr{X}}$ 函数 $\int P(t, x, dy) f(y)$ 连续. 定理证完.

§6 可乘泛函和可加泛函，过分函数

可加泛函和可乘泛函的定义及其简单性质 设 $\{\mathscr{F}, \mathscr{N}, P_x\}$ 是某相空间 $\{\mathscr{X}, \mathfrak{B}\}$ 中的齐次马尔科夫过程. 我们要研究 $\mathscr{N}_t$ 可测数值随机变量的一些特殊性质. 由于它们的可测性. 对其可用推移算子 θ_h.

定义在 $\mathscr{F}$ 上的随机变量族 $\alpha_t, t \geqslant 0$，称为齐次可乘泛函，如果它满足条件：

M1) 对所有 $t \geqslant 0, \alpha_t$ 为 $\mathscr{N}_t$ 可测；

M2）对所有 $t\geqslant 0$ 和 $h>0$，对任意 $x\in\mathscr{X}$，等式 $\alpha_{t+h}=\alpha_h\theta_h\alpha_t$ 以概率 $P_x=1$ 成立.

称定义在 $\mathscr{F}$ 上的随机变量族 φ_t，$t\geqslant 0$，为齐次可加泛函，如果它满足条件：

A1）对所有 $t\geqslant 0$，随机变量 φ_t 为 $\mathscr{N}_t$ 可测；

A2）对所有 $t\geqslant 0$ 和 $h>0$，对任意 $x\in\mathscr{X}$，等式 $\varphi_{t+h}=\varphi_h+\theta_h\varphi_t$ 以概率 $P_x=1$ 成立.

我们举几个可乘泛函的例子.

Ⅰ.设 $\mathscr{X}$ 是一拓扑空间，过程的样本函数 $x(t)$ 右连续，$g(x)$ 是 $\mathscr{X}$ 上的有界连续函数.那么对所有 t，随机变量

$$\int_0^t g(x_s)\mathrm{d}s$$

有定义并且 $\mathscr{N}_t$ 可测.令

$$\alpha_t=\exp\left\{\int_0^t g(x_s)\mathrm{d}s\right\}$$

因为

$$\theta_h\alpha_t=\exp\left\{\int_0^t\theta_h g(x_s)\mathrm{d}s\right\}=\exp\left\{\int_h^{t+h}g(x_s)\mathrm{d}s\right\}$$

而

$$\alpha_h\theta_h\alpha_t=\exp\left\{\int_0^h g(x_s)\mathrm{d}s\right\}\exp\left\{\int_h^{t+h}g(x_s)\mathrm{d}s\right\}=\alpha_{t+h}$$

故 α_t 是可乘泛函.

Ⅱ.设 $\mathscr{X}$ 局部紧，过程右连续，ζ 是首次流出所有紧集的时间.当 $\zeta>t$ 时，令 $\alpha_t=1$，当 $\zeta\leqslant t$ 时，令 $\alpha_t=0$.那么

$$\alpha_h\theta_h\alpha_t=\chi_{\{\zeta>h\}}\theta_h\chi_{\{\zeta>t\}}=\chi_{\{\zeta>t+h\}}=\alpha_{t+h}$$

从而 α_t 是可乘泛函.

我们感兴趣的是对所有 $x\in\mathscr{X}$ 满足

$$P_x\{0\leqslant\alpha_t\leqslant 1\}=1$$

的那些可乘泛函.可以利用这样的泛函变换原过程如下.记 $\widetilde{\mathscr{F}}$ 为函数 $\widetilde{x}(t)$ 的集合，这些函数是由 $\mathscr{F}$ 中的函数 $x(t)$ 经在某一时刻 $\zeta\leqslant+\infty$ 的中断而得来的；$\widetilde{x}(t)$ 定义在$[0,\zeta)$ 上，而且当 $t<\zeta$ 时，$\widetilde{x}(t)=x(t)$；$\widetilde{\mathscr{F}}$ 上的 σ 代数 $\widetilde{\mathscr{N}}$ 是用通常的方法构造出来的.最后，对任意 $\widetilde{\mathscr{N}}_t$ 可测集 A，我们设

$$\widetilde{P}_x(A)=\int_A\alpha_t(\omega)P_x(\mathrm{d}\omega)\quad(\omega\in\widetilde{\mathscr{F}})$$

$\{\widetilde{\mathscr{F}},\widetilde{\mathscr{N}},\widetilde{P}_x\}$ 是齐次马尔科夫过程，它的转移概率为

$$\widetilde{P}(t,x,B)=E_x\alpha_t\chi_B(x(t))$$

可加泛函 φ_t 称为非负的，如果对所有 $t>0$ 和 $x\in\mathscr{X}$

$$P_x\{\varphi_t \geqslant 0\} = 1$$

设 α_t 为可乘泛函,满足条件:对所有 $t \geqslant 0$ 和 $x \in \mathscr{X}$, $P_x\{0 \leqslant \alpha_t \leqslant 1\} = 1$. 那么在可加泛函 φ_t 和满足上述条件的可乘泛函 α_t 之间可以建立一一对应关系

$$\alpha_t = \exp\{-\varphi_t\}, \varphi_t = -\ln \alpha_t$$

(这时泛函 φ_t 亦可取 $+\infty$ 为值). 以后我们只研究可加泛函. 利用可乘泛函通过可加泛函的表现,可以对可乘泛函表述所得到的结果.

在研究可加泛函时,用到泛函等价的概念. 我们说泛函 φ_t 和 $\tilde{\varphi}_t$ 随机等价,如果对所有 $t \geqslant 0$ 和 $x \in \mathscr{X}$,有 $P_x\{\varphi_t = \tilde{\varphi}_t\} = 1$.

称泛函 φ_t 为几乎可测的,如果它满足与条件 A1) 相近的条件:

A1′) 对所有 x, φ_t 以概率 $P_x = 1$ 与一 $\mathscr{N}_t$ 可测随机变量相等,并且为 $\mathscr{N}_{t+0}$ 可测,其中 $\mathscr{N}_{t+0} = \bigcap_{s>t} \mathscr{N}_s$.

引理 1 对每一非负齐次可加泛函 φ_t,存在一随机等价的几乎可测正可加泛函 $\tilde{\varphi}_t$,使对每个 x,过程 $\tilde{\varphi}_t$ 在概率空间 $\{\mathscr{F}, \mathscr{N}, P_x\}$ 上是非减的.

证 我们定义 φ_t^* 如下:对所有 $t > 0$ 令

$$\varphi_t^* = \sup_{r \leqslant t} \varphi_r, \varphi_0^* = \varphi_0$$

其中 r 取有理数. φ_t^* 对所有 $x \in \mathscr{X}$ 以概率 $P_x = 1$ 有定义, $\mathscr{N}_t$ 可测,而且是 t 的非减函数. 显然

$$P_x\{\varphi_t^* > \varphi_t\} \leqslant \sum_{r \leqslant t} P_x\{\varphi_r > \varphi_t\} = \sum_{r \leqslant t} P_x\{\theta_r \varphi_{t-r} < 0\} =$$
$$\sum_{r \leqslant t} E_x P_{x_r}\{\varphi_{t-r} < 0\} = 0$$

另一方面,若 t 为有理数,则 $\varphi_t^* \geqslant \varphi_t$. 因此对有理 t 和 $x \in \mathscr{X}$

$$P_x\{\varphi_t^* = \varphi_t\} = 1$$

由单调性,作为 t 的函数 φ_t^* 最多有可数个间断点.

现在设

$$\tilde{\varphi}_t = \begin{cases} \varphi_{t-0}^* & \text{若 } \varphi_t < \varphi_{t-0}^* \\ \varphi_t & \text{若 } \varphi_{t-0}^* \leqslant \varphi_t \leqslant \varphi_{t+0}^* \\ \varphi_{t+0}^* & \text{若 } \varphi_t > \varphi_{t+0}^* \end{cases}$$

因为

$$P_x\{\varphi_t > \varphi_{t+0}^*\} \leqslant P_x\{\bigcup_{r>t} \{\varphi_t > \varphi_r\}\} = 0$$
$$P_x\{\varphi_t < \varphi_{t-0}^*\} \leqslant P_x\{\bigcup_{r<t} \{\varphi_t < \varphi_r\}\} = 0$$

故对所有 $t \geqslant 0$ 和 $x \in \mathscr{X}$, $P_x\{\varphi_t \neq \tilde{\varphi}_t\} = 0$. 由

$$P_x\{\theta_h[\tilde{\varphi}_t - \varphi_t] \neq 0\} = E_x P_{x_h}\{\tilde{\varphi}_t - \varphi_t \neq 0\} = 0$$

可见,对所有 $h > 0$, $t \geqslant 0$ 和 $x \in \mathscr{X}$, $P_x\{\theta_h \tilde{\varphi}_t = \tilde{\varphi}_{t+h} - \tilde{\varphi}_h\} = 1$. 显然, $\tilde{\varphi}_t$ 是几乎可测可加泛函. 引理得证.

注 容易看出，$\tilde{\varphi}_t$ 是 $\mathcal{N}_{t+0}$ 可测随机变量. 其中 $\mathcal{N}_{t+0}=\bigcap \mathcal{N}_s$. 如果 t 是 $\tilde{\varphi}_t$ 的连续点，即对所有 $x\in\mathscr{X}$，$P_x\{\tilde{\varphi}_{t+0}-\tilde{\varphi}_{t-0}=0\}=1$，则可以选择 $\tilde{\varphi}_t$ 为 $\mathcal{N}_t$ 可测的.

下面我们要研究非减的几乎可测齐次可加泛函. 考虑随机变量

$$\varphi_{0+}=\lim_{t\downarrow 0}\varphi_t$$

它关于 $\mathcal{N}_{0+}$ 可测. 因此在很一般的条件下可见，对任意 x，φ_{0+} 关于测度 P_x 几乎处处等于一常数. 下面的引理给出了这些条件.

引理 2 如果拓扑相空间中的马尔科夫过程右连续(从而它随机连续)并且是 Feller 的，则对于所有 x，任一 $\mathcal{N}_{0+}$ 可测随机变量都 P_x 几乎处处等于一常数.

证 只需考虑有界 $\mathcal{N}_{0+}$ 可测随机变量 φ. 设 $f_n(x_1,\cdots,x_n)$ 是一有界连续函数的序列：对每个 n 存在 $t_n^{(n)}>\cdots>t_1^{(n)}>0$，$t_n^{(n)}\to 0$，使

$$\lim_{n\to\infty}E_x\mid f_n(x(t_1^{(n)}),\cdots,x(t_n^{(n)}))-\varphi\mid^2=0$$

设 $g_n(x)=E_xf_n(x(t_1^{(n)}),\cdots,x(t_n^{(n)}))$. 那么 $g_n(x)\to E_x\varphi$. 由过程的右连续性和 Feller 性知，当 $h\downarrow 0$ 时

$$E_{x(h)}f_n(x(t_1^{(n)}),\cdots,x(t_n^{(n)}))=g_n(x_h)\xrightarrow{P_x}g_n(x)$$

所以

$$\begin{aligned}E_x\varphi^2=&\lim_{n\to\infty}\lim_{h\downarrow 0}E_x\varphi f_n(x(t_1^{(n)}+h),\cdots,x(t_n^{(n)}+h))=\\&\lim_{n\to\infty}\lim_{h\downarrow 0}E_x\varphi E_{x_h}f_n(x(t_1^{(n)}),\cdots,x(t_n^{(n)}))=\\&(E_x\varphi)^2\end{aligned}$$

于是 $P_x\{\varphi=E_x\varphi\}=1$. 引理得证.

注 在引理的条件下 $\mathcal{N}_{t+0}\subset\overline{\mathcal{N}}_t$，其中 $\overline{\mathcal{N}}_t$ 是 σ 代数 $\mathcal{N}_t$ 关于测度 P_x 的完备化的交(对所有 $x\in\mathscr{X}$ 的交).

假设过程是右连续的和强马尔科夫的. 设 $a(x)=E_x\varphi_{0+}$，则 $a(x)$ 是 $\mathfrak{B}$ 可测函数

$$P_x\{\varphi_{0+}=a(x)\}=1\tag{1}$$

而且对一切 $x\in\mathscr{X}$ 和 $t>0$ 有

$$P_x\{\varphi_{t+0}-\varphi_t=\theta_t\varphi_{0+}=a(x_t)\}=1$$

我们建立一泛函

$$\psi_t=\sum_{s\leqslant t}a(x_s)\tag{2}$$

它是有穷的齐次可加泛函，而且 $\psi_t\leqslant\varphi_{t+0}$. 对所有 $t\geqslant 0$，随机变量 ψ_t 是 $\mathcal{N}_{t+0}$ 可测的. 泛函 ψ_t 的值等于它的跳跃度之和. 我们现在考虑泛函 $\hat{\varphi}_t=\varphi_t-\psi_t$. 它也是几乎可测的齐次可加泛函；此外，它右连续，$\hat{\varphi}_{0+}=0$. 由最后这个关系式可见，对所有 $x\in\mathscr{X}$ 和 $\varepsilon>0$

$$\lim_{t\downarrow 0} P_x\{\hat{\varphi}_t > \varepsilon\} = 0$$

我们称满足该条件的泛函为随机连续的. 如果泛函是非减的和随机连续的，则它右连续，因为对于它有 $a(x) = E_x\hat{\varphi}_{0+} = 0$.

由式(2)所定义的泛函称为纯断的. 设 $a(s)$ 是 $\mathfrak{B}$ 可测的非负函数. 这样的泛函有穷的必要和充分条件是，对任意 $\varepsilon > 0$，在每个有穷时间区间上只存在有穷个 t，使 $a(x(t)) > \varepsilon$.

我们要研究随机连续的非减几乎可测齐次泛函的结构. 这里，自然首先考虑随机连续阶梯泛函 φ_t，即（对任意 x）概率空间$\{\mathscr{F},\mathscr{N},P_x\}$上的随机过程 φ_t 是右连续的阶梯（在每个有穷区间上为分段常值的）过程. 事件$\{\varphi_t = 0\} \in \mathscr{N}_t$. 所以，过程 φ_t 首次跳跃的时间 τ_1 是马尔科夫时间. 设 $\eta_1 = \varphi_{\tau_1}$. 根据过程的强马尔科夫性，如果 τ_2 和 η_2 分别为第二次跳跃的时间和跃度，则 $\tau_2 = \tau_1 + \theta_{\tau_1}$，$\eta_2 = \theta_{\tau_1}\eta_1$，因为 $\theta_{\tau_1}\varphi_t = \varphi_{t+\tau_1} - \varphi_{\tau_1}$. 一般，如果 η_n 是过程第 n 次的跳跃度，而 τ_n 是这次跳跃的时间，则

$$\eta_n = \theta_{\tau_1}\eta_{n-1}, \tau_n = \theta_{\tau_1}\tau_{n-1} + \tau_{n-1}$$

因而，为给出阶梯泛函，只需给出变量 τ_1 和 η_1. 因 $\varphi(t) = \sum_{\tau_k \leqslant t}\eta_k$ 是齐次可加泛函，可知马尔科夫时间 τ_1 应满足

$$\theta_t\{\tau_1 > h\} \cap \{\tau_1 > t\} = \{\tau_1 > t + h\}$$

因为 $\varphi_{t+h} = \varphi_t + \theta_t\varphi_h$，而且由此有$\{\varphi_{t+h} = 0\} = \{\varphi_t = 0\} \cap \{\theta_t\varphi_h = 0\} = \{\varphi_t = 0\} \cap \{\theta_t\varphi_h = 0\}$. 从而 τ_1 是原过程的到达无穷（中断）时间.

为描绘随机变量 η_1，我们考虑 σ 代数 $\mathscr{M}_{\tau_1}^{(n)}$，它是由形如

$$\left\{\frac{R}{2^n} < \tau_1 \leqslant \frac{k+1}{2^n}\right\} \cap \{x_s \in A\}, k \geqslant 0, \frac{k}{2^n} < s \leqslant \frac{k+1}{2^n}$$

的集产生的. 记 $\mathscr{M}_{\tau_1} = \bigcap_n \mathscr{M}_{\tau_1}^{(n)}$. 那么 η_1 是 $\mathscr{M}_{\tau_1}$ 可测随机变量. 事实上，当 $\varphi_{\frac{k}{2^n}} = 0$，$\varphi_{\frac{k+1}{2^n}} > 0$ 时，令 $\eta_1^{(n)} = \varphi_{\frac{k+1}{2^n}} - \varphi_{\frac{k}{2^n}}$；它 $\mathscr{M}_{\tau_1}^{(n)}$ 可测. 此外，由 φ_t 的右连续性知 $\eta_1 = \lim\limits_{n\to\infty}\eta_1^{(n)}$，所以对任意 n，随机变量 η_1 关于 $\mathscr{M}_{\tau_1}^{(n)}$ 可测（这里，我们用到明显的包含关系 $\mathscr{M}_{\tau_1}^{(n)} \supset \mathscr{M}_{\tau_1}$）.

现在假设 φ_t 是右连续齐次可加泛函. 我们引进泛函 $\psi_t^{(\varepsilon)}$

$$\psi_t^{(\varepsilon)} = \sum_{s\leqslant t}\chi_\varepsilon(\varphi_s - \varphi_{s-0})$$

其中当 $\lambda \geqslant \varepsilon$ 时$\chi_\varepsilon(\lambda) = \lambda$，而当 $\lambda < \varepsilon$ 时$\chi_\varepsilon(\lambda) = 0$. 容易验证，$\psi_t^{(\varepsilon)}$ 是齐次可加泛函. 它随机连续并且是阶梯的. 如果 $\varepsilon_1 > \varepsilon_2$，则 $\psi_t^{(\varepsilon_1)} \leqslant \psi_t^{(\varepsilon_2)}$；从而存在

$$\lim_{\varepsilon\downarrow 0}\psi_t^{(\varepsilon)} = \psi_t^{(0)}$$

$\psi_t^{(0)}$ 也是随机连续的非减齐次可加泛函. 自然称泛函 $\psi_t^{(0)}$ 为泛函 φ_t 的纯断部分，而称齐次可加泛函 $\varphi_t^0 = \varphi_t - \psi_t^{(0)}$ 为泛函 φ_t 的连续部分（$\varphi_t^{(0)}$ 显然是 t 的非减

连续函数).纯断部分是阶梯泛函的极限这一事实,就完全描述了它.连续泛函值得更详细地研究.

连续齐次可加泛函 设 φ_t 是非减连续齐次可加泛函.首先注意到,由连续性 $\varphi_t=\lim\limits_{s\uparrow t}\varphi_s$.从而,如果 φ_t 为 $\mathcal{N}_{t+0}$ 可测,则它就是 $\mathcal{N}_t$ 可测随机变量.所以,对于连续泛函,齐次可加泛函定义中的条件 A1) 和 A1′) 相同.此外,对于连续泛函,对一切 x 有

$$P_x\{\theta_h\varphi_t=\varphi_{t+h}-\varphi_t;t\geqslant 0,h>0\}=1$$

这由下面的等式即可看出:对于连续泛函

$$\bigcap_{h>0,t\geqslant 0}\{\theta_h\varphi_t=\varphi_{t+h}-\varphi_t\}=\bigcap_{h>0,t\geqslant 0,h,t\in R}\{\theta_h\varphi_t=\varphi_{t+h}-\varphi_t\}$$

其中 R 是有理数集.设 $F_1\in\mathcal{N}$,而且对所有 $x\in\mathscr{X}$,$P_x(F_1)=0$.可以改变泛函在集 F_1 上的值,使对所有 $t\geqslant 0,h>0$,新泛函 φ'_t 满足等式 $\theta_h\varphi'_t=\varphi'_{t+h}-\varphi'_h$.

我们引进函数

$$v(t,x)=E_x\mathrm{e}^{-\varphi_t}$$

对所有 t 该函数对 x 可测,它非负并且以 1 为界.结果表明,函数 $v(t,x)$ 唯一决定泛函 φ_t(精确到几乎等价性唯一).

定理 1 对任意 x 和 $t>0$

$$\varphi_t=P_x-\lim_{h\downarrow 0}\int_0^t\frac{1-v(h,x_s)}{h}\mathrm{d}s$$

证 首先估计

$$\Delta(n,h,s)=\varphi(nh+s)-\varphi(s)-\sum_{k=0}^{n-1}[1-v(h,x(kh+s))]$$

(其中 $\varphi(t)=\varphi_t,x(t)=x_t$).我们有

$$\begin{aligned}\Delta(n,h,s)=&\sum_{k=1}^{n}([\varphi(kh+s)-\varphi((k-1)h+s)]-\\&[1-\exp\{-[\varphi(kh+s)-\varphi((k-1)h+s)]\}])+\\&\sum_{k=0}^{n-1}[\xi_{k,h,s}-E(\xi_{k,h,s}\mid\mathcal{N}_{kh+s})]\end{aligned}$$

其中

$$\xi_{k,h,s}=(1-\exp\{-[\varphi(kh+h+s)-\varphi(kh+s)]\})$$

这时

$$\begin{aligned}E(\xi_{k,h,s}\mid\mathcal{N}_{kh+s})=1-E(\mathrm{e}^{-\theta_{kh+s}\varphi_h}\mid\mathcal{N}_{kh+s})=\\1-v(h,x(kh+s))\end{aligned}$$

我们分别估计 $\Delta(n,h,s)$ 表达式中的两个和.因为

$$\begin{aligned}&\sum_{k=1}^{n}[\varphi(kh+s)-\varphi((k-1)h+s)-1+\\&\exp\{-[\varphi(kh+s)-\varphi((k-1)h+s)]\}]\leqslant\end{aligned}$$

$$\frac{1}{2}\sum_{k=1}^{n}[\varphi(kh+s)-\varphi((k-1)h+s)]^2\leqslant$$

$$\frac{1}{2}\varphi(nh+s)\sup_{\substack{|t-t_1|\leqslant h\\ t\leqslant nh+s}}|\varphi_t-\varphi_{t_1}|$$

所以，当 $h\downarrow 0$，而且 $nh+s$ 有界时，由 φ_t 的连续性知第一个和关于 s 一致趋于 0. 为估计第二个和，我们引进

$$\chi(N,h,k,s)=\begin{cases}1 & 若\sum_{i=0}^{k-1}\xi_{i,h,s}^2\leqslant N\\ 0 & 若\sum_{i=0}^{k-1}\xi_{i,h,s}^2>N\end{cases}$$

那么

$$E_x\Big(\sum_{k=0}^{n-1}[\xi_{k,h,s}-E(\xi_{k,h,s}\mid\mathcal{N}_{kh+s})]\chi(N,h,k,s)\Big)^2=$$

$$E_x\sum_{k=0}^{n-1}[\xi_{k,h,s}-E(\xi_{k,h,s}\mid\mathcal{N}_{kh+s})]^2\chi(N,h,k,s)\leqslant$$

$$E_x\sum_{k=0}^{n-1}\xi_{k,h,s}^2\chi(N,h,k,s)$$

现在我们注意到，对 $s\leqslant h$

$$\xi_{k,h,s}^2\leqslant\xi_{l,2h,0}^2+\xi_{l,2h,h}^2$$

其中 l 是 $\frac{k}{2}$ 的整数部分. 所以

$$\frac{1}{h}\int_0^h\sum_{k=0}^{n-1}\xi_{k,h,s}^2\mathrm{d}s\leqslant\sum_{0\leqslant l\leqslant\frac{n}{2}}(\xi_{l,2h,0}^2+\xi_{l,2h,h}^2)$$

而且事件 $\left\{\sum_{k=0}^{n-1}\xi_{k,h,s}^2>N\right\}$ 是事件 $\left\{\sum_{0\leqslant l<\frac{n}{2}}\xi_{l,2h,0}^2>\frac{N}{2}\right\}$ 或事件 $\left\{\sum_{0\leqslant l<\frac{n}{2}}\xi_{l,2h,h}^2>\frac{N}{2}\right\}$ 的特款. 由此可见

$$\lim_{h\downarrow 0}P_x\left\{\frac{1}{h}\int_0^h|\Delta(n,h,s)|\mathrm{d}s>\varepsilon\right\}\leqslant$$

$$\lim_{h\downarrow 0}P_x\left\{\frac{1}{h}\int_0^h\left|\sum_{k=0}^{n-1}[\xi_{k,h,s}-E(\xi_{k,h,s}\mid\mathcal{N}_{kh+s})]\right|\mathrm{d}s\geqslant\varepsilon\right\}\leqslant$$

$$\lim_{h\downarrow 0}\Bigg[P_x\left\{\sum_{0\leqslant l<\frac{n}{2}}\xi_{l,2h,0}^2>\frac{N}{2}\right\}+P_x\left\{\sum_{0\leqslant l<\frac{n}{2}}\xi_{l,2h,h}^2>\frac{N}{2}\right\}+$$

$$P_x\left\{\frac{1}{h}\int_0^h\left|\sum_{k=0}^{n-1}[\xi_{k,h,s}-E(\xi_{k,h,s}\mid\mathcal{N}_{kh+s})]\chi(N,h,k,s)\right|\mathrm{d}s\geqslant\varepsilon\right\}\Bigg]$$

最后这个式子趋向 0，因为 $\sum_{k=0}^{n-1}\xi_{k,h,s}^2\to 0$

$$E_x \frac{1}{h}\int_0^h \left| \sum_{k=0}^{n-1}[\xi_{k,h,s} - E(\xi_{k,h,s} \mid \mathcal{N}_{kh+s})]\chi(N,h,k,s)\right| \mathrm{d}s \leqslant$$

$$\frac{1}{h}\int_0^h \sqrt{E_x \sum_{k=0}^{n-1}\xi_{k,h,s}^2 \chi(N,h,k,s)}\,\mathrm{d}s$$

而

$$\sum_{k=0}^{n-1}\xi_{k,h,s}^2 \chi(N,h,k,s) \leqslant N+1$$

因此，对所有 $x \in \mathscr{X}$，依概率 P_x 有

$$\frac{1}{h}\int_0^h \varphi(nh+s)\mathrm{d}s - \frac{1}{h}\int_0^h \varphi(s)\mathrm{d}s - \frac{1}{h}\sum_{k=0}^{n-1}\int_0^h [1-v(h,x(kh+s))]\mathrm{d}s \to 0$$

若选择 n，使 $nh \to t$，则依概率 P_x 有

$$\varphi(t) = \lim_{h\to 0} \frac{1}{h}\int_0^{nh}[1-v(h,x_s)]\mathrm{d}s$$

对 $n_1 h < t < n_2 h$ 用不等式

$$\int_0^{n_1 h}[1-v(h,x_s)]\mathrm{d}s \leqslant \int_0^t [1-v(h,x_s)]\mathrm{d}s \leqslant \int_0^{n_2 h}[1-v(h,x_s)]\mathrm{d}s$$

即可完成定理的证明.

有了非减连续齐次可加泛函，就可以利用对泛函的积分运算，来构造同种类型的新泛函.

假设过程 $x(t)$ 右连续. 我们定义积分

$$I_t(f;\varphi) = \int_0^t f(x_s)\mathrm{d}\varphi_s$$

（该积分对一切有界 Borel 函数 $f(x)$ 有意义，因为这时 $f(x(s))$，$s \geqslant 0$，是有界 Borel 函数，而 $\varphi(s)$ 是非降连续函数.）我们注意到，若 f 连续，则 $f(x(s))$ 右连续，从而

$$\int_{t_1}^{t_2} f(x_s)\mathrm{d}\varphi_s = \lim_{\max \Delta s_k \downarrow 0} \sum_{k=0}^{n-1} f(x(s_{k+1}))[\varphi(s_{k+1}) - \varphi(s_k)] \tag{3}$$

其中 $t_1 = s_0 < s_1 < \cdots < s_n = t_2$，$\Delta s_k = s_{k+1} - s_k$. 由此可见，如果 f 连续，则 $I_t(f;\varphi)$ 是 $\mathcal{N}_t$ 可测变量. 因为 $I_t(f_n;\varphi) \to I_t(f;\varphi)$，故如果 f_n 有界收敛于 f，则对任意有界 Borel 函数 $f(x)$，$I_t(f;\varphi)$ 也 $\mathcal{N}_t$ 可测. 对于连续函数 f，利用式(3) 容易证明

$$I_{t+h}(f;\varphi) - I_t(f;\varphi) = \int_t^{t+h} f(x_s)\mathrm{d}\varphi_s = \int_0^h f(x_{s+t})\mathrm{d}\varphi_{s+t} =$$

$$\theta_t \int_0^h f(x_s)\mathrm{d}\varphi_s$$

又由函数的有界收敛性可知，对一切有界 $\mathfrak{B}$ 可测函数 f

$$\theta_h I_t(f;\varphi)=I_{t+h}(f;\varphi)-I_h(f;\varphi)$$

即 $I_t(f;\varphi)$ 是可加泛函. 如果 $f>0$，则它是非负的和非减的. 它是连续的，因为

$$I_{t+h}(f;\varphi)-I_t(f;\varphi)\leqslant \|f\|(\varphi_{t+h}-\varphi_t)$$

而且泛函 φ_t 连续.

假设 $f(x)>0$ 是无界函数. 那么

$$I_t(f;\varphi)=\int_0^t f(x_s)\mathrm{d}\varphi_s$$

可以定义为 $I_t(f_n;\varphi)$ 的极限，其中 f_n 有界，而且 $f_n\uparrow f$. 如果对所有 t，变量 $I_t(f;\varphi)$ 有限，则它也决定一正的非减连续齐次可加泛函；如果被积函数连续，则由 Lebesgue－Stieltjes 积分对上界的连续性知，$I_t(f;\varphi)$ 连续.

假设函数 f 处处为正. 那么也可以通过 $I_t(f,\varphi)$ 表示 φ_t

$$\varphi_t=\int_0^t \frac{1}{f(x_s)}\mathrm{d}I_s(f;\varphi)$$

一个特别连续泛函类 ——W 泛函起着十分重要的作用，它是 Е. Б. Дынкин 引进的. 所谓 W 泛函是指非减非负的连续齐次可加泛函 φ_t，对所有 $t\geqslant 0$ 满足

$$\sup_{x\in\mathscr{X}} E_x\varphi_t<\infty$$

为满足该式，只需对某个 $t_0>0$ 使 $\sup\limits_{x\in\mathscr{X}} E_x\varphi_{t_0}<\infty$，因为当 $t\leqslant T$ 时有 $\varphi_t\leqslant\varphi_T$，而且

$$\begin{aligned}\sup_{x\in\mathscr{X}} E_x\varphi_{nt_0}&\leqslant \sup_{x\in\mathscr{X}} E_xE_{x((n-1)t_0)}\varphi_{t_0}+\sup_{x\in\mathscr{X}} E_x\varphi_{(n-1)t_0}\leqslant\\&\sup_{x\in\mathscr{X}} E_x\varphi_{t_0}+\sup_{x\in\mathscr{X}} E_x\varphi_{(n-1)t_0}\leqslant\\&n\sup_{x\in\mathscr{X}} E_x\varphi_{t_0}\end{aligned}$$

我们证明，任何连续正泛函都可以表为对 W 泛函的积分. 为此只需证明，对任意 W 泛函 φ_t 存在一个处处为正的函数 $g(x)$，使 $I_t(g;\varphi)$ 是 W 泛函. 为了构造该函数，我们注意到，对 $\bar{t}>0$ 有

$$\int_0^{\bar{t}} \mathrm{e}^{-\varphi_{\bar{t}}+\varphi_s}\mathrm{d}\varphi_s=1-\mathrm{e}^{-\varphi E}$$

或

$$1-\mathrm{e}^{-\varphi_{\bar{t}}}=\int_0^{\bar{t}}\mathrm{e}^{-\theta_s\varphi_{\bar{t}-s}}\mathrm{d}\varphi_s$$

由此可见

$$\int_0^{\frac{\bar{t}}{2}}\mathrm{e}^{-\theta_s\varphi\frac{\bar{t}}{2}}\mathrm{d}\varphi_s\leqslant 1$$

$$E_x\int_0^{\frac{\bar{t}}{2}}\mathrm{e}^{-\theta_s\varphi\frac{\bar{t}}{2}}\mathrm{d}\varphi_s\leqslant 1$$

因为

$$E_x\int_0^{\frac{t}{2}} e^{-\theta_s\varphi_{\frac{t}{2}}}\,d\varphi_s = E_x\int_0^{\frac{t}{2}} E(e^{-\theta_s\varphi_{\frac{t}{2}}} \mid \mathcal{N}_s)\,d\varphi_s =$$

$$E_x\int_0^{\frac{t}{2}} E_{x_s} e^{-\varphi_{\frac{t}{2}}}\,d\varphi_s$$

故对所有 x

$$E_x I_{\frac{t}{2}}(g;\varphi) \leqslant 1$$

其中 $g(x)=E_x e^{-\varphi_{\frac{t}{2}}}$. 因此 $I_t(g;\varphi)$ 是 W 泛函. 因而,对连续泛函的研究可以归结为对 W 泛函的研究.

W 泛函 设$\{\mathcal{F},\mathcal{N},P_x\}$是拓扑空间 $\mathcal{X}$ 中的马尔科夫过程,它的轨道右连续,而 $\varphi(t)$ 非负连续齐次可加泛函,对所有 $t>0$ 满足$\sup\limits_x E_x\varphi(x)<\infty$. 下面的引理在研究 W 泛函时是有用的.

引理 3 对一切自然数 n 和 $t>0$ 有

$$\sup_x E_x\varphi^n(t) \leqslant n!\ [\sup_x E_x\varphi(t)]^n \tag{4}$$

证 因为由 $\varphi(t)$ 的连续性有

$$[\varphi(t)]^n = n\int_0^t [\varphi(t)-\varphi(s)]^{n-1}\,d\varphi(s)$$

故

$$\begin{aligned}E_x\varphi^n(t) &= nE_x\int_0^t [\varphi(t)-\varphi(s)]^{n-1}\,d\varphi(s) =\\ &nE_x\int_0^t E([\varphi(t)-\varphi(s)]^{n-1} \mid \mathcal{N}_s)\,d\varphi(s) =\\ &nE_x\int_0^t E_{x_s}[\varphi(t-s)]^{n-1}\,d\varphi(s) \leqslant\\ &n\sup_{y\in\mathcal{X}} E_y[\varphi(t)]^{n-1} E_x\varphi(t)\end{aligned}$$

因此

$$\sup_x E_x\varphi^n(t) \leqslant n\sup_x E_x\varphi(t)\cdot\sup_x E_x\varphi^{n-1}(t)$$

现在用数学归纳法很容易证明(4). 引理得证.

可以把每一个 W 泛函和一函数

$$W(t,x)=E_x\varphi(t) \tag{5}$$

相联系. 该函数满足下列条件:

W1) 对每个 $t>0$,函数 $W(t,x)$ 关于 x 为 $\mathfrak{B}$ 可测,而对每个 x,$W(t,x)$ 是 t 的非减连续函数;$\lim\limits_{t\downarrow 0} W(t,x)=0$;对所有 $t>0$,$\sup\limits_x W(t,x)<\infty$;

W2) 对所有 $t>0$,$h>0$ 和 $x\in\mathcal{X}$

$$W(t+s,x)=W(t,x)+E_x W(s,x_t) \tag{6}$$

因为 $\varphi(t)$ 是非减连续函数，而且 $\varphi(0)=0, E_x\varphi(t)$ 有限，故由此可以推出条件 W1). 条件 W2) 是下面的等式的推论

$$E_x\varphi(t+s)=E_x\varphi(t)+E_x\theta_t\varphi(s)=$$
$$E_x\varphi(t)+E_xE_{x_t}\varphi(s)$$

我们称满足条件 W1) 和 W2) 的函数 $W(t,x)$ 为 W 函数.

由式(5) 定义的函数 $W(t,x)$，精确到随机等价性，决定了泛函 $\varphi(t)$. 为说明这一点，我们注意到，对于任意关于两个变量 $x\in\mathscr{X}$ 和 $s\in[0,\infty)$ 的全体连续的函数 $g(x,s)$，有

$$E_x\int_0^t g(x_s,s)\mathrm{d}\varphi_s=\lim_{h\downarrow 0}E_x\int_0^t g(x_s,s)\frac{\varphi_{s+h}-\varphi_s}{h}\mathrm{d}s=$$
$$\lim_{h\downarrow 0}E_x\int_0^t g(x_s,s)\frac{W(h,x_s)}{h}\mathrm{d}s$$

因为对任意连续非减函数 $\alpha(s)$ 和连续函数 $\beta(s)$

$$\int_0^t\beta(s)\mathrm{d}\alpha(s)=\lim_{h\downarrow 0}\int_0^t\beta(s)\frac{\alpha(s+h)-\alpha(s)}{h}\mathrm{d}s$$

而

$$\left|\int_0^t g(x_s,s)\frac{\varphi_{s+h}-\varphi_s}{h}\mathrm{d}s\right|\leqslant\|g\|\left(\frac{1}{h}\int_0^{t+h}\varphi_u\mathrm{d}u-\frac{1}{h}\int_0^t\varphi_u\mathrm{d}u\right)\leqslant$$
$$\|g\|\varphi_{t+h}$$

从而可以在数学期望号 E_x 下取极限. 这样，如果已知函数对充分小的 t 的值，就可以对任意有界 $\mathfrak{B}\times\mathfrak{U}_t$ 可测函数 $g(x,s)$ 确定 $E_x\int_0^t g(x_s,s)\mathrm{d}\varphi_s$ 的值，其中 $\mathfrak{U}_t$ 是 $[0,\infty)$ 上 Borel 集的 σ 代数. 从而，我们可以定义函数序列

$$W^{(n)}(t,x)=E_x\varphi^n(t)=n\int_0^t E_{x_s}\varphi^{n-1}(t-s)\mathrm{d}\varphi(s)=$$
$$nE_x\int_0^t W^{(n-1)}(t-s,x_s)\mathrm{d}\varphi_s$$

设 $\lambda>0$，而且 $\lambda\sup\limits_x W(t_0,x)=q<1$. 那么对 $t<t_0$ 由引理 3 有

$$E_x\varphi^n(t)\lambda^n\leqslant n!\ q^n$$

因此

$$E_x\mathrm{e}^{-\lambda\varphi(t)}=1+\sum_{n=1}^{\infty}\frac{(-1)^n}{n!}\lambda^nW^{(n)}(t,x)=v_\lambda(t,x)$$

根据定理 1

$$\varphi(t)=\frac{1}{\lambda}\lim_{h\downarrow 0}\int_0^t\frac{1-v_\lambda(h,x_s)}{h}\mathrm{d}s \tag{7}$$

于是，函数 $W(t,x)$ 确实(精确到随机等价性) 决定泛函 $\varphi(t)$.

是否任何 W 函数都对应于一 W 泛函呢？下面的定理回答了这个问题.

定理 2 设$\mathscr{X}$是可分的完备度量空间，$x(t)$ 是右连续过程，$\varphi(t)$ 是一 W 泛函. 函数 $W(t,x)$ 可以通过 $\varphi(t)$ 表为式(5) 的必要和充分条件是，它满足条件 W1)，W2) 和 W3)：

W3) 对所有 $x>0$ 和 $t>0$

$$\lim_{\Delta\downarrow 0,h\downarrow 0} E_x \frac{1}{h}\int_0^t W(h,x_s)W(\Delta,x_s)\mathrm{d}s=0 \tag{8}$$

证 条件 W1) 和 W2) 的必要性已经证明. 我们证明条件 W3) 的必要性. 有

$$E_x \frac{1}{h}\int_0^t W(h,x_s)W(\Delta,x_s)\mathrm{d}s=E_x \frac{1}{h}\int_0^t [\varphi_{s+h}-\varphi_s]W(\Delta,x_s)\mathrm{d}s$$

因为

$$\eta(\Delta,h)=\frac{1}{h}\int_0^t [\varphi_{s+h}-\varphi_s]W(\Delta,x_s)\mathrm{d}s$$

以 $\varphi_{t+h}\sup\limits_x W(\Delta,x)$ 的值为界，并且关于 h 是单调的，所以只需证明

$$P_x-\lim_{\Delta\downarrow 0}\overline{\lim_{h\downarrow 0}}\,\eta(\Delta,h)=0 \tag{9}$$

注意到，对 $\Delta>h$

$$\begin{aligned}\eta(\Delta,h)&=\frac{1}{h}\int_0^t\int_s^{s+h}\mathrm{d}\varphi(u)W(\Delta,x_s)\mathrm{d}s\leqslant\\&\int_h^{t+h}\left(\frac{1}{h}\int_{u-h}^{u}W(\Delta,x_s)\mathrm{d}s\right)\mathrm{d}\varphi(u)+\sup_x|W(\Delta,x)|\varphi(h)\leqslant\\&\int_h^{t+h}\left(\frac{1}{h}\int_{-h}^{0}W(\Delta-s,x_{u+s})\mathrm{d}s\right)\mathrm{d}\varphi(u)+O(\varphi(h))\end{aligned}$$

$\varphi(h)\downarrow 0$，而 $W(\Delta-s,x_{u+s})$，$s\in[-h,h]$，是半鞅：对 $-h<s_1<s<h$

$$E[W(\Delta-s,x_{u+s})\mid\mathscr{N}_{u+s_1}]=E_{x(u+s_1)}W(\Delta-s,x_{s-s_1})\leqslant W(\Delta-s_1,x_{u+s_1})$$

从而存在极限

$$\lim_{s\uparrow h}W(\Delta+h-s,x_{u+s-h})$$

记作 $W(\Delta,x_{u-0})$. 所以

$$\lim_{h\downarrow 0}\frac{1}{h}\int_{-h}^{0}W(\Delta-s,x_{u+s})\mathrm{d}s=W(\Delta,x_{u-0})$$

而

$$\lim_{h\downarrow 0}\eta(\Delta,h)\leqslant\int_0^t W(\Delta,x_{u-0})\mathrm{d}\varphi(u)$$

显然，当 $\Delta_1>\Delta$ 时，$W(\Delta,x_{u-0})\leqslant\underline{\lim}_{h\downarrow 0}W(\Delta_1,x_{u-h})$.

设 $\alpha(s)$ 是有界非负 Borel 函数，而 $\beta(s)$ 是非减连续函数. 记

$$\alpha_*(s)=\underline{\lim}_{h\downarrow 0}\alpha(s-h)$$

那么

$$\int_0^t \alpha_*(s)\mathrm{d}\beta(s) \leqslant \int_0^t \alpha(s)\mathrm{d}\beta(s)$$

因为对任意$\varepsilon>0$,集合$\{s:\alpha_*(s)>\varepsilon+\alpha(s)\}$不包含递增的无穷数列,从而它是$[0,t]$上的有限集或可数集.因此对任意$\Delta_1>\Delta$

$$\varlimsup_{h\downarrow 0}\eta(\Delta,h)\leqslant\int_0^t W(\Delta_1,x_u)\mathrm{d}\varphi_u$$

而由于当$\Delta_1\downarrow 0$时对所有u,$W(\Delta_1,x_u)\downarrow 0$,即可推出(9).定理条件的必要性得证.

充分性　我们首先证明,对所有x和t存在关于概率P_x的均方极限

$$\lim\int_0^t \frac{1}{h}W(h,x_s)\mathrm{d}s \tag{10}$$

为此我们考虑随机变量

$$E_x\left[\int_0^t\left(\frac{1}{h}W(h,x_s)-\frac{1}{\Delta}W(\Delta,x_s)\right)\mathrm{d}s\right]^2=\alpha(\Delta,h)$$

我们有

$$\alpha(\Delta,h)=2E_x\iint\limits_{0<s<u<t}\left(\frac{1}{h}W(h,x_s)-\frac{1}{\Delta}W(\Delta,x_s)\right)\cdot$$
$$\left(\frac{1}{h}W(h,x_u)-\frac{1}{\Delta}W(\Delta,x_u)\right)\mathrm{d}s\mathrm{d}u=$$
$$2E_x\int_0^t\left(\frac{1}{h}W(h,x_s)-\frac{1}{\Delta}W(\Delta,x_s)\right)\cdot$$
$$E\left(\int_s^t\left[\frac{1}{h}W(h,x_u)-\frac{1}{\Delta}W(\Delta,x_u)\right]\mathrm{d}u\mid\mathcal{N}_s\right)\mathrm{d}s$$

$$E\left(\int_s^t W(h,x_u)\mathrm{d}u\mid\mathcal{N}_s\right)=E\left(\int_0^{t-s}\theta_s W(h,x_u)\mathrm{d}u\mid\mathcal{N}_s\right)=$$
$$\int_0^{t-s}[W(h+u,x_s)-W(u,x_s)]\mathrm{d}s=$$
$$-\int_0^h W(u,x_s)\mathrm{d}u+\int_{t-s}^{t-s+h}W(u,x_s)\mathrm{d}u$$

由上面两个等式得估计

$$\alpha(\Delta,h)\leqslant 2E_x\left[\int_0^t\frac{1}{h}W(h,x_s)\frac{1}{h}\int_0^h W(u,x_s)\mathrm{d}u\mathrm{d}s+\right.$$
$$\int_0^t\frac{1}{h}W(h,x_s)\int_0^\Delta\frac{W(u,x_s)}{\Delta}\mathrm{d}u\mathrm{d}s+$$
$$\int_0^t\frac{1}{h}W(\Delta,x_s)\frac{1}{h}\int_0^h W(u,x_s)\mathrm{d}u\mathrm{d}s+$$
$$\int_0^t\frac{1}{h}W(\Delta,x_s)\frac{1}{\Delta}\int_0^\Delta W(u,x_s)\mathrm{d}u\mathrm{d}s+$$
$$\int_0^t\left\{\left[\frac{1}{h}W(h,x_s)+\frac{1}{\Delta}W(\Delta,x_s)\right]\cdot\right.$$

$$\left[\frac{1}{h}\int_{t-s}^{t-s+h}[W(u,x_s)-W(t-s,x_s)]\mathrm{d}u+\right.$$

$$\left.\left.\frac{1}{\Delta}\int_{t-s}^{t-s+\Delta}[W(u,x_s)-W(t-s,x_s)]\mathrm{d}u\right|\right\}\mathrm{d}s\right]\leqslant$$

$$2E_x\int_0^t\left[\frac{1}{h}W(h,x_s)+\frac{1}{\Delta}W(\Delta,x_s)\right]\cdot$$

$$[W(h,x_s)+W(\Delta,x_s)]\mathrm{d}s+$$

$$2E_x\int_0^t\left\{\left[\frac{1}{h}W(h,x_s)+\frac{1}{\Delta}W(\Delta,x_s)\right]\cdot\right.$$

$$([W(t-s+h,x_s)-W(t-s,x_s)]+$$

$$\left.[W(t-s+\Delta,x_s)-W(t-s,x_s)])\right\}\mathrm{d}s$$

由条件 W3）

$$\lim_{\Delta\downarrow 0,h\downarrow 0}E_x\int_0^t\left\{\left[\frac{1}{h}W(h,x_s)+\frac{1}{\Delta}W(\Delta,x_s)\right][W(h,x_s)+W(\Delta,x_s)]\right\}\mathrm{d}s=0 \quad (11)$$

其次

$$E_x\int_0^t\left\{\frac{1}{h}W(h,x_s)[W(t-s+\Delta,x_s)-W(t-s,x_s)]\right\}\mathrm{d}s=$$

$$E_x\int_0^t\frac{1}{h}W(h,x_s)E_xW(\Delta,x_{t-s})\mathrm{d}s=$$

$$E_x\int_0^t\frac{1}{h}W(h,x_s)W(\Delta,x_t)\mathrm{d}s\leqslant$$

$$\sqrt{E_x\left[\int_0^t\frac{1}{h}W(h,x_s)\mathrm{d}s\right]^2}\cdot\sqrt{E_x[W(\Delta,x_t)]^2}$$

因为$\sup\limits_x W(\Delta,x)$有界，而且当$\Delta\downarrow 0$时对所有$x$，$W(\Delta,x)\downarrow 0$，所以，当$\Delta\downarrow 0$时，上式最后乘积中的第二个因式趋于0. 第一个因式关于h一致有界

$$E_x\left[\int_0^t\frac{1}{h}W(h,x_s)\mathrm{d}s\right]^2\leqslant 2\sup_x\left[E_x\int_0^t\frac{1}{h}W(h,x_s)\mathrm{d}s\right]^2\leqslant$$

$$2\sup_x\left\{\frac{1}{h}\int_0^t[W(s+h,x)-W(s,x)]\mathrm{d}s\right\}^2\leqslant$$

$$2[\sup_x W(t+h,x)]^2$$

所以

$$\lim_{h\downarrow 0,\Delta\downarrow 0}E_x\int_0^t\frac{1}{h}W(h,x_s)[W(t-s+\Delta,x_s)-W(t-s,x_s)]\mathrm{d}s=0 \quad (12)$$

由(11)和(12)可见，$\lim\limits_{h\downarrow 0,\Delta\downarrow 0}\alpha(\Delta,h)=0$；从而极限(10)存在.

我们引进马尔科夫核族

$$Q(t,x,B)=E_x\exp\{-\gamma_{t,x}\}\chi_B(x) \quad (13)$$

其中

$$\gamma_{t,x}=\lim \int_0^t \frac{1}{h}W(h,x_s)\mathrm{d}s$$

是关于 P_x 的均方极限. 因为对任何 $\mathfrak{B}$ 可测的有界函数 f

$$\int Q(t,x,\mathrm{d}y)f(y)=\lim_{h\downarrow 0} E_x\exp\left\{-\frac{1}{h}\int_0^t W(h,x_s)\mathrm{d}s\right\}f(x_t) \tag{14}$$

(对任意 $x\in\mathscr{X}$,右侧的极限存在),所以左侧的积分是 x 的 $\mathfrak{B}$ 可测函数. 从而对任意 B,$Q(t,x,B)$ 对 x 为 $\mathfrak{B}$ 可测. 现在我们看到

$$\begin{aligned}\int Q(t,x,\mathrm{d}y)Q(s,y,B)=&\lim_{h\downarrow 0} E_x\exp\left\{-\frac{1}{h}\int_0^t W(h,x_u)\mathrm{d}u\right\}Q(s,x_s,B)=\\&\lim_{h\downarrow 0} E_x\exp\left\{-\frac{1}{h}\int_0^t W(h,x_u)\mathrm{d}u\right\}\cdot\\&\lim_{h_1\downarrow 0} E_{x_t}\exp\left\{-\frac{1}{h_1}\int_0^s W(h_1,x_v)\mathrm{d}v\right\}\chi_B(x_s)=\\&\lim_{h\downarrow 0}\lim_{h_1\downarrow 0} E_x\exp\left\{-\frac{1}{h}\int_0^t W(h,x_u)\mathrm{d}u\right\}\cdot\\&\exp\left\{-\frac{1}{h_1}\int_t^{t+h} W(h_1,x_v)\mathrm{d}v\right\}\chi_B(x_{s+t})=\\&E_x\lim_{h\downarrow 0}\lim_{h_1\downarrow 0}\exp\left\{-\frac{1}{h}\int_0^t W(h,x_u)\mathrm{d}u+\right.\\&\frac{1}{h_1}\int_0^t W(h_1,x_u)\mathrm{d}u-\\&\left.\frac{1}{h_1}\int_0^{t+s} W(h_1,x_u)\mathrm{d}u\right\}\chi_B(x_{s+t})=\\&E_x\exp\{-\gamma_{x,t}+\gamma_{x,t}-\gamma_{x,t+s}\}\chi_B(x_{t+s})=\\&Q(t+s,x,B)\end{aligned}$$

由此可见,$Q(t,x,B)$ 是(时间齐次) 马尔科夫核族. 因为

$$Q(t,x,B)\leqslant P(t,x,B)$$

所以由第一章 §5 定理 2 可见,存在可乘泛函 μ_t^s,使

$$E_{s,x}\mu_t^s f(x_t)=\int Q(s,x,t,\mathrm{d}y)f(y)$$

其中 $Q(s,x,t,y)=Q(t-s,x,B)$,而数学期望 $E_{s,x}$ 在 $\mathscr{N}_\infty^s$ 上定义为

$$E_{s,x}\theta_s\xi=E_x\xi \tag{15}$$

(该式对所有 $\mathscr{N}$ 可测随机变量 ξ 成立). 这时,$0\leqslant\mu_t^s\leqslant 1$,对 $s<u<t$ 以概率 $P_x=1$ 有

$$\mu_u^s\mu_t^u=\mu_t^s$$

而且 μ_t^s 关于 $\mathscr{N}_t^s$ 可测. 我们定义随机变量

$$\varphi_t^s=-\ln\mu_t^s$$

这些变量为 $\mathscr{N}_t^s$ 可测,非负(亦可取 $+\infty$ 为值),而且当 $s<u<t$ 时以概率 $P_x=1$ 有

$$\varphi_u^s+\varphi_t^u=\varphi_t^s$$

现在我们注意到,对 $h>0$ 随机变量 $\theta_h\mu_t^s$ 也是过程 $x_h(t)=\theta_h x(t)$ 的可乘泛函,而且由(15)可见

$$E_{s+h,x}[\theta_h\mu_t^s]f(x_{t+h})=E_{s+h,x}\theta_h[\mu_t^s f(x_t)]=E_{s,x}\mu_t^s f(x_t)$$

泛函 $\theta_h\mu_t^s=\mu_{t+h}^{s+h}$ 也是过程 $x_h(t)$ 的可乘泛函. 因为

$$\begin{aligned}E_{s+h,x}[\theta_h\mu_t^s f(x_{t+h})]&=E_{s+h,x}\mu_{t+h}^{s+h}f(x_{t+h})=\\&E_{s,x}\mu_t^s f(x_t)=\\&E_{s+h,x}[\theta_h\mu_t^s]f(x_{t+h})\end{aligned}$$

所以由第一章 §5 定理1可见,过程 $x_h(t)$ 的泛函 $\theta_h\mu_t^s$ 和 μ_{t+h}^{s+h} 随机等价,即对所有 x 和 s 满足等式

$$P_{s,x}\{\mu_{t+h}^{s+h}=\theta_h\mu_t^s\}=1$$

由此可见

$$P_x\{\mu_{t+h}^{s+h}=\theta_h\mu_t^s\}=1 \quad 和 \quad P_x\{\theta_h\varphi_t^s=\varphi_{t+h}^{s+h}\}=1$$

令 $\varphi_t=\varphi_t^0$. 那么,对任意 $x,t>0$ 和 $h>0$,以概率 $P_x=1$ 有 $\theta_h\varphi_t^0=\varphi_{t+h}^h$. 因此

$$P_x\{\theta_h\varphi_t=\varphi_{t+h}^h=\varphi_{t+h}^0-\varphi_t^0=\varphi_{t+h}-\varphi_t\}=1$$

即 φ_t 是非负的齐次可加泛函.

我们证明,对所有 x 和 $t>0$

$$P_x\{\varphi_t=\gamma_{t,x}\}=1 \tag{16}$$

事实上,对 $\mathscr{X}^n$ 上的任一 $\mathfrak{B}^n$ 可测函数 $f(x_1,\cdots,x_n)$ 和 $0=t_0<t_1<\cdots<t_n=t$ 有

$$\begin{aligned}&E_x e^{-\varphi_t}f(x(t_1),\cdots,x(t_n))=\int E_x f(x(t_1),\cdots,x(t_n))\prod_{k=1}^n\mu_{t_k}^{t_{k-1}}=\\&E_x\prod_{k=1}^{n-1}\mu_{t_k}^{t_{k-1}}E_x[f(x(t_1),\cdots,x(t_n))\mu_{t_n}^{t_{n-1}}\mid\mathscr{N}_{t_{n-1}}]=\\&E_x\prod_{k=1}^{n-1}\mu_{t_k}^{t_{k-1}}\int f(x(t_1),\cdots,x(t_{n-1}),y)\cdot\\&Q(t_n-t_{n-1},x(t_{n-1}),dy)=\\&\int\cdots\int f(y_1,\cdots,y_n)Q(t_1,x,dy)\cdots Q(t_n-t_{n-1},y_{n-1},dy_n)\end{aligned}$$

如果 $f_1,\cdots,f_n$ 为 $\mathfrak{B}$ 可测的有界函数,则

$$E_x e^{-\gamma_{t,x}}\prod_{k=1}^n f_k(x(t_k))=\lim_{h_1,\cdots,h_n\to0}E_x\exp\left\{-\sum_{k=1}^n\int_{t_{k-1}}^{t_k}\frac{1}{h_k}W(h,x_s)ds\right\}\prod_{k=1}^n f_k(x(t_k))=$$

$$\int\cdots\int\prod_{k=1}^{n}f_k(y_k)Q(t_1,x,\mathrm{d}y_1)\cdots Q(t_n-t_{n-1},y_{n-1},\mathrm{d}y_n)$$

（最后这个等式是利用(14)并当 $h_n\to 0,\cdots,h_1\to 0$ 时依次取极限而得到的.）因此，对任何 $\mathfrak{B}^n$ 可测的有界函数 $f(x_1,\cdots,x_n)$ 和 $0<t_1<\cdots<t_n=t$ 有

$$E_x[\mathrm{e}^{-\varphi_t}-\mathrm{e}^{-\gamma_{t,x}}]f(x(t_1),\cdots,x(t_n))=0 \tag{17}$$

随机变量 $\mathrm{e}^{-\varphi_t}$ 为 $\mathscr{N}_t$ 可测，而 $\mathrm{e}^{-\gamma_{t,x}}P_x$ 几乎处处等于一 $\mathscr{N}_t$ 可测的随机变量. 所以由式(17)可见

$$P_x\{\mathrm{e}^{-\varphi_t}=\mathrm{e}^{-\gamma_{t,x}}\}=1$$

从而(16)成立. 由(16)可见

$$E_x\varphi_t^2\leqslant 2\lim_{h_1,h_2\to 0}E_x\iint_{0<s<u<t}\frac{1}{h_1}W(h_1,x_s)\frac{1}{h_2}W(h_2,x_u)\mathrm{d}s\mathrm{d}u=$$

$$2\varliminf_{h_1\to 0}E_x\int_0^t\frac{1}{h_1}W(h_1,x_s)\lim_{h_2\to 0}E_x\left[\int_s^t\frac{1}{h_2}W(h_2,x_u)\mathrm{d}u\mid\mathscr{N}_s\right]\mathrm{d}s\leqslant$$

$$2\varliminf_{h\to 0}E_x\int_0^t\frac{1}{h}W(h,x_s)W(t,x_s)\mathrm{d}s\leqslant$$

$$2W(t,x)\sup_y W(t,y)$$

所以

$$W(t,x)=\lim_{h\to 0}E_x\left[\int_0^t\frac{1}{h}W(h,x_s)\mathrm{d}s\right]=$$

$$E_x\left[\lim_{h\to 0}\int_0^t\frac{1}{h}W(h,x_s)\mathrm{d}s\right]=$$

$$E_x\varphi(t)$$

由此可见，泛函 $\varphi(t)$ 随机连续. 所以可以假设它是非减的. 为证明它的连续性，我们指出，如果非减过程 $\varphi(t),t\in[0,T]$，满足

$$\lim_{n\to\infty}\sum_{k=1}^{2^n}\left[\varphi\left(\frac{k}{2^n}T\right)-\varphi\left(\frac{k-1}{2^n}T\right)\right]^2=0 \tag{18}$$

则它在 $[0,T]$ 上连续. 因为在式(18)的极限号后面的式子关于 n 是不增的，所以为证明它成立，只需证明

$$\lim_{n\to\infty}\sum_{k=1}^{2^n}E_x\left[\varphi\left(\frac{k}{2^n}T\right)-\varphi\left(\frac{k-1}{2^n}T\right)\right]^2=0$$

但是

$$\sum_{k=1}^{2^n}E_x\left[\varphi\left(\frac{k}{2^n}T\right)-\varphi\left(\frac{k-1}{2^n}T\right)\right]^2\leqslant 2\sum_{k=1}^{2^n}\lim_{h\to 0}E_x\frac{1}{h}\int_{(k-1)T\cdot 2^{-n}}^{kT\cdot 2^{-n}}\cdot$$

$$W(h,x_s)W(T\cdot 2^{-n},x_s)\mathrm{d}s$$

因为条件 W3) 成立，所以该不等式左侧趋向 0. 定理证完.

对于每一 W 泛函可以使之与一函数族

$$F_\lambda(x)=E_x\int_0^\infty \mathrm{e}^{-\lambda t}\mathrm{d}\varphi_t \tag{19}$$

相联系.对于任意$\lambda>0$,函数$F_\lambda(x)$唯一决定函数$W(t,x)=E_x\varphi_t$,从而它(精确到随机等价性)决定泛函φ_t本身.事实上,当$h>0$时

$$E_xF_\lambda(x_h)=E_xE_{x_h}\int_0^\infty \mathrm{e}^{-\lambda t}\mathrm{d}\varphi_t=$$

$$E_x\int_0^\infty \mathrm{e}^{-\lambda t}\mathrm{d}\varphi_{t+h}=$$

$$\mathrm{e}^{\lambda h}E_x\int_h^\infty \mathrm{e}^{-\lambda t}\mathrm{d}\varphi_t$$

所以

$$F_\lambda(x)-\mathrm{e}^{-\lambda h}E_xF_\lambda(x_h)=E_x\int_0^h \mathrm{e}^{-\lambda t}\mathrm{d}\varphi_t$$

如果记$G_\lambda(h,x)=F_\lambda(x)-\mathrm{e}^{-\lambda h}E_xF_\lambda(x_h)$,则

$$E_x\sum_{kh<t}G_\lambda(h,x_{kh})=\sum_{kh<t}E_x\int_0^t \mathrm{e}^{-\lambda t}\mathrm{d}\varphi_{kh+t}=$$

$$E_x\int_0^{t_h}\psi_{\lambda,h}(t)\mathrm{d}\varphi_t$$

其中,$t_h=nh$,$(n-1)h<t\leqslant nh$;而$\psi_{\lambda,h}(t)=\mathrm{e}^{-\lambda(t-kh)}$,$kh\leqslant t<(k+1)h$.因为$t_h\to t$,而当$h\downarrow 0$时

$$|\psi_{\lambda,h}(t)-1|\leqslant 1-\mathrm{e}^{-\lambda h}\to 0$$

故

$$\lim_{h\to 0}\int_0^{t_h}\psi_{\lambda,h}(t)\mathrm{d}\varphi_t=\int_0^t\mathrm{d}\varphi_s=\varphi_t$$

$$\lim_{h\to 0}E_x\sum_{kh<t}G_\lambda(h,x_{kh})=W(t,x) \tag{20}$$

与式(20)完全类似,可以推出下面的公式(它书写起来更为方便)

$$W(t,x)=\lim_{h\downarrow 0}E_x\int_0^t\frac{1}{h}[F_\lambda(x_s)-\mathrm{e}^{-\lambda h}T_hF_\lambda(x_s)]\mathrm{d}s \tag{21}$$

其中T_h是伴随过程的半群算子.泛函φ_t本身也可以通过$F_\lambda(x)$来表示.

引理 4　如果函数$F_\lambda(x)$和W泛函以式(19)相联系,则对所有x和t,在关于P_x的均方收敛意义下

$$\varphi_t=\lim_{h\downarrow 0}\int_0^t\frac{1}{h}[F_\lambda(x_s)-\mathrm{e}^{-\lambda h}T_hF_\lambda(x_s)]\mathrm{d}s \tag{22}$$

证　因为

$$\frac{1}{h}[F\lambda(x_s)-\mathrm{e}^{-\lambda h}T_hF_\lambda(x_s)]=\frac{1}{h}E_{x_s}\int_0^h\mathrm{e}^{-\lambda u}\mathrm{d}\varphi_u$$

故

$$E_x\left\{\varphi(t)-\int_0^t\frac{1}{h}[F_\lambda(x_s)-\mathrm{e}^{-\lambda h}T_hF_\lambda(x_s)]\mathrm{d}s\right\}^2=$$

$$E_x\varphi^2(t)+2E_x\iint_{0<u<s\leqslant t}\left\{\frac{1}{h}E_{x_u}\left[\int_0^h e^{-\lambda v}\,d\varphi_v\right]\cdot\right.$$

$$\left.\frac{1}{h}E_{x_s}\left[\int_0^h e^{-\lambda v}\,d\varphi_v\right]\right\}duds-$$

$$2E_x\varphi(t)\int_0^t\frac{1}{h}E_{x_s}\left[\int_0^h e^{-\lambda v}\,d\varphi_v\right]ds=$$

$$E_x\varphi^2(t)+2E_x\iint_{0<u<s\leqslant t}\frac{1}{h^2}\left[\int_0^h e^{-\lambda v}\,d\varphi_{v+u}\right]\cdot$$

$$\left[\int_0^h e^{-\lambda v}\,d\varphi_{v+s}\right]duds-2E_x\cdot$$

$$\int_0^t[W(t-s,x_s)+\varphi(s)]\int_0^h e^{-\lambda v}\,d\varphi_{v+s}\,ds$$

由不等式

$$e^{-\lambda h}\varphi(h+u)-\varphi(u)\leqslant\int_0^h e^{-\lambda v}\,d\varphi_{v+u}\leqslant\varphi(u+h)-\varphi(u)$$

可见

$$\iint_{0<u<s\leqslant t}\frac{1}{h^2}\left[\int_0^h e^{-\lambda v}\,d\varphi_{v+u}\int_0^h e^{-\lambda v}\,d\varphi_{v+s}\right]duds\leqslant$$

$$\frac{1}{h^2}\iint_{0<u<s\leqslant t}[\varphi(u+h)-\varphi(u)][\varphi(s+h)-\varphi(s)]duds=$$

$$\frac{1}{h^2}\int_0^t[\varphi(u+h)-\varphi(u)]\left[\int_t^{t+h}\varphi(s)ds-\int_u^{u+h}\varphi(s)ds\right]du\leqslant$$

$$\frac{1}{h}\int_t^{t+h}\varphi(s)ds\,\frac{1}{h}\int_0^t[\varphi(u+h)-\varphi(u)]du\leqslant$$

$$\left[\frac{1}{h}\int_t^{t+h}\varphi(s)ds\right]^2\leqslant\varphi^2(t+h)$$

而

$$\lim_{h\to 0}\iint_{0<u<s\leqslant t}\frac{1}{h^2}\left[\int_0^h e^{-\lambda v}\,d\varphi_{v+u}\int_0^h e^{-\lambda v}\,d\varphi_{v+s}\right]duds=$$

$$\lim_{h_1\to 0,h_2\to 0}\int_0^t\frac{1}{h_1}[\varphi(u+h_1)-\varphi(u)]\cdot$$

$$\frac{1}{h_2}\left[\int_t^{t+h_2}\varphi(s)ds-\int_u^{u+h_2}\varphi(s)ds\right]du=$$

$$\lim_{h_1\to 0}\int_0^t\frac{1}{h_1}[\varphi(u+h_1)-\varphi(u)][\varphi(t)-\varphi(u)]du=$$

$$\int_0^t[\varphi(t)-\varphi(u)]d\varphi(u)=$$

$$\frac{\varphi^2(t)}{2}$$

所以

$$\lim_{h\to 0} E_x \iint_{0<u<s\leqslant t} \frac{1}{h}\left[\int_0^h e^{-\lambda v}\,d\varphi_{v+u}\int_0^h e^{-\lambda v}\,d\varphi_{s+v}\right]du\,ds = E_x\,\frac{\varphi^2(t)}{2}$$

同理可得

$$\lim_{h\to 0} E_x\int_0^t [W(t-s,x_s)+\varphi(s)]\left[\frac{1}{h}\int_0^h e^{-\lambda v}\,d\varphi_{v+s}\right]ds =$$

$$E_x\int_0^t [W(t-s,x_s)+\varphi(s)]\,d\varphi(s) =$$

$$E_x\int_0^t [\varphi(t)-\varphi(s)+\varphi(s)]\,d\varphi(s) =$$

$$E_x\varphi^2(t)$$

因此

$$\lim_{h\downarrow 0} E_x\left[\varphi(t)-\int_0^t \frac{1}{h}(F_\lambda(x_s)-T_hF_\lambda(x_s))^2\,ds\right]=0$$

引理得证.

我们指出函数 $F_\lambda(x)$ 的两条性质：

E1) $F_\lambda(x)$ 是非负的可测函数,对所有 x 和 $t>0$ 满足

$$T_tF_\lambda(x)\leqslant e^{\lambda t}F_\lambda(x)$$

E2) 对所有 x

$$\lim_{t\to 0} T_tF_\lambda(x)=F_\lambda(x)$$

这两条性质都可以从

$$F_\lambda(x)-e^{-\lambda t}T_tF_\lambda(x)=E_x\int_0^t e^{-\lambda s}\,d\varphi_s$$

得出.

称具备性质 E1) 和 E2) 的函数 $F_\lambda(x)$ 为 λ 过份函数.

对于 λ 过份函数 $F_\lambda(x)$,在什么条件下存在一 W 泛函使表现(19) 成立?

定理 3 对于 λ 过份函数 $F_\lambda(x)$,存在一 W 泛函 φ_t 使表现(19) 成立,当且仅当它有界并且满足条件

$$\lim_{h\to 0,\Delta\to 0}\int_0^t \frac{1}{h}[F_\lambda(x_s)-e^{-\lambda h}T_hF_\lambda(x_s)]\times[F_\lambda(x_s)-e^{-\lambda\Delta}T_\Delta F_\lambda(x_s)]\,ds=0 \tag{23}$$

证 必要性. 由不等式

$$\frac{1}{h}[F_\lambda(x)-e^{-\lambda h}T_hF_\lambda(x)]\leqslant W(h,x)$$

和条件 W3) 即可得该条件的必要性,而由不等式

$$F_\lambda(x)\leqslant\sum_{k=0}^{\infty}e^{-\lambda k}\sup_x W(1,x)$$

可见，$F_\lambda(x)$ 有界.

充分性. 令 $G_\lambda(h,x)=F_\lambda(x)-\mathrm{e}^{\lambda h}T_hF_\lambda(x)$. 那么

$$G_\lambda(h,x)=F_\lambda(x)-\mathrm{e}^{\frac{\lambda h}{2}}T_{\frac{h}{2}}F_\lambda(x)+\mathrm{e}^{\frac{\lambda h}{2}}T_{\frac{h}{2}}\left[F_\lambda(x)-\mathrm{e}^{\frac{\lambda h}{2}}T_{\frac{h}{2}}F_\lambda(x)\right]=$$

$$G_\lambda\left(\frac{h}{2},x\right)+\mathrm{e}^{\frac{\lambda h}{2}}T_{\frac{h}{2}}G_\lambda\left(\frac{h}{2},x\right)$$

同理

$$G_\lambda(kh,x)=G_\lambda(h,x)+\sum_{l=1}^{k-1}l^{\lambda lh}T_{lh}G_\lambda(h,x)$$

设

$$W^{(h)}(t,x)=\frac{1}{h}E_x\int_0^t G_\lambda(h,x_s)\mathrm{d}s$$

那么

$$W^{(h)}(t,x)=\frac{1}{h}\left[E_x\int_0^t F_\lambda(x_s)\mathrm{d}s-\mathrm{e}^{-\lambda h}E_x\int_h^{t+h}F_\lambda(x_s)\mathrm{d}s\right]=$$

$$E_x\left[\frac{\mathrm{e}^{-\lambda h}-1}{h}\int_0^t F_\lambda(x_s)\mathrm{d}s-\right.$$

$$\left.\mathrm{e}^{-\lambda h}\ \frac{1}{h}\int_t^{t+h}F_\lambda(x_s)\mathrm{d}s+\mathrm{e}^{-\lambda h}\ \frac{1}{h}\int_0^h F_\lambda(x_s)\mathrm{d}s\right]$$

因为当 $h\downarrow 0$ 时

$$E_x\ \frac{1}{h}\int_0^h F_\lambda(x_t)\mathrm{d}t=E_x\ \frac{1}{h}\int_0^h T_tF_\lambda(x)\mathrm{d}t\to F_\lambda(x)$$

故存在极限

$$W(t,x)=\lim_{h\downarrow 0}W^{(h)}(t,x)=F_\lambda(x)-T_tF_\lambda(x)+\lambda\int_0^t T_sF_\lambda(x)\mathrm{d}s \qquad (24)$$

因为函数 $W^{(h)}(t,x)$ 满足条件 W1) 和 W2)，所以显然 $W(t,x)$ 也满足这些条件. 其次

$$W(t,x)=F_\lambda(x)-\mathrm{e}^{-\lambda t}T_tF_\lambda(x)+[\mathrm{e}^{-\lambda t}-1]T_tF_\lambda(x)+\int_0^t T_sF_\lambda(x)\mathrm{d}s\leqslant$$

$$G_\lambda(t,x)+t\parallel F_\lambda\parallel$$

所以

$$E_x\int_0^t \frac{1}{h}W(h,x_s)W(\Delta,x_s)\mathrm{d}s\leqslant E_x\int_0^t \frac{1}{h}G_\lambda(h,x_s)G_\lambda(\Delta,x_s)\mathrm{d}s+$$

$$\parallel F_\lambda\parallel\cdot E_x\int_0^t W(\Delta,x_s)\mathrm{d}s+$$

$$\parallel F_\lambda\parallel\cdot\Delta\cdot E_x\int_0^t\frac{1}{h}\cdot$$

$$G_\lambda(h,x_s)\mathrm{d}s+\parallel F_\lambda\parallel^2\cdot\Delta$$

现在由条件(23) 和关系式

$$W(\Delta,x)\downarrow,\Delta\downarrow 0$$

$$\lim_{h\downarrow 0} E_x\int_0^t \frac{1}{h}G_\lambda(h,x_s)\mathrm{d}s = W(t,x)$$

可知，函数 $W(t,x)$ 满足条件 W3)。

由定理 2 可知，存在一 W 泛函 φ_t，使 $E_x\varphi_t=W(t,x)$。由式(24) 可见

$$\begin{aligned}E_x\int_0^\infty \mathrm{e}^{-\lambda t}\mathrm{d}\varphi(t)=\lambda E_x\int_0^\infty \varphi(t)\mathrm{e}^{-\lambda t}\mathrm{d}t=\lambda\int_0^\infty W(t,x)\mathrm{e}^{-\lambda t}\mathrm{d}t=\\ \lambda\int_0^\infty F_\lambda(x)\mathrm{e}^{-\lambda t}\mathrm{d}t-\lambda\int_0^\infty T_tF_\lambda(x)\mathrm{e}^{-\lambda t}\mathrm{d}t+\\ \lambda^2\int_0^\infty \mathrm{e}^{-\lambda t}\int_0^t T_sF_\lambda(x)\mathrm{d}s\mathrm{d}t=\\ F_\lambda(x)-\lambda\int_0^\infty T_tF_\lambda(x)\mathrm{e}^{-\lambda t}\mathrm{d}t+\\ \lambda^2\int_0^\infty T_sF_\lambda(x)\int_s^\infty \mathrm{e}^{-\lambda t}\mathrm{d}t\mathrm{d}s=\\ F_\lambda(x)\end{aligned}$$

定理得证。

时间的随机替换　设 $\{\mathscr{F},\mathscr{N},P_x\}$ 是拓扑相空间 $\mathscr{X}$ 中的右连续强马尔科夫过程，φ_t 是它的连续齐次可加泛函。假设对所有 x 和 t

$$P_x\{\varphi_t>0\}=1$$

我们称这样的泛函为严格正的。显然，在某一 $\mathscr{N}$ 可测子集 $\mathscr{F}'\subset\mathscr{F}$ 上，其中对任意 x 有 $P_x\{\mathscr{F}'\}=1$，φ_t 是 t 的连续单增函数($\varphi_0=0$)。以后我们就假设 $\mathscr{F}'=\mathscr{F}$。我们引进一马尔科夫时间族 τ_t，对所有 $t\in[0,\zeta)$，τ_t 决定于

$$t=\varphi(\tau_t) \tag{25}$$

其中 $\tilde{\zeta}=\varphi(+\infty)=\lim\limits_{t\uparrow+\infty}\varphi(t)$。对固定的 x，考虑概率空间 $\{\mathscr{F},\mathscr{N},P_x\}$ 上的过程 $y(t)=x(\tau_t)$。当 $\varphi\left(\frac{k-1}{n}\right)<t\leqslant\varphi\left(\frac{k}{n}\right)$ 时，设 $\tau_t^{(n)}=\frac{k}{n}$。由于当 $\varphi\left(\frac{k-1}{n}\right)<t\leqslant\varphi\left(\frac{k}{n}\right)$ 时

$$x(\tau_t^{(n)})=x\left(\frac{k}{n}\right)$$

(若 $\varphi(+\infty)>t$，则它有定义)，故 $x(\tau_t^{(n)})$ 为 $\mathscr{N}$ 可测。又因为

$$x(\tau_t)=\lim_{n\to\infty}x(\tau_t^{(n)})$$

所以 $x(\tau_t)$ 为 $\mathscr{N}$ 可测。这样，我们有一随机过程 $x(\tau_t)$ 的马尔科夫族：每个 x 对应于概率空间 $\{\mathscr{F},\mathscr{N},P_x\}$ 上的一个随机过程 $x(\tau_t)$。结果表明，它是马尔科夫随机过程族。我们构造一齐次马尔科夫过程，使当初始值等于 x 时，它的边沿分布等于过程 $x(\tau_t)$ 在概率空间 $\{\mathscr{F},\mathscr{N},P_x\}$ 上的边沿分布。

我们引进一函数集合$\widetilde{\mathscr{F}}$:对所有$x(\cdot)\in\mathscr{F}$和$t\in[0,\tilde{\zeta})$,$\tilde{x}(t)=x(\tau_t)$,其中τ_t决定于式(25),而$\tilde{\zeta}=\varphi(+\infty)$. 记$\widetilde{\mathscr{N}}$为随机变量$\tilde{x}(t)$产生的$\sigma$代数,而$\widetilde{\mathscr{N}}_t$是$\tilde{x}(s)$,$s\leqslant t$,产生的$\sigma$代数. 记$\widetilde{P}_x$为$\widetilde{\mathscr{N}}$上的测度:对$\mathscr{N}$的任意柱集$C$定义

$$\widetilde{P}_x(C)=P_x\{x(\tau.)\in C\}$$

由变量$x(\tau_t)$的$\mathscr{N}$可测性可见,对任意柱集C,集合$\{x(\cdot):x(\tau.)\in C\}$为$\mathscr{N}$可测.

为证明$\{\widetilde{\mathscr{F}},\widetilde{\mathscr{N}},\widetilde{P}_x\}$是马尔科夫过程,只需证明,对任意$x\in\mathscr{X}$,$B\in\mathfrak{B}$,$t>0$,$h>0$,以概率$P_x=1$有

$$\widetilde{P}_x\{\tilde{x}(t+h)\in B\mid\widetilde{\mathscr{N}}_t\}=\widetilde{P}_{\tilde{x}(t)}\{\tilde{x}(h)\in B\} \tag{26}$$

式(26)等价于:以概率1

$$P_x\{x(\tau_{t+h})\in B\mid\mathscr{N}_{\tau_t}\}=P_{x(\tau_t)}\{x(\tau_t)\in B\} \tag{27}$$

由过程$\{\mathscr{F},\mathscr{N},P_x\}$的强马尔科夫性可见,如果以概率$P_x=1$有

$$\theta_{\tau_t}[x(\tau_h)]=x(\tau_{h+t}) \tag{28}$$

则式(27)成立.

为证明式(28),我们考虑可加泛函φ_t在马尔科夫时刻的值. 我们首先证明,对任意$x\in\mathscr{X}$以概率$P_x=1$有

$$\varphi_{u+\tau}-\varphi_\tau=\theta_\tau\varphi_u \tag{29}$$

其中τ是马尔科夫时间,而u是非随机的. 根据定理1可以构造一个$\mathfrak{B}$可测有界函数$g_n(x)$的序列,使

$$\varphi_t=\lim_{n\to\infty}\int_0^t g_n(x_s)\mathrm{d}s$$

以概率$P_x=1$对一切有理$t\geqslant 0$(从而对所有$t\geqslant 0$)成立. 那么以概率$P_x=1$有

$$\theta_\tau\varphi_t=\lim_{n\to+\infty}\theta_\tau\int_0^t g_n(x_s)\mathrm{d}s=\lim_{n\to\infty}\int_\tau^{\tau+t}g_n(x_s)\mathrm{d}s=\varphi(\tau+t)-\varphi(\tau)$$

从而(29)得证. 为证明(28),只需证明以概率$P_x=1$有

$$\lim_{n\to\infty}\theta_{\tau_t}[x(\tau_h^{(n)})]=x(\tau_{h+t}) \tag{30}$$

因为当$\varphi\left(\frac{k-1}{n}\right)<h\leqslant\varphi\left(\frac{k}{n}\right)$时,$x(\tau_h^{(n)})=x\left(\frac{k}{n}\right)$,所以如果$\theta_{\tau_t}\varphi\left(\frac{k-1}{n}\right)<h\leqslant\theta_{\tau_t}\varphi\left(\frac{k}{n}\right)$,即$\varphi(\tau_t+\frac{k-1}{n})<h+\varphi(\tau_t)\leqslant\varphi(\tau_t+\frac{k}{n})$,则$\theta_{\tau_t}[x(\tau_h^{(n)})]=x(\tau_t+\frac{k}{n})$. 因而

$$\theta_{\tau_t}[x(\tau_h^{(n)})]=x(\zeta^{(n)})$$

其中当$\varphi\left(\tau_t+\frac{k-1}{n}\right)<h+t\leqslant\varphi\left(\tau_t+\frac{k}{n}\right)$时,$\zeta^{(n)}=\tau_t+\frac{k}{n}$. 所以$\zeta^{(n)}\geqslant\tau_{t+h}$,$\zeta^{(n)}-\tau_{t+h}\leqslant\frac{1}{n}$. 由过程的右连续性可知,$\lim\limits_{n\to\infty}x(\zeta^{(n)})=x(\tau_{h+t})$. 这样就证明了式

(30)，从而(28)和(27)得证.

现在假设过程$\{\mathscr{F},\mathscr{N},P_x\}$是随机连续的和 Feller 的. 我们看，过程$\{\widetilde{\mathscr{F}},\widetilde{\mathscr{N}},\widetilde{P}_x\}$的预解式是如何通过过程$\{\mathscr{F},\mathscr{N},P_x\}$的特征以及泛函$\varphi_t$来表示的.

根据定义

$$\widetilde{R}_\lambda f(x)=E_x\int_0^\infty \mathrm{e}^{-\lambda s}f(\widetilde{x}_s)\mathrm{d}s=E_x\int_0^{\varphi(+\infty)}\mathrm{e}^{-\lambda t}f(x(\tau_t))\mathrm{d}t$$

在最后一个积分中作换元$t=\varphi(s)$，得

$$\widetilde{R}_\lambda f(x)=E_x\int_0^\infty \mathrm{e}^{-\lambda\varphi(s)}f(x_s)\mathrm{d}\varphi(s)$$

假设

$$\varphi(s)=\int_0^s g(x_t)\mathrm{d}t$$

其中$g(x)$是有界的$\mathfrak{B}$可测函数. 那么

$$\widetilde{R}_\lambda f(x)=\widetilde{R}_\lambda^{[g]}f(x)=E_x\int_0^\infty \exp\left\{-\lambda\int_0^t g(x_s)\mathrm{d}s\right\}f(x_t)g(x_t)\mathrm{d}t$$

设

$$Q_\lambda^{[g]}(t,x;f)=E_x\exp\left\{-\lambda\int_0^t g(x_s)\mathrm{d}s\right\}f(x_t)$$

利用第一章 §5 的方程(12)，容易得到$Q_\lambda^{[g]}(t,x;f)$的下列积分方程

$$Q_\lambda^{[g]}(t,x;f)=T_t gf(x)-\lambda\int_0^t T_s[gQ_\lambda^{[g]}(t-s,\cdot;f)](x)\mathrm{d}s \tag{31}$$

因为它右侧的积分算子的范数小于 1，所以它对$\lambda t\|g\|<1$有唯一解. 如果对充分小的t和有界$\mathfrak{B}$可测的f知道了$Q_\lambda^{[g]}(t,x;f)$的值，则利用等式$Q_\lambda^{[g]}(t,x;f)=Q_\lambda^{[g]}(t-s,x,Q_\lambda^{[g]}(s,\cdot;f))$，就可以求出它对所有$t$的值，而上述等式对所有$0<s<t$均成立. $\widetilde{R}_\lambda^{[g]}f(x)$通过$Q_\lambda^{[g]}$表示如下

$$\widetilde{R}_\lambda^{[g]}f(x)=\int_0^\infty Q_\lambda^{[g]}(t,x;fg)\mathrm{d}t$$

现在设

$$v(h,x)=E_x\mathrm{e}^{-\varphi_h},g_h(x)=\frac{1}{h}[1-v(h,x)]$$

那么

$$\widetilde{R}_\lambda(g)=\lim_{h\downarrow 0}\int_0^\infty Q_\lambda^{[g_h]}(t,x;fg_h)\mathrm{d}t \tag{32}$$

第三章 跳跃过程

§1 跳跃过程的一般定义与性质

在第一章已经定义了广义跳跃过程. 作为该定义的基础是这样一种体系,它在落入它所处的每个状态后,逗留一正时间段,然后跳跃地转移到另一个状态中去.

然而,前面给出的定义并没有明显地依赖过程的这些性质,而是借助于对转移概率所提出的分析上的要求来叙述的. 本节中,我们从运动轨道的性质出发,给出跳跃马尔科夫过程的直接定义,研究它的一般性质,并叙述跳跃过程的构造. 本章下面几节将研究几类重要的跳跃过程.

设$\{\mathscr{X},\mathfrak{B}\}$为可测空间,$\mathfrak{B}$包含空间$\mathscr{X}$中的单点集. 在$\mathscr{X}$中引进离散拓扑,亦即我们将把$\mathscr{X}$当做是距离$r(x',x'')=1,x'\neq x''$的度量空间.

定义 1 相空间$(\mathscr{X},\mathfrak{B})$中的马尔科夫过程$\{\xi(t,\omega),\mathfrak{S}_t^s,P_{s,x}\}$称为跳跃过程,如果它是正规的,且对任意$(t,\omega)$,$(t<\zeta)$,存在$\delta=\delta(t,\omega)$,使得当$h\in[0,\delta)$时,$\xi(t+h)=\xi(t)$;这里$\zeta=\zeta(\omega)$是过程的生存时间,并且对任意$s<\zeta$,函数$\xi(t)$在区间$[0,s]$上只有有限多个跳跃点. 如果对每个$\omega$,函数$\xi(\omega)$在每个有穷区间$[0,s]$上都只有有限多个跳跃点,则称此马尔科夫过程为阶梯的.

由跳跃过程的定义可推出函数 $\xi(t)$ 是右连续的(因此,是右可分的),而且对一切 $t<\zeta$ 有左极限.

由第一章 §6 定理 2 可得下面结果.

定理 1 为使可分马尔科夫过程与阶梯过程随机等价,只需对任意 $t^*>0$,有

$$\lim_{\delta\to 0}\sup_{\substack{(s,x)\in[0,t^*]\times\mathscr{X}\\|t-s|<\delta}} P(s,x,t,\mathscr{X}\setminus\{x\})=0$$

下面(定理 4)将证明:相当广泛的跳跃过程类是强马尔科夫的.因此我们先研究强马尔科夫过程.

考虑某一强马尔科夫跳跃过程$\{\xi(t,\omega),\mathfrak{S}_t^s,P_{s,x}\}$.引进事件

$$A_{st}=\{\xi(u)=\xi(s),u\in(s,t)\}$$

显然,$A_{st}\in\mathfrak{N}_t^s$,这里 $\mathfrak{N}_t^s$ 是由随机元 $\xi(u)$,$u\in[s,t]$,所产生的 σ 代数.因此

$$q(x,s,t)=P_{s,x}(A_{st})$$

是变元 x 的 $\mathfrak{B}$ 可测函数.设 $s<t_1<t_2$,由

$$\begin{aligned}q(x,s,t_2)=E_{s,x}\chi(A_{st_2})=E_{s,x}\chi(A_{st_1})\chi(A_{t_1t_2})=\\E_{s,x}\chi(A_{st_1})E_{t_1,\xi(t_1)}\chi(A_{t_1t_2})=\\E_{s,x}\chi(A_{st_1})q(\xi(t_1),t_1,t_2)\end{aligned}$$

可得

$$q(x,s,t_2)=q(x,s,t_1)q(x,t_1,t_2)\quad(s<t_1<t_2)\tag{1}$$

特别地,由上式可知,$q(x,s,t)$ 是 t 的单调不增函数.

设 A_s 是如下的事件:存在一个时间区间$[s,s+h)$,$h>0$,在该时间区间中,过程不改变自己的状态.显然

$$A_s=\bigcup_{n=1}^{\infty}A_{ss_n}$$

其中 $s_n\downarrow s$,$s_n>s$.因此有

$$1=P_{s,x}(A_s)=\lim P_{s,x}(A_{ss_n})=\lim q(x,s,s_n)$$

从而

$$q(x,s,s+)=1$$

由关系式(1) 可知,函数 $q(x,s,t)$ 关于 t 右连续.此外,如 $t>s$,则

$$q(x,s,t-)=\lim_{t_n\uparrow t}P_{s,x}(A_{st_n})=P_{s,x}\{\xi(u)=\xi(s),u\in(s,t)\}$$

特别,如果过程 $\xi(t)$ 是随机连续的(对于测度 $P_{s,x}$,任意 $t>s$),则 $q(x,s,t)$ 是 t 的连续函数($t>s$).

类似地可证明作为 s 的函数,$q(x,s,t)$ 也是右连续的.实际上

$$q(x,s+,t)=\lim_{s_n\downarrow s}q(x,s_n,t)=\frac{q(x,s,t)}{\lim\limits_{s_n\downarrow s}q(x,s,s_n)}=$$

$$\frac{q(x,s,t)}{q(x,s,s+)}=q(x,s,t)$$

这样,就证明了

引理1 函数 $q(x,s,t)(x\in\mathscr{X},s\geqslant 0,t\geqslant s)$ 作为 x 的函数是 $\mathfrak{B}$ 可测的;而作为 $t,t\geqslant s$ 的函数(作为 $s,s<t$ 的函数),它是右连续的,并且是单调不增(不减)的,它满足函数方程(1)与条件

$$q(x,s,s+)=1$$

我们引进随机变量 τ_1,它是时刻 s 后,函数 $\xi(t)$ 的首次跳跃时刻,即

$$\tau_1=\inf\{t:t>s,\xi(t)\neq\xi(s)\}^{①}$$

如果上式中相应的集非空;如对一切 $t>s,\xi(t)=\xi(s)$,则令 $\tau_1=\infty$. 由函数 $\xi(t)$ 的右连续性可知,τ_1 是随机时间,而且 $\xi(\tau_1)\neq\xi(s)$. 此外

$$P_{s,x}\{\tau_1>t\}=q(x,s,t)$$

而 $P_{s,x}\{\tau_1=\infty\}=q(x,s,\infty)$ 是系统于时刻 s 落入相空间的点 x,并且永远不再离开的概率.

添加点 ∞ 于半直线 (s,∞) 使之封闭,我们在区间 $(s,\infty]$ 的 Borel 集的 σ 代数 $\mathscr{T}_{\infty}^{s}$ 上构造测度 $q(x,s,K)$:令

$$q(x,s,(uv])=q(x,s,u)-q(x,s,v)\quad(s<u<v)$$

$$q(x,s,\{\infty\})=q(x,s,\infty)$$

再利用通常的方法将此定义扩张到整个 $\mathscr{T}_{\infty}^{s}$ 上去. 这时,$q(x,s,K)=P_{s,x}\{\tau_1\in K\},K\in\mathscr{T}_{\infty}^{s}$.

与前面一样,对任意 ω,我们约定 $\xi(\infty)=\mathfrak{b}$.

设 $\mathscr{Y}=[0,\infty)\times\mathscr{X},\mathfrak{U}=\mathscr{T}\times\mathfrak{B}$. 空间 $\mathscr{Y}$ 的元是"对偶"$y=(t,x),t\geqslant 0,x\in\mathscr{X}$. 我们引进半随机核 $Q(y,A),y\in\mathscr{Y},A\in\mathfrak{U}$,对 $A=K\times B(K\in\mathscr{T},B\in\mathfrak{B})$,令

$$Q(s,x,K,B)=Q((s,x),A)=P_{s,x}\{\tau_1\in K\cap[s,\infty),\xi(\tau_1)\in B\}$$

此式唯一确定了 σ 代数 $\mathfrak{U}$ 上的核 $Q(y,A)$. 因为

$$Q(s,x,K,B)\leqslant q(x,s,K)$$

故由 Radon-Nikodym 定理,存在函数 $\Pi_s(t,x,B)$,使得对任意 $u,v(s\leqslant u<v)$

$$Q(s,x,(u,v],B)=\int_u^v\Pi_s(t,x,B)q(x,s,\mathrm{d}t)\tag{2}$$

由函数 $\Pi_s(t,x,B)$ 的定义可知,$\Pi_s(\tau_1,x,B)$ 是关于随机变量 τ_1 的事件 $\xi(\tau_1)\in B$ 的(对测度 $P_{s,x}$ 的)条件概率.

我们自然希望函数 $\Pi_s(t,x,B)$ 不依赖于 s. 下面证明这一事实. 设 $s<s'\leqslant$

① 原书误为 $\tau_1=\inf\{t:t>s,\xi(t)=\xi(s)\}$. —— 译者注

$u < v$. 则

$$Q(s,x,(u,v],B) = E_{s,x}\chi\{u < \tau_1 \leqslant v\}\chi\{\xi(\tau_1) \in B\} =$$

$$E_{s,x}E_{s,x}\{\chi\{\tau_1 > s'\}\chi\{u < \tau_1 \leqslant v\}\chi\{\xi(\tau_1) \in B\} \mid \mathfrak{S}_{s'}^{s}\}$$

因为事件$\{\tau_1 > s'\}$是$\mathfrak{S}_{s'}^{s}$可测的,故由等式(1),上面最后一式等于

$$E_{s,x}\chi\{\tau_1 > s'\}E_{s',x}\chi\{u < \tau_1 \leqslant v\}\chi\{\xi(\tau_1) \in B\} =$$

$$q(x,s,s')\int_u^v \Pi_{s'}(t,x,B)q(x,s',\mathrm{d}t) =$$

$$\int_u^v \Pi_{s'}(t,x,B)q(x,s,\mathrm{d}t)$$

将此式与等式(2)比较,可得$\Pi_s(t,x,B) = \Pi_{s'}(t,x,B)$关于测度$q(x,s,\cdot)$几乎处处成立.

以下设

$$\Pi_s(t,x,B) = \Pi_0(t,x,B) = \Pi(t,x,B)$$

于是

$$Q(s,x,(u,v],B) = \int_u^v \Pi(t,x,B)q(x,s,\mathrm{d}t) \tag{3}$$

考虑事件列

$$C^n = \bigcup_{s+\frac{j-1}{2^n} \in (u,v]} \left\{\xi\left(s + \frac{k}{2^n}\right) = \xi(s), k = 1,2,\cdots,j-1,\right.$$

$$\left.\xi\left(s + \frac{j}{2^n}\right) \neq \xi(s), \xi\left(s + \frac{j}{2^n}\right) \in B\right\}$$

显然,C^n单调下降,且由过程$\xi(t)$的右连续性,$\{\tau_1 \in [u,v], \xi(\tau_1) \in B$①$\} = \bigcap_{n=1}^{\infty} C^n \in \mathfrak{N}^s$. 故函数$Q(s,x,(u,v],B)$是$x$的$\mathfrak{B}$可测函数. 由此不难得到,对固定的$(t,B)$,$\Pi(t,x,B)$是$\mathfrak{B}$可测的. 此外,作为$t$的函数,它还是$\mathscr{T}$可测的,并且对任意固定的$(x,B_n)$,$n = 1,2,\cdots$,$B_n \in \mathfrak{B}$,当$n \neq k$时,$B_n \cap B_k = \varnothing$,有

$$\Pi(t,x,\bigcup_1^{\infty} B_n) = \sum_1^{\infty} \Pi(t,x,B)(\bmod q(s,x,\cdot))$$

再注意到

$$Q(s,x,(u,v],\{x\}) = 0$$

于是得

$$\Pi(t,x,\{x\}) = 0$$

对几乎一切t(对$q(x,s,\cdot)$)及$x \in \mathscr{X}$成立.

与空间$\{\mathscr{Y},\mathfrak{U}\}$同时,我们还要考虑它的扩张$\{\mathscr{Y}^*,\mathfrak{U}^*\}$,其中$\mathscr{Y}^* = [0,\infty] \times$

---

① 原书误为$\xi(\tau) \in B$.——译者注

$\mathscr{X}_{\mathfrak{b}}, \mathfrak{U}^* = \mathscr{T}_{\infty}^0 \times \mathfrak{B}_{\mathfrak{b}}$.

引进取值于可测空间 $\{\mathscr{Y}^*, \mathfrak{U}^*\}$ 的随机元 $\eta_1 = (\tau_1, \xi(\tau_1))$，并在 $\{\mathscr{Y}^*, \mathfrak{U}^*\}$ 中定义随机核 $Q(y,A)$：对 $y=(s,x) \in \mathscr{Y}, A \in \mathfrak{U}$，令

$$Q(y,A) = P_{s,x}\{(\tau_1, \xi(\tau_1)) \in A\}$$

如 $A = (u,v] \times B, s \leqslant u, y=(s,x)$，则 $Q(y,A) = Q(s,x,(u,v],B)$.

注意核 $Q(y,A)$ 仅在集 $A_s = \{(t,x'): t \geqslant s, x' \in \mathscr{X}\}$ 上异于零，所以 $Q(y, A) = Q(y, A \cap A_s)$.

因为函数 $Q(s,x,(u,v],B)$ 对 $s(s \leqslant u)$ 右连续（这可由(1)与(2)推得），且对 x 可测，所以是变元 (s,x) 的 $\mathscr{T} \times \mathfrak{B}$ 可测函数，因此，对固定的 $A \in \mathfrak{U}$，函数 $Q(y,A)$ 是 $\mathfrak{U}$ 可测的.

在 $(\mathscr{Y}^*, \mathfrak{U}^*)$ 上补定义核 $Q(y,A)$，令

$$Q((\infty,x),\{\infty\}\times\{\mathfrak{b}\}) = 1, Q((s,\mathfrak{b}),\{\infty\}\times\{\mathfrak{b}\}) = 1 \tag{4}$$

$$Q((s,x),(u,v]\times\{\mathfrak{b}\}) = 1 - Q(s,x,(u,v],\mathscr{X}) \tag{5}$$

$$Q((s,x),\{\infty\}\times B) = q(x,s,\infty)\,\chi(B,\mathfrak{b})$$

上面关系式中的第一式等价于 $\xi(\infty)=\mathfrak{b}$；第二式表示状态 $\mathfrak{b}$ 是吸收的；第三式表示系统落入点 $\mathfrak{b}$ 后就从相空间消失；最后一式表示，如果系统落入吸收状态 x，则我们仍然认为 $\xi(\infty)=\mathfrak{b}$. 显然，核 $Q(y,A)((y,A) \in \mathscr{Y}^* \times \mathfrak{U}^*)$ 对固定的 A 是 $\mathfrak{U}^*$ 可测函数，并且对 $(s,x,A) \in [0,\infty) \times \mathscr{X}_{\mathfrak{b}} \times \mathfrak{U}^*$，$Q(y,A) = P_{s,x}\{(\tau_1, \xi(\tau_1)) \in A\}$.

用归纳法，可如下定义一列马尔科夫时间 $\tau_n, n=1,2,\cdots$，和随机元 $\eta_n = (\tau_n, \xi(\tau_n))$：如 $\tau_n \neq \infty$，则 τ_{n+1} 是在 τ_n 以后，首次使 $\xi(\tau_{n+1}) \neq \xi(\tau_n)$ 的时刻（如果这样的时刻存在）；对其他所有情况，定义 $\tau_{n+1}=\infty, \xi(\tau_{n+1}) = b$.

定理 2　设 $\{\mathfrak{S}_t^s, P_{s,x}, \xi(t,\omega)\}$ 是强马尔科夫跳跃过程. 则序列

$$\eta_0, \eta_1, \cdots, \eta_n, \cdots, \eta_0 = (s,x), \eta_n = (\tau_n, \xi(\tau_n))$$

构成相空间 $\{\mathscr{Y}^*, \mathfrak{U}^*\}$ 上转移概率为 $Q(y,A)$ 的马尔科夫链. 这时，函数 $Q((s, x),(t,\infty)\times\mathscr{X}) = q(s,x,t)(t>s)$ 具有引理 1 所述的性质，并且 $\tau_{n+1} \geqslant \tau_n, n = 1,2,\cdots$.

证　先考察条件概率 $P_{s,x}\{\eta_n \in A \mid \mathfrak{S}_{\tau_{n-1}}^s\}$，这里 $\mathfrak{S}_{\tau_{n-1}}^s$ 是由随机时间 τ_{n-1} 产生的 σ 代数. 设 $A = [u,v) \times B$，注意到事件

$$C^m = \bigcup_{j, \tau_{n-1}+\frac{j-1}{2^m} \in [u,v]} \left(\bigcup_{k=1}^{j-1} \left\{ \xi\left(\tau_{n-1} + \frac{k}{2^m}\right) = \xi(\tau_{n-1}) \right\} \right) \cap$$

$$\left\{ \xi\left(\tau_{n-1} + \frac{j}{2^m}\right) \in B \right\} \cap \left\{ \xi\left(\tau_{n-1} + \frac{j}{2^n}\right) \neq \xi(\tau_{n-1}) \right\}$$

单调下降，且由函数 $\xi(t)$ 的右连续性，有

$$\bigcap_{m=1}^{\infty} C^m = \{\eta_n \in A\}$$

因此

$$P_{s,x}\{\eta_n \in A \mid \mathfrak{S}^s_{\tau_{n-1}}\} = E_{s,x}(\chi\{\eta_n \in A\} \mid \mathfrak{S}^s_{\tau_{n-1}}) = \lim_{m\to\infty} E_{s,x}(\chi\{C^m\} \mid \mathfrak{S}^s_{\tau_{n-1}})$$

再由过程的强马尔科夫性与第一章 §4 定理 5 可得

$$E_{s,x}\{\chi(C^m) \mid \mathfrak{S}^s_{\tau_{n-1}}\} = E_{(s,x)}\, \chi(C^m)\, |_{(s,x)=(\tau_{n-1},\xi(\tau_{n-1}))}$$

这样一来

$$P_{s,x}\{\eta_n \in A \mid \mathfrak{S}^s_{\tau_{n-1}}\} = \lim_{m\to\infty} E_{s,x}\, \chi(C^m)\, |_{(s,x)=(\tau_{n-1},\xi(\tau_{n-1}))} = E_{\tau_{n-1},\xi(\tau_{n-1})}\, \chi(\eta_n \in A) = Q((\tau_{n-1},\xi(\tau_{n-1})),A)$$

由已证的关系式,利用这种情况下通常的论证方法,不难得出,对任意函数 $f \in b(\mathfrak{U})$[①],都有

$$E_{s,x}\{f(\eta_n) \mid \mathfrak{S}^s_{\tau_{n-1}}\} = \int f(y_n) Q(y_{n-1}, \mathrm{d}y_n)\, |_{y_{n-1}=(\tau_{n-1},\xi(\tau_{n-1}))}$$

由此不难得到

$$E_{s,x}\left\{\prod_{k=1}^{n} f_k(\eta_k)\right\} = \int\cdots\int \prod_{k=1}^{n} f(y_k) Q(y_0,\mathrm{d}y_1) Q(y_1,\mathrm{d}y_2)\cdots Q(y_{n-1},\mathrm{d}y_n)$$

其中 $f_k \in b(\mathfrak{U})$.

上面最后一式可以立刻推广到任意函数 $f = f(y_1, y_2, \cdots, y_n) \in b(\mathfrak{U}^n)$ 的情况,对此,上式成为

$$E_{s,x}(f(\eta_1,\eta_2,\cdots,\eta_n)) = \int\cdots\int f(y_1,\cdots,y_n) Q(y_0,\mathrm{d}y_1) Q(y_1,\mathrm{d}y_2)\cdots Q(y_{n-1},\mathrm{d}y_n) \tag{6}$$

同样,也可以推广到函数 $f \in b(\mathfrak{U}^{*n})$ 的情况.

定理证毕.

系 对任意强马尔科夫跳跃过程,都存在一相空间为$\{\mathscr{Y}^*, \mathfrak{U}^*\}$,转移概率为$Q(y,A)$的齐次马尔科夫链$\{\eta_n, n=0,1,2,\cdots\}$,$\eta_n = (\tau_n, \varepsilon_n)$,它满足定理2的条件,并使

$$\begin{cases} \xi(t) = \xi_n & \text{当 } \tau_n \leqslant t < \tau_{n+1} \\ \xi(t) = \mathfrak{b} & \text{当 } t \geqslant \sup \tau_n \end{cases}$$

为证明这一事实,只需指出,如 $t_0 = \sup \tau_n < \infty$,则 t_0 是函数 $\xi(t)$ 跳跃时刻的极限点,根据跳跃过程的定义,$\zeta(\omega) \leqslant t_0$.

现在我们来证明相反的结论,亦即,设已给$\{\mathscr{Y}, \mathfrak{U}\}$ 上的半随机核 $Q(y,A)$.

---

① $b(\mathfrak{U})$ 是 $\mathfrak{U}$ 可测有界函数族.

令 $Q(s,x,K,B)=Q((s,x),K\times B)$. 假定核 $Q(y,A)$ 有下面性质：

a) $Q(s,x,(u,v],B)=0$，当 $u<v\leqslant s$ 时； (7)

b) $Q(s,x,(u,v],\{x\})=0$； (8)

c) 函数 $q(x,s,t)=Q(s,x,[t,\infty],\mathscr{X})$ 关于变元 t 和 $s(s\leqslant t)$ 右连续，且满足函数方程

$$q(x,s,t')=q(x,s,t)q(x,t,t')\quad (s\leqslant t\leqslant t') \tag{9}$$

如前面证明的那样，由已作的假定可知，存在函数 $\Pi(t,x,B)$，使得

$$Q(s,x,K,B)=\int_K \Pi(t,x,B)q(x,s,\mathrm{d}t)$$

因此，如 $K\subset(u,\infty]$，$s\leqslant u$，那么由等式(9)有

$$Q(s,x,K,B)=q(x,s,u)\int_K \Pi(t,x,B)q(x,u,\mathrm{d}t)$$

由此可得

$$Q(s,x,K,B)=q(x,s,u)Q(u,x,K,B)\quad (s\leqslant u,K\subset(u,\infty]) \tag{10}$$

下面指出，如何构造强马尔科夫跳跃过程 $\{\xi(t,\omega),\mathfrak{S}_t^s,P_{s,x}\}$，使

$$P_{s,x}\{\tau_1\in(u,v],\xi(\tau_1)\in B\}=Q(s,x,(u,v],B)\quad (s\leqslant u<v)$$

其中 τ_1 有如前面确定的定义. 为此，引进序列

$$\omega=(y_0,y_1,y_2,\cdots)$$

的空间 Ω，这里 $y_k\in\mathscr{Y}^*$，并用 γ 表示 Ω 中的 σ 代数，它是由集类 $\{\omega:y_k\in A_k\}$，$k=0,1,2,\cdots$，$A_k\in\mathfrak{U}^*$ 产生的. 利用公式(4) 和(5) 可将核 $Q(y,A)$ 扩张到 $(\mathscr{Y}^*,\mathfrak{U}^*)$ 上去. 对扩张后的核保持原先的符号. 依照定理 3(随机过程(Ⅰ) 第二章 §4)，根据核 $Q(y,A)$ 和 $\{\mathscr{Y}^*,\mathfrak{U}^*\}$ 上之任一概率测度 q，可以构造 $\{\Omega,\gamma\}$ 上的概率测度 $P^{(q)}$，使得函数 $\eta(n,\omega)=y_n$，$n=0,1,2,\cdots$，是相空间 $\{\mathscr{Y}^*,\mathfrak{U}^*\}$ 上的齐次马尔科夫链，它有转移概率 $Q(y,A)$ 和开始分布 q.

设 $\eta_n=\eta(n,\omega)=(\tau_n,\xi_n)$，$n=0,1,\cdots$，其中 $\tau_n\in[0,\infty]$，$\xi_n\in\mathscr{X}_{\mathfrak{b}}$. 由公式(4) 和(5) 可知，对任意开始分布 q，已构造的链以概率 1 有下列性质：如果 $\tau_n=\infty$，则 $\xi_n=\mathfrak{b}$，如果 $\xi_n=\mathfrak{b}$，则 $\xi_{n+1}=\xi_{n+2}=\cdots=\mathfrak{b}$，而 $\tau_{n+1}=\tau_{n+2}=\cdots=\infty$.

我们约定，如 $\tau_n=\infty$，则 $\tau_{n+1}-\tau_n=\infty$. 再注意到由函数 $q(x,s,t)$ 的右连续性可推得

$$Q(t,x,(t,\infty],\mathscr{X}_{\mathfrak{b}})=\lim_{h\downarrow 0}q(x,t,t+h)=1$$

由此可得

$$P^{(q)}\{\tau_{n+1}-\tau_n>0\}=E^{(q)}Q(\tau_n,\xi_n,(\tau_n,\infty],\mathscr{X}_{\mathfrak{b}})=1$$

进而，由等式(8)，还有

$$P^{(q)}\{\xi_{n+1}\neq\xi_n,\xi_n\neq\mathfrak{b}\}=E^{(q)}Q(\tau_n,\xi_n,(\tau_n,\infty],\mathscr{X}_{\mathfrak{b}}\setminus\{\xi\})\chi(\mathscr{X},\xi_n)=$$

$$E^{(q)}\chi(\mathscr{X},\xi_n)=P^{(q)}\{\xi_n\neq\mathfrak{b}\}$$

从而,如 $\xi_n \neq \mathfrak{b}$,则以概率 1 有 $\xi_{n+1} \neq \xi_n$.

记 Ω' 为所有序列 $\omega = \{y_0, y_1, \cdots, y_n, \cdots\}$ 的集合,其中 $y_n = (t_n, x_n)$,$t_n \in [0, \infty]$,$x_n \in \mathscr{X}_{\mathfrak{b}}$,并满足条件:如 $t_n = \infty$,则 $x_n = \mathfrak{b}$;如 $x_n = \mathfrak{b}$,则 $x_{n+1} = x_{n+2} = \cdots = \mathfrak{b}$,而

$$t_{n+1} = t_{n+2} = \cdots = \infty$$

如 $t_n \neq \infty$,则 $t_{n+1} > t_n$;如 $x_n \neq \mathfrak{b}$,则 $x_{n+1} = x_n$. 此时,对每一初始分布 q,$P^{(q)}(\Omega') = 1$. 用 $\mathfrak{S}'$ 表示 σ 代数 $\mathfrak{S}$ 在 Ω' 上的限制,也就是形如 $A' = A \cap \Omega'$,$A \in \mathfrak{S}$ 的集 A' 的 σ 代数. 显见

$$\eta_n = \eta(n, \omega)$$

是 $\{\Omega', \mathfrak{S}', P^{(q)}\}$ 上具有上述转移概率 $Q(y, A)$ 的马尔科夫链.

以下我们约定,略去记号 Ω' 和 $\mathfrak{S}'$ 中的撇号,因而 Ω 表示具有刚刚列举的那些性质的所有序列$(y_0, y_1, \cdots, y_n, \cdots)$ 的集类. 此外,作为 $\mathscr{Y}^*$ 中的开始分布,我们考虑集中在一点(s, x) 的分布,并把$\{\Omega, \mathfrak{S}\}$ 上相应的概率记为 $P^{(s,x)}$.

下面转到我们感兴趣的随机过程的构造问题.

令 $\zeta(\omega)$ 等于使 $\xi_n = \mathfrak{b}$ 的最小的 τ_n,如果这样的 n 存在的话. 否则,令 $\zeta(\omega) = \sup \tau_n$. 令 $y_0 = (s, x)$ 固定,$\omega = (y_0, y_1, \cdots)$ 且

$$\xi_{s,x}(t) = \xi_{s,x}(t, \omega) = \xi_n \quad 如\ \tau_{n-1} \leqslant t < \tau_n$$

$$n = 1, 2, \cdots, t < \zeta(\omega)$$

$$\xi_{s,x}(t) = \xi_{s,x}(t, \omega) = \mathfrak{b} \quad 如\ t \geqslant \zeta(\omega)$$

函数 $\xi_{s,x}(t, \omega)$ 当 $t \geqslant s$ 时在空间 Ω 的子空间 $\Omega_{s,x}$ 上是有定义的,$\Omega_{s,x}$ 由所有那些 $\omega \in \Omega$,$\omega = (y_0, y_1, \cdots)$ 组成,这里 $y_0 = (s, x)$.

设 $\mathfrak{S}_{s,x} = \{A : A = B \cap \Omega_{s,x}, B \in \mathfrak{S}\}$. 注意到测度 $P^{(s,x)}$ 集中在 $\Omega_{s,x}$ 上. 我们用 $\mathfrak{N}_t^{s,x}$ 记由随机元 $\xi_{s,x}(u)$,$u \in [s, t]$,产生的 σ 代数. 定义在 $\{\Omega_{s,x}, \mathfrak{S}_{s,x}\}$ 上之可测函数关于测度 $P^{(s,x)}$ 的积分记为 $E_{s,x}$.

定理 3 概率空间$\{\Omega_{s,x}, \mathfrak{N}_t^{s,x}, P^{(s,x)}\}$ 上的随机函数族$\{\xi_{s,x}(t), t \geqslant s\}$ 是马尔科夫的.

证 只需证明,对任意函数 $f \in b(\mathfrak{B}_{\mathfrak{b}})$,当 $s < u < t$ 时下式成立

$$E_{s,x}\{f(\xi_{s,x}(t)) \mid \mathfrak{N}_u^{s,x}\} = E_{u,z} f(\xi_{u,z}(t)) \mid_{z = \xi_{s,x}(u)} \tag{11}$$

为此只需证明

$$E_{s,x}\left\{\prod_{k=1}^{n} f_k(\xi_{s,x}(t_k))\right\} = E_{s,x}\left\{\prod_{k=1}^{n-1} f_k(\xi_{s,x}(t_k))[E_{t_{n-1},z} f(\xi_{t_{n-1},z}(t_n))]_{z = \xi_{s,x}(t_{n-1})}\right\} \tag{12}$$

对任意 $n = 2, 3, \cdots$,$f_k(x) \in b(\mathfrak{B}_{\mathfrak{b}})$,$s < t_1 < t_2 < \cdots < t_n$ 成立. 实际上,如此式成立,则对任意随机变量 $\eta \in b(\mathfrak{N}^{s,x})$,$u < t$,和函数 $f(x) \in b(\mathfrak{B}_{\mathfrak{b}})$ 有等式

$$E_{s,x} \eta f(\xi_{s,x}(t_n)) = E_{s,x}\{\eta [E_{u,z} f(\xi_{u,z}(t_k))]_{z = \xi_{s,x}(u)}\}$$

由此可得(11).

现证关系式(12).注意,我们只需考虑函数 $f_k(x)$ 在点 $\mathfrak{b}$ 等于 0 的情况.

首先我们要找 $E_{u,z}f(\xi_{u,z}(t))$ 的表达式,这里 $u<t$.

设$\chi_n(t)$ 表示事件 $\tau_n\leqslant t<\tau_{n+1}$ 的示性函数,这时

$$\left\{\omega:\sum_{0}^{\infty}\chi_n(t)=1,\tau_0=u\right\}=\{\omega:t\in[u,\sup\tau_n),\tau_0=u\}=$$
$$\{\omega:t<\zeta,\tau_0=u\}$$

因此

$$E_{u,z}f(\xi_{u,z}(t))=\sum_{n=0}^{\infty}E_{u,z}f(\xi_{u,z}(t))\chi_n(t)$$

进而

$$E_{u,z}f(\xi_{u,z}(t))\chi_n(t)=E_{u,z}f(\xi_n)\chi\{\tau_n\leqslant t<\tau_{n+1}\}=$$
$$\iint_{\mathscr{X}\,u}^{\quad t}f(z')q(z',v,t)Q^n(u,z,\mathrm{d}v,\mathrm{d}z')$$

这里 $Q^n(y,A)$ 表示马尔科夫链$\{\eta_n,n=0,1,2,\cdots\}$ 的 n 步转移概率,而 $Q^n(s,x,K,B)=Q^n((s,x),K\times B)$. 于是有

$$E_{u,z}f(\xi_{u,z}(t))=\sum_{n=0}^{\infty}\iint_{\mathscr{X}\,u}^{\quad t}f(z')q(z',v,t)Q^n(u,z,\mathrm{d}v,\mathrm{d}z')$$

类似地计算量 $E_{s,x}f(\xi_{s,x}(t))g(\xi_{s,x}(u))$,$(s\leqslant u\leqslant t)$,可得等式

$$E_{s,x}f(\xi_{s,x}(t))g(\xi_{s,x}(u))=E_{s,x}\sum_{n,m=0}^{\infty}f(\xi_n)g(\xi_m)\chi_n(t)\chi_m(u)$$

式中,如 $m>n$,则$\chi_n(t)\chi_m(u)=0$. 其次,对 $m<n$

$$E_{s,x}f(\xi_n)g(\xi_m)\chi_n(t)\chi_m(u)=\iint_{\mathscr{X}\,u}^{\quad t}\iint_{\mathscr{X}\,u}^{\quad t_n}\iint_{\mathscr{X}\,s}^{\quad u}f(z_n)g(z_m)Q^m(s,x,\mathrm{d}t_m,\mathrm{d}z_m)\cdot$$
$$Q(t_m,z_m,\mathrm{d}t_{m+n},\mathrm{d}z_{m+1})Q^{n-m-1}(t_{m+1},z_{m+1},\mathrm{d}t_n,$$
$$\mathrm{d}z_n)Q(t_n,z_n,[t,\infty],\mathscr{X}_{\mathfrak{b}})$$

在所考察的积分域内,由等式(9)

$$Q(t_m,z_m,\mathrm{d}t_{m+1},\mathrm{d}z_{m+1})=q(z_m,t_m,u)Q(u,z_m,\mathrm{d}t_{m+1},\mathrm{d}z_{m+1})$$

再考虑到

$$Q(t_n,z_n,[t,\infty),\mathscr{X}_{\mathfrak{b}})=q(z_n,t_n,t)\iint_{\mathscr{X}\,u}^{\quad t_n}Q(u,z_m,\mathrm{d}t_{m+1},\mathrm{d}z_{m+1})\cdot$$
$$Q^{n-m-1}(t_{m+1},z_{m+1},\mathrm{d}t_n,\mathrm{d}z_n)=$$
$$Q^{n-m}(u,z_m,\mathrm{d}t_n,\mathrm{d}z_n)$$

我们可得

$$E_{s,x}f(\xi_n)g(\xi_m)\chi_n(t)\chi_m(u)=\iint_{\mathscr{X}\,s}^{u} g(z_m)q(z_m,t_m,u)Q^m(s,x,\mathrm{d}t_m,\mathrm{d}z_m)\cdot$$

$$\iint_{\mathscr{X}\,u}^{t} f(z_n)q(z_n,t_n,t)Q^{n-m}(u,z_m,\mathrm{d}t_n,\mathrm{d}z_n)$$

不难看出,上式当 $n=m+1$ 和 $n=m$ 时也成立,这时有 $Q^0(s,x,K,B)=\chi(K,s)\chi(B,x)$. 考虑到公式(11),可得

$$E_{s,x}f(\xi_{s,x}(t))g(\xi_{s,x}(u))=E_{s,x}g(\xi_{s,x}(u))(E_{u,z}f(\xi_{u,z}(t)))\,|_{z=\xi_{s,x}(u)}$$

类似地,当 $n_1\leqslant n_2\leqslant\cdots\leqslant n_m$ 时可得

$$E_{s,x}\left\{\prod_{k=1}^{n}f_k(\xi_{n_k})\chi_{n_k}(u_k)\right\}=\iint_{\mathscr{X}\,s}^{u_1} f_1(z_{n_1})q(z_{n_1},t_{n_1},u_1)Q^{n_1}(s,x,\mathrm{d}t_{n_1},\mathrm{d}z_{n_1})\cdot$$

$$\iint_{\mathscr{X}u_1}^{u_2} f_2(z_{n_2})q(z_{n_2},t_{n_1},u_2)Q^{n_2}(t_{n_1},z_{n_1},\mathrm{d}t_{n_2},\mathrm{d}t_{z_{n_2}})\cdot\cdots\cdot$$

$$\iint_{\mathscr{X}u_{n-1}}^{u_n} f_m(z_{n_m})q(z_{n_m},t_{n_m},u_n)Q^{n_m}(t_{n_{m-1}},z_{n_{m-1}},\mathrm{d}t_{n_m},\mathrm{d}z_{n_m})$$

将此式对满足条件 $0\leqslant n_1\leqslant n_2\leqslant\cdots\leqslant n_m<\infty$ 的一切 $n_1,n_2,\cdots,n_m$ 求和,并利用归纳法,可推得等式(12),定理证完.

注 由上面证明可知

$$E_{s,x}\{f(\xi_{s,x}(t))\mid\xi_{s,x}(u)\}=E_{u,z}f(\xi_{u,z}(t))\,|_{z=\xi_{s,x}(u)}$$

而马尔科夫函数族 $\xi_{s,x}(t)$ 的转移概率 $P(s,x,t,B)$ 为

$$P(s,x,t,B)=\sum_{n=0}^{\infty}\iint_{s\,B}^{t} q(z,v,t)Q^n(s,x,\mathrm{d}v,\mathrm{d}z) \tag{13}$$

其中 $Q^n(y,A)$ 是核 $Q(y,A)$ 的 n 重卷积. 上式右端的每一被加项都有简单的(理论)概率意义:它等于过程 $\xi_{s,x}(t)$ 在时间区间(s,t)内恰有 n 次跳跃,并且 n 次跳跃后,系统落入集 B 的概率.

实际上,如前所证,我们有

$$P_{s,x}\{\tau_n\leqslant t<\tau_{n+1},\xi_n\in B\}=\iint_{s\,B}^{t} q(z,v,t)Q^n(s,x,\mathrm{d}v,\mathrm{d}z)$$

与前面已证明的(第一章 §6 定理 1) 一样,可以由马尔科夫函数族 $\{\xi_{s,x}(t),t\geqslant s\}$ 构造一马尔科夫过程 $\{\xi(t,\omega),\mathfrak{S}_t^s,P_{s,x}\}$,使它的样本函数都具有如 $\xi_{s,x}(t)$ 一样的光滑的性质. 在这种情况下,$\xi(t)$ 是离散拓扑中的右连续函数,当 $t<\zeta$ 时有左极限,且在每一区间$[0,t]$上它只有有穷次跳跃,$t<\zeta$. 因而构造出的过程是跳跃过程.

定理 4 上面构造的跳跃马尔科夫过程是关于 σ 代数流 $\{\mathfrak{S}_t^s\}$ 的强马尔科夫过程.

证 由函数 $q(x,s,t)$ 的右连续性可知,$Q(s,x,(t,t+h],B)$ 以及函数 $Q^n(s,x,(t,t+h],B)$ 是 s 与 t 的右连续函数. 由此推得,$P(s,x,t,B)$ 作为 (s,x,t) 的函数是 $\mathscr{T}\times\mathfrak{B}_b\times\mathscr{T}$ 可测的. 由过程 $\xi(t)$ 的右连续性可知,它是循序可测的. 其次,对任意有界函数 $f(x)$,函数 $f(\xi(t))$ 右连续,这是因为 $\xi(t)$ 在离散拓扑下右连续. 由这些结果出发,几乎可以逐家重复第一章 §4 定理 7 的证明(那里的假设中,只有 $\mathfrak{B}$ 是度量空间 $\mathscr{X}$ 的 Borel 集所成 σ 代数的扩张这一条件不满足). 这就证明了过程的强马尔科夫性.

§2 可列状态齐次马尔科夫过程

本章以下研究离散空间中的齐次马尔科夫过程.

我们先从较简单的,即相空间 $\mathscr{X}$ 至多可列的情况开始. 此时,自然地令 $\mathscr{X}$ 与一切整数集,或者与其子集相等. 下面写 $\mathscr{J}$ 代替 $\mathscr{X}$,$\mathscr{J}$ 为整数的某子集,$\mathscr{J}$ 的点表示为 $i,k,l,m,\cdots$

转移概率;预解式 可列状态过程的转移概率定义为一组函数 $p_{ij}(t)=P(t,i,\{j\})$,其中 $\{j\}$ 是由一个点 j 组成的集合;i,j 属于 $\mathscr{J}$. 函数 $p_{ij}(t)$ 满足条件:

a) $0\leqslant p_{ij}(t)\leqslant 1$;

b) $\sum_{j\in\mathscr{J}}p_{ij}(t)\leqslant 1$(如研究的是不断过程,则不等式改为等式);

c) 当 $t>0,s>0$ 时,对一切 $i,j\in\mathscr{J}$

$$p_{ij}(t+s)=\sum_{k\in\mathscr{J}}p_{ik}(t)p_{kj}(t)$$

(此即 Колмогоров－Chapman 方程).

如还满足条件:

d) $\lim\limits_{t\downarrow 0}p_{ij}(t)=\delta_{ij}$.

则转移概率及过程本身称为随机连续的. 此时,由于

$$\begin{aligned}|p_{ij}(t+s)-p_{ij}(t)|\leqslant&\sum_{k\in\mathscr{J}}|p_{ik}(s)-\delta_{ik}|p_{kj}(t)\leqslant\\&1-p_{ii}(s)+\sum_{k\neq i}p_{ik}(s)\leqslant\\&2(1-p_{ii}(s))\end{aligned}$$

函数 $p_{ij}(t)$ 在 $t>0$ 一致连续.

以下,我们只考虑随机连续过程.

对 $\mathrm{Re}\,\lambda > 0$,令

$$r_{ij}(\lambda) = \int_0^{\infty} \mathrm{e}^{-\lambda t} p_{ij}(t)\,\mathrm{d}t$$

由数 $r_{ij}(\lambda), i, j \in \mathscr{J}$,组成的矩阵 $\boldsymbol{R}(\lambda)$ 称为过程的预解式. $r_{ij}(\lambda)$ 满足以下条件:

1) 当 $\lambda > 0$ 时,$r_{ij}(\lambda) \geqslant 0$;

2) $\sum_{j \in \mathscr{J}} r_{ij}(\lambda) \leqslant \frac{1}{\mathrm{Re}\,\lambda}$;

3) 当 $\mathrm{Re}\,\lambda > 0, \mathrm{Re}\,\mu > 0$ 时,$r_{ij}(\lambda)$ 满足预解方程

$$r_{ij}(\lambda) - r_{ij}(\mu) = (\mu - \lambda) \sum_{k \in \mathscr{J}} r_{ik}(\lambda) r_{kj}(\mu)$$

对随机连续的可列状态马尔科夫过程,以下引理给出了预解式的构造.

引理 1 如矩阵 $\boldsymbol{R}(\lambda)$ 的元 $r_{ij}(\lambda)$ 当 $\mathrm{Re}\,\lambda > 0$ 时有定义,且除满足条件 1) ~ 3) 外还满足条件:

4) $\lim\limits_{\lambda \to +\infty} \lambda r_{ij}(\lambda) = \delta_{ij}$.

则 $\boldsymbol{R}(\lambda)$ 是某随机连续过程的预解式,即有

$$r_{ij}(\lambda) = \int_0^{\infty} \mathrm{e}^{-\lambda t} p_{ij}(t)\,\mathrm{d}t$$

其中 $p_{ij}(t)$ 满足条件 a) ~ d).

证 利用第二章 §3 的结果. 我们把 $\mathscr{J}$ 当作是有距离

$$r(i,j) = \delta_{ij}$$

的度量空间. 这时,连续有界函数 $f \in \mathscr{C}_{\mathscr{J}}$ 是有界序列 $f_j, j \in \mathscr{J}$. 在 $\mathscr{C}_{\mathscr{J}}$ 上定义算子 $\boldsymbol{R}(\lambda)$

$$[\boldsymbol{R}(\lambda) f]_j = \sum_{k \in \mathscr{J}} r_{jk}(\lambda) f_k$$

容易验证,算子族 $\boldsymbol{R}(\lambda)$ 满足第二章 §3 条件 1) ~ 4). 在第二章 §3 中已证明了,对每 $f \in \mathscr{C}_{\mathscr{J}}$ 存在函数 $T_t f$,使

$$[\boldsymbol{R}(\lambda) f]_j = \int_0^{\infty} \mathrm{e}^{-\lambda t} [T_t f]_j\,\mathrm{d}t$$

取 $f_j = \delta_{kj}$,可知存在函数 $p_{kj}(t) = [T_t f_j]_k$,使

$$\int_0^{\infty} \mathrm{e}^{-\lambda t} p_{kj}(t)\,\mathrm{d}t = r_{kj}(\lambda)$$

那里还证明了,当 $f \geqslant 0$ 时,$T_t f \geqslant 0$. 所以,$p_{kj}(t) \geqslant 0$. 由不等式 $\sum_k r_{ik}(\lambda) \leqslant \frac{1}{\lambda}$ 对 $\lambda > 0$ 时的正确性,容易得到条件 b).

由预解方程,比较

$$\int_0^{\infty}\int_0^{\infty} p_{ij}(t+s) \mathrm{e}^{-\lambda t - \mu s}\,\mathrm{d}t\mathrm{d}s$$

与

$$\int_0^{\infty}\int_0^{\infty}\sum_k p_{ik}(t)p_{kj}(s)e^{-\lambda s-\mu s}dtds$$

可知,p_{ij} 对几乎一切 t 与 s,满足 Колмогоров－Chapman 方程. 记 S 为$[0,\infty)$ 上(有完全 Lebesgue 测度)的子集,使对 $t\in S,s\in S,p_{ij}$ 满足 Колмогоров－Chapman 方程. 这时,对 $t\in S,s\in S$,有

$$p_{ii}(t+s)\geqslant p_{ii}(t)p_{ii}(s)$$

如对 $t_0\in S,p_{ii}(t_0)\leqslant\delta$,那么,对几乎一切 $u\in(0,t_0)$,或者

$$p_{ii}(u)\leqslant\sqrt{\delta}$$

或者 $p_{ii}(t_0-u)\leqslant\sqrt{\delta}$. 可见

$$\frac{1}{t_0}\int_0^{t_0}p_{ii}(u)du=\frac{1}{t_0}\int_0^{t_0}\frac{p_{ii}(u)+p_{ii}(t_0-u)}{2}du\leqslant\frac{1+\sqrt{\delta}}{2}$$

因此,如存在序列 $t_n\downarrow 0,t_n\in S$,使$\overline{\lim\limits_{n\to\infty}}\,p_{ii}(t_n)<1$,则有关系式

$$\overline{\lim_{n\to\infty}}\frac{1}{t_n}\int_0^{t_n}p_{ii}(u)du<1 \tag{1}$$

另一方面

$$\frac{1}{t_n}\int_0^{t_n}(1-p_{ii}(u))du\leqslant\frac{e^{\lambda t_n}}{t_n}\int_0^{\infty}(1-p_{ii}(u))e^{-\lambda u}du=$$

$$\frac{e^{\lambda t_n}}{\lambda t_n}[1-\lambda r_{ii}(\lambda)]$$

令 $\lambda=\dfrac{1}{t_n}$,并利用性质 4) 可知

$$\lim_{n\to\infty}\frac{1}{t_n}\int_0^{t_n}(1-p_{ii}(u))du=0$$

这与(1) 矛盾. 这样一来,我们得到:$\lim\limits_{t\downarrow 0,t\in S}p_{ii}(t)=1$.

因为对 $t\in S,h\in S$

$$|p_{ij}(t+h)-p_{ij}(t)|\leqslant\sum_k|p_{ik}(h)p_{kj}(t)-\delta_{ik}p_{kj}(t)|\leqslant$$

$$2(1-p_{ii}(h))$$

所以 $p_{ij}(t)$ 在 S 上一致连续. 既然 S 在$[0,\infty)$ 上处处稠密,$p_{ij}(t)$ 就可以拓展成$[0,\infty)$ 上的一致连续函数. 这就是我们要找的函数. 引理证完.

注 显然,条件 4) 还是 $\boldsymbol{R}(\lambda)$ 为随机连续过程的预解式的必要条件. 因此,条件 1) ~ 4) 完全刻画了随机连续过程的预解式.

下面,在构造各种过程的例子时,我们将方便地利用预解式来给出. 这时,我们利用事实:转移概率,并因之马尔科夫过程,都与满足条件 1) ~ 4) 的一切矩阵函数 $\boldsymbol{R}(\lambda)$ 相对应. 有时,在构造过程时要利用极限过渡的方法. 为此,需要下面引理.

引理 2 如果 a) $\boldsymbol{R}_n(\lambda)=(r_{ij}^n(\lambda))$ 是某转移概率的预解式, b) 对一切 $i,j\in\mathscr{J}$ 和 $\operatorname{Re}\lambda>0$, 存在极限

$$r_{ij}(\lambda)=\lim_{n\to\infty}r_{ij}^n(\lambda)$$

c) 对一切 $i\in\mathscr{J}$ 与 $\operatorname{Re}\lambda>0$, 级数 $\sum\limits_j|r_{ij}^n(\lambda)|$ 关于 n 一致收敛, d) $\lim\limits_{\lambda\to\infty}\overline{\lim\limits_{n\to\infty}}(1-\lambda r_{ii}^n(\lambda))=0$, 则矩阵 $\boldsymbol{R}(\lambda)=(r_{ij}(\lambda))$ 是某随机连续过程的预解式.

证 $\boldsymbol{R}(\lambda)$ 满足条件 1) 和 2) 是显然的. 条件 4) 可由引理条件 d) 推得. 关系式

$$r_{ij}^n(\lambda)-r_{ij}^n(\mu)=(\mu-\lambda)\sum_k r_{ik}^n(\lambda)r_{kj}^n(\mu)$$

当 $n\to\infty$ 时, 极限过渡的可能性由 $r_{kj}^n(\mu)$ 的有界性与级数 $\sum\limits_k|r_{ik}^n(\lambda)|$ 关于 n 的一致收敛性得以保证. 引理证完.

注 如 $\lambda>0$ 时, $\sum\limits_j r_{ij}(\lambda)=\dfrac{1}{\lambda}$, 则引理之条件 c) 满足. 事实上, 对任意 $\varepsilon>0$, 可找有穷集 $\mathscr{J}_\varepsilon\subset\mathscr{J}$, 使

$$\sum_{j\in\mathscr{J}_\varepsilon}r_{ij}(\lambda)\geqslant\frac{1}{\lambda}-\frac{\varepsilon}{2}$$

这时, 对一切满足

$$\sum_{j\in\mathscr{J}_\varepsilon}|r_{ij}^n(\lambda)-r_{ij}(\lambda)|<\frac{\varepsilon}{2}$$

的 n, 都满足不等式

$$\sum_{j\in\mathscr{J}_\varepsilon}r_{ij}^n(\lambda)\geqslant\frac{1}{\lambda}-\varepsilon$$

这意味着对充分大的 n, 有

$$\sum_{j\overline{\in}\mathscr{J}_\varepsilon}|r_{ij}^n(\lambda)|\leqslant\sum_{j\overline{\in}\mathscr{J}_\varepsilon}r_{ij}^n(\operatorname{Re}\lambda)\leqslant\frac{1}{\lambda}-\left(\frac{1}{\lambda}-\varepsilon\right)=\varepsilon$$

转移概率的可微性 假定函数 $p_{ij}(t)$ 在 0 点已补充定义为 $p_{ij}(0)=\delta_{ij}$. 我们研究 $p_{ij}(t)$ 在 0 点右导数的存在问题.

定理 1 总存在有限或无穷的极限

$$a_{ij}=\lim_{h\downarrow0}\frac{p_{ij}(h)-\delta_{ij}}{h}$$

如果 $i\neq j$, 则 a_{ij} 有限; a_{ii} 或有限或 $a_{ii}=-\infty$; 在所有情况下

$$\sum_{j\neq i}a_{ij}\leqslant-a_{ii}$$

证 设 $i=j$, 规定

$$s=\sup_{h>0}\frac{1-p_{ii}(h)}{h}$$

s 可等于 $+\infty$. 如 $c < s$ 而 $\dfrac{1-p_{ii}(t_0)}{t_0} > c$，则当

$$\frac{t_0}{n+1} \leqslant \tau < \frac{t_0}{n}$$

时，考虑到不等式 $p_{ii}(t+h) \geqslant p_{ii}(t)p_{ii}(h)$，我们有

$$c < \frac{1}{t_0}[1-[p_{ii}(\tau)]^n p_{ii}(t_0-n\tau)] < \frac{1-[p_{ii}(\tau)]^n}{n\tau} + \frac{1-p_{ii}(t_0-n\tau)}{t_0}$$

因此

$$c < \frac{n(1-p_{ii}(\tau))}{n\tau} + \frac{1-p_{ii}(t_0-n\tau)}{t_0} = \frac{1-p_{ii}(\tau)}{\tau} + \frac{1-p_{ii}(t_0-n\tau)}{t_0}$$

既然 $\lim\limits_{n\to\infty}(1-p_{ii}(t_0-n\tau))=0$，故对一切 $c<s$，可找 δ，使当 $\tau<\delta$ 时

$$c < \frac{1-p_{ii}(\tau)}{\tau} \leqslant s$$

由此可知

$$s = \lim_{\tau\downarrow 0}\frac{1-p_{ii}(\tau)}{\tau}$$

现设 $i \neq j$. 取 δ，使当 $0 < s \leqslant nh < \delta$ 时，$p_{ii}(s) > c$. 我们考虑取值于 $\mathscr{J}$，具有一步转移概率 $p_{kl}=p_{kl}(h)$ 的马尔科夫链 ξ_n. 这时

$$\begin{aligned}p_{ij}(nh) = P\{\xi_n=j \mid \xi_0=i\} \geqslant \\ \sum_{r=0}^{n-1} P\{\xi_1\neq j,\cdots,\xi_{r-1}\neq j,\xi_r=i \mid \xi_0=i\}p_{ij}\cdot \\ P\{\xi_n=j \mid \xi_{r+1}=j\} \geqslant \\ cp_{ij}\sum_{r=0}^{n-1}P\{\xi_1\neq j,\cdots,\xi_{r-1}\neq j,\xi_r=i \mid \xi_0=i\}\end{aligned}$$

但

$$\begin{aligned}&P\{\xi_1\neq j,\cdots,\xi_{r-1}\neq j,\xi_r=i \mid \xi_0=i\}= \\ &P\{\xi_r=i \mid \xi_0=i\}-\sum_{l<r}P\{\xi_1\neq j,\cdots,\xi_{l-1}\neq j,\xi_l=j \mid \xi_0=i\}\cdot \\ &P\{\xi_r=i \mid \xi_l=j\} \geqslant \\ &c-(1-c)\sum_{l<r}P\{\xi_1\neq j,\cdots,\xi_{l-1}\neq j,\xi_l=j\} \geqslant 2c-1\end{aligned}$$

因此

$$p_{ij}(nh) \geqslant c(2c-1)np_{ij}(h)$$

或对 $t<\delta$ 有

$$\frac{p_{ij}(t)}{t} \geqslant c(2c-1)p_{ij}\left(\frac{t}{n}\right)\frac{n}{t}$$

用 $\left[\dfrac{t}{\tau}\right]$ 表示 $\dfrac{t}{\tau}$ 的整数部分，此时有

$$\frac{p_{ij}(\tau)}{\tau}\leqslant\frac{1}{c(2c-1)}\frac{p_{ij}\left(\left[\frac{t}{\tau}\right]\cdot\tau\right)}{\left[\frac{t}{\tau}\right]\tau}$$

令 $\tau\to 0$,取极限,可得

$$\overline{\lim_{\tau\downarrow 0}}\frac{p_{ij}(\tau)}{\tau}\leqslant\frac{1}{c(2c-1)}\frac{p_{ij}(t)}{t}<\infty$$

因此

$$\overline{\lim_{\tau\downarrow 0}}\frac{p_{ij}(\tau)}{\tau}\leqslant\frac{1}{c(2c-1)}\underline{\lim_{t\downarrow 0}}\frac{p_{ij}(t)}{t}<\infty$$

由于 $t\downarrow 0$ 时,$p_{ii}(t)\to 1$,$p_{jj}(t)\to 1$,可知 c 可任意接近于 1,于是

$$\overline{\lim_{\tau\downarrow 0}}\frac{p_{ij}(\tau)}{\tau}\leqslant\underline{\lim_{t\downarrow 0}}\frac{p_{ij}(t)}{t}<\infty$$

由此可知,存在有限极限 a_{ij}.

因对一切不包含 i 的有限集 $\mathscr{J}_1\subset\mathscr{J}$ 有

$$\frac{1-p_{ii}(t)}{t}\geqslant\sum_{j\in\mathscr{J}_1}\frac{p_{ij}(t)}{t}$$

故 $-a_{ii}\geqslant\sum\limits_{j\in\mathscr{J}_1}a_{ij}$. 因此,$\sum\limits_{j\neq i}a_{ij}\leqslant -a_{ii}$. 定理证完.

我们可以根据 a_{ij} 将过程的状态分类. 如 $a_{ii}=-\infty$,称状态 i 为瞬时的,否则就称之为非瞬时的或者是逗留的. 称非瞬时状态 i 为规则的,如果满足关系式

$$\sum_{j\neq i}a_{ij}=-a_{ii}$$

否则,就称之为不规则的. 如过程的所有状态都是规则的,就称此过程为局部规则的.

如果状态 i 是非瞬时的,而过程是可分的(即有$[0,\infty)$ 上之处处稠密的可列集 Λ,使当 $t\in\Lambda\cap(\alpha,\beta)$ 时,由 $x(t)=i$ 可推出对一切 $t\in(\alpha,\beta)$,$x(t)=i$),必存在某随机区间$(0,\delta)$,使

$$P_i\{x(t)=i,t\in(0,\delta)\}=1$$

实际上,设 $0=t_{n0}<t_{n1}<\cdots<t_{nn}=t$,集列

$$\Lambda_n=\{t_{n0},t_{n1},\cdots,t_{nn}\}$$

单调增,且 $\bigcup\Lambda_n=[0,t]\cap\Lambda$,此时

$$P_i\{x(t)=i,t\in\Lambda\cap[0,t]\}=\lim_{n\to\infty}P\{x(t)=i,t\in\Lambda_n\}=$$

$$\lim_{n\to\infty}\prod_{k=0}^{n-1}p_{ii}(t_{n,k+1}-t_{nk})=$$

$$\exp\left\{-\lim_{n\to\infty}\sum_{k=0}^{n-1}\log p_{ii}(t_{n,k+1}-t_{nk})\right\}=e^{a_{ii}t}$$

这是因为 $\ln p_{ii}(t)=a_{ii}t+o(t)$. 这样一来，$\tau_i$ 为首次流出状态 i 的时刻，它有以 $-a_{ii}$ 为参数的指数分布.

状态 i 为瞬时状态时，$P\{\tau_i>0\}=0$.

显然，总有不等式

$$p_{ii}(t)\geqslant e^{a_{ii}t} \tag{2}$$

假定状态 i 是规则的. 此时，对任意 $h>0$ 与 $i\neq j$ 有

$$p_{ij}(t)=\sum_{0<r<\frac{t}{h}}[p_{ii}(h)]^{r-1}\sum_{k\neq i}p_{ik}(h)p_{kj}(t-rh)$$

（由 i 转移到 j 与下列事件之一同时出现：过程在时刻 $h,\cdots,rh-h$ 位于 i，而后于时刻 rh 转移到 $k\neq i$，又由 k 经时间 $t-rh$ 转移到 j.）注意到

$$\sum_{k\neq i}p_{ik}(h)p_{kj}(t-rh)=\sum_{k\neq i}a_{ik}hp_{kj}(t-rh)+\sum_{k\neq i}(p_{ik}(h)-a_{ik}h)p_{kj}(t-rh)=$$
$$h\sum_{k\neq i}a_{ik}p_{kj}(t-rh)+O\Big(h\sum_{k\neq i}\Big|\frac{p_{ik}(h)}{h}-a_{ik}\Big|\Big)$$

而对一切有穷集 $\mathscr{J}_1\subset\mathscr{J}$，$i\in\mathscr{J}_1$

$$\overline{\lim_{h\downarrow 0}}\sum_{k\neq i}\Big|\frac{p_{ik}(h)}{h}-a_{ik}\Big|\leqslant -a_{ii}+\sum_{k\in\mathscr{J}_1}a_{ik}+\overline{\lim_{h\downarrow 0}}\frac{1}{h}\Big(1-p_{ii}(h)-\sum_{k\in\mathscr{J}_1}p_{ik}(h)\Big)\leqslant$$
$$2\Big(-a_{ii}+\sum_{k\in\mathscr{J}_1}a_{ik}\Big)$$

因此

$$p_{ij}(t)=\sum_{1\leqslant r<\frac{t}{h}}(p_{ii}(h))^{r-1}h\sum_{k\neq i}a_{ik}p_{kj}(t-rh)+\frac{o(h)}{1-p_{ii}(h)}=$$
$$h\sum_{1\leqslant r<\frac{t}{h}}[e^{a_{ii}h}+o(h)]^{r-1}\sum_{k\neq i}a_{ik}p_{kj}(t-rh)+o(1)$$

令 $h\downarrow 0$，取极限，可得；$j\neq i$ 时

$$p_{ij}(t)=\int_0^t e^{a_{ii}s}\sum_{k\neq i}a_{ik}p_{kj}(t-s)\mathrm{d}s \tag{3}$$

引进记号 $a_{ii}=-\lambda_i$，$a_{ik}=\lambda_i\pi_{ik}$（当 $a_{ii}\neq 0$ 时）. 于是

$$\sum_{k\neq i}\pi_{ik}=1$$

(3) 可改写为

$$p_{ij}(t)=\int_0^t\lambda_i e^{-\lambda_i s}\sum_{k\neq i}\pi_{ik}p_{kj}(t-s)\mathrm{d}s \tag{4}$$

由于 $\lambda_i e^{-\lambda_i s}$ 是随机变量 τ_i 的分布密度，上式可解释为：为由 i 经时间 t 转移到 j，只需在某时刻 s 首次离开 i，在该时刻由 i 转移到 k，而后经时间 $t-s$ 再从 k 转移到 j. 这样，π_{ik} 自然解释为过程在流出状态 i 的时刻转移到状态 k 的概率. 可以证明，当状态 k 是非瞬时状态时，这也同样正确. 与式(4) 类似，可得等式

$$p_{ii}(t)=\mathrm{e}^{-\lambda_i t}+\int_0^t \lambda_i \mathrm{e}^{-\lambda_i s}\sum_{k\neq i}\pi_{ik}p_{ki}(t-s)\mathrm{d}s \tag{5}$$

从(4)和(5),对 t 微分(代换 $s=t-u$ 后),我们得到

$$\frac{\mathrm{d}}{\mathrm{d}t}p_{ij}(t)=\lambda_i\sum_{k\neq i}\pi_{ik}p_{kj}(t)-\lambda_i^2\int_0^t \mathrm{e}^{-\lambda_i(t-s)}\sum_{k\neq i}\pi_{ik}p_{kj}(s)\mathrm{d}s=$$

$$-\lambda_i p_{ij}(t)+\sum_{k\neq i}\lambda_i\pi_{ik}p_{kj}(t)\quad(i\neq j) \tag{6}$$

$$\frac{\mathrm{d}}{\mathrm{d}t}p_{ii}(t)=-\lambda_i\mathrm{e}^{\lambda_i t}+\lambda_i\sum_{k\neq i}\pi_{ik}p_{ki}(t)-\lambda_i\int_0^t\lambda_i\mathrm{e}^{-\lambda_i(t-s)}\sum_{k\neq i}\pi_{ik}p_{ki}(s)\mathrm{d}s=$$

$$-\lambda_i p_{ii}(t)+\lambda_i\sum_{k\neq i}\pi_{ik}p_{ki}(t) \tag{7}$$

回忆 a_{ij} 与 λ_i,π_{ij} 之间的关系,(6)与(7)可统一成一个方程

$$\frac{\mathrm{d}}{\mathrm{d}t}p_{ij}(t)=\sum_k a_{ik}p_{kj}(t)\quad(j\in\mathscr{I}) \tag{8}$$

此方程称为 Колмогоров 向后方程,如果它对一切 $i\in\mathscr{I}$ 成立的话.当过程为局部规则过程时,确实如此.

我们指出,对有穷集 $\mathscr{I}$,过程的一切状态都是规则的,实际上

$$\frac{p_{ii}(h)-1}{h}=-\sum_{k\neq i}\frac{p_{ik}(h)}{h}$$

且由于上式右边是有穷和,并且每一被加项的极限都是有穷的,可见 $a_{ii}>-\infty$.在有穷和中取极限,可得

$$a_{ii}=-\sum_{k\neq i}a_{ik}$$

除 Коломогоров 向后方程外,局部规则过程的转移概率还满足 Коломогоров 向前方程.

引理 3 如果过程的一切状态都是非瞬时的,而且 a_{ii} 有界,则过程是局部规则的,并且其转移概率满足方程组

$$\frac{\mathrm{d}}{\mathrm{d}t}p_{ij}(t)=\sum_k p_{jk}(t)a_{kj} \tag{9}$$

称(9)为 Колмогоров 向前方程

证 当 $h>0$ 时

$$\frac{p_{ij}(t+h)-p_{ij}(t)}{h}=\sum_k p_{ik}(t)\frac{p_{kj}(h)-\delta_{kj}}{h} \tag{10}$$

因为

$$\left|\frac{p_{kj}(h)-\delta_{kj}}{h}\right|\leqslant\frac{1-p_{kk}(h)}{h}\leqslant -a_{kk}$$

(最后的不等式从定理1证明中得到),故(10)右边当 $h\downarrow 0$ 时可逐项取极限.我们有

$$\frac{\mathrm{d}^+ p_{ij}(t)}{\mathrm{d}t} = \sum_k p_{ik}(t) a_{kj}$$

其中$\frac{\mathrm{d}^+}{\mathrm{d}t}$表示右导数. 既然 $p_{ij}(t)$ 的右导数连续，而且函数本身也连续，故由右导数的存在性可推得导数存在且就等于右导数. 因而，(9) 成立.

由(9) 可得

$$p_{ij}(t) = \delta_{ij} + \int_0^t p_{ij}(t) a_{jj}\,\mathrm{d}t + \int_0^t \sum_{k\neq j} p_{ik}(t) a_{kj}\,\mathrm{d}t$$

将此式对 j 求和，得

$$\begin{aligned}1 = 1 + \sum_j \int_0^t p_{ij}(t) a_{jj}\,\mathrm{d}t + \sum_j \int_0^t \sum_{k\neq j} p_{ik}(t) a_{kj}\,\mathrm{d}t = \\ 1 + \int_0^t \Big(\sum_k p_{ik}(t) a_{kk} + \sum_k p_{ik}(t) \sum_{j\neq k} a_{kj}\Big)\,\mathrm{d}t = \\ 1 + \int_0^t \sum_k p_{ik}(t) \sum_j a_{kj}\,\mathrm{d}t\end{aligned}$$

(之所以能像改变两次求和的次序那样改变积分与求和之次序，是由于积分号下的每个和中，被加项都是同号的). 因此

$$\int_0^t \sum_k p_{ik}(t) \sum_j a_{kj}\,\mathrm{d}t = 0$$

因为 $p_{ik}(t) \geqslant 0$ 及 $\sum_j a_{kj} \leqslant 0$，故由函数 $\sum_k p_{ik}(t) \sum_j a_{kj}$ 的连续性，知它等于 0. 令 $t \downarrow 0$，取极限得

$$\sum_j a_{ij} = 0$$

这对一切 i 都正确. 所以过程的一切状态都是规则的. 引理证毕.

定理 2 设 $i,j \in \mathscr{J}$ 时，数 a_{ij} 满足条件：1) $a_{ij} \geqslant 0$，如 $i \neq j$，2) $a_{ii} \leqslant 0$，3) $\sum_j a_{ij} = 0$，4) $\sup_i |a_{ii}| < \infty$. 此时，方程(8) 有唯一有界解，而方程(9) 有唯一满足条件

$$\sum_k |p_{ik}(t)| < \infty$$

初始条件为 $p_{ik}(+0) = \delta_{ik}$ 的解. 这些解是转移概率，即满足条件 a) ～ d).

证 先考虑方程(8). 设 $\boldsymbol{A}$ 为元 a_{ij} 组成的矩阵. 我们考虑有界序列 $f(j)$，$j \in \mathscr{J}$，组成的集 $\mathscr{C}_{\mathscr{J}}$. 设 $\|f\| = \sup_j \{f(j)\}$，则 $\mathscr{C}_{\mathscr{J}}$ 成为 Banach 空间. 在 $\mathscr{C}_{\mathscr{J}}$ 上定义算子 $\boldsymbol{A}$：$\boldsymbol{A}f(j) = \sum a_{ji} f(i)$. 此算子有界，这因为

$$\|\boldsymbol{A}\| = \sup_{j,\|f\|\leqslant 1} \Big|\sum_i a_{ji} f(i)\Big| \leqslant \sup_j \sum_i |a_{ji}| = \sup_j 2|a_{jj}|$$

记 $p_{ij}(t) = f_t(j)$，对 f_t，由(8) 可得方程

$$\frac{\mathrm{d}}{\mathrm{d}t} f_t = \boldsymbol{A} f_t$$

设 $u_t = \mathrm{e}^{-t\boldsymbol{A}} f_t$. 对固定的 t，u_t 属于 $\mathscr{C}_{\mathscr{I}}$，这是由于从算子 $\boldsymbol{A}$ 的有界性可知算子 $\mathrm{e}^{-t\boldsymbol{A}}$ 也有界；此时 $\| \mathrm{e}^{-t\boldsymbol{A}} \| \leqslant \mathrm{e}^{t\|\boldsymbol{A}\|}$. 因为

$$\frac{\mathrm{d}}{\mathrm{d}t} u_t = \mathrm{e}^{-t\boldsymbol{A}} \frac{\mathrm{d}}{\mathrm{d}t} f_t - \mathrm{e}^{-t\boldsymbol{A}} \boldsymbol{A} f_t = \mathrm{e}^{-t\boldsymbol{A}} \left(\frac{\mathrm{d}}{\mathrm{d}t} f_t - \boldsymbol{A} f_t \right) = 0$$

所以 $u_t = u_0 = f_0$. 故 $f_t = \mathrm{e}^{t\boldsymbol{A}} f_0$. 方程(8) 之有界解的存在性与唯一性得证.

注意到 $f_0(j) = \delta_{ij}$，故用 $\boldsymbol{P}_t$ 记 $p_{ij}(t)$ 组成之矩阵，有

$$\boldsymbol{P}_t = \mathrm{e}^{t\boldsymbol{A}} \boldsymbol{E} = \mathrm{e}^{t\boldsymbol{A}}$$

其中 $\boldsymbol{E}$ 为单位矩阵. 为证明 $\boldsymbol{P}_t$ 是转移概率，我们先指出

$$\boldsymbol{P}_t 1(\cdot) = 1(\cdot)$$

这里 $1(\cdot)$ 表示 $\mathscr{C}_{\mathscr{I}}$ 中每个元都等于 1 的序列. 这可由

$$\boldsymbol{A} 1(\cdot) = 0$$

与微分方程 $\frac{\mathrm{d}}{\mathrm{d}t} 1(\cdot) = \boldsymbol{A} 1(\cdot)$ 的解的唯一性得到. 因为

$$\boldsymbol{P}_{t+\tau} = \boldsymbol{P}_t \boldsymbol{P}_\tau$$

剩下的只要证明 $p_{ij}(t) \geqslant 0$. 记 $m_j(t) = \inf\limits_{i,s \leqslant t} p_{ij}(s)$. 此时由(8) 可得

$$\frac{\mathrm{d}}{\mathrm{d}t} [p_{ij}(t) \mathrm{e}^{-a_{ii} t}] = \sum_{k \neq i} a_{ik} p_{kj}(t) \mathrm{e}^{-a_{ii} t} \geqslant - a_{ii} m_j(t) \mathrm{e}^{-a_{ii} t}$$

所以

$$p_{ij}(t) \mathrm{e}^{-a_{ii} t} \geqslant \delta_{ij} - \int_0^t a_{ii} m_j(s) \mathrm{e}^{-a_{ii} s} \mathrm{d}s \geqslant \delta_{ij} + m_j(t) [\mathrm{e}^{-a_{ii} t} - 1]$$

$$p_{ij}(t) \geqslant m_j(t)(1 - \mathrm{e}^{a_{ii} t})$$

取 i，使 $p_{ij} t \leqslant m_j(t) + \varepsilon$，我们有

$$m_j(t) + \varepsilon \geqslant m_j(t)(1 - \mathrm{e}^{a_{ii} t}), m_j(t) \geqslant - \varepsilon \mathrm{e}^{-a_{ii} t}$$

由 a_{ii} 的有界性与 $\varepsilon > 0$ 的任意性，可得 $m_j(t) \geqslant 0$.

方程(9) 的解的存在性可由关系式

$$\frac{\mathrm{d}}{\mathrm{d}t} \boldsymbol{P}_t = \mathrm{e}^{t\boldsymbol{A}} \boldsymbol{A} = \boldsymbol{P}_t \boldsymbol{A}$$

得到，其中 $\boldsymbol{P}_t = \mathrm{e}^{t\boldsymbol{A}}$. 解的唯一性由以下事实推出：方程(9) 的满足零初始条件和 $\sum\limits_k | p_k(t) | < \infty$ 的任意解 $p_k(t)$，都有

$$\sum_k | p_k(t) | \leqslant \| \boldsymbol{A} \| \int_0^t \sum_k | p_k(s) | \mathrm{d}s$$

$$\sum_k | p_k(t) | = 0$$

定理全部证完.

注　如上面指出的，对局部规则过程，$\lambda_k=-a_{kk}$ 和

$$\pi_{ki}=\frac{1}{\lambda_k}a_{ki}$$

分别表示过程本身首次跑出状态 k 的时刻的指数分布的参数，以及跑出状态 k 时立即落入状态 i 的概率. 因此，如 λ_i 有界，则这些量唯一确定过程的转移概率. 这一事实下面还要用到.

用 Laplace 变换于 Колмогоров 向后方程，可知，在定理 2 的条件下，过程的预解式的元满足下面两个方程组

$$\lambda r_{kj}(\lambda)=\sum_i a_{ki}r_{ij}(\lambda)+\delta_{kj} \tag{11}$$

$$\lambda r_{kj}(\lambda)=\sum_i r_{ki}(\lambda)a_{ij}+\delta_{kj} \tag{12}$$

并且它们有满足 1) 与 2) 的唯一解.

利用 Колмогоров 向后方程，可得 $p_{ii}(t)$ 的一个上界. 首先，我们指出，当 $k\neq i$ 时

$$\frac{\mathrm{d}}{\mathrm{d}t}p_{ki}(t)\leqslant a_{kk}p_{ki}(t)+\sum_{j\neq k}a_{kj}=a_{kk}p_{ki}(t)-a_{kk}$$

由此可知

$$\frac{\mathrm{d}}{\mathrm{d}t}(p_{ki}(t)\mathrm{e}^{-a_{kk}t})\leqslant -a_{kk}\mathrm{e}^{-a_{kk}t}$$

从而有

$$p_{ki}(t)\leqslant 1-\mathrm{e}^{a_{kk}t}$$

将此不等式代入关于 $p_{kk}(t)$ 的微分方程，可得

$$\frac{\mathrm{d}}{\mathrm{d}t}p_{kk}(t)\leqslant a_{kk}p_{kk}(t)-a_{kk}[1-\mathrm{e}^{a_{kk}t}]$$

因此

$$p_{kk}(t)\leqslant 1+ta_{kk}\mathrm{e}^{a_{kk}t}$$

用 Laplace 变换于最后的不等式，可得关于 $r_{kk}(\lambda)$ 的不等式

$$r_{kk}(\lambda)\leqslant\frac{1}{\lambda}+\frac{a_{kk}}{(\lambda-a_{kk})^2} \tag{13}$$

不规则过程的例　我们构造一些例，说明当 $\mathscr{I}$ 无限时，过程可含有瞬时、或非瞬时的不规则状态.

例 1　构造过程，它有一个瞬时状态，其余都是规则状态，设 $\mathscr{I}=\{1,2,\cdots\}$，$\gamma_n\downarrow 0,n>1$，使 $\sum_n\gamma_n<\infty$，而 $a_n>0$ 使 $\sum_{n=1}^{\infty}a_n=+\infty$. 记 $\mathscr{I}_n=\{1,\cdots,n\}$，且按下面方法定义 $\mathscr{I}_n$ 上的过程 $x_n(t)$：过程由状态 $k(1<k<n)$ 转移到 $k+1$ 时，在 k 持续时间有以 $\frac{1}{\gamma_k}$ 为参数的指数分布；由点 n 转移到点 1 时，在 n 持续时间有以

$\frac{1}{\gamma_n}$为参数的指数分布；在点1过程持续时间有以$\sum\limits_{k=2}^{n}a_k$为参数的指数分布，而以概率$a_k(\sum\limits_{j=2}^{n}a_j)^{-1}$离开该点后落入点$k$，$1<k\leqslant n$. 过程可被这些量唯一确定(见定理2系).

为确定过程的预解式，引进离开初始状态后，首次落入状态1的时刻η. 这时，如$i\neq 1$或$j\neq 1$，则

$$P\{x_n(t)=i \mid x_n(0)=j\}=P\{x_n(t)=i,\eta>t \mid x_n(0)=j\}+\int_0^t P\{\eta\in \mathrm{d}s \mid x_n(0)=j\} P\{x_n(t-s)=i \mid x_n(0)=1\}$$

而

$$P\{x_n(t)=1 \mid x_n(0)=1\}=\exp\left\{-t\sum_{k=2}^{n}a_k\right\}+\int_0^t P\{\eta\in \mathrm{d}s \mid x_n(0)=1\}\cdot P\{x_n(t-s)=1 \mid x_n(0)=1\}$$

将这些式子乘以$\mathrm{e}^{-\lambda t}$并由0到∞积分之，得

$$r_{ij}^{(n)}(\lambda)=\int_0^\infty P\{x_n(t)=i,\eta>t \mid x_n(0)=j\}\mathrm{e}^{-\lambda t}\,\mathrm{d}t+E(\mathrm{e}^{-\lambda\eta} \mid x_n(0)=j)r_{1j}^{(n)}(\lambda)$$

如果$i\neq 1$或$j\neq 1$，而

$$r_{11}^{(n)}(\lambda)=\frac{1}{\lambda+\sum\limits_{k=2}^{n}a_k}+E(\mathrm{e}^{-\lambda\eta} \mid x_n(0)=1)r_{11}^{(n)}(\lambda)$$

其中$r_{ij}^{(n)}(\lambda)$表示过程$x_n(t)$的预解式的元. 设$q_n(\lambda)$为于状态k逗留时间的Laplace变换

$$q_k(\lambda)=\frac{1}{1+\gamma_k\lambda}$$

这时

$$E(\mathrm{e}^{-\lambda\eta} \mid x_n(0)=1)=\frac{\sum\limits_2^n a_k}{\lambda+\sum\limits_2^n a_k}\sum_{k=2}^{n}\frac{a_k}{\sum\limits_2^n a_k}\prod_{j=k}^{n}q_j(\lambda)=\sum_{k=2}^{n}\frac{a_k}{\lambda+\sum\limits_2^n a_k}\prod_{j=k}^{n}q_j(\lambda)$$

由于

$$P\{x_n(t)=j,\eta>t \mid x_n(0)=1\}=$$

$$\int_0^t \exp\{-s\sum_2^n a_i\}\sum_{k=2}^j a_k P\{x_n(t-s)=j,\eta>t-s \mid x_n(0)=k\}$$

而且函数 $P\{x_n(t)=j,\eta>t \mid x_n(0)=k\}$ 当 $1<k\leqslant j$ 时不依赖于 n，故用 $q_{kj}(\lambda)$ 表示其 Laplace 变换，可得

$$\int_0^\infty P\{x_n(t)=j,\eta>t \mid x_n(0)=1\}e^{-\lambda t}dt=\sum_{k=2}^j \frac{a_k q_{kj}(\lambda)}{\lambda+\sum_2^n a_i}$$

现于 $r_{ij}^{(n)}(\lambda)$ 的表达式中令 $i=1$，我们有

$$r_{11}^{(n)}(\lambda)=\left[\lambda+\sum_{k=2}^n a_k\left(1-\prod_{j=k}^n q_j(\lambda)\right)\right]^{-1}$$

$$r_{1j}^{(n)}(\lambda)=r_{11}^{(n)}(\lambda)\sum_{k=2}^j a_k q_{kj}(\lambda)$$

如 $i\neq 1$，则当 $j<i$ 时，有

$$P\{x_n(t)=j,\eta>t \mid x_n(0)=i\}=0$$

当 $i<j$ 时，令 $q_{ij}(\lambda)=0$，可得

$$r_{ij}^{(n)}(\lambda)=q_{ij}(\lambda)+\left(\prod_{k=i}^n q_k(\lambda)\right)r_{1j}^{(n)}(\lambda)$$

不难看出

$$\left|1-\prod_{j=k}^n q_j(\lambda)\right|\leqslant\lambda\sum_{j=k}^n \gamma_k$$

如果 $\sum_{k=2}^\infty a_k\sum_{j=k}^\infty \gamma_j<\infty$，则存在极限

$$r_{11}(\lambda)=\left[\lambda+\sum_{k=2}^\infty a_k\left(1-\prod_{j=k}^\infty q_j(\lambda)\right)\right]^{-1}$$

$$r_{1j}(\lambda)=\sum_{k=2}^j a_k q_{kj}(\lambda)\left(\lambda+\sum_{k=2}^\infty a_k\left(1-\prod_{i=k}^\infty q_i(\lambda)\right)\right)^{-1}\quad (j>1)$$

$$r_{ij}(\lambda)=q_{ij}(\lambda)+\left(\prod_{k=i}^\infty q_k(\lambda)\right)r_{1j}(\lambda)\quad (i>1)$$

由于 $P\{x_n(t)=i,\eta>t \mid x_n(0)=k\}$ 当 $1<k\leqslant i$ 时与

$$P\left\{\sum_{j=i}^{k-1}\tau_j\leqslant t\leqslant\sum_{j=i}^k\tau_j\right\}=P\left\{\sum_{j=i}^{k-1}\tau_j\leqslant t\right\}-P\left\{\sum_{j=i}^k\tau_j\leqslant t\right\}$$

（其中 τ_j，$j\geqslant 2$，为相互独立的、以 $\frac{1}{\gamma_j}$ 为参数的指数分布的量）相同，所以

$$q_{ki}(\lambda)=\frac{1}{\lambda}\left(\prod_{j=i}^{k-1}q_j(\lambda)\right)(1-q_k(\lambda))\quad \left(\prod_{j=i}^{i-1}=1\right)$$

利用这一事实，我们得到，当 $i\neq 1$ 时，有

$$\sum_{j} r_{ij}(\lambda)=\frac{1}{\lambda}, \lim_{\lambda \to \infty} \lambda r_{ij}(\lambda)=\delta_{ij}$$

余下的是验证关系式

$$\lim_{\lambda \to +\infty} \lambda\left[\lambda+\sum_{k=2}^{\infty} a_k\left(1-\prod_{j=k}^{\infty} q_j(\lambda)\right)\right]^{-1}=1$$

它可由不等式

$$1 \geqslant \lambda\left[\lambda+\sum_{k=2}^{\infty} a_k\left(1-\prod_{j=k}^{\infty} q_j(\lambda)\right)\right]^{-1} \geqslant$$

$$\lambda\left[\lambda+\sum_{k=2}^{N} a_k+\lambda \sum_{k=N+1}^{\infty} a_k \sum_{j=k}^{\infty} \gamma_j\right]^{-1}$$

推出，这因为上式右边趋近于表达式

$$\left[1+\sum_{k=N+1}^{\infty} a_k \sum_{j=k}^{\infty} \gamma_j\right]^{-1}$$

而由 $\sum_{k=2}^{\infty} a_k \sum_{j=k}^{\infty} \gamma_j$ 的收敛性和 N 的任意性，此式可以任意趋近于 1. 因此根据引理 2 及其附注，矩阵 $\boldsymbol{R}(\lambda)=(r_{ij}(\lambda))$ 是某一随机连续过程的预解式. 状态 1 是该过程的瞬时状态，因为

$$a_{11}=\lim_{h \downarrow 0} \frac{p_{11}(h)-1}{h}=\lim_{\lambda \to +\infty} \lambda[\lambda r_{11}(\lambda)-1]=$$

$$-\lim_{\lambda \to +\infty} \lambda \frac{\sum_{k=2}^{\infty} a_k\left(1-\prod_{j=k}^{\infty} q_j(\lambda)\right)}{\lambda+\sum_{k=2}^{\infty} a_k\left(1-\prod_{j=k}^{\infty} q_j(\lambda)\right)}=$$

$$-\sum_{k=2}^{\infty} a_k=-\infty$$

例 2 构造只由不规则但非瞬时状态组成的过程. 取直线上全体有理点集 R 作为状态集，对一切 $r \in R$，设 η_r 为有参数 $\frac{1}{\gamma_r}$ 的指数分布的量，此外，对任意 n

$$\sum_{r<n} \gamma_r<\infty, \text{而} \sum \gamma_r=+\infty$$

假定诸 η_r 相互独立. 对 $r \in R, s \in R$，我们按如下方法确定转移概率 $p_{rs}(t)$：$p_{rr}(t)=P\{\eta_r>t\}$；$s<r$ 时，$p_{rs}(t)=0$；$s>r$ 时，有

$$p_{rs}(t)=P\left\{\sum_{r \leqslant \alpha<s} \eta_\alpha<t<\sum_{r \leqslant \alpha \leqslant s} \eta_\alpha\right\}$$

容易证明，函数 $p_{rs}(t)$ 满足条件 a) 与 b). 其 Колмогоров－Chapman 方程可由等式

$$P\left\{\sum_{r \leqslant \alpha<s} \eta_\alpha<t+h<\sum_{r \leqslant \alpha \leqslant s} \eta_\alpha\right\}=\sum_{r \leqslant \beta \leqslant s} P\left\{\sum_{r \leqslant \alpha<\beta} \eta_\alpha<t<\sum_{r \leqslant \alpha \leqslant \beta} \eta_\alpha\right\} \cdot$$

$$P\{\sum_{\beta\leqslant\alpha<s}\eta_\alpha<h<\sum_{\beta\leqslant\alpha\leqslant s}\eta_\alpha\}$$

推出，而随机连续性可由关系式

$$\lim_{t\downarrow 0}p_{rr}(t)=\lim_{t\downarrow 0}P\{\eta_r>t\}=P\{\eta_r>0\}=1$$

得到. 进而还有

$$\lim_{t\downarrow 0}\frac{1-p_{rr}(t)}{t}=\lim_{t\downarrow 0}\frac{1}{t}P\{\eta_r\leqslant t\}=\frac{1}{\gamma_r}$$

当 $r<s$ 时

$$\lim_{t\downarrow 0}\frac{p_{rs}(t)}{t}\leqslant\lim_{t\downarrow 0}\frac{1}{t}P\{\sum_{r\leqslant\alpha<s}\eta_\alpha\leqslant t\}=0$$

这因为 $\sum\limits_{r\leqslant\alpha<s}\eta_\alpha$ 在 0 点的密度等于 0，这样一来，过程的一切状态即使是非瞬时的，也都是不规则的.

例 3 构造一个所有的状态都是瞬时状态的过程. 设 $\mathscr{X}$ 是一切二进位有理点的集合，$\mathscr{X}_m$ 是形如$\frac{k}{2^m}$，$k=0,\pm1,\pm2,\cdots$，的点的集合. 对一切 $\alpha\in\mathscr{X}$，定义数 λ_α，使$\sum\lambda_\alpha^{-1}<\infty$. 我们在 $\mathscr{X}_m$ 上定义过程 $x_m(t)$：它首次离开状态 α 以前的时间有参数为 $2^m\lambda_\alpha$ 的指数分布，离开状态 α 后以概率$\frac{1}{2}$ 转移到状态 $\alpha\pm\frac{1}{2^m}$ 之一中去. 这样，对过程 $x_m(t)$，系数 $a_{\alpha\beta}^{(m)}$ 可如通常的过程的系数 a_{kj} 同样地确定，形如

$$a_{\alpha\alpha}^{(m)}=-2^m\lambda_\alpha,\ a_{\alpha,\alpha\pm\frac{1}{2^m}}^{(m)}=2^{m-1}\lambda_\alpha$$

$$a_{\alpha\beta}^{(m)}=0,\ |\alpha-\beta|>\frac{1}{2^m}$$

由(11)，过程 $x_m(t)$ 的预解式的元 $r_{\alpha\beta}^{(m)}(\lambda)$ 满足方程组

$$\lambda r_{\alpha\beta}^{(m)}(\lambda)=2^{m-1}\lambda_\alpha[r_{\alpha-\frac{1}{2^m},\beta}^{(m)}(\lambda)-2r_{\alpha\beta}^{(m)}(\lambda)+r_{\alpha+\frac{1}{2^m},\beta}^{(m)}(\lambda)]+\delta_{\alpha\beta}\tag{14}$$

从而被唯一确定. 仍设 $\alpha,\beta\in\mathscr{X}_m$，利用(14) 可得

$$\lambda r_{\alpha\beta}^{(m+1)}(\lambda)=2^{m-1}\lambda_\alpha[r_{\alpha-\frac{1}{2^m},\beta}^{(m+1)}(\lambda)-2r_{\alpha\beta}^{(m+1)}(\lambda)+r_{\alpha+\frac{1}{2^m},\beta}^{(m+1)}(\lambda)+v_{\alpha\beta}^{(m)}]\tag{15}$$

其中

$$v_{\alpha\beta}^{(m)}=-\frac{\lambda}{2}\Big[\frac{1}{\lambda+2^{m+1}\lambda_{\alpha-\frac{1}{2^{m+1}}}}(r_{\alpha-\frac{1}{2^m},\beta}^{(m+1)}(\lambda)+r_{\alpha\beta}^{(m+1)}(\lambda))+\frac{1}{\lambda+2^{m+1}\lambda_{\alpha+\frac{1}{2^{m+1}}}}(r_{\alpha\beta}^{(m+1)}(\lambda)+r_{\alpha+\frac{1}{2^m},\beta}^{(m+1)}(\lambda))\Big]$$

$$|v_{\alpha\beta}^{(m)}|\leqslant\frac{c}{2^{m+1}}\left(\frac{1}{\lambda_{\alpha-\frac{1}{2^{m+1}}}}+\frac{1}{\lambda_{\alpha+\frac{1}{2^{m+1}}}}\right)$$

这里，c 是常数.

如果对一切 $\alpha \in \mathscr{X}_m$，序列 u_α 满足关系式

$$\lambda u_\alpha = \gamma_\alpha (u_{\alpha-\frac{1}{2^m}} - 2u_\alpha + u_{\alpha+\frac{1}{2^m}}) + v_\alpha$$

又序列 $u_\alpha, \gamma_\alpha, v_\alpha$ 有界，则

$$\sup_\alpha |u_\alpha| \leqslant \frac{1}{\lambda} \sup_\alpha |v_\alpha| \tag{16}$$

事实上，如 $\sup\limits_\alpha u_\alpha = u$，而 $u - u_\beta < \varepsilon$，那么

$$\lambda u_\beta \leqslant \gamma_\beta (2u - 2u_\beta) + v_\beta \leqslant v_\beta + 2\varepsilon\gamma_\beta$$

因此，由 $\varepsilon > 0$ 的任意性，$\lambda u \leqslant \sup\limits_\beta v_\beta$.

类似的估计对量 $\sup\limits_\alpha(-u_\alpha)$ 也成立

$$\lambda \sup_\alpha(-u_\alpha) \leqslant \sup_\alpha(-v_\alpha)$$

由这两个不等式即可导出(16). 从(14) 减去(15) 并利用估计式(16)，我们得到

$$|r_{\alpha\beta}^{(m)}(\lambda) - r_{\alpha\beta}^{(m+1)}(\lambda)| \leqslant \frac{c}{2}\lambda_\alpha \left(\frac{1}{\lambda_{\alpha-\frac{1}{2^{m+1}}}} + \frac{1}{\lambda_{\alpha+\frac{1}{2^{m+1}}}}\right)$$

类似地

$$|r_{\alpha\beta}^{(m+1)}(\lambda) - r_{\alpha\beta}^{(m+2)}(\lambda)| \leqslant \frac{c}{2}\lambda_\alpha \left(\frac{1}{\lambda_{\alpha-\frac{1}{2^{m+2}}}} + \frac{1}{\lambda_{\alpha+\frac{1}{2^{m+2}}}}\right)$$

$$|r_{\alpha\beta}^{(m+k-1)}(\lambda) - r_{\alpha\beta}^{(m+k)}(\lambda)| \leqslant \frac{c}{2}\lambda_\alpha \left(\frac{1}{\lambda_{\alpha-\frac{1}{2^{m+k}}}} + \frac{1}{\lambda_{\alpha+\frac{1}{2^{m+k}}}}\right)$$

所以有

$$|r_{\alpha\beta}^{(m)} - r_{\alpha\beta}^{(m+k)}| \leqslant \frac{\lambda_\alpha c}{2} \sum_{i=1}^{k} \left[(\lambda_{\alpha-\frac{1}{2^{m+i}}})^{-1} + (\lambda_{\alpha+\frac{1}{2^{m+i}}})^{-1}\right]$$

并由此知对一切 α, β 存在极限

$$r_{\alpha\beta}(\lambda) = \lim_{m\to\infty} r_{\alpha\beta}^{(m)}(\lambda)$$

因(14) 和(15) 允许按 β 求和，故根据不等式

$$\sum_\beta |v_{\alpha\beta}^{(m)}| \leqslant \frac{c_1}{2^{m+1}}\left(\frac{1}{\lambda_{\alpha-\frac{1}{2^m}}} + \frac{1}{\lambda_{\alpha+\frac{1}{2^m}}}\right)$$

可证明

$$\sum_{\beta\in\mathscr{X}_m} |r_{\alpha\beta}^{(n)}(\lambda) - r_{\alpha\beta}^{(m+k)}(\lambda)| \leqslant \frac{c_1\lambda_\alpha}{2} \sum_{i=1}^{k} \left[(\lambda_{\alpha-\frac{1}{2^{m+i}}})^{-1} + (\lambda_{\alpha+\frac{1}{2^{m+i}}})^{-1}\right]$$

因此，级数 $\sum\limits_\beta r_{\alpha\beta}^{(m)}(\lambda)$ 关于 m 一致收敛. 最后，由于对一切 α, β 和 n，$\lambda r_{\alpha\beta}^{(n)}(\lambda) \leqslant 1$，有

$$|\lambda r_{\alpha\alpha}^{(m)}(\lambda) - \lambda r_{\alpha\alpha}^{(m+1)}(\lambda)| \leqslant 2^{m-1}\lambda_\alpha \sup_{\beta\in\mathscr{X}_{m+1}} |v_{\beta\alpha}^{(m)}| \leqslant c_2\lambda_\alpha\left[(\lambda_{\alpha-\frac{1}{2^{m+1}}})^{-1} + (\lambda_{\alpha+\frac{1}{2^{m+1}}})^{-1}\right]$$

所以，对一切 $\lambda > 0$，一致地有 $\lambda r_{\alpha\alpha}^{(m)}(\lambda) \to \lambda r_{\alpha\alpha}(\lambda)$，又因为

$$\lim_{\lambda\to+\infty}\lambda r_{\alpha\alpha}^{(m)}(\lambda)=1$$

故

$$\lim_{\lambda\to+\infty}\lambda r_{\alpha\alpha}(\lambda)=1$$

这就是说，引理2的条件全部满足，并且以 $r_{\alpha\beta}(\lambda)$ 为元的矩阵 $\boldsymbol{R}(\lambda)$（我们假定 $\alpha\in\mathscr{X}$ 已排好某一次序）是相空间 $\mathscr{X}$ 中某马尔科夫过程的预解式.

下面指出，以 $\boldsymbol{R}(\lambda)$ 为预解式的过程的所有状态 α 都是瞬时的. 设 $p_{\alpha\beta}(t)$ 为该过程的转移概率. 如果

$$a_{\alpha\alpha}=\lim_{t\downarrow 0}\frac{p_{\alpha\alpha}(t)-1}{t}>-\infty$$

则由(2)

$$r_{\alpha\alpha}(\lambda)\geqslant\frac{1}{\lambda-a_{\alpha\alpha}}=\int_0^{\infty}\mathrm{e}^{-\lambda t+a_{\alpha\alpha}t}\,\mathrm{d}t$$

利用不等式(13)，得估计式

$$r_{\alpha\alpha}^{(m)}(\lambda)\leqslant\frac{1}{\lambda}-\frac{\lambda_\alpha 2^m}{(\lambda+\lambda_\alpha 2^m)^2}$$

因 $\lambda r_{\alpha\alpha}^{(m)}(\lambda)\to\lambda r_{\alpha\alpha}(\lambda)$ 关于 m 一致地成立，故对任意 $\varepsilon>0$，当 m 充分大时

$$\frac{1}{\lambda-a_{\alpha\alpha}}\leqslant\frac{1+\varepsilon}{\lambda}-\frac{\lambda_\alpha 2^m}{(\lambda+\lambda_\alpha 2^m)^2}$$

取 $\lambda=\lambda_\alpha 2^m$，我们有

$$\frac{1}{\lambda_\alpha 2^m-a_{\alpha\alpha}}\leqslant\frac{1+\varepsilon}{\lambda_\alpha 2^m}-\frac{1}{4}\frac{1}{\lambda_\alpha 2^m}=\left(\frac{3}{4}+\varepsilon\right)\frac{1}{\lambda_\alpha 2^m}$$

亦即

$$\left(\frac{1}{4}-\varepsilon\right)\lambda_\alpha 2^m\leqslant-\left(\frac{3}{4}+\varepsilon\right)a_{\alpha\alpha}$$

这与 $a_{\alpha\alpha}>-\infty$ 矛盾. 过程之状态的瞬时性证完.

规则过程 设相空间 $\mathscr{I}$ 中的过程 $x(t)$ 是局部规则过程. 如前面一样，记 $-a_{ii}=\lambda_i$，$a_{ik}=\lambda_i\pi_{ik}$，$k\neq i$. 如 $\lambda_i>0$，令 $\pi_{ii}=0$；如 $\lambda_i=0$，则当 $i\neq k$ 时，令 $\pi_{ik}=0$，而 $\pi_{ii}=1$. 设过程是可分的. 此时，过程在每一状态直到离开它之前，都要停留一正时间段. 此外，过程离开状态 i 同时立即落入状态 k 的概率为 π_{ik}. 如状态 i 是吸收的，则过程永远不离开这一状态，这时，我们认为离开该状态的时间等于 $+\infty$. 如果把 $\mathscr{I}$ 看成是带有离散拓扑的空间，那么过程就是右连续的、Feller 的，并因此是强马尔科夫的.

设 τ 是首次离开初始状态的时刻. 我们引进时刻 τ_n 的序列：$\tau_1=\tau$，$\tau_n=\theta_{\tau_{n-1}}\tau$，这里 θ_τ 为伴随过程的推移算子（见第二章 §1 和 §5）. 这时，τ_2 是过程在离开初始状态（第一状态）后，在所到达的状态上停留的时间，这个状态称为第二状态；τ_3 为过程在第三状态（过程由第二状态转移到此状态）上停留的时间；

τ_n 为过程在第 n 个状态(过程由第 $n-1$ 个状态转移到此状态)上停留的时间. 要注意,同一状态可能对应于不同的号码(例如,第一状态可能与第三状态重合). 用 x_k 表示过程第 k 个状态(显然,它依赖于过程的轨道). 如 $\tau_k=+\infty$,则当 $j>k$ 时,状态 x_j 不确定. 为使过程总有停留时间和状态的无穷序列,我们约定,当 $\tau_k=+\infty$ 时,对一切 $j>k$,$\tau_j=+\infty$,而 $x_j=x_k$. 显然,如只有 i 是非吸收状态,则

$$\pi_{ij}=P\{x(\tau)=j \mid x(0)=i\}$$

反之,设 $x(+\infty)=\lim\limits_{t\to+\infty} x(t)=x(0)$,我们有

$$P\{x(\tau_1)=j \mid x(0)=i\}=\delta_{ij}$$

因此,总可认为

$$P_i\{x(\tau_1)=j\}=P\{x(\tau_1)=j \mid x(0)=i\}=\pi_{ij}$$

由强马尔科夫性,当 $\tau_1<\infty$ 时

$$P\{x(\tau_1+\theta_{\tau_1}\tau_1)=j \mid x(\tau_1)=i,x(0)=i_0\}=P_i\{x(\tau_1)=j\}=\pi_{ij} \quad (17)$$

如 $\tau_1=+\infty$,则

$$P\{x(\tau_1+\theta_{\tau_1}\tau_1)=j \mid x(\tau_1)=x(0)=i\}=P\{x(+\infty)=j \mid x(0)=i\}=\delta_{ij}=\pi_{ij}$$

所以,(17) 总是成立的. 类似的讨论可知,序列 $x_n=x(\zeta_n)$,其中 $\zeta_0=0$,$\zeta_n=\sum\limits_{k=1}^{n}\tau_k$,构成以 $\boldsymbol{\Pi}=(\pi_{ij})$ 为转移概率矩阵的齐次马尔科夫链.

称过程为规则过程,如果对一切 $i\in\mathscr{J}$,在每一有限区间上,它以概率 $P_i=1$ 仅有有限次转移,亦即对一切 $i\in\mathscr{J}$,成立

$$P_i\Big\{\sum_{k=1}^{\infty}\tau_k=+\infty\Big\}=1 \quad (18)$$

在这一小节中,我们将研究保证过程规则性的条件. 为此,求出量 τ_1,τ_2,…,τ_n 和 x_1,x_2,…,x_n 的联合分布是有益的.

引理 4 对任意 $\lambda>0$ 和 $\mathscr{J}$ 上有界函数 $f(j)$,都有

$$E_i\mathrm{e}^{-\lambda\tau_1}f(x(\tau_1))=\frac{\lambda_i}{\lambda+\lambda_i}\sum_{j\neq i}f_j\pi_{ij} \quad (19)$$

对局部规则过程成立

证 为证明(19),只要对在有穷集上不为 0 的 f 证明即可. 如 $\lambda_i=0$,则 (19) 显然. 如 $\lambda_i>0$,则 $P_i\{x(\tau_1)=i\}=0$,不失一般性,可认为 $f(i)=0$,此时

$$E_i\mathrm{e}^{-\lambda\tau_1}f(x(\tau_1))=\lim_{h\downarrow 0}\sum_{k=0}^{\infty}\mathrm{e}^{-\lambda kh}E_if(x((k+1)h))\,\chi\{\tau_1>kh\}=$$

$$\lim_{h\downarrow 0}\sum_{k=0}^{\infty}\mathrm{e}^{-\lambda kh}P_i\{\tau>kh\}E_if(x(h))=$$

$$\lim_{h\downarrow 0}\frac{1}{h}E_if(x(h))\lim_{h\downarrow 0}h\sum_{k=0}^{\infty}\mathrm{e}^{-(\lambda+\lambda_i)kh}=$$

$$\frac{1}{\lambda+\lambda_i}\lim_{h\downarrow 0}\sum_{j\neq i}f(j)\frac{p_{ij}(h)}{h}=$$

$$\frac{1}{\lambda+\lambda_i}\sum_{j\neq i}f(j)a_{ij}=$$

$$\frac{\lambda_i}{\lambda+\lambda_i}\sum_{j\neq i}f(j)\pi_{ij}$$

系 1) 如 $u_k>0$,而 $f_k\in\mathscr{C}_{\mathscr{J}}$,则令 $i=i_0$ 我们有

$$E_i\prod_{k=1}^{n}\mathrm{e}^{-u_k\tau_k}f_k(x_{k+1})=\sum_{i_1,\cdots,i_n}\prod_{k=0}^{n-1}\left(\frac{\lambda_{i_k}}{\lambda_{i_k}+u_{k+1}}\pi_{i_ki_{k+1}}f_k(i_{k+1})\right) \tag{20}$$

为证明(20) 需利用式(19) 与关系式

$$E_i\prod_{k=1}^{n}\mathrm{e}^{-u_k\tau_k}f_k(x_{k+1})=E_i\mathrm{e}^{-u_1\tau_1}f_1(x(\tau_1))E_{x(\tau_1)}\prod_{k=2}^{n}\mathrm{e}^{-u_k\tau_{k-1}}f_k(x_k)$$

2) 如 $u_k>0$,则以概率 $P_i=1$ 有

$$E_i\left(\prod_{k=1}^{n}\mathrm{e}^{-u_k\tau_k}\mid x_1=i_0,\cdots,x_{n+1}=i_n\right)=\prod_{k=0}^{n-1}\frac{\lambda_{i_k}}{\lambda_{i_k}+u_k} \tag{21}$$

等式(21) 可由(20) 以及 x_k 构成有转移概率 $\boldsymbol{\Pi}$ 的马尔科夫链这一事实得到.

这样一来,如果已知过程的状态序列,则过程在这些状态上停留时间成为独立的,具有参数 λ_{i_k}(它由状态序列确定) 的指数分布的量.

定理 3 为使过程是规则过程,必须且只需对一切 $i\in\mathscr{J}$

$$P_i\left\{\sum_{k=1}^{\infty}(\lambda_{x_k})^{-1}=+\infty\right\}=1 \tag{22}$$

(此处,约定$\frac{1}{0}=+\infty$).

证 由(21) 可知

$$E_i\left(\prod_{k=1}^{n}\mathrm{e}^{-\lambda\tau_k}\mid x_1,\cdots,x_{n+1}\right)=\prod_{k=1}^{n}\frac{\lambda_{x_k}}{\lambda_{x_k}+\lambda}$$

亦即

$$E_i\exp\left\{-\lambda\sum_{k=1}^{n}\tau_k\right\}=E_i\prod_{k=1}^{n}\frac{\lambda_{x_k}}{\lambda_{x_k}+\lambda}$$

与

$$E_i\exp\left\{-\lambda\sum_{k=1}^{\infty}\tau_k\right\}=E_i\prod_{k=1}^{\infty}\frac{\lambda_{x_k}}{\lambda_{x_k}+\lambda}$$

进而有

$$P_i\left\{\sum_{k=1}^{\infty}\tau_k=+\infty\right\}=1-\lim_{\lambda\to 0}E_i\exp\left\{-\lambda\sum_{k=1}^{\infty}\tau_k\right\}=$$

$$1-\lim_{\lambda\to 0}E_i\prod_{k=1}^{\infty}\frac{\lambda_{x_k}}{\lambda_{x_k}+\lambda}=$$

$$1-E_i\lim_{\lambda\to 0}\prod_{k=1}^{\infty}\frac{\lambda_{x_k}}{\lambda_{x_k}+\lambda}=$$

$$1-P_i\left\{\sum_{k=1}^{\infty}\frac{1}{\lambda_{x_k}}<+\infty\right\}=$$

$$P_i\left\{\sum_{k=1}^{\infty}\frac{1}{\lambda_{x_k}}=+\infty\right\}$$

这是由于 $b_k>0$ 时

$$\lim_{\lambda\downarrow 0}\prod_{k=1}^{\infty}\frac{b_k}{b_k+\lambda}=\lim_{\lambda\downarrow 0}\prod_{k=1}^{\infty}\left(1+\frac{\lambda}{b_k}\right)^{-1}=\begin{cases}1 & \text{如}\sum\frac{1}{b_k}<\infty\\ 0 & \text{如}\sum\frac{1}{b_k}=+\infty\end{cases}$$

定理于是证完.

系 由已证的定理,可推出过程规则性的两个简单条件.

1.如 λ_i 有界,则过程是规则的.

这因为 $\lambda_i\leqslant c$ 时

$$\sum_{1}^{n}\frac{1}{\lambda_{x_k}}\geqslant\frac{n}{c}$$

从而条件(22)满足.

2.如马尔科夫链是返回的,则过程是规则的.

事实上,这时级数

$$\sum_{k=1}^{\infty}(\lambda_{x_k})^{-1}$$

以概率 $P_i=1$ 含有无穷多个相同的正数项,因此是发散的.

过程规则性的另一个充要条件可用某线性方程组的解的唯一性来描述.

定理 4 为使局部规则过程是规则过程的充要条件是对某 $\lambda>0$,关于 φ_i 的方程组

$$\lambda_i\sum_{j}\pi_{ij}\varphi_j=(\lambda_i+\lambda)\varphi_i\quad(i\in\mathscr{J})\tag{23}$$

有唯一有界解 $\varphi_i=0,i\in\mathscr{J}$.

证 如过程是不规则的,则对一切 $\lambda>0$,函数

$$E_i\exp\left\{-\lambda\sum_{k=1}^{\infty}\tau_k\right\}$$

有界,且不恒等于0.令

$$\varphi_i = E_i \exp\left\{-\lambda \sum_{k=1}^{\infty} \tau_k\right\}$$

可得

$$\varphi_i = E_i \mathrm{e}^{-\lambda\tau_1} E_i\left(\exp\left\{-\lambda \sum_{k=2}^{\infty} \tau_k\right\} \mid \mathcal{N}_{\tau_1}\right) =$$

$$E_i \mathrm{e}^{-\lambda\tau_1} E_{x(\tau_1)} \exp\left\{-\lambda \sum_{k=1}^{\infty} \tau_k\right\} =$$

$$E_i \mathrm{e}^{-\lambda\tau_1} \varphi_{x(\tau_1)} = \frac{\lambda_i}{\lambda + \lambda_i} \sum \pi_{ij} \varphi_j$$

于是，φ_i 是满足(23) 的有界但并不恒等于 0 的序列.

现设(23) 有异于 0 的有界解. 这时

$$\varphi_i = \frac{\lambda_i}{\lambda_i + \lambda} \sum \pi_{ij} \varphi_j = E_i \mathrm{e}^{-\lambda\tau_1} \varphi_{x(\tau_1)}$$

由此不难得到，对任意 n

$$\varphi_i = E_i \exp\left\{-\lambda \sum_{k=1}^{n} \tau_k\right\} \varphi_{x(\sum_{k=1}^{n} \tau_k)}$$

因此有

$$|\varphi_i| \leqslant E_i \exp\left\{-\lambda \sum_{k=1}^{n} \tau_k\right\} \|\varphi\|$$

或

$$E_i \exp\left\{-\lambda \sum_{k=1}^{n} \tau_k\right\} \geqslant \frac{|\varphi_i|}{\|\varphi\|}$$

设 $|\varphi_i| > 0$. 令 $n \to \infty$，取极限，可得

$$P_i\left\{\sum_{k=1}^{\infty} \tau_k = +\infty\right\} < 1$$

即过程是不规则的. 这就证明了(23) 具有非 0 解是过程不规则的充要条件，因此，不存在这样的解是过程规则的充要条件. 定理证完.

注　由定理 4 可推出，过程的规则性的必要条件是 Колмогоров 向后方程组的解的唯一性. 事实上，如存在两个解 $p_{ij}(t)$ 和 $\bar{p}_{ij}(t)$，那么设

$$\varphi_i = \int_0^{\infty} [p_{ij}(t) - \bar{p}_{ij}(t)] \mathrm{e}^{-\lambda t} \mathrm{d}t$$

就有

$$\lambda \varphi_i = \sum a_{ik} \varphi_k = -\lambda_i \varphi_i + \lambda_i \sum \pi_{ik} \varphi_k$$

由此可知，φ_i 满足方程组(23). 实际上，Колмогоров 向后方程组的解的唯一性也是过程规则性的充分条件，这可由以下一些结果得到. 下面将用给定的特征算子来描述过程.

设 $\boldsymbol{\Pi}_\lambda$ 为元 $\left(\frac{\lambda_i}{\lambda+\lambda_i}\pi_{ij}\right)$ 组成之矩阵. 我们将把此矩阵看成为 $\mathscr{C}_\mathscr{J}$ 上的算子. 此时,对一切 $f\in\mathscr{C}_\mathscr{J}$

$$E_i e^{-\lambda\tau_1} f(x(\tau_1))=\frac{\lambda_i}{\lambda+\lambda_i}\sum\pi_{ij}f(j)=\boldsymbol{\Pi}_\lambda f(i)$$

由此可知,对一切 $f\in\mathscr{C}_\mathscr{J}$

$$E_i\exp\left\{-\lambda\sum_1^n\tau_k\right\}f\left(x\left(\sum_1^n\tau_k\right)\right)=\boldsymbol{\Pi}_\lambda^n f(i)$$

其中 $\boldsymbol{\Pi}_\lambda^n$ 表示算子 $\boldsymbol{\Pi}_\lambda$ 的 n 次幂.

用算子 $\boldsymbol{\Pi}_\lambda$ 容易表示出规则过程的预解式. 对一切函数 $f\in\mathscr{C}_\mathscr{J}$

$$\begin{aligned}R_\lambda f(i)=E_i\int_0^\infty e^{-\lambda t}f(x_t)\,dt=\sum_{k=0}^\infty E_i\int_{\zeta_k}^{\zeta_{k+1}}e^{-\lambda t}\,dt f(x_{\zeta_k})=\\ \frac{1}{\lambda}\sum_{k=0}^\infty E_i e^{-\lambda\zeta_k}f(x_{\zeta_k})E_{x\zeta_k}[1-e^{-\lambda\tau_1}]=\\ \sum_{k=0}^\infty\boldsymbol{\Pi}_\lambda^k(\boldsymbol{\Lambda}+\lambda\boldsymbol{I})^{-1}f(i)\end{aligned}$$

其中 $\boldsymbol{\Lambda}$ 是 $\mathscr{C}_\mathscr{J}$ 上的算子,它由下式定义

$$\boldsymbol{\Lambda}f(i)=\lambda_i f(i)$$

即 $\boldsymbol{\Lambda}$ 是具有对角矩阵$(\lambda_i\delta_{ij})$的算子,而 $\boldsymbol{I}f=f$. 所以

$$R_\lambda=\sum_{k=0}^\infty\boldsymbol{\Pi}_\lambda^k(\boldsymbol{\Lambda}+\lambda\boldsymbol{I})^{-1}$$

条件

$$\lim_{n\to\infty}\boldsymbol{\Pi}_\lambda^n 1(i)=0$$

显然是过程的规则性的充要条件.

现求规则过程的生成算子. 这里我们将研究弱生成算子:算子 A 的定义域包含一切函数 $f\in\mathscr{C}_\mathscr{J}$,对这些函数,表达式

$$\frac{1}{t}[T_t f(i)-f(i)]=\frac{1}{t}\left[\sum_j p_{ij}(t)f(j)-f(i)\right]$$

有界,并对一切 $i\in\mathscr{J}$,存在极限

$$Af(i)=\lim_{t\downarrow 0}\frac{1}{t}[T_t f(i)-f(i)]$$

注意到对局部规则过程而言,对 $f\in\mathscr{C}_\mathscr{J}$,特征算子

$$\mathfrak{U}f(i)=\frac{E_i f(x_{\tau_1})-f(i)}{E_i\tau_1}=\lambda_i\left[\sum_j\pi_{ij}f(j)-f(i)\right]=\sum_j a_{ij}f(j)$$

是确定的(这里 τ_1 是首次离开初始状态的时刻). $\mathfrak{U}f(i)$ 未必是有界函数,令 $\mathscr{D}_\mathfrak{U}$ 表示使 $\mathfrak{U}f\in\mathscr{C}_\mathscr{J}$ 的 $f\in\mathscr{C}_\mathscr{J}$ 的集. 由特征算子的一般性质可推出 $\mathscr{D}_\mathfrak{U}\supset\mathscr{D}_A$,并且在 $\mathscr{D}_A$ 上 $\mathfrak{U}=A$.

定理 5　对规则过程，$\mathscr{D}_{\mathfrak{U}}=\mathscr{D}_A$，且在 $\mathscr{D}_{\mathfrak{U}}$ 上 $\mathfrak{U}=A$.

证　我们指出，对一切 $f\in\mathscr{D}_{\mathfrak{U}}$ 成立关系式

$$T_tf(i)-f(i)=\int_0^t T_s\mathfrak{U}f(i)\mathrm{d}s \tag{24}$$

为此，我们考虑(24) 右边的 Laplace 变换

$$\int_0^\infty \mathrm{e}^{-\lambda t}\int_0^t T_s\mathfrak{U}f(i)\mathrm{d}s=\frac{1}{\lambda}\int_0^\infty \mathrm{e}^{-\lambda t}T_t\mathfrak{U}f(i)\mathrm{d}t=\frac{1}{\lambda}R(\lambda)\mathfrak{U}f(i)=$$

$$\frac{1}{\lambda}\lim_{n\to\infty}\sum_{k=0}^n\boldsymbol{\Pi}_\lambda^k(\boldsymbol{\Lambda}+\boldsymbol{I})^{-1}\mathfrak{U}f(i)$$

因为

$$\boldsymbol{\Pi}_\lambda=\boldsymbol{\Lambda}(\boldsymbol{\Lambda}+\lambda\boldsymbol{I})^{-1}\boldsymbol{\Pi},\mathfrak{U}=\boldsymbol{\Lambda}(\boldsymbol{\Pi}-\boldsymbol{I})$$

其中，$\mathscr{C}_{\mathscr{J}}$ 上算子 $\boldsymbol{\Pi}$ 由下式确定

$$\boldsymbol{\Pi}f(i)=\sum_j\pi_{ij}f(j)$$

故

$$\begin{aligned}\boldsymbol{\Pi}_\lambda^k(\boldsymbol{\Lambda}+\lambda\boldsymbol{I})^{-1}\boldsymbol{\Lambda}(\boldsymbol{\Pi}-\boldsymbol{I})&=\boldsymbol{\Pi}_\lambda^k(\boldsymbol{\Lambda}+\lambda\boldsymbol{I})^{-1}\boldsymbol{\Lambda}\boldsymbol{\Pi}-\boldsymbol{\Pi}_\lambda^k(\boldsymbol{\Lambda}+\lambda\boldsymbol{I})^{-1}\boldsymbol{\Lambda}=\\&\boldsymbol{\Pi}_\lambda^{k+1}-\boldsymbol{\Pi}_\lambda^k(\boldsymbol{\Lambda}-\lambda\boldsymbol{I})^{-1}(\boldsymbol{\Lambda}+\lambda\boldsymbol{I}-\lambda\boldsymbol{I})=\\&\boldsymbol{\Pi}_\lambda^{k+1}-\boldsymbol{\Pi}_\lambda^k+\lambda\boldsymbol{\Pi}_\lambda^n(\boldsymbol{\Lambda}+\lambda\boldsymbol{I})^{-1}\end{aligned}$$

因此，对一切 $f\in\mathscr{D}_{\mathfrak{U}}$ 成立等式

$$\begin{aligned}\frac{1}{\lambda}R_\lambda\mathfrak{U}f(i)&=\frac{1}{\lambda}\lim_{n\to\infty}\sum_{k=0}^n[\boldsymbol{\Pi}_\lambda^{k+1}-\boldsymbol{\Pi}_\lambda^k+\lambda\boldsymbol{\Pi}_\lambda^k(\boldsymbol{\Lambda}+\lambda\boldsymbol{I})^{-1}]f(i)\\&\frac{1}{\lambda}\lim_{n\to\infty}\Big(\lambda\sum_{k=0}^n\boldsymbol{\Pi}_\lambda^k(\boldsymbol{\Lambda}+\lambda\boldsymbol{I})^{-1}f(i)-f(i)+\boldsymbol{\Pi}_\lambda^{n+1}f(i)\Big)=\\&R_\lambda f(i)-\frac{1}{\lambda}f(i)\end{aligned}$$

这因为由过程的规则性

$$\lim_{n\to\infty}\boldsymbol{\Pi}_\lambda^nf(i)=0\quad(|\boldsymbol{\Pi}_\lambda^{(n)}f|\leqslant\|f\|\boldsymbol{\Pi}_\lambda^n1)$$

然而

$$R_\lambda f(i)-\frac{1}{\lambda}f(i)=\int_0^\infty\mathrm{e}^{-\lambda t}[T_tf(i)-f(i)]\mathrm{d}t$$

可见，式(24) 右边和左边的 Laplace 变换相合，又由于式(24) 右边关于 t 连续，而左边右连续，于是式(24) 成立.

因 $\lim\limits_{t\downarrow0}T_t\mathfrak{U}f(i)=\mathfrak{U}f(i)$ 及 $|T_t\mathfrak{U}f|\leqslant\|\mathfrak{U}f\|$，故由(24) 可推出，对一切 $f\in\mathscr{D}_{\mathfrak{U}}$

$$\left|\frac{T_tf(i)-f(i)}{t}\right|\leqslant\|\mathfrak{U}f\|$$

及

$$\lim_{t\downarrow 0}\frac{T_tf(i)-f(i)}{t}=\mathfrak{U}f(i)$$

定理证毕.

系 如 $f\in\mathscr{D}_{\mathfrak{U}}$,则 T_tf 关于 t 连续,且满足微分方程

$$\frac{\mathrm{d}}{\mathrm{d}t}T_tf=T_t\mathfrak{U}f$$

(这可由关系式(24)推出).

特别地,如函数 $\delta_i(j)=\delta_{ij}$ 属于 $\mathscr{D}_{\mathfrak{U}}$,即

$$\mathfrak{U}\delta_i(j)=\sum a_{jk}\delta_i(k)=a_{ji}$$

对 j 有界,则

$$\frac{\mathrm{d}}{\mathrm{d}t}T_t\delta_i(j)=T_t\mathfrak{U}\delta_i(j)\text{ 或 }\frac{\mathrm{d}}{\mathrm{d}t}p_{ji}(t)=\sum_k p_{jk}(t)a_{ki}$$

即 $p_{ji}(t),j\in\mathscr{J}$,满足 Колмогоров 向前方程组.

这说明,对规则过程上面最后一式总是成立的.

定理 6 如过程是规则过程,则其转移概率满足 Колмогоров 向前方程组.

证 由 Колмогоров 向后方程组可知 $\frac{\mathrm{d}}{\mathrm{d}t}p_{ki}(t)$ 存在. 此外

$$a_{ii}p_{ik}(t)\leqslant\frac{\mathrm{d}}{\mathrm{d}t}p_{ik}(t)\leqslant\sum_{j\neq i}a_{ij}p_{jk}(t)$$

即 $\left|\frac{\mathrm{d}}{\mathrm{d}t}p_{ik}(t)\right|\leqslant|a_{ii}|$. 对关系式

$$\frac{p_{ki}(t+h)-p_{ki}(t)}{h}+\frac{p_{ki}(t)[1-p_{ii}(h)]}{h}=\sum_{j\neq k}p_{kj}(t)\frac{p_{ji}(h)}{h}$$

令 $h\downarrow 0$ 取极限,可得

$$\frac{\mathrm{d}}{\mathrm{d}t}p_{ki}(t)\geqslant\sum_j p_{kj}(t)a_{ji}\tag{25}$$

特别地,由不等式(25)可知,右边的级数收敛,这因为它所有的项除一项外,都是非负的. 我们要证明(25)只能是等式. 对(25)从 0 到 t 积分之,可得

$$p_{ki}(t)-\delta_{ki}\geqslant\int_0^t\sum_j p_{kj}(s)a_{ji}\,\mathrm{d}s\tag{26}$$

如果我们能证明(26)只能是等式,那么就证明了(25)也只能是等式. 由于(26)两边都是 t 的连续函数,故(26)两边当且仅当它们的 Laplace 变换相等时方能相等.(26)两边取 Laplace 变换可得

$$r_{ki}(\lambda)-\frac{\delta_{ki}}{\lambda}\geqslant\int_0^\infty\mathrm{e}^{-\lambda t}\int_0^t\sum_j p_{kj}(s)a_{ji}\,\mathrm{d}s\mathrm{d}t=\frac{1}{\lambda}\sum_j r_{kj}(\lambda)a_{ji}\tag{27}$$

(级数可逐项积分系由其所有项除一项外均非负得到).

设 $r_{kj}^{(m)}(\lambda)$ 是矩阵 $\sum_{l=0}^{n}\boldsymbol{\Pi}_\lambda^l(\lambda\boldsymbol{I}+\boldsymbol{\Lambda})^{-1}$ 的元. 于是,当 $n\to\infty$ 时,

$r_{kj}^{(n)}(\lambda) \uparrow r_{kj}(\lambda)$. 因此

$$\sum_{j \neq i} r_{kj}(\lambda) a_{ji} = \lim_{n \to \infty} \sum_{j \neq i} r_{kj}^{(n)}(\lambda) a_{ji}$$

而

$$r_{ki}(\lambda) a_{ii} = \lim_{n \to \infty} r_{ki}^{(n)}(\lambda) a_{ii}$$

所以

$$\sum_{j} r_{kj}(\lambda) a_{ji} = \lim_{n \to \infty} \sum_{j} r_{kj}^{(n)}(\lambda) a_{ji}$$

注意到 $\sum_{j} r_{kj}^{(n)}(\lambda) a_{ji}$ 是算子

$$\sum_{l=0}^{n} \boldsymbol{\Pi}_{\lambda}^{l} (\lambda \boldsymbol{I} + \boldsymbol{\Lambda})^{-1} \mathfrak{U} = \sum_{l=0}^{n} \boldsymbol{\Pi}_{\lambda}^{l} (\lambda \boldsymbol{I} + \boldsymbol{\Lambda})^{-1} \boldsymbol{\Lambda} (\boldsymbol{\Pi} - \boldsymbol{I}) =$$

$$\lambda \sum_{l=0}^{n} \boldsymbol{\Pi}_{\lambda}^{l} (\lambda \boldsymbol{I} + \boldsymbol{\Lambda})^{-1} + \boldsymbol{\Pi}_{\lambda}^{n+1} - \boldsymbol{I}$$

之矩阵的元. 既然当 $n \to \infty$ 时, 由规则性, $\boldsymbol{\Pi}_{\lambda}^{n+1} 1 \to 0$, 故矩阵 $\boldsymbol{\Pi}_{\lambda}^{n+1}$ 的所有的元当 $n \to \infty$ 时都趋于 0, 从而

$$\lim_{n \to \infty} \sum_{l=0}^{n} \boldsymbol{\Pi}_{\lambda}^{l} (\lambda \boldsymbol{I} + \boldsymbol{\Lambda})^{-1} = \boldsymbol{R}_{\lambda}$$

此即

$$\sum_{j} r_{kj}(\lambda) a_{ji} = \lambda r_{ki}(\lambda) - \delta_{ki}$$

故(27) 中等式成立. 定理证完.

我们再指出一过程规则性的条件.

定理7 使局部规则过程有规则性的充分条件是其转移概率 $p_{ki}(t)$ 对一切 $i \in \mathscr{I}$ 和 $t > 0$, 满足条件

$$\lim_{k \to \infty} p_{ki}(t) = 0$$

证 我们把 $\mathscr{I}$ 看作是带有离散拓扑的局部紧空间. 此时, $\mathscr{I}$ 中的紧集只有有穷集. 因此, 对一切紧集 K

$$\lim_{k \to \infty} \sum_{i \in K} p_{ki}(t) = 0$$

即过程的转移概率按第二章 §4 的意义是规则的. 由此可知, 过程无第二类间断, 即在每一有限区间上只有有限次跳跃(见第二章 §4 定理 2 注). 定理证完.

在无穷中断的过程 考虑以 $\mathfrak{U}$ 为特征算子的局部规则过程. 如果 τ_1, τ_2, … 分别为过程在第一、第二等等状态上的停留时间, 则我们认为过程将在时刻 $\zeta = \sum_{k=1}^{\infty} \tau_k$ 中断. 这样的过程将由特征算子唯一确定. 我们来求此过程的预解式. 与前一段一样, 先在 $\mathscr{C}_{\mathscr{I}}$ 上定义算子 $\boldsymbol{\Pi}_{\lambda}$

$$\boldsymbol{\Pi}_\lambda f(i) = E_i \mathrm{e}^{-\lambda\tau_1} f(x(\tau_1)) = \frac{\lambda_i}{\lambda + \lambda_i}\sum_j \pi_{ij} f(j)$$

仍同前完全一样，有

$$R_\lambda f(i) = \sum_{k=0}^{\infty} \boldsymbol{\Pi}_\lambda^k (\boldsymbol{\Lambda} + \lambda \boldsymbol{I})^{-1} f(i)$$

注意，对不规则过程，当 $k \to \infty$ 时 $\boldsymbol{\Pi}_\lambda^k 1$ 已不趋于 0.

中断过程的转移概率也可相当简单地求出. 设$\{\xi_i, i \in \mathscr{J}\}$ 为独立随机变量集，其中每一 ξ_i 都有参数为 1 的指数分布. 此时

$$p_{ij}(t) = \sum_{n=0}^{\infty} q_{ij}^{(n)}(t)$$

这里

$$q_{ij}^{(0)}(t) = \delta_{ij} \mathrm{e}^{-\lambda_i t}$$

$$q_{ij}^{(n)}(t) = \sum_{i_1, \cdots, i_{n-1}} \pi_{ii_1} \cdots \pi_{i_{n-1}j} P\left\{\frac{\xi_i}{\lambda_i} + \cdots + \frac{\xi_{i_{n-1}}}{\lambda_{i_{n-1}}} < t < \frac{\xi_i}{\lambda_i} + \cdots + \frac{\xi_{i_n}}{\lambda_{i_n}}\right\}$$

由于过程是局部规则的，故转移概率满足 Колмогоров 向后方程组. 我们研究过程的生成算子的形式. 因特征算子已知，故只需求出生成算子的定义域 $\mathscr{D}_A$.

设 T_t 是 $\mathscr{C}_{\mathscr{J}}$ 上对应于此过程的算子半群. 如 $f \in \mathscr{D}_A$，则

$$T_t f - f = \int_0^t T_s \mathfrak{U} f \mathrm{d}s \tag{28}$$

等式两边换成其 Laplace 变换，我们有

$$R_\lambda f - \frac{1}{\lambda} f = \frac{1}{\lambda} R_\lambda \mathfrak{U} f \tag{29}$$

因为

$$R_\lambda \mathfrak{U} f = \lim_{n\to\infty} \sum_{k=0}^{n} \boldsymbol{\Pi}_\lambda^k (\boldsymbol{\Lambda} + \lambda \boldsymbol{I})^{-1} \boldsymbol{\Lambda}(\boldsymbol{\Pi} - \boldsymbol{I}) f =$$
$$\lambda R_\lambda f - f + \lim_{n\to\infty} \boldsymbol{\Pi}_\lambda^{n+1} f$$

(最后的极限的存在性由极限$\lim\limits_{n\to\infty} \sum\limits_{k=0}^{n} \boldsymbol{\Pi}_\lambda^k (\boldsymbol{\Lambda} + \lambda \boldsymbol{I})^{-1}$ 的存在性推出)，故(29) 成立并与此等价地，(28) 成立的充要条件为，对一切 $i \in \mathscr{J}$

$$\lim_{n\to\infty} \boldsymbol{\Pi}_\lambda^n f(i) = 0 \tag{30}$$

可见，$\mathscr{D}_A$ 由所有满足(30) 的 $f \in \mathscr{D}_{\mathfrak{U}}$ 组成.

我们指出，关系式(30) 只要对一个 $\lambda > 0$ 成立，就可推出对一切 $\lambda > 0$ 都成立. 事实上，如(30) 对某 $\lambda > 0$ 满足，则对此 λ，(29) 也满足. 以 R_μ 作用于(29) 后，再利用预解方程，可得

$$\frac{1}{\mu - \lambda}[R_\lambda - R_\mu] f - \frac{1}{\lambda} R_\mu f = \frac{1}{\lambda} \frac{1}{\mu - \lambda}[R_\lambda - R_\mu] \mathfrak{U} f$$

因为有(29)有

$$\frac{1}{\mu-\lambda}R_\lambda f-\frac{1}{\lambda}\frac{1}{\mu-\lambda}R_\lambda \mathfrak{U}f=\frac{1}{\lambda}\frac{1}{\mu-\lambda}f$$

故

$$\frac{1}{\lambda-\mu}R_\mu f=\frac{1}{\lambda}R_\mu f+\frac{1}{\lambda}\frac{1}{\mu-\lambda}f+\frac{1}{\lambda}\frac{1}{\lambda-\mu}R_\mu \mathfrak{U}f$$

由此可见,$\mu R_\mu f=f+R_\mu \mathfrak{U}f$ 对一切 $\mu>0$ 成立. 此即 $f\in\mathscr{D}_A$ 且(30)对一切 $\lambda>0$ 成立.

最后,我们建立转移概率满足 Колмогоров 向前方程组的条件. 重温定理 6 的讨论可知,为满足 Колмогоров 向前方程组的充要条件是对 $\mathscr{J}$ 中的一切 k 和 i,(27)的不等式成为等式. 而后者当且仅当算子 $\boldsymbol{\Pi}_\lambda^n$ 的矩阵的所有元当 $n\to\infty$ 时趋于 0 方能成立(见定理 6 证明). 这一条件可写成下面形式. 设 $\delta_i(\cdot)$ 是 $\mathscr{C}_{\mathscr{J}}$ 中的函数,$\delta_i(k)=\delta_{ik}$. 为满足 Колмогоров 向前方程组的充要条件是对一切 $i\in\mathscr{J}$ 和 $k\in\mathscr{J}$

$$\lim_{n\to\infty}\boldsymbol{\Pi}_\lambda^n\delta_i(k)=0 \tag{31}$$

我们证明(31)总是满足的. 设

$$\eta_n=\exp\left\{-\lambda\sum_1^n\tau_k\right\}\delta_i\left(x\left(\sum_1^n\tau_k\right)\right)$$

显然,$0\leqslant\eta_n\leqslant 1$ 且 $E_k\eta_n=\boldsymbol{\Pi}_\lambda^n\delta_i(k)$. 因此,为证(31)只要证明对任意 $k\in\mathscr{J}$ 以概率 $P_k=1$ 有 $\eta_n\to 0$. 为证此,只要注意到或者从某 n 开始

$$\delta_i\left(x\left(\sum_1^n\tau_k\right)\right)=0$$

或者 $x\left(\sum\limits_1^n\tau_k\right)$ 无穷次取值 i,而此时级数 $\sum\limits_1^\infty\tau_k$ 包含无穷多个异于 0 的独立同分布的量,并因此它的和等于 $+\infty$. 这样一来就证明了

定理 8 在无穷中断的局部规则过程的转移概率满足 Колмогоров 向后与向前方程组.

可以指出,$\mathscr{C}_{\mathscr{J}}$ 中满足

$$\boldsymbol{\Pi}_\lambda f(i)=f(i) \tag{32}$$

的函数 f 是所论过程的有界 λ 调和函数. 事实上,由关系式(32)可推出随机变量序列

$$\eta_n=\exp\left\{-\lambda\sum_{k=1}^n\tau_k\right\}f\left(x\left(\sum_{k=1}^n\tau_k\right)\right)$$

构成有界鞅,亦即对一切 $i\in\mathscr{J}$,以概率 $P_i=1$ 存在极限

$$\eta=\lim_{n\to\infty}\eta_n$$

容易证明，对一切马尔科夫时间 $\tau<\zeta=\sum_{1}^{\infty}\tau_k$，关系式

$$\theta_\tau\eta=e^{\lambda^\tau}\eta$$

满足．此外，$f(i)=E_i\eta$．因此

$$E_i e^{-\lambda^\tau}f(x_\tau)=E_i e^{-\lambda^\tau}E_{x_\tau}\eta=E_i e^{-\lambda^\tau}\theta_\tau\eta=E_i\eta=f(i)$$

由于 $\boldsymbol{\Pi}_\lambda 1<1$，且对 $f\geqslant 0$，$\boldsymbol{\Pi}_\lambda f\geqslant 0$，故 $\boldsymbol{\Pi}_\lambda^n 1$ 构成 $n\to\infty$ 时的单调下降的函数列．因此存在极限

$$\lim_{n\to\infty}\boldsymbol{\Pi}_\lambda^n 1=\varphi_\lambda$$

φ_λ 是有界的 λ 调和函数．对一切 λ 调和函数 f

$$|f|=|\boldsymbol{\Pi}_\lambda^n f|\leqslant\|f\|\boldsymbol{\Pi}_\lambda^n 1$$

令 $n\to\infty$ 取极限，可得

$$|f|\leqslant\|f\|\varphi_\lambda$$

由此可见如 $\varphi_\lambda=0$，已给过程就不存在有界 λ 调和函数．

指出下面事实是有用的．由关系式

$$\begin{aligned}\boldsymbol{\Pi}_\lambda^n 1(i)=E_i\exp\left\{-\lambda\sum_{1}^{n}\tau_k\right\}\leqslant\\ \left(E_i\exp\left\{-\lambda s\sum_{1}^{n}\tau_k\right\}\right)^{\frac{1}{s}}=\\ (\boldsymbol{\Pi}_{\lambda s}^n 1(i))^{\frac{1}{s}}\end{aligned}$$

与

$$\boldsymbol{\Pi}_\lambda^n 1(i)\leqslant e^{-N\lambda}+e^{N(\mu-\lambda)}\boldsymbol{\Pi}_\mu^n 1(i)\quad(\mu>\lambda)$$

（最后一式由不等式 $e^{-\lambda x}\leqslant e^{N(\mu-\lambda)}e^{-\mu x}+e^{-N\lambda}$ 推出），为使等式 $\lim\limits_{n\to\infty}\boldsymbol{\Pi}_\lambda^n 1(i)=0$ 对一切 $\lambda>0$ 成立，只要它对某一个 $\lambda>0$ 成立即可．

不中断过程　在第二章§5中已构造了所有的不中断过程，它具有已给的满足某些附加条件（Feller 性，一致局部有界性及局部一致随机连续性）的特征算子．因为 $\mathscr{I}$ 可看做为带有离散拓扑的局部列紧空间，所以第二章§5中的构造方法也可用于可列状态过程．因为对离散拓扑而言只有有限集是 $\mathscr{I}$ 中的紧集，而且 $\mathscr{I}$ 上一切有界函数都是连续的，故一切局部规则过程都满足第二章§5中引进的 Feller 性条件、一致局部有界条件、局部一致随机连续条件及从无穷远规则可回条件．这样一来，第二章§5中"不中断过程"那一小节中之构造方法完全适用于我们的情况，只不过这里稍微简单一些．

设 $x(t)$ 是 $\mathscr{I}$ 上不中断齐次局部规则马尔科夫过程．假定它是强马尔科夫的和右连续的．我们注意，如过程 $x(t)$ 是可分的和强马尔科夫的，那么它（在局部规则性条件下）就是右连续的．这是因为1）可分过程可在每一状态上停留一段正的时间，2）对每一马尔科夫时间 τ，$x(\tau)$ 有定义，并且对某 $\varepsilon>0$，当 $s<\varepsilon$

时，有 $x(\tau+s)=x(\tau)$. 我们引进时刻 ξ_α 的超限序列，这里，ξ_α 是过程由一个状态转移到另一状态的时刻，它由以下方式确定：如 α 是第一类超限序数，则

$$\xi_\alpha=\xi_{\alpha-1}+\theta_{\xi_{\alpha-1}}\xi_1$$

其中 ξ_1 是首次离开初始状态的时刻. 如 α 是第二类超限序数，则

$$\xi_\alpha=\sup_{\beta<\alpha}\xi_\beta$$

过程 $x(t)$ 在每一区间 $[\xi_\alpha,\xi_{\alpha+1})$ 上都是连续的(常数)，并因此是右连续的：如 $t_n\downarrow t_0, t_0\in[\xi_\alpha,\xi_{\alpha+1})$，则由某 n 开始，$x(t_n)=x(t_0)$.

我们按下面方式引进马尔科夫时间 ζ^α 的超限链

$$\zeta^0=\sum_1^\infty\tau_k$$

(量 τ_k 即前面引进的)；如 α 为第一类序数，则

$$\zeta^\alpha=\sup_n\zeta_n^{\alpha-1},\zeta_1^{\alpha-1}=\zeta^{\alpha-1},\zeta_n^{\alpha-1}=\zeta^{\alpha-1}+\theta_{\zeta^{\alpha-1}}\zeta_{n-1}^{\alpha-1}\quad(n>1)$$

如 α 为第二类序数，则 $\zeta^\alpha=\sup\limits_{\beta<\alpha}\zeta^\beta$. 设对 $\lambda>0$

$$\boldsymbol{\Gamma}_\lambda^\alpha f(k)=E_k\mathrm{e}^{-\lambda\zeta^\alpha}f(x(\zeta^\alpha))\tag{33}$$

$\boldsymbol{\Gamma}_\lambda^\alpha$ 是 $\mathscr{C}_{\mathscr{I}}$ 上的算子；用 $\gamma_{ki}^\alpha(\lambda)$ 表示该算子矩阵的元

$$\boldsymbol{\Gamma}_\lambda^\alpha f(k)=\sum_{i\in\mathscr{I}}\gamma_{ki}^\alpha(\lambda)f(i)$$

与第二章 §5 的推导一样，算子 $\boldsymbol{\Gamma}_\lambda^\alpha$(或矩阵 $(\gamma_{ki}^\alpha(\lambda))$) 满足下列条件.

1. $0\leqslant\gamma_{ki}^\alpha(\lambda)\leqslant1$ 且对一切 $k\in\mathscr{I}$

$$\sum_{i\in\mathscr{I}}\gamma_{ki}^\alpha(\lambda)=E_k\mathrm{e}^{-\lambda\zeta^\alpha}<1$$

2. 当 $\beta<\alpha$ 时，$\boldsymbol{\Gamma}_\lambda^\beta\boldsymbol{\Gamma}_\lambda^\alpha=\boldsymbol{\Gamma}_\lambda^\alpha$，即

$$\sum_{i\in\mathscr{I}}\gamma_{ki}^\beta(\lambda)\gamma_{ij}^\alpha(\lambda)=\gamma_{kj}^\alpha(\lambda)$$

3. 对一切 $i\in\mathscr{I}$，$\gamma_{ki}^\alpha(\lambda)$ 作为 k 的函数是 λ 调和函数.

4. 如 α 是第一类序数，则

$$\boldsymbol{\Gamma}_\lambda^\alpha1=\lim_{n\to\infty}(\boldsymbol{\Gamma}_\lambda^{\alpha-1})^n1,\lim_{n\to\infty}(\boldsymbol{\Gamma}_\lambda^{\alpha-1})^n\boldsymbol{\Gamma}_\mu^\alpha=\boldsymbol{\Gamma}_\lambda^\alpha$$

如 α 是第二类序数，则

$$\boldsymbol{\Gamma}_\lambda^\alpha1=\inf_{\beta<\alpha}\boldsymbol{\Gamma}_\lambda^\beta1$$

且对 $f\geqslant0, f\in\mathscr{C}_{\mathscr{I}}$

$$\inf_{\beta<\alpha}\boldsymbol{\Gamma}_\lambda^\beta\boldsymbol{\Gamma}_\mu^\alpha f=\boldsymbol{\Gamma}_\lambda^\alpha f$$

5. 设

$$R_\lambda^0f(k)=E_k\int_0^{\zeta^0}\mathrm{e}^{-\lambda t}f(x_t)\mathrm{d}t$$

于是 $\boldsymbol{\Gamma}_\lambda^01=1-\lambda R_\lambda^01$，并且当 $\lambda>0,\mu>0$ 时

$$\boldsymbol{\Gamma}_{\lambda}^{0}-\boldsymbol{\Gamma}_{\mu}^{0}=(\mu-\lambda)R_{\lambda}^{0}\boldsymbol{\Gamma}_{\mu}^{0}$$

与第二章§5定理6的推导一样，如果$\mathfrak{U}$是在无穷中断的过程的特征算子，而且定义在$\mathscr{C}_{\mathscr{J}}$上的算子族$\boldsymbol{\Gamma}_{\lambda}^{\alpha}$满足条件$1\sim5$，那么存在唯一（在随机等价意义下）过程$x(t)$，它以$\mathfrak{U}$为特征算子，并对一切$\alpha$满足关系式(33).

注　假定对某$\lambda>0$过程的有界λ调和函数的全体构成的集H_{λ}有有穷维数m. 此时必有$\boldsymbol{\Gamma}_{\lambda}^{m}=0$. 事实上，作为算子$\boldsymbol{\Gamma}_{\lambda}^{k}$值域的集$H_{\lambda}^{k}$是$H_{\lambda}$的子空间，并且$H_{\lambda}^{k}\supset H_{\lambda}^{k+1}$、因$\boldsymbol{\Gamma}_{\lambda}^{k}f=f,f\in H_{\lambda}^{k+1}$，而且当$\boldsymbol{\Gamma}_{\lambda}^{k}1\neq0$时，假如$\boldsymbol{\Gamma}_{\lambda}^{k}1$对一个$i$满足不等式

$$(\boldsymbol{\Gamma}_{\lambda}^{k})^{2}1(i)<\boldsymbol{\Gamma}_{\lambda}^{k}1(i)$$

则$\boldsymbol{\Gamma}_{\lambda}^{k}1\overline{\in}H_{\lambda}^{k+1}$. 可见，如$H_{\lambda}^{k}$不是由一个点0组成的，那么$H_{\lambda}^{k+1}$的维数必小于$H_{\lambda}^{k}$的维数，因此，$H_{\lambda}^{m}$可以仅由点0组成.

§3　半马尔科夫过程

半马尔科夫过程的构造性定义　设$\mathscr{X}$为任意空间，$\mathfrak{B}$为其子集的某σ代数，它含有一切单点集. 又设在$(\mathscr{X},\mathfrak{B})$中已给强马尔科夫过程$\{\mathscr{F},\mathscr{N},P_x\}$，其样本函数在$\mathscr{X}$的离散拓扑中右连续，离散拓扑是由距离

$$r(x,y)=\begin{cases}0 & (x=y)\\ 1 & (x\neq y)\end{cases}$$

产生的.

过程在每一状态中停留某一段正的时间，而且如τ是首次离开初始状态的时刻，则τ有参数为$\lambda(x)$的指数分布，$\lambda(x)$自然依赖于初始状态.

记

$$\pi(x,B)=P_x\{x(\tau)\in B\}\quad(B\in\mathfrak{B})\tag{1}$$

过程$\{\mathscr{F},\mathscr{N},P_x\}$的特征算子对所有$\mathfrak{B}$可测有界函数$f(x)$由关系式

$$\mathfrak{U}f(x)=\frac{E_xf(x_\tau)-f(x)}{E_x\tau}=\lambda(x)\left(\int f(y)\pi(x,\mathrm{d}y)-f(x)\right)\tag{2}$$

确定.

过程直到无穷多个跳跃点的第一个聚点以前可由下面方法描述：设

$$x_0=x(0),x_1=x(\tau),\cdots,x_n=\theta_\tau x_{n-1},\cdots$$

显然，$\{x_n\}$构成以$\pi(x,B)$为一步转移概率的马尔科夫链. 再引进随机变量

$$\tau_1=\tau,\cdots,\tau_n=\theta_\tau\tau_{n-1},\cdots$$

这时，如$\zeta=\sum\limits_{k=1}^{\infty}\tau_k$，则对$t<\zeta$，我们有

$$x(t)=x_n,\text{其中}\sum_{k=1}^{n}\tau_k\leqslant t<\sum_{k=1}^{n+1}\tau_k\left(\sum_{1}^{0}=0\right)\tag{3}$$

随机变量 $x_0,x_1,\cdots,x_n,\cdots$ 和 $\tau_1,\cdots,\tau_n,\cdots$ 的联合分布可如 §2 中(见引理 4 及系)当 $\mathscr{X}$ 为可数集时情况类似得到.

引理 1 对一切 $\lambda>0$ 和有界 $\mathfrak{B}$ 可测函数 $f(x)$ 成立关系式

$$E_x e^{-\lambda\tau}f(x_\tau)=\frac{\lambda(x)}{\lambda+\lambda(x)}\int\pi(x,\mathrm{d}y)f(y)\tag{4}$$

证 由

$$\frac{\lambda(x)}{\lambda+\lambda(x)}=E_x e^{-\lambda\tau}\text{ 及}\int\pi(x,\mathrm{d}y)f(y)=E_x f(x_\tau)$$

可知,为推出式(4),只需证明随机变量 τ 与 $x(\tau)$ 独立.实际上,因为 $t<\tau$ 时 $\theta_t x_\tau=x_\tau$,于是

$$P_x\{\tau>t,x_\tau\in B\}=E_x\chi_{\{\tau>t\}}\chi_B(x_\tau)=E_x\chi_{\{\tau>t\}}\theta_t\chi_B(x_\tau)$$

又由$\chi_{\{\tau>t\}}$ 的 $\mathscr{N}_t$ 可测性,有

$$\begin{aligned}P_x\{\tau>t,x_\tau\in B\}=&E_x\chi_{\{\tau>t\}}E_{x_t}\chi_B(x_\tau)=\\&E_x\chi_{\{\tau>t\}}\pi(x_t,B)=\\&E_x\chi_{\{\tau>t\}}\pi(x,B)=\\&P_x\{\tau>t\}P_x\{x_\tau\in B\}\end{aligned}$$

(利用了 $\tau>t$ 时,$x_t=x$).引理证完.

系 1 如 §2 引理 4 的系一样,我们有

$$E_{x_0}\prod_{k=1}^{n}e^{-u_k\tau_k}f_k(x_k)=\int\cdots\int\prod_{k=1}^{n}\left[\frac{\lambda(y_{k-1})}{\lambda(y_{k-1})+u_k}f_k(y_k)\pi(y_{k-1},\mathrm{d}y_k)\right]\tag{5}$$

$(y_0=x_0)$,并且对给定的 $x_0,x_1,\cdots,x_m(m\geqslant n),\tau_1,\tau_2,\cdots,\tau_n$ 的联合分布与相应的具有$\lambda(x_0),\cdots,\lambda(x_{n-1})$ 为参数的指数分布的独立随机变量的联合分布重合.

得到的结果使我们能根据函数 $\lambda(x)$ 与 $\pi(x,B)$ 按下面方法构造过程.先在相空间$(\mathscr{X},\mathfrak{B})$ 里构造以 $\pi(x,B)$ 为转移概率的马尔科夫链$\{x_n\}$.然后令 τ_1,$\tau_2,\cdots$ 是这样的一列随机变量,它们的联合分布(对已给的 $x_0,x_1,\cdots$)与具有以相应的 $\lambda(x_0),\lambda(x_1),\cdots$ 为参数的指数分布的独立随机变量的联合分布重合.序列 $\tau_1,\tau_2,\cdots$ 可如下法构造:先取独立同分布的随机变量 ξ_k,有参数为 1 的指数分布,再令

$$\tau_k=\frac{1}{\lambda(x_{k-1})}\xi_k\quad(k=0,1,2,\cdots)$$

利用量 x_k 及 τ_k 根据公式(3) 就可定义过程 x_t.因而,过程 x_t 对 $t\in\left[0,\sum_{k=1}^{\infty}\tau_k\right)$ 有定义,并且是具有按公式(2) 给出的特征算子 $\mathfrak{U}$ 的马尔科夫过程.

利用得到的马尔科夫过程的构造性的定义，我们给出相空间$(\mathscr{X},\mathfrak{B})$中的半马尔科夫过程的构造性定义.

假定某一族概率空间$(\Omega,\mathfrak{S},P_x)$是已给的，其中测度$P_x$对一切$x\in\mathscr{X}$有定义. 设在$(\Omega,\mathfrak{S},P_x)$上已给齐次马尔科夫链：$\{x_0(\omega),x_1(\omega),\cdots,x_n(\omega),\cdots\}$，其相空间为$(\mathscr{X},\mathfrak{B})$，转移概率为$\pi(x,B)$，它满足$P_x(x_0(\omega)=x)=1$. 又设$\eta_1(\omega)$，$\eta_2(\omega)$，$\cdots$为独立同分布的随机变量序列，它不依赖于$\{x_n(\omega);n=0,1,\cdots\}$的总合，并且对任意$P_x$，其中的每个随机变量都有$[0,1]$上的均匀分布. 对每对$x$，$y\in\mathscr{X}$，预先给定非负随机变量的分布函数$F_{x,y}(t)$，然后定义$[0,1]$上的函数$\varphi_{x,y}(t)$，使得量$\varphi_{x,y}(\xi)$（其中$\xi$有$[0,1]$上的均匀分布）恰有分布函数$F_{x,y}(t)$. 最后令

$$\tau_k=\varphi_{x_{k-1},x_k}(\eta_k)$$

$$x(t)=x_{k-1}\text{，如}\sum_{j=1}^{k-1}\tau_j\leqslant t<\sum_{j=1}^{k}\tau_j\left(\sum_{j=1}^{0}=0\right)$$

这样定义的过程叫做半马尔科夫过程. 与马尔科夫过程同样，它所取的一系列状态构成马尔科夫链，但是在马尔科夫过程的情况中，在某状态的逗留时间仅与该状态有关，而且一定有指数分布；对半马尔科夫过程，逗留时间则还依赖于过程将要转移到的状态，而且逗留时间的分布可以是任意的.

由于半马尔科夫过程不是马尔科夫的，故为确定其边缘分布，只确定转移概率或二维分布是不够的.

我们指出，在

$$\zeta=\sum_{k=1}^{\infty}\tau_k=+\infty$$

以概率$P_x=1$成立时，原则上应如何确定边沿分布. 显然，只需对每一x和t_1，t_2，$\cdots$，$t_n\in[0,\infty)$及有界$\mathfrak{B}$可测函数$f_1(x)$，$\cdots$，$f_n(x)$确定式子

$$E_xf_1(x(t_1))\cdots f_n(x(t_n)) \tag{6}$$

用$\exp\left\{-\sum_{1}^{n}s_kt_k\right\}$乘上式并对$t_1$，$\cdots$，$t_n$由0到$\infty$积分，即考虑函数(6)的Laplace变换. 这时可得

$$\mathfrak{L}_{s_1,\cdots,s_n}(f_1,\cdots,f_n)=E_x\prod_{k=1}^{n}\int_0^{\infty}\mathrm{e}^{-s_kt}f_k(x_t)\mathrm{d}t$$

由$x(t)$定义可知

$$\int_0^{\infty}\mathrm{e}^{-s_kt}f_k(x_t)\mathrm{d}t=\frac{1}{s_k}\sum_{n=0}^{\infty}f_k(x_n)\left[\exp\left\{-s_k\sum_{1}^{n}\tau_m\right\}-\exp\left\{-s_k\sum_{1}^{n+1}\tau_m\right\}\right]$$

所以

$$\mathfrak{L}_{s_1,\cdots,s_n}(f_1,\cdots,f_n)=E_x\prod_{k=1}^{n}\frac{1}{s_k}\sum_{N=0}^{\infty}f_k(x_N)\exp\left\{-s_k\sum_{1}^{N}\tau_m\right\}\times\left[1-\mathrm{e}^{-s_k\tau_{N+1}}\right] \tag{7}$$

记

$$\int_0^\infty e^{-st} d_t F_{x,y}(t) = \psi_{x,y}(s)$$

这时，先于(7) 中取条件数学期望(对给定的 $x_n, n=0,1,\cdots$)，再利用此时条件 τ_m 的独立性及有分布函数 $F_{x_{m-1},x_m}(t)$，我们得到

$$\mathfrak{L}_{s_1,\cdots,s_n}(f_1,\cdots,f_n) = \frac{1}{s_1\cdots s_n} E_x \sum_{N_1,\cdots,N_n=0}^{\infty} \prod_{k=1}^{n} f_k(x_{N_k}) K_{s_1,\cdots,s_n}^{(n)}(N_1,\cdots,N_n) \quad (8)$$

其中 $K_{s_1,\cdots,s_n}^{(n)}(N_1,\cdots,N_n)$ 为随机变量，它是 $x_0,\cdots,x_N$ $(N=\max\limits_i N_i)$ 的函数，由下列条件定义：

a) 它对数 $s_1,\cdots,s_n$ 与 $N_1,\cdots,N_n$ 的同样的排列不变，也即是对偶(s_k,N_k)的对称函数；

b) 设

$$G_{l,N}(s) = \prod_{k=l}^{N} \psi_{x_{k-1},x_k}(s) \quad (l \geqslant N \text{ 时}, G_{l,N}(s)=1) \quad (9)$$

$$\begin{aligned} H_N^{(i)}(s,s_1,\cdots,s_i) = {} & \psi_{x_N,x_{N+1}}(s) - \sum_{j=1}^{i} \psi_{x_N,x_{N+1}}(s+s_j) + \\ & \sum_{1\leqslant k<j\leqslant i} \psi_{x_N,x_{N+1}}(s+s_j+s_k) + \cdots + \\ & (-1)^i \psi_{x_N,x_{N+1}}\Big(s+\sum_{j=1}^{i} s_j\Big) \end{aligned} \quad (10)$$

这时，当

$$N_1 = N_2 = \cdots = N_{i_1} < N_{i_1+1} = \cdots = N_{i_2} < \cdots < N_{i_k} = N_n$$

$$\begin{aligned} K_{s_1,\cdots,s_n}^{(n)} = {} & G_{1,N_{i_1}}(s_1+\cdots+s_n) H_{N_{i_1}}^{(i_1)}(s_{i_1+1}+\cdots+s_n, s_1,\cdots,s_{i_1}) G_{N_{i_1}+1,N_{i_2}} \\ & (s_{i_1+1}+\cdots+s_n) H_{N_{i_2}}^{(i_2-i_1)}(s_{i_2+1}+\cdots+ \\ & s_n, s_{i_1+1},\cdots,s_{i_2}) \cdot \cdots \cdot G_{N_{i_{k-1}}+1,N_n}(s_{i_{k-1}+1}+\cdots+s_n) \cdot \\ & H_{N_n}^{(n-i_{k-1})}(0, s_{i_{k-1}+1},\cdots,s_n) \end{aligned} \quad (11)$$

公式(8) 与(9) ～ (11) 是很繁的. 我们给出 $x(t)$ 的分布的 Laplace 变换的一个较简单的公式

$$\mathfrak{L}_s(\varphi) = \frac{1}{s} \sum_{N=0}^{\infty} E_x \varphi(x_N) \Big(\prod_{k=1}^{N} \psi_{x_{k-1},x_k}(s)\Big) [1-\psi_{x_N,x_{N+1}}(s)] \quad (12)$$

由于下面的事实，研究半马尔科夫过程会方便得多.

引理 2 考虑相空间 $\mathscr{X}\times\mathscr{R}_+, \mathscr{R}_+=[0,\infty)$ 中的随机过程$(x(t),\xi(t))$，其中 $x(t)$ 是半马尔科夫过程，而

$$\xi(t) = 1 - \sum_{1}^{k-1} \tau_i, \text{当} \sum_{1}^{k-1} \tau_i \leqslant t < \sum_{1}^{k} \tau_i$$

这时，对一切 x，它是概率空间$\{\Omega,\mathfrak{S},P_x\}$ 上的齐次马尔科夫函数，其转移概率

由下列关系式给出

$$P(t,(x;s),B\times\{t+s\})=\chi_B(x)\frac{P_x\{\tau_1>t+s\}}{P_x\{\tau_1>s\}}$$

$$P(t,(x;s),B\times E)=\frac{1}{P_x\{\tau_1>s\}}\iint_{s}^{s+t}\mathrm{d}_uF_{x,y}(u)\pi(x,\mathrm{d}y)P(t+s-u,(y;0),B\times E) \tag{13}$$

$B\in\mathfrak{B},E\in\mathfrak{B}_+$ 为 $\mathscr{R}_+$ 中 Borel 集的 σ 代数，$t+s\in E$. 概率 $P(t,(x;0),B\times[0,T])$ 由下式定义

$$\int_0^\infty \mathrm{e}^{-st}P(t,(x;0),B\times[0,T])\mathrm{d}t=\frac{1}{s}E_x\sum_{N=0}^{\infty}\chi_B(x_N)G_N(s)[1-\psi_{x_N,x_{N+1}}(s,T)] \tag{14}$$

其中 $G_N(s)=G_{1,N}(s)$ 由等式(9)确定，而

$$\psi_{x,y}(s,T)=\int_0^t\mathrm{e}^{-st}\mathrm{d}F_{x,y}(t)+\mathrm{e}^{-sT}[1-F_{x,y}(T)] \tag{15}$$

注意，$P_x\{\tau_1>t\}$ 由下式给出

$$P_x\{\tau_1>t\}=\int[1-F_{x,y}(t)]\pi(x,\mathrm{d}y) \tag{16}$$

证 区间$[0,T]$上的过程$(x(t);\xi(t))$的性态可被量 $x_0,(x_1;\tau_1),\cdots,(x_N;\tau_N)$（其中 N 为使 $\sum_1^N\tau_k\leqslant T<\sum_1^{N+1}\tau_k$ 成立的 N）的值完全确定.

设 $\mathfrak{F}_T$ 为 Ω 中的 σ 代数，它可由区间$[0,T]$上的过程$(x(t);\xi(t))$的性态确定. 这时，在集 $\Omega_N=\left\{\omega:\sum_1^N\tau_k\leqslant T<\sum_1^{N+1}\tau_k\right\}$ 上测度

$$P_x\{x(t+T)\in B,\xi(t+T)\in\Lambda\mid\mathfrak{F}_T\}\quad(B\in\mathfrak{B},\Lambda\in\mathfrak{B}_+)$$

仅仅是 $x_0=x,x_1,\tau_1,\cdots,x_N,\tau_N$ 的函数. 此外，在集 Ω_N 上还有

$$\begin{aligned}&P_x\{x(t+T)\in B,\xi(t+T)\in\Lambda\mid x_0,x_1,\tau_1,\cdots,x_N,\tau_N\}=\\&E_x(P_x\{x(t+T)\in B,\xi(t+T)\in\Lambda\mid x_0,x_1,\\&\tau_1,\cdots,x_{N+1},\tau_{N+1}\}\chi_{\Omega_N}\mid x_0,\cdots,x_N,\tau_N)\end{aligned}$$

但在集 Ω_N 上

$$P_x\{x(t+T)\in B,\xi(t+T)\in\Lambda\mid x_0,x_1,\tau_1,\cdots,x_{N+1},\tau_{N+1}\}=$$

$$\begin{cases}\chi_B(x_N)\chi_\Lambda\left(t+T-\sum_1^N\tau_k\right) & \text{如}\sum_1^{N+1}\tau_k>T+t\\ P_x\left\{x(t+T)\in B,\xi(t+T)\in\Lambda\middle|x_{N+1},\sum_1^{N+1}\tau_k\right\} & \text{如}\sum_1^{N+1}\tau_k\leqslant T+t\end{cases}$$

不难看出,若令 $s=\sum_{1}^{N+1}\tau_k$,则

$$P_x\left\{x(t+T)\in B,\xi(t+T)\in\Lambda\,\middle|\,x_{N+1},\sum_{1}^{N+1}\tau_k\right\}=$$

$$P_{x_{N+1}}\{x(t+T-s)\in B,\xi(t+T-s)\in\Lambda\}$$

这是因为可以用与由量 $x_0,x_1,\tau_1,\cdots$ 构造过程 $(x(t);\xi(t))$ 完全相同的方法,由量 $x_{N+1},x_{N+2},\tau_{N+2},\cdots$ 来构造过程

$$\left(x\left(t+\sum_{1}^{N+1}\tau_k\right);\xi\left(t+\sum_{1}^{N+1}\tau_k\right)\right)$$

可见

$$P_x\{x(t+T)\in B,\xi(t+T)\in\Lambda\mid x_0,x_1,\tau_1,\cdots,x_N,\tau_N\}=$$

$$E_x\left\{\chi_B(x_N)\chi_\Lambda\left(t+T-\sum_{1}^{N}\tau_k\right)\chi_{\{\sum_{1}^{N+1}\tau_k>T+t\}}\,\middle|\,x_0,x_1,\cdots,x_N,\tau_N\right\}+$$

$$E_x\left(\widetilde{P}\left(t+T-\sum_{1}^{N+1}\tau_k,(x_{N+1};0),B\times\Lambda\right)\chi_{\{T\leqslant\sum_{1}^{N+1}\tau_k<T+t\}}\,\middle|\,x_0,x_1,\cdots,x_N,\tau_N\right)\tag{17}$$

其中

$$\widetilde{P}(t,(x;0),B\times\Lambda)=P_x\{x(t)\in B,\xi(t)\in\Lambda\}$$

注意到在 Ω_N 上,$T-\sum_{1}^{N}\tau_k=\xi(T)$. 所以

$$E_x\left(\chi_B(x_N)\chi_\Lambda\left(t+T-\sum_{1}^{N}\tau_k\right)\chi_{\{\sum_{1}^{N+1}\tau_k>T+t\}}\,\middle|\,x_0,x_1,\cdots,x_N,\tau_N\right)=$$

$$E_x\left(\chi_B(x_N)\chi_\Lambda(t+\xi(T))\chi_{\{\tau_{N+1}>\xi(T)+t\}}\,\middle|\,x_N,\sum_{1}^{N}\tau_k\right)=$$

$$\chi_B(x_N)\chi_\Lambda(t+\xi(T))P_x\{\tau_{N+1}>\xi(T)+t\mid x_N\}$$

由于 $\Omega_N=\left\{\sum_{1}^{N}\tau_k<T\right\}\cap\{\tau_{N+1}>\xi(T)\}$,故在 Ω_N 上有

$$P_x\left\{\tau_{N+1}>\xi(T)+t\,\middle|\,x_N,\sum_{1}^{N}\tau_k,\tau_{N+1}>\xi(T)\right\}=$$

$$\frac{P_x\{\tau_{N+1}>\xi(T)+t\mid x(T),\xi(T)\}}{P_x\{\tau_{N+1}>\xi(T)\mid x(T),\xi(T)\}}\tag{18}$$

类似地,在 Ω_N 上还有

$$E_x\left(\widetilde{P}\left(t+T-\sum_{1}^{N+1}\tau_k,(x_{N+1};0),B\times\Lambda\right)\chi_{\{T\leqslant\sum_{1}^{N+1}\tau_k<T+t\}}\,\middle|\,x_0,x_1,\cdots,x_N,\tau_N\right)=$$

$$E_x\left(\widetilde{P}(t+\tau_{N+1}+\xi(T),(x_{N+1};0),B\times\Lambda)\chi_{\{\xi(T)\leqslant\tau_{N+1}<\xi(T)+t\}}\,\middle|\,x_N,\sum_{1}^{N}\tau_k,\tau_{N+1}>\xi(T)\right)=$$

$$\frac{1}{P_x\{\tau_{N+1}>\xi(T)\mid x_N,\xi(T)\}}E_x\times$$

$$\left(\int_{\xi(T)}^{\xi(T)+t}\widetilde{P}(t+\xi(T)-u,(x_{N+1};0),B\times\Lambda)\times \mathrm{d}F_{x_N,x_{N+1}}(u)\,\middle|\, x_N,\xi(T)\right) \tag{19}$$

由于在 Ω_N 上 $x(T)=x_N$，从而就证明了

$$P_x\{x(t+T)\in B,\xi(t+T)\in\Lambda\mid\mathfrak{F}_T\} \tag{20}$$

只依赖于 $x(T)$ 与 $\xi(T)$，亦即 $(x(t);\xi(t))$ 是马尔科夫随机函数，而且由公式(17) ～ (19) 确定的概率(20) 的表达式表明，该马尔科夫随机函数的转移概率确实可以由等式(12) ～ (14) 确定. 引理全部证完.

现在我们构造具有转移概率(12) ～ (14) 的马尔科夫过程. 作为样本函数空间，我们取函数 $(x(t);\xi(t))$ 的空间 $\mathscr{F}$，其中 $(x(t);\xi(t))$ 为如下形式的函数：$\xi(t)\geqslant 0$，$\xi(t)$ 逐段线性，右连续，且在 $\xi(t)$ 的线性区间 $[\alpha,\beta)$ 上 $\xi(t)=\xi(\alpha)+t-\alpha$；如果 $[\alpha,\beta)$ 是 $\xi(t)$ 的线性区间，则对 $\alpha\leqslant t<\beta$ 令 $x(t)=x(\alpha)$，如果 β 是 $\xi(t)$ 的间断点，则令 $\xi(\beta+0)=0$. 为了证明可以在 $\mathscr{F}$ 上利用转移概率(12) ～ (14) 确定一个测度，我们指出 $\mathscr{F}$ 包含轨道 $\theta_s(x(t);\xi(t))$ 的集，而在此集上可以利用转移概率(12) ～ (14) 构造测度. 这样一来，有特殊形式的"二维"马尔科夫过程就可以和半马尔科夫过程联系起来了，此时，$x(t)$ 是过程在时刻 t 的状态；而 $\xi(t)$ 是过程在该状态的逗留时间.

半马尔科夫过程的一般定义　我们说半马尔科夫过程已经给定，如果已给：

a) 可测空间 $(\mathscr{X},\mathfrak{B})$，称它为过程的相空间；

b) 定义于 $[0,\infty)$，取值于 $\mathscr{X}\times\mathscr{R}_+$，$\mathscr{R}_+=[0,\infty]$ 的函数的空间 $\mathscr{F}_{(\mathscr{X},\mathscr{R}_+)}$，它由如下形式的函数构成：如 $(x(t);\xi(t))\in\mathscr{F}_{(\mathscr{X},\mathscr{R}_+)}$，则 $\xi(t)$ 为右连续的逐段线性函数；如 $[\alpha,\beta)$ 为 $\xi(t)$ 的线性区间，则对 $t\in[\alpha,\beta)$，$\xi(t)=\xi(\alpha)+t-\alpha$；如 β 为 $\xi(t)$ 的间断点，则令 $\xi(\beta+0)=0$；在 $\xi(t)$ 的每一个线性区间 $[\alpha,\beta)$ 上 $x(\alpha)=x(t)$，如 β 为 $\xi(t)$ 的间断点，则

$$x(\beta)\neq x(\beta-0)$$

$x(t)$ 在 $\mathscr{X}$ 中给定的离散拓扑上右连续；称 $x(t)$ 为过程在时刻 t 的状态，$\xi(t)$ 称为过程直到时刻 t 在该状态的逗留时间；$x(t)$ 又称为相分量，而 $\xi(t)$ 称为半马尔科夫过程的时间分量；

c) 齐次马尔科夫过程 $\{\mathscr{F}_{(\mathscr{X},\mathscr{R}_+)},\mathscr{N}_{(\mathscr{X},\mathscr{R}_+)},P_{x,s}\}$，其中 $\mathscr{N}_{(\mathscr{X},\mathscr{R}_+)}$ 为 $\mathscr{F}_{(\mathscr{X},\mathscr{R}_+)}$ 中的柱集产生的 σ 代数.

当然还可研究中断半马尔科夫过程，这时如何修改定义是显然的.

我们下面只考虑强马尔科夫过程 $(x(t);\xi(t))$. 设 τ 为分量 $\xi(t)$ 首次取 0 值的时刻. 这时，$\xi(t)$ 在 $[0,\tau)$ 上是线性的，而 $x(t)$ 是常数. 显然，τ 是马尔科夫时间. 令 $\zeta_1=\tau$

$$\zeta_n = \theta_\tau \zeta_{n-1} + \tau$$

则 $\zeta_1, \zeta_2, \cdots$ 也是马尔科夫时间，于是量 $\{(x(\zeta_n);\xi(\zeta_n)), n=1,2,\cdots\}$ 构成马尔科夫链. 但注意到对一切 n, $\xi(\zeta_n)=0$，故 $\{x(\zeta_n), n=1,2,\cdots\}$ 也是马尔科夫链. 此链的转移概率可由下式得到

$$\begin{aligned} P\{x(\zeta_{n+1}) \in B \mid x(\zeta_n)\} = &E(P\{x(\zeta_{n+1}) \in B \mid \mathcal{N}_{\zeta_n}\} \mid x(\zeta_n)) = \\ &E(P\{\theta_{\zeta_n} x(\tau) \in B \mid \mathcal{N}_{\zeta_n}\} \mid x(\zeta_n)) = \\ &E(P_{x(\zeta_n),\xi(\zeta_n)}\{x(\tau) \in B\} \mid x(\zeta_n)) = \\ &P_{x(\zeta_n),0}\{x(\tau) \in B\} \end{aligned}$$

由此可见，此马尔科夫链为齐次的，并且其一步转移概率 $\pi(x,B)$ 为下式所确定

$$\pi(x,B) = P_{x,0}\{x(\tau) \in B\} \tag{21}$$

令 $x(0)=x_0, \cdots, x(\zeta_n)=x_n, \zeta_n - \zeta_{n-1} = \tau_n$. 可以指出，$\{(x_n;\tau_n), n=1, 2,\cdots\}$ 也构成齐次马尔科夫链. 实际上，如 Λ 为 $\mathcal{R}_+$ 上的 Borel 集，那么

$$\begin{aligned} P_{x,s}\{x(\zeta_n) \in B, \tau_n \in \Lambda \mid \mathcal{N}_{\zeta_{n-1}}\} = &P\{\theta_{\zeta_{n-1}} x(\tau) \subset B, \theta_{\zeta_{n-1}} \tau \in \Lambda \mid \mathcal{N}_{\zeta_{n-1}}\} = \\ &P_{x_{n-1},\xi(\zeta_{n-1})}\{x(\tau) \in B, \tau \in \Lambda\} = \\ &P_{x_{n-1},0}\{x(\tau) \in B, \tau \in \Lambda\} \quad (n > 1) \end{aligned} \tag{22}$$

因为当 $k \leqslant n-1$ 时，$(x_k;\tau_k)$ 对 $\mathcal{N}_{\zeta_{n-1}}$ 可测，故由此推得我们的结论.

显然，为确定过程 $(x(t);\xi(t))$ 在时间区间 $[0,\zeta^1)$（这里 $\zeta^1 = \sup\limits_n \zeta_n$）上的轨道，只需给出 $x_0, x_1, \cdots, \xi(0), \tau_1, \tau_2, \cdots$. 此时，如 $\zeta_n \leqslant t < \zeta_{n+1}$, $x(t)=x_n$；如 $t<\tau_1$, $\xi(t)=\xi(0)+t$；如 $\zeta_n \leqslant t < \zeta_{n+1}, n \geqslant 1$, $\xi(t)=t-\zeta_n$. 如果已经给定 x_0 及 $\xi(0)=s$，则为了给出量 $\{(x_k;\tau_k), k=1,2,\cdots\}$ 的联合分布，只需给出 $(x_1;\tau_1)$ 的联合分布

$$P_{x_0,s}\{x(\tau) \in B, \tau \in \Lambda\}$$

及由公式(22)定义的链 $\{(x_n;\tau_n)\}$ 的转移概率.

因为 $P_{x,0}\{x(\tau) \in B, \tau \in \Lambda\}$ 作为 B 上的测度，对于 $\pi(x,B)$ 绝对连续，故

$$P_{x,0}\{x(\tau) \in B, \tau \in \Lambda\} = \int_B F_{x,y}(\Lambda)\pi(x,\mathrm{d}y)$$

$F_{x,y}(\Lambda)$ 作为 Λ 的函数，是在条件 $x(0)=x, x(\tau)=y(\xi(0)=0)$ 下，τ 的条件分布. 约定

$$F_{x,y}(t) = F_{x,y}([0,t))$$

我们得到用以构造性地定义半马尔科夫过程的那些特征.

可以指出，$P_{x,s}\{x(\tau) \in B, \tau \in \Lambda\}$ 以某种方式与 $\pi(x,B)$ 及 $F_{x,y}(\Lambda)$ 有关. 实际上

$$P_{x,0}\{x(\tau) \in B, \tau \in \Lambda + s\} = P_{x,0}\{\tau > s, \theta_s x(\tau) \in B, \tau \in \Lambda\} =$$

$$P_{x,0}\{\tau > s\}P_{x,s}\{x_\tau \in B, \tau \in \Lambda - s\}$$

(这里 $\Lambda - s$ 表示使 $s + u \in \Lambda$ 的 u 的集合). 如有 $P_{x,0}\{\tau > s\} > 0$,则

$$P_{x,s}\{x(\tau) \in B, \tau \in \Lambda\} = \frac{1}{P_{x,0}\{\tau > s\}}\int_B F_{x,y}(\Lambda - s)\pi(x, \mathrm{d}y) \tag{23}$$

如 $P_{x,0}\{\tau > s\} = 0$,则式(23) 无意义.

这一小节中定义的过程不同于用构造方法建立的过程的地方是,它可以有不止一个跳跃点的聚点.

在研究非规则过程时,特征算子和 λ 调和函数起了重要作用(见第二章 §5). 现寻找过程$(x(t);\xi(t))$ 的特征算子. 设 τ 为分量 $\xi(t)$ 首次取 0 值的时刻(如 $\xi(0) = 0$,则 τ 为 $\xi(t)$ 变为正的以后第一次取 0 值的时刻),$\tau_\varepsilon = \min[\tau, \varepsilon]$. 定义于 $\mathscr{X} \times \mathscr{R}_+$ 上,对 $\mathfrak{B} \times \mathfrak{B}_+$ (这里 $\mathfrak{B}_+$ 为 $\mathscr{R}_+$ 上 Borel 集的 σ 代数) 可测的函数 $f(x, s)$ 属于过程的特征算子 $\mathfrak{U}$ 的定义域,如果对一切 $x \in \mathscr{X}$ 和 $s \in \mathscr{R}_+$ 存在极限

$$\lim_{\varepsilon \downarrow 0} \frac{1}{E_{x,s}\tau_\varepsilon}[E_{x,s}f(x(\tau_\varepsilon), s + \tau_\varepsilon) - f(x, s)] = \mathfrak{U}f(x, s)$$

设

$$P_{x,s}\{x(\tau) \in B, \tau < t\} = \Phi_{x,s}(B, t)$$

这时

$$E_{x,s}\tau_\varepsilon = \varepsilon P_{x,s}\{\tau > \varepsilon\} + \int_0^\varepsilon u \mathrm{d}_u \Phi_{x,s}(\mathscr{X}, u)$$

$$E_{x,s}f(x(\tau_\varepsilon), s + \tau_\varepsilon) = f(x, s + \varepsilon)P_{x,s}\{\tau > \varepsilon\} + E_{x,s}f(x(\tau), 0)\,\chi_{\{\tau < \varepsilon\}} = f(x, s + \varepsilon)P_{x,s}\{\tau > \varepsilon\} + \int_{\mathscr{X}} \Phi_{x,s}(\mathrm{d}y, \varepsilon)f(y, 0)$$

于是

$$\mathfrak{U}f(x, s) = \lim_{\varepsilon \downarrow 0} \frac{1}{\varepsilon P_{x,s}\{\tau > \varepsilon\} + \int_0^\varepsilon u \mathrm{d}\Phi_{x,s}(\mathscr{X}, u)} \cdot \left[\int_{\mathscr{X}} \Phi_{x,s}(\mathrm{d}y, \varepsilon)(f(y, 0) - f(x, s)) + P_{x,s}\{\tau > \varepsilon\}(f(x, s + \varepsilon) - f(x, s))\right]$$

由过程的右连续性可知,$\varepsilon \downarrow 0$ 时 $P_{x,s}\{\tau \leqslant \varepsilon\} \downarrow 0$. 因此有

$$\varepsilon P_{x,s}\{\tau > \varepsilon\} + \int_0^\varepsilon u \mathrm{d}_u \Phi_{x,s}(\mathscr{X}, u) \sim \varepsilon$$

并且

$$\mathfrak{U}f(x,s) = \lim_{\varepsilon \downarrow 0} \frac{1}{\varepsilon}\left[\int \Phi_{x,s}(\mathrm{d}y, \varepsilon)(f(y,0) - f(x,s)) + P_{x,s}\{\tau > \varepsilon\}(f(x, s+\varepsilon) - f(x,s))\right]$$

假设式(23) 正确,于是

$$\mathfrak{U}f(x,s)=\lim_{\varepsilon\downarrow 0}\frac{1}{\varepsilon P_{x,0}\{\tau>s\}}\Big[\int(F_{x,y}(s+\varepsilon)-F_{x,y}(s))\cdot (f(y,0)-f(x,s))\pi(x,\mathrm{d}y)+\int(1-F_{x,y}(s+\varepsilon))\pi(x,\mathrm{d}y)(f(x,s+\varepsilon)-f(x,s))\Big]=\lim_{\varepsilon\downarrow 0}\Big[\frac{1}{\varepsilon P_{x,0}\{\tau>s\}}\int(F_{x,y}(s+\varepsilon)-F_{x,y}(s))(f(y,0)-f(x,s+\varepsilon))\pi(x,\mathrm{d}y)+\frac{1}{\varepsilon}(f(x,s+\varepsilon)-f(x,s))\Big]$$

如果 $F_{x,y}(s)$ 对 s 可微且对 s 的导数有界，则有 $f\in\mathscr{D}_{\mathfrak{U}}$；如果 $f(x,s)$ 对 s 可微，则

$$\mathfrak{U}f(x,s)=\frac{1}{P_{x,0}\{\tau>s\}}\int\frac{\partial}{\partial s}F_{x,y}(s)(f(y,0)-f(x,s))\pi(x,\mathrm{d}y)+\frac{\partial}{\partial s}f(x,s)\tag{24}$$

考虑到

$$P_{x,0}\{\tau>s\}=\int[1-F_{x,y}(s)]\pi(x,\mathrm{d}y)$$

可将(24) 写成

$$\mathfrak{U}f(x,s)=\frac{1}{P_{x,0}\{\tau>s\}}\frac{\partial}{\partial s}\int[1-F_{x,y}(s)][f(y,0)-f(x,s)]\pi(x,\mathrm{d}y)\tag{25}$$

式(25) 甚至当 $F_{x,y}(s)$ 不可微时也是有意义的，而且如式(23) 成立，$F_{x,y}(t)$ 对 t 连续，$F_{x,y}(0)=0$ 又函数 $f(x,s)$ 对 s 连续，则(25) 总是正确的.

现我们在过程于跳跃点的第一个聚点处中断的条件下，考虑过程的预解式 R_λ^0 的表达式. 我们假定式(23) 对一切 x 与 $s>0$ 成立. 这时对一切有界 $\mathfrak{B}\times\mathfrak{B}_+$ 可测函数和 $\mathfrak{B}$ 可测集 B 有

$$E_{x,s}\int_0^\tau f(x(t),\xi(t))\mathrm{e}^{-\lambda t}\mathrm{d}t\,\chi_B(x_\tau)=E_{x,s}\int_0^\tau f(x,s+t)\mathrm{e}^{-\lambda t}\mathrm{d}t\,\chi_B(x_\tau)=E_{x,s}\int_0^\infty f(x,s+t)\mathrm{e}^{-\lambda t}\chi_{\{\tau>t\}}\chi_B(x_\tau)\mathrm{d}t=\frac{1}{P_{x,0}\{\tau>s\}}\int_0^\infty f(x,s+t)\mathrm{e}^{-\lambda t}\cdot\int_B[1-F_{x,y}(t+s)]\pi(x,\mathrm{d}y)\mathrm{d}t$$

因为

$$E_{x,s}\int_0^{\zeta^1}f(x(t),\xi(t))\mathrm{e}^{-\lambda t}\mathrm{d}t=\sum_{n=0}^\infty E_{x,s}\int_{\zeta_n}^{\zeta_{n+1}}f(x(t),\xi(t))\mathrm{e}^{-\lambda t}\mathrm{d}t=$$

$$\sum_{n=1}^{\infty} E_{x,s} e^{-\lambda\zeta_n} E_{x(\zeta_n),0} \int_0^{\tau} f(x(t),\xi(t)) e^{-\lambda t} dt +$$

$$E_{x,s} \int_0^{\tau} f(x(t),\xi(t)) e^{-\lambda t} dt$$

所以

$$R_\lambda^0 f(x,s) = \frac{1}{P_{x,0}\{\tau > s\}} \iint_0^{\infty} f(x,t+s) e^{-\lambda t} [1 - F_{x,y}(t+s)] \pi(x,dy) dt +$$

$$\sum_{n=1}^{\infty} E_{x,s} e^{-\lambda\zeta_n} \iint_0^{\infty} f(x(\zeta_n),t) [1 - F_{x(\zeta_n),y}(t)] dt \pi(x,dy)$$

再假设

$$\psi_\lambda(x,y) = \int_0^{\infty} e^{-\lambda t} dF_{x,y}(t) \tag{26}$$

$$\psi_\lambda(x,y;s) = \frac{1}{P_{x,0}\{\tau > s\}} \int_0^{\infty} e^{-\lambda t} d_t F_{x,y}(t+s) \tag{27}$$

$$K_\lambda^{(1)}(x,B) = \int_B \psi_\lambda(x,y) \pi(x,dy)$$

$$K_\lambda^{(0)}(x,B) = \chi_B(x) \tag{28}$$

$$K_\lambda^{(n)}(x,B) = \int \psi_\lambda(x,y) \pi(x,dy) K_\lambda^{(n-1)}(y,B) \quad (n > 1) \tag{29}$$

因为

$$E_{x,s} e^{-\lambda\zeta_n} f(x(\zeta_n)) = E_{x,s} e^{-\lambda\tau} E_{x(\tau),0} e^{-\lambda\zeta_{n-1}} f(x(\zeta_{n-1})) =$$

$$\int \psi_\lambda(x,y;s) E_{y,0} e^{-\lambda\zeta_{n-1}} f(x(\zeta_{n-1})) \pi(x,dy)$$

$$E_{x,0} e^{-\lambda\zeta_n} f(x(\zeta_n)) = \int K_\lambda^{(n)}(x,dy) f(y)$$

由此可得

$$R_\lambda^0 f(x,s) = \frac{1}{P_{x,0}\{\tau > s\}} \iint_0^{\infty} e^{-\lambda t} [1 - F_{x,y}(t+s)] f(x,t+s) \cdot$$

$$dt \pi(x,dy) + \int \psi_\lambda(x,y;s) \sum_{n=0}^{\infty} \int K_\lambda^{(n)}(y,dz) \cdot$$

$$\iint_0^{\infty} f(z,t) [1 - F_{z,v}(t)] e^{-\lambda t} dt \pi(z,dv) \tag{30}$$

现在我们来考虑过程的 λ 调和函数，它可描述成下面的

引理 3 设式(23)满足，这时过程的一切有界 λ 调和函数有形如

$$f(x,s) = E_{x,s} e^{-\lambda^{\tau}} f(x_\tau) = \int \psi_\lambda(x,y;s) f(y) \pi(x,dy) \tag{31}$$

其中 $f(y)$ 为 $\mathfrak{B}$ 可测有界函数，它满足关系

$$f(x)=\int f(y)K_{\lambda}^{(1)}(x,\mathrm{d}y) \tag{32}$$

证 如 $f(x,s)$ 为 λ 调和函数，则对一切马尔科夫时间 $\eta<\zeta^1$

$$E_{x,s}\mathrm{e}^{-\lambda\eta}f(x(\eta),\xi(\eta))=f(x,s)$$

取使分量首次取0为值的时刻 τ 为 η，取函数 $f(x,0)$ 作为 $f(x)$，可得到(31). 于(31) 中令 $s=0$ 可得(32).

现证 $f(x)$ 满足(32) 时，形如(31) 的函数是 λ 调和函数. 为此我们指出，由(32)，序列

$$\mathrm{e}^{-\lambda\zeta_n}f(x(\zeta_n)) \quad (n>1)$$

组成概率空间 $\{\mathscr{F}_{(\mathscr{X},\mathscr{R}_+)},\mathscr{N}_{(\mathscr{X},\mathscr{R}_+)},P_{x,s}\}$（对任意 $x\in\mathscr{X},s\in\mathscr{R}_+$）上的有界鞅

$$\begin{aligned}E_{x,s}(\mathrm{e}^{-\lambda\zeta_n}f(x(\zeta_n))\mid\mathscr{N}_{\zeta_{n-1}})=&E_{x,s}(\mathrm{e}^{-\lambda\zeta_{n-1}}\theta_{\zeta_{n-1}}\mathrm{e}^{-\lambda^{\tau}}f(x_\tau)\mid\mathscr{N}_{\zeta_{n-1}})=\\&\mathrm{e}^{-\lambda\zeta_{n-1}}E_{x(\zeta_{n-1}),0}\mathrm{e}^{-\lambda^{\tau}}f(x_\tau)=\\&\mathrm{e}^{-\lambda\zeta_{n-1}}f(x(\zeta_{n-1}))\end{aligned}$$

因此，以概率 $P_{x,s}=1$ 存在极限

$$\lim_{n\to\infty}\mathrm{e}^{-\lambda\zeta_n}f(x(\zeta_n))$$

如 η 为某一满足不等式 $\zeta_m\leqslant\eta<\zeta_{m+1}$ 的马尔科夫时间，则当 $n>m+1$ 时

$$\theta_\eta f(x(\zeta_n))=f(x(\zeta_{n-m-1}))$$

因此

$$\begin{aligned}\mathrm{e}^{-\lambda\eta}\theta_\eta\lim_{n\to\infty}\mathrm{e}^{-\lambda\zeta_n}f(x(\zeta_n))=&\lim_{n\to\infty}\mathrm{e}^{-\lambda\eta}\mathrm{e}^{-\lambda(\zeta_n-\eta)}f(x(\zeta_{n-m-1}))=\\&\lim_{n\to\infty}\mathrm{e}^{-\lambda\zeta_n}f(x(\zeta_{n-m-1}))=\\&\lim_{n\to\infty}\mathrm{e}^{-\lambda\zeta_{n-m-1}}f(x(\zeta_{n-m-1}))+\\&\lim_{n\to\infty}(\mathrm{e}^{-\lambda\zeta_n}-\mathrm{e}^{-\lambda\zeta_{n-m-1}})f(x(\zeta_{n-m-1}))=\\&\lim_{n\to\infty}f(x(\zeta_n))\end{aligned}$$

这里 $\lim\limits_{n\to\infty}(\mathrm{e}^{-\lambda\zeta_n}-\mathrm{e}^{-\lambda\zeta_{n-m-1}})=0$ 是由于 $\lim\limits_{n\to\infty}\mathrm{e}^{-\lambda\zeta_n}$ 的存在性(ζ_n 单增). 于是对一切满足不等式 $\eta<\zeta^1$ 的马尔科夫时间 η，都有

$$\mathrm{e}^{-\lambda\eta}\theta_\eta\lim_{n\to\infty}\mathrm{e}^{-\lambda\zeta_n}f(x(\zeta_n))=\lim_{n\to\infty}\mathrm{e}^{-\lambda\zeta_n}f(x(\zeta_n))$$

也就是对一切 n

$$\begin{aligned}f(x,s)=E_{x,s}\mathrm{e}^{-\lambda^{\tau}}f(x(\tau))=&E_{x,s}\mathrm{e}^{-\lambda\zeta_n}f(x(\zeta_n))=\\&E_{x,s}\lim_{n\to\infty}\mathrm{e}^{-\lambda\zeta_n}f(x(\zeta_n))\end{aligned}$$

如 η 为马尔科夫时间，且 $\eta<\zeta^1$，则

$$\begin{aligned}E_{x,s}\mathrm{e}^{-\lambda\eta}E_{x(\eta),\xi(\eta)}\lim_{n\to\infty}\mathrm{e}^{-\lambda\zeta_n}f(x(\zeta_n))=&E_{x,s}\mathrm{e}^{-\lambda\eta}\theta_\eta\lim_{n\to\infty}\mathrm{e}^{-\lambda\zeta_n}f(x(\zeta_n))=\\&E_{x,s}\lim_{n\to\infty}\mathrm{e}^{-\lambda\zeta_n}f(x(\zeta_n))=\\&f(x,s)\end{aligned}$$

引理证完.

知道了 R_λ^0 及调和函数,就可以用第二章 §5 的方法刻画一切具有已给特征算子的马尔科夫过程.

现在我们讨论半马尔科夫过程的 Feller 性. 设 $F_{x,y}(t)$ 对一切 $x,y\in\mathscr{X}$ 是 t 的连续函数,且对一切 $x\in\mathscr{X}$, $P_{x,0}\{\tau>t\}>0$. 此时式(23)成立. 由于在 $\mathscr{X}$ 中的拓扑是离散拓扑,所以函数 $f(x,s)$ 在 $\mathscr{X}\times\mathscr{R}_+$ 上的连续性只不过是它对 s 的连续性. 在上述假设下,一切有界 λ 调和函数都是连续的;这可由式(31)以及(27)中的函数 $\psi_\lambda(x,y;s)$ 对 s 的连续性(这因为

$$P_{x,0}\{\tau>s\}=\int(1-F_{x,y}(s))\pi(x,\mathrm{d}y)$$

对 s 连续)推出.

现设 $P(t,(x;s),\cdot)$ 为某半马尔科夫过程的转移概率,该过程到时刻 ζ^1 以前的分布特性由函数 $\pi(x,B)$ 与 $F_{x,y}(t)$ 所表征. 显然,这个转移概率满足下列积分方程

$$P(t,(x;s),B\times\Lambda)=\chi_B(x)\,\chi_\Lambda(t+s)\,\frac{P_{x,0}\{\tau>t+s\}}{P_{x,0}\{\tau>s\}}+$$

$$\iint_0^t\frac{\mathrm{d}_uF_{x,y}(u+s)}{P_{x,0}\{\tau>s\}}P(t-u,(x;0),B\times\Lambda)\pi(x,\mathrm{d}y)$$

如 T_t 为转移概率 $P(t,(x;s),\cdot)$ 产生的半群,则

$$T_tf(x,s)=f(x,s+t)\frac{P_{x,0}\{\tau>t+s\}}{P_{x,0}\{\tau>s\}}+\iint_0^t T_{t-u}f(y,0)\frac{\mathrm{d}_uF_{x,y}(u+s)}{P_{x,0}\{\tau>s\}}\pi(x,\mathrm{d}y)\tag{33}$$

如 $f(x,s)$ 对 s 连续,则由(33)可推得 $t\downarrow 0$ 时 $T_tf(x,s)\to f(x,s)$,这因为(33)左边的积分被量

$$\|f\|\ \frac{P_{x,0}\{s<\tau\leqslant t+s\}}{P_{x,0}\{\tau>s\}}$$

限制,第一个被加项趋近于 $f(x,s)$. 所以,对一切 s 的连续函数 $f(x,s)$,函数 $T_tf(x,s)$ 对 t 右连续.

可以证明,$T_tf(x,s)$ 对 s 连续. (33)右边第一个被加项有这一性质. 为证明(33)右边第二个被加项对 s 连续,只要证明对一切 $y\in\mathscr{X}$

$$\int_0^t T_{t-u}f(y,0)\mathrm{d}_u\frac{F_{x,y}(u+s)}{P_{x,0}\{\tau>s\}}\tag{34}$$

对 s 连续. 因为测度

$$\mu_s(\Lambda)=\frac{1}{P_{x,0}\{\tau>s\}}\int_\Lambda\mathrm{d}_uF_{x,y}(u+s)$$

对 s 弱连续,故

$$\lim_{s\to s_0}\int g(u)\mu_s(\mathrm{d}u)=\int g(u)\mu_{s_0}(\mathrm{d}u) \tag{35}$$

对一切有界可测函数 $g(u)$ 成立，$g(u)$ 的间断点集合为测度 μ_{s_0} 的 0 测集(见随机过程(Ⅰ)，第六章 §1 引理 1). 因为 $T_{t-u}f(y,0)$ 对 u 左连续，故此函数的间断点集至多可数，但测度 μ_{s_0} 连续，所以一切可数集的测度等于 0. 这样一来，如令 $g(u)=T_{t-u}f(y,0)$，式(35) 成立. (34) 对 s 的连续性得以确立.

于是我们证得下面定理：

定理 1 半马尔科夫过程(对此过程函数

$$F_{x,y}(t)=P_{x,0}\{\tau<t \mid x(\tau)=y\}$$

对 t 连续，且对一切 $t>0$，$P_{x,0}\{\tau>t\}>0$) 在下述意义上是 Feller 过程：相应于该过程的半群，将对 s 连续的有界 $\mathfrak{B}\times\mathfrak{B}_+$ 可测函数 $f(x,s)$ 的集合变到自身，一切有界 λ 调和函数也属于这一集合.

具有半马尔科夫随机扰动的过程 具有半马尔科夫随机扰动的过程通常理解为用下面方法构造性地刻画的过程. 设在某相空间$(\mathscr{Y},\mathfrak{L})$ 上，已给半马尔科夫过程$(y(t);\xi(t))$，并设在相空间$(\mathscr{X},\mathfrak{B})$ 上有与每一 $y\in\mathscr{Y}$有关的马尔科夫过程$\{\mathscr{F},\mathscr{N},P_x^{(y)}\}$(轨道空间 $\mathscr{F}$ 与 σ 代数 $\mathscr{N}$也对一切 $y\in\mathscr{Y}$是相同的)，其轨道记为 $x(t,y)$. 这时，过程 $z(t)=x(t,y(t))$ 就是具有半马尔科夫随机扰动的过程.

相应于这个过程，我们在$\{\mathscr{F}^*,\mathscr{N}^*\}$ 上构造测度，这里 $\mathscr{F}^*$ 为如下函数 $x(t)$ 的集合：它定义于区间的和 $\bigcup[t_k,t_{k+1})$ 上，$0=t_0<t_1<\cdots<t_n<\cdots$，$t_n\to\infty$(假设半马尔科夫过程是规则的)，且对一切 k 存在函数 $x_k(t)\in\mathscr{F}$，使当 $0\leqslant t<t_{k+1}-t_k$ 时，$x(t-t_k)=x_k(t)$；而 $\mathscr{N}^*$ 为 $\mathscr{F}^*$ 中的柱集所产生的 σ 代数. 这样的测度将依赖于 x 和 y，后者分别是马尔科夫和半马尔科夫过程的初始值.

设 $\mathscr{F}_{\mathscr{Y}}$ 为取值于$\mathscr{Y}$的逐段为常数的函数 $y(t)$ 的集合. 令 $y(t)=y_k$，如果 $\zeta_k\leqslant t<\zeta_{k+1}$，$0=\zeta_0<\zeta_1<\cdots<\zeta_n<\cdots$，$\zeta_n\uparrow\infty$. 我们用下面的方法把$\{\mathscr{F}^*,\mathscr{N}^*\}$上的测度 $P_n^{y(\cdot)}$ 与函数 $y(\cdot)$ 联系起来：如果

$$A=\bigcap_{k=0}^{n}\theta_{\zeta_k}A_k$$

(这里 A_k 为 $\mathscr{F}^*$ 中的柱集，它由 $0\leqslant t<\zeta_{k+1}-\zeta_k$ 时的 $x(t)$ 的值确定)，则

$$P_x^{y(\cdot)}(A)=\int P_x^{y_0}\{A_0\cap C_{\zeta_1}(\mathrm{d}x_1)\}\int P_{x_1}^{y_1}\{A_1\cap C_{\zeta_2-\zeta_1}(\mathrm{d}x_2)\}\cdot\cdots\cdot$$

$$\int P_{x_{n-1}}^{y_{n-1}}\{A_{n-1}\cap C_{\zeta_n-\zeta_{n-1}}(\mathrm{d}x_n)\}P_{x_n}^{y_n}(A_n)$$

$$C_t(B)=\{x(\cdot);x(t)\in B\} \tag{36}$$

容易看出，$P_x^{y(\cdot)}(A)$ 是 $\mathscr{F}_{\mathscr{Y}}$ 上的 $\mathscr{N}_{\mathscr{Y}}$ 可测函数，其中 $\mathscr{N}_{\mathscr{Y}}$ 为 $\mathscr{F}_{\mathscr{Y}}$ 中的柱集产生的 σ 代数. 因此积分

$$P_{y,x}(A)=\int P_x^{y(\cdot)}(A)\mu_{\mathscr{Y}}(\mathrm{d}y(\cdot)) \tag{37}$$

是有意义的，这里 $\mu_{\mathscr{Y}}(\cdot)$ 为 $\{\mathscr{F}_{\mathscr{Y}},\mathscr{N}_{\mathscr{Y}}\}$ 上之测度，它对应于半马尔科夫过程的分量.

为确定过程的边缘分布我们再次计算函数

$$M_{y,x}f_1(z(t_1))\cdots f_m(z(t_m))$$

（关于 $t_1,\cdots,t_m$）的 Laplace 变换（其中 $f_1,\cdots,f_m$ 为定义于 $\mathscr{X}$ 上的有界 $\mathfrak{B}$ 可测函数）

$$L_{y,x}(f_1,\cdots,f_m;\lambda_1,\cdots,\lambda_m)=\int_0^\infty\cdots\int_0^\infty E_{y,x}f_1(z(t_1))\cdots f_m(z(t_m))\mathrm{e}^{-\lambda_1t_1-\cdots-\lambda_mt_m}\mathrm{d}t_1\cdots\mathrm{d}t_m=$$

$$E_{y,x}\prod_{k=1}^m\int_0^\infty f_k(z(t))\mathrm{e}^{-\lambda_kt}\mathrm{d}t$$

我们利用以前的记号：$0=\zeta_0<\zeta_1<\cdots$ 为半马尔科夫过程的跳跃时刻，$y_n=y(\zeta_n)$. 设 $\zeta_n\uparrow\infty$，即设半马尔科夫过程是规则的. 这时

$$\int_0^\infty f_k(z(t))\mathrm{e}^{-\lambda_kt}\mathrm{d}t=\sum_{n=0}^\infty\mathrm{e}^{-\lambda_k\zeta_n}\int_{\zeta_n}^{\zeta_{n+1}}f_k(x(t;y_n))\mathrm{e}^{-\lambda(t-\zeta_n)}\mathrm{d}t=$$

$$\sum_{n=0}^\infty\mathrm{e}^{-\lambda_k\xi_n}\theta_{\zeta_n}\int_0^{\zeta_1}f_k(x(t,y_0))\mathrm{e}^{-\lambda t}\mathrm{d}t$$

这里 θ_{ζ_n} 为半马尔科夫过程的推移算子，$\theta_{\zeta_n}x(t)=x(t+\zeta_n)$.

记

$$E_x^{(y)}\chi_B(x_s)\int_0^sf(x(t))\mathrm{e}^{-\lambda t}\mathrm{d}t=R_\lambda^{(y)}(s,B)f(x)$$

容易证明

$$V_{\lambda_1,\cdots,\lambda_k}^y(s,x,B;f_1,\cdots,f_k)=E_x^{(y)}\chi_B(x_s)\prod_{j=1}^k\int_0^sf_j(x(t))\mathrm{e}^{-\lambda_jt}\mathrm{d}t=$$

$$S_{1,\cdots,k}\int\cdots\int_{0<s_1<\cdots<s_k<s}\mathrm{d}_{s_1}\int R_{\lambda_1}^y(s_1,\mathrm{d}x_1)f_1(x)\cdots$$

$$\mathrm{d}_{s_k}R_{\lambda_k}^y(s_k-s_{k-1},B)f_k(x_{k-1})$$

其中 $S_{1,\cdots,k}$ 表示对组码 $1,\cdots,k$ 的一切排列求和.

我们有

$$L_{y,x}(f_1,\cdots,f_m;\lambda_1,\cdots,\lambda_m)=E_{y,x}\prod_{k=1}^m\sum_{n=0}^\infty\mathrm{e}^{-\lambda_k\zeta_n}\theta_{\zeta_n}\int_0^{\zeta_1}f_k(x(t,y_0))\mathrm{e}^{-\lambda_kt}\mathrm{d}t=$$

$$\sum_{n_1,\cdots,n_m}E_{y,x}\prod_{k=1}^m\mathrm{e}^{-\lambda_k\zeta_{n_k}}\theta_{\zeta_{n_k}}\int_0^{\zeta_1}f_k(x(t,y_0))\mathrm{e}^{-\lambda_kt}\mathrm{d}t=$$

$$\sum_{n_1,\cdots,n_m}L_{y,x}^{(n_1,\cdots,n_m)}(f_1,\cdots,f_m;\lambda_1,\cdots,\lambda_m)$$

设 $n_1\leqslant n_2\leqslant\cdots\leqslant n_m$ 及

$$n_1=\cdots=n_{i_1}=N_1<\cdots<n_{i_1+\cdots+i_{r-1}+1}=\cdots=n_m=N_r$$

这时，若令 $\bar{\lambda}_k=\Sigma\lambda_i\delta_{N_ki}$，$\lambda_j^{(k)}=\lambda_{i_1+\cdots+i_{k-1}+j}$，$f_j^{(k)}=f_{i_1+\cdots+i_{k-1}+j}$，我们可得

$$L_{y,x}^{(n_1,\cdots,n_m)}(f_1,\cdots,f_m;\lambda_1,\cdots,\lambda_m)=$$

$$E_{y,x}E_{y,x}\left(\prod_{k=1}^{m}\mathrm{e}^{-\lambda_k\zeta_{n_k}}\theta_{\zeta_{n_k}}\int_0^{\zeta_1}f(x(t,y_0))\mathrm{e}^{-\lambda_k t}\mathrm{d}t\,\bigg|\,y_n,\zeta_n,n=0,1,\cdots\right)=$$

$$E_{y,x}E_{y,x}\left(\prod_{k=1}^{r}\mathrm{e}^{-\lambda_k\zeta_{N_k}}\prod_{j=1}^{m}\left[\theta_{\zeta_{N_k}}\int_0^{\zeta_1}f_j(x(t,y_0))\mathrm{e}^{-\lambda_j t}\mathrm{d}t\right]^{\delta_{N_k j}}\,\bigg|\,y_n,\zeta_n,n=0,1,\cdots\right)=$$

$$E_{y,x}\exp\left\{-\sum_{k=1}^{r}\zeta_{N_k}\sum_{j=k}^{r}\bar{\lambda}_j\right\}\int\cdots\int V_{\lambda_1^{(1)},\cdots,\lambda_{i_1}^{(1)}}^{y_{N_1}}(\zeta_{N_1+1}-\zeta_{N_1},x,\mathrm{d}x_1;f_1^{(1)},\cdots,f_{i_1}^{(1)})\cdot$$

$$P_{\zeta_{N_1},\cdots,\zeta_{N_2}}^{y_{N_1+1},\cdots,y_{N_2}}(x_1,\mathrm{d}x_2)V_{\lambda_1^{(2)},\cdots,\lambda_{i_2}^{(2)}}^{y_{N_2}}(\zeta_{N_2+1}-\zeta_{N_2},x_1,\mathrm{d}x_2;f_1^{(2)},\cdots,f_{i_2}^{(2)})\cdot\cdots\cdot$$

$$V_{\lambda_1^{(r)},\cdots,\lambda_{i_r}^{(r)}}^{y_{N_r}}(\zeta_{N_r+1}-\zeta_{N_r},x_{r-1},\mathscr{X};f_1^{(r)},\cdots,f_{i_r}^{(r)})$$

这里,如 $N>n$

$$P_{\zeta_n,\cdots,\zeta_N}^{y_n,\cdots,y_N}(x,B)=\int\cdots\int P^{y_n}(\zeta_{n+1}-\zeta_n,x,\mathrm{d}x_{n+1})\cdots P^{y_{N-1}}(\zeta_N-\zeta_{N-1},x_{N-1},B)$$

而 $n=N$ 时,$P_{\zeta_n,\zeta_N}^{y_n,y_N}(x,B)=\chi_B(x)$.

记

$$E_{y,x}P_{\zeta_0,\cdots,\zeta_N}^{y_0,\cdots,y_N}(x,B)\mathrm{e}^{-\lambda\zeta_N}\chi_C(y_N)=Q_{y,x}^{(N)}(\lambda,C,B)$$

这时,在上述假设下,对 $n_1,\cdots,n_m$ 有

$$L_{y,x}^{(n_1,\cdots,n_m)}(f_1,\cdots,f_m;\lambda_1,\cdots,\lambda_m)=$$

$$\int Q_{y,x}^{(N_1)}\left(\sum_{k=1}^{r}\bar{\lambda}_k,\mathrm{d}y_1,\mathrm{d}x_1\right)V_{\lambda_1^{(1)},\cdots,\lambda_{i_1}^{(1)}}^{y_1}(t_1,x_1,\mathrm{d}\bar{x}_1;f_1^{(1)},\cdots,f_{i_1}^{(1)})\mathrm{d}_{t_1}\cdot$$

$$F_{y_1,\bar{y}_1}(t_1)\pi(y_1,\mathrm{d}\bar{y}_1)\cdots\int Q_{y_{r-1},\bar{x}_{r-1}}^{(N_r-N_{r-1})}(\bar{\lambda}_r,\mathrm{d}y_r,\mathrm{d}x_r)\cdot$$

$$V_{\lambda_1^{(r)},\cdots,\lambda_{i_r}^{(r)}}^{y_r}(t_r,x_r,\mathscr{X};f_1^{(r)},\cdots,f_{i_r}^{(r)})\mathrm{d}_{t_r}F_{y_r,\bar{y}_r}(t_r)\pi(y_r,\mathrm{d}\bar{y}_r)$$

为得到 $L^{(n_1,\cdots,n_m)}$ 当 $n_1,\cdots,n_m$ 间有其他关系时的值,只需指出 L 对 n,f 和 λ 的组码的同样的排列是不变的.

利用公式(36),(37),类似于在引理 2 中所作的,可以证实三维过程 $(x(t,y(t));y(t);\xi(t))$ 是马尔科夫函数,它有如下的齐次转移概率

$$P\{x(t+h,y(t+h))\in B,y(t+h)\in C,\xi(t+h)\in\Lambda\mid x(t,y(t)),y(t),\xi(t)\}=$$

$$P(h;(x(t,y(t));y(t);\xi(t)),B\times C\times\Lambda)$$

其中 $P(h;(x;y;s),B\times C\times\Lambda)=E_{y,s}P_x^{y(\cdot)}\{C_h(B)\}$,而 $E_{y,s}$ 为对于概率 $P_{y,s}$ 的数学期望;概率 $P_{y,s}$ 对应于条件 $y(0)=y,\xi(0)=s$ 的半马尔科夫过程 $(y(t);\xi(t))$,$C_h(B)$ 为 $\mathscr{F}^*$ 中使 $x(h)\in B$ 的函数 $x(t)$ 的集合.

这样一来,若记 $\mathscr{Z}=\mathscr{X}\times\mathscr{Y}$ 与 $\mathfrak{U}=\mathfrak{B}\times\mathscr{L}$,则 $(z(t);\xi(t))$ 为相空间 $\mathscr{Z}\times\mathscr{R}_+$ 中的马尔科夫过程,这里 $z(t)=x((t,y(t));y(t))$,而分量 $\xi(t)$ 逐段线性且具有半马尔科夫过程时间分量的所有性质. 所以,自然可给出具有半马尔科夫随机

扰动的过程的下列一般定义.

假设在空间$(\mathscr{X},\mathfrak{B})\times(\mathscr{R}_+,\mathfrak{B}_+)$中已给齐次马尔科夫过程$\{\mathscr{F}_{(\mathscr{X},\mathscr{R}_+)},\mathscr{N}_{(\mathscr{X},\mathscr{R}_+)},P_{x,s}\}$. $\mathscr{F}_{(\mathscr{X},\mathscr{R}_+)}$为其轨道$(x(t);\xi(t))$的集合,满足$\xi(t)\geqslant 0$,右连续且对一切$t$可找到区间$[\alpha,\beta)\ni t$,在该区间上$\xi(s)=\xi(\alpha)+s-\alpha$;如$\alpha$为$\xi(s)$的间断点,则$\xi(\alpha)=0$. $\mathscr{N}_{(\mathscr{X},\mathscr{R}_+)}$表示由柱集产生的、$\mathscr{F}_{(\mathscr{X},\mathscr{R}_+)}$的子集的$\sigma$代数. 如前面一样,分量$x(t)$称为过程的相位分量,而分量$\xi(t)$称为过程的时间分量. 我们还设$\mathscr{X}$为拓扑空间、过程$(x(t);\xi(t))$右连续且为强马尔科夫过程.

记τ为过程$\xi(t)$首次等于0的时刻. 过程$(x(t);\xi(t))$在$[0,\tau)$上也是齐次马尔科夫(中断的)过程.

引进函数

$$Q_{x,s}(t,B_1,B_2)=P_{x,s}\{\tau>t,x(t)\in B_1,x(\tau)\in B_2\}\tag{38}$$

通过这个函数可以确定过程$(x(t);\xi(t))$的预解式,该过程在$\xi(t)$的跳跃点的第一个聚点ζ^1处中断. 实际上,如$f(x,s)$为$\mathfrak{B}\times\mathfrak{B}_+$,可测有界函数,则

$$R_\lambda^1 f(x,s)=E_{x,s}\int_0^{\zeta^1}\mathrm{e}^{-\lambda t}f(x(t),\xi(t))\mathrm{d}t=$$

$$\sum_{n=0}^{\infty}E_{x,s}\mathrm{e}^{-\lambda\zeta_n}\int_{\zeta_n}^{\zeta_{n+1}}f(x(t),\xi(t))\mathrm{e}^{-\lambda(t-\zeta_n)}\mathrm{d}t$$

其中$\zeta_0=0,\zeta_1=\tau,\zeta_{n+1}=\zeta_n+\theta_\tau\zeta_n,\zeta_n$为马尔科夫时间. 因为对$n\geqslant 1$

$$E_{x,s}\left(\int_{\zeta_n}^{\zeta_{n+1}}f(x(t),\xi(t))\mathrm{e}^{-\lambda(t-\zeta_n)}\mathrm{d}t\mid\mathscr{N}_{\zeta_n}\right)=E_{x(\zeta_n),0}\int_0^{\tau}f(x(t),t)\mathrm{e}^{-\lambda t}\mathrm{d}t=$$

$$E_{x(\zeta_n),0}\int_0^{\infty}f(x(t),t)\mathrm{e}^{-\lambda t}\chi_{\{\tau>t\}}\mathrm{d}t=$$

$$\int_0^{\infty}\!\!\int Q_{x(\zeta_n),0}(t,\mathrm{d}x_1,\mathscr{X})f(x_1,t)\mathrm{e}^{-\lambda t}\mathrm{d}t$$

$$E_{x,s}\mathrm{e}^{-\lambda\zeta_n}g(x(\zeta_n))=\int K_\lambda^{(n)}(x,s,\mathrm{d}x_1)g(x_1)$$

其中

$$K_\lambda^{(1)}(x,s,B)=E_{x,s}\mathrm{e}^{-\lambda\tau}\chi_B(x_\tau)=E_{x,s}\left(1-\lambda\int_0^{\tau}\mathrm{e}^{-\lambda t}\mathrm{d}t\right)\chi_B(x_\tau)=$$

$$Q_{x,s}(0,\mathscr{X},B)-\lambda\int_0^{\infty}Q_{x,s}(t,\mathscr{X},B)\mathrm{e}^{-\lambda t}\mathrm{d}t$$

$$K_\lambda^{(n)}(x,s,B)=\int K_\lambda^{(n-1)}(x,s,\mathrm{d}y)K_\lambda^{(1)}(y,0,B)$$

而

$$E_{x,s}\int_0^{\tau}f(x(t),s+t)\mathrm{e}^{-\lambda t}\mathrm{d}t=\int_0^{\infty}\!\!\int Q_{x,s}(t,\mathrm{d}x_1,\mathscr{X})f(x_1,t+s)\mathrm{e}^{-\lambda t}\mathrm{d}t$$

所以有

$$R_\lambda^1 f(x,s)=\iint_0^\infty Q_{x,s}(t,\mathrm{d}x_1,\mathscr{X})f(x,t+s)\mathrm{e}^{-\lambda t}\mathrm{d}t+$$

$$\sum_{n=1}^\infty \int K_\lambda^{(n)}(x,s,\mathrm{d}x_1)\iint_0^\infty Q_{x_1,0}(t,\mathrm{d}x_2,\mathscr{X})f(x_2,t)\mathrm{e}^{-\lambda t}\mathrm{d}t \tag{39}$$

如 $\zeta^1=+\infty$，则过程称为规则过程. 如 $\zeta^1<\infty$，则为了构造性态在$[0,\tau]$上被已给函数 $Q_{x,s}(t,B_1,B_2)$ 所确定的一切过程，还必须研究过程的调和函数. 与在引理 3 中一样，可以指出，过程的一切有界的 λ 调和函数的集合与形如

$$f(x,s)=\int K_\lambda^{(1)}(x,s,\mathrm{d}y)f(y) \tag{40}$$

的函数集重合，这里 $f(y)$ 为有界函数，它满足

$$f(x)=\int K_\lambda^{(1)}(x,0,\mathrm{d}y)f(y) \tag{41}$$

知道了过程的调和函数及 R_λ^1，就可以用第二章 § 5 中指出的方法来构造一切具有离散随机扰动及已给函数 $Q_{x,s}(t,B_1,B_2)$ 的过程.

具有离散随机扰动的过程的遍历性定理 设$(x(t);\xi(t))$为相空间$(\mathscr{X},\mathfrak{B})$中具有离散随机扰动的过程. 我们假定它是规则的，即在每一有限区间上 $\xi(t)$ 只有有限多个跳跃点. 我们来研究当 $T\to\infty$ 时，平均值

$$\frac{1}{T}\int_0^t f(x(t),\xi(t))\mathrm{d}t \tag{42}$$

的行为，这里 $f(x,s)$ 是 $\mathfrak{B}\times\mathfrak{B}_+$ 可测函数. 下面将找出当 $T\to\infty$ 时式(42) 以概率 1 有极限的充分条件，这一极限形如

$$S(f)=\frac{\iiint_0^\infty Q_{x,0}(t,\mathrm{d}y,\mathscr{X})f(y,t)\mathrm{d}t\pi(\mathrm{d}x)}{\iint_0^\infty Q_{x,0}(t,\mathscr{X},\mathscr{X})\mathrm{d}t\pi(\mathrm{d}x)} \tag{43}$$

其中 $Q_{x,0}(t,B_1,B_2)$ 与由关系式(38) 及具有离散随机扰动的过程相联系的函数，而 $\pi(\mathrm{d}x)$ 为$(\mathscr{X},\mathfrak{B})$ 中具有转移概率

$$\pi(x,B)=Q_{x,0}(0,\mathscr{X},B) \tag{44}$$

的马尔科夫链的平稳分布，即对一切 $B\in\mathfrak{B}$

$$\pi(B)=\int\pi(\mathrm{d}x)\pi(x,B) \tag{45}$$

为使式(43) 有意义必须存在满足(45) 的测度 π，而函数 $f(y,t)$ 应使

$$\iiint_0^\infty Q_{x,0}(t,\mathrm{d}y,\mathscr{X})\mid f(y,t)\mid \mathrm{d}t\pi(\mathrm{d}x)<\infty \tag{46}$$

回忆下面事实：$(\mathscr{X},\mathfrak{B})$ 中的马尔科夫链$\{x_n\}$，如果它有平稳分布 $\pi(\mathrm{d}x)$，且

对一切 $x\in\mathscr{X}$ 及 $\mathfrak{B}$ 可测函数 $f\left(对此 f,\int|f(x)|\pi(\mathrm{d}x)<\infty\right)$ 以概率 $P_{x,0}=1$ 有

$$\lim_{n\to\infty}\frac{1}{n}\sum_{k=1}^{n}f(x_k)=\int f(x)\pi(\mathrm{d}x)$$

则称此链为遍历的

定理 2 设$(\mathscr{X},\mathfrak{B})$中具有一步转移概率$\pi(x,B)$的马尔科夫链$\{x_n\}$是遍历的，它有平稳分布 $\pi(B)$，函数 $Q_{x,0}(t,B_1,B_2)$ 使得

$$\iint_0^\infty Q_{x,0}(t,\mathscr{X},\mathscr{X})\,\mathrm{d}t\pi(\mathrm{d}x)<\infty$$

而函数 $f(x,t)\mathfrak{B}\times\mathfrak{B}_+$ 可测且满足条件(46). 则对几乎一切 x(关于测度 π)，以概率 $P_{x,0}=1$ 有

$$\lim_{T\to\infty}\frac{1}{T}\int_0^t f(x(t),\xi(t))\,\mathrm{d}t=S(f)$$

证 考虑量

$$\eta_k=\int_{\zeta_k}^{\zeta_{k+1}}f(x(t),\xi(t))\,\mathrm{d}t$$

(ζ_k 是在前一小节中定义的). 记 $\mathscr{N}_{\zeta_k}$ 为过程到时刻ζ_k(ζ_k 为马尔科夫时间)以前的行为所确定的事件的 σ 代数. 这时由过程的强马尔科夫性，我们有

$$E_{x,0}(\eta_k\mid\mathscr{N}_{\zeta_k})=E_{x(\zeta_h),0}\int_0^\tau f(x(t),t)\,\mathrm{d}t=\varphi(x(\zeta_k))$$

这里

$$\varphi(x)=E_{x,0}\int_0^\infty f(x(t),t)\,\chi_{\{\tau>t\}}\,\mathrm{d}t=$$

$$\int_0^\infty\int Q_{x,0}(t,\mathrm{d}y,\mathscr{X})f(y,t)\,\mathrm{d}t$$

(由条件(46)，函数 $\varphi(x)$ 对几乎一切 x(关于测度 π)是确定的). 令

$$\psi_k=\eta_k-\varphi(x(\zeta_k))$$

可证明依测度 $P_{x,0}$

$$\lim_{n\to\infty}\frac{1}{n}\sum_{k=1}^{n}\psi_k=0$$

对几乎一切 x(关于测度 π)成立.

因为

$$E_{x,0}\mid\eta_k\mid\leqslant E_{x,0}E_{x(\zeta_k),0}\int_0^\tau|f(x(t),t)|\,\mathrm{d}t=$$

$$\int\pi^{(k)}(x,\mathrm{d}y)\iint_0^\infty Q_{y,0}(t,\mathrm{d}z,\mathscr{X})\,|f(z,t)|\,\mathrm{d}t$$

这里

$$\pi^{(k)}(x,B)=\int\pi^{(k-1)}(x,\mathrm{d}y)\pi(y,B)$$

$$\pi^{(1)}(x,B)=\pi(x,B)$$

又

$$\int\pi^{(k)}(x,B)\pi(\mathrm{d}x)=\pi(B)$$

所以

$$\int\pi(\mathrm{d}x)E_{x,0}\mid\eta_k\mid=\int\pi(\mathrm{d}y)\iint_0^\infty Q_{y,0}(t,\mathrm{d}z,\mathscr{X})\mid f(z,t)\mid\mathrm{d}t<\infty$$

亦即对几乎一切 x(关于测度 π)$E_{x,0}\mid\eta_k\mid<\infty$.

以下,我们还须有

引理 4 设 $G(t)$ 为 $(-\infty,\infty)$ 上二次连续可微的偶函数,它满足条件:

a)$G(t)\geqslant 0,G(0)=0$;

b)t 由 0 增加到 ∞ 时,$G'(t)\geqslant 0$ 为变化缓慢的函数,且 $G'(t)\uparrow\infty$;

c)$G''(t)>0$ 且 $t\uparrow+\infty$ 时,$G''(t)\downarrow 0$.

这时,存在常数 L,使对一切 s 与 t 成立不等式

$$\frac{G(t+s)-G(t)-G'(t)s}{G(s)}\leqslant L \tag{47}$$

证 由于 G 为偶函数,我们只需考虑 $t>0$ 的情况. 如 $t+s>0$,则函数 $g(t)=G(t+s)-G(t)-G'(t)s$ 对 t 是下降的,这由于

$$g'(t)=G'(t+s)-G'(t)-G''(t)s=$$
$$s[G''(t+\theta s)-G''(t)]\leqslant 0\quad(0<\theta<1)$$

因此 $g(t)\leqslant g(0)=G(s)-G'(0)s\leqslant G(s)$,当 $s>0$ 时成立,于是(47) 对 $L=1$ 成立.

如 $t>0,s<0,t+s>0$,则

$$g(t)\leqslant g(-s)=-G(-s)+sG'(-s)\leqslant 0^{①}$$

如 $t>0$,而 $t+s<0$,则

$$\frac{G(t+s)-G(t)-G'(t)s}{G(s)}\leqslant\frac{\mid G(\mid t+s\mid)-G(\mid t\mid)\mid}{G(\mid s\mid)}+\frac{G'(\mid s\mid)\mid s\mid}{G(s)}$$

由于 $\mid t+s\mid<\mid s\mid,t<\mid s\mid$ 及 G 是单调的,第一个被加项不超过 1,而第二个

---

① 此式有误. 应改为 $g(t)\leqslant g(-s)=-G(-s)-sG'(-s)$,所以

$$\frac{G(t+s)-G(t)-G'(t)s}{G(s)}\leqslant -1+\frac{G'(\mid s\mid)\mid s\mid}{G(s)}$$

再与下面类似讨论可知有界. —— 译者注

被加项对 s 有界，这是因为由 $G''(s)$ 的连续性有 $\lim\limits_{s\downarrow 0}\dfrac{G'(s)s}{G(s)}=2$，由 $G'(s)$ 变化缓慢有 $\lim\limits_{s\uparrow\infty}\dfrac{G'(s)s}{G(s)}=1$. 引理证完.

现在我们再回到定理的证明来. 设 G 满足引理 4 的条件，且

$$\int\pi(\mathrm{d}x)E_{x,0}G(\eta_1)<\infty$$

这时，由(47) 可得

$$\int\pi(\mathrm{d}x)E_{x,0}G\Big(\frac{1}{n}\sum_1^m\psi_k\Big)\leqslant\int\pi(\mathrm{d}x)E_{x,0}\Big[G\Big(\frac{1}{n}\sum_1^{m-1}\psi_k\Big)+ G'\Big(\frac{1}{n}\sum_1^{m-1}\psi_k\Big)\frac{1}{n}\psi_m+LG\Big(\frac{1}{n}\psi_m\Big)\Big]$$

由于 $\sum\limits_1^{m-1}\psi_k$ 为 $\mathcal{N}_{\zeta_m}$ 可测变量，故

$$E_{x,0}G'\Big(\frac{1}{n}\sum_1^{m-1}\psi_k\Big)\psi_m=E_{x,0}G'\Big(\frac{1}{n}\sum_1^{m-1}\psi_k\Big)E_{x(\zeta_m),0}\psi_m=0$$

因此

$$\begin{aligned}\int\pi(\mathrm{d}x)E_{x,0}G\Big(\frac{1}{n}\sum_1^m\psi_k\Big)&\leqslant L\sum_{k=1}^m\int\pi(\mathrm{d}x)E_{x,0}G\Big(\frac{1}{n}\psi_k\Big)=\\&L\sum_{k=1}^m\iint\pi(\mathrm{d}x)\pi^{(k)}(x,\mathrm{d}y)E_{y,0}G\Big(\frac{1}{n}\psi_1\Big)=\\&Lm\int\pi(\mathrm{d}x)E_{x,0}G\Big(\frac{1}{n}\psi_1\Big)\end{aligned}$$

令 $m(\Lambda)=\int\pi(\mathrm{d}x)P_{x,0}\{\psi_1\in\Lambda\}$. 于是

$$\int\pi(\mathrm{d}x)E_{x,0}G\Big(\frac{1}{n}\psi_1\Big)=\int G\Big(\frac{1}{n}t\Big)m(\mathrm{d}t)$$

由 $G(t)$ 的性质可知，$G(t)$ 是次可加的：对 $t>0,s>0$

$$G(t+s)\leqslant G(t)+G(s)$$

所以有

$$nG\Big(\frac{1}{n}t\Big)\leqslant G(t)$$

又因为

$$\lim_{n\to\infty}nG\Big(\frac{1}{n}t\Big)=G'(0)=0$$

于是

$$\lim_{n\to\infty}\int\pi(\mathrm{d}x)E_{x,0}G\Big(\frac{1}{n}\sum_1^n\psi_k\Big)=\lim_{n\to\infty}n\int G\Big(\frac{1}{n}t\Big)m(\mathrm{d}t)=0$$

这就证明了$\frac{1}{n}\sum_{1}^{n}\psi_k \to 0$(依概率 $P_{x,0}$) 对几乎一切 x(对测度 π) 成立.

现记 $P_{\pi,0}$ 与 $E_{\pi,0}$ 分别为$\{\mathscr{F}_{(\mathscr{X},\mathscr{R}_+)},\mathscr{N}_{(\mathscr{X},\mathscr{R}_+)}\}$ 上之概率与关于此概率的数学期望,它由关系式

$$P_{\pi,0}(A)=\int\pi(\mathrm{d}x)P_{x,0}(A)$$

确定. 这时,$\{x(\zeta_n)\}$ 组成遍历马尔科夫链,且因为

$$P_{\pi,0}\left\{\lim_{n\to\infty}\frac{1}{n}\sum_{1}^{n}\varphi(x(\zeta_k))=\int\varphi(x)\pi(\mathrm{d}x)\right\}=1$$

所以对几乎一切 x(对测度 π) 以概率 $P_{x,0}=1$ 有

$$\lim_{n\to\infty}\frac{1}{n}\sum_{k=1}^{n}\varphi(x(\zeta_k))=\int\varphi(x)\pi(\mathrm{d}x)$$

及依概率 $P_{x,0}$

$$\lim_{n\to\infty}\frac{1}{n}\int_0^{\zeta_n}f(x(s),\xi(s))\mathrm{d}s=\lim_{n\to\infty}\left(\frac{1}{n}\sum_{1}^{n}\psi_k+\frac{1}{n}\sum_{1}^{n}\varphi(x(\zeta_k))\right)=$$

$$\int\varphi(x)\pi(\mathrm{d}x)$$

令 $f\equiv 1$,可得

$$\lim_{n\to\infty}\frac{1}{n}\zeta_n=\iint_0^{\infty}P_{x,0}(t,\mathscr{X},\mathscr{X})\mathrm{d}t\pi(\mathrm{d}x)$$

依测度 $P_{x,0}$,对几乎一切 x(对测度 π) 成立. 于是对几乎一切 x(对测度 π),依概率 $P_{x,0}$ 有

$$\lim_{n\to\infty}\frac{1}{\zeta_n}\int_0^{\zeta_n}f(x(s),\xi(s))\mathrm{d}s=S(f)$$

为证明定理,现在只需证明对几乎一切 x(对测度 π),以概率 $P_{x,0}=1$ 存在极限

$$\lim_{T\to\infty}\frac{1}{T}\int_0^{t}f(x(s),\xi(s))\mathrm{d}s$$

考虑 $\mathscr{X}\times\mathscr{R}_+$ 中由等式

$$\pi(B\times\Lambda)=\frac{\iint_{\Lambda}Q_{x,0}(t,B,\mathscr{X})\mathrm{d}t\pi(\mathrm{d}x)}{\iint_0^{\infty}Q_{x,0}(t,\mathscr{X},\mathscr{X})\mathrm{d}t\pi(\mathrm{d}x)}\tag{48}$$

确定的测度.

我们可证明这个测度对过程$(x(t);\xi(t))$ 是平稳的. 为此只要证明

$$\int\pi(\mathrm{d}x\times\mathrm{d}s)E_{x,s}f(x(t),\xi(t))=\int\pi(\mathrm{d}x\times\mathrm{d}s)f(x,s)\tag{49}$$

对一切有界 $\mathfrak{B}\times\mathfrak{B}_+$ 可测函数 $f(x,s)$ 成立. 容易看出

$$E_{x,s}f(x(t),\xi(t))=\int Q_{x,s}(t,\mathrm{d}y,\mathscr{X})f(y,t+s)-$$

$$\int_0^t\int \mathrm{d}_u Q_{x,s}(u,\mathscr{X},\mathrm{d}y)E_{y,0}f(x(t-u),\xi(t-u)) \qquad (50)$$

其次

$$\int Q_{z,0}(s,\mathrm{d}x,\mathscr{X})Q_{x,s}(t,B,B_1)=Q_{z,0}(t+s,B,B_1)$$

$$\int_0^\infty \mathrm{d}s\int Q_{z,0}(s,\mathrm{d}x,\mathscr{X})\int_0^t\int \mathrm{d}_u Q_{x,s}(u,\mathscr{X},\mathrm{d}y)\varphi(y,u)=$$

$$\int_0^\infty \mathrm{d}s\iint_0^t \mathrm{d}_u Q_{z,0}(s+u,\mathscr{X},\mathrm{d}y)\varphi(y,u)=$$

$$-\int_0^t\int Q_{z,0}(u,\mathscr{X},\mathrm{d}y)\varphi(y,u)\mathrm{d}u$$

对一切 $\mathfrak{B}\times\mathfrak{B}_+$ 可测有界函数 φ 成立. 所以令

$$c=\int_0^\infty\int \pi(\mathrm{d}z)Q_{z,0}(t,\mathscr{X},\mathscr{X})\mathrm{d}t$$

我们有

$$\iint \pi(\mathrm{d}x\times \mathrm{d}s)E_{x,s}f(x(t),\xi(t))=\frac{1}{c}\int_0^\infty\int Q_{z,0}(t+s,\mathrm{d}y,\mathscr{X})f(y,t+s)\mathrm{d}s\pi(\mathrm{d}z)+$$

$$\frac{1}{c}\int_0^t\iint Q_{z,0}(u,\mathscr{X},\mathrm{d}y)E_{y,0}f(x(t-u),\xi(t-u))\mathrm{d}u\pi(\mathrm{d}z)=$$

$$\int_t^\infty\int \pi(\mathrm{d}x\times \mathrm{d}s)f(x,s)+\frac{1}{c}\int_0^t\iint Q_{z,0}(0,\mathscr{X},\mathrm{d}y)E_{y,0}f(x(t-u),\xi(t-u))$$

$$\mathrm{d}u\pi(\mathrm{d}z)+\frac{1}{c}\int_0^t\iint[Q_{z,0}(u,\mathscr{X},\mathrm{d}y)-Q_{z,0}(0,\mathscr{X},\mathrm{d}y)]$$

$$E_{y,0}f(x(t-u),\xi(t-u))\mathrm{d}u\pi(\mathrm{d}z)$$

根据测度 $\pi(\mathrm{d}z)$ 的定义有

$$\int Q_{z,0}(0,\mathscr{X},\mathrm{d}y)\pi(\mathrm{d}z)=\pi(\mathrm{d}y)$$

此外

$$\left|\int[Q_{z,0}(0,\mathscr{X},\mathrm{d}y)-Q_{z,0}(u,\mathscr{X},\mathrm{d}y)]F(y)\right|\leqslant \|F\|(1-Q_{z,0}(u,\mathscr{X},\mathscr{X}))$$

又由(50)得

$$\left|E_{y,0}f(x(t-u),\xi(t-u))-\int Q_{y,0}(t-u,\mathrm{d}y,\mathscr{X})f(y,t-u)\right|\leqslant$$

$$\|f\|(1-Q_{y,0}(t-u,\mathscr{X},\mathscr{X}))$$

因此

$$\int_0^\infty\int \pi(\mathrm{d}x\times \mathrm{d}s)E_{x,s}f(x(t),\xi(t))=\int_t^\infty\int \pi(\mathrm{d}x\times \mathrm{d}s)f(x,s)+\frac{1}{c}\int_0^t\int \pi(\mathrm{d}y)$$

$$Q_{y,0}(t-u,\mathrm{d}z,\mathscr{X})f(z,t-u)\mathrm{d}u+O\Big(\int_0^t\int[1-Q_{y,0}(u,\mathscr{X},\mathscr{X})]\mathrm{d}u\pi(\mathrm{d}y)\Big)=$$

$$\int_0^\infty\int\pi(\mathrm{d}x\times\mathrm{d}s)f(x,s)+O\Big(\int_0^t\int[1-Q_{y,0}(u,\mathscr{X},\mathscr{X})]\mathrm{d}u\pi(\mathrm{d}y)\Big) \tag{51}$$

记

$$\int_0^\infty\int\pi(\mathrm{d}x\times\mathrm{d}s)E_{x,s}f(x(t),\xi(t))=F(t)$$

在(51) 中用函数 $E_{x,s}f(x(T),\xi(T))$ 代换 $f(x,s)$，可得

$$|F(t+T)-F(T)|\leqslant G\int_0^t[1-Q_{y,0}(u,\mathscr{X},\mathscr{X})]\mathrm{d}u\pi(\mathrm{d}y) \tag{52}$$

这里常数 c_1 不依赖于 t. 由(51) 可推得

$$\lim_{t\downarrow 0}F(t)=\int_0^\infty\int\pi(\mathrm{d}x\times\mathrm{d}s)E_{x,s}f(x(t),\xi(t))$$

而由(52) 可推得 $F'(t)=0$. 因此

$$F(t)=F(+0)=\int_0^\infty\int\pi(\mathrm{d}x\times\mathrm{d}s)E_{x,s}f(x(t),\xi(t))$$

即(49) 得证.

现在我们在概率空间 $\{\mathscr{F}_{(\mathscr{X},\mathscr{R}_+)},\mathscr{N}_{(\mathscr{X},\mathscr{R}_+)},P_\pi\}$ 上考虑过程 $(x(t);\xi(t))$，P_π 对一切 $A\in\mathscr{N}_{(\mathscr{X},\mathscr{R}_+)}$ 由下式确定

$$P_\pi(A)=\int\pi(\mathrm{d}x\times\mathrm{d}s)P_{x,s}(A)$$

此过程是强平稳的，这因为当 $t_1<t_2<\cdots<t_n$，$C_k\in\mathfrak{B}\times\mathfrak{B}_+$，$k=1,\cdots,n$ 时

$$\int\pi(\mathrm{d}x\times\mathrm{d}s)P_{x,s}\{(x(t_k);\xi(t_k))\in C_k,k=1,\cdots,n\}=$$

$$\int\pi(\mathrm{d}x\times\mathrm{d}s)E_{x,s}\chi_{C_1}(x(t_1);\xi(t_1))\times$$

$$P_{x(t_1),\xi(t_1)}\{(x(t_k-t_1);\xi(t_k-t_1))\in C_k,k=$$

$$2,\cdots,n\}=\int\pi(\mathrm{d}x,\mathrm{d}s)\chi_{C_1}((x;s))\times$$

$$P_{x,s}\{(x(t_k-t_1);\xi(t_k-t_1))\in C_k,k=2,\cdots,n\}$$

此即是

$$P_\pi\{\theta_{t_1}A\}=P_\pi(A)$$

因此，根据遍历定理(随机过程(Ⅰ)第二章 §8) 以概率 $P_\pi=1$ 存在极限

$$\lim_{T\to\infty}\frac{1}{T}\int_0^t f(x(s),\xi(s))\mathrm{d}s \tag{53}$$

设 $\mathscr{F}'\subset\mathscr{F}_{(\mathscr{X},\mathscr{R}_+)}$ 为使极限(53) 存在的子集. 显然，对一切 $t>0$，$\theta_t\mathscr{F}'=\mathscr{F}'$. 因为

$$1=\int\pi(\mathrm{d}x\times\mathrm{d}s)P_{x,s}(\mathscr{F}')=\frac{1}{c}\int\pi(\mathrm{d}z)\iint_0^\infty Q_{z,0}(s,\mathrm{d}y,\mathscr{X})P_{y,s}(\mathscr{F}')\mathrm{d}s$$

$$\int\pi(\mathrm{d}z)\int_0^\infty Q_{z,0}(s,\mathscr{X},\mathscr{X})\mathrm{d}s=\int\pi(\mathrm{d}z)\iint_0^\infty Q_{z,0}(s,\mathrm{d}y,\mathscr{X})P_{y,s}(\mathscr{F}')\mathrm{d}s$$

故在 $\mathscr{R}_+$ 上对几乎一切 z（对测度 π）及一切 s（对 Lebegue 测度）有

$$\int Q_{z,0}(s,\mathrm{d}y,\mathscr{X})P_{y,s}(\mathscr{F}')=1$$

但对一切 $A\in\mathscr{N}_{(\mathscr{X},\mathscr{R}_+)}$ 有

$$\int Q_{z,0}(s,\mathrm{d}y,\mathscr{X})P_{y,s}(A)\leqslant P_{z,0}(A)$$

所以 $P_{z,0}(\mathscr{F}')=1$ 对几乎一切 z（对测度 π）成立. 剩下的只要指出，对几乎一切 x（对测度 π）以概率 $P_{x,0}=1,\zeta_n\to+\infty$，因为 ζ_n 随 n 而增大且依测度 $P_{x,0}$

$$\lim_{n\to\infty}\frac{1}{n}\zeta_n=\iint_0^\infty Q_{x,0}(t,\mathscr{X},\mathscr{X})\mathrm{d}t\pi(\mathrm{d}x)$$

对几乎一切 x（对测度 π）成立. 所以极限(53) 与极限

$$\lim_{n\to\infty}\frac{1}{\zeta_n}\int_0^{\zeta_n}f(x(s),\xi(s))\mathrm{d}s$$

相同，而后者等于 $S(f)$，这因为极限号下的量依概率 $P_{x,0}$ 对几乎一切 x（对测度 π）收敛于 $S(f)$. 定理全部证完.

由已证明的定理容易导出半马尔科夫过程与跳跃马尔科夫过程的遍历定理.

§4　具有离散分量的马尔科夫过程

定义　基本特征. 设$(\mathscr{Z},\mathfrak{B}_{\mathscr{Z}})$为带有 Borel 集的$\sigma$代数的某拓扑空间，而$(\mathscr{Y},\mathfrak{B}_{\mathscr{Y}})$ 为带有离散拓扑的任意一个度量空间，σ 代数 $\mathfrak{B}_{\mathscr{Y}}$ 包含一切单点集. 记 $\mathscr{X}=\mathscr{Z}\times\mathscr{Y},\mathfrak{B}=\mathfrak{B}_{\mathscr{Z}}\times\mathfrak{B}_{\mathscr{Y}}$. $\mathscr{X}$也是拓扑空间. 空间 $\mathscr{X}$的点记为 $x=(z;y),z\in\mathscr{Z},y\in\mathscr{Y}$.

我们考虑相空间$(\mathscr{X},\mathfrak{B})$ 中的右连续强马尔科夫过程$\{\mathscr{F},\mathscr{N},P_x\}$. 记 $x(t)=(z(t);y(t))$ 为过程的轨道. 由于过程右连续及 $\mathscr{Y}$中的拓扑离散，若 τ 为 $y(t)$ 首次离开 $y(0)$ 点的时刻，则

$$P_x(\tau>0)=1$$

对一切 $x\in\mathscr{X}$成立.

上述类型的过程称为具有离散分量的马尔科夫过程.

上面引进的时刻 τ 满足条件：$t<\tau$ 时，$\theta_t\tau=\tau-t$，即 τ 为中断时刻. 因此，函数

$$Q_y(t,z,A)=P_x\{\tau>t,z(t)\in A\}\quad(z\in\mathscr{Z},A\in\mathfrak{B}_{\mathscr{Z}})$$

对一切 $y\in\mathscr{Y}$ 为$(\mathscr{Z},\mathfrak{B}_{\mathscr{Z}})$ 上的转移概率

$$Q_y(t+s,z,A)=P_x\{\tau>t+s,z(t+s)\in A\}=$$

$$E_x\chi_{\{\tau>t\}}\theta_t\chi_{\{\tau>s\}}\chi_A(z(s))=$$

$$E_x \chi_{\{\tau>t\}} E_{x(t)} \chi_{\{\tau>s\}} \chi_A(z(s)) =$$
$$E_x \chi_{\{\tau>t\}} Q_{y(t)}(s, z(s), A) =$$
$$\int Q_y(t, z, \mathrm{d}z_1) Q_y(s, z_1, A)$$

容易看出,$Q_y(t,z,A)$ 是齐次马尔科夫过程$\{\mathscr{F}_{\mathscr{Z}}, \mathscr{N}_{\mathscr{Z}}, P_z^y\}$ 的转移概率,其中 $\mathscr{F}_{\mathscr{Z}}$ 为定义于$[0,\tau)$ 上的函数 $z(t)$ 的集合,$z(t)$ 与$(z(t);y(t))$ 的第一个分量相等;$\mathscr{N}_{\mathscr{Z}}$ 为 $\mathscr{F}_{\mathscr{Z}}$ 中的柱集产生的 σ 代数;而测度 P_z^y 对一切 $C \in \mathscr{N}_{\mathscr{Z}}(t)$(这里 $\mathscr{N}_{\mathscr{Z}}(t)$ 为 $\mathscr{N}_{\mathscr{Z}}$ 在子集$\{\tau > t\} = \{z(\cdot): z(t) \in \mathscr{Z}\}$ 上的限制)由下式定义

$$P_z^y\{C\} = P_x\{\{(z(\cdot); y(\cdot)): z(\cdot) \in C, \tau > t\}\}$$

这样一来,依赖于参数 y 的一族马尔科夫过程$\{\mathscr{F}_{\mathscr{Z}}, \mathscr{N}_{\mathscr{Z}}, P_z^y\}$ 与过程$\{\mathscr{F}, \mathscr{N}, P_x\}$ 建立了联系.过程$\{\mathscr{F}_{\mathscr{Z}}, \mathscr{N}_{\mathscr{Z}}, P_z^y\}$ 自然可解释为过程 $x(t)$ 当第二个分量等于固定的 y 时,第一个分量 $z(t)$ 所形成的过程.

因过程 $x(t)$ 是强马尔科夫过程,故量 $x(\tau)$ 是确定的.我们引进函数

$$v_\lambda(x, B) = v_\lambda^{(y)}(z, B) = E_x \mathrm{e}^{-\lambda\tau} \chi_B(x_\tau) \tag{1}$$

$\lambda > 0, B \in \mathfrak{B}, x \in \mathscr{X}$.下面将证明,如果过程在其离散分量的无穷多个跳跃点的第一个聚点 ζ 时中断,那么转移概率 $Q_y(t,z,A)$ 与函数(1) 可完全确定其预解式.假设对一切有界的 $\mathfrak{B}_{\mathscr{Z}}$ 可测函数 g

$$R_\lambda^{(y)} g(z) = \int_0^\infty \mathrm{e}^{-\lambda t} \int Q_y(t, z, \mathrm{d}y) g(y) \mathrm{d}t \tag{2}$$

又对 $\mathscr{X}$ 上一切连续有界 $\mathfrak{B}$ 可测函数 f

$$R_\lambda f(x) = E_x \int_0^{\zeta} \mathrm{e}^{-\lambda t} f(xt) \mathrm{d}t \tag{3}$$

这时,令 $\zeta_n = \theta_\tau \zeta_{n-1} + \tau, \zeta_0 = 0$,我们有

$$R_\lambda f(x) = E_x \sum_{n=0}^{\infty} \int_{\zeta_n}^{\zeta_{n+1}} \mathrm{e}^{-\lambda t} f(x_t) \mathrm{d}t = E_x \sum_{n=0}^{\infty} \mathrm{e}^{-\lambda\zeta_n} E_{x(\zeta_n)} \int_0^\tau \mathrm{e}^{-\lambda t} f(z(t), y(\zeta_n)) \mathrm{d}t =$$
$$\sum_{n=0}^{\infty} E_x \mathrm{e}^{-\lambda\zeta_n} R_\lambda^{(y(\zeta_n))} f(z(\zeta_n), y(\zeta_n))$$

最后的表达式中,算子 $R_\lambda^{(y)}$ 作用于 y 固定时的函数 $f(z) = f(z,y)$(这时,作为 z 的函数,是 $\mathfrak{B}_{\mathscr{Z}}$ 可测的),$R_\lambda^{(y)}$ 作用之后,再用 $y(\zeta_n)$ 代替 y.函数

$$R_\lambda^{(y)} f(z, y) = E_x \int_0^\tau \mathrm{e}^{-\lambda t} f(x_t) \mathrm{d}t$$

是 $\mathfrak{B}$ 可测的,且因此

$$R_\lambda^{(y(\zeta_n))} f(z(\zeta_n), y(\zeta_n))$$

为 $\mathscr{N}$ 可测的随机变量.

设

$$v_\lambda^{(n)}(x, B) = E_x \mathrm{e}^{-\lambda\zeta_n} \chi_B(x_{\zeta_n})$$

这时

$$v_\lambda^{(n)}(x,B)=E_x e^{-\lambda\tau}\theta_\tau e^{-\lambda\zeta_{n-1}}\chi_B(x(\zeta_{n-1}))=$$
$$E_x e^{-\lambda\tau}E_{x(\tau)}e^{-\lambda\zeta_{n-1}}\chi_B(x_{\zeta_{n-1}})=$$
$$E_x e^{-\lambda\tau}v_\lambda^{(n-1)}(x_\tau,B)=$$
$$\int v_\lambda(x,\mathrm{d}x_1)v_\lambda^{(n-1)}(x_1,B)\quad(n>1)$$

$$v_\lambda^{(1)}(x,B)=v_\lambda(x,B),v_\lambda^{(0)}(x,B)=\chi_B(x)$$

且

$$R_\lambda f(x)=\sum_{n=0}^{\infty}\int v_\lambda^{(n)}(x,\mathrm{d}x_1)R_\lambda^{(y_1)}f(z_1,y_1)\tag{4}$$

其中 $x_1=(z_1;y_1)$.

函数 $v_\lambda(x,B)$ 以一定的方式与转移概率 $Q_y(t,z,A)$ 相联系.实际上

$$E_x e^{-\lambda\tau}\chi_B(x_\tau)\geqslant E_x e^{-\lambda\tau}\chi_B(x_\tau)\chi_{\{\tau>t\}}=E_x\chi_{\{\tau>t\}}e^{-\lambda t}\theta_t e^{-\lambda\tau}\chi_B(x_\tau)=$$
$$e^{-\lambda t}E_x\chi_{\{\tau>t\}}E_{x_t}e^{-\lambda\tau}\chi_B(x_\tau)=$$
$$e^{-\lambda t}\int Q_y(t,x,\mathrm{d}z_1)v_\lambda((z_1;y),B)$$

除此之外,$t\downarrow 0$ 时

$$v_\lambda^{(y)}(z,B)-e^{-\lambda t}E_z^y v_\lambda^{(y)}(z_t,B)\leqslant P_x\{\tau\leqslant t\}\to 0$$

所以函数 $v_\lambda^{(y)}(z,B)$ 为过程$\{\mathscr{F}_{\mathscr{Z}},\mathscr{N}_{\mathscr{Z}},P_z^y\}$ 的 λ 过份函数.

现再假定函数 $Q_y(t,z,A)$ 对一切 $y\in\mathscr{Y}$和 $z\in\mathscr{Z}$

$$\lim_{\Delta\downarrow 0,h\downarrow 0}E_z^y\int_0^t\frac{1}{h}(1-Q_y(h,z_s,\mathscr{Z}))(1-Q_y(\Delta,z_s,\mathscr{Z}))\mathrm{d}s=0\tag{5}$$

这时,利用不等式

$$v_\lambda^{(y)}(z,B)-e^{-\lambda t}E_z^y v_\lambda^{(y)}(z_t,B)\leqslant 1-Q_y(t,z,\mathscr{Z})$$

及第二章 §6 定理 4,可证明存在过程$\{\mathscr{F}_{\mathscr{Z}},\mathscr{N}_{\mathscr{Z}},P_z^y\}$ 的 W 泛函 $\varphi_t^y(B)$,使

$$v_\lambda(x,B)=E_z^y\int_0^\infty e^{-\lambda t}\mathrm{d}\varphi_t^y(B)$$

我们注意,对 $\mathfrak{B}$ 中任一两两不相交的集列 B_k,泛函 $\sum\varphi_t^y(B_k)$ 与泛函 $\varphi_t^y(\bigcup B_k)$ 是等价的.如果泛函 $\varphi_t^y(B)$ 是单调且连续的,那么 $z(\cdot)\in\mathscr{F}_{\mathscr{Z}}$ 的集(在这些集上,对一切 $t_1<t_2$ 有

$$\varphi_{t_2}^y(B)-\varphi_{t_1}^y(B)\leqslant\varphi_{t_2}^y(\mathscr{X})-\varphi_{t_1}^y(\mathscr{X})$$

成立),对所有的 $z\in\mathscr{Z}$ 都有完全测度 P_z^y.记此集为 $\mathscr{F}'_{\mathscr{Z}}$.这时,对 $z(\cdot)\in\mathscr{F}'_{\mathscr{Z}}$,$\varphi_t^y(B)$ 作为 t 的函数对于 $\varphi_t^y(\mathscr{X})$ 绝对连续,亦即

$$\varphi_t^y(B)=\int_0^t g(s,B)\mathrm{d}\varphi_s^y(\mathscr{X})\tag{6}$$

这里,$g(s,B)$ 可由下式确定

$$g(s,B)=\overline{\lim_{h_n\downarrow 0}}\frac{\varphi_{s+h_n}^y(B)-\varphi_s^y(B)}{\varphi_{s+h_n}^y(\mathscr{X})-\varphi_s^y(\mathscr{X})} \tag{7}$$

h_n 为任一收敛于0的序列，($h_n>0$). 由(7)可得对一切 $z\in\mathscr{Z}$，以概率 $P_z^y=1$ 有

$$g(s,B)=\hat{\theta}_s g(0,B)$$

其中 $\hat{\theta}_s$ 为 $\mathscr{F}_{\mathscr{Z}}$ 上的推移算子. 其次，$g(0,B)$ 为 $\mathscr{N}_{\mathscr{Z}}(+0)$ 可测的变量，这里 $\mathscr{N}_{\mathscr{Z}}(t)$ 为 $s\leqslant t$ 的那些随机变量 $z(s)$ 产生的 σ 代数.

然后，再设过程 $\{\mathscr{F}_{\mathscr{Z}},\mathscr{N}_{\mathscr{Z}},P_z^y\}$ 满足条件：对一切 z，依概率 P_z^y，$\mathscr{N}_{\mathscr{Z}}(+0)$ 可测的变量与某些常数重合(例如，对随机连续的 Feller 过程这是成立的；见第二章 §6 引理 1). 这时，存在 $\mathfrak{B}_{\mathscr{Z}}$ 可测函数 $G^y(z,B)$，使得对一切 $z\in\mathscr{Z}$，有

$$E_z^y g(0,B)=G^y(z,B),\ g(s,B)=G^y(z_s,B)$$

几乎处处(对测度 P_z^y)成立. 因而，若设 $\varphi_s^y=\varphi_s^y(\mathscr{X})$，我们有

$$\varphi_t^y(B)=\int_0^t G^y(z_s,B)\mathrm{d}\varphi_s^y \tag{8}$$

同所有的 W 泛函一样，泛函 φ_t^y 在随机等价的意义上被函数

$$E_z^y\varphi_t^y=E_z^y\chi_{\{\tau>t\}}=1-Q_y(t,z,\mathscr{Z})$$

所确定，这因为由式(6)，有

$$\int_0^\infty \mathrm{e}^{-\lambda t}E_z^y\mathrm{d}\chi_{\{\tau<t\}}=E_z^y\int_0^\infty \mathrm{e}^{-\lambda t}\mathrm{d}_t\chi_{\{\tau<t\}}=E_z^y\mathrm{e}^{-\lambda\tau}=v_\lambda^{(y)}(z,\mathscr{X})$$

这样一来，为了确定过程的概率特征，除了一族转移概率 $Q_y(t,z,A)$ 以外，只需再给出函数 $G^y(z,B)$ 即可. 这函数非负，对 z 关于 $\mathfrak{B}_{\mathscr{Z}}$ 可测. 如 $B=\bigcup B_k$，B_k 两两不相交，则由泛函 $\varphi_t^y(B)$ 与 $\sum\limits_k\varphi_t^y(B_k)$ 的等价性可得，等式

$$G^y(z_u,B)=\sum_k G^y(z_u,B_k)$$

对几乎一切 u(对测度 $\mathrm{d}\varphi_u^y$)成立. 此外，有 $G^y(z,\mathscr{X})=1$. 换言之，$G^y(z_u,B)$ 具有转移概率的性质. 其次，如第二章 §6 定理 3 的证明中导出的那样，还有

$$\varphi_t^y=\lim_{h\downarrow 0}\frac{1}{h}\int_0^t E_{z_t}^y\varphi_h^y\mathrm{d}t=\lim_{h\downarrow 0}\frac{1}{h}\int_0^t P_{z_t}^y\{\tau\leqslant h\}\mathrm{d}t=$$

$$\lim_{h\downarrow 0}\frac{1}{h}\int_0^t P_{x_t}\{\tau\leqslant h\}\mathrm{d}t$$

$$\varphi_t^y(B)=\lim_{h\downarrow 0}\frac{1}{h}\int_0^t P_{x_t}\{\tau\leqslant h,x(\tau)\in B\}\mathrm{d}t$$

因此

$$G^y(x,B)=\overline{\lim_{t\to 0}}\frac{\varphi_t^y(B)}{\varphi_t^y}=\overline{\lim_{t\to 0}}\lim_{h\downarrow 0}\frac{\int_0^t P_{x_s}\{\tau\leqslant h,x(\tau)\in B\}\mathrm{d}s}{\int_0^t P_{x_s}\{\tau\leqslant h\}\mathrm{d}s}=$$

$$\lim_{h\downarrow 0}\frac{P_x\{\tau\leqslant h,x(\tau)\in B\}}{P_x\{\tau\leqslant h\}}$$

这里假定了可以交换极限的次序，且所有的极限都存在. 最后的极限可以解释为过程由点 x 出发，在其离散分量的跳跃之前于跳跃的瞬时，直接落入集 B 的转移概率. 这只是函数 $G^y(x,B)$ 的直观的解释，而函数 $G^y(x,B)$ 只是当 $x(\tau-0)$ 不存在时才有定义.

下面，我们将考虑这样的过程，对于它，函数

$$G^y(x,B)=G_x(B)$$

满足下列条件:

G. 1. 当 $B\in\mathfrak{B}$ 时，函数 $G_x(B)$，对 x 是 $\mathfrak{B}$ 可测函数.

G. 2. 对一切 $x\in\mathscr{X}$，函数 $G_x(B)$ 是 $\mathfrak{B}$ 上的概率测度.

特征算子. 调和函数 为了确定过程的预解式(该过程在其跳跃点的聚点处中断)，利用过程的特征算子是很方便的. 由于 $\mathscr{Y}$ 中的拓扑是离散的，故过程的特征算子可由公式

$$\mathfrak{U}f(x)=\lim_{U\downarrow x}\frac{E_xf(x(\tau_U))-f(x)}{E_x\tau_U}$$

确定，其中 $\tau_\mathfrak{U}$ 为首次离开点 x 的邻域 U 的时刻，$U=U'\times\{y\}$，U' 为 $\mathscr{Z}$ 中点 z 的邻域，$\{y\}$ 为 $\mathscr{Y}$ 中由点 y 组成的单点集. 所以，$\tau_\mathfrak{U}=\min[\tau_{U'},\tau]$，这里 $\tau_{U'}$ 为过程离开邻域 $U'\times\mathscr{Y}$ 的时刻. 我们指出，τ_U 与过程 $\{\mathscr{F}_\mathscr{Z},\mathscr{N}_\mathscr{Z},P_z^y\}$ 离开邻域 U' 的时刻一致. 也就是说有

$$\begin{aligned}E_xf(x(\tau_\mathfrak{U}))-f(x)=&\ E_z^yf(z(\tau_\mathfrak{U}),y)-f(z,y)+E_x[f(x(\tau_v))-f(z(\tau_v),y)]=\\&\ E_z^yf(z(\tau_{v'}),y)-f(z,y)+\\&\ E_x[f(x(\tau))-f(z(\tau),y)]\chi_{\{\tau\leqslant\tau_{\mathfrak{U}'}\}}=\\&\ E_z^yf(z(\tau_{\mathfrak{U}'}),y)-f(z,y)+\\&\ E_x[f(x(\tau))-f(z(\tau),y)]-\\&\ E_x\chi_{\{\tau_{\mathfrak{U}'}\tau<\tau\}}E_{x(\tau_{\mathfrak{U}'})}[f(x(\tau))-f(z(\tau),y)]\end{aligned}$$

设

$$\Gamma f(x)=E_x[f(x(\tau))-f(z(\tau),y)]=\int[f(z_1,y_1)-f(z_1,y)]v_0(x,\mathrm{d}x_1)\tag{9}$$

其中，函数 $v_0(x,B)$ 由 $\lambda=0$ 时的式(1)确定. 这时

$$E_xf(x(\tau_\mathfrak{U}))-f(x)=E_z^y[f(z(\tau_{\mathfrak{U}'}),y)-\Gamma f(z(\tau_{\mathfrak{U}'}),y)]-[f(z,y)-\Gamma f(z,y)]$$

这意味着，如果对一切 y，函数 $f(z,y)-\Gamma f(z,y)$ 作为 z 的函数属于过程 $\{\mathscr{F}_\mathscr{Z},\mathscr{N}_\mathscr{Z},P_z^y\}$ 的特征算子 $\mathfrak{U}^y$ 的定义域，则 $\mathfrak{U}f$ 是确定的. 这时

$$\mathfrak{U}f(x)=\mathfrak{U}^y[f(z,y)-\Gamma f(z,y)]\tag{10}$$

(算子 $\mathfrak{U}^y$ 对固定的 y 作用于函数).

我们指出，算子 Γ 可由函数 $G^y(x,B)$ 和 $Q_y(t,z,A)$ 简单地表出. 实际上

$$v_0(x,B)=E_z^y\int_0^\infty G^y(z_s,B)\mathrm{d}\varphi_s^y=\lim_{h\downarrow 0}E_z^y\frac{1}{h}\int_0^\infty G^y(z_s,B)[1-Q_y(h,z_s,\mathscr{Z})]\mathrm{d}s=$$

$$\lim_{h\downarrow 0}\frac{1}{h}\int_0^\infty\int Q_y(s,z,\mathrm{d}z_1)G^y(z_1,B)[1-Q_y(h,z_1,\mathscr{Z})]\mathrm{d}s$$

现在我们来看，是否总能根据已给的函数 $G^y(x,B)$ 及 $Q_y(t,z,B)$ 来构造过程$\{\mathscr{F},\mathscr{N},P_x\}$. 取函数 $x(t)=(z(t);y(t))$ 的集作为$\mathscr{F}$，这里 $y(t)$ 为阶梯函数，$x(t)$ 定义在$[0,\zeta)$ 上，ζ 使 $y(t)$ 在$[s,\zeta)$，$s<\zeta$，有无限多次跳跃；如不存在有限的这样的 ζ，就令 $\zeta=+\infty$. 我们将根据转移概率 $Q_y(t,z,A)$ 构造马尔科夫过程$\{\mathscr{F}_{\mathscr{Z}},\mathscr{N}_{\mathscr{Z}},P_z^y\}$. 假定这个过程对一切 $z(t)\in\mathscr{F}_{\mathscr{Z}}$，只是在 $\tau<\infty$ 时才存在 $z(\tau-0)$. 这是可能的，例如，当 $\mathscr{Z}$ 为局部紧空间，而过程$\{\mathscr{F}_{\mathscr{Z}},\mathscr{N}_{\mathscr{Z}},P_z^y\}$ 为规则过程时. 现在，我们在 $\mathscr{F}$ 中只留下可使函数 $z(t-\zeta_n)$ 在$[0,\zeta_{n+1}-\zeta_n)$ 上能与 $\mathscr{F}_{\mathscr{Z}}$ 中某函数重合的那样的函数 $x(t)=(z(t);y(t))$，这里 ζ_n 为函数 $y(t)$ 逐个的跳跃时刻.

我们先确定转移概率

$$P(t,x,B)=\sum_{n=0}^\infty Q^{(n)}(t,x,B)\tag{11}$$

其中

$$Q^{(0)}(t,x,B)=Q_y(t,z,B^y),B^y=\{z:(z;y)\in B\}$$

$$Q^{(n)}(t,x,B)=\iint_0^t P_z^y\{\tau\in\mathrm{d}s,z(\tau-0)\in\mathrm{d}z_1\}G^y(z_1,\mathrm{d}x_2)Q^{(n-1)}(t-s,x_2,B)\tag{12}$$

($\int G^y(z,\mathrm{d}x_1)Q^{(n-1)}(t,x_1,B)$ 作为变量 z,y,t 的整体的函数关于 $\mathfrak{B}_{\mathscr{Z}}\times\mathfrak{B}_{\mathscr{Y}}\times\mathfrak{B}_+$ 的可测性容易由归纳法证得.) 下面验证函数(11) 满足 Колмогоров—Chapman 方程. 显然

$$Q^{(0)}(t+s,x,B)=\int Q^{(0)}(t,x,\mathrm{d}x_1)Q^{(0)}(s,x_1,B)$$

其中

$$\begin{aligned}Q^{(1)}(t+s,x,B)=&\int_0^t\int P_z^y\{\tau\in\mathrm{d}u,z(\tau-0)\in\mathrm{d}z_1\}\cdot\\&\iint G^y(z_1,\mathrm{d}x_2)Q^{(0)}(t-u,x_2,\mathrm{d}x_3)Q^{(0)}(s,x_3,B)+\\&\int_t^{t+s}\iint P_z^y\{\tau>t,z(t)\in\mathrm{d}z_1\}\cdot\\&P_{z_1}^y\{\tau+t\in\mathrm{d}u,z(\tau-0)\in\mathrm{d}z_2\}\\&\int G^y(z_2,\mathrm{d}x_3)Q^{(0)}(t+s-u,x_3,B)=\\&\int Q^{(1)}(t,x,\mathrm{d}x_1)Q^{(0)}(s,x_1,B)+\end{aligned}$$

$$\int Q^{(0)}(t,x,\mathrm{d}x_1)Q^{(1)}(s,x_1,B)$$

这里,我们利用等式:对 $\alpha > t$

$$P_z^y\{\alpha < \tau < \beta, z(\tau-0) \in A\} = E_z^y \chi_{\{\tau>t\}}\theta_t[\chi_{\{\alpha-t<\tau<\beta-t\}}\chi_A(z(\tau-0))] = E_z^y \chi_{\{\tau>t\}} P_{z(t)}^y\{\alpha < \tau+t < \beta, z(\tau-0) \in A\}$$

可以类似地证明关系式

$$Q^{(n)}(s+t,x,B) = \sum_{k=0}^{n}\int Q^{(k)}(s,x,\mathrm{d}x_1)Q^{(n-k)}(t,x_1,B) \tag{13}$$

因此

$$\int P(s,x,\mathrm{d}x_1)P(t,x_1,B) = \sum_{n=0}^{\infty}\sum_{k=0}^{n}\int Q^{(k)}(s,x,\mathrm{d}x_1)Q^{(n-k)}(t,x_1,B) = P(s+t,x,B)$$

根据转移概率(11) 先在 $\mathscr{N}$ 中的柱集上构造测度,然后再把它扩张到 $\mathscr{N}$ 上去.

现推导已构造的过程的预解式 R_λ. 若记

$$q_\lambda^{(n)}(x,B) = \int_0^\infty \mathrm{e}^{-\lambda t} Q^{(n)}(t,x,B)\mathrm{d}t$$

及

$$v_\lambda(x,B) = \int_0^\infty \mathrm{e}^{-\lambda s}\int P_z^y\{\tau \in \mathrm{d}s, z(\tau-0) \in \mathrm{d}z_1\}G^y(z_1,B)$$

由(12) 可见

$$q_\lambda^{(n)}(x,B) = \int v_\lambda(x,\mathrm{d}x_1)q_\lambda^{(n-1)}(x_1,B)$$

于是,如

$$v_\lambda^{(n)}(x,B) = \int v_\lambda^{(n-1)}(x,\mathrm{d}x_1)v_\lambda(x_1,B) \quad (\text{对 } n > 1)$$

$$v_\lambda^{(1)}(x,B) = v_\lambda(x,B)$$

由等式

$$q_\lambda^{(0)}(x,B) = R_\lambda^y \chi_{B^y}(z)$$

(这里 R_λ^y 为过程 $\{\mathscr{F}_{\mathscr{X}},\mathscr{N}_{\mathscr{X}},P_z^y\}$ 的预解式) 我们可得对 $R_\lambda f$ 需要的公式(4).

为了构造过程在时刻 ζ 以后的延续部分,我们要求此过程的有界调和函数. 容易证明,过程的一切有界 λ 调和函数都满足

$$\varphi_\lambda(x) = E_x \mathrm{e}^{-\lambda\tau}\varphi_\lambda(x_\tau) = \int \varphi_\lambda(x_1)v_\lambda(x,\mathrm{d}x_1) \tag{14}$$

并且,任一满足(14) 的函数都是 λ 调和函数(这一结论的证明类似于 §3 引理 3;见那里的等式(31)).

第四章 独立增量过程

§1 定义.一般性质

设$\mathscr{X}$是线性空间,而$\mathfrak{B}$是它的子集的σ代数,具备下列性质:a) 对任意$x \in \mathscr{X}$和$A \in \mathfrak{B}$,集$A_x = \{y: y - x \in A\} \in \mathfrak{B}$(即$\mathscr{X}$中的一切推移都关于$\mathfrak{B}$可测);b) 对任意$A \in \mathfrak{B}$,$\{(x,y): x + y \in A\}$是$\mathscr{X} \times \mathscr{X}$中的$\mathfrak{B} \times \mathfrak{B}$可测集.

设过程$\xi(t)$定义在某一集合$T \subset \mathscr{R}$上,取值于$\mathscr{X}$.称$\xi(t)$为独立增量过程,如果对所有$t_0 < t_1 < \cdots < t_n$,$t_k \in T$,$k = 0, 1, \cdots, n$,随机变量$\xi(t_0)$,$\xi(t_1) - \xi(t_0)$,$\cdots$,$\xi(t_n) - \xi(t_{n-1})$相互独立.加在$\mathfrak{B}$上的条件保证$\xi(t) - \xi(t_1)$是随机变量.

独立增量过程的一维分布以及增量的分布决定它的边沿分布.设

$$\mu_t(A) = P\{\xi(t) \in A\}, \Phi_{t_1, t_2}(A) = P\{\xi(t_2) - \xi(t_1) \in A\}$$

那么

$$P\{\xi(t_0) \in A_0, \xi(t_1) \in A_1, \cdots, \xi(t_n) \in A_n\} = \int \cdots \int \mu_{t_0}(\mathrm{d}x_0) \Phi_{t_0, t_1}(\mathrm{d}x_1) \cdots \Phi_{t_{n-1}, t_n}(\mathrm{d}x_n) \qquad (1)$$

其中积分对集合$\{(x_0,\cdots,x_n):x_0\in A_0,\cdots,x_0+\cdots+x_n\in A_n\}$进行.为了证明式(1),只需验证集合$\{(x_0,\cdots,x_n):x_0\in A_0,\cdots,x_0+\cdots+x_n\in A_n\}$为$\mathfrak{B}^{n+1}$可测.这可以利用对于$n$的数学归纳法和下面的等式来证明

$$\{(x_0,\cdots,x_n):x_0\in A_0,\cdots,x_0+\cdots+x_n\in A_n\}=$$
$$\{(x_0,\cdots,x_{n-1}):x_0\in A_0,\cdots,x_0+\cdots+x_{n-1}\in A_{n-1}\}\cap$$
$$\{(x_0,\cdots,x_n):x_0+\cdots+x_n\in A_n\}$$

根据条件b)该集为$\mathfrak{B}^{n+1}$可测.

假设$l(x)$是定义在$\mathscr{X}$上的线性泛函,$\mathfrak{L}$是一线性泛函的线性集合:对任意$x\neq 0,x\in\mathscr{X}$,存在泛函$l\in\mathfrak{L}$,使$l(x)\neq 0$.设σ代数$\mathfrak{B}$是使$\mathfrak{L}$中的所有线性泛函可测的最小σ代数.容易验证,$\mathfrak{B}$满足条件a)和b).

测度μ_t和Φ_{t_1,t_2}决定于它们的特征泛函

$$\varphi_t(l)=\int e^{il(x)}\mu_t(dx)\text{ 和 }\Phi_{t_1,t_2}(l)=\int e^{il(x)}\Phi_{t_1,t_2}(dx)$$

变量$\xi(t_1),\cdots,\xi(t_n)$的联合特征泛函为

$$E\exp\Big\{\sum_{k=1}^{n}il_k[\xi(t_k)]\Big\}=\varphi_{t_1}\Big(\sum_{j=1}^{n}l_j\Big)\prod_{k=1}^{n-1}\varphi_{t_k,t_{k+1}}\Big(\sum_{j=k+2}^{n}l_j\Big)\tag{2}$$

(该式是$\xi(t)$之增量的独立性的明显推论).函数$\varphi_t(l)$和$\varphi_{t_1,t_2}(l)$并不是完全任意的:对$t<s$它满足关系式

$$\varphi_t(l)\varphi_{t,s}(l)=\varphi_s(l)\tag{3}$$

注意,可以把独立增量过程和相空间$\{\mathscr{X},\mathfrak{B}\}$中的某一马尔科夫过程相联系,函数$\{\xi(t)+x\}$是它的样本函数,其中$\xi(t)$是独立增量过程,对任意$\mathfrak{U}\in\mathscr{N}^t$($\mathscr{N}^t$是$x(s),s\geqslant t,s\in T$,产生的$\sigma$代数),测度$P_{t,x},t\in T$,决定于

$$P_{t,x}(\mathfrak{U})=P\{\xi(s)-\xi(t)+x\in\mathfrak{U}\}$$

这个马尔科夫过程的转移概率由下式给出

$$P(t,x,s,A)=P\{\xi(s)-\xi(t)+x\in A\}\tag{4}$$

一维独立增量过程 注意,对任意$\mathfrak{B}$可测线性泛函$l(x)$,过程$\eta(t)=l(\xi(t))$是一维独立增量过程.所以,研究一维独立增量过程,对于更复杂空间的过程可以提供不平凡的信息(以后我们会看到,它确实提供这样的信息).另一方面,$\mathscr{R}^1$是最简单的线性空间,因此在一定意义上该空间中的过程也是最简单的.

这样,我们考虑取实值的过程$\xi(t)$;空间$\mathscr{R}^1$中的σ代数$\mathfrak{B}$选作所有Borel集的σ代数.假设过程是定义在集T上的.

设$\varphi_t(\lambda)$和$\varphi_{t_1,t_2}(\lambda)$是$\xi(t)$和$\xi(t_2)-\xi(t_1)$的特征函数.函数$h_t(\lambda)=|\varphi_t(\lambda)|^2$及$h_{t_1,t_2}(\lambda)=|\varphi_{t_1,t_2}(\lambda)|^2$非负,并且$h_{t_1,t_2}(\lambda)\leqslant 1$.由

$$h_s(\lambda)=h_t(\lambda)h_{t,s}(\lambda)\quad(t<s)$$

可见,$h_s(\lambda)$是s的有界单调非增函数.从而,对属于T的闭包的所有t存在

$h_{t-0}(\lambda)$ 和 $h_{t+0}(\lambda)$（若 t 为单侧极限点，则为一个极限；而在孤立点这些极限没有意义）.

除 $\xi(t)$ 之外，我们再考虑过程 $\tilde{\xi}(t)$. 假设 $\tilde{\xi}(t)$ 和 $\xi(t)$ 相互独立，但是它们的有限维分布相同. 为构造这样的过程，我们可以取两个完全相同的概率空间，并把第一个空间上的过程 $\xi(t)$ 和第二个空间上的过程 $\tilde{\xi}(t)$，都看成是这两个概率空间的乘积空间上的过程. 其次，设 $\xi^*(t)=\xi(t)-\tilde{\xi}(t)$. 容易看出

$$Ee^{i\lambda\xi^*(t)}=h_t(\lambda),Ee^{i\lambda[\xi^*(t_2)-\xi^*(t_1)]}=h_{t_1,t_2}(\lambda)$$

结果表明，由 $h_{t+0}(\lambda)$ 的存在性可知（在依概率收敛意义下的），极限 $\xi^*(t+0)$ 存在，而由 $h_{t-0}(\lambda)$ 存在可知，$\xi^*(t-0)$ 存在. 例如，我们证明第一个结论. 注意，作为连续函数的递增数列的极限

$$h_{t+0}(\lambda)=\lim_{s\downarrow t}h_s(\lambda)$$

在点 0 连续，因此它是特征函数. 所以，存在 $\Delta>0$，当 $|\lambda|<\Delta$ 时 $h_{t+0}(\lambda)>0$. 因此，对所有 $|\lambda|<\Delta$ 存在 $s_0>t$，使当 $t<s<s_0$ 时 $h_s(\lambda)>0$. 所以

$$\lim_{\substack{s_2\downarrow t\\ t<s_1<s_2}}h_{s_1,s_2}(\lambda)=\lim_{s_1\downarrow t,s_2\downarrow t}\frac{h_{s_2}(\lambda)}{h_{s_1}(\lambda)}=1$$

而且对任意 $\varepsilon>0$

$$\lim_{\substack{s_1\downarrow t,s_2\downarrow t\\ t<s_1<s_2}}P\{|\xi^*(s_2)-\xi^*(s_1)|>\varepsilon\}=0$$

这样，当 $s\downarrow t$ 时 $\xi^*(t)$ 是依概率收敛意义下的基本序列，因而存在

$$\lim_{s\downarrow t}\xi^*(s)=\xi^*(t+0)$$

因为对于对称过程（见随机过程（Ⅰ）第六章 §3，引理 3）有

$$P\{\sup_{t<s<t+\delta}|\xi^*(s)-\xi^*(t+0)|>\varepsilon\}\leqslant 2P\{|\xi^*(t+\delta)-\xi^*(t+0)|>\varepsilon\}$$

所以 $\xi^*(s)$ 没有第二类间断点. 于是，$\xi(t)-\tilde{\xi}(t)$ 以概率 1 没有第二类间断点. 所以，对几乎所有固定的 ω_0，$\xi(t,\omega)-\tilde{\xi}(t,\omega_0)$ 没有第二类间断点. 从而，存在一非随机函数 $a(t)$，使 $\xi(t)-a(t)$ 没有第二类间断点. 称每个这样的函数为中心化的.

假设 $\xi'(t)=\xi(t)-a(t)$ 没有第二类间断点. 该过程可以开拓到 T 的闭包，而且仍然是独立增量过程. 如果 (α,β) 是 T 的闭包的某一补区间，令 $\xi'(s)=\xi'(\alpha)$，$s\in(\alpha,\beta)$，则可以把 $\xi'(s)$ 开拓到包含 T 的最小左闭区间（如果 $b=\sup T$，则对 $b\overline{\in}T$，$\xi^*(b-0)$ 有可能不存在）. 所以，不失普遍性，我们可以考虑区间 $[a,b)$ 上的过程，并且在该区间之内 $\xi'(s)$ 没有第二类间断点. 设 $t_1,t_2,\cdots$ 是 $\xi'(s)$ 的所有随机间断点. 设

$$\xi_k=\xi'(t_k+0)-\xi'(t_k),\bar{\xi}_k=\xi'(t_k)-\xi'(t_k-0)$$

如果 $\varphi_k(\lambda)=Ee^{i\lambda\xi_k}$，$\psi_k(\lambda)=Ee^{i\lambda\bar{\xi}_k}$，则

$$|\varphi_k(\lambda)|^2=\frac{h_{t+0}(\lambda)}{h_t(\lambda)},\ |\psi_k(\lambda)|^2=\frac{h_t(\lambda)}{h_{t-0}(\lambda)}$$

所以对任意 $t<b$,当 λ 充分小时,无穷乘积

$$\prod_{t_k<t}|\varphi_k(\lambda)|^2\text{ 和}\prod_{t_k<t}|\psi_k(\lambda)|^2$$

收敛.

我们引进两个随机变量 ξ'_k 和 $\bar{\xi}'_k$:它们与 ξ_k 和 $\bar{\xi}_k$ 独立,并且分别与 ξ_k 和 $\bar{\xi}_k$ 同分布,此外 ξ'_k 和 $\bar{\xi}'_k$ 相互独立.那么,如果设

$$\xi_k^*=\xi_k-\xi'_k,\bar{\xi}_k^*=\bar{\xi}_k-\bar{\xi}'_k$$

则

$$Ee^{i\lambda\xi_k^*}=|\varphi_k(\lambda)|^2,Ee^{i\lambda\bar{\xi}_k^*}=|\psi_k(\lambda)|^2$$

与以上完全类似,由乘积 $\prod\limits_{t_k<t}|\varphi_k(\lambda)|^2$ 的收敛性可以证明级数 $\sum\limits_{t_k<t}<\xi_k^*$ 依概率收敛,从而以概率 1 收敛(见随机过程(Ⅰ)第二章,§2 定理 7).所以存在常数 a_k(作为 a_k 亦可取 $\bar{\xi}'_k$),使级数 $\sum\limits_{t_k<t}(\xi_k-a_k)$ 以概率 1 收敛.由于 $\xi(t)$ 没有第二类间断点,可知 ξ_k 依概率趋向 0.因此,当 $k\to 0$ 时,$a_k\to 0$.设 $c>0$,而

$$(\xi_k-a_k)_c=\begin{cases}\xi_k-a_k & \text{若 } |\xi_k-a_k|<c\\ 0 & \text{若 } |\xi_k-a_k|>c\end{cases}$$

那么,级数

$$\sum_{k=1}^{\infty}[\xi_k-a_k-E(\xi_k-a_k)_c]$$

也收敛,而且其和与项的顺序无关.这由下面引理可得.

引理 1 如果级数 $\sum\eta_k$ 以概率 1 收敛,则对任意 $c>0$ 级数 $\sum[\eta_k-E(\eta_k)_c]$ 也以概率 1 收敛,而且其和与项的顺序无关.

证 由 Колмогоров 定理(见随机过程(Ⅰ),第二章 §3 定理 3 的系)以及三级数定理(见随机过程(Ⅰ),第二章 §3 定理 5),可知级数 $\sum\limits_{k=1}^{\infty}[(\eta_k)_c-E(\eta_k)_c]$ 收敛.下证该级数的和与其项的顺序无关.设 ζ_1 为该级数在原来顺序下的和.将它的项重新作某种排列,并设其和为 ζ.那么 $\zeta-\sum\limits_{k=1}^{n}[(\eta_k)_c-E(\eta_k)_c]$ 与 $\sum\limits_{k=1}^{n}[(\eta_k)_c-E(\eta_k)_c]$ 独立.当 $n\to\infty$ 时取极限,则可知 $\zeta-\zeta_1$ 不依赖于 ζ_1.而由对称性可见,$\zeta_1-\zeta$ 也与 ζ 独立.于是,$\zeta-\zeta_1$ 不依赖于 $\zeta-\zeta_1$.所以 $\zeta-\zeta_1$ 是常数.因为 $E\zeta$ 和 $E\zeta_1$ 存在并且等于 0,所以 $\zeta=\zeta_1$.由三级数定理知,级数 $\sum\limits_{k=1}^{\infty}[\eta_k-E(\eta_k)_c]$ 只含有限多项,所以它绝对收敛.因而它的和与项的顺序无关.引理得证.

由引理可见,存在常数 b_k,使级数

$$\sum_{t_k<t}(\xi_k-b_k)\quad(t<b)$$

收敛，而且其和与项的顺序无关. 同样，存在常数 $\bar{b}_k$，使级数

$$\sum_{t_k\leqslant t}(\bar{\xi}_k-\bar{b}_k)\quad(t<b)$$

收敛，而且其和与项的顺序无关.

设

$$\eta(t)=\sum_{t_k\leqslant t}(\bar{\xi}_k-\bar{b}_k)+\sum_{t_k<t}(\xi_k-b_k)$$

那么，只有在点 $t_1,t_2,\cdots$ 上过程 $\xi''(t)=\xi'(t)-\eta(t)$ 才有随机间断点，并且 $\xi'(t_k+0)-\xi''(t_k)=b_k,\xi''(t_k)-\xi''(t_k-0)=\bar{b}_k$.

最后，我们设函数 $b(t)$ 没有第二类间断点，只有 $\{t_k\}$ 是它的间断点，而且

$$b(t_k+0)-b(t_k)=b_k,b(t_k)-b(t_k-0)=\bar{b}_k$$

那么，过程 $\xi^0(t)=\xi''(t)-b(t)$ 是随机连续的.

设 $\{\eta_k\}$ 和 $\{\bar{\eta}_k\}$ 是两个独立随机变量列，而 $\{t_k\}$ 是 $[a,b)$ 上的某一点列. 假设对于 $t\in[a,b)$ 级数 $\sum\limits_{t_k<t}\eta_k$ 和 $\sum\limits_{t_k\leqslant t}\bar{\eta}_k$ 收敛，而且其和与项的顺序无关. 那么，称过程

$$\eta(t)=\sum_{t_k<t}\eta_k+\sum_{t_k\leqslant t}\bar{\eta}_k \tag{5}$$

为离散独立增量过程.

综上所述得下面的定理.

定理 1 对任一独立增量过程 $\xi(t)$，存在非随机函数 $a(t)$，离散过程 $\eta(t)$ 和随机连续过程 $\xi^0(t)$，使

$$\xi(t)=a(t)+\eta(t)+\xi^0(t)$$

而且 $\eta(t)$ 和 $\xi^0(t)$ 相互独立.

离散过程完全决定于式(5). 知道了 η_k 和 $\bar{\eta}_k$ 的分布，就可以写出随机变量 $\eta(t)$ 以及增量 $\eta(s)-\eta(t)$ 的特征函数.

我们现在考虑随机连续过程. 由随机过程（Ⅰ）第三章 §4 的定理 3 可知，随机连续过程没有第二类间断点. 记 $v_t(A)$ 为过程 $\xi(t)$ 在区间 $[a,t)$ 上落入 Borel 集 A 的跳跃的个数. 如果 Borel 集 A 与 O 之距离大于 0，则 $v_t(A)$ 是完全确定的. 容易验证，$v_t(A)$ 也是随机连续的独立增量过程. 此外，这个过程以概率 1 不减，它只有有限多个跳跃，每个跳跃的值都等于 1，而且在两个跳跃之间该过程为常数. 过程 $v_t(A)$ 由下面的定理描绘.

定理 2 如果 $\eta(t)$ 是 $[a,b)$ 上的随机连续独立增量过程，满足下列条件：

1) $\eta(t)$ 以概率 1 有有限多个跳跃，而且所有跃度都等于 1

2) 在两个跳跃之间 $\eta(t)$ 的值不变，则 $\eta(t)$ 是 Poisson 过程，即对于 $t<s$，

$\eta(s)-\eta(t)$ 服从 Poisson 分布.

证　只需证明 $\eta(t)-\eta(a)$ 服从 Poisson 分布. 设 $a=t_0<t_1<\cdots<t_n=t$, $\Delta=\max(t_{k+1}-t_k)$. 我们证明, 对 $\xi_k=\eta(t_k)-\eta(t_{k-1})$ 有

$$\lim_{\Delta\downarrow 0}\sum_{k=0}^{n-1}P\{\xi_k>1\}=0 \tag{6}$$

因为 $\eta(t)$ 的所有的跃度都等于 1, 所以当 $\Delta\to 0$ 时 $P\{\sup\limits_{0\leqslant k\leqslant n-1}\xi_k>1\}\to 0$. 而

$$P\{\sup_{0\leqslant k\leqslant n-1}\xi_k>1\}=\sum_{k=0}^{n-1}\prod_{j=0}^{k-1}P\{\xi_j\leqslant 1\}P\{\xi_k>1\}\geqslant$$
$$\sum_{k=0}^{n-1}P\{\xi_k>1\}\prod_{j=0}^{n-1}P\{\xi_j\leqslant 1\}$$

故

$$\sum_{k=0}^{n-1}P\{\xi_k>1\}\leqslant P\{\sup_{0\leqslant k\leqslant n-1}\xi_k>1\}[1-P\{\sup_{0\leqslant k\leqslant n-1}\xi_k>1\}]^{-1}$$

由此即得式(6). 记

$$\tilde{\xi}_k=\begin{cases}\xi_k & 若\ \xi_k\leqslant 1\\ 1 & 若\ \xi_k>1\end{cases}$$

那么, 因为由式(6) 当 $\Delta\to 0$ 时有

$$P\left\{\sum_{k=0}^{n-1}\xi_k-\sum_{k=0}^{n-1}\tilde{\xi}_k\neq 0\right\}\leqslant\sum_{k=0}^{n-1}P\{\xi_k>1\}\to 0$$

可见, 依概率收敛意义下有

$$\eta(t)-\eta(a)=\lim_{\Delta\to 0}\sum_{k=1}^{n}\tilde{\xi}_k$$

设 $p_k=P\{\xi_k=1\}$. 那么, 由过程的随机连续性可见

$$\lim_{\Delta\downarrow 0}\max_{0\leqslant k\leqslant n-1}p_k=0$$

我们证明存在极限 $\lim\limits_{\Delta\to 0}\sum p_k=\lambda$. 由 $\eta(t)$ 的随机连续性可知, 存在 $\delta>0$, 使当 $|t_1-t_2|<\delta$ 时

$$P\{|\eta(t_2)-\eta(t_1)|=0\}=P\left\{|\eta(t_2)-\eta(t_1)|\leqslant\frac{1}{2}\right\}>0$$

所以

$$P\{\eta(t)-\eta(a)=0\}>0$$

因此, 由

$$P\{\eta(t)-\eta(a)=0\}=P\{\sum\xi_k=0\}=\prod_{k=1}^{n}(1-p_k)$$

得

$$-\ln P\{\eta(t)-\eta(a)=0\}=\sum_{k=1}^{n}p_k[1+O(\max p_k)]$$

所以

$$\lim_{\Delta\to 0}\sum_{k=1}^{n}p_k=-\ln P\{\eta(t)-\eta(a)=0\}$$

其次

$$P\{\eta(t)-\eta(a)=k\}=\lim_{\Delta\to 0}\sum_{i_1<i_2<\cdots<i_k}\frac{p_{i_1}\cdots p_{i_k}}{(1-p_{i_1})\cdots(1-p_{i_k})}\prod_{k=1}^{n-1}(1-p_k)=$$

$$\mathrm{e}^{-\lambda}\lim_{\Delta\to 0}\sum_{i_1<\cdots<i_k}p_{i_1}\cdots p_{i_k}$$

$$\sum_{i_1<\cdots<i_k}p_{i_1}\cdots p_{i_k}=\frac{1}{k!}\left(\sum_{i=0}^{n-1}p_i\right)^k+O\left[\sum_{l=1}^{k-1}\left(\sum_{i=0}^{n-1}p_i\right)^l(\max_i p_i)^{k-l}\right]$$

于是 $P\{\eta(t)-\eta(a)=k\}=\frac{\lambda^k}{k!}\mathrm{e}^{-\lambda}$. 定理得证.

我们考虑过程 $\xi_A(t)$，它等于过程 $\xi(t)$ 在 $[a,t)$ 上落入 A 的跃度之和(所谓过程在时刻 t 的跃度 ξ 是指 $\xi(t+0)-\xi(t-0)$). 如果 A 是 Borel 集，而且到 O 的距离大于 0，则 $\xi_A(t)$ 是完全确定的. $\xi_A(t)$ 也是随机连续的独立增量过程.

设 $\boldsymbol{\Pi}_t(A)=Ev_t(A)$. 如果 $\mathfrak{B}_\varepsilon$ 是到 O 的距离不小于 ε 的 Borel 集构成的环，则 $\boldsymbol{\Pi}_t(A)$ 是 $\mathfrak{B}_\varepsilon$ 上的测度，因为对于两两不相交的集 $A_n\in\mathfrak{B}_\varepsilon$

$$\boldsymbol{\Pi}t(\bigcup A_n)=Ev_t(\bigcup A_n)=E\sum v_t(A_n)=\sum E_{v_t}(A_n)=\sum\boldsymbol{\Pi}_t(A_n)$$

记 $\mathfrak{B}_0=\bigcup\mathfrak{B}_\varepsilon$.

定理 3 对 $A\in\mathfrak{B}_0$，过程 $\xi_A(t)$ 和 $\xi(t)-\xi_A(t)$ 相互独立.

证 不失普遍性，可以假设 $\xi(a)=0$. 首先假设集 A 的边界 A' 满足 $\boldsymbol{\Pi}_t(A')=0$，并证明随机变量 $\xi_A(t)$ 和 $\xi(t)-\xi_A(t)$ 相互独立. 设 $a=t_0<t_1<\cdots<t_n=t$，$\Delta=\max_k(t_{k+1}-t_k)$，$\eta_k=\xi(t_{k+1})-\xi(t_k)-\xi_k$，$\xi_k=\chi_A([\xi(t_{k+1})-\xi(t_k)][\xi(t_{k+1})-\xi(t_k)])$. 因为 $\boldsymbol{\Pi}_t(A')=0$，故在 $[0,t]$ 上 $\xi(s)$ 没有落入 A' 的跳跃. 所以在依概率收敛意义下

$$\xi_A(t)=\lim_{\Delta\to 0}\sum_{k=0}^{n-1}\xi_k,\ \xi(t)-\xi_A(t)=\lim_{\Delta\to 0}\sum_{k=0}^{n-1}\eta_k$$

由诸对偶 (ξ_k,η_k) 的独立性可见

$$E\exp\{\mathrm{i}\lambda\xi_A(t)+\mathrm{i}\mu[\xi(t)-\xi_A(t)]\}=\lim_{\Delta\to 0}E\exp\left\{\mathrm{i}\lambda\sum_{k=0}^{n-1}\xi_k+\mathrm{i}\mu\sum_{k=0}^{n-1}\eta_k\right\}=$$

$$\lim_{\Delta\to 0}\prod_{k=0}^{n-1}E\mathrm{e}^{\mathrm{i}\lambda\xi_k+\mathrm{i}\mu\eta_k}=$$

$$\lim_{\Delta\to 0}\prod_{k=0}^{n-1}E\mathrm{e}^{\mathrm{i}\lambda\xi_k}E\mathrm{e}^{\mathrm{i}\mu\eta_k}+\rho_\Delta\qquad(7)$$

其中

$$\rho_\Delta = \prod_{k=0}^{n-1} E\mathrm{e}^{\mathrm{i}\lambda\xi_k+\mathrm{i}\mu\eta_k} - \prod_{k=0}^{n-1} E\mathrm{e}^{\mathrm{i}\lambda\xi_k} E\mathrm{e}^{\mathrm{i}\eta_k}$$

其次

$$|\rho_\Delta| \leqslant \sum_{k=0}^{n-1} | E\mathrm{e}^{\mathrm{i}\lambda\xi_k+\mathrm{i}\mu\eta_k} - E\mathrm{e}^{\mathrm{i}\lambda\xi_k} E\mathrm{e}^{\mathrm{i}\mu\eta_k} |$$

由于 $\xi_k\eta_k = 0$，故 $\mathrm{e}^{\mathrm{i}\lambda\xi_k+\mathrm{i}\mu\eta_k} = \mathrm{e}^{\mathrm{i}\lambda\xi_k} + \mathrm{e}^{\mathrm{i}\mu\eta_k} - 1$. 因而

$$\begin{aligned} |\rho_\Delta| &\leqslant \sum_{k=0}^{n-1} | E\mathrm{e}^{\mathrm{i}\lambda\xi_k} + E\mathrm{e}^{\mathrm{i}\mu\eta_k} - 1 - E\mathrm{e}^{\mathrm{i}\lambda\xi_k} E\mathrm{e}^{\mathrm{i}\mu\eta_k} | = \\ & \sum_{k=0}^{n-1} | E\mathrm{e}^{\mathrm{i}\lambda\xi_k} - 1 || E\mathrm{e}^{\mathrm{i}\mu\eta_k} - 1 | \leqslant \\ & \sup_k | E\mathrm{e}^{\mathrm{i}\lambda\eta_k} - 1 | \sum_{k=0}^{n-1} 2P\{\xi_k > 0\} \end{aligned}$$

由 $\xi(t)$ 的随机连续性可得 $\lim\limits_{\Delta\to 0} | E\mathrm{e}^{\mathrm{i}\lambda\eta_k} - 1 | = 0$. 此外，因为依概率

$$\sum \chi_A[\xi(t_{k+1}) - \xi(t_k)] \to v_t(A)$$

故仿照定理 2 可以证明

$$\lim_{\Delta\to 0}\left(\sum_{k=0}^{n-1} P\{\xi_k > 0\} \mathrm{e}^{-\sum\limits_{k=0}^{n-1} P\{\xi_k>0\}}\right) = P\{v_t(A) = 1\} = \boldsymbol{\Pi}_t(A)\mathrm{e}^{-\boldsymbol{\Pi}_t(A)}$$

从而

$$\sum_{k=0}^{n-1} P\{\xi_k > 0\} \to \boldsymbol{\Pi}_t(A)$$

故 $\lim\limits_{\Delta\to 0} \rho_\Delta = 0$，而由(7) 得

$$E\exp\{\mathrm{i}\lambda\xi_A(t) + \mathrm{i}\mu[\xi(t) - \xi_A(t)]\} = E\exp\{\mathrm{i}\lambda\xi_A(t)\} E\exp\{\mathrm{i}\mu[\xi(t) - \xi_A(t)]\} \tag{8}$$

通过对 A 的极限过渡(使(8) 成立的集组成单调类) 可以断定，式(8) 对一切 $A \in \mathfrak{B}_0$ 成立. 最后，由于对偶 $\xi_A(t), \xi(t) - \xi_A(t)$ 也是独立增量过程，可知对 $a = t_0 < t_1 < \cdots < t_k < b$

$$\begin{aligned} & E\exp\left\{\mathrm{i}\sum_{r=1}^{k} \lambda_r[\xi_A(t_r) - \xi_A(t_{r-1})] + \mathrm{i}\sum_{r=1}^{k} \mu_r[\xi(t_r) - \xi(t_{r-1}) - \xi_A(t_r) + \xi_A(t_{r-1})]\right\} = \\ & \prod_{r=1}^{k} (E\exp\{\mathrm{i}\lambda_r[\xi_A(t_r) - \xi_A(t_{r-1})]\} \cdot \\ & E\exp\{\mathrm{i}\mu_r[\xi(t_r) - \xi(t_{r-1}) - \xi_A(t_r) + \xi_A(t_{r-1})]\}) \end{aligned}$$

从而，过程 $\xi_A(t)$ 和 $\xi(t) - \xi_A(t)$ 的联合边沿分布的特征函数，等于 $\xi_A(t)$ 边沿分布的特征函数和 $\xi(t) - \xi_A(t)$ 边沿分布特征函数的积. 于是，$\xi_A(t)$ 和 $\xi(t) - \xi_A(t)$ 相互独立. 定理得证.

系 1 如果 $A_1, A_2, \cdots, A_n \in \mathfrak{B}_0$，两两不交，$A = \bigcup\limits_{k=1}^{n} A_k$，则过程 $\xi_{A_1}(t), \cdots$,

$\xi_{A_n}(t)$ 和 $\xi(t)-\xi_A(t)$ 相互独立.

$\xi(t)-\xi_A(t)$ 与 $\xi_{A_k}(t)(k=1,\cdots,n)$ 独立,是因为 $\xi_{A_k}(t)$ 完全决定于过程 $\xi_A(t)$,而 $\xi_A(t)$ 和 $\xi(t)-\xi_A(t)$ 相互独立. 由于 $\xi_{A_j}(t)(j\neq k)$ 完全决定于 $\xi_{\bigcup\limits_{j\neq k}A_j}(t)$,而 $\xi_{A_k}(t)$ 和 $\xi_{\bigcup\limits_{j\neq k}A_j}(t)$ 相互独立,可见 $\xi_{A_k}(t)$ 和 $\xi_{A_j}(t)(j\neq k)$ 相互独立.

系 2 设 $A_1,\cdots,A_n$ 是 $\mathfrak{B}_0$ 中的不相交集,$A=\bigcup\limits_{k=1}^{n}A_k$. 那么过程 $v_t(A_1)$,$v_t(A_2)$,$\cdots$,$v_t(A_n)$ 和 $\xi(t)-\xi_A(t)$ 相互独立. 特别,对任意 $\varepsilon>0$,$v_t(A)$ 是 $\mathfrak{B}_\varepsilon$ 上具有独立值的 Poisson 测度.

系 3 对任意 $A\in\mathfrak{B}_0$

$$Ee^{i\lambda\xi_A(t)}=\exp\left\{\int_A(e^{i\lambda x}-1)\boldsymbol{\Pi}_t(dx)\right\} \tag{9}$$

如果 A 有界,则

$$E\xi_A(t)=\int_A x\boldsymbol{\Pi}_t(dx) \tag{10}$$

$$D\xi_A(t)=\int_A x^2\boldsymbol{\Pi}_t(dx) \tag{11}$$

这些关系式由不等式

$$\left|\xi_A(t)-\sum x_k v_{A_k}(t)\right|\leqslant \rho v_A(t) \tag{12}$$

即可得到,其中 A_k 两两不相交,ρ 是 A_k 的直径中之最大者,$A=\bigcup A_k$,$x_k\in A_k$. 由式(12) 和 $v_t(A_k)$ 的独立性

$$\begin{aligned}Ee^{i\lambda\xi_A(t)}&=\lim_{\rho\to0}E\exp\{i\lambda\sum x_k v_{A_k}(t)\}=\\&\lim_{\rho\to0}\exp\left\{\int(e^{i\lambda x_k}-1)\boldsymbol{\Pi}_t(A_k)\right\}=\\&\exp\left\{\int(e^{i\lambda x}-1)\boldsymbol{\Pi}_t(dx)\right\}\end{aligned}$$

同理可证(10) 和(11) 两式.

假设 $\xi(t)$ 右连续(若把 $\xi(t)$ 换成它的随机等价过程,即可做到这一点). 对任意有界连续函数 $f(x)$

$$Ef(\xi(t)-\xi(s)+x)$$

对 x 连续. 这说明,对应于独立增量过程的马尔科夫过程是 Feller 的(其转移概率决定于方程(4)). 所以由第一章 §4 定理 7 可知,该过程是强马尔科夫过程. 这一事实应用如下.

引理 2 如果 $\xi(t)$ 是随机连续的独立增量过程,以概率 1 没有大于某一常数 C 的跳跃,那么 $\xi(t)-\xi(a)$ 具有一切矩.

证 设 τ 是过程 $\xi(t)-\xi(a)$ 首次流出区间$(-N,N)$ 的时刻. 那么

$|\xi(\tau)| \leqslant N+C$（因为 $|\xi(\tau-0)-\xi(a)| \leqslant N$）. 从而

$$P\{\sup_{s\leqslant t}|\xi(s)-\xi(a)|>N+x+C\}=$$
$$P\{\tau<t,\sup_{\tau<s\leqslant t}|\xi(s)-\xi(\tau)|>x\}=$$
$$\int_0^t P\{\tau\in \mathrm{d}u\}P\{\sup_{u<s\leqslant t}|\xi(s)-\xi(u)|>x\}\leqslant$$
$$\int_0^t P\{\tau\in \mathrm{d}u\}P\left\{\sup_{a\leqslant s\leqslant t}|\xi(s)-\xi(a)|>\frac{x}{2}\right\}=$$
$$P\{\sup_{a\leqslant s\leqslant t}|\xi(s)-\xi(a)|>N\}P\left\{\sup_{a\leqslant s\leqslant t}|\xi(s)-\xi(a)|>\frac{x}{2}\right\}$$

由于 $\xi(s)$ 以概率 1 有界，可知，对充分大的 x 有

$$P\left\{\sup_{a\leqslant s\leqslant t}|\xi(s)-\xi(a)|>\frac{x}{2}\right\}<q<1$$

所以

$$P\{\sup_{a\leqslant s\leqslant t}|\xi(s)-\xi(a)|>n(x+C)\}\leqslant q^n$$

从而

$$E\sup_{a\leqslant s\leqslant t}|\xi(s)-\xi(a)|^k\leqslant\sum_{n=1}^{\infty}n^k(x+C)^kq^{n-1}\tag{13}$$

因为

$$|\xi(t)-\xi(a)|\leqslant\sup_{a\leqslant s\leqslant t}|\xi(s)-\xi(a)|$$

于是引理得证.

注　由(13)可见，对 $a\leqslant t\leqslant C<b$，$|\xi(t)-\xi(a)|$ 一致有界. 由随机连续性和在积分号下取极限的定理可得各阶矩的连续性.

设 $\xi(a)=0$，$\xi_\varepsilon(t)=\xi(t)-\xi_{\Delta_\varepsilon}(t)$，其中 $\Delta_\varepsilon=(-\infty,-\varepsilon)\cup(\varepsilon,\infty)$. 过程 $\xi_\varepsilon(t)$ 没有大于 ε 的跳跃. 因而 $\xi_\varepsilon(t)$ 有一切矩. 对 $\varepsilon<1$ 设

$$\eta_\varepsilon(t)=\xi_1(t)-\xi_\varepsilon(t)-E[\xi_1(t)-\xi_\varepsilon(t)]$$

由系 1，该过程与 $\xi_\varepsilon(t)$ 独立. 同理，对于 $\varepsilon>\varepsilon_1$，$\eta_\varepsilon(t)-\eta_{\varepsilon_1}(t)$ 与 $\eta_\varepsilon(t)$ 独立. 其次，$E\eta_\varepsilon(t)=0$，$D\eta_\varepsilon(t)\leqslant D\xi_1(t)$. 因此，对于固定的 t，$\eta_{1-s}(t)$ 关于 s 为鞅，从而存在极限

$$\lim_{s\uparrow 1}\eta_{1-s}(t)=\lim_{\varepsilon\downarrow 0}\eta_\varepsilon(t)=\eta_0(t)$$

由于 $\eta_\varepsilon(t)$ 的四阶矩对 ε 有界

$$E\eta_\varepsilon^4(t)\leqslant E[\xi_1(t)-E\xi_1(t)]^4$$

可见

$$\lim_{\varepsilon\downarrow 0}E\eta_\varepsilon^2(t)=E\eta_0^2(t),\lim_{\varepsilon\downarrow 0}E[\eta_\varepsilon(t)-\eta_0(t)]^2=0$$

由 Колмогоров 不等式

$$P\{\sup_{a\leqslant s\leqslant t}|\eta_\varepsilon(s)-\eta_0(s)|>a\}\leqslant\frac{E[\eta_\varepsilon(t)-\eta_0(t)]^2}{a^2}$$

因而可以选择一序列 $\varepsilon_k\downarrow 0$，使 $\eta_{\varepsilon_k}(s)$ 在 $[a,t]$ 上一致收敛于 $\eta_0(s)$. 设

$$\xi_0(t)=\xi_1(t)-E\xi_1(t)-\eta_0(t)$$

$\xi_0(t)$ 以概率 1 是过程序列 $\xi_{\varepsilon_k}(t)-E\xi_{\varepsilon_k}(t)$ 的一致极限. 因为 $\xi_{\varepsilon_k}(t)$ 没有绝对值大于 ε_k 的跳跃，而 $E\xi_{\varepsilon_k}(t)$ 连续，故 $\xi_0(t)$ 也连续，$E\xi_0(t)=0$，$\xi_0(t)$ 和 $\xi_{\Delta_1}(t)+\eta_1(t)$ 独立. $\xi_{\Delta_1}(t)$ 的特征函数决定于式(9).

由于

$$E[\xi_1(t)-\xi_\varepsilon(t)]=\int_{\varepsilon<|x|\leqslant 1}x\Pi_t(\mathrm{d}x)$$

$$E\eta_\varepsilon^2(t)=\int_{\varepsilon<|x|\leqslant 1}x^2\Pi_t(\mathrm{d}x)$$

故容易验证

$$E\exp\{\mathrm{i}\lambda\eta_\varepsilon(t)\}=\exp\left\{\int_{\varepsilon<|x|\leqslant 1}(\mathrm{e}^{\mathrm{i}\lambda x}-1-\mathrm{i}\lambda x)\Pi_t(\mathrm{d}x)\right\}\tag{14}$$

由于 $E\eta_\varepsilon^2(t)$ 对 ε 有界，可见

$$\int_{0<|x|<1}x^2\Pi_t(\mathrm{d}x)<\infty$$

在(14) 中取极限，得

$$E\exp\{\mathrm{i}\lambda\eta_1(t)\}=\exp\left\{\int_{0<|x|<1}(\mathrm{e}^{\mathrm{i}\lambda x}-1-\mathrm{i}\lambda x)\Pi_t(\mathrm{d}x)\right\}\tag{15}$$

为求出 $\xi(t)$ 的特征函数，只需找出 $\xi_0(t)$ 的特征函数. 现证

$$E\mathrm{e}^{\mathrm{i}\lambda\xi_0(t)}=\mathrm{e}^{-\frac{\lambda^2}{2}b(t)}$$

其中 $b(t)=E\xi_0^2(t)$. 显然，函数 $b(t)$ 连续并且不减. 我们计算随机变量 $\xi_0(t)$ 的矩. 设 $a=t_0<t_1<\cdots<t_n=t$，$\Delta=\max\limits_k(t_{k+1}-t_k)$，$\xi_k=\xi_0(t_{k+1})-\xi_0(t_k)$，$b_k=D\xi_k=b(t_{k+1})-b(t_k)$. 有

$$\sum_{k=0}^{n-1}\xi_k^4\leqslant\sup_k\xi_k^2\sum_{k=0}^{n-1}\xi_k^2$$

由过程的连续性知，当 $\Delta\to 0$ 时，$\sup\limits_k\xi_k^2\to 0$；而由 $E\sum\limits_{k=0}^{n-1}\xi_k^2=b(t)$ 知，$\sum\limits_{k=0}^{n-1}\xi_k^2$ 依概率有界. 由此可见，依概率收敛有

$$[\xi_0(t)]^4=\lim_{\Delta\to 0}\left[\left(\sum_{k=0}^{n-1}\xi_k\right)^4-\sum_{k=0}^{n-1}\xi_k^4\right]$$

所以

$$E\xi_0^4(t)\leqslant\lim_{\Delta\to 0}E\left[\left(\sum_{k=0}^{n-1}\xi_k\right)^4-\sum_{k=0}^{n-1}\xi_k^4\right]=$$

$$6\lim_{\Delta\to 0}E\sum_{k<j}\xi_k^2\xi_j^2\leqslant 3b^2(t)$$

同理

$$E[\xi_0(t)-\xi_0(s)]^4 \leqslant 3\{E[\xi_0(t)-\xi_0(s)]^2\}^2$$

于是

$$E\xi_k^4 \leqslant 3b_k^2$$

所以

$$E\xi_0^4(t)=E\Big(\sum_{k=0}^{n-1}\xi_k\Big)^4=6E\sum_{k<j}\xi_k^2\xi_j^2+\sum_k E\xi_k^4=$$
$$3\Big(\sum_{k=0}^{n-1}b_k\Big)^2+\sum_{k=0}^{n-1}(E\xi_k^4-3b_k^2)$$

当 $\Delta\to 0$ 时取极限,得

$$E\xi_0^4(t)=3b^2(t)$$

其次

$$Ee^{i\lambda\xi_0(t)}=\prod_{k=0}^{n-1}Ee^{i\lambda\xi_k}=\prod_{k=0}^{n-1}E\left(1+i\lambda\xi_k-\frac{\lambda^2}{2}\xi_k^2\right)+$$
$$\left[\prod_{k=0}^{n-1}Ee^{i\lambda\xi_k}-\prod_{k=0}^{n-1}\left(1-\frac{\lambda^2}{2}b_k\right)\right]$$

因为对任何 λ 和充分小的 Δ

$$\left|\prod_{k=0}^{n-1}Ee^{i\lambda\xi_k}-\prod_{k=0}^{n-1}E\left(1+i\lambda\xi_k-\frac{\lambda^2}{2}\xi_k^2\right)\right|\leqslant\frac{|\lambda^3|}{6}\sum_{k=0}^{n-1}E|\xi_k|^3\leqslant$$
$$\frac{|\lambda|^3}{6}\sum_{k=0}^{n-1}[E|\xi_k|^4]^{\frac{3}{4}}\leqslant$$
$$\frac{|\lambda|^3}{6}\sum_{k=0}^{n-1}(3b_k^2)^{\frac{3}{4}}\leqslant\frac{|\lambda|^3}{2\times 3^{\frac{1}{4}}}\sup_k\sqrt{b_k}\,b(t)\to 0$$

(由 $b(t)$ 的连续性知,当 $\Delta\to 0$ 时最后的式子趋向 0),所以

$$Ee^{i\lambda\xi_0(t)}=\lim_{\Delta\to 0}\prod_{k=0}^{n-1}\left(1-\frac{\lambda^2}{2}b_k\right)=e^{-\frac{\lambda^2}{2}b(t)}$$

于是我们证明了下面的定理.

定理 4 对 $[a,b)$ 上的任一随机连续过程 $\xi(t)$,存在 $[a,b)$ 上的连续函数 $a(t)$,$[a,b)$ 上的连续不减函数 $b(t)$,其中 $b(0)=0$,以及函数 $\Pi_t(A)$:对每个 t 它是 $\mathfrak{B}_\varepsilon(\varepsilon>0)$ 上的测度,而对每个 $A\in\mathfrak{B}_\varepsilon$ 它是 t 的连续增函数,并且

$$\int_{0<|x|\leqslant 1}x^2\Pi_t(dx)<\infty$$

使随机变量 $\xi(t)$ 的特征函数 $\varphi_t(\lambda)$ 为

$$\varphi_t(\lambda)=\varphi_a(\lambda)\exp\left\{i\lambda a(t)-\frac{b(t)}{2}\lambda^2+\int_{0<|x|\leqslant 1}(e^{i\lambda x}-1-\right.$$
$$\left.i\lambda x)\Pi_t(dx)+\int_{|x|>1}(e^{i\lambda x}-1)\Pi_t(dx)\right\} \tag{16}$$

(其中 $a(t)=E[\xi_1(t)]$). 此外函数 $a(t)$, $b(t)$ 和 $\Pi_t(A)$ 由过程唯一确定.

注意,由无穷可分分布特征函数的表现的唯一性(见随机过程(Ⅰ)第六章§3的定理3的注)可知表现(16)唯一.

仿照(16)的推导,可以得到过程增量 $\xi(s)-\xi(t)$, $s>t$, 的特征函数 $\varphi_{t,s}(\lambda)$

$$\varphi_{t,s}(\lambda)=\exp\left\{\mathrm{i}[a(s)-a(t)]\lambda-\frac{b(s)-b(t)}{2}\lambda^2+\int_{0<|x|\leqslant 1}(\mathrm{e}^{\mathrm{i}\lambda x}-1-\mathrm{i}\lambda x)[\Pi_s(\mathrm{d}x)-\Pi_t(\mathrm{d}x)]+\int_{|x|>1}(\mathrm{e}^{\mathrm{i}\lambda x}-1)[\Pi_s(\mathrm{d}x)-\Pi_t(\mathrm{d}x)]\right\} \tag{17}$$

可分Banach空间的独立增量过程 设 $\mathscr{X}$ 是可分Banach空间,而 $\mathfrak{B}$ 是它的Borel子集的 σ 代数. 那么 $(\mathscr{X},\mathfrak{B})$ 满足本节一开始所提出的条件a)和b). 因而可以考虑取值于 $\mathscr{X}$ 的独立增量过程.

设 $\xi(t)$ 是定义在 $[a,b)$ 上的过程;而过程 $\bar{\xi}(t)$ 和 $\xi(t)$ 独立同有限维分布. 那么 $\xi(t)-\bar{\xi}(t)=\xi^*(t)$ 是对称独立增量过程. 我们假设 $\xi^*(t)$ 是可分的,并且证明 $\xi^*(t)$ 没有第二类间断点.

我们首先指出,对任意凸闭集 S

$$P\{\xi^*(s)\in S, a\leqslant s\leqslant t\}\geqslant 1-2P\{\xi^*(t)\,\overline{\in}\, S\} \tag{18}$$

事实上,对任何有穷数组 $a=s_0<s_1<\cdots<s_n=t$, 不等式

$$P\{\xi^*(s_k)\in S, k=0,\cdots,n\}\geqslant 1-2P\{\xi^*(t)\,\overline{\in}\, S\} \tag{19}$$

成立,因为:如果 v 是 $\xi^*(s_v)$ 首次流出集合 S 的序号,而 $l(x)$ 是使集 $\{x: l(x)>l(s_v)\}\cap S=\varnothing$ 的线性泛函(由于存在分离凸集的外点和凸集的支撑超平面,可知这样的线性泛函存在),则

$$P\{v\leqslant n\}=1-P\{\xi^*(s_k)\in S, k=0,\cdots,n\}\leqslant P\{v\leqslant n\}2P\{\xi^*(t)-\xi^*(s_v)\in V\mid v\leqslant n\}\leqslant 2P\{\xi^*(t)\,\overline{\in}\, S\}$$

其中 $V=\{x: l(x)<0\}$. 根据过程 $\xi^*(t)$ 的可分性,由(18)即得(19).

我们构造一凸的闭紧集 $K_{m,n}$, 使

$$P\left\{\xi^*\left(b-\frac{1}{n}\right)\overline{\in}\, K_{m,n}\right\}\leqslant\frac{1}{m}$$

那么

$$P\left\{\xi^*(s)\in K_{m,n}, a\leqslant s\leqslant b-\frac{1}{n}\right\}\geqslant 1-\frac{2}{m} \tag{20}$$

因此

$$EP\left\{\xi(s)-\bar{\xi}(s)\in K_{m,n}, a\leqslant s\leqslant b-\frac{1}{n}\,\middle|\,\bar{\xi}(s), a\leqslant s\leqslant b-\frac{1}{n}\right\}\geqslant 1-\frac{2}{m}$$

由此可见,对一切 m 和 n 存在一函数 $a_{m,n}(t)$, 使

$$P\left\{\xi(s)-a_{m,n}(s)\in K_{m,n},a\leqslant s\leqslant b-\frac{1}{n}\right\}\geqslant 1-\frac{2}{m} \tag{21}$$

为证明 $\xi^*(t)$ 没有第二类间断点，我们注意到，$l[\xi^*(t)]$ 是对称的一维过程，有独立增量，因而它没有第二类间断点. 因此 $\xi^*(t)$ 有弱极限 $\xi^*(s+0)$ 和 $\xi^*(s-0)$. 因为由(20) 知，$\xi^*(t)$ 的几乎所有轨道在每一线段 $\left[a,b-\frac{1}{n}\right]$ 上是紧的，所以 $\xi^*(s+0)$ 和 $\xi^*(s-0)$ 也是 $\xi^*(t)$ 的强极限.

显然，在(21) 中可以选择函数 $a_{m,n}(t)$，使当 $s<b$ 时 $\xi(s)-a_{m,n}(s)$ 没有第二类间断点. 所以当 $s<b$ 时函数 $a_{m',n'}(s)-a_{m,n}(s)$ 也没有第二类间断点，因而函数 $a_{m',n'}(s)-a_{m,n}(s)$，$s\in\left[a,b-\frac{1}{n}\right]$，的值集也是紧的. 令 $a(s)=a_{m',n'}(s)$；那么可以断定，$\xi(s)-a(s)$ 无第二类间断点，并且存在一紧集系 $\{K_{m,n}\}$，使得对一切 $m>0$ 和 $n>0$

$$P\left\{\xi(s)-a(s)\in K_{m,n}^*,a\leqslant s\leqslant b-\frac{1}{n}\right\}\geqslant 1-\frac{2}{m} \tag{22}$$

(作为 $K_{m,n}^*$ 可以取包含点 $x+a(s)-a_{m,n}(s)$，其中 $x\in K_{m,n}$，$a\leqslant s\leqslant b-\frac{1}{n}$，的最小凸闭集). 函数 $\xi_1(s)=\xi(s)-a(s)$ 最多有可数多个间断点，记作 $\{t_k,k=1,2,\cdots\}$. 设 $\xi_k=\xi_1(t_k+0)-\xi_1(t_k)$，$\bar{\xi}_k=\xi_1(t_k)-\xi_1(t_1-0)$. 我们现在证明，存在向量 $\boldsymbol{b}_k$ 和 $\bar{\boldsymbol{b}}_k\in\mathscr{X}$，使级数

$$\sum_{t_k<t}(\xi_k-\boldsymbol{b}_k) \text{ 和 } \sum_{t_k\leqslant t}(\bar{\xi}_k-\bar{\boldsymbol{b}}_k)$$

收敛，而且其和与项的顺序无关.

设 $\tilde{\xi}_k$ 是相互独立的随机变量，而且 $\tilde{\xi}_k$ 与 ξ_k 独立且同分布. 记 $\xi_k^*=\xi_k-\tilde{\xi}_k$. 可以设 $\xi_k^*=\xi^*(t_k+0)-\xi^*(t_k)$. 由(19) 对任意有限数组 $t_{i_1},t_{i_2},\cdots,t_{i_l}<b-\frac{1}{n}$ 有

$$\begin{aligned}&P\left\{\sum_{j=1}^{r}\xi_{i_j}^*\in K_{m,n},r=1,\cdots,l\right\}\geqslant\\&P\left\{\sum_{j=1}^{r}\xi_{i_j}^*\in K_{m,n},r=1,\cdots,l;\xi^*\left(b-\frac{1}{n}\right)\in K_{m,n}\right\}\geqslant\\&1-2P\left\{\xi^*\left(b-\frac{1}{n}\right)\overline{\in} K_{m,n}\right\}\geqslant 1-\frac{2}{m}\end{aligned}$$

所以，不论点 t_k 的序号是如何编排的，都有

$$P\left\{\sum_{k\leqslant l,t_k\leqslant b-\frac{1}{n}}\xi_k^*\in K_{m,n},l=1,2,\cdots\right\}\geqslant 1-\frac{2}{m} \tag{22'}$$

因为对任意线性泛函 $l(x)$，级数 $\sum\limits_{t_k<t}l(\xi_k^*)$ 收敛，所以由(22′) 级数 $\sum\limits_{t_k<t}\xi_k^*$ 收敛，

且其和与项的顺序无关，而过程

$$\eta^*(t)=\sum_{t_k<t}\xi_k^*$$

仅在点 t_k 上间断，$\eta^*(t_k+0)-\eta^*(t_k)=\xi_k^*$. 此外，由(22′)可见

$$P\left\{\eta^*(t)\in K_{m,n},t\leqslant b-\frac{1}{n}\right\}\geqslant 1-\frac{2}{m} \tag{23}$$

所以可以选择一 $\boldsymbol{b}_k$ 的序列(如 $a(t)$ 的构造)和一紧集系 $\{K_{m,n}^*\}$，使对每个 t 级数

$$\sum_{t_k<t}(\xi_k-\boldsymbol{b}_k)=\eta(t) \tag{24}$$

收敛，过程 $\eta(t)$ 没有第二类间断点，且对所有 m 和 n

$$P\left\{\eta(t)\in K_{m,n}^*,t\leqslant b-\frac{1}{n}\right\}\geqslant 1-\frac{2}{m} \tag{25}$$

类似地可以构造序列 $\bar{\boldsymbol{b}}_k$ 和

$$\bar{\eta}(t)=\sum_{t_k\leqslant t}(\bar{\xi}_k-\bar{\boldsymbol{b}}_k) \tag{26}$$

最后，设 $b(t)$ 是非随机函数，在除 t_k 之外的所有点上连续，其中 $b(t_k+0)-b(t_k)=\boldsymbol{b}_k$，$b(t_k)-b(t_k-0)=\bar{\boldsymbol{b}}_k$. 函数 $b(t)$ 的值集是紧集. 过程 $\xi_1(t)-\eta(t)-\bar{\eta}(t)+b(t)=\xi^0(t)$ 是随机连续过程. 这样，任何独立增量过程 $\xi(t)$ 都能表为

$$\xi(t)=a^1(t)+\eta^1(t)+\xi^0(t)$$

其中 $a^1(t)$ 是非随机函数，$\eta^1(t)=\eta(t)+\bar{\eta}(t)$，而 $\eta(t)$ 和 $\bar{\eta}(t)$ 决定于式(24)和(26)(仿照一维情形，我们称这样的过程为离散的)，$\xi^0(t)$ 是随机连续的独立增量过程. 因为对于 $\bar{\eta}(t)$ 有类似于(25)的不等式成立，而且当 $t\leqslant b-\frac{1}{n}$ 时 $b(t)$ 的值集是紧集，故存在一紧集系 $\{K_{m,n}^0\}$，使

$$P\left\{\xi^0(t)\in K_{m,n}^0,t\in\left[a,b-\frac{1}{n}\right]\right\}\geqslant 1-\frac{1}{m}$$

现在我们来研究取值于 $\mathscr{X}$ 的随机连续过程. 设 $\mathfrak{B}_\varepsilon$ 为到 0 点的距离不小于 ε 的 Borel 集的环. 对任一 $A\in\mathfrak{B}_\varepsilon$ 可以定义一过程 $v_t(A)$，它的值等于过程 $\xi(s)$ 在时刻 t 之前落入 Borel 集 A 的跳跃的个数，即满足 $\xi(s+0)-\xi(s-0)\in A$ 的点 $s(s<t)$ 的个数. 我们再定义过程

$$\xi_A(t)=\sum_{s<t}[\xi(s+0)-\xi(s-0)]\chi_A(\xi(s+0)-\xi(s-0))$$

($\xi_A(t)$ 等于过程 $\xi(t)$ 在时刻 t 之前落入 A 的跳跃的值之和). 过程 $v_t(A)$ 和 $\xi_A(t)$ 也都是独立增量过程. 仿照一维情形可以证明下面的结果. 为方便计，我们将其归纳为一个定理.

定理 5

1) $v_t(A)$ 是 Poisson 过程；

2) 如果 $\bar{\xi}_\varepsilon(t)=\xi(t)-\xi_{\Delta_\varepsilon}(t)$，其中 $\Delta_\varepsilon=\{|x|,|x|>\varepsilon\}$，则对任意一组两

两不相交的集 $A_1,\cdots,A_n \in \mathfrak{B}_\varepsilon$,过程

$$v_t(A_1),\cdots,v_t(A_n) \text{ 和 } \bar{\xi}_\varepsilon(t)$$

相互独立;

3) 过程 $\bar{\xi}_\varepsilon(t)$ 有任意阶矩(即对所有 k,$E[\bar{\xi}_\varepsilon(t)]^k < \infty$),而且当 $\varepsilon \to 0$ 时,$\bar{\xi}_\varepsilon(t) - E\bar{\xi}_\varepsilon(t)$ 收敛于连续的独立增量过程 $\xi_0(t)$;

4) $\xi_0(t)$ 是高斯过程,即对于任何连续有界泛函 $l(x)$,$l[\xi_0(t)]$ 是高斯过程;

5) 过程 $\xi(t)$ 的特征泛函有如下形式

$$\varphi_t(l) = E\mathrm{e}^{\mathrm{i}l(\xi(t))} = \varphi_a(l)\exp\left\{\mathrm{i}l(a(t)) - \frac{1}{2}B_t(l) + \int_{|x|\leqslant 1}[\mathrm{e}^{\mathrm{i}l(x)} - 1 - l(x)]\Pi_t(\mathrm{d}x) + \int_{|x|>1}(\mathrm{e}^{\mathrm{i}l(x)} - 1)\Pi_t(\mathrm{d}x)\right\} \tag{27}$$

其中 $a(t)$ 是取值于 $\mathscr{X}$ 的连续函数,$B_t(l)$ 关于 l 是非负二次泛函,对 t 不减,$\Pi_t(A) = Ev(t,A)$:对所有 $\varepsilon > 0$,$\Pi_t(A)$ 是 $\mathfrak{B}_\varepsilon$ 上 A 的有限测度,对固定的 $A \in \mathfrak{B}_\varepsilon$,$\Pi_t(A)$ 对 t 连续不减,而且对任意线性泛函 l

$$\int_{|x|\leqslant 1} l^2(x)\Pi_t(\mathrm{d}x) < \infty$$

如果 $\mathscr{X}$ 是 Hilbert 空间,则

$$\int_{|x|\leqslant 1} |x|^2\Pi_t(\mathrm{d}x) < \infty$$

(最后一点由随机过程(Ⅰ)第六章 §3 的定理 3 可得).

样本函数的某些性质 过程 $\xi(t)$ 称为阶梯的,如果它在每个有限区间$[a, b-\varepsilon]$上只有有限多个跳跃,而且在相邻的两个跳跃之间 $\xi(t)$ 的值为常数.

定理 6 定义在$[a,b)$上、取值于可分 Banach 空间 $\mathscr{X}$ 的随机连续过程 $\xi(t)$ 是阶梯过程的必要和充分条件是,它的特征泛函 $\varphi_t(l)$ 具有下面的形状

$$\varphi_t(l) = \varphi_a(l)\exp\{\int(\mathrm{e}^{\mathrm{i}l(x)} - 1)\Pi_t(\mathrm{d}x) \tag{28}$$

其中对所有 $t \in [a,b)$,$\Pi_t(A)$ 是有限测度,而对于 $A \in \mathfrak{B}$,它是 t 的单调连续函数.

证 设 $\xi(t)$ 是阶梯过程. 记 $\Delta_\varepsilon = \{x: |x| > \varepsilon\}$. 那么 $\xi(t) - \xi(a) = \lim\limits_{\varepsilon\to 0}\xi_{\Delta_\varepsilon}(t)$;此外,对 $t < b$,存在$\lim\limits_{\varepsilon\to 0} v_t(\Delta_\varepsilon) = v_t$,其中 v_t 是过程 $\xi(s)$ 在时刻 t 之前的跳跃的总次数. 作为 Poisson 随机变量的极限,v_t 也服从 Poisson 分布. 这时

$$Ev_t = \lim_{\varepsilon\to 0} Ev_t(\Delta_\varepsilon) = \lim_{\varepsilon\to 0}\Pi_t(\Delta_\varepsilon)$$

因此,$\lim\limits_{\varepsilon\to 0}\Pi_t(\Delta_\varepsilon) < \infty$. 设$\lim\limits_{\varepsilon\to 0}\Pi_t(\Delta_\varepsilon) = \Pi_t(\mathscr{X})$. 那么对所有 $A \in \mathfrak{B}$,$\Pi_t(A)$ 有定义并且有限. 其次

$$Ee^{il(\xi_{\Delta_\varepsilon}(t))}=\exp\left\{\int_{\Delta_\varepsilon}(e^{il(x)}-1)\Pi_t(dx)\right\}$$

令 $\varepsilon\to 0$ 取极限，即可得(28)．由 $\xi(t)$ 的随机连续性得 $\Pi_t(\mathscr{X})$ 的连续性，因为

$$\lim_{t_1-t_2\to 0}\mid \Pi_{t_1}(\mathscr{X})-\Pi_{t_2}(\mathscr{X})\mid=$$

$$\lim_{t_1-t_2\to 0}\left|\frac{1}{2T}\int_{-T}^{t}d\alpha\int(e^{i\alpha l(x)}-1)[\Pi_{t_2}(dx)-\Pi_{t_1}(dx)]+\right.$$

$$\left.\int\frac{\sin Tl(x)}{T}[\Pi_{t_2}(dx)-\Pi_{t_1}(dx)]\right|$$

在该式右侧的绝对值符号中，通过选择 T 可以使第二项任意地小．而由过程的随机连续性知，对任意 T 第一项趋向 0．

现在我们来证明定理条件的充分性．由(28) 可见，增量 $\xi(t_2)-\xi(t_1)$ 的特征泛函等于

$$\varphi_{t_1,t_2}(l)=Ee^{il(\xi(t_2)-\xi(t_1))}=\exp\left\{\int(e^{il(x)}-1)[\Pi_{t_2}(dx)-\Pi_{t_1}(dx)]\right\}=$$

$$\sum_{k=0}^{\infty}\left[\int e^{il(x)}\Phi_{t_1,t_2}(dx)\right]^k\frac{e^{-c(t_1,t_2)}}{k!}\tag{29}$$

其中

$$c(t_1,t_2)=c(t_2)-c(t_1),c(t)=\Pi_t(\mathscr{X})$$

$$\Phi_{t_1,t_2}(A)c(t_1,t_2)=\Pi_{t_2}(A)-\Pi_{t_1}(A)$$

所以 $\xi(t_2)-\xi(t_1)$ 的分布为

$$P\{\xi(t_2)-\xi(t_1)\in A\}=\sum_{k=0}^{\infty}e^{-c(t_1,t_2)}\frac{1}{k!}\Phi_{t_1,t_2}^{*k}(A)\tag{30}$$

其中

$$\Phi_{t_1,t_2}^{*0}(A)=\delta_o(A)=\begin{cases}1 & (0\in A)\\ 0 & (0\overline{\in} A)\end{cases}$$

$$\Phi_{t_1,t_2}^{*1}(A)=\Phi_{t_1,t_2}(A)$$

而对 $k>1$

$$\Phi_{t_1,t_2}^{*k}(A)=\int_{y_1+y_2\in A}\Phi_{t_1,t_2}^{*k-1}(dy_1)\Phi_{t_1,t_2}(dy_2)$$

即 $\Phi_{t_1,t_2}^{*k}(A)$ 是测度 $\Phi_{t_1,t_2}(A)$ 的 k 重卷积(关于卷积的特征泛函等于被卷测度的特征泛函的乘积这一事实的证明，见随机过程(Ⅰ)第六章 §3；那里考虑的是 Hibert 空间的测度，不过把相应的证明移到可分 Banach 空间测度的情形是很容易的)．由(30) 可得

$$P\{\xi(t_2)-\xi(t_1)=0\}\geqslant e^{-c(t_1,t_2)}\tag{31}$$

所以，若令

$$s_k^{(n)}=t_1+\frac{k}{n}t_2$$

则有

$$P\{\xi(s)-\xi(t_1)=0,s\in[t_1t_2]\}=\lim_{n\to\infty}P\{\xi(s_{k+1}^{(n)})-\xi(s_k^{(n)})=0,k=0,\cdots,n-1\}=$$
$$\lim_{n\to\infty}\prod_{k=0}^{n-1}P\{\xi(s_{k+1}^{(n)})-\xi(s_k^{(n)})=0\}\geqslant$$
$$\lim_{n\to\infty}\prod_{k=0}^{n-1}\mathrm{e}^{-c(s_k^{(n)},s_{k+1}^{(n)})}=\mathrm{e}^{-c(t_1,t_2)}$$

因而，对于每一个点 $t\in[a,b)$ 存在一 $h>0$，使 $\xi(s)$ 的值在 $[t,t+h)$ 上为常数. 所以过程的跳跃点组成一个全序集. 把这些点按递增顺序编号：$\tau_1<\tau_2<\cdots$（一般，该序列可以是超限的，不过我们只考虑它可以用自然数编号的那些元素）. 由过程的强马尔科夫性可以断定

$$P\{\tau_k>t\mid\tau_1,\cdots,\tau_{k-1}\}\geqslant\mathrm{e}^{-[c(t)-c(\tau_{k-1})]}\geqslant\mathrm{e}^{-c(t)}$$

所以

$$P\{\tau_k>t;\tau_{k-1}\leqslant t\}\geqslant\mathrm{e}^{-c(t)}P\{\tau_{k-1}\leqslant t\}$$

由

$$1\geqslant P\{\sup\tau_k>t\}=\sum_{k=1}^{\infty}P\{\tau_k>t,\tau_{k-1}\leqslant t\}\mathrm{e}^{-c(t)}\sum_{k=1}^{\infty}P\{\tau_{k-1}\leqslant t\}$$

可见，$\lim\limits_{k\to\infty}P\{\tau_{k-1}\leqslant t\}=0$. 因此，当 $k\to\infty$ 时，$P\{\tau_k>t\}\to1$. 如果 v_t 是 $\xi(t)$ 在 $[a,t]$ 上的跳跃的次数，则 $P\{\tau_k>t\}=P\{v_k<k\}$. 因为 $\lim\limits_{k\to\infty}P\{v_t>k\}=1$，所以在每个区间 $[a,t]$ 上跳跃的次数有限. 定理得证.

我们来讨论对所有 t，$\xi(t)$ 以概率 1 属于 Banach 空间中某一凸锥 K 的条件，先看一维情形. 这时半直线是仅有的非平凡凸锥.

定理 7 $[a,b)$ 上的随机连续数值过程 $\xi(t)$ 以概率 1 非负的必要和充分条件，是它的特征函数 $\varphi_t(\lambda)$ 具有如下形状

$$\varphi_t(\lambda)=\varphi_a(\lambda)\exp\left\{\mathrm{i}\lambda\gamma(t)+\int_0^{\infty}(\mathrm{e}^{\mathrm{i}\lambda x}-1)\Pi_t(\mathrm{d}x)\right\}\tag{32}$$

其中 $\varphi_a(\lambda)$ 是非负随机变量的特征函数，$\gamma(t)$ 是非负连续函数，而测度 $\Pi_t(\mathrm{d}x)$ 满足下列条件：对一切 $A\subset(\varepsilon,\infty)$，$\Pi_t(A)$ 对 t 单调并且连续，积分 $\int_0^1 x\Pi_s(\mathrm{d}x)$ 有定义并且对 t 连续.

证 如果我们证明了特征函数为

$$\exp\left\{\int_{\varepsilon}^{\infty}(\mathrm{e}^{\mathrm{i}\lambda x}-1)\Pi_t(\mathrm{d}x)\right\}$$

的随机变量 ξ_ε 是非负的，也就证明了定理条件的充分性. 而这是下面等式的推论：

$$P\{\xi_\varepsilon\in A\}=\sum_{k=0}^{\infty}\mathrm{e}^{-c_\varepsilon(t)}\frac{1}{k!}\Phi_t^{*k}(\varepsilon,A)\tag{33}$$

其中

$$c_\varepsilon(t)=\Pi_t((\varepsilon,\infty)),\Phi_t^{*0}(\varepsilon,A)=\delta_0(A)$$

$$\Phi_t^{*1}(\varepsilon,A)=\Pi_t((\varepsilon,\infty)\cap A)(c_\varepsilon(t))^{-1}$$

$$\Phi_t^{*k}(\varepsilon,A)=\int_{x+y\in A}\Phi_t^{*k-1}(\varepsilon,\mathrm{d}x)\Phi_t^{*1}(\varepsilon,\mathrm{d}y)$$

式(33) 的证明与式(30) 类似.

由于 $\varphi_t(\lambda)$ 可以表为

$$\varphi_t(\lambda)=\varphi_a(\lambda)\exp\left\{\mathrm{i}\lambda\gamma(t)+\mathrm{i}\lambda\int_0^1 x\Pi_t(\mathrm{d}x)+\int_0^1(\mathrm{e}^{\mathrm{i}\lambda x}-1-\mathrm{i}\lambda x)\Pi_t(\mathrm{d}x)+\int_1^\infty(\mathrm{e}^{\mathrm{i}\lambda x}-1)\Pi_t(\mathrm{d}x)\right\}$$

可见 $\xi(t)$ 随机连续.

现在证明定理条件的必要性. 记 $\xi_\varepsilon(t)=\xi_{\Delta_\varepsilon}(t)$，其中 $\Delta_\varepsilon=\{x:x>\varepsilon\}$. 那么过程 $\xi(t)-\xi_\varepsilon(t)$ 也是非负的，因为它与 $\xi_\varepsilon(t)$ 独立，而 $\xi_\varepsilon(t)$ 以正概率为 0. 所以 $\xi_\varepsilon(t)\leqslant\xi(t)$，而由于 $\xi_\varepsilon(t)$ 对 ε 单调，故存在 $\lim\limits_{\varepsilon\downarrow 0}\xi_\varepsilon(t)=\xi^0(t)$. 这时 $\xi(t)-\xi^0(t)$ 是连续的非负过程. 当 $\varepsilon\downarrow 0$ 时，在等式

$$E\mathrm{e}^{\mathrm{i}\lambda\xi_\varepsilon(t)}=\exp\left\{\int_\varepsilon^\infty(\mathrm{e}^{\mathrm{i}\lambda x}-1)\Pi_t(\mathrm{d}x)\right\}\tag{34}$$

中取极限，得

$$E\mathrm{e}^{\mathrm{i}\lambda\xi^0(t)}=\exp\left\{\int_0^\infty(\mathrm{e}^{\mathrm{i}\lambda x}-1)\Pi_t(\mathrm{d}x)\right\}\tag{35}$$

最后的积分收敛，是因为当 $\varepsilon\downarrow 0$ 时式(34) 中特征函数有极限，以及

$$\int_0^1[\sin\lambda x-\lambda x]\Pi_t(\mathrm{d}x)$$

存在(被积函数与 x^2 是同阶的). 所以存在

$$\lim_{\varepsilon\downarrow 0}\int_\varepsilon^1 x\Pi_t(\mathrm{d}x)=\int_0^1 x\Pi_t(\mathrm{d}x)$$

过程 $\xi(t)-\xi^0(t)$ 以概率 1 连续，从而它是高斯过程. 由 $P\{\xi(t)-\xi^0(t)\geqslant 0\}=1$ 可知 $D[\xi(t)-\xi^0(t)]=0$. 因此，$\xi(t)-\xi^0(t)=\gamma(t)$，其中 $\gamma(t)$ 是连续的非负函数. 式(32) 得证.

由等式

$$\int_0^1 x\Pi_t(\mathrm{d}x)=a(t)-\gamma(t)$$

(其中 $a(t)$ 是式(16) 中的连续函数) 可见，$\int_0^1 x\Pi_t(\mathrm{d}x)$ 连续. 定理得证.

系　设 K 是可分 Banach 空间 $\mathscr{X}$ 中的一封闭凸锥. 使存在一线性泛函

$l_0(x)$，满足

$$\inf_{x\in K,\ \|x\|=1} l_0(x) > 0$$

随机连续的独立增量过程 $\xi(t)$ 以概率 1 属于 K 的必要和充分条件是，它的特征泛函具有下面的形状

$$\varphi_t(l) = \varphi_a(l)\exp\left\{\mathrm{i}l(a(t)) + \int(\mathrm{e}^{\mathrm{i}l(x)} - 1)\Pi_t(\mathrm{d}x)\right\} \tag{36}$$

其中 $\varphi_a(l)$ 是 K 上概率测度的特征泛函，$a(t)\in K$，测度 Π_t 也集中在 K 上.

选取一可数泛函序列 $\{l_k\}$，使

$$K = \bigcap_{k=1}^{\infty}\{x: l_k(x)\geqslant 0\}$$

那么，任一过程 $l_k(\xi(t))$ 以概率 1 非负. 所以 $l_k(\xi(t))$ 以概率 1 只有非负跳跃. 因此，如果 $A\subset\bigcup_k\{x: l_k(x) < 0\}$，则 $\Pi_t(A)=0$. 设

$$\Delta_\varepsilon = K\cap\{x: l(x) > \varepsilon\}$$

那么 Δ_ε 到 0 点的距离为正. 令 $\xi_\varepsilon(t)=\xi_{\Delta_\varepsilon}(t)$. 那么，$\xi_\varepsilon(t)$ 以概率 1 属于 K，而且 $\xi(t)-\xi_\varepsilon(t)\in K$（因为对一切 k 有 $l_k(\xi(t)-\xi_\varepsilon(t))\geqslant 0$).

现在证明极限 $\lim\limits_{\varepsilon\downarrow 0}[\xi(t)-\xi_\varepsilon(t)]=\xi_0(t)$ 存在. 设 $\mathfrak{L}^+$ 是 K 上具有非负值的线性泛函的集合. 那么对所有 $l\in\mathfrak{L}^+$ 存在极限

$$\lim_{\varepsilon\downarrow 0} l(\xi(t)-\xi_\varepsilon(t))$$

因为 $l(\xi_\varepsilon(t))$ 对 ε 单调，并且以 $l(\xi(t))$ 为界. 另一方面，对任意 l，如果 $\alpha\geqslant \|l\|\inf\limits_{x\in K,\ \|x\|=1} l_0(x)$，则

$$l+\alpha l_0\in\mathfrak{L}^+$$

所以任意泛函 $l(x)=l'(x)-l''(x)$，其中 l' 和 l'' 属于 $\mathfrak{L}^+$. 因此对所有 l 存在

$$\lim_{\varepsilon\downarrow 0} l(\xi_\varepsilon(t))$$

设 $\xi^0(t)$ 是 $\xi_\varepsilon(t)$ 的弱极限. 那么，对一切 k 有 $l_k(\xi^0(t)-\xi_\varepsilon(t))\geqslant 0$，故对一切 $\varepsilon>0$ 有 $\xi^0(t)-\xi_\varepsilon(t)\in K$. 因为

$$\|\xi^0(t)-\xi_\varepsilon(t)\|\leqslant l_0(\xi^0(t)-\xi_\varepsilon(t))[\inf_{x\in K,\ \|x\|=1} l_0(x)]^{-1}$$

故 $\|\xi^0(t)-\xi_\varepsilon(t)\|\to 0$. 因而 $\xi^0(t)$ 也是 $\xi_\varepsilon(t)$ 的强极限.

因过程 $\xi(t)-\xi^0(t)$ 以概率 1 连续，所以

$$E\exp\{\mathrm{i}l(\xi(t)-\xi^0(t))\} = \exp\left\{\mathrm{i}l(a(t)) - \frac{1}{2}b(l)\right\} \tag{37}$$

其中 $b(l)$ 是二次泛函. 现证 $b(l)=0$. 对于 $l\in\mathfrak{L}^+$ 这是对的，因为 $l(\xi(t)-\xi^0(t))$ 是连续非负过程，而

$$b(l) = Dl(\xi(t)-\xi^0(t))$$

因此，如果 $l=l'-l''$，其中 $l',l''\in\mathfrak{L}^+$，则

$$b(l) = D[l'(\xi(t)-\xi^0(t)) + l''(\xi(t)-\xi^0(t))] =$$

$$Dl''(\xi(t)-\xi^0(t))=0$$

(因为 $l'(\xi(t)-\xi^0(t))$ 和 $l''(\xi(t)-\xi^0(t))$ 以概率 1 为常数).

最后,我们注意到

$$Ee^{il(\xi^0(t))}=\lim_{\varepsilon\to 0} Ee^{il(\xi_\varepsilon(t))}=\lim_{\varepsilon\to 0}\int_{\Delta_\varepsilon}(e^{il(x)}-1)\Pi_t(dx) \tag{38}$$

由(37),(38) 以及等式 $b(l)=0$ 得(36). 由 $P\{l_k(\xi(t))\geqslant 0\}=1, k=1,\cdots$,可见式(36) 给出了在 K 中取值的随机变量的特征泛函.

注 由过程 $\xi(t)$ 的可分性容易证明,在系的条件下

$$P\{\xi(t)\in K, t\in[a,b)\}=1$$

我们研究过程以概率 1 有有界变差的条件.

定理 8 定义在$[a,b)$ 上、取值于 $\mathscr{X}$ 的随机连续独立增量过程 $\xi(t)$,在每个线段$[a,t], t<b$,上以概率 1 有有界变差的必要和充分条件是,它的特征泛函 $\varphi_t(l)$ 具有如下形状

$$\varphi_t(l)=\varphi_a(l)\exp\left\{il(a(t))+\int(e^{il(x)}-1)\Pi_t(dx)\right\} \tag{39}$$

其中 $a(s)$ 在任一线段$[a,t], t<b$,上为连续的有界变差函数,而测度 Π_t 满足

$$\int_{0<\|x\|\leqslant 1}\|x\|\Pi_t(dx)<\infty \quad (t<b)$$

这时 $\zeta(t)=\operatorname*{var}_{a\leqslant s\leqslant t}\xi(s)$ 也是随机连续的独立增量过程,并且

$$Ee^{i\lambda\zeta(t)}=\exp\left\{i\lambda\operatorname*{var}_{a\leqslant s\leqslant t}a(s)+\int(e^{i\lambda\|x\|}-1)\Pi_t(dx)\right\} \tag{40}$$

证 先假设 $\xi(t)$ 以概率 1 有有界变差. 由于 $\zeta(t)$ 和 $\xi(t)$ 的间断点重合,可见过程 $\zeta(t)$ 随机连续. 此外,$\zeta(t_2)-\zeta(t_1)$ 可以通过 $\xi(s)-\xi(t_1), t_1\leqslant s\leqslant t_2$ 来表示,因而与 $\xi(t), t\leqslant t_1$,独立,从而也与 $\zeta(t), t\leqslant t_1$,独立.

设 $\xi_\varepsilon(t)=\xi_{\Delta_\varepsilon}(t)$,其中 $\Delta_\varepsilon=\{x: |x|>\varepsilon\}$. 显然

$$\operatorname*{var}_{a\leqslant s\leqslant t}\xi_\varepsilon(s)+\operatorname*{var}_{a\leqslant s\leqslant t}[\xi(s)-\xi_s(s)]=\zeta(t)$$

且对 $\varepsilon_1<\varepsilon_2$

$$\operatorname*{var}_{a\leqslant s\leqslant t}\xi_{\varepsilon_1}(s)=\operatorname*{var}_{a\leqslant s\leqslant t}\xi_{\varepsilon_2}(s)=\operatorname*{var}_{a\leqslant s\leqslant t}[\xi_{\varepsilon_1}(s)-\xi_{\varepsilon_2}(s)]$$

因此,存在$\lim\limits_{\varepsilon\to 0}\operatorname*{var}\limits_{a\leqslant s\leqslant t}\xi_\varepsilon(s)$,而

$$\lim_{\substack{\varepsilon_1\to 0\\ \varepsilon_2\to 0}}\operatorname*{var}_{a\leqslant s\leqslant t}[\xi_{\varepsilon_1}(s)-\xi_{\varepsilon_2}(s)]=0$$

所以,在$[a,t]$ 上一致地有

$$|\xi_{\varepsilon_1}(s)-\xi_{\varepsilon_2}(s)|\leqslant\operatorname*{var}_{a\leqslant s\leqslant t}[\xi_{\varepsilon_1}(s)-\xi_{\varepsilon_2}(s)]\to 0$$

而 $\xi_\varepsilon(s)$ 在每个区间上一致收敛于某过程 $\xi^0(t)$. 过程 $\xi(t)-\xi^0(t)$ 以概率 1 连续,并且有有界变差.

由于 $\xi_\varepsilon(t)$ 是阶梯过程,故

$$\underset{a\leqslant s\leqslant t}{\operatorname{var}}\ \xi_\varepsilon(t)=\int_{\Delta_\varepsilon}\|x\|\,v_t(\mathrm{d}x)$$

(右侧实际上是过程 $\xi_\varepsilon(s)$ 在线段$[a,t]$上跳跃的范数之和). 所以

$$E\exp\{\mathrm{i}\lambda\underset{a\leqslant s\leqslant t}{\operatorname{var}}\xi_\varepsilon(t)\}=\exp\left\{\int_{\Delta_\varepsilon}(\mathrm{e}^{\mathrm{i}\lambda\|x\|}-1)\Pi_t(\mathrm{d}x)\right\}$$

而

$$E\exp\{\mathrm{i}\lambda\underset{a\leqslant s\leqslant t}{\operatorname{var}}\xi^0(t)\}=\lim_{\varepsilon\downarrow 0}\left\{\int_{\Delta_\varepsilon}(\mathrm{e}^{\mathrm{i}\lambda\|x\|}-1)\Pi_t(\mathrm{d}x)\right\}$$

由于最后的极限存在,可见

$$\int_{0<\|x\|\leqslant 1}\|x\|\,\Pi_t(\mathrm{d}x)$$

有限.

现在考虑过程$\xi(t)-\xi^0(t)=\xi_0(t)$,它是高斯过程. 现证,对一切l有$b_t(l)=D[l(\xi_0(t))-l(\xi_0(0))]=0$. 任取一分割$a=t_0<t_1<\cdots<t_n$. 如果$\zeta_0(t)$是$\xi_0(t)$的变差,则$\zeta_0(t)$也是非负高斯过程,从而$E|\zeta_0(t)|<\infty$. 故

$$E\sum_{k=0}^{n-1}\|\xi_0(t_{k+1})-\xi(t_k)\|\leqslant E|\zeta_0(t)|$$

一致有界. 所以对任意 l

$$E\sum_{k=0}^{n-1}|l(\xi_0(t_{k+1}))-l(\xi_0(t_k))|\leqslant\|l\|E|\zeta_0(t)|$$

一致地成立. 容易验证,对于一维高斯随机变量 η

$$E|\eta|\geqslant\frac{2}{\sqrt{2\pi}}\sqrt{D\eta}$$

所以

$$E\sum_{k=0}^{n-1}|l(\xi_0(t_{k+1}))-l(\xi_0(t_k))|\geqslant\frac{2}{\sqrt{2\pi}}\sum_{k=0}^{n-1}\sqrt{[b_{t_{k+1}}(l)-b_{t_k}(l)]}$$

从而

$$b_t(l)=\sum_{k=0}^{n-1}[b_{t_{k+1}}(l)-b_{t_k}(l)]\leqslant\sqrt{\frac{\pi}{2}}\|l\|E|\zeta_0(t)|\sup\sqrt{b_{t_{k+1}}(l)-b_{t_k}(l)}$$

由 $b_t(l)$ 的连续性可见,该不等式右侧可以任意地小,于是 $b_t(l)=0$. 因此 $\xi_0(t)=a(t)$,其中 $a(t)$ 有有界变差;$\xi(t)=a(t)+\xi^0(t)$,$\zeta(t)=\underset{a\leqslant s\leqslant t}{\operatorname{var}}a(s)+\zeta^0(t)$,其中 $\zeta^0(t)=\underset{a\leqslant s\leqslant t}{\operatorname{var}}\xi^0(t)$. 由此得(39)和(40).

为证明定理条件的充分性,我们验证

$$\underset{a\leqslant s\leqslant t}{\operatorname{var}}\xi^0(s)<\infty$$

其中过程 $\xi^0(t)$ 的特征泛函为

$$E\mathrm{e}^{\mathrm{i}l(\xi^0(t))}=\exp\left\{\int(\mathrm{e}^{\mathrm{i}l(x)}-1)\Pi_t(\mathrm{d}x)\right\}$$

而 $\Pi_t(\mathrm{d}x)$ 满足定理的条件. 如果 $v_t(\mathrm{d}x)$ 是由 $\xi^0(t)$ 的跳跃构造的测度,则

$$\operatorname*{var}_{a\leqslant s\leqslant t}\xi^0(t)=\int_{\|x\|>0}\|x\|v_t(\mathrm{d}s)$$

该式右侧的积分有限,是因为存在积分

$$\int_{\|x\|>\varepsilon}\|x\|\Pi_t(\mathrm{d}x)$$

以及当 $\varepsilon\downarrow 0$ 时

$$E\int_{\varepsilon<\|x\|\leqslant 1}\|x\|v_t(\mathrm{d}x)=\int_{\varepsilon<\|x\|\leqslant 1}\|x\|\Pi_t(\mathrm{d}x)$$

一致有界. 定理得证.

§2 齐次独立增量过程. 一维情形

独立增量过程 $\xi(t)$ 称为齐次的,如果它定义在$[0,\infty)$上,$\xi(0)=0$,而且 $\xi(t+h)-\xi(t)$ 的分布不依赖于 t. 在这一节我们要研究取值于 $\mathscr{R}^1$ 的随机连续齐次独立增量过程.

设

$$K_t(z)=\ln Ee^{\mathrm{i}z\xi(t)} \tag{1}$$

由等式

$$Ee^{\mathrm{i}z\xi(t+h)}=Ee^{\mathrm{i}z\xi(t)}Ee^{\mathrm{i}z[\xi(t+h)-\xi(t)]}=Ee^{\mathrm{i}z\xi(t)}Ee^{\mathrm{i}z\xi(h)}$$

得

$$K_{t+h}(z)=K_t(z)+K_h(z)\quad(t\geqslant 0,h\geqslant 0) \tag{2}$$

因为由 §1 定理 4

$$K_t(z)=\mathrm{i}a(t)z-\frac{b(t)}{2}z^2+\int_{|x|\leqslant 1}(e^{\mathrm{i}zx}-1-\mathrm{i}zx)\Pi_t(\mathrm{d}x)+\int_{|x|>1}(e^{\mathrm{i}zx}-1)\Pi_t(\mathrm{d}x) \tag{3}$$

故对于齐次过程

$$a(t+h)=a(t)+a(h),a(t)=ta$$
$$b(t+h)=b(t)+b(h),b(t)=tb$$
$$\Pi_{t+h}(A)=\Pi_t(A)+\Pi_h(A),\Pi_t(A)=t\Pi(A)$$

其中 $a=a(1),b=b(1),\Pi(A)=\Pi_1(A)$. 因而,随机连续的齐次独立增量过程 $\xi(t)$ 的特征函数 $\varphi_t(z)$ 具有如下形状

$$\varphi_t(z)=\exp\{tK(z)\} \tag{4}$$

其中

$$K(z)=\mathrm{i}az-\frac{bz^2}{2}+\int_{0<|x|\leqslant 1}(\mathrm{e}^{\mathrm{i}zx}-1-\mathrm{i}zx)\Pi(\mathrm{d}x)+$$
$$\int_{|x|>1}(\mathrm{e}^{\mathrm{i}zx}-1)\Pi(\mathrm{d}x) \tag{5}$$

系数a和b分别叫做移动系数和扩散系数，而测度Π称做过程的谱测度. 设$\mathscr{X}$为任一线性空间，$\mathfrak{L}=(l(x))$是$\mathscr{X}$上线性泛函的线性集合；$\xi(t)$是取值于$\mathscr{X}$的齐次过程，$\varphi_t(l)$是它的特征泛函. 那么容易证明，如果对所有$l\in\mathfrak{L}$，过程$l(\xi(t))$随机连续，则$\xi(t)$的特征泛函有如下形状

$$\varphi_t(l)=\exp\{tK(l)\} \tag{6}$$

(4) 和(6) 中的函数$K(z)$或$K(l)$叫做过程的累积量. 如果$\mathscr{X}$是可分Banach空间，而$\xi(t)$是$\mathscr{X}$中的随机连续齐次独立增量过程，则

$$K(l)=l(a)-\frac{b(l)}{2}+\int_{0<\|x\|\leqslant 1}(\mathrm{e}^{\mathrm{i}l(x)}-1-\mathrm{i}l(x))\cdot$$
$$\Pi(\mathrm{d}x)+\int_{\|x\|>1}(\mathrm{e}^{\mathrm{i}l(x)}-1)\Pi(\mathrm{d}x) \tag{7}$$

其中$a\in\mathscr{X}$，$b(l)$是$\mathscr{X}^*$上的二次泛函($\mathscr{X}^*$是$\mathscr{X}$的共轭空间)，Π是$\mathscr{X}\setminus\{0\}$的Borel子集上的测度，满足

$$\int_{\|x\|\leqslant 1}l^2(x)\Pi(\mathrm{d}x)<\infty,\int_{\|x\|>\varepsilon}\Pi(\mathrm{d}x)<\infty$$

在这一节我们只考虑一维过程. 如上一节所指出的那样，每个一维过程$\xi(t)$联系着一个齐次马尔科夫过程$\{\mathscr{F},\mathscr{N},P\}$. 该过程的转移概率决定于

$$P(t,x,A)=P\{x+\xi(t)\in A\} \tag{8}$$

与它相伴随的半群T_t决定于

$$T_tf(x)=Ef(x+\xi(t)) \tag{9}$$

记

$$F_t(x)=P\{\xi(t)<x\} \tag{10}$$

那么，过程的转移概率完全决定于

$$P(t,x,(-\infty,y))=F_t(y-x) \tag{11}$$

以后我们往往把原独立增量过程和由它构造的马尔科夫过程等同.

过程的预解式 考虑齐次过程的预解式. 为此引进函数

$$r(\lambda,x)=\lambda\int_0^\infty \mathrm{e}^{-\lambda t}F_t(x)\mathrm{d}t \tag{12}$$

如果R_λ是过程的预解式，则

$$R_\lambda f(x)=\frac{1}{\lambda}\int_{-\infty}^\infty f(x+y)\mathrm{d}_y r(\lambda,y) \tag{13}$$

定理 1 分布函数$r(\lambda,x)$(对x) 是无穷可分的，而它的特征函数可表为

$$\int_{-\infty}^\infty \mathrm{e}^{\mathrm{i}zx}\mathrm{d}_x r(\lambda,x)=\exp\{K_\lambda(z,\lambda)\}=\frac{\lambda}{\lambda-K(z)}$$

其中

$$K_1(z,\lambda)=\int_0^{\infty}\mathrm{e}^{-\lambda t}\ \frac{1}{t}(\mathrm{e}^{tK(z)}-1)\mathrm{d}t \tag{14}$$

证 显然在积分

$$\int \mathrm{e}^{\mathrm{i}zx}\,\mathrm{d}_x r(\lambda,x)=\lambda\int \mathrm{e}^{\mathrm{i}zx}\,\mathrm{d}_x\int_0^{\infty}\mathrm{e}^{-\lambda t}F_t(x)\mathrm{d}t$$

中可以变更积分的顺序(测度 $\mathrm{e}^{-\lambda t}\mathrm{d}F_t(x)\mathrm{d}t$ 有限,而函数 $\mathrm{e}^{\mathrm{i}zx}$ 连续并且有界). 所以

$$\int \mathrm{e}^{\mathrm{i}zx}\,\mathrm{d}_x r(\lambda,x)=\lambda\int \mathrm{e}^{-\lambda t}\mathrm{e}^{tK(z)}\,\mathrm{d}t=\frac{\lambda}{\lambda-K(z)}$$

为确信$\frac{\lambda}{\lambda-K(z)}(\lambda>0)$是无穷可分特征函数,我们注意到,对所有 $\alpha>0$

$$\left(\frac{\lambda}{\lambda-K(z)}\right)^{\alpha}=\frac{\lambda^{\alpha}}{\Gamma(\alpha)}\int_0^{\infty}\mathrm{e}^{-\lambda t}t^{\alpha-1}\mathrm{e}^{tK(z)}\,\mathrm{d}t=$$

$$\int_{-\infty}^{\infty}\mathrm{e}^{\mathrm{i}zx}\,\mathrm{d}_x\ \frac{\lambda^{\alpha}}{\Gamma(\alpha)}\int_0^{\infty}\mathrm{e}^{-\lambda t}t^{\alpha-1}F_t(x)\mathrm{d}t \tag{15}$$

(其中 $\Gamma(\alpha)$ 是 Euler Γ 函数). 显然最后的积分中微分号 d_x 之后为分布函数,故式(15) 左侧为特征函数(我们取函数 z^{α} 的主分支;因为 $\mathrm{Re}\ K(z)\leqslant 0$,故 $\mathrm{Re}\,\frac{\lambda}{\lambda-K(z)}>0$,所以这样做是可能的). 由于$\frac{\lambda}{\lambda-K(z)}$是无穷可分特征函数,可见存在累积量 $K_1(z,\lambda)$,使

$$\frac{\lambda}{\lambda-K(z)}=\exp\{K_1(z,\lambda)\}$$

由此

$$\left(\frac{\lambda}{\lambda-K(z)}\right)^{\alpha}=\exp\{\alpha K_1(z,\lambda)\}$$

所以由(15) 得

$$K_1(z,\lambda)=\lim_{\alpha\downarrow 0}\frac{\lambda^{\alpha}}{\alpha\Gamma(\alpha)}\int_0^{\infty}\mathrm{e}^{-\lambda t}t^{\alpha-1}[\mathrm{e}^{tK(z)}-1]\mathrm{d}t$$

$$\int_0^{\infty}\mathrm{e}^{-\lambda t}\ \frac{1}{t}[\mathrm{e}^{tK(z)}-1]\mathrm{d}t$$

因为 $\alpha\Gamma(\alpha)=\Gamma(\alpha+1)\to\Gamma(1)=1$,而积分

$$\int_0^{\infty}\mathrm{e}^{-\lambda t}\ \frac{\mathrm{e}^{tK(z)}-1}{t}t^{\alpha}\,\mathrm{d}t$$

对 $\alpha\in[0,1]$ 一致收敛. 定理得证.

因为 $K_1(z,\lambda)$ 是累积量,故存在 a_λ,b_λ 和 Π_λ,使

$$K_1(z,\lambda)=\mathrm{i}za_\lambda-\frac{1}{2}b_\lambda z^2+\int\left(\mathrm{e}^{\mathrm{i}zx}-1-\frac{\mathrm{i}zx}{1+x^2}\right)\Pi_\lambda(\mathrm{d}x) \tag{16}$$

现在证明,对于到 0 点距离为正的所有区间$[\alpha,\beta)$,有

$$\Pi_\lambda([\alpha,\beta))=\int_0^\infty \mathrm{e}^{-\lambda t}\frac{1}{t}[F_t(\beta)-F_t(\alpha)]\mathrm{d}t$$

为此我们考虑函数

$$K_1^{(\varepsilon)}(z,\lambda)=\int_\varepsilon^\infty \mathrm{e}^{-\lambda t}\frac{1}{t}[\mathrm{e}^{tK(z)}-1]\mathrm{d}t=\int_{-\infty}^{\infty}(\mathrm{e}^{\mathrm{i}zx}-1)\mathrm{d}_x\int_\varepsilon^\infty \mathrm{e}^{-\lambda t}\frac{1}{t}F_t(x)\mathrm{d}t$$

(根据 Fubini 定理,在最后的积分中可以变更积分顺序.)我们把 $K_1^{(\varepsilon)}(z,\lambda)$ 写成

$$K_1^{(\varepsilon)}(z,\lambda)=\mathrm{i}za_\lambda^{(\varepsilon)}+\int\left(\mathrm{e}^{\mathrm{i}zx}-1-\frac{\mathrm{i}zx}{1+x^2}\right)\Pi_\lambda^{(\varepsilon)}(\mathrm{d}x)$$

其中

$$a_\lambda^{(\varepsilon)}=\int_\varepsilon^\infty \mathrm{e}^{-\lambda t}\frac{1}{t}\int\frac{x}{1+x^2}\mathrm{d}_xF_t(x)\mathrm{d}t$$

$$\Pi_\lambda^{(\varepsilon)}([\alpha,\beta))=\int_\varepsilon^\infty \mathrm{e}^{-\lambda t}\frac{1}{t}[F_t(\beta)-F_t(\alpha)]\mathrm{d}t$$

这里$[\alpha,\beta)$是到 0 的距离为正的任意区间.注意到

$$K_1(z,\lambda)-K_1^{(\varepsilon)}(z,\lambda)=\int_0^\varepsilon \mathrm{e}^{-\lambda t}\frac{\mathrm{e}^{K(z)}-1}{t}\mathrm{d}t\to 0$$

所以测度 $\Pi_\lambda^{(\varepsilon)}(\mathrm{d}x)$ 弱收敛于 $\Pi_\lambda(\mathrm{d}x)$.因此对于任意$[\alpha,\beta)$,如果 $\Pi_\lambda(\{\alpha\})=0$,$\Pi_\lambda(\{\beta\})=0$,而$[\alpha,\beta)$ 到 0 的距离为正,则

$$\Pi_\lambda([\alpha,\beta))=\lim_{\varepsilon\to 0}\int_\varepsilon^\infty \mathrm{e}^{-\lambda t}\frac{1}{t}[F_t(\beta)-F_t(\alpha)]\mathrm{d}t=$$

$$\int_0^\infty \mathrm{e}^{-\lambda t}\frac{1}{t}[F_t(\beta)-F_t(\alpha)]\mathrm{d}t$$

同理可证

$$a_\lambda=\lim_{\varepsilon\to 0}\int_\varepsilon^\infty \mathrm{e}^{-\lambda t}\frac{1}{t}\int\frac{x}{1+x^2}\mathrm{d}_xF_t(x)\mathrm{d}t=$$

$$\int_0^\infty \mathrm{e}^{-\lambda t}\frac{1}{t}\frac{x}{1+x^2}\mathrm{d}_xF_t(x)\mathrm{d}t$$

最后,由(16)得

$$-\frac{1}{2}b_\lambda=\lim_{z\to\infty}\frac{1}{z^2}K_1(z,\lambda)$$

或由(14)得

$$-\frac{1}{2}b_\lambda=\lim_{z\to\infty}\int_0^\infty \mathrm{e}^{-\lambda t}\frac{1}{t}\frac{(\mathrm{e}^{tK(z)}-1)}{z^2}\mathrm{d}t$$

因为对任意 $\varepsilon>0$

$$\frac{1}{z^2}\int_\varepsilon^\infty \mathrm{e}^{-\lambda t}\frac{1}{t}(\mathrm{e}^{tK(z)}-1)\to 0$$

而且(因为 $\operatorname{Re} K(z)\leqslant 0$)

$$\left|\int_0^{\varepsilon}\mathrm{e}^{-\lambda t}\ \frac{\mathrm{e}^{tK(z)}-1}{t}\mathrm{d}t\right|\leqslant\int_0^{\varepsilon}\mathrm{e}^{-\lambda t}\ |K(z)|\ \mathrm{d}t\leqslant\varepsilon\ |K(z)|$$

所以

$$\overline{\lim_{z\to\infty}}\left|\frac{1}{z^2}\int_0^{\varepsilon}\mathrm{e}^{-\lambda t}\ \frac{1}{t}(\mathrm{e}^{tK(z)}-1)\mathrm{d}t\right|\leqslant\varepsilon\ \overline{\lim_{z\to\infty}}\frac{|K(z)|}{z^2}\leqslant\frac{b\varepsilon}{2}$$

从而 $b_\lambda=0$(b 是 $K(z)$ 的表示式(5) 中的量). 于是,我们证明了下面的定理.

定理 2 预解式的累积量 $K_1(z,\lambda)$ 可表为

$$\begin{aligned}K_1(z,\lambda)=&\mathrm{i}z\int_0^{\infty}\mathrm{e}^{-\lambda t}\ \frac{1}{t}\int\frac{x}{1+x^2}\mathrm{d}_xF_t(x)\mathrm{d}t+\\&\int_{-\infty}^{\infty}\left(\mathrm{e}^{\mathrm{i}zx}-1-\frac{\mathrm{i}zx}{1+x^2}\right)\mathrm{d}_x\cdot\\&\int_0^{\infty}\frac{\mathrm{e}^{-\lambda t}}{t}[F_t(x)-\varepsilon(x)]\mathrm{d}_x\end{aligned}\tag{17}$$

其中$\int$ 表示$\int_{-\infty}^{-0}$ 和$\int_0^{\infty}$ 两个积分之和,而

$$\varepsilon(x)=\begin{cases}1 & (x>0)\\0 & (x<0)\end{cases}$$

设 $\xi(t)$ 是阶梯过程. 那么它的累积量为

$$K(z)=c\int_{-\infty}^{\infty}(\mathrm{e}^{\mathrm{i}zx}-1)\mathrm{d}\Phi(x),c=\Pi(\mathscr{R})\tag{18}$$

其中 $\Phi(z)$ 是某一分布函数(我们用到了 §1 的定理 6). 我们证明,累积量可以表为类似的形式

$$K_\lambda(z,\lambda)=c_1(\lambda)\int_{-\infty}^{\infty}(\mathrm{e}^{\mathrm{i}zx}-1)\mathrm{d}\Phi_1(x,\lambda)\tag{19}$$

并且计算 $c_1(\lambda)$ 和 $\Phi_1(x,\lambda)$. 为此我们先对以(18) 中 $K(z)$ 为累积量的过程求出函数 $F_t(x)$. 由

$$\mathrm{e}^{tK(z)}=\mathrm{e}^{-ct}\sum_{k=0}^{\infty}\left[\int\mathrm{e}^{\mathrm{i}zx}\mathrm{d}\Phi(x)\right]^k\frac{(ct)^k}{k!}$$

得

$$F_t(x)=\sum_{k=0}^{\infty}\frac{(ct)^k}{k!}\mathrm{e}^{-ct}\Phi_k(x)\tag{20}$$

其中 $\Phi_0(x)=\varepsilon(x)$,$\Phi_1(x)=\Phi(x)$,$\Phi_k(x)=\int_{-\infty}^{\infty}\Phi_{k-1}(x-y)\mathrm{d}\Phi(y)$,$k>1$. 所以由 (17)

$$a(\lambda)=\int_0^{\infty}\mathrm{e}^{-\lambda t}\ \frac{1}{t}\int\frac{x}{1+x^2}\sum_{k=0}^{\infty}\frac{(ct)^k}{k!}\mathrm{e}^{-ct}\mathrm{d}\Phi_k(x)=$$

$$\sum_{k=1}^{\infty}\int \frac{x}{1+x^2}\mathrm{d}\Phi_k(x)\int_0^{\infty}\frac{c^k}{k!}\mathrm{e}^{-(c+\lambda)t}t^{k-1}\mathrm{d}t=$$
$$\sum_{k=1}^{\infty}\int \frac{x}{1+x^2}\mathrm{d}\Phi_k(x)\frac{c^k}{k(c+\lambda)^k}$$

其次

$$\int_0^{\infty}\mathrm{e}^{-\lambda t}\frac{1}{t}[F_t(x)-\varepsilon(x)]\mathrm{d}t=\varepsilon(x)\int_0^{\infty}\mathrm{e}^{-\lambda t}\frac{1}{t}[\mathrm{e}^{-ct}-1]\mathrm{d}t+$$
$$\sum_{k=1}^{\infty}\int_0^{\infty}\mathrm{e}^{-\lambda t}\frac{c^k}{k!}t^{k-1}\Phi_k(x)\mathrm{d}t=$$
$$\varepsilon(x)\ln\frac{\lambda}{\lambda+c}+\sum_{k=1}^{\infty}\left(\frac{c}{c+\lambda}\right)^k\frac{\Phi_k(x)}{k}$$

因而

$$\int_{-\infty}^{\infty}\left(\mathrm{e}^{\mathrm{i}zx}-1-\frac{\mathrm{i}zx}{1+x^2}\right)\mathrm{d}_x\int_0^{\infty}\mathrm{e}^{-\lambda t}\frac{1}{t}[F_t(x)-\varepsilon(x)]\mathrm{d}t=$$
$$\sum_{k=1}^{\infty}\int_{-\infty}^{\infty}(\mathrm{e}^{\mathrm{i}zx}-1)\left(\frac{c}{c+\lambda}\right)^k\frac{\mathrm{d}\Phi_k(x)}{k}-$$
$$\mathrm{i}z\sum_{k=1}^{\infty}\left(\frac{c}{c+\lambda}\right)^k\int\frac{x}{1+x^2}\frac{\mathrm{d}\Phi_k(x)}{k}$$

考虑到 $a(\lambda)$ 的表达式,最后得

$$K_\lambda(z,\lambda)=\sum_{k=1}^{\infty}\left(\frac{c}{c+\lambda}\right)^k\int(\mathrm{e}^{\mathrm{i}zx}-1)\frac{\mathrm{d}\Phi_k}{k}\tag{21}$$

由此可见式(19)成立,其中

$$c_1(\lambda)=\sum_{k=1}^{\infty}\left(\frac{c}{c+\lambda}\right)^k\frac{1}{k}=\ln\frac{c+\lambda}{\lambda}$$
$$\Phi_1(x,\lambda)=\left[\ln\frac{c+\lambda}{\lambda}\right]^{-1}\sum_{k=1}^{\infty}\frac{\Phi_k(x)}{k}\left(\frac{c}{c+\lambda}\right)^k$$

函数 $\Phi_1(x,\lambda)$ 可以通过它的特征函数给出

$$\int\mathrm{e}^{\mathrm{i}zx}\mathrm{d}\Phi_1(x,\lambda)=-\left[\ln\frac{c+\lambda}{\lambda}\right]^{-1}\ln\left[1-\frac{c}{c+\lambda}\int\mathrm{e}^{\mathrm{i}zx}\mathrm{d}\Phi(x)\right]\tag{22}$$

如果 $K_1(z,\lambda)$ 由式(19)给出,则 $K(z)$ 形如

$$K(z)=\lambda-\lambda\mathrm{e}^{-K_1(z,\lambda)}$$

而因为形如(19)的函数 $K_1(z,\lambda)$ 在$(-\infty,\infty)$有界,所以 $K(z)$ 也有界.因此,如果假设 $K(z)$ 形如(5),则有

$$b=-2\lim_{z\to\infty}\frac{K(z)}{z^2}=0$$

从而

$$\mathrm{Re}\,K(z)=\int(\cos zx-1)\Pi(\mathrm{d}x)$$

有界. 所以

$$-\frac{1}{2T}\int_{-T}^{t}\mathrm{Re}\,K(z)\mathrm{d}z=\int\left(1-\frac{\sin Tx}{Tx}\right)\Pi(\mathrm{d}x)$$

也有界. 如果

$$\sup_{T}\int\left(1-\frac{\sin Tx}{Tx}\right)\Pi(\mathrm{d}x)\leqslant C$$

则

$$\int_{|x|>\frac{1}{\sqrt{T}}}\Pi(\mathrm{d}x)\leqslant\left(1-\frac{1}{\sqrt{T}}\right)^{-1}C$$

因此测度 Π 有限,而 $K(z)$ 可以表为

$$K(z)=\mathrm{i}a_1z+\int(\mathrm{e}^{\mathrm{i}zx}-1)\Pi(\mathrm{d}x)$$

由 $K(z)$ 的有界性知,$a_1=0$.

这样,对 $K_1(z,\lambda)$ 形如(19) 的情形,我们证明了 $K(z)$ 具有(18) 的形状. 特别,由此可见,如果对跳跃过程 $\xi(t)$ 添加线性函数 at,使新过程的累积量变为

$$K(z)=\mathrm{i}az+c\int(\mathrm{e}^{\mathrm{i}zx}-1)\mathrm{d}\Phi(x) \tag{23}$$

则 $K_1(z,\lambda)$ 就不再是跳跃过程的累积量了.

我们对形如(23) 的 $K(z)$ 来计算 $K_1(z,\lambda)$. 容易看出,这时

$$F_t(x)=\sum_{k=0}^{\infty}\frac{(ct)^k}{k!}\mathrm{e}^{-ct}\Phi_k(x-at) \tag{24}$$

(该式是等式

$$P\{\xi(t)+at<x\}=P\{\xi(t)<x-at\}$$

以及式(20) 的推论). 所以

$$\int_0^{\infty}\mathrm{e}^{-\lambda t}\frac{1}{t}[F_t(x)-\varepsilon(x)]\mathrm{d}t=\int_0^{\infty}\mathrm{e}^{-\lambda t}\frac{1}{t}[\varepsilon(x-at)-\varepsilon(x)]\mathrm{d}t+\sum_{k=1}^{\infty}\int_0^{\infty}\frac{(ct)^k}{k!}\mathrm{e}^{-ct}\Phi_k(x-at)\frac{1}{t}\mathrm{d}t$$

其次

$$\int_0^{\infty}\mathrm{e}^{-\lambda t}\frac{\varepsilon(x-at)-\varepsilon(x)}{t}\mathrm{d}t=\begin{cases}-\int_{\frac{x}{a}}^{\infty}\mathrm{e}^{-\lambda t}\frac{\mathrm{d}t}{t} & (x>0,a>0)\\ \int_{\frac{x}{a}}^{\infty}\mathrm{e}^{-\lambda t}\frac{\mathrm{d}t}{t} & (x<0,a<0)\\ 0 & (a\cdot x<0)\end{cases}$$

$$\int_0^{\infty}\frac{(ct)^k}{k!}\mathrm{e}^{-ct-\lambda t}\Phi_k(x-at)\frac{\mathrm{d}t}{t}=\frac{1}{k}\left(\frac{c}{c+\lambda}\right)^k\widetilde{\Phi}_k\left(x,\frac{a}{\lambda+c}\right)$$

其中

$$\widetilde{\Phi}_1(x,v)=\int_{-\infty}^{\infty}\mathrm{e}^{-t}\Phi(x-vt)\mathrm{d}t$$

$$\widetilde{\Phi}_k(x,v)=\int_{-\infty}^{\infty}\widetilde{\Phi}_{k-1}(x,v)\mathrm{d}\widetilde{\Phi}_1(x,v)$$

所以

$$\int\frac{x}{1+x^2}\mathrm{d}_x\int_0^{\infty}\mathrm{e}^{-\lambda t}\frac{1}{t}[F_t(x)-\varepsilon(x)]\mathrm{d}t$$

收敛,因而

$$K_1(z,\lambda)=\int_{-\infty}^{\infty}(\mathrm{e}^{\mathrm{i}zx}-1)\mathrm{d}M(x)$$

其中

$$M(x)=\begin{cases}\sum_{k=1}^{\infty}\frac{1}{k}\left(\frac{c}{c+\lambda}\right)^k\widetilde{\Phi}_k\left(x,\frac{a}{\lambda+c}\right)+\frac{1-\operatorname{sign}a}{2}\int_{|x|}^{\infty}\mathrm{e}^{-\frac{(\lambda+c)t}{|a|}}\frac{\mathrm{d}t}{t} & (x<0)\\ \sum_{k=1}^{\infty}\frac{1}{k}\left(\frac{c}{c+\lambda}\right)^k\widetilde{\Phi}_k\left(x,\frac{a}{\lambda+c}\right)+\frac{1+\operatorname{sign}a}{2}\int_{x}^{\infty}\mathrm{e}^{-\frac{(\lambda+c)t}{|a|}}\frac{\mathrm{d}t}{t} & (x>0)\end{cases}$$

在这以前,我们是把 $r_\lambda(x)$ 作为产生过程预解式的无穷可分分布函数来研究它的性质的. 如何来直接确定由式(13)给出的算子 R_λ 呢? 结果表明,对某一函数 $f(x)$ 的集合可以明显地给出 $R_\lambda f$,这个函数的集合关于有界局部一致收敛在 $\mathscr{C}_{\mathscr{R}}$ 中处处稠密.

引理 1 假设存在绝对可积函数 $\widetilde{f}(z)$,使

$$f(x)=\int\mathrm{e}^{\mathrm{i}zx}\widetilde{f}(z)\mathrm{d}z \tag{25}$$

(即 f 是绝对可积的傅里叶变换). 那么

$$R_\lambda f(x)=\int\widetilde{f}(z)\mathrm{e}^{\mathrm{i}zx}\frac{1}{\lambda-K(z)}\mathrm{d}z \tag{26}$$

证 由式(13)

$$R_\lambda f(x)=\iint\mathrm{e}^{\mathrm{i}z(x+y)}\widetilde{f}(z)\mathrm{d}z\mathrm{d}_y r_\lambda(y)=$$

$$\int\widetilde{f}(z)\mathrm{e}^{\mathrm{i}zx}\left[\int\mathrm{e}^{\mathrm{i}zy}\mathrm{d}_y r_\lambda(y)\right]\mathrm{d}z=$$

$$\int\widetilde{f}(z)\mathrm{e}^{\mathrm{i}zx}\frac{\lambda}{\lambda-K(z)}\mathrm{d}z$$

引理得证.

设 $\xi(t)$ 的累积量形如(5). 我们要确定过程 $\xi(t)$ 的无穷小算子 A 的形式.

设 $f(x)$ 可表为

$$f(x)=\int\mathrm{e}^{\mathrm{i}zx}\widetilde{f}(z)\mathrm{d}z$$

其中 $|\widetilde{f}(z)|$ 和 $z^2|\widetilde{f}(z)|$ 在$(-\infty,\infty)$上可积. 那么

$$T_t f(x)=Ef(x+\xi(t))=$$
$$E\int \mathrm{e}^{\mathrm{i}z(x+\xi(t))}\widetilde{f}(z)\mathrm{d}z=$$
$$\int \mathrm{e}^{tK(z)}\mathrm{e}^{\mathrm{i}zx}\widetilde{f}(z)\mathrm{d}z$$

(由于 $|\widetilde{f}(z)|$ 可积,故可以变更积分顺序).因为 $K(z)$ 连续,而且

$$|K(z)|\leqslant|a||z|+\frac{b}{2}|z|^2+\int_{|x|\leqslant 1}|z|^2|x|^2\Pi(\mathrm{d}x)+2\int_{|x|>1}\Pi(\mathrm{d}x)$$

即 $K(z)=O(z^2)$,故积分

$$\int \mathrm{e}^{tK(z)}K(z)\mathrm{e}^{\mathrm{i}zx}\widetilde{f}(z)\mathrm{d}z$$

对 t 一致收敛,所以

$$\frac{\mathrm{d}}{\mathrm{d}t}T_t f(x)=\int \mathrm{e}^{tK(z)}K(z)\mathrm{e}^{\mathrm{i}zx}\widetilde{f}(z)\mathrm{d}z$$

因此

$$Af(x)=\int K(z)\mathrm{e}^{\mathrm{i}zx}\widetilde{f}(z)\mathrm{d}z$$

我们现在注意到

$$\mathrm{i}a\int z\mathrm{e}^{\mathrm{i}zx}\widetilde{f}(z)\mathrm{d}z=a\frac{\mathrm{d}}{\mathrm{d}x}f(x)$$
$$-\frac{b}{2}\int z^2\mathrm{e}^{\mathrm{i}zx}\widetilde{f}(z)\mathrm{d}z=\frac{b}{2}\frac{\mathrm{d}^2}{\mathrm{d}x^2}f(x)$$
$$\int \mathrm{e}^{\mathrm{i}zx}\widetilde{f}(z)\int_{|y|>1}(\mathrm{e}^{\mathrm{i}zy}-1)\Pi(\mathrm{d}y)\mathrm{d}z=\int_{|y|>1}\int(\mathrm{e}^{\mathrm{i}z(x+y)}-\mathrm{e}^{\mathrm{i}zx})\widetilde{f}(z)\mathrm{d}z\Pi(\mathrm{d}y)=$$
$$\int_{|y|>1}[f(x+y)-f(x)]\Pi(\mathrm{d}y)$$
$$\int \mathrm{e}^{\mathrm{i}zx}\widetilde{f}(z)\int_{|y|>1}(\mathrm{e}^{\mathrm{i}zy}-1-\mathrm{i}zy)\Pi(\mathrm{d}y)=$$
$$\int_{|y|>1}\left[\int \mathrm{e}^{\mathrm{i}z(x+y)}\widetilde{f}(z)\mathrm{d}z-\int \mathrm{e}^{\mathrm{i}zx}\widetilde{f}(z)\mathrm{d}z-\mathrm{i}y\int z\mathrm{e}^{\mathrm{i}zx}\widetilde{f}(z)\mathrm{d}z\right]\Pi(\mathrm{d}y)=$$
$$\int_{|y|\leqslant 1}[f(x+y)-f(x)-yf'(x)]\Pi(\mathrm{d}y)$$

($|\widetilde{f}(z)|$ 和 $|y|^2|z|^2|\widetilde{f}(z)|$ 分别为控制函数;因为它们对测度 $\Pi(\mathrm{d}y)\mathrm{d}z$ 都绝对可积,故可以变更积分顺序.)这样

$$Af(x)=af'(x)+\frac{b}{2}f''(x)+\int_{|y|\leqslant 1}[f(x+y)-f(x)-yf'(x)]\Pi(\mathrm{d}x)+$$
$$\int_{|y|>1}[f(x+y)-f(x)]\Pi(\mathrm{d}y)\tag{27}$$

由算子 A 的封闭性可知,对一切二次可微函数 $f\in\mathscr{C}_{\mathscr{R}}$,若 $f',f''\in\mathscr{C}_{\mathscr{R}}$,则式(27)成立.

阶梯过程 假设过程 $\xi(t)$ 在每一有穷区间上只有有限次跳跃. 如果 $v(t)$ 是过程 $\xi(t)$ 在长为 t 的时间段内出现的跳跃的次数,则由 §1 定理 2, $v(t)$ 是增量独立的 Poisson 过程. 由过程 $\xi(t)$ 的齐性可推出过程 $v(t)$ 的齐性. 所以 $Ev(t)=ct$,其中 c 为常数,而且

$$P\{v(t)=k\}=\frac{(ct)^k}{k!}\mathrm{e}^{-ct} \tag{28}$$

设 ξ_1 和 τ_1 分别为过程 $\xi(t)$ 第一个跳跃的值和出现的时刻. 那么 τ_1 是马尔科夫时间. 由(28) 有

$$P\{\tau_1>t\}=P\{v(t)=0\}=\mathrm{e}^{-ct}$$

也就是说 τ_1 服从指数分布. 考虑事件

$$\mathfrak{U}^s=\{\xi_1\in(\alpha,\beta),\tau_1>s\}$$

其中 (α,β) 为任意区间, $s\geqslant t$. 那么对齐次马尔科夫过程,若记该过程的推移算子为 θ_t,则

$$\mathfrak{U}^s=\{\tau_1>t\}\cap\theta_t\mathfrak{U}^{s-t}$$

因此由过程的马尔科夫性,有

$$P\{\xi_1\in(\alpha,\beta),\tau_1>s\}=P\{\tau_1>t\}P\{\xi_1\in(\alpha,\beta),\tau_1>s-t\}$$

由此可见 ξ_1 和 τ_1 独立.

由递推公式定义

$$\xi_n=\theta_{\tau_1}[\xi_{n-1}],\tau_n=\theta_{\tau_1}[\tau_{n-1}]$$

即 ξ_n 是过程第 n 次跳跃的值,而 τ_n 是过程从第 $n-1$ 次跳跃到第 n 次跳跃渡过的时间. 由强马尔科夫性知,对偶 $(\tau_1,\xi_1),(\tau_2,\xi_2),\cdots$ 独立同分布,而且每一对中的两个变量也相互独立.

设 $\Phi(x)$ 是过程跳跃度的分布. 那么,由

$$\xi(t)=\sum_{k=1}^{v(t)}\xi_k\quad\left(\sum_{k=1}^{0}=0\right)$$

得

$$P\{\xi(t)<x\}=\sum_{n=0}^{\infty}P\{v(t)=n\}P\left\{\sum_{k=1}^{n}\xi_k<x\right\}=$$
$$\sum_{n=0}^{\infty}\frac{(ct)^n}{n!}\mathrm{e}^{-ct}\Phi_n(x) \tag{29}$$

其中

$$\Phi_0(x)=\varepsilon(x),\Phi_1(x)=\Phi(x)$$

$$\Phi_n(x)=\int_{-\infty}^{\infty}\Phi_{n-1}(x-y)\mathrm{d}\Phi(y)$$

由式(29) 容易看出,过程 $\xi(t)$ 的累积量由式(18) 给出. 这样我们说明了量 c 的含意以及在给出阶梯过程累积量的式(18) 中函数 Φ 的含意.

下面我们来计算过程 $\xi(t)$ 的一些重要泛函的分布.

求随机变量

$$\eta_t = \sup_{0\leqslant s\leqslant t} \xi(s)$$

的分布.设

$$Q(t,x) = P\{\eta_t \leqslant x\}$$

显然,对 $x<0, Q(t,x)=0$,因为 $\xi(0)=0, \eta_t \geqslant 0$.我们来推导 $Q(t,x)$ 的积分方程.

以后在研究独立增量过程时,我们将方便地使用推移算子

$$\hat{\theta}_t\xi(s) = \xi(s+t) - \xi(t)$$

过程 $\hat{\theta}_t\xi(s)$ 和过程 $\xi(s)$ 的边沿分布相同.设 $\mathcal{N}$ 是由过程的值 $\xi(s), 0\leqslant s<\infty$,产生的 σ 代数;那么对任意 $\mathcal{N}$ 可测随机变量 $\varphi, \hat{\theta}_t\varphi$ 和 φ 同分布;若 $\mathcal{N}_t$ 是变量 $\xi(u), u\leqslant t$,产生的 σ 代数,则 $\hat{\theta}_t\varphi$ 与 σ 代数 $\mathcal{N}_t$ 独立(因为过程 $\hat{\theta}_t\xi(s)$ 与 σ 代数 $\mathcal{N}_t$ 独立).最后,由过程的强马尔科夫性容易证明,对任意马尔科夫时间 τ,过程 $\hat{\theta}_\tau\xi(s) = \xi(s+\tau) - \xi(\tau)$ 的边沿分布也和 $\xi(s)$ 相同,并且与 σ 代数 $\mathcal{N}_\tau$ 独立,其中 $\mathcal{N}_\tau$ 是由形如 $\{\xi(s)<x\}\cap\{\tau>s\}$ 的事件(对一切 x 和 s)所产生的 σ 代数.

设 $x>0$,那么

$$\{\eta_t \leqslant x\} = \{\tau_1 > t\} \cup [\{\tau_1 < t\} \cap \{\xi_1 < x\} \cap \{\hat{\theta}_{\tau_1}\eta(t-\tau_1) < x - \xi_1\}]$$

从而

$$Q(t,x) = \mathrm{e}^{-ct} + E\chi_{\{\tau_1<t\}}\chi_{\{\xi_1<x\}}E[\hat{\theta}_{\tau_1}\eta(t-\tau_1) < x-\xi_1 \mid \mathcal{N}_\tau] =$$

$$\mathrm{e}^{-ct} + \int_0^t c\mathrm{e}^{-cs}\mathrm{d}s\int_{-\infty}^x \Phi(y)Q(t-s,x-y)$$

考虑 Laplace 变换

$$q(\lambda,x) = \int_0^\infty \mathrm{e}^{-\lambda t}Q(t,x)\mathrm{d}t \quad (\lambda>0)$$

那么由上一个等式得 $q(\lambda,x)$ 的下列积分方程

$$q(\lambda,x) = \frac{1}{c+\lambda} + \frac{c}{c+\lambda}\int_{-\infty}^\infty q(\lambda,x-y)\mathrm{d}\Phi(y) \tag{30}$$

这个积分方程称做半轴上的卷积型方程.

我们首先指出,方程(30)的解存在,并且在对 x 有界的函数类中唯一.这由下面的事实可以看出

$$\sup_x\left|\frac{c}{c+\lambda}\int_{-\infty}^\infty q(\lambda,x-y)\mathrm{d}\Phi(y)\right| \leqslant \frac{c}{c+\lambda}\sup_x |q(\lambda,x)|$$

即式(30)右侧是压缩积分算子.

将方程改写为

$$\varepsilon(x)\frac{1}{c+\lambda} = \varepsilon(x)\int_{-\infty}^\infty q(\lambda,x-y)\mathrm{d}\left[\varepsilon(y) - \frac{c}{c+\lambda}\Phi(y)\right] \tag{31}$$

设 $v_1(u)$ 是一有界变差函数，$v_1(u)=0, u>0$. 那么

$$\frac{1}{c+\lambda}\int_{-\infty}^{\infty}\varepsilon(x-u)\mathrm{d}v_1(u)=$$

$$\int_{-\infty}^{\infty}\int_{-\infty}^{\infty}\varepsilon(x-u)q(\lambda,x-u-y)\mathrm{d}\left[\varepsilon(y)-\frac{c}{c+\lambda}\Phi(y)\right]\mathrm{d}v_1(u)$$

从而对 $x\geqslant 0$

$$\frac{1}{c+\lambda}\int_{-\infty}^{\infty}\mathrm{d}v_1(u)=\int_{-\infty}^{\infty}\int_{-\infty}^{\infty}q(\lambda,x-u-y)\mathrm{d}\left[\varepsilon(y)-\frac{c}{c+\lambda}\Phi(y)\right]\mathrm{d}v_1(u)$$

记

$$\int_{-\infty}^{\infty}\left[\varepsilon(y-u)-\frac{c}{c+\lambda}\varphi(y-u)\right]\mathrm{d}v_1(u)=v_2(y) \tag{32}$$

那么对 $x\geqslant 0$

$$\frac{1}{c+\lambda}\int_{-\infty}^{\infty}\mathrm{d}v_1(u)-\int_{-\infty}^{\infty}q(\lambda,x-y)\mathrm{d}v_2(y)=0$$

假设 $v_2(y)=0, y<0$. 那么对 $x<0$

$$\int_{-\infty}^{\infty}q(\lambda,x-y)\mathrm{d}v_2(y)=0$$

因此，方程(31) 可化为

$$\int_{-\infty}^{\infty}q(\lambda,x-y)\mathrm{d}v_2(y)=\frac{\varepsilon(x)}{c+\lambda}\int_{-\infty}^{\infty}\mathrm{d}v_1(u) \tag{33}$$

为解该方程，我们引进 Fourier 变换

$$\tilde{q}(\lambda,z)=\int \mathrm{e}^{\mathrm{i}zx}\,\mathrm{d}_x q(\lambda,x)$$

$$\tilde{v}_2(z)=\int \mathrm{e}^{\mathrm{i}zx}\,\mathrm{d}v_2(x)$$

Fourier 变换的方程形为

$$\tilde{q}(\lambda,z)\tilde{v}_2(z)=\frac{1}{c+\lambda}\int_{-\infty}^{\infty}\mathrm{d}v_1(u)$$

由此得

$$\tilde{q}(\lambda,z)=\frac{1}{c+\lambda}\int_{-\infty}^{\infty}\frac{\mathrm{d}v_1(u)}{\tilde{v}_2(z)}$$

我们现在证明，具有所要求的性质的函数 $v_1(x)$ 和 $v_2(x)$ 存在，并且求出它们的 Fourier－Stieltjes 变换. 如果

$$\tilde{v}_1(z)=\int \mathrm{e}^{\mathrm{i}zx}\,\mathrm{d}v_1(x)$$

则由(32) 知，关系式

$$\tilde{v}_1(z)\left[1-\frac{c}{c+\lambda}\int \mathrm{e}^{\mathrm{i}zx}\,\mathrm{d}\Phi(x)\right]=\tilde{v}_2(z)$$

成立. 因此

$$\frac{\tilde{v}_1(z)}{\tilde{v}_2(z)}=\frac{1}{1-\frac{c}{c+\lambda}\int \mathrm{e}^{\mathrm{i}zx}\,\mathrm{d}\Phi(x)}=$$

$$\frac{c+\lambda}{\lambda-K(z)}=\frac{c+\lambda}{\lambda}\mathrm{e}^{K_1(z,\lambda)}$$

其中

$$K_1(z,\lambda)=c_1(\lambda)\int_{-\infty}^{0}(\mathrm{e}^{\mathrm{i}zx}-1)\,\mathrm{d}\Phi_1(x,\lambda)+$$

$$c_1(\lambda)\int_{0}^{\infty}(\mathrm{e}^{\mathrm{i}zx}-1)\,\mathrm{d}\Phi_1(x,\lambda)$$

(见式(19)).令

$$\tilde{v}_1(z)=\frac{c+\lambda}{\lambda}\exp\left\{c_1(\lambda)\int_{-\infty}^{0}(\mathrm{e}^{\mathrm{i}zx}-1)\,\mathrm{d}\Phi_1(x,\lambda)\right\}$$

$$\tilde{v}_2(z)=\exp\left\{-c_1(\lambda)\int_{0}^{\infty}(\mathrm{e}^{\mathrm{i}zx}-1)\,\mathrm{d}\Phi_1(x,\lambda)\right\}$$

显然,$\tilde{v}_1(z)$ 是非减函数 $v_1(x)$ 的 Fourier－Stieltjes 变换,这里 $v_1(x)$ 在$[0,\infty)$上等于 0.其次

$$v_1(x)=G_1(x)-G_1(+0)$$

其中

$$\int_{-\infty}^{\infty}\mathrm{e}^{\mathrm{i}zx}\,\mathrm{d}G_1(x)=\frac{c+\lambda}{\lambda}\exp\left\{c_1(\lambda)\int_{-\infty}^{0}(\mathrm{e}^{\mathrm{i}zx}-1)\,\mathrm{d}\Phi_1(x,\lambda)\right\}$$

而

$$\tilde{v}_2(z)=\int_{-\infty}^{\infty}\mathrm{e}^{\mathrm{i}zx}dG_2(x)$$

其中 $G_2(x)$ 是有界变差函数,决定于下面的等式

$$G_2(x)=\sum_{k=0}^{\infty}\mathrm{e}^{c_1(\lambda)}\frac{(-c_1(\lambda))^k}{k!}H_k(x)$$

这里

$$H_0(x)=\varepsilon(x)$$

$$H(x)=\begin{cases}0 & (x<0)\\ \Phi_1(x,\lambda)-\Phi_1(0,\lambda) & (x\geqslant 0)\end{cases}$$

$$H_k(x)=\int_{-\infty}^{\infty}H_{k-1}(x-y)\,\mathrm{d}H(y)$$

因而

$$\tilde{q}(\lambda,z)=\frac{1}{\lambda}\exp\left\{c_1(\lambda)\int_{0}^{\infty}(\mathrm{e}^{\mathrm{i}zx}-1)\,\mathrm{d}\Phi_1(x,\lambda)\right\}\tag{34}$$

如果利用式(17),并注意到在所考察的情形下积分

$$\int_{0}^{\infty}\int \mathrm{e}^{-\lambda t}\frac{x}{t(1+x^2)}\mathrm{d}_xF_t(x)$$

收敛,就可以得到下面的等式

$$\tilde{q}(\lambda,z)=\frac{1}{\lambda}\exp\left\{\int_0^\infty e^{-\lambda t}\ \frac{1}{t}\int_0^\infty(e^{izx}-1)d_xF_t(x)dt\right\} \tag{35}$$

该式之所以方便,是因为它的右侧在关于 $\xi(t)$ 的更加一般的条件下有意义. 这一点我们以后要用到.

概率

$$Q(t)=P\{\sup_{s\leqslant t}\xi(s)\leqslant 0\}$$

是过程的很有用的一个特征. 显然

$$Q(t)=Q(t,0)$$

$$\int_0^\infty e^{-\lambda t}Q(t)dt=q(\lambda,0)$$

由于 $q(\lambda,x)-q(\lambda,0)$ 在点 0 连续,可见

$$\lim_{z\to 0}\int_0^\infty e^{izx}d_x[q(\lambda,x)-q(\lambda,0)]=0$$

故

$$q(\lambda,0)=\lim_{z\to 0}\tilde{q}(\lambda,z)$$

因为函数

$$\int_0^\infty e^{-\lambda t}\ \frac{1}{t}[F_t(x)-F_t(+0)]dt$$

在点 $x=0$ 连续,故

$$\lim_{z\to 0}\int_{+0}^\infty e^{-\lambda t}\ \frac{1}{t}\int_{+0}^\infty e^{izx}d_xF_t(x)=0$$

所以

$$q(\lambda,0)=\exp\left\{-\int_0^\infty e^{-\lambda t}\ \frac{1}{t}P\{\xi(t)>0\}dt\right\} \tag{36}$$

记 τ_x 为首次落入 (x,∞) 的时刻,而 $\gamma_x=\xi(\tau_x)-x$. 我们来求随机变量 τ_x 和 γ_x 的联合分布. 因为 $\tau_x=\tau_1,\gamma_x=\xi_1-x$,所以,如果 $\xi_1>x$,则

$$\tau_x=\tau_1+\hat{\theta}_{\tau_1}\tau_{x-\xi_1},\gamma_x=\hat{\theta}_{\tau_1}\gamma_{x-\xi_1}$$

如果 $\xi_1\leqslant x$,则

$$\tau_x=\tau_1+\chi_{\{\xi_1<x\}}\hat{\theta}_{\tau_1}\tau_{x-\xi_1}$$

$$\gamma_x=\chi_{\{\xi_1>x\}}(\xi_1-x)+\chi_{\{\xi_1\leqslant x\}}\gamma_{x-\xi_1}$$

记

$$N(t,y,x)=P\{\tau_1<t,\gamma_x>y\}$$

那么

$$N(t,y,x)=P\{\tau_1<t\}P\{\xi_1>x+y\}+\int_0^t\int_{-\infty}^x ce^{-cs}ds\Phi(du)N(t-s,y,x-u)$$

如果利用 Laplace 变换(对 t) 并且设

$$\int_0^\infty e^{-\lambda t} d_t N(t,y,x) = n(\lambda,y,x)$$

则当 $x \geqslant 0$ 时得

$$n(\lambda,y,x) = \frac{c}{c+\lambda}[1-\Phi(x+y)] + \frac{c}{c+\lambda}\int_{-\infty}^{x} n(\lambda,y,x-u)\,d\Phi(u) \quad (37)$$

可以对每个固定的 y 来考察方程(37). 如果将该方程化为

$$\frac{c}{c+\lambda}[1-\Phi(x+y)] = \int_{-\infty}^{x} n(\lambda,y,x-u)\,d\left[\varepsilon(u) - \frac{c}{c+\lambda}\Phi(u)\right] \quad (x \geqslant 0)$$

(38)

并且当 $x < 0$ 时令 $n(\lambda,y,x)=0$, 则所得到的方程和方程(31) 的区别仅在常数项. 所以可以用与解方程(31) 完全相同的方法来解方程(38). 通过同样一些变换我们得

$$\varepsilon(x)\,\frac{c}{c+\lambda}\int_{-\infty}^{\infty}[1-\Phi(x-s+y)]v_1(ds) = \int n(\lambda,y,x-u)\,dv_2(u) \quad (39)$$

设

$$\tilde{n}(\lambda,y,\mu) = \int_0^\infty n(\lambda,y,x)e^{-\mu x}\,dx$$

$$\hat{v}_2(\mu) = \int_0^\infty e^{-\mu x}\,dv_2(x)$$

由(39) 可得

$$\frac{c}{c+\lambda}\int_0^\infty e^{-\mu x}\int_{-\infty}^{\infty}[1-\Phi(x-s+y)]\,dv_1(s)\,dx = \tilde{n}(\lambda,y,\mu)\hat{v}_2(\mu)$$

我们指出, 对 $\operatorname{Re}\mu \geqslant 0$, 函数 $\hat{v}_2(\mu)$ 有定义、连续并且有界, 而对 $\operatorname{Re}\mu > 0$, 它是解析函数. 函数

$$\exp\left\{-c_1(\lambda)\int_0^\infty (e^{-\mu x}-1)\,d\Phi_1(x,\lambda)\right\}$$

有完全相同的性质. 当 $\operatorname{Re}\mu=0$ 时, 对于实数值 z 这些函数重合: $\hat{v}_2(iz) = \tilde{v}_2(z)$. 因此

$$\tilde{n}(\lambda,y,\mu) = \exp\left\{-c_1(\lambda)\int_0^\infty (e^{-\mu x}-1)\,d\Phi_1(x,\lambda)\right\}\tilde{h}(\lambda,y,\mu) \quad (40)$$

其中

$$\tilde{h}(\lambda,y,\mu) = \int_0^\infty e^{-\mu x}h(\lambda,y,x)\,dx$$

而

$$h(\lambda,y,x) = \frac{c}{c+\lambda}\int_{-\infty}^{0}[1-\Phi(x+y-s)]\,dv_1(s)$$

函数 $\frac{1}{c+\lambda}v_1(x) = q_-(\lambda,x)$ 是分布函数, 其特征函数为

$$\hat{q}_-(\lambda,z)=\int e^{izx}dq_-(\lambda,x)=\frac{1}{\lambda}\exp\left\{c_1(\lambda)\int_{-\infty}^{0}(e^{izx}-1)d\Phi_1(x,\lambda)\right\}=$$
$$\frac{1}{\lambda}\exp\left\{\int_0^{\infty}e^{-\lambda t}\frac{1}{t}\int_{-\infty}^{0}(e^{izx}-1)d_xF_t(x)dt\right\} \tag{41}$$

最末一个等式的证明与(35)完全相同.

我们考虑过程 $-\xi(t)$，并且证明

$$1-q_-(\lambda,x)=\lambda\int_0^{\infty}P\{\inf_{0<s\leqslant t}\xi(s)\geqslant x\}e^{-\lambda t}dt$$

如果设 $cd\Phi(x)=\Pi(dx)$（Π 是过程的谱测度），则得

$$h(x,y,\lambda)=\int_{-\infty}^{0}M(x-s+y)d_sq_-(\lambda,s)$$

其中 $M(x)=\int_x^{\infty}\Pi(dy)$. 因为 Laplace 变换的积是卷积的 Laplace 变换，故由等式

$$\frac{1}{\lambda}\exp\left\{c_1(\lambda)\int_0^{\infty}\int_0^{\infty}(e^{-\mu x}-1)dF_t(x)\frac{e^{-\lambda t}}{s}dt\right\}=\int_0^{\infty}e^{-\mu x}d_xq(\lambda,x)$$

得

$$n(\lambda,y,x)=\int_{-0}^{x}\int_{-\infty}^{+0}M(x-s+y-u)d_sq_-(\lambda,x)d_uq(\lambda,u) \tag{42}$$

最后，我们求变量 τ_x 和 γ_x 的联合 Laplace 变换

$$l(x,\lambda,\mu)=Ee^{-\lambda\tau_x-\mu\gamma_x}$$

（如果 τ_x 没定义，就设数学期望号 E 下的量为 0）. 因为

$$n(\lambda,y,x)=Ee^{-\lambda\tau_x}\chi_{\{\gamma_x>y\}}$$

而且对 $\mu>0$

$$\int_0^{\infty}\chi_{\{\tau_x>y\}}e^{-\mu y}dy=\int_0^{\gamma_x}e^{-\mu y}dy=\frac{1-e^{-\mu\gamma_x}}{\mu}$$

所以

$$l(x,\lambda,\mu)=Ee^{-\lambda\tau_x}-\mu\int_{-0}^{x}\int_{-\infty}^{+0}\int_0^{\infty}e^{-\mu y}M(x-s+y-u)dyd_sq_-(\lambda,s)d_uq(\lambda,u) \tag{43}$$

一般过程的到达时间和跳跃度的分布 设 $\xi(t)$ 是齐次独立增量过程，它的累积量 $K(z)$ 决定于式(5). 我们引进一个阶梯过程 $\xi_n(t)$ 的序列，它们的累积量 $K_n(z)$ 的序列收敛于 $K(z)$. 那么，对所有 $t_0<t_1<\cdots<t_m$，$t_0=0$ 和 $z_1,\cdots,z_m$

$$E\exp\left\{i\sum_{k=1}^{m}z_k\xi_n(t_k)\right\}=E\exp\left\{i\sum_{k=1}^{m}(z_k+\cdots+z_m)[\xi_n(t_{k+1})-\xi_n(t_k)]\right\}=$$
$$\exp\left\{\sum_{k=1}^{m}(t_{k+1}-t_k)K_n(z_k+\cdots+z_m)\right\}$$

$$\rightarrow \exp\left\{\sum_{k=1}^{m}(t_{k+1}-t_k)K(z_k+\cdots+z_m)\right\}=$$

$$E\exp\left\{\mathrm{i}\sum_{k=1}^{m}z_k\xi(t_k)\right\} \tag{44}$$

因而,过程 $\xi_n(t)$ 的边沿分布收敛于过程 $\xi(t)$ 的边沿分布.

现在设

$$I(T)=\inf_{|x|>T}\left(1-\frac{\sin x}{x}\right)>0$$

那么

$$P\{|\xi_n(t)|>\varepsilon\}\leqslant[I(T)]^{-1}E\left|1-\frac{\sin\xi_n(t)\frac{T}{\varepsilon}}{\xi_n(t)\frac{T}{\varepsilon}}\right|=[I(T)]^{-1}\frac{\varepsilon}{2T}\int_{|z|<\frac{T}{\varepsilon}}(1-\mathrm{e}^{tK_n(z)})\mathrm{d}z$$

由于对一切 $z,K_n(z)\rightarrow K(z)$,可见在每一有限区间上 $K_n(z)$ 一致收敛于 $K(z)$. 所以

$$\sup_{|t_1-t_2|\leqslant h}P\{|\xi_n(t_1)-\xi_n(t_2)|>\varepsilon\}\leqslant h[I(T)]^{-1}\frac{\varepsilon}{2T}\int_{|z|<\frac{T}{\varepsilon}}|K_n(z)|\mathrm{d}z$$

因而

$$\overline{\lim_{n\rightarrow\infty}}\sup_{|t_1-t_2|\leqslant h}P\{|\xi_n(t_1)-\xi_n(t_2)|>\varepsilon\}\leqslant Ch \tag{45}$$

其中 C 仅依赖于 ε. 于是,过程 $\xi_n(t)$ 关于 n 一致随机连续.

我们现在利用随机过程(Ⅰ)第六章 §5 定理 5 及其注:如果 $f_T(x(\cdot))$ 是 $\mathscr{D}_{[0,T]}(\mathscr{R})$ 上的任一泛函,在该空间的拓扑中,它关于对应于$[0,T]$上过程 $\xi(t)$ 的测度 $\mu_{[0,T]}$ 几乎处处连续,则 $f_T(\xi_n(\cdot))$ 的分布收敛于 $f_T(\xi(\cdot))$ 的分布. 设 $\eta_n(t)=\sup\limits_{0\leqslant s\leqslant t}\xi_n(s)$,$\tau_x^n$ 是过程 $\xi_n(t)$ 首达区间$(x,\infty)(x>0)$ 的时刻,而 $\gamma_x^{(n)}=\xi(\tau_x^n)-x$. 那么由上面所表述的命题,对所有 t,$\eta_n(t)$ 的分布收敛于 $\eta(t)=\sup\limits_{0\leqslant s\leqslant t}\xi_n(s)$ 的分布. 设

$$\psi_T(s)=\begin{cases}s & (s\leqslant T)\\ T & (s>T)\end{cases}$$

考虑泛函 $\psi_T(\tau_x^n)$. 对于所有 x 和 $x(\cdot)$,若存在 s 和 $\varepsilon>0$,使 $x(s)=x$,$\sup\limits_{s\leqslant u\leqslant s+\varepsilon}x(u)=x$,则泛函 $\psi_T(\tau_x(x(\cdot)))$ 在点 $x(\cdot)$ 连续,其中 $\tau_x=\inf[s:x(s)=x]$. 特别,如果 x 是这样的,即对所有 t 和 $\varepsilon>0$ 有 $P\{\eta(t)=x,\eta(t+\varepsilon)=x\}=0$,则 $\psi_T(\tau_x^n)$ 的分布收敛于 $\psi_T(\tau_x)$ 的分布. 同样,如果设

$$\gamma_x^n(T)=\begin{cases}\gamma_x^n & 若\ \tau_x^n<T\\ -1 & 若\ \tau_x^n\geqslant T\end{cases},\gamma_x(T)=\begin{cases}\gamma_x & 若\ \tau_x<T\\ -1 & 若\ \tau_x\geqslant T\end{cases}$$

则可以证明:只要对所有 $t>0,\varepsilon>0$

$$P\{\xi(T)=x\}=0, P\{\eta(t)=\eta(t+\varepsilon)=x\}=0 \tag{46}$$

则随机变量 $\gamma_x^n(T)$ 和 $\psi_T(\tau_x^n)$ 的联合分布收敛于 $\gamma_x(T)$ 和 $\psi_T(\tau_x)$ 的联合分布. 所以对所有满足条件(46) 的 $x>0$

$$\lim_{n\to\infty} E\mathrm{e}^{-\lambda\psi_T(\tau_x^n)-\mu\gamma_x^n(T)} = E\mathrm{e}^{-\lambda\psi_T(\tau_x)-\mu\gamma_x(T)} \tag{47}$$

由不等式

$$|E\mathrm{e}^{-\lambda\psi_T(\tau_x^n)-\mu\gamma_x^n(T)} - E\mathrm{e}^{-\lambda\tau_x^n-\mu\gamma_x^n}| \leqslant E|\mathrm{e}^{-\lambda\psi_T(\tau_x^n)-\mu\gamma_x^n(T)} - \mathrm{e}^{-\lambda\tau_x^n-\mu\gamma_x^n}| \leqslant$$
$$2\mathrm{e}^{-\lambda_T}P\{\tau_x^n > T\} \leqslant 2\mathrm{e}^{-\lambda_T}$$

以及在于式(47) 右侧式子的类似不等式可见,对于满足(46) 和(47) 的 x 有

$$\lim_{n\to\infty} E\mathrm{e}^{-\lambda\tau_x^n-\mu\gamma_x^n} = E\mathrm{e}^{-\lambda\tau_x-\mu\gamma_x} \quad (\lambda>0,\mu>0) \tag{48}$$

我们现在证明,对于一切非阶梯过程,条件(46) 对所有 x 和几乎所有 $T>0$ 成立. 我们首先指出,仅当 $b=0$,$\int\Pi(\mathrm{d}x)<\infty$ 时,$P\{\xi(T)=x\}>0$ 才有可能(如果 $b>0$,则 $\xi(T)$ 的分布有正态分量,从而连续;如果$\int\Pi(\mathrm{d}x)=+\infty$,则当 $z\to\infty$ 时$\int(\mathrm{e}^{\mathrm{i}zx}-1)\Pi(\mathrm{d}x)\to-\infty$,从而$\lim\limits_{z\to\infty} E\mathrm{e}^{\mathrm{i}z\xi(T)}=0$,于是分布也连续). 下证,如果 $\xi(t)$ 的分布连续,则 $\eta(t)$ 的分布也连续. 对任意 $x>0$

$$P\{\eta(t)=x\}=P\{\eta(h)=x\}+\int_{-\infty}^{x}P\{\xi(h)\in\mathrm{d}y,\eta(h)<x\}P\{\eta(t)=x-y\}\leqslant$$
$$P\{\eta(h)=x\}+\int_{-\infty}^{x}P\{\xi(h)\in\mathrm{d}y\}P\{\eta(t)=x-y\}$$

由于使 $P\{\eta(t-h)=x-y\}>0$ 的 y 的集最多是可数的,而 $\xi(h)$ 的分布连续,所以上式最后的积分等于 0,故对所有 $h<t$

$$P\{\eta(t)=x\}\leqslant P\{\eta(h)=x\}$$

令 $h\downarrow 0$ 取极限,对所有 $t>0$ 和所有 $x>0$ 得

$$P\{\eta(t)=x\}=0$$

现在设 $b=0$,$\int\Pi(\mathrm{d}x)<\infty$. 那么,如果过程是非阶梯的,则 $K(z)$ 可表为

$$K(z)=\mathrm{i}az+\int(\mathrm{e}^{\mathrm{i}zx}-1)\Pi(\mathrm{d}x)$$

其中 $a\neq 0$. 如果 $a>0$,则对 $t\neq\tau_1,\tau_1+\tau_2,\cdots$(即 t 不是过程的跳跃时刻) 和充分小的 $\varepsilon>0$,$\xi(t+\varepsilon)=\xi(t)+a\varepsilon>\xi(t)$. 所以,如果区间$[0,t]$ 上的极大值不是在形如 $\tau_1,\tau_1+\tau_2,\cdots$ 的点上达到,则

$$P\{\eta(t)=\eta(t+\varepsilon)=x\}=0$$

同样显然

$$\xi\left(\sum_1^k\tau_i\right)=\sum_1^k\xi_i+a\sum_1^k\tau_i$$

有连续分布，因而

$$P\{\xi(\sum_1^k \tau_i)=x\}=0$$

所以

$$P\{\sup_k \xi(\sum_1^k \tau_i)=x\}=0$$

设 N 是一可列集，测度 Π 的离散分量集中在 N 上；N^+ 是包含 N 的最小加法群（它也是可列集）. 那么，如果 $x-aT\in N^+$，则 $P\{\xi(T)=x\}=0$. 现设 $a<0$. 那么

$$\eta(t)=\sup_{0\leqslant k<v(t)}\sum_{i=1}^k(\xi_k-a\tau_k)\quad(\sum_1^0=0)$$

因而 $P\{\eta(t)=x\}=0$，$x>0$（因为 $\xi_k+a\tau_k$ 有分布密度）. 于是，我们证明了下面的定理.

定理 3 如果 $\xi(t)$ 是非阶梯的齐次独立增量过程，而 $\xi_n(t)$ 是阶梯的齐次独立增量过程序列，满足

$$\lim_{n\to\infty}Ee^{iz\xi_n(t)}=Ee^{iz\xi(t)}$$

则对一切 $x>0,\lambda>0,\mu>0$

$$\lim_{n\to\infty}Ee^{-\lambda\tau_x^n-\mu\gamma_x^n}=Ee^{-\lambda\tau_x-\mu\gamma_x}$$

其中 τ_x^n 是过程 $\xi_n(t)$ 首达区间 (x,∞) 的时刻，τ_x 是过程 $\xi(t)$ 首达区间 (x,∞) 的时刻，$\gamma_x^n=\xi(\tau_x^n)-x$，$\gamma_x=\xi(\tau_x)-x$.

由这个定理和上一小节的结果可得

$$Ee^{-\lambda\tau_x-\mu\gamma_x}=l(x,\lambda,\mu)$$

为此首先注意到，$\eta_n(t)$ 的分布收敛于 $\eta(t)$ 的分布（对所有 $t>0$）. 其次，我们看到，如果 $\eta(t)$ 是非阶梯过程，则对所有 t

$$P\{\eta(t)=x\}=0$$

所以，对所有 $t>0,\lambda>0$

$$\lim_{n\to m}q_+^{(n)}(\lambda,x)=\lim_{n\to\infty}\lambda\int_0^\infty P\{\eta_n(t)<x\}e^{-\lambda t}dt=$$

$$\lambda\int_0^\infty P\{\eta(t)<x\}e^{-\lambda t}dt=q_+(\lambda,x)\qquad(49)$$

同理可证

$$\lim_{n\to\infty}q_-^{(n)}(\lambda,x)=\lim_{n\to\infty}\lambda\int_0^\infty[1-P\{\inf_{0\leqslant s\leqslant t}\xi_n(s)\geqslant x\}]e^{-\lambda t}dt=$$

$$q_-(\lambda,x)\qquad(50)$$

注意，如果 $K_n(z)\to K(z)$，而

$$M_n(x)=\int_x^\infty\Pi_n(dy),M(x)=\int_x^\infty\Pi(dy)\quad(x>0)$$

则在函数 $M(x)$ 的所有连续点上 $M_n(x) \to M(x)$. 由式(42)

$$Ee^{-\lambda\tau_x^n}\chi_{\{\gamma_x^n>y\}}=\frac{1}{\lambda^2}\int_{-0}^{x}\int_{-\infty}^{+0}M_n(x-s+y-u)\,\mathrm{d}_sq_-^{(n)}(\lambda,s)\,\mathrm{d}_uq_+^{(n)}(\lambda,u)$$

如果在该式中取极限,则得(对几乎所有 $y>0$)

$$Ee^{-\lambda\tau_x}\chi_{\{\gamma_x>y\}}=\frac{1}{\lambda^2}\int_{-0}^{x}\int_{-\infty}^{+0}M(x-s+y-u)\,\mathrm{d}_sq_-(\lambda,s)\,\mathrm{d}_uq_+(\lambda,u) \tag{51}$$

用与由(42)得到(43)完全相同的方法,可以得到随机变量 τ_x 和 γ_x 的 Laplace 变换的表达式

$$l(x,\lambda,\mu)=Ee^{-\lambda\tau_x}-\frac{\mu}{\lambda^2}\int_{-0}^{x}\int_{-\infty}^{+0}\int_{0}^{\infty}e^{-\mu y}M(x-s+y-u)\,\mathrm{d}y\,\mathrm{d}_sq_-(\lambda,s)\,\mathrm{d}_uq_+(\lambda,u) \tag{52}$$

现在我们看到

$$\begin{aligned}Ee^{-\lambda\tau_x}&=E\left(1-\lambda\int_0^{\tau_x}e^{-\lambda t}\,\mathrm{d}t\right)=1-\lambda E\int_0^{\infty}e^{-\lambda t}\chi_{\{\tau_x>t\}}\,\mathrm{d}t=\\&1-\lambda\int_0^{\infty}e^{-\lambda t}P\{\sup_{s\leqslant t}\xi(s)\leqslant x\}\,\mathrm{d}t=\\&1-q_+(\lambda,x)\end{aligned}$$

从而最后得

$$l(x,\lambda,\mu)=1-q_+(\lambda,x)-\frac{\mu}{\lambda^2}\int_{-0}^{x}\int_{-\infty}^{+0}\int_{0}^{\infty}e^{-\mu y}M(x-s+y-u)\,\mathrm{d}y\,\mathrm{d}_sq_-(\lambda,s)\,\mathrm{d}_uq_+(\lambda,u) \tag{53}$$

这样,我们证明了下面的定理.

定理4 随机变量 τ_x 和 γ_x 的联合 Laplace 变换由式(53)给出,而它们的联合分布为

$$P\{\tau_x<t,\gamma_x>y\}=\int_{-0}^{x}\int_{-\infty}^{+0}M(x-s+y-u)R_t(\mathrm{d}s,\mathrm{d}u)$$

其中

$$R_t(A,B)=\int_0^tQ_+(B,t-s)\,\mathrm{d}_sQ_-(A,s)$$

而

$$Q_+(B,t)=P\{\sup_{0\leqslant s\leqslant t}\xi(s)\in B\}$$

$$Q_-(A,t)=P\{\inf_{0\leqslant s\leqslant t}\xi(s)\in A\}$$

我们来研究分布 $q_+(\lambda,x)$ 和 $q_-(\lambda,x)$. 由以上所述可知,在函数 $q_+(\lambda,x)$ 和 $q_-(\lambda,x)$ 的所有连续点上,分别有

$$q_+(\lambda,x)=\lim_{n\to\infty}q_+^{(n)}(\lambda,x)$$

$$q_-(\lambda,x)=\lim_{n\to\infty}q_-^{(n)}(\lambda,x)$$

因此

$$\int e^{izx} d_x q_+(\lambda,x) = \lim_{n\to\infty} \int e^{izx} d_x q_+^{(n)}(\lambda,x) = \lim_{n\to\infty}\left\{\int_0^\infty \frac{1}{t}e^{-\lambda t}\int_0^\infty (e^{izx}-1)dF_t^{(n)}(x)dt\right\}$$

其中 $F_t^{(n)}(x)=P\{\xi_n(t)<x\}$. 对每个 t

$$\lim_{n\to\infty}\int_0^\infty (e^{-izx}-1)dF_t^{(n)}(x)=\int_0^\infty (e^{izx}-1)dF_t(x)$$

所以对任意 $\varepsilon>0$

$$\lim_{n\to\infty}\int_\varepsilon^\infty \frac{dt}{t}e^{-\lambda t}\int_0^\infty (e^{izx}-1)dF_t^{(n)}(x)=\int_\varepsilon^\infty \frac{dt}{t}e^{-\lambda t}\int_0^\infty (e^{izx}-1)dF_t(x)$$

现在估计

$$\left|\int_0^\infty (e^{izx}-1)dF_t^{(n)}(x)\right|=|E(e^{iz\xi_n(t)}-1)\chi_{\{\xi_n(t)>0\}}|$$

设 $\xi_n(t)=\xi_n^1(t)+\xi_n^2(t)$,其中 $\xi_n^1(t)$ 只有绝对值不大于 1 的跳跃,而 $\xi_n^2(t)$ 只有绝对值大于 1 的跳跃. 那么

$$\begin{aligned}E|e^{iz\xi_n(t)}-1|\leqslant E|e^{iz\xi_n^1(t)}-1|+E|e^{iz\xi_n^2(t)}-1|\leqslant\\ |z|E|\xi_n^1(t)|+2P\{\xi_n^2(t)>0\}\leqslant\\ |z|\sqrt{E|\xi_n^1(t)|^2}+O(t)=\\ O(\sqrt{t})\end{aligned}$$

而且这个估计对 n 一致. 故

$$\lim_{\varepsilon\to0}\overline{\lim_{n\to\infty}}\int_0^\varepsilon \frac{dt}{t}e^{-\lambda t}\int_0^\infty (e^{izx}-1)dF_t^{(n)}(x)=0$$

于是,证明了下面的定理.

定理 5 分布 $q_+(\lambda,x)$ 和 $q_-(\lambda,x)$ 的特征函数为

$$\int e^{izx} d_x q_+(\lambda,x)=\exp\left\{\int_0^\infty \frac{1}{t}e^{-\lambda t}\int_0^\infty (e^{izx}-1)dF_t(x)dt\right\}$$

$$\int e^{izx} d_x q_-(\lambda,x)=\exp\left\{\int_0^\infty \frac{1}{t}e^{-\lambda t}\int_{-\infty}^0 (e^{izx}-1)dF_t(x)dt\right\}$$

系 1 分布 $q_+(\lambda,x)$ 和 $q_-(\lambda,x)$ 连续的必要和充分条件分别是

$$\int_0^\infty \frac{1}{t}e^{-\lambda t}P\{\xi(t)>0\}dt=+\infty$$

$$\int_0^\infty \frac{1}{t}e^{-\lambda t}P\{\xi(t)<0\}dt=+\infty$$

系 2

$$q_+(\lambda,+0)-q_+(\lambda,-0)=\exp\left\{-\int_0^\infty \frac{1}{t}e^{-\lambda t}P\{\xi(t)>0\}dt\right\}$$

$$q_-(\lambda,+0)-q_-(\lambda,-0)=\exp\left\{-\int_0^\infty \frac{1}{t}e^{-\lambda t}P\{\xi(t)<0\}dt\right\}$$

系 3 如果 $\xi(t)$ 是阶梯过程,则 $q_+(\lambda,x)$ 和 $q_-(\lambda,x)$ 对所有 x 连续,仅 $x=0$ 可能例外.

只需对非阶梯过程证明系 1,因为对于阶梯过程,系 1 的结论包含在系 2 和系 3 中.对于非阶梯过程,对所有 $\varepsilon > 0$,当 $x \geqslant \varepsilon$ 时,函数

$$\int_0^\infty \frac{1}{t}\mathrm{e}^{-\lambda t}[1-F_t(t)]\mathrm{d}t$$

关于 x 连续.所以

$$\lim_{z\to\infty}\int_\varepsilon^\infty \cos zx\,\mathrm{d}_x\int_0^\infty \frac{1}{t}\mathrm{e}^{-\lambda t}[1-F_t(x)]\mathrm{d}t=0$$

因而

$$\begin{aligned}\overline{\lim_{z\to\infty}}\left|\int \mathrm{e}^{\mathrm{i}zx}\mathrm{d}q_+(\lambda,x)\right| &\leqslant \exp\left\{-\underline{\lim_{z\to\infty}}\int_0^\infty \frac{1}{t}\mathrm{e}^{-\lambda t}\int_\varepsilon^\infty(1-\cos zx)\mathrm{d}F_t(x)\right\}=\\ &\exp\left\{\overline{\lim_{z\to\infty}}\left[\int_\varepsilon^\infty(1-\cos zx)\mathrm{d}_x\int_0^\infty \frac{1}{t}\mathrm{e}^{-\lambda t}[1-F_t(x)]\mathrm{d}t\right]\right\}=\\ &\exp\left\{-\int_0^\infty \frac{1}{t}\mathrm{e}^{-\lambda t}P\{\xi(t)>\varepsilon\}\mathrm{d}t\right\}\end{aligned}$$

令 $\varepsilon \downarrow 0$ 并取极限,得

$$\overline{\lim_{z\to\infty}}\int \mathrm{e}^{\mathrm{i}zx}\mathrm{d}_x q_+(\lambda,x) \leqslant \exp\left\{-\int_0^\infty \frac{1}{t}\mathrm{e}^{-\lambda t}P\{\xi(t)>0\}\mathrm{d}t\right\}$$

系 1 的充分性得证,由系 2 可见系 1 的必要性.

如果

$$\int_0^\infty \frac{1}{t}\mathrm{e}^{-\lambda t}P\{\xi(t)>0\}\mathrm{d}t<\infty$$

则 $q_+(\lambda,x)$ 是广义 Poisson 分布,并且

$$q_+(\lambda,x)=\sum_{k=0}^\infty \frac{[c_1(\lambda)]^k \mathrm{e}^{-c_1(\lambda)}}{k!}\Phi_k(\lambda,x) \tag{54}$$

其中

$$c_1(\lambda)=\int_0^\infty \frac{1}{t}\mathrm{e}^{-\lambda t}P\{\xi(t)>0\}\mathrm{d}t;\Phi_0(\lambda,x)=\varepsilon(x)$$

$$\Phi_1(\lambda,x)=\frac{1}{c_1(\lambda)}\int_0^\infty \frac{1}{t}\mathrm{e}^{-\lambda t}P\{0<\xi(t)<x\}\mathrm{d}t$$

$$\Phi_k(\lambda,x)=\int \Phi_{k-1}(\lambda,x-y)\mathrm{d}\Phi_1(\lambda,y)\quad (k>1)$$

由式(54)即可得系 2 和系 3 的结论.

过程的上确界,下确界和过程值的联合分布 记

$$\xi_+(t)=\sup_{0\leqslant s\leqslant t}\xi(s),\xi_-(t)=\inf_{0\leqslant s\leqslant t}\xi(s)$$

这一小节的目的是计算概率

$$Q(t;a,b;\alpha,\beta)=P\{\xi_-(t)\geqslant a,\xi_+(t)\leqslant b,\alpha<\xi(t)<\beta\}$$

其中 $a<0<b,a\leqslant\alpha<\beta\leqslant b$.

记

$$\Gamma_+(x,\mathrm{d}t,\mathrm{d}y)=P\{\tau_x\in \mathrm{d}t,\gamma_x\in \mathrm{d}y\}\quad (x>0)$$
$$\Gamma_-(x,\mathrm{d}t,\mathrm{d}y)=P\{\tau'_x\in \mathrm{d}t,\gamma'_x\in \mathrm{d}y\}\quad (x<0)$$
其中 τ'_x 是过程首达$(-\infty,x)$的时间,$\gamma'_x=\xi(\tau'_x+0)-x$.所求的概率可以通过函数 Γ_+ 和 Γ_- 来表示,而过程的分布为 $F_t(\mathrm{d}x)=P\{\xi(t)\in \mathrm{d}x\}$.我们引进两个事件 $\mathfrak{U}_k^+$ 和 $\mathfrak{U}_k^-$,其中 $\mathfrak{U}_k^+$:$\xi(s)$ 落入区间(b,∞)先于它落入区间$(-\infty,a)$,在这之后直到时刻$t\xi(s)$穿过$[a,b]$的次数不小于k(即存在$t_1<t_2<\cdots<t_{k+1}\leqslant t$,使 $\xi(t_1)>b,\xi(t_2)<a,\xi(t_3)>b,\xi(t_4)<a,\cdots$),而且 $\xi(t)\in(\alpha,\beta)$;$\mathfrak{U}_k^-$:$\xi(s)$落入区间$(-\infty,a)$先于它落入区间(b,∞),在这之后直到时刻 t 它穿过$[a,b]$的次数不小于 k,而且 $\xi(t)\in(\alpha,\beta)$.那么
$$Q(t;a,b;\alpha,\beta)=F_t((\alpha,\beta))-P\{\mathfrak{U}_0^+\}-P\{\mathfrak{U}_0^-\}$$
而事件
$$\mathfrak{U}_k^+\cup\mathfrak{U}_{k+1}^-=\mathfrak{B}_k^+\quad (k=0,1,\cdots)$$
表示在时刻 t 之前过程落入$[b,\infty)$,至少 k 次穿过$[a,b]$,而且 $\xi(t)\in(\alpha,\beta)$.显然
$$\begin{aligned}P\{\mathfrak{B}_k^+\}=&\int\cdots\int_{0<t_1<\cdots<t_k<t}\int\cdots\int\Gamma_+(b,\mathrm{d}t_1,\mathrm{d}y_1)\cdot\\&\Gamma_-(a-b-y_1,\mathrm{d}t_2,\mathrm{d}y_2)\Gamma_+(b-a-y_2,\mathrm{d}t_3,\mathrm{d}y_3)\cdot\cdots\cdot\\&F_{t-t_k}((\alpha-c_k-y_k,\beta-c_k-y_k))\end{aligned}\tag{55}$$
其中
$$c_k=\begin{cases}a & 若\ k\ 为奇数\\ b & 若\ k\ 为偶数\end{cases}$$
同样,对于事件 $\mathfrak{B}_k^-=\mathfrak{U}_k^-\cup\mathfrak{U}_{k+1}^+$ 有
$$\begin{aligned}P\{\mathfrak{B}_k^-\}=&\int\cdots\int_{0<t_1<\cdots<t_k<0}\int\cdots\int\Gamma_-(a,\mathrm{d}t_1,\mathrm{d}y_1)\cdot\\&\Gamma_+(b-a-y_1,\mathrm{d}t_2,\mathrm{d}y_2)\Gamma_-(a-b-y_2,\mathrm{d}t_3,\mathrm{d}y_3)\cdot\cdots\cdot\\&F_{t-t_k}((\alpha-c_{k-1}-y_k,\beta-c_{k-1}-y_k))\end{aligned}\tag{56}$$
因为
$$P\{\mathfrak{B}_k^+\}=P\{\mathfrak{U}_k^+\}+P\{\mathfrak{U}_{k+1}^-\}$$
$$P\{\mathfrak{B}_k^-\}=P\{\mathfrak{U}_k^-\}+P\{\mathfrak{U}_{k+1}^+\}$$
而且当 $k\to\infty$ 时
$$P\{\mathfrak{U}_k^+\}+P\{\mathfrak{U}_k^-\}\to 0$$
(由于 $\xi(t)$ 没有第二类间断点,从而 $\bigcap_{k=1}^{\infty}[\mathfrak{U}_k^+\cup\mathfrak{U}_k^-]$ 的概率为 0),所以
$$P\{\mathfrak{U}_0^+\}+P\{\mathfrak{U}_0^-\}=\sum_{k=0}^{\infty}(-1)^k[P\{\mathfrak{B}_k^+\}+P\{\mathfrak{B}_k^-\}]$$
于是

$$Q(t;a,b;\alpha,\beta)=F_t((\alpha,\beta))-\sum_{k=0}^{\infty}(-1)^k[P\{\mathfrak{B}_k^+\}+P\{\mathfrak{B}_k^-\}] \tag{57}$$

其中 $P\{\mathfrak{B}_k^+\}$ 和 $P\{\mathfrak{B}_k^-\}$ 分别由式(55) 和式(56) 给出

如果把 $P\{\mathfrak{B}_k^+\}$ 和 $P\{\mathfrak{B}_k^-\}$ 的表达式分别代入式(57)，则所得到的关系式将是十分繁的. 如果考虑 $Q(t;a,b;\alpha,\beta)$ 对 t 的 Laplace 变换，则可以得到一些化简. 设 $g_k^+(\lambda;a,b;\alpha,\beta)$ 是概率 $P\{\mathfrak{B}_k^+\}$（它依赖于 t）对 t 的 Laplace 变换. 那么由式(55) 得

$$g_k^+(\lambda;a,b;\alpha,\beta)=\int\cdots\int\Gamma_+^{(\lambda)}(b,\mathrm{d}y_1)\Gamma_-^{(\lambda)}(a-b-y_1,\mathrm{d}y_2)\cdot\cdots\cdot R_\lambda((\alpha-c_k-y_k,\beta-c_k-y_k)) \tag{58}$$

其中

$$\Gamma_+^{(\lambda)}(b,A_1)=\int_0^\infty \mathrm{e}^{-\lambda t}\Gamma_+(b,\mathrm{d}t,A_1)$$

$$\Gamma_-^{(\lambda)}(a,A_1)=\int_0^\infty \mathrm{e}^{-\lambda t}\Gamma_-(a,\mathrm{d}t,A_1)$$

$$R_\lambda(A)=\int_0^\infty \mathrm{e}^{-\lambda t}F_t(A)\mathrm{d}t$$

同理可得概率 $P\{\mathfrak{B}_k^-\}$ 的 Laplace 变换 $g_k^-(\lambda;a,b;\alpha,\beta)$.

我们引进核 $G_+^{(\lambda)}(x,A)$ 和 $G_-^{(\lambda)}(x,A)$：对于 $x\in[b,\infty)$，$A\subset[b,\infty)$

$$G_+^{(\lambda)}(x,A)=\int\Gamma_-^{(\lambda)}(a-b-x,\mathrm{d}y)\Gamma_+^{(\lambda)}(b-a-y,A_{-b})$$

其中 $A_{-b}=\{x:x+b\in A\}$；而对于 $x\in[-\infty,a]$，$A\subset[-\infty,a]$

$$G_-^{(\lambda)}(x,A)=\int\Gamma_+^{(\lambda)}(b-a-x,\mathrm{d}y)\Gamma_-^{(\lambda)}(a-b-y,A_{+a})$$

其中 $A_{+a}=\{x:x-a\in A\}$. 对所有 $x\in(-\infty,\infty)$，我们补定义 $G_+^{(\lambda)}(x,A)$：对 $x<b$ 设 $G_+^{(\lambda)}(x,A)=0$，而一般设 $G_+^{(\lambda)}(x,A)=G_+^{(\lambda)}(x,A\cap[b,\infty))$；类似地，补定义 $G_-^{(\lambda)}(x,A)$. 其次，我们由方程

$$H_\pm^{(\lambda)}(\mu,x,A)=\chi_A(x)+\mu\int G_\pm^{(\lambda)}(x,\mathrm{d}y)H_\pm^{(\lambda)}(\mu,y,A)$$

确定 $G_+^{(\lambda)}(x,A)$ 和 $G_-^{(\lambda)}(x,A)$ 的预解核. 对于 $|\mu|<1$，$H_\pm^{(\lambda)}(\mu,x,A)$ 可表示为级数

$$H_\pm^{(\lambda)}(\mu,x,A)=\chi_A(x)+\sum_{k=1}^{\infty}\mu^k\int\cdots\int G_\pm^{(\lambda)}(x,\mathrm{d}x_1)\cdots G_\pm^{(\lambda)}(x_{k-1},A) \tag{59}$$

现在证明，对 $|\mu|=1$ 这个级数也收敛. 为此只需注意到

$$G_+^{(\lambda)}(x,\mathscr{R})=\int_0^\infty\Gamma_-^{(\lambda)}(a-b-x,\mathrm{d}y)\Gamma_+^{(\lambda)}(b-a-y,[b,\infty))\leqslant$$
$$E\mathrm{e}^{-\lambda\tau_{b-a}}\Gamma_-^{(\lambda)}(a-b-x,(-\infty,a])\leqslant$$
$$E\mathrm{e}^{-\lambda\tau_{b-a}}E\mathrm{e}^{-\lambda\tau'_{a-b}}$$

（其中 τ_{b-a} 是首次落入$(b-a,\infty)$ 的时刻，而 τ'_{a-b} 是首次落入$(-\infty,a-b)$ 的时刻）. 因为 $P\{\tau_{b-a}=0\}=0$，所以 $E\mathrm{e}^{-\lambda\tau_{b-a}}<1$. 因此$\sup\limits_x G_+^{(\lambda)}(x,\mathscr{R})<1$；同理$\sup\limits_x G_-^{(\lambda)}(x,\mathscr{R})<1$. 如果$\sup\limits_x G_\pm^{(\lambda)}(x,\mathscr{R})\leqslant\rho<1$，则

$$\int\cdots\int G_\pm^{(\lambda)}(x,\mathrm{d}x_1)\cdots G_\pm^{(\lambda)}(x_{k-1},A)\leqslant\rho^k$$

我们现在看 $Q(t;a,b;\alpha,\beta)$ 的 Laplace 变换

$$\widetilde{Q}(\lambda;a,b;\alpha,\beta)=\int_0^\infty \mathrm{e}^{-\lambda t}Q(t;a,b;\alpha,\beta)\mathrm{d}t$$

由(58) 和(59) 两式可见

$$\begin{aligned}\widetilde{Q}(\lambda;a,b;\alpha,\beta)=&R_\lambda((\alpha,\beta))-\iint\Gamma_+^{(\lambda)}(b,\mathrm{d}y)H_t^{(\lambda)}(1,y,\mathrm{d}x)R_\lambda((\alpha-x,\beta-x))+\\&\iiint\Gamma_+^{(\lambda)}(b,\mathrm{d}y)H_+^{(\lambda)}(1,y,\mathrm{d}z)\cdot\\&\Gamma_-^{(\lambda)}(a-b-z,\mathrm{d}x)R_\lambda((\alpha-x,\beta-x))-\\&\iint\Gamma_-^{(\lambda)}(a,\mathrm{d}y)H_-^{(\lambda)}(1,y,\mathrm{d}x)R_\lambda((\alpha-x,\beta-x))+\\&\iiint\Gamma_-^{(\lambda)}(a,\mathrm{d}y)H_-^{(\lambda)}(1,y,\mathrm{d}z)\cdot\\&\Gamma_+^{(\lambda)}(b-a-z,\mathrm{d}x)R((\alpha-x,\beta-x))\end{aligned}\tag{60}$$

通过 $F_t((a,b))$ 和 $\Gamma_+(x,\mathrm{d}t_1,\mathrm{d}y_1)$ 来表示 $\xi_+(t)$ 和 $\xi(t)$ 的联合分布要简单得多. 因为对 $0<x\leqslant a$

$$\begin{aligned}P\{\xi_+(t)\leqslant a,\xi(t)<x\}=&P\{\xi(t)<x\}-P\{\xi_+(t)>a,\xi(t)<x\}=\\&F_t(x)-P\{\tau_a<t,\xi(t)<x\}\end{aligned}$$

（其中 $F_t(x)=F_t((-\infty,x))$），所以

$$P\{\xi_+(t)\leqslant a,\xi(t)<x\}=F_t(x)-\int_0^t\int_0^\infty\Gamma_+(a,\mathrm{d}s,\mathrm{d}y)F_{t-s}(x-a-y)\tag{61}$$

如果原过程连续，则 $\widetilde{Q}(\lambda;a,b;\alpha,\beta)$ 的式子将大大简化. 这时分别有

$$\Gamma_+(b,\mathrm{d}t,A)=\Gamma_+(b,\mathrm{d}t,[b,\infty))\chi_A(b)$$

$$\Gamma_-(a,\mathrm{d}t,A)=\Gamma_-(a,\mathrm{d}t,(-\infty,a])\chi_A(a)$$

记

$$\int_0^\infty\mathrm{e}^{-\lambda t}\Gamma_+(x,\mathrm{d}t,[x,\infty))=\hat{\Gamma}_+^{(\lambda)}(x)$$

$$\int_0^\infty\mathrm{e}^{-\lambda t}\Gamma_-(x,\mathrm{d}t,(-\infty,x])=\hat{\Gamma}_-^{(\lambda)}(x)$$

那么

$$g_k^+(\lambda;a,b;\alpha,\beta)=\hat{\Gamma}_+^{(\lambda)}(b)\hat{\Gamma}_-^{(\lambda)}(a-b)\hat{\Gamma}_+^{(\lambda)}(b-a)\cdots R_\lambda((\alpha-c_k,\beta-c_k))$$

$$G_{+}^{(\lambda)}(x,A)=\hat{\Gamma}_{-}^{(\lambda)}(a-b-x)\hat{\Gamma}_{+}^{(\lambda)}(b-a)\chi_A(b)$$

$$G_{-}^{(\lambda)}(x,A)=\hat{\Gamma}_{+}^{(\lambda)}(b-a-x)\hat{\Gamma}_{-}^{(\lambda)}(a-b)\chi_A(a)$$

从而

$$H_{+}^{(\lambda)}(\mu,b,A)=\chi_A(b)+\mu G_{+}^{(\lambda)}(b,\{b\})H_{+}^{(\lambda)}(\mu,b,A)$$

即

$$H_{+}^{(\lambda)}(\mu,b,A)=\frac{\chi_A(b)}{1-\mu G_{+}^{(\lambda)}(b,\{b\})}$$

同理

$$H_{-}^{(\lambda)}(\mu,a,A)=\frac{\chi_A(a)}{1-\mu G_{-}^{(\lambda)}(a,\{a\})}$$

由(60)可见

$$\begin{aligned}&\widetilde{Q}(\lambda;a,b;\alpha,\beta)=R_\lambda((\alpha,\beta))-\\&\frac{\Gamma_{+}^{(\lambda)}(b)[R_\lambda((\alpha-b,\beta-b))-\Gamma_{-}^{(\lambda)}(a-b)R_\lambda((\alpha-a,\beta-a))]}{1-G_{+}^{(\lambda)}(b,\{b\})}-\\&\frac{\Gamma_{-}^{(\lambda)}(a)[R_\lambda((\alpha-a,\beta-a))-\Gamma_{+}^{(\lambda)}(b-a)R_\lambda((\alpha-b,\beta-b))]}{1-G_{-}^{(\lambda)}(a,\{a\})}\end{aligned}\tag{62}$$

具有同号跳跃的过程　先看只有负跳跃过程.这种过程的累积量为

$$K(z)=\mathrm{i}az-\frac{b}{2}z^2+\int_{+\infty}^{0}\left(\mathrm{e}^{\mathrm{i}zx}-1-\frac{\mathrm{i}zx}{1+x^2}\right)\Pi(\mathrm{d}x)\tag{63}$$

容易看出,$K(z)$ 在半平面 $\mathrm{Im}\, z<0$ 上是解析函数,而对 $\mathrm{Im}\, z\leqslant 0$ 它是连续函数.

我们证明 $E\mathrm{e}^{\mathrm{i}z\xi(t)}$ 也具有上述性质.把 $\xi(t)$ 表为

$$\xi(t)=a_1t+\xi_1(t)+\xi^1(t)$$

其中 $\xi_1(t)$ 是 $\xi(t)$ 的小于 -1 的跳跃之和

$$a_1=a-\int_{-\infty}^{-1}\frac{x}{1+x^2}\Pi(\mathrm{d}x)+\int_{-1}^{0}\left[x-\frac{x}{1+x^2}\right]\Pi(\mathrm{d}x)$$

而 $\xi^1(t)=\xi(t)-a_1t-\xi_1(t)$.过程 $\xi_1(t)$ 和 $\xi^1(t)$ 独立

$$E\mathrm{e}^{\mathrm{i}z\xi(t)}=\mathrm{e}^{\mathrm{i}a_1z}E\mathrm{e}^{\mathrm{i}z\xi_1(t)}E\mathrm{e}^{\mathrm{i}z\xi^1(t)}$$

而

$$E\mathrm{e}^{\mathrm{i}z\xi^1(t)}=\exp\left\{-t\frac{bz^2}{2}+t\int_{-1}^{0}(\mathrm{e}^{\mathrm{i}zx}-1-\mathrm{i}zx)\Pi(\mathrm{d}z)\right\}\tag{64}$$

因为以概率 1 有 $\xi_1(t)\leqslant 0$,所以对 $\mathrm{Im}\, z<0$,$E\mathrm{e}^{\mathrm{i}z\xi_1(t)}$ 是 z 的解析函数,而对 $\mathrm{Im}\, z\leqslant 0$ 它是连续函数.在以点 0 为圆心的某个圆中

$$E\mathrm{e}^{\mathrm{i}z\xi^1(t)}=E\sum_{n=0}^{\infty}\frac{(\mathrm{i}z)^n}{n!}[\xi^1(t)]^n$$

是解析函数，因为由 §1 的式(13) 对于某个 $c>0$ 和 $0<q<1$

$$E\mid \xi^1(t)\mid^n \leqslant c^n\sum_{k=1}^{\infty}k^n q^{k-1}\leqslant \frac{c^n(n-1)!}{(1-q)^n}$$

在该圆内它与由式(64) 给出的解析整函数重合. 从而，它自己也是解析整函数. 因而，对 $\operatorname{Im} z\leqslant 0$

$$E\mathrm{e}^{\mathrm{i}z\xi(t)}=\exp\{tK(z)\}$$

特别，如果取 $z=-\mathrm{i}u,u>0$，则得

$$E\mathrm{e}^{u\xi(t)}=\exp\left\{t\left[au+\frac{b}{2}u^2+\int_{-\infty}^{0}\left(\mathrm{e}^{ux}-1-\frac{ux}{1+x^2}\right)\Pi(\mathrm{d}x)\right]\right\} \tag{65}$$

同理可证，如果过程的累积量为

$$K(z)=\mathrm{i}az-\frac{b}{2}z^2+\int_0^{\infty}\left(\mathrm{e}^{\mathrm{i}zx}-1-\frac{\mathrm{i}zx}{1+x^2}\right)\Pi(\mathrm{d}x) \tag{66}$$

(即过程没有负跳跃)，则对 $u>0$

$$E\mathrm{e}^{-u\xi(t)}=\exp\left\{t\left[-au+\frac{b}{2}u^2+\int_0^{\infty}\left(\mathrm{e}^{-ux}-1+\frac{ux}{1+x^2}\right)\Pi(\mathrm{d}x)\right]\right\} \tag{67}$$

仍然假设过程的累积量形如(63). 记 τ_a 为首达水平 a 的时刻，其中 $a>0$；如果 $\sup\xi(t)<a$，则令 $\tau_a=+\infty$. 如果 $\tau_a<+\infty$，则 $\xi(\tau_a)=a$. 变量 τ_a 对 a 单调. 我们注意到，对 $0<a<b$ 在集 $\{\tau_a<+\infty\}$ 上以概率 1 有

$$P\{\tau_b-\tau_a<x\mid \mathcal{N}_{\tau_a}\}=P\{\tau_{b-a}<x\}$$

所以

$$\begin{aligned}E\mathrm{e}^{-\lambda\tau_{a+b}}&=E\mathrm{e}^{-\lambda\tau_a-\lambda(\tau_{a+b}-\tau_a)}=E\mathrm{e}^{-\lambda\tau_a}E[\mathrm{e}^{-\lambda(\tau_{a+b}-\tau_a)}\mid \mathcal{N}_{\tau_a}]=\\&E\mathrm{e}^{-\lambda\tau_a}E\mathrm{e}^{-\lambda\tau_b}\chi_{\{\tau_a<\infty\}}=\\&E\mathrm{e}^{-\lambda\tau_a}E\mathrm{e}^{-\lambda\tau_b}\end{aligned}$$

(其中设 $\lambda>0,\mathrm{e}^{-\lambda(+\infty)}=0$). 因而

$$E\mathrm{e}^{-\lambda\tau_a}=\exp\{aB(\lambda)\} \tag{68}$$

其中 $B(\lambda)$ 是 λ 的函数，对 $\operatorname{Re}\lambda>0$ 它是解析的，而对 $\operatorname{Re}\lambda\geqslant 0$ 它是连续的.

我们现在看到

$$E\mathrm{e}^{-\lambda\tau_x}=1-q_+(\lambda,x)=\exp\{xB(\lambda)\}$$

所以由定理 4

$$\int_0^{\infty}\mathrm{e}^{\mathrm{i}zx}\,\mathrm{d}_xq_+(\lambda,x)=-B(\lambda)\int_0^{\infty}\mathrm{e}^{\mathrm{i}zx+xB(\lambda)}\,\mathrm{d}x=\frac{B(\lambda)}{B(\lambda)+\mathrm{i}z}$$

最后的式子对 $\operatorname{Im} z\geqslant 0$ 成立. 回忆

$$\int_0^{\infty}\mathrm{e}^{\mathrm{i}zx}\,\mathrm{d}_xq_+(\lambda,x)\cdot\int_{-\infty}^{0}\mathrm{e}^{\mathrm{i}zx}\,\mathrm{d}_xq_-(\lambda,x)=\frac{\lambda}{\lambda-K(z)}$$

从而，当 $\operatorname{Im} z=0$ 时

$$\int_{-\infty}^{0}\mathrm{e}^{\mathrm{i}zx}\,\mathrm{d}_xq_-(\lambda,x)=\frac{\lambda}{\lambda-K(z)}\cdot\frac{B(\lambda)+\mathrm{i}z}{B(\lambda)} \tag{69}$$

该函数容许解析开拓到半平面 $\mathrm{Im}\, z<0$,而且开拓后处处不为0(由定理4的公式知,此式左侧具备上述性质). 我们已看到, $K(z)$ 有在半平面 $\mathrm{Im}\, z<0$ 的解析开拓. 因为当 $\lambda>0$ 时 $B(\lambda)<0$,故 $K(\mathrm{i}B(\lambda))=0$,即在点 $\mathrm{i}B(\lambda)$ 右侧为0. 记 $K_{-}(u)=K(-\mathrm{i}u)$

$$K_{-}(u)=au+\frac{b}{2}u^{2}+\int_{-\infty}^{0}\left(\mathrm{e}^{ux}-1-\frac{ux}{1+x^{2}}\right)\Pi(\mathrm{d}x) \tag{70}$$

那么 $B(\lambda)$ 满足

$$K_{-}(-B(\lambda))=\lambda \tag{71}$$

显然,对于所有 $\lambda>0$, $K_{-}(u)=\lambda$ 在区域 $\mathrm{Re}\, u>0$ 内只有一个解,因为若不然,则式(69)右侧在该区域内就有极点.

由 $K_{-}(u)$ 的形状可以确定 $\lim\limits_{\lambda\downarrow 0}E\mathrm{e}^{-\lambda\tau_{a}}=1$,即 $P\{\tau_{a}<\infty\}=1$ 的条件. 为此必须使 $B(\lambda)\to 0(\lambda\to 0)$. 因为

$$\frac{\mathrm{d}^{2}}{\mathrm{d}u^{2}}K_{-}(u)=b+\int_{-\infty}^{0}x^{2}\mathrm{e}^{ux}\Pi(\mathrm{d}x)\geqslant 0\quad(u>0)$$

故 $K_{-}(u)$ 是下凸函数,而若当 $\lambda\to 0$ 时 $B(\lambda)\to 0$,则对于 $u>0$ 有 $K_{-}(u)>0$. 因此

$$\overline{\lim_{u\downarrow 0}}\frac{1}{u}K_{-}(u)\geqslant 0$$

容易验证

$$\lim_{u\downarrow 0}\frac{1}{u}K_{-}(u)=a+\int_{-\infty}^{0}\frac{x^{2}}{1+x^{2}}\Pi(\mathrm{d}x)$$

(该极限亦可等于 $-\infty$). 因而,如果

$$a+\int_{-\infty}^{0}\frac{x^{3}}{1+x^{2}}\Pi(\mathrm{d}x)\geqslant 0$$

则对所有 $x>0$, τ_{x} 以概率1为有限变量. 这时 τ_{x} 作为 x 函数是单调的独立增量(对 x)过程.

设

$$v_{\lambda}(\alpha,\beta)=\int_{0}^{\infty}\frac{\mathrm{e}^{-\lambda t}}{t}\left(\int_{\alpha}^{\beta}x\,\mathrm{d}_{x}F_{t}(x)\right)\mathrm{d}t$$

对所有 $\beta>\alpha>0$ 函数 $v_{\lambda}(\alpha,\beta)$ 有定义. 我们证明对 $\lambda>0$,存在 $\lim\limits_{\alpha\downarrow 0}v_{\lambda}(\alpha,\beta)$.

为此先对小的 t 估计

$$\int_{0}^{1}x\,\mathrm{d}_{x}F_{t}(x)$$

设 $\xi_{1}(t)$ 是过程 $\xi(t)$ 的绝对值大于1的跳跃之和, $\xi^{1}(t)=\xi(t)-\xi_{1}(t)$. 那么 $\xi^{1}(t)$ 有一切阶矩,所以

$$\int_{0}^{1}x\,\mathrm{d}_{x}F_{t}(x)=E\chi_{[0,1]}[\xi_{1}(t)+\xi^{1}(t)][\xi_{1}(t)+\xi^{1}(t)]\leqslant$$

$$1-P\{\xi_1(t)>0\}+E\mid\xi^1(t)\mid\leqslant$$
$$1-\mathrm{e}^{-Ct}+\sqrt{E\mid\xi^1(t)\mid^2}=$$
$$O(\sqrt{t})$$

记

$$v_\lambda(x)=\int_0^\infty\frac{\mathrm{e}^{-\lambda t}}{t}\int_0^x y\mathrm{d}_yF_t(y)\mathrm{d}t$$

函数 $v_\lambda(x)$ 满足下式

$$\int_0^\infty\frac{\mathrm{e}^{-\mu x}-1}{x}\mathrm{d}v_\lambda(x)=\ln\frac{-B(\lambda)}{-B(\lambda)+\mu}$$

若两侧同时对 μ 求微商,则得

$$\int_0^\infty\mathrm{e}^{-\mu x}\mathrm{d}v_\lambda(x)=\frac{1}{-B(\lambda)+\mu}$$

从而,由 $v_1(0)=0$ 得

$$v_1(x)=\frac{1}{B(\lambda)}(\mathrm{e}^{B(\lambda)x}-1)=\int_0^x\mathrm{e}^{B(\lambda)y}\mathrm{d}y$$

设 $\Phi_x(t)=P\{\tau_x<t\}$. 那么根据式(68)

$$\int_0^x\mathrm{d}y\int_0^\infty\mathrm{e}^{-\lambda s}\mathrm{d}_s\Phi_y(s)=\int_0^\infty\mathrm{e}^{-\lambda s}\mathrm{d}_s\int_0^x\Phi_y(s)\mathrm{d}y=$$
$$\int_0^\infty\mathrm{e}^{-\lambda s}\frac{1}{s}\int_0^x y\mathrm{d}_yF_s(y)\mathrm{d}s$$

因此,对于函数 $\int_0^x y\mathrm{d}_yF_s(y)$ 关于 s 的连续点成立等式

$$\frac{\mathrm{d}}{\mathrm{d}s}\int_0^x\Phi_y(s)\mathrm{d}y=\frac{1}{s}\int_0^x y\mathrm{d}_yF_s(y)\tag{72}$$

该式容许由过程值的分布来求首达水平 x 的时间的分布.

利用式(69) 求 $q_-(\lambda,x)$

$$\int_{-\infty}^0\mathrm{e}^{\mathrm{i}zx}\mathrm{d}_xq_-(\lambda,x)=\frac{\lambda}{\lambda-K(z)}+\frac{1}{B(\lambda)}\cdot\frac{\mathrm{i}z\lambda}{\lambda-K(z)}=$$
$$\frac{\lambda}{\lambda-K(z)}-\int_0^\infty\mathrm{e}^{yB(\lambda)}\frac{\mathrm{i}z\lambda}{\lambda-K(z)}\mathrm{d}y$$

由此得

$$\int_{-\infty}^0\mathrm{e}^{\mathrm{i}zx}\mathrm{d}_xP\{\inf_{s\leqslant t}\xi(s)<x\}=\mathrm{e}^{tK(z)}-\mathrm{i}z\int_0^\infty\int_0^t\mathrm{e}^{(t-s)K(z)}\mathrm{d}_s\Phi_y(s)\mathrm{d}y$$

由对 z 的逆 Fourier 变换得

$$P\{\inf_{s\leqslant t}\xi(s)<x\}=F_t(x)+\frac{\mathrm{d}}{\mathrm{d}x}\int_0^\infty\int_0^t F_{t-s}(x)\mathrm{d}_s\Phi_y(s)\mathrm{d}y\tag{73}$$

作为式(72) 的应用,试看连续齐次过程 $\xi(t)$ 到达水平 x 的时间的分布. 设

$$K(z)=\mathrm{i}az-\frac{b}{2}z^2$$

那么

$$\int_0^x y\mathrm{d}_y F_s(y)=\int_0^x y\frac{1}{\sqrt{2\pi tb}}\mathrm{e}^{-\frac{(y-at)^2}{2tb}}\mathrm{d}y$$

所以

$$\Phi_y(t)=\int_0^t\frac{1}{s}\frac{y}{\sqrt{2\pi sb}}\mathrm{e}^{-\frac{(y-as)^2}{2bs}}\mathrm{d}s$$

于是 $\Phi_y(t)$ 有分布密度

$$\frac{\mathrm{d}}{\mathrm{d}t}\Phi_y(t)=\frac{y}{\sqrt{2\pi b}}t^{-\frac{3}{2}}\mathrm{e}^{-\frac{(y-at)^2}{2bt}} \tag{74}$$

对 $a=0$ 的情形,我们由上一小节的结果也能算出 $\xi_+(t)$,$\xi_-(t)$ 和 $\xi(t)$ 的联合分布. 为避免符号混淆,我们假设过程 $\xi(t)$ 的累积量 $K(z)=-\frac{1}{2}z^2$. 注意,这时 $\hat{\Gamma}_+^{(\lambda)}(x)=\mathrm{e}^{xB(\lambda)}$,而 $B(\lambda)$ 决定于下面的等式

$$\frac{1}{2}[-B(\lambda)]^2=\lambda,B(\lambda)=-\sqrt{2\lambda}$$

因此

$$\hat{\Gamma}_+^{(\lambda)}(x)=\mathrm{e}^{-x\sqrt{2\lambda}}\quad(x>0)$$

同理

$$\hat{\Gamma}_-^{(\lambda)}(x)=\mathrm{e}^{x\sqrt{2\lambda}}\quad(x<0)$$

其次

$$R_\lambda((\alpha,\beta))=\int_\alpha^\beta \mathrm{e}^{-|x|\sqrt{2\lambda}}\mathrm{d}x$$

$$G_+^{(\lambda)}(b,\{b\})=G_-^{(\lambda)}(a,\{a\})=\mathrm{e}^{-2(b-a)\sqrt{2\lambda}}$$

从而

$$\widetilde{Q}(\lambda;a,b;\alpha,\beta)=\int_\alpha^\beta\left\{\mathrm{e}^{-|x|\sqrt{2\lambda}}-\frac{\mathrm{e}^{-b\sqrt{2\lambda}}(\mathrm{e}^{-|x-b|\sqrt{2\lambda}}-\mathrm{e}^{-(b-a)\sqrt{2\lambda}-|x-a|\sqrt{2\lambda}})}{1-\mathrm{e}^{-2(b-a)\sqrt{2\lambda}}}-\right.$$
$$\left.\frac{\mathrm{e}^{a\sqrt{2\lambda}}(\mathrm{e}^{-|x-a|\sqrt{2\lambda}}-\mathrm{e}^{-(b-a)\sqrt{2\lambda}-|x-b|\sqrt{2\lambda}})}{1-\mathrm{e}^{-2(b-a)\sqrt{2\lambda}}}\right\}\mathrm{d}x$$

因为对 $x\in(\alpha,\beta)$ 有 $b-x>0,x-a>0$

$$(1-\mathrm{e}^{-2(b-a)\sqrt{2\lambda}})^{-1}=\sum_{k=0}^{\infty}\mathrm{e}^{-2k(b-a)\sqrt{2\lambda}}$$

所以

$$\widetilde{Q}(\lambda;a,b;\alpha,\beta)=\int_\alpha^\beta\left\{\mathrm{e}^{-|x|\sqrt{2\lambda}}-\sum_{k=0}^{\infty}\mathrm{e}^{[x-2b-2k(b-a)]\sqrt{2\lambda}}+\sum_{k=0}^{\infty}\mathrm{e}^{[-x-2(b-a)-2k(b-a)]\sqrt{2\lambda}}-\right.$$
$$\left.\sum_{k=0}^{\infty}\mathrm{e}^{[2a-x-2k(b-a)]\sqrt{2\lambda}}+\sum_{k=0}^{\infty}\mathrm{e}^{[x-2(b-a)-2k(b-a)]\sqrt{2\lambda}}\right\}\mathrm{d}x=$$

$$\int_{\alpha}^{\beta}\left\{\sum_{k=-\infty}^{\infty}\mathrm{e}^{-|x-2k(b-a)|\sqrt{2\lambda}}-\sum_{k=-\infty}^{\infty}\mathrm{e}^{-|x-2b-2k(b-a)|\sqrt{2\lambda}}\right\}\mathrm{d}x$$

所以,利用等式

$$\mathrm{e}^{-|x|\sqrt{2\lambda}}=\int_{0}^{\infty}\frac{1}{\sqrt{2\pi t}}\mathrm{e}^{-\frac{x^2}{2t}-\lambda t}\mathrm{d}t$$

可得

$$Q(t;a,b;\alpha,\beta)=\frac{1}{\sqrt{2\pi t}}\int_{\alpha}^{\beta}\left\{\sum_{k=-\infty}^{\infty}\mathrm{e}^{-\frac{[x-2k(b-a)]^2}{2t}}-\sum_{k=-\infty}^{\infty}\mathrm{e}^{-\frac{[x-2b-2k(b-a)]^2}{2t}}\right\}\mathrm{d}x \quad (75)$$

§ 3 $\mathscr{R}^1$ 中齐次独立增量过程的样本函数的性质

在 §1 中,我们研究了任意随机连续独立增量过程的样本函数的一些性质.譬如,在 §1 中,找到了过程样本函数连续、单调、变差有界的条件以及它们为阶梯函数的条件.对于齐次情形,这些条件得不到任何简化.本节的主要注意力在于轨道的局部性质,当 $t\to\infty$ 时过程的增长,以及过程的值集的性质.

样本函数的局部性质 因为对一切 $t\geqslant 0$,$\xi(t+s)-\xi(t)$ 与 $\xi(s)$ 同分布,所以只需研究齐次过程在点 0 的行为.我们首先研究当 $t\downarrow 0$ 时比值 $\frac{\xi(t)}{t}$ 的分布.

定理 1 Ⅰ.如果过程 $\xi(t)$ 的变差有界,而过程的累积量 $K(z)$ 形如

$$K(z)=\mathrm{i}az+\int_{-\infty}^{\infty}(\mathrm{e}^{\mathrm{i}zx}-1)\Pi(\mathrm{d}x) \quad (1)$$

则

$$P\left\{\lim_{t\downarrow 0}\frac{\xi(t)}{t}=a\right\}=1$$

Ⅱ.如果过程 $\xi(t)$ 的变差有界,则以概率 1 有

$$\overline{\lim_{t\downarrow 0}}\frac{\xi(t)}{t}=+\infty,\ \underline{\lim_{t\downarrow 0}}\frac{\xi(t)}{t}=-\infty$$

证 Ⅰ.对每个 $\delta>0$,以(1)中 $K(z)$ 为累积量的过程 $\xi(t)$ 可表为

$$\xi(t)=at+\xi_\delta^+(t)+\xi_\delta^-(t)+\eta_\delta(t)$$

其中 $\xi_\delta^+(t)$ 和 $\xi_\delta^-(t)$ 是独立增量过程,它们的累积量分别为

$$\int_{-0}^{\delta}(\mathrm{e}^{\mathrm{i}zx}-1)\Pi(\mathrm{d}x)\ 和\int_{-\delta}^{0}(\mathrm{e}^{\mathrm{i}zx}-1)\Pi(\mathrm{d}x)$$

而 $\eta_\delta(t)$ 是跃度的绝对值大于 δ 的阶梯过程.所以对于所有 $\delta>0$ 和充分小的 t,$\eta_\delta(t)=0$,而为证命题 Ⅰ 只需证明,通过选择 $\delta>0$ 可以使

$$\overline{\lim_{t\downarrow 0}}\frac{\xi_\delta(t)}{t}\quad(\text{其中 }\xi_\delta(t)=\xi_\delta^+(t)-\xi_\delta^-(t))$$

任意地小.

显然

$$\overline{\lim_{t\downarrow 0}}\frac{\xi_\delta(t)}{t}\leqslant 2\,\overline{\lim_{n\to\infty}}\,\zeta_n\quad(\text{其中 }\zeta_n=2^n\xi_\delta(2^{-n}))$$

因为

$$E(\zeta_{n+1}\mid\zeta_n)=E(2^{n+1}[\xi_\delta(2^{-n})-\xi_\delta(2^{-n-1})]\mid\zeta_n)$$

故

$$E(\zeta_{n+1}\mid\zeta_n)=\frac{1}{2}E(\zeta_{n+1}+2^{(n+1)}[\xi_\delta(2^{-n})-\xi_\delta(2^{-n-1})]\mid\zeta_n)=\zeta_n$$

因此,ζ_n 是鞅,并且存在

$$\zeta_\infty=\lim_{n\to\infty}\zeta_n,E\zeta_\infty\leqslant E\zeta_1=\int_{-\delta}^{\delta}\mid x\mid\Pi(\mathrm{d}x)$$

于是

$$E\,\overline{\lim_{t\downarrow 0}}\,\frac{\xi_\delta(t)}{t}\leqslant 2\int_{-\delta}^{\delta}\mid x\mid\Pi(\mathrm{d}x)$$

由于 $\delta>0$ 的任意性,由该不等式即可得命题 Ⅰ.

Ⅱ.先看只有负跳跃的过程. 不失普遍性,可以假设过程的累积量形如

$$K(z)=\mathrm{i}az-\frac{bz^2}{2}+\int_{-1}^{0}(\mathrm{e}^{\mathrm{i}zx}-1-\mathrm{i}zx)\Pi(\mathrm{d}x)\tag{2}$$

其中 $a>0$. 那么对一切 $y>0$ 首达水平 y 的时刻 τ_y 有穷,而 τ_y 对 y 是单调的齐次独立增量过程. 设 $K_-(\lambda)=K(-\mathrm{i}\lambda)$. 如 §2 中所证

$$E\mathrm{e}^{-\lambda\tau_y}=\mathrm{e}^{yB(\lambda)}$$

其中 $B(\lambda)$ 决定于 $\lambda=K_-(-B(\lambda))$. 函数 $B(\lambda)$ 形为

$$B(\lambda)=a_1\lambda+\int_0^\infty(\mathrm{e}^{-\lambda x}-1)\Pi_1(\mathrm{d}x)\quad(a_1>0)\tag{3}$$

显然,如果当 $\lambda\to+\infty$ 时 $B(\lambda)$ 有界,则 $a_1=0$. 设当 $\lambda\to+\infty$ 时 $B(\lambda)\to-\infty$. 那么由式(3) 得

$$a_1=-\lim_{\lambda\to\infty}B'(\lambda)=\lim_{\lambda\to\infty}\frac{1}{K'_-(-B(\lambda))}=\lim_{\lambda\to\infty}\frac{1}{K'_-(\lambda)}=$$
$$\lim_{\lambda\to\infty}\left[a+b\lambda+\int_{-1}^{0}(\mathrm{e}^{\lambda x}-1)x\Pi(\mathrm{d}x)\right]^{-1}=$$
$$\frac{1}{+\infty}=0$$

因此 $a_1=0$,而

$$E\mathrm{e}^{\mathrm{i}z\tau_y}=\exp\left\{y\int_0^\infty(\mathrm{e}^{\mathrm{i}zx}-1)\Pi_1(\mathrm{d}x)\right\}$$

所以根据命题 I 有

$$P\left\{\lim_{y\downarrow 0}\frac{\tau_y}{y}=0\right\}=1$$

从而

$$P\left\{\lim_{y\downarrow 0}\frac{\xi(\tau_y)}{\tau_y}=+\infty\right\}=1$$

即

$$P\left\{\overline{\lim_{t\downarrow 0}}\frac{\xi(t)}{t}=+\infty\right\}=1$$

为证明对所考察的过程

$$P\left\{\lim_{t\downarrow 0}\frac{\xi(t)}{t}=-\infty\right\}=1 \tag{4}$$

只需验证，对所有 $v>0$

$$P\left\{\underline{\lim_{t\downarrow 0}}\frac{\xi(t)}{t}\leqslant -v\right\}=P\left\{\underline{\lim_{t\downarrow 0}}\frac{\xi(t)+vt}{t}\leqslant 0\right\}=1$$

该式成立，如果对任意 $\delta>0$

$$P\{\inf_{t\leqslant\delta}[\xi(t)+vt]\leqslant 0\}=1$$

这样，如果过程的累积量为(2)，其中 $a>0$ 是任意的，而且

$$P\{\inf_{0\leqslant s\leqslant t}\xi(s)\leqslant 0\}=1$$

则式(4) 成立.

由 §2 式(69) 有

$$\int_{-\infty}^{0}\mathrm{e}^{zx}\,\mathrm{d}_x q_-(\lambda,x)=\frac{\lambda}{\lambda-\left[az+\frac{bz^2}{2}+\int_{-1}^{0}(\mathrm{e}^{zx}-1-zx)\Pi(\mathrm{d}x)\right]}\cdot\frac{B(\lambda)+z}{B(\lambda)}$$

其中

$$q_-(\lambda,x)=\lambda\int_0^{\infty}\mathrm{e}^{-\lambda t}P\{\inf_{s\leqslant t}\xi(s)<x\}\mathrm{d}t$$

而 $B(\lambda)$ 决定于式(3). 我们来求 $1-q_-(\lambda,-0)$

$$1-q_-(\lambda,-0)=\lim_{z\to\infty}\int_{-\infty}^{0}\mathrm{e}^{zx}\,\mathrm{d}_x q_-(\lambda,x)=$$

$$\lim_{z\to\infty}\frac{\lambda z[B(\lambda)]^{-1}}{\lambda-\left[az+\frac{bz^2}{2}+\int_{-1}^{0}(\mathrm{e}^{zx}-1-zx)\Pi(\mathrm{d}x)\right]}$$

因为

$$\lim_{z\to\infty}\frac{1}{z}\int_{-1}^{0}(\mathrm{e}^{zx}-1-zx)\Pi(\mathrm{d}x)=\lim_{z\to\infty}\int_{-1}^{0}\left(\frac{\mathrm{e}^{zx}-1}{z}-x\right)\Pi(\mathrm{d}x)\geqslant$$

$$\lim_{z\to+\infty}\int_{-1}^{-\varepsilon}\left(\frac{\mathrm{e}^{zx}-1}{z}-x\right)\Pi(\mathrm{d}x)=$$

$$-\int_{-1}^{-\varepsilon} x\Pi(\mathrm{d}x)$$

而且当 $\varepsilon \to 0$ 时，最后的式子趋向 $+\infty$，所以

$$1-q_{-}(\lambda,-0)=0$$

因而

$$\int_{0}^{0} \mathrm{e}^{-\lambda t} P\{\inf_{0\leqslant s\leqslant t}\xi(s)>0\}\mathrm{d}t=0$$

命题得证.

我们现在假设

$$\int_{-1}^{1} |x| \Pi(\mathrm{d}x)=+\infty, \int_{0}^{1} x\Pi(\mathrm{d}x)<\infty$$

那么过程 $\xi(t)$ 可表为

$$\xi(t)=\xi_1(t)+\xi_2(t)$$

其中 $\xi_1(t)$ 是有界变差过程，而 $\xi_2(t)$ 无正跳跃，并且有无界变差. 根据证得的结果

$$\overline{\lim_{t\downarrow 0}} \frac{\xi(t)}{t}=\lim_{t\downarrow 0} \frac{\xi_1(t)}{t}+\overline{\lim_{t\downarrow 0}} \frac{\xi_2(t)}{t}=+\infty$$

$$\underline{\lim_{t\downarrow 0}} \frac{\xi(t)}{t}=\underline{\lim_{t\downarrow 0}} \frac{\xi_2(t)}{t}=-\infty$$

通过变更 $\xi(t)$ 的符号可见，当

$$\int_{-1}^{1} |x| \Pi(\mathrm{d}x)=+\infty, \int_{-1}^{0} |x| \Pi(\mathrm{d}x)<\infty$$

时，定理仍然成立.

最后，我们看

$$\int_{-1}^{0} |x| \Pi(\mathrm{d}x)=+\infty, \int_{0}^{1} |x| \Pi(\mathrm{d}x)=+\infty$$

的情形. 这时过程 $\xi(t)$ 可表为

$$\xi(t)=\xi_1(t)+\xi_2(t)$$

其中 $\xi_1(t)$ 无正跳跃，而 $\xi_2(t)$ 无负跳跃，$\xi_1(t)$ 和 $\xi_2(t)$ 相互独立，而且它们的变差都无界. 总可以假设 $M\xi_1(t)\geqslant 0$，否则可以分别以 $\xi_1(t)+at$ 和 $\xi_2(t)-at$ 来代替 $\xi_1(t)$ 和 $\xi_2(t)$，$(a>0)$. 可以设 $E\xi_1(t)=0$，而不失普遍性. 由于以概率 1 有

$$\overline{\lim_{t\downarrow 0}} \frac{\xi_2(t)}{t}=+\infty$$

故为证明

$$P\left\{\overline{\lim_{t\downarrow 0}} \frac{\xi_1(t)+\xi_2(t)}{t}=+\infty\right\}=1$$

只需证明，对任意序列 $t_k \downarrow 0$

$$P\left\{\overline{\lim_{k\to\infty}}\frac{\xi_1(t_k)}{t_k}\geqslant 0\right\}=1 \tag{5}$$

选择一子列 t_{n_k}，使

$$P\left\{\lim_{k\to\infty}\frac{1}{t_{n_k}}\xi_1(t_{n_{k+1}})=0\right\}=1$$

那么，如果

$$P\left\{\overline{\lim_{k\to\infty}}\frac{1}{t_{n_k}}[\xi_1(t_{n_k})-\xi_1(t_{n_{k+1}})]\geqslant 0\right\}=1 \tag{6}$$

则式(5) 成立. 随机变量 $\xi_1(t_{n_k})-\xi_1(t_{n_{k+1}})$ 相互独立，所以根据 Borel－Cantelli 引理，如果

$$\sum P\{\xi_1(t_{n_k})-\xi_1(t_{n_{k+1}})\geqslant 0\}=+\infty$$

则式(5) 成立. 而最后一式成立可以由下面的引理得出，而且该引理又有其独立的意义.

引理 1　如果 $\xi_1(t)$ 是没有正跳跃的齐次独立增量过程，$E\xi_1(t)=0$，则

$$P\{\xi_1(t)>0\}\geqslant\frac{1}{16} \tag{7}$$

证　设

$$Ee^{z\xi_1(t)}=e^{tv(z)}$$

其中

$$v(z)=\left[\frac{bz^2}{2}+\int_{+\infty}^{0}(e^{zx}-1-zx)\Pi(dx)\right]$$

那么

$$v(2z)=2bz^2+\int_{+\infty}^{0}(e^{2zx}-1-2zx)\Pi(dx)=$$

$$2bz^2+2\int_{+\infty}^{0}(e^{zx}-1-zx)\Pi(dx)+\int_{+\infty}^{0}(e^{zx}-1)^2\Pi(dx)\leqslant$$

$$2bz^2+4\int_{+\infty}^{0}(e^{zx}-1-zx)\Pi(dx)=4v(z)$$

因为对 $u\leqslant 0$ 有

$$(e^u-1)^2\leqslant 2(e^u-1-u)$$

根据 Cauchy 不等式

$$[Ee^{z\xi_1(t)}\chi_{(0,\infty)}(\xi_1(t))]^2\leqslant Ee^{2z\xi_1(t)}P\{\xi_1(t)>0\}$$

所以

$$P\{\xi_1(t)>0\}\geqslant\frac{[Ee^{z\xi_1(t)}\chi_{(0,\infty)}(\xi_1(t))]^2}{Ee^{2z\xi_1(t)}}\geqslant\frac{[e^{tv(z)}-1]^2}{e^{4tv(z)}}$$

因为 $v(0)=0$，$v(+\infty)=+\infty$，故存在一 z 值，使 $e^{tv(z)}=2$. 将 z 的该值代入最后的不等式即可得式(7). 引理得证.

我们现在研究单调过程的局部性质.

定理 2 设 $\xi(t)$ 为齐次独立增量过程,其累积量为

$$K(z)=\int_0^{\infty}(e^{izx}-1)\Pi(dx)$$

其次,假设函数 $g(x)$ 对 $x\geqslant 0$ 定义,$g(0)=0$,当 $x>0$ 时 $g(x)>0$,而且 $g(x)$ 连续,单增,并满足

$$g(x+y)\leqslant g(x)+g(y)$$

那么:

1）如果

$$\int_0^{\infty}g(x)\Pi(dx)<\infty$$

则

$$P\left\{\lim_{t\downarrow 0}\frac{g(\xi(t))}{t}=0\right\}=1$$

2）而如果

$$\int_0^{\infty}g(x)\Pi(dx)=+\infty$$

则

$$P\left\{\overline{\lim_{t\downarrow 0}}\frac{g(\xi(t))}{t}=+\infty\right\}=1$$

证 我们考虑随机变量序列

$$\eta_n=2^n g(\xi(2^{-n}))$$

并证明 η_n 构成鞅. 事实上,对 $m<n$

$$E(\eta_n\mid\eta_m,\eta_{m-1},\cdots)=E(\eta_n\mid\xi(2^{-m}))=2^n E[g(\xi(2^{-n}))\mid\xi(2^{-m})]=$$
$$2^m\sum_{k=0}^{2^{n-m}-1}E\left[g\left(\xi\left(\frac{k+1}{2^n}\right)\right)-\xi\left(\frac{k}{2^n}\right)\middle|\xi(2^{-m})\right]\geqslant$$
$$2^m g(\xi(2^{-m}))=\eta_m$$

对情形 1）

$$E\eta_n=2^n Eg[\xi(2^{-n})]=2^n Eg\left(\int_0^{\infty}xv_{2^{-n}}(dx)\right)$$

其中 $v_t(A)$ 在长为 t 的时间内落入 A 的跳跃的次数. 所以

$$E\eta_n\leqslant 2^n E\int_0^{\infty}g(x)v_{2^{-n}}(dx)=\int_0^{\infty}g(x)\Pi(dx)\quad(Ev_t(dx)=t\Pi(dx))$$

而由随机过程（Ⅰ）第二章 §2 定理 1 可知,以概率 1 存在 $\lim\limits_{n\to\infty}\eta_n$. 由于当 $\frac{1}{2^n}<t<\frac{1}{2^{n-1}}$ 时

$$2^{n-1}g(\xi(2^{-n}))\leqslant\frac{g(\xi(t))}{t}\leqslant 2^{n}g(\xi(2^{-n+1}))$$

即

$$\frac{1}{2}\eta_n\leqslant\frac{g(\xi(t))}{t}\leqslant 2\eta_{n-1}$$

则以概率 1 有

$$\overline{\lim_{t\downarrow 0}}\frac{g(\xi(t))}{t}\leqslant 2\lim_{n\to\infty}\eta_n$$

$$\overline{\lim_{t\downarrow 0}}\frac{g(\xi(t))}{t}<+\infty$$

现在我们选择函数 $g_1(x)$，使之满足定理的条件

$$\int_0^1 g_1(x)\Pi(\mathrm{d}x)<\infty$$

且

$$\frac{g_1(x)}{g(x)}\to+\infty\quad(x\downarrow 0)$$

那么

$$\overline{\lim_{t\downarrow 0}}\frac{g_1(\xi(t))}{t}<+\infty$$

从而

$$\overline{\lim_{t\downarrow 0}}\frac{g(\xi(t))}{t}=\overline{\lim_{t\downarrow 0}}\frac{g(\xi(t))}{g_1(\xi(t))}\cdot\frac{g_1(\xi(t))}{t}=0$$

命题 1) 得证.

现在我们来证明命题 2). 记

$$\int_x^{\infty}\Pi(\mathrm{d}y)=M(x)$$

设 x_n 满足 $g(x_n)=2^{-n}g(1)$. 那么

$$\int_0^1 g(x)\mathrm{d}M(x)=\sum_{n=0}^{\infty}\int_{x_n}^{x_{n+1}}g(x)\mathrm{d}M(x)\leqslant\sum_{n=0}^{\infty}\frac{g(1)}{2^n}[M(x_{n+1})-M(x_n)]=$$

$$g(1)\left[M(1)+\sum_{n=1}^{\infty}\frac{1}{2^{n+1}}M(x_n)\right]$$

从而

$$\sum_{n=1}^{\infty}\frac{1}{2^n}M(x_n)=+\infty\tag{8}$$

以 $\mathfrak{U}_n$ 表示事件：过程 $\xi(t)$ 在线段 $\left[\frac{1}{2^{n+1}},\frac{1}{2^n}\right]$ 上的跃度大于 x_n. 那么

$$P\{\mathfrak{U}_n\}=1-\exp\left\{-\frac{1}{2^{n+1}}M(x_n)\right\}$$

事件 $\mathfrak{U}_n$ 独立,而且由(8)

$$\sum_{n=1}^{\infty} P\{\mathfrak{U}_n\} = \sum_{n=1}^{\infty}\left[1-\exp\left\{-\frac{1}{2^{n+1}}M(x_n)\right\}\right] = +\infty$$

因此,在事件 $\mathfrak{U}_n$ 中有无穷多个事件出现. 如果 $\mathfrak{U}_n$ 出现,则

$$\xi\left(\frac{1}{2^n}\right) > x_n, g\left(\xi\left(\frac{1}{2^n}\right)\right) > 2^{-n}g(1)$$

因此

$$\overline{\lim_{n\to\infty}}\, 2^n g(\xi(2^{-n})) \geqslant g(1) > 0$$

取 g_1 使定理的条件成立

$$\int_0^1 g_1(x)\Pi(\mathrm{d}x) = +\infty, \frac{g(x)}{g_1(x)} \to +\infty \quad (x \downarrow 0)$$

可见

$$\overline{\lim_{n\to\infty}} \frac{g(\xi(2^{-n}))}{2^{-n}} = \lim_{n\to\infty} \frac{g(\xi(2^{-n}))}{g_1(\xi(2^{-n}))} \overline{\lim_{n\to\infty}} \frac{g_1(\xi(2^{-n}))}{2^{-n}} \geqslant$$

$$\overline{\lim_{n\to\infty}} \frac{g(\xi(2^{-n}))}{g_1(\xi(2^{-n}))} \cdot g_1(1) = +\infty$$

最后注意到

$$\overline{\lim_{t\to 0}} \frac{g(\xi(t))}{t} \geqslant \overline{\lim_{n\to\infty}} \frac{g(\xi(2^{-n}))}{2^{-n}}$$

定理得证.

我们给出一个定理,可以利用它来估计任意过程的局部增长.

定理 3 设 $\xi(t)$ 是齐次独立增量过程,$\varphi(t)$ 是一连续的非负递增函数,$t \in [0,1]$,满足下列条件:

a) $\lim\limits_{u\downarrow 1} \sup\limits_{t} \left|\frac{\varphi(ut)}{\varphi(t)} - 1\right| = 0$

b) 对任意 $\varepsilon > 0$ 存在 $\alpha_\varepsilon > 0$,使

$$P\{\xi(t) < -\varepsilon\varphi(t)\} \leqslant 1 - \alpha_\varepsilon$$

那么:

1) 如果$\int_0^1 \frac{1}{t}P\{\xi(t) > \varphi(t)\}\mathrm{d}t < \infty$,则

$$P\left\{\lim_{t\downarrow 0} \frac{\xi(t)}{\varphi(t)} \leqslant 1\right\} = 1$$

2) 如果$\int_0^1 \frac{1}{t}P\{\xi(t) > \varphi(t)\}\mathrm{d}t = \infty$,则

$$P\left\{\lim_{t\downarrow 0} \frac{\xi(t)}{\varphi(t)} \geqslant 1\right\} = 1$$

我们先证明一个简单的引理.

引理 2 设 $S_1, S_2, \cdots, S_n$ 为独立随机变量和,对所有 k,$P\{S_n - S_k < -c\} <$

$1-\alpha$.那么对 $x>0$

$$P\{\sup_k S_k > x+c\} \leqslant \frac{1}{\alpha} P\{S_n > x\}$$

引理的证明是简单的

$$P\{\sup_k S_k > x+c\} = \sum_{i=1}^{n} P\{S_1 \leqslant x+c, \cdots, S_{i-1} \leqslant x+c, S_i > x+c\} \leqslant$$
$$\frac{1}{\alpha}\sum_{i=1}^{n} P\{S_1 \leqslant x+c, \cdots, S_{i-1} \leqslant x+c,$$
$$S_i > x+c, S_n - S_i > -c\} \leqslant \frac{1}{\alpha} P\{S_n > x\}$$

证明定理 3. 利用引理 2 和过程 $\xi(t)$ 的可分性,由条件 b) 可见,对 $a<1$

$$P\{\sup_{0\leqslant s\leqslant a^k} \xi(s) > (1+2s)\varphi(a^k)\} \leqslant \frac{1}{\alpha_\varepsilon} P\{\xi(t) > (1+\varepsilon)\varphi(a^k)\}$$

其中 $a^{k+1}<t<a^k$. 选择 a 离 1 充分近,使

$$(1+\varepsilon)\varphi(a^k) > \varphi(a^{k-1})$$

那么

$$P\{\sup_{0\leqslant s\leqslant a^k} \xi(s) > (1+2\varepsilon)\varphi(a^k)\} \leqslant \frac{1}{\alpha_\varepsilon(1-a)} \int_{a^k}^{a^{k-1}} \frac{1}{t} P\{\xi(t) > \varphi(t)\} \mathrm{d}t$$

从而

$$\sum_{k=1}^{\infty} P\{\sup_{0\leqslant s<a^k} \xi(s) > (1+2\varepsilon)\varphi(a^k)\} < \infty$$

因此,以概率 1 从某个 k 起,对 $a^{k+1} \leqslant t \leqslant a^k$ 有

$$\xi(t) \leqslant (1+2\varepsilon)\varphi(a^k) \leqslant (1+2\varepsilon)(1+\varepsilon)\varphi(t)$$

所以以概率 1

$$\overline{\lim_{t\to 0}} \frac{\xi(t)}{\varphi(t)} \leqslant (1+2\varepsilon)(1+\varepsilon)$$

由 $\varepsilon>0$ 的任意性,命题 1) 得证.

现在证明命题 2). 首先证明,对任意 $\varepsilon>0$ 存在 $\delta>0$,使 $0<1-a<\delta$

$$\sum_{k=1}^{\infty} P\{\xi(a^k) > (1-\varepsilon)\varphi(a^k)\} = +\infty \tag{9}$$

设 $a^{k+1}<t<a^k$. 那么,如果 a 满足

$$\varphi(a^k) - \varphi(a^{k+1}) \leqslant \frac{\varepsilon}{2}\varphi(a^k)$$

则

$$P\{\xi(a^k) > (1-\varepsilon)\varphi(a^k)\} \geqslant$$
$$P\{\xi(t) > \varphi(t)\}P\{\xi(a^k) - \xi(t) > (1-\varepsilon)\varphi(a^k) - \varphi(t)\} \geqslant$$
$$P\{\xi(t) > \varphi(t)\}P\{\xi(a^k) - \xi(t) > (1-\varepsilon)\varphi(a^k) - \varphi(a^{k+1})\} \geqslant$$
$$P\{\xi(t) > \varphi(t)\} \cdot$$
$$P\left\{\xi(a^k) - \xi(t) > -\frac{[\varepsilon\varphi(a^k) - (\varphi(a^k) - \varphi(a^{k+1}))]}{\varphi(a^k - a^{k+1})}\varphi(a^k - t)\right\} \geqslant$$
$$\alpha_{\frac{\varepsilon}{2}} P\{\xi(t) > \varphi(t)\}$$
$$\alpha_{\frac{\varepsilon}{2}} \frac{1}{a^k - a^{k+1}}\int_{a^{k+1}}^{a^k} P\{\xi(t) > \varphi(t)\}\mathrm{d}t \geqslant \alpha_{\frac{\varepsilon}{2}} \frac{a}{1-a}\int_{a^k}^{a^{k+1}} \frac{1}{t}P\{\xi(t) > \varphi(t)\}\mathrm{d}t$$

所以

$$\sum_{k=1}^{\infty} P\{\xi(a^k) > (1-\varepsilon)\varphi(a^k)\} \geqslant \frac{\alpha_{\frac{\varepsilon}{2}} a}{1-a}\int_0^1 \frac{1}{t}P\{\xi(t) > \varphi(t)\}\mathrm{d}t = \infty$$

因而,式(9) 成立.

由(9) 可见,对任意 N 存在 l,使

$$\sum_{k=1}^{\infty} P\{\xi(a^{l+Nk}) > (1-\varepsilon)\varphi(a^{l+Nk})\} = \infty$$

由于

$$P\left\{\xi\left(\frac{a^{l+Nk}}{1-a^N}\right) - \xi\left(\frac{a^{l+Nk+N}}{1-a^N}\right) > (1-\varepsilon)\varphi(a^{l+Nk})\right\} =$$
$$P\{\xi(a^{l+Nk}) > (1-\varepsilon)\varphi(a^{l+Nk})\}$$

而且对于不同的 k,事件

$$\left\{\xi\left(\frac{a^{l+Nk}}{1-a^N}\right) - \xi\left(\frac{a^{l+Nk+N}}{1-a^N}\right) > (1-\varepsilon)\varphi(a^{l+Nk})\right\}$$

相互独立,所以在它们之中以概率1出现无穷多个事件,于是以概率1存在序列 k_n,使

$$\xi\left(\frac{a^{l+Nk_n}}{1-a^N}\right) - \xi\left(\frac{a^{l+Nk_n+N}}{1-a^N}\right) > (1-\varepsilon)\varphi(a^{l+Nk_n}) \tag{10}$$

不等式(10) 导出下面的两个不等式之一

$$\xi\left(\frac{a^{l+Nk_n}}{1-a^N}\right) > (1-2\varepsilon)\varphi(a^{l+Nk_n}) \tag{11}$$

$$\xi\left(\frac{a^{l+Nk_n+N}}{1-a^N}\right) < -\varepsilon\varphi(a^{l+Nk_n}) \tag{12}$$

我们证明,可以选择 k_n 趋向无穷充分地快,使与(12) 相反的不等式对无穷多个 k_n 成立. 那么对这些 k_n 式(11) 成立. 我们选择 k_n,使

$$\lim_{n\to\infty} \frac{1}{\varphi(a^{l+Nk_n})}\xi\left(\frac{a^{l+Nk_{n+1}+N}}{1-a^N}\right) = 0$$

(因为$\lim\limits_{t\downarrow 0} \xi(t) = 0$,故这是可能的). 那么,自某个 n 起

$$\left|\xi\left(\frac{a^{l+Nk_{n+1}+N}}{1-a^N}\right)\right|<\frac{\varepsilon}{2}\varphi(a^{l+Nk_n}) \tag{13}$$

我们考虑事件

$$\left\{\xi\left(\frac{a^{l+Nk_n+N}}{1-a^N}\right)-\xi\left(\frac{a^{l+Nk_{n+1}+N}}{1-a^N}\right)\geqslant-\frac{\varepsilon}{2}\varphi(a^{l+Nk_n})\right\} \tag{14}$$

这些事件相互独立. 而由条件 b), 如果 N 满足 $\frac{a^N}{1-a^N}\leqslant 1$, 则

$$P\left\{\xi\left(\frac{a^{l+Nk_n+N}}{1-a^N}\right)-\xi\left(\frac{a^{l+Nk_{n+1}+N}}{1-a^N}\right)\geqslant-\frac{\varepsilon}{2}\varphi(a^{l+Nk_n})\right\}=$$

$$P\left\{\xi\left(a^{l+Nk_n}\frac{a^N}{1-a^N}[1-a^{N(k_n-k_{n+1})}]\right)\geqslant-\frac{\varepsilon}{2}\varphi(a^{l+Nk_n})\right\}\geqslant$$

$$\alpha_{\frac{\varepsilon}{2}}>0$$

所以在(14) 的事件中出现无穷多个. 但是对于使(13) 和(14) 的事件出现的 k_n 有

$$\xi\left(\frac{a^{l+Nk_n}}{1-a^N}\right)>-\varepsilon\varphi(a^{l+Nk_n})$$

即出现(12) 的对立事件. 因此就证明了, 存在使(11) 成立的无穷序列 $\{k_n\}$. 由定理的条件 a) 知, 存在 N, 使

$$(1-2\varepsilon)\varphi(a^{l+Nk_n})\geqslant(1-3\varepsilon)\varphi\left(\frac{a^{l+Nk_n}}{1-a^N}\right)$$

如果 N 已如上选定, 则由式(11) 得

$$\varlimsup_{n\to\infty}\left[\varphi\left(\frac{a^{l+Nk_n}}{1-a^N}\right)\right]^{-1}\xi\left(\frac{a^{l+Nk_n}}{1-a^N}\right)\geqslant 1-3\varepsilon$$

因为 $\varepsilon>0$ 是任意的, 故由此得命题 2). 定理得证.

注 1 对于对称过程, 由于

$$P\{\xi(t)<0\}\leqslant\frac{1}{2}$$

条件 b) 自然成立.

注 2 显然, 如果把命题 1) 和 2) 中的积分换成从 0 到 δ 的积分, 则可以设 $\varphi(t)$ 为任意区间 $[0,\delta]$ 上的函数, 并且在该区间上满足定理的条件.

定理 4 (局部重对数定律) 如果 $\xi(t)$ 是 Wiener 过程, $D\xi(t)=bt$, 则

$$P\left\{\varlimsup_{t\downarrow 0}\frac{\xi(t)}{\sqrt{2bt\ln\ln\frac{1}{t}}}=1\right\}=1$$

证 只需考虑 $b=1, a=E\xi(1)=0$ 的情形. 那么, 取

$$\varphi(t)=(1+\varepsilon)\sqrt{2t\ln\ln\frac{1}{t}}$$

有

$$P\{\xi(t)>\varphi(t)\}=\frac{1}{\sqrt{2\pi}}\int_{\frac{\varphi(t)}{\sqrt{t}}}^{\infty}\mathrm{e}^{-\frac{x^2}{2}}\mathrm{d}x\leqslant\frac{1}{\sqrt{2\pi}}\frac{\sqrt{t}}{\varphi(t)}\mathrm{e}^{-\frac{\varphi^2(t)}{2t}}=$$

$$\frac{1}{\sqrt{4\pi(1+\varepsilon)\ln\ln\frac{1}{t}}}\left(\ln\frac{1}{t}\right)^{-(1+\varepsilon)^2}$$

所以对充分小的 $\delta>0$

$$\int_0^{\delta}\frac{1}{t}P\{\xi(t)>\varphi(t)\}\mathrm{d}t<\infty$$

其次，当 $t\to 0$ 时

$$P\{\xi(t)<-\varepsilon\varphi(t)\}\leqslant\frac{t}{\varepsilon^2\varphi(t)}\to 0$$

因此

$$P\left\{\varlimsup_{t\downarrow 0}\frac{\xi(t)}{\sqrt{2(1+\varepsilon)^2t\ln\ln\frac{1}{t}}}\leqslant 1\right\}=1$$

由 $\varepsilon>0$ 的任意得

$$P\left\{\varlimsup_{t\downarrow 0}\frac{\xi(t)}{\sqrt{2t\ln\ln\frac{1}{t}}}\leqslant 1\right\}=1$$

对 $\lambda<1$，我们从下侧估计概率

$$P\left\{\xi(t)>\lambda\sqrt{2t\ln\ln\frac{1}{t}}\right\}$$

有

$$\frac{1}{\sqrt{2\pi}}\int_{\lambda\sqrt{2\ln\ln\frac{1}{t}}}^{\infty}\mathrm{e}^{-\frac{x^2}{2}}\mathrm{d}x\geqslant\frac{1}{\sqrt{2\pi}}\int_{\lambda\sqrt{2\ln\ln\frac{1}{t}}}^{\Delta+\lambda\sqrt{2\ln\ln\frac{1}{t}}}\mathrm{e}^{-\frac{x^2}{2}}\mathrm{d}x\geqslant$$

$$\frac{\Delta}{\sqrt{2\pi}}\exp\left\{-\frac{1}{2}\left(\Delta+\lambda\sqrt{2\ln\ln\frac{1}{t}}\right)^2\right\}\geqslant$$

$$\frac{\Delta}{\sqrt{2\pi}}\exp\left\{-\lambda^2(1+\Delta)^2\ln\ln\frac{1}{t}\right\}$$

这里只要求 $\lambda\sqrt{2\ln\ln\frac{1}{t}}\geqslant 1$. 选择 Δ 满足 $\lambda^2(1+\Delta)^2=\gamma<1$. 那么

$$P\left\{\xi(t)>\lambda\sqrt{2t\ln\ln\frac{1}{t}}\right\}\geqslant\frac{C}{\left(\ln\frac{1}{t}\right)^{\gamma}}$$

从而

$$\int_0^\delta \frac{1}{t}P\left\{\xi(t) > \lambda\sqrt{2t\ln\ln\frac{1}{t}}\right\}\mathrm{d}t = +\infty$$

所以对一切 $\lambda < 1$

$$P\left\{\overline{\lim_{t\downarrow 0}}\frac{\xi(t)}{\sqrt{2t\ln\ln\frac{1}{t}}} \geqslant \lambda\right\} = 1$$

由此得所要求证的. 定理证完.

对于 $\alpha \in [1,2)$,我们研究只有负跳跃的稳定过程增长的特点. 这类过程的累积量形为

$$K(z) = -c\mid z\mid^\alpha\left(1 - \mathrm{i}\frac{z}{\mid z\mid}\omega(z,\alpha)\right) \tag{15}$$

其中

$$\omega(z,\alpha) = \begin{cases}\tan\frac{\pi}{2}\alpha & (\text{若 } \alpha \neq 1)\\ \frac{2}{\pi}\ln\mid z\mid & (\text{若 } \alpha = 1)\end{cases}$$

对 $1 < \alpha < 2$

$$K(z) = -\frac{c}{\cos\frac{\pi}{2}\alpha}\mid z\mid^\alpha\left(\cos\frac{\pi}{2}\alpha + \mathrm{i}\frac{z}{\mid z\mid}\sin\frac{\pi}{2}\alpha\right) =$$

$$-\frac{c}{\cos\frac{\pi}{2}\alpha}(\mathrm{i}z)^\alpha$$

所以对于所考察的过程,若设 $c_1 = \frac{c}{\left|\cos\frac{\pi}{2}\alpha\right|}$,则对 $\mathrm{Re}\, z \geqslant 0$ 有

$$E\mathrm{e}^{z\xi(t)} = \exp\{c_1 z^\alpha\}$$

因为对 $\mathrm{Re}\, z \geqslant 0$ 右侧为解析函数(关于这一点见 §2 式(65)). 我们有

$$P\{\xi(t) > \varphi\} \leqslant \frac{E\mathrm{e}^{z\xi(t)}}{\mathrm{e}^{z\varphi}} = \exp\{-z\varphi + c_1 t z^\alpha\}$$

设 z_0 是 $-z\varphi + c_1 t z^\alpha$ 的极大点. 那么

$$z_0 = \left(\frac{\varphi}{\alpha c_1 t}\right)^{\frac{1}{\alpha-1}}$$

$$-z_0\varphi + c_1 t z_0^\alpha = -\frac{\alpha-1}{\alpha}c_1 t\varphi\left(\frac{\varphi}{\alpha c_1 t}\right)^{\frac{1}{\alpha-1}} = -w(t,\varphi)$$

所以

$$P\{\xi(t) > \varphi\} \leqslant \mathrm{e}^{-w(t,\varphi)}$$

我们现在从下侧估计这个概率.

$$P\{\xi(t)>\varphi\}=\int_{\varphi}^{\infty}\frac{1}{2\pi}\int_{+\infty}^{\infty}\mathrm{e}^{-\mathrm{i}zx-\mathrm{i}K(z)}\mathrm{d}z\mathrm{d}x \tag{16}$$

由于对 Re $z\geqslant 0$ 函数 $K(z)$ 的解析性，在最后的积分中可以换元 $z=-\mathrm{i}u_0+z'$，其中 $u_0>0$，Im $z'=0$. 因为当 $|z'|\to\infty$ 时

$$\exp\{-u_0x+\mathrm{i}z'x+tK(-\mathrm{i}u_0+z')\}\to 0$$

而在任意有穷区间关于 u_0 收敛是一致的，故(16)可化为

$$P\{\xi(t)>\varphi\}=\frac{1}{2\pi}\int_{\varphi}^{\infty}\int_{-\infty}^{\infty}\mathrm{e}^{-u_0x+\mathrm{i}zx+tK(-\mathrm{i}u_0+z)}\mathrm{d}x\mathrm{d}z=$$

$$\frac{1}{2\pi}\int_{-\infty}^{\infty}\frac{\mathrm{e}^{-(u_0-\mathrm{i}z)\varphi}}{u_0-\mathrm{i}z}\mathrm{e}^{\mathrm{i}K(-\mathrm{i}u_0+z)}\mathrm{d}z$$

若把 $u_0=\left(\frac{\varphi}{\alpha c_1t}\right)^{\frac{1}{\alpha-1}}$ 代入该式，并注意到 $K(-\mathrm{i}u_0)=c_1u_0^{\alpha}$，则得

$$P\{\xi(t)>\varphi\}=\frac{1}{2\pi}\mathrm{e}^{-w(t,\varphi)}\int_{-\infty}^{\infty}\frac{1}{u_0-\mathrm{i}z}\exp\{\mathrm{i}z\varphi+t[K(-\mathrm{i}u_0+z)-K(-\mathrm{i}u_0)]\}\mathrm{d}z$$

令 $z=u_0v$. 因为 $u_0\varphi=\alpha c_1tu_0^{\alpha}$，则

$$\mathrm{i}z\varphi+t[K(-\mathrm{i}u_0+z)-K(-\mathrm{i}u_0)]=c_1tu_0^{\alpha}[(1-\mathrm{i}v)^{\alpha}-1+\alpha\mathrm{i}v]$$

若对较小的 v 利用关系

$$(1-\mathrm{i}v)^{\alpha}-1+\alpha\mathrm{i}v=-\frac{\alpha(\alpha-1)}{2}v^2(1+o(v))$$

并对某个 c_2 利用

$$\mathrm{Re}[(1-\mathrm{i}v)^{\alpha}-1]<-L\,|\,v\,|^{\alpha}$$

则可以得到：对 $u_0\to\infty$

$$\frac{1}{2\pi}\int_{-\infty}^{\infty}\frac{1}{1-\mathrm{i}v}\exp\{c_1tu_0^{\alpha}[(1-\mathrm{i}v)^{\alpha}-1+iv]\}\mathrm{d}v$$

$$\sim\frac{1}{2\pi}\int_{-\infty}^{\infty}\exp\left\{-\frac{\alpha(\alpha-1)}{2}c_1tu_0^{\alpha}v^2\right\}\mathrm{d}v=$$

$$\frac{1}{2\alpha\sqrt{\pi}}\left(\frac{1}{2}w(t,\varphi)\right)^{-\frac{1}{2}}$$

因此，存在 c_2，使当 $w(t,\varphi)$ 充分大时成立不等式

$$c_2[w(t,\varphi)]^{-\frac{1}{2}}\mathrm{e}^{-w(t,\varphi)}\leqslant P\{\xi(t)>\varphi\}$$

现在设 $\alpha=1$. 那么

$$E\mathrm{e}^{z\xi(t)}=\exp\left\{\frac{2c}{\pi}z\ln z\right\}$$

如果取使 $-z\varphi+\frac{2ct}{\pi}z\ln z$ 取极大值的 z，即

$$z_0=\mathrm{e}^{\frac{\pi\varphi}{2ct}-1}$$

并且设

$$-z_0\varphi+\frac{2ct}{\pi}z_0\ln z_0=\frac{-2ct}{\pi}e^{\frac{\pi\varphi}{2ct}-1}=-w(t,\varphi)$$

则仿照 $1<\alpha<2$ 的情形可以证明，对充分大的 $w(t,\varphi)$ 不等式

$$c_2[\omega(t,\varphi)]^{-\frac{1}{2}}e^{-w(t,\varphi)}\leqslant P\{\xi(t)>\varphi\}\leqslant e^{-w(t,\varphi)} \tag{17}$$

成立. 对任意 $\varepsilon>0$，由估计(17) 容易得到

$$\int_0^\delta \frac{1}{t}P\{\xi(t)>(1+\varepsilon)\varphi(t)\}dt<\infty$$

$$\int_0^\delta \frac{1}{t}P\{\xi(t)>(1-\varepsilon)\varphi(t)\}dt=\infty$$

这里只假设 $\varphi(t)$ 满足方程

$$w(t,\varphi)=\ln\ln\frac{1}{t} \tag{18}$$

注意，由引理 1

$$P\{\xi(t)>0\}\geqslant\frac{1}{16}$$

所以可以利用定理 3. 由(18) 求出 $\varphi(t)$ 的值. 最终得下面的定理.

定理 5 如果 $\xi(t)$ 是只有负跳跃的稳定过程，指数 $\alpha\in[1,2)$，则

$$P\left\{\lim_{t\downarrow 0}\frac{\xi(t)}{\varphi(t)}=1\right\}=1$$

其中

$$\varphi(t)=\begin{cases}\alpha(\alpha-1)^{\frac{1-\alpha}{\alpha}}(c_1t)^{\frac{1}{\alpha}}\left[\ln\ln\frac{1}{t}\right]\frac{\alpha-1}{\alpha} & 若\ 1<\alpha<2\\ \frac{2ct}{\pi}\ln\frac{1}{t} & 若\ \alpha=1\end{cases}$$

注意，对 $\alpha=1$ 函数

$$\varphi_1(t)=\frac{2c}{\pi}t\ln\frac{1}{t}+\frac{2c}{\pi}t\ln\ln\ln\frac{1}{t}+\left(\frac{2c}{\pi}\ln\frac{\pi}{2c}\right)t$$

当 $t\downarrow 0$ 时，定理中所指出的函数等价于 $\varphi_1(t)$.

最后我们再证明一个定理，它属于 A. Я. Хинчин.

定理 6 如果 $\xi(t)$ 是不包含高斯分量的齐次独立增量过程，则

$$P\left\{\lim_{t\downarrow 0}\frac{|\xi(t)|}{\sqrt{t\ln\ln\frac{1}{t}}}=0\right\}=1$$

证 不失普遍性，可以假设 $\xi(t)$ 的方差有穷. 记

$$\varphi(t)=\sqrt{t\ln|\ln t|}$$

因为

$$P\{|\xi(t)|>\varepsilon\varphi(t)\}\leqslant\frac{D\xi(t)}{\varepsilon^2\varphi^2(t)}\to 0$$

故根据定理 3 只需证明，对 $c<1$ 和一切 $\varepsilon>0$

$$\int_0^c\frac{1}{t}P\{|\xi(t)|>\varepsilon\varphi(t)\}\mathrm{d}t<\infty$$

设 $\xi'(t)$ 是与 $\xi(t)$ 独立同分布的过程. 那么

$$P\{|\xi(t)-\xi'(t)|>\varepsilon\varphi(t)\}\geqslant P\{|\xi(t)|>2\varepsilon\varphi(t)\}P\{|\xi'(t)|\leqslant\varepsilon\varphi(t)\}\geqslant P\{|\xi(t)|>2\varepsilon\varphi(t)\}\left(1-\frac{D\xi(t)}{\varepsilon^2\varphi^2(t)}\right)$$

所以，可以假设 $\xi(t)$ 有对称分布. 设

$$E\mathrm{e}^{\mathrm{i}z\xi(t)}=\exp\{tK(z)\}$$

其中

$$K(z)=\int_0^\infty(\cos zx-1)\Pi(\mathrm{d}x)$$

把 $\xi(t)$ 表为独立随机变量的和：$\xi(t)=\xi_1(t)+\xi_2(t)$，它们的特征函数为

$$E\mathrm{e}^{\mathrm{i}z\xi_1(t)}=\exp\left\{t\int_0^\delta(\cos zx-1)\Pi(\mathrm{d}x)\right\}$$

$$E\mathrm{e}^{\mathrm{i}z\xi_2(t)}=\exp\left\{t\int_\delta^\infty(\cos zx-1)\Pi(\mathrm{d}x)\right\}$$

其中 $\delta=\delta(t)=\dfrac{t}{\varphi(t)}$. 那么

$$P\{|\xi(t)|>\varepsilon\varphi(t)\}\leqslant P\left\{|\xi_1(t)|>\frac{\varepsilon}{2}\varphi(t)\right\}+P\left\{|\xi_2(t)|>\frac{\varepsilon}{2}\varphi(t)\right\}$$

以下证

$$\int_0^c\frac{1}{t}P\left\{|\xi_k(t)|>\frac{\varepsilon}{2}\varphi(t)\right\}\mathrm{d}t<\infty\quad(k=1,2)$$

若设 $z=\Gamma\dfrac{\varphi(t)}{t}$，则对 $k=1$ 有

$$P\left\{|\xi_1(t)|>\frac{\varepsilon}{2}\varphi(t)\right\}=2P\left\{\xi_1(t)>\frac{\varepsilon}{2}\varphi(t)\right\}\leqslant\mathrm{e}^{-\frac{\varepsilon}{2}z\varphi(t)}E\mathrm{e}^{z\xi_1(t)}=$$

$$\exp\left\{-\frac{\varepsilon}{2}z\varphi(t)+t\int_0^\delta(\mathrm{ch}\,zx-1)\Pi(\mathrm{d}x)\right\}\leqslant$$

$$\exp\left\{-\frac{\varepsilon}{2}\Gamma\frac{\varphi^2(t)}{t}+t\int_0^\delta\left(\mathrm{ch}\,\Gamma\frac{\varphi(t)}{t}x-1\right)\Pi(\mathrm{d}x)\right\}\leqslant$$

$$\exp\left\{-\frac{\varepsilon}{2}\Gamma\frac{\varphi^2(t)}{t}+\Gamma^2\frac{\varphi^2(t)}{t}\int_0^\delta x^2\Pi(\mathrm{d}x)\right\}$$

若取 Γ 满足 $\dfrac{\varepsilon\Gamma}{2}=\alpha>1$，则得

$$P\left\{|\xi_1(t)|>\frac{\varepsilon}{2}\varphi(t)\right\}=O\left(\left[\ln\frac{1}{t}\right]^{-\alpha}\right)$$

所以

$$\int_0^c \frac{1}{t} P\left\{|\xi_1(t)| > \frac{\varepsilon}{2}\varphi(t)\right\} \mathrm{d}t < \infty$$

其次

$$P\left\{|\xi_2(t)| > \frac{\varepsilon}{2}\varphi(t)\right\} = 2P\left\{\xi_2(t) > \frac{\varepsilon}{2}\varphi(t)\right\} \leqslant \frac{4}{\varepsilon\varphi(t)}\int_0^{\frac{\varepsilon}{2}\varphi(t)} P\{\xi_2(t) > x\}\mathrm{d}x =$$

$$\frac{4}{\varepsilon\varphi(t)}\int \frac{1-\cos z\frac{\varepsilon}{2}\varphi(t)}{z^2}(1 - E\mathrm{e}^{\mathrm{i}z\xi_2(t)})\mathrm{d}z \leqslant$$

$$\frac{\varepsilon\varphi(t)}{4t}\int \frac{1-\cos z\frac{\varepsilon}{2}\varphi(t)}{z^2}\int_{x>\delta}(1-\cos zx)\Pi(\mathrm{d}x) =$$

$$\frac{4t}{\varepsilon\varphi(t)}\int_0^\infty \Pi(\mathrm{d}x)\int \frac{(1-\cos zx)\left(1-\cos z\frac{\varepsilon}{2}\varphi(t)\right)}{z^2}\mathrm{d}z$$

利用等式

$$\int \frac{(1-\cos az)(1-\cos bz)}{z^2}\mathrm{d}z = \pi\min\{|a|, |b|\}$$

得

$$P\left\{|\xi_2(t)| > \frac{\varepsilon}{2}\varphi(t)\right\} \leqslant \frac{4t}{\varepsilon\varphi(t)}\int_\delta^\infty \Pi(\mathrm{d}x)\min\left\{|x|, \frac{\varepsilon}{2}\varphi(t)\right\} =$$

$$\frac{4t}{\varepsilon\varphi(t)}\int_\delta^{\frac{\varepsilon}{2}\varphi(t)} x\Pi(\mathrm{d}x) + 2t\int_{\frac{\varepsilon}{2}\varphi(t)}^\infty \Pi(\mathrm{d}x)$$

最后我们看到

$$\int_0^c \frac{1}{\varphi(t)}\int_{\delta(t)}^1 x\Pi(\mathrm{d}x)\mathrm{d}t \leqslant \frac{1}{2}\int_0^c\int_{\delta(t)}^1 x\Pi(\mathrm{d}x)\mathrm{d}\delta(t) \leqslant$$

$$\frac{1}{2}\int_0^1 \mathrm{d}u\int_u^1 x\Pi(\mathrm{d}x) =$$

$$\frac{1}{2}\int_0^1 x^2\Pi(\mathrm{d}x)$$

$$\int_0^c\int_{\frac{\varepsilon}{2}\varphi(t)}^1 \Pi(\mathrm{d}x)\mathrm{d}t \leqslant \int_0^1\int_{\sqrt{t}}^1 \Pi(\mathrm{d}x)\mathrm{d}t = \iint\limits_{0<t<x^2<1} \mathrm{d}t\Pi(\mathrm{d}x) = \int_0^1 x^2\Pi(\mathrm{d}x)$$

定理得证.

过程在无穷的增长　局部增长定理和无穷增长定理十分相近.然而在这一小节我们把主要注意力放在局部增长所不具备的性质上.

我们先看单侧有界的条件.

定理 7　过程 $\xi(t)$ 以概率 1 有上界的必要和充分条件是,对某个 $c > 0$ 和一切 $x > 0$ 成立不等式

$$\int_c^{\infty} \frac{1}{t} P\{\xi(t) > x\} \mathrm{d}t < \infty \tag{19}$$

证 如果 $\xi^+(t) = \sup\limits_{s \leqslant t} \xi(s)$，则由 §2 定理 5

$$\lambda \int_0^{\infty} \mathrm{e}^{-\lambda t} E \mathrm{e}^{-z\xi^+(t)} \mathrm{d}t = \exp\left\{\int_0^{\infty} \frac{\mathrm{e}^{-\lambda t}}{t} \int_0^{\infty} (\mathrm{e}^{-zx} - 1) P\{\xi(t) \in \mathrm{d}x\} \mathrm{d}t\right\}$$

我们假设存在$\sup\limits_t \xi(t) = \xi^+$. 那么

$$\xi^+ = \lim_{t \to \infty} \xi^+(t), E\mathrm{e}^{-z\xi^+} = \lim_{t \to \infty} E\mathrm{e}^{-z\xi^+(t)}$$

$$E\mathrm{e}^{-z\xi^+} = \lim_{\lambda \to 0} \lambda \int_0^{\infty} \mathrm{e}^{-\lambda t} E \mathrm{e}^{-z\xi^+(t)} \mathrm{d}t = \exp\left\{\int_0^{\infty} \frac{1}{t} \int_0^{\infty} (\mathrm{e}^{-zx} - 1) P\{\xi(t) \in \mathrm{d}x\} \mathrm{d}t\right\}$$

由对 $z > 0$ 该式右侧不恒为 0，故式(19) 成立.

现在假设式(19) 成立. 我们证明

$$\int_0^{\infty} \frac{1}{t} \int_0^{\infty} (\mathrm{e}^{-zx} - 1) P\{\xi(t) \in \mathrm{d}x\} \mathrm{d}t$$

有穷. 为此只需证明

$$\int_0^{\infty} \frac{1}{t} \int_0^1 x P\{\xi(t) \in \mathrm{d}x\} \mathrm{d}t < \infty$$

在 §2 中推导等式(72) 时曾经证明

$$\int_0^1 x P\{\xi(t) \in \mathrm{d}x\} = O(\sqrt{t})$$

所以

$$\int_0^{\infty} \frac{1}{t} \int_0^1 x P\{\xi(t) \in \mathrm{d}x\} \mathrm{d}t < \infty$$

下证，对有界集 E

$$\int_0^{\infty} \frac{1}{t} P\{\xi(t) \in E\} \mathrm{d}t < \infty$$

为此只需验证，对所有 $b > 0$

$$\int_1^{\infty} \frac{1}{t} \int_{-\infty}^{\infty} \mathrm{e}^{-bx^2} P\{\xi(t) \in \mathrm{d}x\} \mathrm{d}t = \int_1^{\infty} \frac{1}{t} E \mathrm{e}^{-\frac{b}{2}\xi^2(t)} \mathrm{d}t < \infty$$

而

$$E\mathrm{e}^{-\frac{b}{2}\xi^2(t)} = E\int_{-\infty}^{\infty} \mathrm{e}^{\mathrm{i}z\xi(t) - \frac{z^2}{2b}} \frac{\mathrm{d}z}{\sqrt{2\pi b}} = \int_{-\infty}^{\infty} \mathrm{e}^{tK(z) - \frac{z^2}{2b}} \frac{\mathrm{d}z}{\sqrt{2\pi b}}$$

于是只需证明

$$\int_1^{\infty} \frac{\mathrm{d}t}{t} \int_{-\infty}^{\infty} \mathrm{e}^{t\mathrm{Re}\, K(z) - \frac{z^2}{2b}} \frac{\mathrm{d}z}{\sqrt{2\pi b}} < \infty$$

由于对几乎所有 $z\mathrm{Re}\, K(z) < 0$，经变更积分顺序得

$$\int_{-\infty}^{\infty} \mathrm{e}^{-\frac{z^2}{2b}} \frac{\mathrm{d}z}{\sqrt{2\pi b}} \int_1^{\infty} \mathrm{e}^{t\mathrm{Re}\, K(z)} \frac{\mathrm{d}t}{t} = \int_{-\infty}^{\infty} \mathrm{e}^{-\frac{z^2}{2b}} \frac{\mathrm{d}z}{\sqrt{2\pi b}} \int_{-\mathrm{Re}\, K(z)}^{\infty} \mathrm{e}^{-u} \frac{\mathrm{d}u}{u} \leqslant$$

$$\int_{-\infty}^{\infty} e^{-\frac{z^2}{2b}} \frac{dz}{\sqrt{2\pi b}} \int_{\varepsilon z^2}^{\infty} e^{-u} \frac{du}{u} < \infty$$

因为对某个 $\varepsilon > 0$

$$-\operatorname{Re} K(z) = 2\int \sin^2 \frac{yz}{2} \Pi(dy) \geqslant \varepsilon z^2$$

并且当 $z \to 0$ 时有

$$\int_{\varepsilon z^2}^{\infty} e^{-u} \frac{du}{u} \sim 2\ln \frac{1}{z}$$

定理得证.

对于只有同号跳跃的过程,我们来研究随机变量 ξ^+ 有界的条件及其分布.设过程 $\xi(t)$ 的累积量为

$$K(z) = iaz - \frac{bz^2}{2} + \int_{-\infty}^{0} \left(e^{izx} - 1 - \frac{izx}{1+x^2}\right) \Pi(dx) \tag{20}$$

在 §2(见(71)及以后各式)曾证明,量 τ_y(过程首达水平 y 的时刻)以概率1有限的必要和充分条件是

$$a + \int_{-\infty}^{0} \frac{x^3}{1+x^2} \Pi(dx) \geqslant 0$$

从而,在

$$a + \int_{-\infty}^{0} \frac{x^3}{1+x^2} \Pi(dx) < 0$$

的条件下,随机变量 ξ^+ 以大于0的概率有限.因为

$$P\{\xi^+ = +\infty\} = P\{\tau_y < \infty\} P\{\xi^+ = +\infty\}$$

故由此得 $P\{\xi^+ = +\infty\} = 0$.

由等式

$$P\{\tau_{x+y} < \infty\} = P\{\xi^+ \geqslant x + y\} = P\{\tau_x < \infty\} P\{\tau_y < \infty\}$$

得

$$P\{\xi^+ \geqslant x\} = e^{-kx}$$

为求 k 的值,我们利用 §2 的等式(70)和(71).显然

$$P\{\xi^+ \geqslant x\} = P\{\tau_x < +\infty\} = \lim_{\lambda \downarrow 0} E e^{-\lambda \tau_x} = \lim_{\lambda \downarrow 0} e^{xB(\lambda)}$$

设 B_0 是方程

$$K_-(B_0) = 0$$

的正根.由 $K'_-(0) < 0$,$K_-(0) = 0$ 以及当 $u \to +\infty$ 时 $K_-(u) \to +\infty$ 可知,该正根存在.因为 $K''_-(u) \geqslant 0 (u > 0)$,所以这个根唯一,而且

$$K_-(u) \begin{cases} < 0 & 若\ u \in (0, B_0) \\ > 0 & 若\ u > B_0 \end{cases}$$

因为对 $\lambda > 0$,$-B(\lambda) > 0$,所以当 $\lambda \downarrow 0$ 时 $-B(\lambda) \to B_0$.因此 $k = B_0$,即 k 是

方程 $K_-(k)=0$ 的正根.

我们现在来求随机变量 $\xi^-=\inf\limits_{t>0}\xi(t)$ 的分布(容许 ξ^- 取 $-\infty$ 为值). 因为

$$Ee^{iz\xi^-}=\lim_{t\to\infty}Ee^{iz\xi_t^-}$$

其中

$$\xi_t^-=\inf_{s\in[0,t]}\xi(t)$$

故由 §2 式(69) 可知

$$Ee^{iz\xi^-}=\lim_{\lambda\downarrow 0}\frac{\lambda}{\lambda-K(z)}\cdot\frac{B(\lambda)+iz}{B(\lambda)}$$

如果当 $\lambda\downarrow 0$ 时 $B(\lambda)\to -k$,则对所有 $z\neq 0$,$Ee^{iz\xi^-}=0$,但当以正概率 $\xi^-\neq-\infty$ 时这是不可能的. 我们假设对 $\lambda\downarrow 0$,$B(\lambda)\to 0$. 那么,考虑到

$$\lambda=K_-(-B(\lambda)),K(z)=K_-(iz)$$

并且把 iz 换成 $z(z>0)$,则得

$$Ee^{z\xi^-}=\lim_{\lambda\downarrow 0}\frac{K_-(-B(\lambda))}{K_-(-B(\lambda))-K_-(z)}\cdot\frac{B(\lambda)+iz}{B(\lambda)}$$

由下面的定理 9 可知,当

$$a+\int_{-\infty}^{0}\frac{x^3}{1+x^2}\Pi(dx)<0$$

时,以概率 1 有 $\xi^-=-\infty$. 而若

$$K'(0)=a+\int_{-\infty}^{0}\frac{x^3}{1+x^2}\Pi(dx)\geqslant 0$$

则

$$Ee^{z\xi^-}=\frac{zK'_-(0)}{K_-(z)} \tag{21}$$

这样,我们证明了下面的定理.

定理 8 如果过程的累积量形如(20),而且

$$\gamma=a+\int_{-\infty}^{0}\frac{x^3}{1+x^2}\Pi(dx)$$

则对 $\gamma<0$

$$P\{\xi^+=+\infty\}=0,P\{\xi^-=-\infty\}=1$$
$$P\{\xi^+<x\}=1-e^{-kx}$$

其中 k 是方程 $K_-(k)=0$ 的正根;对 $\gamma>0$

$$P\{\xi^-=-\infty\}=0,P\{\xi^+=+\infty\}=1$$

随机变量 ξ^- 的 Laplace 变换决定于式(21);对 $\gamma=0$

$$P\{\xi^-=-\infty\}=P\{\xi^+=+\infty\}=1$$

现在证明齐次独立增量过程的强大数定律.

定理 9 如果对齐次独立增量过程 $\xi(t)$ 存在 $E\xi(1)$($E\xi(1)$ 亦可取 $+\infty$ 或

$-\infty$ 为值)，则

$$P\left\{\lim_{t\to\infty}\frac{1}{t}\xi(t)=E\xi(1)\right\}=1$$

证 由随机变量的强大数定律(见随机过程(Ⅰ)第二章 §3 的命题 D) 可知

$$P\left\{\lim_{n\to\infty}\frac{1}{n}\xi(n)=E\xi(1)\right\}=P\left\{\lim_{n\to\infty}\frac{1}{n}\sum_{k=0}^{n-1}[\xi(k+1)-\xi(k)]=E\xi(1)\right\}=1$$

所以为证明定理只需证明

$$P\left\{\lim_{n\to\infty}\sup_{n\leqslant t\leqslant n+1}\frac{|\xi(t)-\xi(n)|}{n}=0\right\}=1$$

该式成立，如果对任意 $\varepsilon>0$

$$\sum_{n=1}^{\infty}P\{\sup_{n\leqslant t\leqslant n+1}|\xi(t)-\xi(n)|>\varepsilon n\}=\sum_{n=1}^{\infty}P\{\sup_{t\leqslant 1}|\xi(t)|>\varepsilon n\}<\infty$$

如果 $c>0$ 满足条件：对 $0\leqslant t\leqslant 1$

$$P\{|\xi(t)|>c\}\leqslant\frac{1}{2}$$

则由引理 2

$$P\{\sup_{0\leqslant t\leqslant 1}|\xi(t)|>\varepsilon n\}\leqslant 2P\{|\xi(1)|>\varepsilon n-c\}$$

(实际上我们用的是引理 2 的连续型，由 $\xi(t)$ 的可分性知这样做是可以的). 最后只需注意到

$$\sum_{n=1}^{\infty}P\{|\xi(1)|>\varepsilon n-c\}=\sum_{n=1}^{\infty}P\left\{\frac{|\xi(1)|+c}{\varepsilon}>n\right\}\leqslant E\frac{|\xi(1)|+c}{\varepsilon}$$

定理得证.

系 如果 $E\xi(1)$ 存在，则当 $E\xi(1)>0$ 时

$$P\{\sup_t\xi(t)=+\infty\}=1$$

而当 $E\xi(1)<0$ 时

$$P\{\sup_t\xi(t)<+\infty\}=1$$

下面的定理表明，当 $E\xi(t)=0$ 时，过程是振动的，它可以取任意大的正值和负值.

定理 10 如果 $\xi(t)$ 是齐次独立增量过程，而且 $E\xi(1)=0$，则

$$P\{\sup_t\xi(t)=+\infty\}=P\{\inf_t\xi(t)=-\infty\}=1$$

证 只需证明

$$P\{\sup_t\xi(t)=+\infty\}=1$$

对于过程没有正(或负)跳跃时，这在定理 8 中已有证明. 对于一般情形，我们把过程表为两个独立随机过程之和

$$\xi(t)=\xi_1(t)+\xi_2(t)$$

其中 $\xi_1(t)$ 没有正跳跃，$\xi_2(t)$ 没有负跳跃，而 $E\xi_1(t)=E\xi_2(t)=0$. 如果以概率 1 有 $\xi_2(t)=0$，则由定理 8 可得该定理的结论. 而若 $\xi_2(t)$ 以概率 1 不等于 0，则

$$P\{\sup_t \xi_2(t)=+\infty\}=1$$

从而由定理 6

$$\int_1^{\infty}\frac{1}{t}P\{\xi_2(t)>x\}\mathrm{d}t=+\infty \quad (x>0)$$

由引理 1

$$P\{\xi(t)>x\}\geqslant P\{\xi_1(t)\geqslant 0\}P\{\xi_2(t)>x\}\geqslant\frac{1}{16}P\{\xi_2(t)>x\}$$

因而

$$\int_1^{\infty}\frac{1}{t}P\{\xi(t)>x\}\mathrm{d}t=+\infty \quad (x>0)$$

这样，由定理 7 即得该定理的结论.

§4 有穷维齐次独立增量过程

在这一节我们研究取值于 $\mathscr{R}^m$ 的齐次独立增量过程. 这类过程 $\xi(t)$ 的特征函数形为

$$Ee^{\mathrm{i}(z,\xi(t))}=\exp\{tK(z)\}=$$
$$\exp\left\{t\left[\mathrm{i}(a,z)-\frac{1}{2}(Bz,z)+\int\left(e^{\mathrm{i}(z,x)}-1-\frac{\mathrm{i}(z,x)}{1+|x|^2}\right)\Pi(\mathrm{d}x)\right]\right\} \tag{1}$$

其中 $z\in\mathscr{R}^m$，而 (z,y) 表 $\mathscr{R}^m$ 中的数积. 在式(1) 中，$a\in\mathscr{R}^m$，B 是 $\mathscr{R}^m$ 中的非负对称线性算子，测度 Π 定义在 Borel 集上，而且

$$\int\frac{|x|^2}{1+|x|^2}\Pi(\mathrm{d}x)<\infty$$

像一维情形一样，我们称式(1) 中的函数 $K(z)$ 为过程的累积量；它完全决定过程的边沿分布. 我们假设所考察的过程是可分的，因而无第二类间断点. 假设过程的样本函数是右连续的.

与齐次独立增量过程 $\xi(t)$ 可以唯一地相联系一个如下形状的齐次马尔科夫过程 $\{\mathscr{F},\mathscr{N},P_x\}$：$\mathscr{F}$ 为形如 $x_t=\xi(s+t)-\xi(s)+x$ 的函数的集合，其中 $s\geqslant 0$，$x\in\mathscr{R}^m$，$\xi(\cdot)$ 是过程 $\xi(t)$ 所有可能的样本函数；$\mathscr{N}$ 是用通常方法定义的含有 $\mathscr{F}$ 中所有柱集的最小 σ 代数. 对任意柱集 $A\in\mathscr{N}$

$$P_x(A)=P\{x+\xi(\cdot)\in A\} \tag{2}$$

(右侧的概率与过程 $\xi(t)$ 定义在同一概率空间上). 至于说该过程是齐次马尔

科夫的,由下式可见

$$P\{x+\xi(t+s)\in A\mid\xi(u),u\leqslant s\}=$$
$$P\{x+\xi(s)+\xi(t+s)-\xi(s)\in A\mid\xi(u),u\leqslant s\}=$$
$$P\{y+\xi(t+s)-\xi(s)\in A\}_{y=x+\xi(s)}=$$
$$P\{y+\xi(t)\in A\}_{y=x+\xi(s)}=$$
$$P_{x(s)}\{x(t)\in A\}$$

(我们用到如下事实:对 $u\leqslant s$,$\xi(t+s)-\xi(s)$ 与 $\xi(u)$ 独立,而 $\xi(t+s)-\xi(s)$ 和 $\xi(t)$ 同分布). 与该过程相伴随的半群 T_t 在有界 Borel 函数上定义如下

$$T_tf(x)=E_xf(x(t))=Ef(x+\xi(t))\tag{3}$$

它有如下优点:设 S_a 是 $\mathfrak{B}$ 上的推移算子

$$S_af(x)=f(x+a)$$

其中 $\mathfrak{B}$ 是定义在 $\mathscr{R}^m$ 上的有界 Borel 函数的集合,则

$$T_tS_af(x)=Ef(x+a+\xi(t))=S_aEf(x+\xi(t))=S_aT_tf(x)$$

也就是说 T_t 和任意推移算子 S_a 是可交换的. 结果表明,对每一具有该性质的马尔科夫过程,都有一齐次独立增量过程与之相对应,而且它们的分布以式(2)相联系. 如果在概率空间$\{\mathscr{F},\mathscr{N},P_0\}$ 上取一过程 $x(t)$,即可得上述过程. 至于它具有独立增量并且是齐次的,由下列等式可见

$$\begin{aligned}E_0[f(x(t+s)-x(s))\mid\mathscr{N}_s]&=E_0[f(x(t+s)-a)\mid\mathscr{N}_s]_{a=x(s)}=\\&E_{x(s)}[f(x(t)-a)]_{a=x(s)}=\\&E_{x(s)}S_{-a}f(x_t)\mid_{a=x(s)}=\\&T_tS_{-a}f(x_s)\mid_{a=x(s)}=\\&S_{-a}T_tf(x_s)\mid_{a=x(s)}\end{aligned}$$

对一切 $a\in\mathscr{R}^m$,如果马尔科夫过程的伴随半群与算子 S_a 可交换,则称该马尔科夫过程为空间齐次的. 这样,齐次独立增量过程在一定意义上等同于时间和空间齐次马尔科夫过程(它们的区别在于,前者为一个随机过程,而后者为过程族;不过这个过程族可以用上述方法由前一个过程构造出来).

预解式,特征算子和生成算子 我们看与独立增量过程相联系的马尔科夫过程的预解式(以后我们就称它为原过程 $\xi(t)$ 的预解式). 由式(3) 有

$$R_\lambda f(x)=\int_0^\infty \mathrm{e}^{-\lambda t}Ef(x+\xi(t))\mathrm{d}t$$

设 $F(t,A)=P\{\xi(t)\in A\}$. 那么

$$R_\lambda f(x)=\int f(x+y)F_\lambda(\mathrm{d}y)\tag{4}$$

其中

$$F_\lambda(A)=\int_0^\infty \mathrm{e}^{-\lambda t}F(t,A)\mathrm{d}t\tag{5}$$

最好是由变换函数 $F_\lambda(A)$Fourier

$$\Phi_\lambda(z)=\int e^{i(z,y)}F_\lambda(dy)$$

给出 $F_\lambda(A)$. 由式(5) 得

$$\Phi_\lambda(z)=\int_0^\infty e^{-\lambda t}e^{tK(z)}dt=\frac{\lambda}{\lambda-K(z)} \tag{6}$$

像一维情形一样，对于 $\lambda>0$，$\Phi_\lambda(z)$ 是无穷可分分布的特征函数，因为

$$\Phi_\lambda(z)=\exp\left\{\int_0^\infty e^{-\lambda t}\frac{e^{tK(z)}-1}{t}dt\right\}$$

$$\Phi_\lambda(z)=\lim_{\varepsilon\to 0}\exp\left\{\int_\varepsilon^\infty e^{-\lambda t}\frac{e^{tK(z)}-1}{t}dt\right\}=$$

$$\lim_{\varepsilon\to 0}\exp\left\{\int_\varepsilon^\infty \frac{e^{-\lambda t}e^{tK(z)}}{t}dt-\int_\varepsilon^\infty\frac{e^{-\lambda t}}{t}dt\right\} \tag{7}$$

由函数 $e^{tK(z)}$ 的正定性知函数 $\int_\varepsilon^\infty \frac{1}{t}e^{-\lambda t}e^{tK(z)}dt$ 正定. 复合函数 $\exp\{\Phi(z)-\Phi(a)\}$，其中 $\Phi(z)$ 正定，是无穷可分的，而且无穷可分的函数的极限也是无穷可分的. 由 $\Phi_\lambda(z)$ 的无穷可分性知，存在 a_λ，B_λ 和 Π_λ，使

$$\Phi_\lambda(z)=\exp\{K_\lambda(z)\}$$

其中

$$K(z)=i(a_\lambda,z)-\frac{1}{2}(B_\lambda z,z)+\int\left(e^{i(z,x)}-1-\frac{i(z,x)}{1+|x|^2}\right)\Pi_\lambda(dx)$$

我们指出这些量. 我们有

$$\widetilde{\Pi}_\lambda(A)=\lim_{\varepsilon\downarrow 0}\Pi_{\lambda,\varepsilon}(A)=\int_0^\infty\frac{e^{-\lambda t}}{t}F_t(A)dt \tag{8}$$

因为

$$\int_\varepsilon^\infty e^{-\lambda t}\frac{e^{tK(z)}-1}{t}dt=\int_\varepsilon^\infty e^{-\lambda t}\frac{1}{t}\int(e^{i(z,x)}-1)F_t(dx)dt=$$

$$\int(e^{i(z,x)}-1)\Pi_{\lambda,\varepsilon}(dx)$$

其中

$$\Pi_{\lambda,\varepsilon}(A)=\int_\varepsilon^\infty\frac{e^{-\lambda t}}{t}F_t(A)dt$$

(这个积分关于到点 0 距离为正的一切 A 收敛，这由下面的不等式可见

$$\infty>\int_{S_\delta(0)}dz\int_\varepsilon^\infty e^{-\lambda t}\operatorname{Re}\frac{1-e^{tK(z)}}{t}dt=$$

$$\int_\varepsilon^\infty e^{-\lambda t}\frac{1}{t}\left\{\int_{S_\delta(0)}[1-\cos(z,x)]dz\right\}F_t(dx)\geqslant$$

$$\inf_{x\in A}\int_{S_\delta(0)}[1-\cos(z,x)]dz\int_\varepsilon^\infty\frac{e^{-\lambda t}}{t}F_t(A)dt$$

这里 $S_\delta(x)$ 是球心在点 x 半径为 δ 的球；这时

$$\varphi(x)=\int_{S_\delta(0)}[1-\cos(z,x)]\mathrm{d}z$$

是连续函数，除在 $x=0$ 之外它处处为正的，而且 $\lim\limits_{x\to\infty}\varphi(x)=1.$）对 $\widetilde{\Pi}_\lambda(A)$ 也满足不等式

$$\widetilde{\Pi}_\lambda(A)\leqslant\left[\inf_{x\in A}\int_{S_\delta(0)}(1-\cos(z,x))\mathrm{d}z\right]^{-1}\int_{S_\delta(0)}-\operatorname{Re}K(z)\mathrm{d}z$$

现在注意到

$$\int_{|x|<1}|x|\widetilde{\Pi}_\lambda(\mathrm{d}x)<\infty \tag{9}$$

事实上

$$\int_{|x|<1}|x|F_t(\mathrm{d}x)=E|\xi(t)|\chi_{\{|\xi(t)|<1\}}=E|\xi_1(t)+\xi_2(t)|\chi_{\{|\xi_1(t)+\xi_2(t)|<1\}}$$

其中 $\xi_2(t)$ 是过程的范数大于 2 的跃度之和，而 $\xi_1(t)=\xi(t)-\xi_2(t)$. 以 A_t 表事件"$\xi_2(t)$ 在$[0,t]$上至少有一个跳跃". 那么

$$E|\xi_1(t)+\xi_2(t)|\chi_{\{|\xi_1(t)+\xi_2(t)|<1\}}\leqslant E|\xi_1(t)|+E\chi_{A_t}\leqslant\sqrt{E|\xi_1(t)|^2}+P(A_t)=$$
$$\sqrt{tE|\xi_1(t)|^2}+(1-\exp\{-t\Pi[x:|x|\geqslant 2]\})$$

（具有有界跃度的过程 $\xi_1(t)$ 的各阶矩均存在）. 这样，对某个 $C>0$

$$\int_{|x|<1}|x|F_t(\mathrm{d}x)\leqslant C\sqrt{t}$$

$$\int_{|x|<1}|x|\widetilde{\Pi}_\lambda(\mathrm{d}x)\leqslant C\int_0^\infty\frac{1}{\sqrt{t}}\mathrm{e}^{-\lambda t}\mathrm{d}t<\infty$$

利用当 $\varepsilon\downarrow 0$ 时 $\Pi_{\lambda,\varepsilon}(A)\uparrow\widetilde{\Pi}_\lambda(A)$ 以及式(9)，可见

$$\lim_{\varepsilon\downarrow 0}\int(\mathrm{e}^{\mathrm{i}(z,x)}-1)\Pi_{\lambda,\varepsilon}(\mathrm{d}x)=\int(\mathrm{e}^{\mathrm{i}(z,x)}-1)\widetilde{\Pi}_\lambda(\mathrm{d}x)$$

因此，$\Pi_\lambda=\widetilde{\Pi}_\lambda$ 决定于式(8)，$B_\lambda=0$，a_λ 决定于等式

$$(z,a_\lambda)=\int\frac{(z,x)}{1+|x|^2}\Pi_\lambda(\mathrm{d}x)$$

而预解式的累积量 $K_\lambda(z)$ 决定于

$$K_\lambda(z)=\int(\mathrm{e}^{\mathrm{i}(z,x)}-1)\Pi_\lambda(\mathrm{d}x)$$

如果 $\xi(t)$ 是阶梯过程，即 $a=0$，$B=0$，$\Pi(\mathscr{R}^m)<\infty$，则

$$F_t(A)=\sum_{k=0}^\infty\mathrm{e}^{-t\Pi(\mathscr{R}^m)}\frac{[t\Pi(\mathscr{R}^m)]^k}{t!}\pi_k(A) \tag{10}$$

其中

$$\pi_0(A)=\chi_A(0),\pi_1(A)=\frac{\Pi(A)}{\Pi(\mathscr{R}^m)}$$

$$\int \pi_k(\mathrm{d}x)\mathrm{e}^{\mathrm{i}(z,x)} = \left[\int \pi_1(\mathrm{d}x)\mathrm{e}^{\mathrm{i}(z,x)}\right]^k$$

式(10) 由特征函数的分解而来

$$E\mathrm{e}^{\mathrm{i}tK(z)} = \exp\{t(\mathrm{e}^{\mathrm{i}zx} - 1)\Pi(\mathrm{d}x)\} =$$
$$\exp\{-t\Pi(\mathscr{R}^m) + t\Pi(\mathscr{R}^m)\int \mathrm{e}^{\mathrm{i}(z,x)}\pi_1(\mathrm{d}x)\} =$$
$$\sum_{k=0}^{\infty}\mathrm{e}^{-t\Pi(\mathscr{R}^m)}\frac{[t\Pi(\mathscr{R}^m)]^k}{k!}\left[\int \mathrm{e}^{\mathrm{i}(z,x)}\pi_1(\mathrm{d}x)\right]^k$$

对 $0 \overline{\in} A$

$$F_t(A) = \sum_{k=1}^{\infty}\exp\{-t\Pi(\mathscr{R}^m)\}\frac{[t\Pi(\mathscr{R}^m)]^k}{k!}\pi_k(A)$$

因此

$$\Pi_\lambda(A) = \int_0^\infty \sum_{k=1}^{\infty}\exp\{-t\Pi(\mathscr{R}^m)\}\frac{t^{k-1}[\Pi(\mathscr{R}^m)]^k}{k!}\pi_k(A)\mathrm{e}^{-\lambda t}\mathrm{d}t =$$
$$\sum_{k=1}^{\infty}\frac{1}{k}\left(\frac{\Pi(\mathscr{R}^m)}{\lambda + \Pi(\mathscr{R}^m)}\right)^k \pi_k(A)$$

从而

$$\Pi_\lambda(A) = \int_0^\infty \sum_{k=1}^{\infty}\exp\{-t\Pi(\mathscr{R}^m)\}\frac{t^{k-1}[\Pi(\mathscr{R}^m)]^k}{k!}\pi_k(A)\mathrm{e}^{-\lambda t}\mathrm{d}t =$$
$$\sum_{k=1}^{\infty}\frac{1}{k}\left(\frac{\Pi(\mathscr{R}^m)}{\lambda + \Pi(\mathscr{R}^m)}\right)^k \pi_k(A)$$

最后的式子表明,这时预解式的累积量也是阶梯过程的累积量. 和一维情形一样可以证明,对于非阶梯过程 $\Pi_\lambda(A)$ 无界.

现在我们来求某一函数类上的半群 T_t 的生成算子,而且它有由这些函数的唯一开拓.

定理 1 设 $\mathscr{C}^2$ 是有界二次连续可微且一阶和二阶导数有界的函数的集合. 那么所有 $f \in \mathscr{C}^2$ 都属于半群 T_t 的弱生成算子的定义域 $\mathscr{D}_A$,而且

$$Af(\boldsymbol{x}) = (a,\nabla)f(\boldsymbol{x}) + \frac{1}{2}(B\nabla,\nabla)f(\boldsymbol{x}) +$$
$$\int\left[f(\boldsymbol{x}+\boldsymbol{y}) - f(\boldsymbol{x}) - \left(\frac{\boldsymbol{y}}{1+|\boldsymbol{y}|^2},\nabla\right)f(\boldsymbol{x})\right]\Pi(\mathrm{d}\boldsymbol{y}) \tag{11}$$

其中$\nabla = (\frac{\partial}{\partial x_1},\cdots,\frac{\partial}{\partial x_n})$,而 $x_1,\cdots,x_n$ 是向量 $\boldsymbol{x}$ 的分量.

证 因为

$$\frac{T_tS_af(\boldsymbol{x}) - S_af(\boldsymbol{x})}{t} = S_a\frac{T_tf(\boldsymbol{x}) - f(\boldsymbol{x})}{t}$$

故 $AS_af(\boldsymbol{x}) = S_aAf(\boldsymbol{x})$,从而 $Af(\boldsymbol{x}) = S_xf(\boldsymbol{0})$. 所以只需证明,对任意 $f \in \mathscr{C}^2$

极限

$$\lim_{t\downarrow 0}\frac{1}{t}[Ef(\xi(t))-f(\mathbf{0})]$$

等于式(11) 右侧 $\boldsymbol{x}=\mathbf{0}$ 时的式子.

设 f 是一连续有界函数,而且对 $|x|<r$ 有 $f(x)>0$.那么

$$\frac{1}{t}Ef(\xi(t))=\frac{1}{t}Ef(\xi_1(t)+\xi_2(t))=$$

$$\frac{1}{t}Ef(\xi_1(t))\chi_{A_t}+\frac{1}{t}Ef(\xi_1(t)+\xi_2(t))(1-\chi_{A_t})$$

其中过程 $\xi_2(t)$ 是过程 $\xi(t)$ 的范数大于 ρ 的跃度之和,而 $\rho<r$;$\xi_1(t)=\xi(t)-\xi_2(t)$,$A_t=\{\xi_2(s)=0,s\leqslant t\}$.

对 $t\leqslant 1$ 和某个 $C>0$,成立不等式

$$\frac{1}{t}Ef(\xi_1(t))\leqslant\|f\|\frac{1}{t}P\{|\xi_1(t)|>r\}\leqslant\|f\|\frac{E|\xi_1(t)|^4}{tr^2}\leqslant$$

$$C\|f\|r^{-2}\left(\rho^2+t+\frac{t^2}{\rho^2}+\frac{t^3}{\rho^4}\right)$$

因为可以选取一基底 $e_1,e_2,\cdots,e_m\in\mathscr{R}^m$,使

$$E|\xi_1(t)|^4=E\Big[\sum_{k=1}^m(e_k,\xi_1(t))^2\Big]^2\leqslant mE\sum_{k=1}^m(e_k,\xi_1(t))^4=$$

$$m\sum_{k=1}^m\frac{\mathrm{d}^4}{\mathrm{d}\lambda^4}\mathrm{E}\mathrm{e}^{\mathrm{i}\lambda(e_k,\xi_1(t))}\Big|_{\lambda=0}=$$

$$m\sum_{k=1}^m\frac{\mathrm{d}^4}{\mathrm{d}\lambda^4}\exp\left\{t\left[\mathrm{i}\lambda(a,e_k)-\frac{\lambda^2}{2}(Be_k,e_k)+\right.\right.$$

$$\int_{|x|\leqslant\rho}(\mathrm{e}^{\mathrm{i}(x,\lambda e_k)}-1-\mathrm{i}(x,\lambda e_k))\Pi(\mathrm{d}x)+$$

$$\mathrm{i}\int_{|x|<\rho}\frac{|x|^2}{1+|x|^2}(x,\lambda e_k)\Pi(\mathrm{d}x)-$$

$$\left.\left.\int_{|x|<\rho}\frac{\mathrm{i}(x,\lambda e_k)}{1+|x|^2}\Pi(\mathrm{d}x)\right]\right\}\Big|_{\lambda=0}\leqslant$$

$$8m\sum_{k=1}^m\left[\frac{\mathrm{d}^4}{\mathrm{d}\lambda^4}\exp\left\{\mathrm{i}\lambda\gamma_\rho^k t-\frac{\lambda^2}{2}t(Be_k,e_k)\right\}+\right.$$

$$\left.\frac{\mathrm{d}^4}{\mathrm{d}\lambda^4}\exp\left\{\int_{|x|\leqslant\rho}t(\mathrm{e}^{\mathrm{i}(x,\lambda e_k)}-1-\mathrm{i}(x,\lambda e_k))\Pi(\mathrm{d}x)\right\}\right]\Big|_{\lambda=0}=$$

$$8m\sum_{k=1}^m\Big[(\gamma_\rho^k t)^4+6(Be_k,e_k)(\gamma_\rho^k)^2t^3+3t^2(Be_k,e_k)^2+$$

$$t\int_{|x|\leqslant\rho}x^4\Pi(\mathrm{d}x)+3t^2\left(\int_{|x|\leqslant\rho}x^2\Pi(\mathrm{d}x)\right)^2\Big]$$

其中

$$\gamma_\rho^k=(a,e_k)+\int_{|x|<\rho}\frac{|x|^2}{1+|x|^2}(x,e_k)\Pi(\mathrm{d}x)-$$

$$\int_{|x|>\rho}\frac{(x,e_k)}{1+|x|^2}\Pi(\mathrm{d}x)\quad\left(|\gamma_\rho^k|\leqslant C_1+\frac{C_2}{\rho}\right)$$

而

$$\int_{|x|\leqslant\rho}x^4\Pi(\mathrm{d}x)\leqslant\rho^2\int x^2\Pi(\mathrm{d}x)$$

所以

$$\overline{\lim_{t\downarrow 0}}\frac{1}{t}\mid Ef(\xi_1(t))\mid\leqslant C\|f\|\frac{\rho^2}{r^4}$$

最后,因为 $\xi_1(t)$ 和 $\xi_2(t)$ 相互独立,所以有

$$\frac{1}{t}Ef(\xi_1(t)+\xi_2(t))(1-\chi_{A_t})=\frac{1}{t}E[Ef(\xi_2(t)+z)(1-\chi_{A_t})\mid_{z=\xi_1(t)}]$$

因为

$$P\{\xi_2(t)\in B\}=\sum_{k=0}^{\infty}\mathrm{e}^{-t\Pi_\rho}\frac{(t\Pi_\rho)^k}{k!}\pi_\rho^k(B)$$

其中

$$\Pi_\rho=\int_{|x|>\rho}\Pi(\mathrm{d}x),\pi_\rho^0(B)=\chi_B(0)$$

$$\pi_\rho^1(B)=\frac{1}{\Pi_\rho}\int_{|x|>\rho}\chi_B(x)\Pi(\mathrm{d}x)$$

$$\int\mathrm{e}^{\mathrm{i}(z,x)}\pi_\rho^k(\mathrm{d}x)=\left[\int\mathrm{e}^{\mathrm{i}(z,x)}\pi_\rho^1(\mathrm{d}x)\right]^k$$

$$P\{\xi_2(t)\in B,A_t\}=\mathrm{e}^{-\Pi_\rho}\chi_B(0)$$

所以

$$\frac{1}{t}Ef(\xi_2(t)+z)(1-\chi_{A_t})=\sum_{k=1}^{\infty}\mathrm{e}^{-t\Pi_\rho}\frac{t^{k-1}\Pi_\rho^k}{k!}\int f(x+z)\pi_\rho^k(\mathrm{d}x)$$

令 $t\downarrow 0$ 取极限,得

$$\lim_{t\downarrow 0}\frac{1}{t}Ef(\xi_2(t)+z)(1-\chi_{A_t})=\Pi_\rho\int f(x+z)\pi_\rho^1(\mathrm{d}x)=$$

$$\int_{|x|>\rho}f(x+z)\Pi(\mathrm{d}x)$$

其中收敛对 z 一致. 所以

$$\lim_{t\downarrow 0}\frac{1}{t}Ef(\xi_2(t)+\xi_1(t))(1-\chi_{A_t})=\int_{|x|>\rho}f(x+\xi_1(0))\Pi(\mathrm{d}x)=$$

$$\int f(x)\Pi(\mathrm{d}x)$$

因而

$$\overline{\lim_{t\downarrow 0}}\left|\frac{1}{t}Ef(\xi(t))-\int f(x)\Pi(\mathrm{d}x)\right|\leqslant C\|f\|\frac{\rho^2}{r^4}$$

该式的左侧与 ρ 无关;因而若令 $\rho\downarrow 0$,则得

$$\lim_{t\downarrow 0}\frac{1}{t}Ef(\xi(t))=\int f(x)\Pi(\mathrm{d}x) \tag{12}$$

现在设 $f(x)\in\mathscr{C}^2$,而且对 $|x|<r$ 不等于 0,同时满足条件:$f(0)=0$,$\nabla f(0)=0$,$(\nabla\times\nabla)f(0)=0$,其中$\nabla\times\nabla$是元素为$\frac{\partial^2}{\partial x^i\partial x^k}$的矩阵. 那么对某个 K 有

$$\lim_{t\downarrow 0}\frac{1}{t}|Ef(\xi(t))|\leqslant K\|f\|_2 r^2$$

其中

$$\|f\|_2=\max_{k,j}\left\|\frac{\partial^2 f}{\partial x^k\partial x^j}\right\|$$

事实上,由以上可见

$$|Ef(\xi(t))|\leqslant E|f(\xi_1(t)+\xi_2(t))|\leqslant E|f(\xi_1(t))|\chi_{A_t}+\|f\|P\{\chi_{A_t}=0\}\leqslant$$
$$\|f\|_2[E|\xi_1(t)|^2+r^2(1-\mathrm{e}^{-t\Pi_\rho})]$$

因为 $\|f\|\leqslant r^2\|f\|_2$,$|f(x)|\leqslant\|f\|_2|x|^2$. 但是

$$E|\xi_1(t)|^2=t\sum_{k=1}^m\left[(Be_k,e_k)+\int_{|x|\leqslant\rho}(x,e_k)^2\Pi(\mathrm{d}x)\right]$$

因而,对任意 ρ

$$\overline{\lim_{t\downarrow 0}}\frac{1}{t}|Ef(\xi(t))|\leqslant\|f\|_2\left(\operatorname{tr}B+\int_{|x|\leqslant\rho}|x|^2\Pi(\mathrm{d}x)+r^2\int_{|x|>\rho}\Pi(\mathrm{d}x)\right)$$

设 $f(x)=b_1\cos(z_1,x)+b_2\sin(z_1,x)$. 那么 $f(0)=0$

$$T_t f(x)=Ef(\xi(t))=Eb_1\frac{\mathrm{e}^{\mathrm{i}(z_1,\xi(t))}+\mathrm{e}^{-\mathrm{i}(z_1,\xi(t))}}{2}+Eb_2\frac{\mathrm{e}^{\mathrm{i}(z_1,\xi(t))}-\mathrm{e}^{-\mathrm{i}(z_1,\xi(t))}}{2\mathrm{i}}=$$
$$\frac{b_1}{2}[\mathrm{e}^{tK(z_1)}+\mathrm{e}^{tK(-z_1)}]+\frac{b_2}{2\mathrm{i}}[\mathrm{e}^{tK(z_1)}-\mathrm{e}^{tK(-z_1)}]$$

而

$$\lim_{t\downarrow 0}\frac{Ef(\xi(t))-f(0)}{t}=\frac{b_1}{2}[K(z_1)+K(-z_1)]+\frac{b_2}{2\mathrm{i}}[K(z_1)-K(-z_1)]=$$
$$b_1\left\{\frac{1}{2}(B\nabla,\nabla)\cos(z_1,x)+\right.$$
$$\left.\int[\cos(z_1,(x+y))-\cos(z_1,x)]\Pi(\mathrm{d}y)\right\}_{x=0}+$$
$$b_2\left\{(a,\nabla)\sin(z_1,x)+\int\left[\sin(z_1,(x+y))-\right.\right.$$
$$\left.\left.\sin(z_1,x)-\left(\frac{y}{1+y^2},z_1\right)\right]\Pi(\mathrm{d}y)\right\}_{x=0}$$

对于这个函数式(11)成立.

取任一函数 $f \in \mathscr{C}^2$,并把它表为三个函数的和

$$f = f_1 + f_2 + f_3$$

其中 $f_i \in \mathscr{C}^2, i=1,2,3$;当 $|x| < r_1$ 时 $f_1 = 0$,而当 $|x| > r_2 (r_2 > r_1)$ 时 $f_1 = f - f_2$,而 f_2 是如下形的三角多项式

$$f_2(x) = \sum_{k=1}^{m} \{b_k[\cos(z_k, x) - 1] + c_k \sin(z_k, x)\} + f(0)$$

且当 $x=0$ 时,$\nabla f = \nabla f_2$,$(\nabla \times \nabla) f = (\nabla \times \nabla) f_2$.那么 f_3 满足条件:当 $|x| > r_2$ 时 $f_3(x) = 0$,而且

$$\nabla f_3(0) = 0, (\nabla \times \nabla) f_3(0) = 0$$

所以

$$\lim_{t \downarrow 0} \left| \frac{T_t f(0) - f(0)}{t} - \int f_1(x) \Pi(\mathrm{d}x) - (a, \Pi) f_2(0) - \frac{1}{2}(B\nabla, \nabla) f_2(0) + \int \left[f_2(y) - f_2(0) - \left(\frac{y}{1+y^2}, \nabla \right) f_2(0) \right] \Pi(\mathrm{d}y) \right| \leqslant$$

$$\| f_3 \|_2 \left(\operatorname{tr} B + \int_{|x| \leqslant \rho} |x|^2 \Pi(\mathrm{d}x) + r_2^2 \int_{|x| > \rho} \Pi(\mathrm{d}x) \right)$$

因为

$$\int f_1(x) \Pi(\mathrm{d}x) + (a, \nabla) f_2(0) - \frac{1}{2}(B\nabla, \nabla) f_2(0) +$$

$$\int \left[f_2(y) - f(0) - \left(\frac{y}{1+y^2}, \nabla \right) f(0) \right] \Pi(\mathrm{d}y) =$$

$$(a, \nabla) f(0) - \frac{1}{2}(B\nabla, \nabla) f(0) +$$

$$\int \left[f(y) - f(0) - \left(\frac{y}{1+y^2}, \nabla f(0) \right) \right] \Pi(\mathrm{d}y) -$$

$$\int f_3(y) \Pi(\mathrm{d}y)$$

故(注意到 $|f_3(x)| \leqslant \|f_3\|_2 \cdot |x|^2$)

$$\lim_{t \downarrow 0} \left| \frac{T_t f(0) - f(0)}{t} - A f(0) \right| \leqslant$$

$$\| f_3 \|_2 \left(\operatorname{tr} B + \int_{|x| \leqslant \rho} x^2 \Pi(\mathrm{d}x) + r_2^2 \int_{|x| > \rho} \Pi(\mathrm{d}x) \right) + \int |f_3(y)| \Pi(\mathrm{d}y) \leqslant$$

$$\| f_3 \|_2 \left(\operatorname{tr} B + \int_{|x| \leqslant \rho} x^2 \Pi(\mathrm{d}x) + r_2^2 \int_{|x| > \rho} \Pi(\mathrm{d}x) + \int_{|x| \leqslant r_2} |x|^2 \Pi(\mathrm{d}x) \right)$$

因为若 r_2 有界,则对固定的 ρ 上式括号中的式子有界,所以只剩下证明通过选择 r_1 和 r_2 可以使 $\|f_3\|_2$ 任意地小.设 $g(\lambda)$ 是二次连续可微函数,且

$$g(\lambda) = \begin{cases} 0 & \text{若 } \lambda < r_1 \\ 1 & \text{若 } \lambda > r_2 \end{cases}$$

那么，可以这样选择 g，使

$$g''(\lambda) \leqslant \frac{3}{(r_2-r_1)^2}, g'(\lambda) \leqslant \frac{2}{r_2-r_1}$$

设 $f_3 = g(|x|)(f-f_2)$，则

$$\|f_3\|_2 \leqslant \frac{3}{(r_2-r_1)^2}\sup_{|x|\leqslant r_2}|f(x)-f_2(x)|+ \frac{2}{r_2-r_1}\sup_{|x|\leqslant r_2}|\nabla(f(x)-f_2(x))|+ \sup_{|x|\leqslant r}\sup_{i,k}\left|\frac{\partial^2 f}{\partial x^i\partial x^k}-\frac{\partial^2 f_2}{\partial x^i\partial x^k}\right|$$

由此可见，如果 $r_1=\frac{r_2}{2}$，并利用不等式

$$|f(x)-f_2(x)| \leqslant \sup_{|x|<r_2}|\nabla f(x)-f_2(x))|\, r_2$$

$$|\nabla(f(x)-f_2(x))| \leqslant \sup_{|x|\leqslant r_2}\sum_{i,k}\left|\frac{\partial^2 f}{\partial x^i\partial x^k}-\frac{\partial^2 f_2}{\partial x^i\partial x^k}\right|$$

则对某个 C 有

$$\|f_3\|_2 \leqslant C\sup_{|x|\leqslant r}\sup_{i,k}\left(\frac{\partial^2 f}{\partial x^i\partial x^k}-\frac{\partial^2 f_2}{\partial x^i\partial x^k}\right)$$

因为 f 和 f_2 的导数连续而且在 $x=0$ 二者相等，故当 $r_2\downarrow 0$ 时上式右侧趋向 0，定理得证.

过程在一区域内的逗留时间，以及流出时的值　设 G 是 $\mathscr{R}^m$ 中的一区域，$\tau(x)$ 是过程 $\xi(t)+x(x\in G)$ 首次流出 G 的时间，$\xi(\tau(x))+x$ 是过程在流出时的位置. 在这一小节中我们研究量 $\tau(x)$ 和 $\xi(\tau(x))+x$ 的联合分布.

首先考虑过程 $\xi(t)$，其累积量为

$$K(z)=\int(\mathrm{e}^{\mathrm{i}(z,y)}-1)\Pi(\mathrm{d}y)$$

其中测度 Π 有限. 那么 $\xi(t)$ 是阶梯过程. 如果 ζ 是过程第一次跳跃的时刻，则 ζ 服从指数分布，参数为 $\Pi(\mathscr{R}^m)$，而 $\xi(\zeta)$ 和 ζ 独立，且

$$P\{\xi(\zeta)\in B\}=\frac{1}{\Pi(\mathscr{R}^m)}\Pi(B)$$

所以对 $\varepsilon>0$ 和集 $C\subset\mathscr{R}^m\backslash G$

$$P\{\tau(x)<t,\xi(\tau(x))+x\in C\}=P\{\zeta<t,\xi(\zeta)+x\in C\}+ \int_0^t\int_G P\{\xi\in \mathrm{d}s,\xi(\zeta)+x\in \mathrm{d}y\}\cdot P\{\tau(y)<t-s,y+\xi(\tau(y))\in C\} \tag{13}$$

设 f 在 G 上等于 0，$\lambda>0$. 令

$$v_\lambda(G)f(x)=E\mathrm{e}^{-\lambda\tau(x)}f(x+\xi(\tau(x)))$$

那么由(13)得

$$v_1(G)\chi_C(x)=\int_0^\infty \mathrm{e}^{-\lambda t}\mathrm{d}_t P\{\tau(x)<t,\xi(\tau(x))+x\in C\}=$$
$$\int \chi_C(x+y)\frac{\Pi(\mathrm{d}y)}{\Pi(\mathscr{R}^m)}\int_0^\infty \mathrm{e}^{-\lambda t}\mathrm{d}_t(1-\mathrm{e}^{-t\Pi(\mathscr{R}^m)})+$$
$$\int_0^\infty \mathrm{e}^{-\lambda s}P\{\xi\in \mathrm{d}s\}\int_G P\{\xi(\zeta)+x\in \mathrm{d}y\}\cdot$$
$$\int_0^\infty \mathrm{e}^{-\lambda t}\mathrm{d}_t P\{\tau_y<t,\xi(\tau(y))+y\in C\}=$$
$$\frac{1}{\lambda+\Pi(\mathscr{R}^m)}\int \chi_C(x+y)\Pi(\mathrm{d}y)+$$
$$\frac{1}{\lambda+\Pi(\mathscr{R}^m)}\int \chi_C(x+z)v_\lambda(G)\chi_C(x+z)\Pi(\mathrm{d}z)$$

由此可见,对任意在 G 上等于 0 的有界 Borel 函数 f

$$[\lambda+\Pi(\mathscr{R}^m)]v_\lambda(G)f(x)=\int f(x+y)\Pi(\mathrm{d}y)+$$
$$\int \chi_G(x+z)v_\lambda(G)f(x+z)\Pi(\mathrm{d}z)\qquad(14)$$

因为对 $x\in G$ 有$\chi_G(x)=1$,故式(14) 可化为

$$\lambda v_\lambda(G)f(x)=\int f(x+y)\Pi(\mathrm{d}y)+\int[\chi_G(x+z)v_\lambda(G)f(x+z)-$$
$$\chi_G(x)v_\lambda(G)f(x)]\Pi(\mathrm{d}z)\qquad(15)$$

设

$$\chi_G(x)v_\lambda(G)f(x)=\int \mathrm{e}^{\mathrm{i}(z,x)}\rho_\lambda(G,z)\mathrm{d}z\qquad(16)$$

(若 G 是有界集,则该等式是可能的:因为该式的左侧是平方可积函数,它是平方可积函数的 Fourier 变换,而且对于有界的 G,$\rho_\lambda(G,z)$ 是 z 的解析整函数).如把该表示代入式(15) 并且变更积分顺序,则得

$$\int f(x+y)\Pi(\mathrm{d}y)=\int \mathrm{e}^{\mathrm{i}(z,x)}\rho_\lambda(G,z)[\lambda-K(z)]\mathrm{d}z\quad(x\in G)$$

其中 $K(z)$ 是过程的累积量.记 A 为过程的生成算子.由于对 $x\in G$ 有 $f(x)=0$,以及

$$Af(x)=\int[f(x+y)-f(x)]\Pi(\mathrm{d}y)$$

(因为所考察的过程是阶梯的,所以一切有界 Borel 函数属于 A 的定义域 $\mathscr{D}_A$;由定理 1 容易看出 A 的形式),我们得方程

$$\chi_G(x)Af(x)=\chi_G(x)\int \mathrm{e}^{\mathrm{i}(z,x)}\rho_\lambda(G,z)[\lambda-K(z)]\mathrm{d}z\qquad(17)$$

式(14) 是普通的第二类 Fredholm 方程，它是用逐次逼近法来求解的. 尽管方程(17) 不同于(14)，它已是第一类 Fredholm 方程，而且解此方程更加困难，但是它不仅对阶梯过程有意义，而且对一般过程也有意义.

我们指出一类区域和过程，对于它们可以求出方程(17) 的解. 设 G 具有下列性质：如果 $x \in G$，则对一切 $y \in K$ 有 $x + y \in G$，其中 K 是一个以 0 为顶点的锥体. 设 $m(\mathrm{d}y)$ 是一集中在锥体 K 上的测度. 那么对 $x \in G$

$$\int \chi_G(x+y) \mathrm{e}^{\mathrm{i}(z,x+y)} m(\mathrm{d}y) = \int \mathrm{e}^{\mathrm{i}(z,x+y)} m(\mathrm{d}y) = \mathrm{e}^{\mathrm{i}(z,x)} \int \mathrm{e}^{\mathrm{i}(z,y)} m(\mathrm{d}y)$$

在(17) 中用 $x+y$ 替换 x，$x \in G$，并且对测度 m 求积分. 得

$$\int \chi_G(x+y) A f(x+y) m(\mathrm{d}y) = \int \mathrm{e}^{\mathrm{i}(z,x)} \rho_\lambda(G,z) [\lambda - K(z)] \left[\int \mathrm{e}^{\mathrm{i}(z,y)} m(\mathrm{d}y) \right] \mathrm{d}z \tag{18}$$

这样，通过上述运算，方程(17) 代为同样形式，但是核改变了. 为了说明这种类型的核容许求出解，我们回到方程(14). 假设测度 Π 集中在这样的锥体 K_1 上，使对 $x \overline{\in} G$ 有 $\chi_G(x+y) = 0(\mathrm{mod}\ \Pi)$. 那么，由(14) 得方程

$$\chi_G(x)[\lambda + \Pi(\mathscr{R}^m)] v_\lambda(G) f(x) = \chi_G(x) \int f(x+y) \Pi(\mathrm{d}y) + \int \chi_G(x+y) v_\lambda(G) f(x+y) \Pi(\mathrm{d}y)$$

设方程已经是对一切 x 成立. 两侧同乘以 $\mathrm{e}^{-\mathrm{i}(z,x)}$ 并对 x 积分，得

$$\begin{aligned} &[\lambda + \Pi(\mathscr{R}^m)] \int \chi_G(x) v_\lambda(G) f(x) \mathrm{e}^{-\mathrm{i}(z,x)} \mathrm{d}x = \\ &\int \mathrm{e}^{-\mathrm{i}(z,x)} \chi_G(x) \int f(x+y) \Pi(\mathrm{d}y) \mathrm{d}x + \\ &\int \chi_G(x) v_\lambda(G) f(x) \mathrm{e}^{-\mathrm{i}(z,x)} \int \mathrm{e}^{\mathrm{i}(x,y)} \Pi(\mathrm{d}y) \mathrm{d}x \end{aligned} \tag{19}$$

因为由(16) 有

$$\int \chi_G(x) v_\lambda(G) f(x) \mathrm{e}^{-\mathrm{i}(z,x)} \mathrm{d}x = (2\pi)^m \rho_\lambda(G,z)$$

故由式(19) 得 $\rho_\lambda(G,z)$ 的表达式

$$\rho_\lambda(G,z) = \frac{\int \mathrm{e}^{-\mathrm{i}(z,x)} \chi_G(x) \int f(x+y) \Pi(\mathrm{d}y) \mathrm{d}x}{(2\pi)^m [\lambda - K(z)]} \tag{20}$$

这样，如果对域 G 和测度 Π 有：当 $x \overline{\in} G$ 时 $\chi_G(x+y) = 0(\mathrm{mod}\ \Pi(\mathrm{d}y))$，则方程(17) 有解，并且表为

$$\rho_\lambda(G,z) = \frac{\int \mathrm{e}^{-\mathrm{i}(z,x)} \chi_G(x) A f(x) \mathrm{d}x}{(2\pi)^m [\lambda - K(z)]} \tag{21}$$

式(21) 容许极限过渡到测度无界的情形.

我们现在假设，在式(18)中可以这样选择测度 $m(\mathrm{d}y)$，使

$$[\lambda - K(z)]\int \mathrm{e}^{\mathrm{i}(z,y)} m(\mathrm{d}y) = \lambda - K_1(z)$$

其中 $K_1(z)$ 形为

$$K_1(z) = \int [\mathrm{e}^{\mathrm{i}(z,y)} - 1] \Pi_1(\mathrm{d}y)$$

而测度 Π 集中在锥体 K_1 上. 那么

$$\rho_\lambda(G,z) = \frac{\int \mathrm{e}^{-\mathrm{i}(z,x)} \chi_G(x) \int \chi_G(x+y) Af(x+y) m(\mathrm{d}y)}{(2\pi)^m [\lambda - K_1(z)]} \tag{22}$$

为说明何时存在锥体 K 和 K_1，测度 $m(\mathrm{d}y)$ 和累积量 $K_1(z)$，我们指出，永远成立等式

$$\int \mathrm{e}^{\mathrm{i}(z,y)} m(\mathrm{d}y) \cdot \frac{\lambda}{\lambda - K_1(z)} = \frac{\lambda}{\lambda - K(z)}$$

因为

$$\frac{\lambda}{\lambda - K(z)} = \exp\left\{\int (\mathrm{e}^{\mathrm{i}(z,y)} - 1) \Pi_\lambda(\mathrm{d}y)\right\}$$

$$\frac{\lambda}{\lambda - K(z)} = \exp\left\{\int (\mathrm{e}^{\mathrm{i}(z,y)} - 1) \Pi_\lambda^{(1)}(\mathrm{d}y)\right\}$$

故

$$\int \mathrm{e}^{\mathrm{i}(z,y)} m(\mathrm{d}y) = \exp\left\{\int (\mathrm{e}^{\mathrm{i}(z,y)} - 1) [\Pi_\lambda(\mathrm{d}y) - \Pi^{(1)}\lambda(\mathrm{d}y)]\right\}$$

这样，需要使 $\Pi_\lambda = \Pi_\lambda^{(1)} + \Pi_\lambda^{(2)}$，其中 $\Pi_\lambda^{(1)}$ 集中在锥体 K_1 上，而 $\Pi_\lambda^{(2)}$ 集中在锥体 K_2 上. 特别，如果 K_1 和 K_2 是互不相交的两个半空间，则这样的分解总是可能的. 这时 G 也应为半空间.

当 $t \to \infty$ 时过程的行为　在研究多维齐次独立增量过程轨道的行为时，本质上用到下面的事实：对一切 $z \in \mathscr{R}^m$，过程 $(z, \xi(t))$ 是一维齐次独立增量过程. 记 $\xi_z(t) = (z, \xi(t))$. 过程 $\xi_z(t)$ 的累积量 $K^{(z)}(s)$ 和过程 $\xi(t)$ 的累积量以下式相联系

$$K^{(z)}(s) = K(sz) \quad (s \in \mathscr{R}^1)$$

过程 $\xi_z(t)$ 在它的累积量

$$K^{(z)}(s) = \mathrm{i}\gamma_z s - b_z \frac{s^2}{2} + \int_{-\infty}^{\infty} \left(\mathrm{e}^{\mathrm{i}su} - 1 - \frac{\mathrm{i}su}{1+u^2}\right) \Pi_z(\mathrm{d}u) \tag{23}$$

中的基本特征和过程 $\xi(t)$ 的基本特征 a, B 和 Π（见式(1)）以下面的等式相联系

$$\gamma_z = (a, z), b_z = (Bz, z)$$

$$\Pi_z((\alpha, \beta)) = \Pi(\{x : \alpha < (x, z) < \beta\}) \tag{24}$$

有趣的是，过程 $\xi_z(t)$ 的移动系数、扩散系统和谱函数可以分别通过过程 $\xi(t)$ 的

移动系数、扩散系数和谱函数来表示.

利用一维过程的已有结果和关系式

$$|\xi(t)|=\sqrt{\sum_{1}^{m}|\xi_{e_k}(t)|^2}$$

(其中 $e_1,\cdots,e_m$ 是 $\mathscr{R}^m$ 中的基底),可以得到关于当 $t\to\infty$ 时过程行为的各种定理.

定理 2 过程 $\xi(t)$ 以概率 1 位于某半空间,其中该半空间边界的外法线与 $\boldsymbol{z}$ 共线,当且仅当对一切 $\alpha>0$

$$\int_1^\infty \frac{1}{t}P\{(\boldsymbol{\xi}(t),\boldsymbol{z})>\alpha\}\mathrm{d}t<\infty \tag{25}$$

这一结果由 §3 定理可得,因为式(25)与关于 $\xi_z(t)$ 的下述条件等价

$$\int_1^\infty \frac{1}{t}P\{\xi_z(t)>\alpha\}\mathrm{d}t<\infty \quad (\alpha>0)$$

而后者又是 $\xi_z(t)$ 有上界的必要和充分条件. 如果 $\xi_z(t)\leqslant\eta$,则对一切 t 有 $(\boldsymbol{\xi}(t),\boldsymbol{z})\leqslant\eta$,而 $\boldsymbol{\xi}(t)$ 以概率 1 位于半空间 $(x,\boldsymbol{z})\leqslant\eta$.

系 设 K 是一顶点在原点的锥体,K_x 是经把原点变为点 x 的平移由 K 所得到的锥体. 存在一 $\zeta\in\mathscr{R}^m$(ζ 一般是随机的),使对所有 t,$\boldsymbol{\xi}(t)\in K_\zeta$ 的必要和充分条件是:对于使 K_x 内含原点的一切 x 有

$$\int_1^\infty \frac{1}{t}P\{\boldsymbol{\xi}(t)\overline{\in}K_x\}\mathrm{d}t<\infty \tag{26}$$

如果条件(26)成立,则对所有与锥面相切的超平面垂直的 $\boldsymbol{z}$ 和一切 $\alpha>0$,式(25)成立;(满足上述条件且 $|\boldsymbol{z}|=1$ 的向量 $\boldsymbol{z}$ 的集记作 N_k). 所以对每个 $\boldsymbol{z}\in N_k$,存在 η_z 使

$$P\{(\boldsymbol{\xi}(t),\boldsymbol{z})\leqslant\eta_z\}=1$$

设 $\boldsymbol{z}_1,\boldsymbol{z}_2,\cdots,\boldsymbol{z}_m$ 是 N_k 中的一组向量:对任意 $\boldsymbol{z}\in N_k$ 存在一组数 $\gamma_1,\gamma_2,\cdots,\gamma_m$,使

$$\boldsymbol{z}=\sum_{k=1}^m\gamma_k\boldsymbol{z}_k$$

因为

$$P\{(\boldsymbol{\xi}(t),\boldsymbol{z}_k)\leqslant\eta_k,k=1,\cdots,m,t>0\}=1$$

所以

$$P\{(\boldsymbol{\xi}(t),\boldsymbol{z})\leqslant\eta,\boldsymbol{z}\in N_k,t\geqslant0\}=1$$

其中

$$\eta=\sup_{z\in N_k}\sum_{k=1}^m\gamma_k\eta_{z_k}$$

只需注意到,如果 K_x 内含 0 点,则对一切 $\boldsymbol{z}\in N_k$ 有 $(\boldsymbol{z},x)>0$,因而 $\inf\{(\boldsymbol{z},$

$x) \mid z \in N_k\} = \beta(x) > 0$. 所以对一切 $z \in N_k$，锥体 K_ζ 包含满足$(y, z) \leqslant \eta$ 的 y 的集合，其中 $\zeta = \frac{\eta_x}{\beta(x)}$. 于是锥体 K_ζ 的存在性得证.

现在假设 K_ζ 存在. 那么由定理 2 知，对一切 $z \in N_k$ 和 $\alpha > 0$，式(25)成立. 如果对于 x 有 $0 \in K_x$，则也有 $0 \in K_{\frac{x}{2}}$. 显然存在有穷个向量 $z_1, \cdots, z_l \in N_k$，使

$$\bigcap_{k=1}^{l} \left\{ y : (z_k, y) \leqslant \frac{1}{2}(z_k, x) \right\} \subset K_x$$

因此

$$P\{\xi(t) \overline{\in} K_x\} \leqslant \sum_{k=1}^{l} P\left\{ (\xi(t), z_k) > \frac{1}{2}(z_k, x) \right\}$$

因为$(z_k, x) > 0$，故由条件(25) 得(26)，其中(25) 对 $z = z_k$ 和 $\alpha = \frac{1}{2}(z_k, x) > 0$ 成立.

现在我们看 $\mathscr{R}^m$ 中的非退化过程，即不能局限于较低维子空间的过程. 容易看出，如果存在点 0 的一邻域，使得累积量 $K(z)$ 在该邻域中仅当 $z = \mathbf{0}$ 时才为 0，则过程就是非退化的.

在 $t \to \infty$ 的情形下研究过程的行为时，半群的预解式，从而过程的累积量起重要作用.

我们假设函数 $f(x)$ 可表为

$$f(x) = \int e^{i(z, x)} m(dz) \tag{27}$$

其中 m 是 $\mathscr{R}^m$ 上的某一有限测度. 那么

$$R_\lambda f(0) = \int_0^\infty e^{-\lambda t} E f(\xi(t)) dt = \int_0^\infty e^{-\lambda t} E \int e^{i(z, \xi(t))} m(dz) dt = \int \frac{1}{\lambda - K(z)} m(dz)$$

如果 f 是实函数，则

$$R_\lambda f(0) = \int \operatorname{Re} \frac{1}{\lambda - K(z)} m(dz)$$

由不等式 $\operatorname{Re} K(z) \leqslant 0$，有

$$\lim_{\lambda \downarrow 0} R_\lambda f(0) = -\int \operatorname{Re} \frac{1}{K(z)} m(dz)$$

注意，如果 f 是非负的，则

$$\lim_{\lambda \downarrow 0} R_\lambda f(0) = \int_0^\infty T_t f(0) dt = \int_0^\infty E f(\xi(t)) dt$$

于是，我们证明了一个命题，由它可得出关于过程回返的结论.

引理 1　如果过程 $\xi(t)$ 是非退化的，而非负函数 $f(x)$ 可表为式(27)，其中 $m(\mathrm{d}z)$ 是有限测度，使过程累积量 $K(z)=0$ 的点 z 的集关于 $m(\cdot)$ 的测度为 0，则

$$\int_0^\infty Ef(\xi(t))\mathrm{d}t=-\int \mathrm{Re}\,\frac{1}{K(z)}m(\mathrm{d}z) \tag{28}$$

系 1　如果 $\mathrm{Re}\,\dfrac{1}{K(z)}$ 在点 0 的某邻域内对 Lebesgue 测度可积，则存在不到处为 0 的非负函数 $f(x)$，满足

$$\int_0^\infty Ef(\xi(t))\mathrm{d}t<\infty \tag{29}$$

事实上，作为函数 f 可取

$$f(x)=\int \mathrm{e}^{\mathrm{i}(z,x)}\rho(z-y)\rho(y)\mathrm{d}z\mathrm{d}y=\int \mathrm{e}^{\mathrm{i}(z,x)}\rho_2(z)\mathrm{d}z$$

其中 $\rho(x)$ 是非负有界函数，仅在点 $x=0$ 某一邻域内不为 0；函数

$$\rho_2(z)=\int \rho(z-y)\rho(y)\mathrm{d}y$$

有界，并且仅在点 $z=0$ 的二倍邻域内不为 0；应该这样选择初始的邻域，以便积分

$$\int \mathrm{Re}\,\frac{1}{K(z)}\rho_2(z)\mathrm{d}z$$

存在. 因为函数 f 可以表为

$$f(x)=\left|\int \mathrm{e}^{\mathrm{i}(z,x)}\rho(z)\mathrm{d}z\right|^2$$

故它是非负的；$f[0]=[\int \rho(z)\mathrm{d}z]^2>0$，且 $f(x)$ 连续.

系 2　如果空间的维数 $m\geqslant 3$，则对非退化过程存在非负连续函数 $f(x)$ 满足式(29)，而且 $f(x)$ 在 $x=0$ 的邻域内不为 0.

因为当 $m\geqslant 3$ 时的函数 $(z,z)^{-1}$ 在 0 的邻域内可积，故为证明该命题只需对充分小的 z 验证

$$-\mathrm{Re}\,\frac{1}{K(z)}\leqslant \frac{c}{(z,z)}$$

设 $K(z)$ 决定于等式(1). 对一切充分小的 z

$$\begin{aligned}-\mathrm{Re}\,K(z)&\geqslant \frac{1}{2}(Bz,z)+\int(1-\cos(z,x))\Pi(\mathrm{d}x)\geqslant\\ &\frac{1}{2}(Bz,z)+2\int_{|x|\leqslant R}\sin^2\frac{(z,x)}{2}\Pi(\mathrm{d}x)\geqslant\\ &\frac{1}{2}(Bz,z)+\frac{2}{\pi^2}\int_{|x|\leqslant R}(z,x)^2\Pi(\mathrm{d}x)\end{aligned}$$

如果对某个 R 右侧的二次型不退化，则存在 $\varepsilon>0$，使

$$\frac{1}{2}(Bz,z)+\frac{2}{\pi^2}\int_{|x|\leqslant R}(z,x)^2\Pi(\mathrm{d}x)\geqslant\varepsilon(z,z)$$

那么

$$-\operatorname{Re}K(z)\geqslant\varepsilon(z,z)$$

$$-\operatorname{Re}\frac{1}{K(z)}\leqslant-\frac{1}{\operatorname{Re}K(z)}\leqslant\frac{1}{\varepsilon(z,z)}$$

假设对一切 R,二次型

$$\frac{1}{2}(Bz,z)+\frac{2}{\pi^2}\int_{|x|\leqslant R}(z,x)^2\Pi(\mathrm{d}x)$$

非退化.如果在 $\mathscr{R}^m$ 的子空间 $\mathfrak{L}_R$ 上该二次型不为0,则由于对 $R_1>R$ 有 $\mathfrak{L}_{R_1}\subset\mathfrak{L}_R$,故自某个 R 起所有 $\mathfrak{L}$ 重合.设 R 是使 $\mathfrak{L}_R$ 的维数最小者.对一切 R_1,当 $z\in\mathfrak{L}_R$ 时,$(Bz,z)=0$,而且

$$\int_{|x|\leqslant R_1}(z,x)^2\Pi(\mathrm{d}x)=0$$

因此,对 $z\in\mathfrak{L}_R$

$$K(z)=\mathrm{i}(a,z)$$

所以,如果 $\mathfrak{L}_R$ 不是一维空间,则存在 $z\in\mathfrak{L}_R$,使 $(a,z)=0$.那么,当 z 属于某一维子空间时,$K(z)=0$,而这是不可能的.因此 $\mathfrak{L}_R$ 是和 a 不正交的一维子空间.设 $z_0\in\mathfrak{L}_R,z_1\in\mathfrak{L}'$,其中 $\mathfrak{L}'$ 是 $\mathfrak{L}_R$ 的正交补.那么

$$K(z_0+z_1)=\mathrm{i}(a,z_0+z_1)-\frac{1}{2}(Bz_1,z_1)+\int\left(\mathrm{e}^{\mathrm{i}(z_1,x)}-1-\frac{\mathrm{i}(z_1,x)}{1+|x|}\right)\Pi(\mathrm{d}x)=$$
$$\mathrm{i}(a,z_0)+K(z_1)$$

所以,如果 $|\operatorname{Re}K(z_1)|<1$,则

$$-\operatorname{Re}\frac{1}{\mathrm{i}(a,z_0)+K(z_1)}=\frac{-\operatorname{Re}K(z_1)}{(a,z_0)^2+|K(z_1)|^2}\leqslant\frac{-\operatorname{Re}K(z_1)}{(a,z_0)^2+[\operatorname{Re}K(z_1)]^2}\leqslant$$
$$\frac{1}{(a,z_0)^2-\operatorname{Re}K(z_1)}$$

当 $z_1\in\mathfrak{L}'$ 时存在 ε,使

$$-\operatorname{Re}K(z_1)>\varepsilon(z_1,z_1)^2$$

记 $\boldsymbol{e}$ 为 $\mathfrak{L}_R$ 中的单位向量;那么

$$(a,z_0)^2=(a,\boldsymbol{e})^2(z_0,z_0)=(a,\boldsymbol{e})^2(z,\boldsymbol{e})^2$$

其中 $z=z_0+z_1$.但是

$$\varepsilon(z_1,z_1)^2+(a,\boldsymbol{e})^2(z_0,z_0)\geqslant\min[\varepsilon,(a,\boldsymbol{e})^2][(z_1,z_1)+(z_0,z_0)]=$$
$$\delta(z,z)$$

于是,对于充分小的 z,不等式

$$-\operatorname{Re}\frac{1}{K(z)}\leqslant\frac{1}{\delta(z,z)}$$

从而也就证明了系 2 的结论.

式(28) 可用来研究过程的返回条件.

定理 3 如果对于过程 $\xi(t)$ 存在非负连续函数 $f(x)$, $f(0) \neq 0$,且

$$\int_0^\infty Ef(\xi(t))\mathrm{d}t < \infty \tag{30}$$

则

$$P\{\lim_{t\to\infty} |\xi(t)| = \infty\} = 1$$

即过程是不返回的.

证 由(30) 可知,以概率 1

$$\int_0^\infty f(\xi(t))\mathrm{d}t < \infty \tag{31}$$

所以存在点 0 的一邻域,使过程在其中渡过的总时间有限. 记 $S_\rho(x)$ 为以 x 为球心、以 ρ 为半径的球. 设 ρ 满足条件:对 $x \in S_{3\rho}(0)$, $f(x) \geqslant \delta > 0$. 我们引进随机时间:$\zeta_1$ 是过程首次流出邻域 $S_{2\rho}(0)$ 的时刻,τ_1 是在 ζ_1 之后过程首次落入邻域 $S_\rho(0)$ 的时刻;ζ_2 是在 τ_1 之后过程首次流出邻域 $S_{2\rho}(\xi(\tau_1))$ 的时刻,τ_2 是在 ζ_2 之后过程首次落入 $S_\rho(0)$ 的时刻;…;ζ_n 是在 τ_{n-1} 之后过程首次流出邻域 $S_{2\rho}(\xi(\tau_1))$ 的时刻,τ_n 是在 ζ_n 之后过程首次落入 $S_\rho(0)$ 的时刻. 所有这些量都是马尔科夫时间. 由过程的强马尔科夫性容易看出,随机变量

$$\zeta_1, \zeta_2 - \tau_1, \cdots, \zeta_n - \tau_{n-1}$$

同分布. 因为当 $\tau_{n-1} < s < \zeta_n$ 时,$\xi(s) \in S_{3\rho}(0)$,故

$$\int_0^\infty f(\xi(t))\mathrm{d}t \geqslant \delta \sum(\zeta_n - \tau_{n-1})$$

倘若 τ_n 对一切 n 定义,则由上述变量的同分布性知级数

$$\sum_{n=2}^\infty (\zeta_n - \tau_{n-1})$$

必收敛. 因此,对某个 n 有 $\tau_n = +\infty$. 所以存在 T,使当 $t > T$ 时 $\xi(t) \overline{\in} S_\rho(0)$.

设 $G = \bigcup_k S_{\frac{\rho}{2}}(x_k)$. 记 η_k 为过程首次落入邻域 $S_{\frac{\rho}{2}}(x_k)$ 的时刻. 由已证明的可知,存在 T_k(如果 η_k 有穷的话),使对 $s > T_k$ 有

$$\xi(s + \eta_k) - \xi(\eta_k) \overline{\in} S_\rho(0)$$

因此当 $t > T_k + \eta_k$ 时 $\xi(t) \overline{\in} S_{\frac{\rho}{2}}(x_k)$. 所以可以断定,对于 $t > T$,其中 $T = \max_k[T_k + \eta_k]$(这里对使 $\eta_k < \infty$ 的所有 k 求 max),有 $\xi(t) \overline{\in} \bigcup_k S_{\frac{\rho}{2}}(x_k)$.

这样,对任意有界集 G 存在 T_G,使当 $t > T_G$ 时,$\xi(t) \overline{\in} G$. 定理证完.

系 对 $\mathscr{R}^m(m \geqslant 3)$ 上的任意齐次非退化过程 $\xi(t)$,以概率 1

$$\lim_{t\to+\infty} |\xi(t)| = +\infty$$

我们更仔细地考察当 $t \to \infty$ 时在 $\mathscr{R}^m(m \geqslant 3)$ 中 $\xi(t)$ 趋向 ∞ 的情形. 我们

假设 $E|\xi(t)|<\infty$. 如果 $E\xi(t)=ta$，其中 $a\in\mathscr{R}^m$，$a\neq 0$，则容易看出，由齐次过程的强大数定律（见 §3 定理 8）

$$P\left\{\lim_{t\to\infty}\frac{1}{t}\xi(t)=a\right\}=1$$

因而，对 $a\neq 0$，过程 $\xi(t)$ 在 a 的方向上趋向无穷. 这对任意维数的空间都成立. 当 $a=0$ 时，由定理 9 知，对一切 $z\in\mathscr{R}^m$

$$P\{\overline{\lim_{t\to\infty}}(z,\xi(t))=+\infty\}=P\{\underline{\lim_{t\to\infty}}(z,\xi(t))=-\infty\}=1$$

利用过程的齐性，由此可见，集 $\left\{\dfrac{\xi(t)}{|\xi(t)|},t\geqslant 0\right\}$ 在空间 $\mathscr{R}^m$ 的单位球内处处稠密.

非负可加泛函 用本节开始所指出的方法，可以使 $\xi(t)$ 与一齐次马尔科夫过程 $x_t=\xi(t)+x$ 相联系. 我们研究该过程的可加泛函，即对 $t\geqslant 0$ 有定义并且满足下列条件的变量族 $\{\varphi_t\}$：

a) φ_t 为 $\mathscr{N}_t$ 可测，其中 $\mathscr{N}_t$ 是变量 x_s，$s\leqslant t$，产生的 σ 代数；

b) 如果 θ_t 是与马尔科夫过程 x_t 相联系的推移算子，则对一切 $h>0$ 和任意 $x\in\mathscr{R}^m$ 以概率 $P_x=1$ 有

$$\theta_h\varphi_t=\varphi_{t+h}-\varphi_t$$

我们只考虑非负的连续泛函；这样的泛函具有下面的性质：φ_t 作为 t 的函数连续并且非减. 在第二章 §6 中对于一般齐次马尔科夫过程，已详细研究过这类泛函. 特别，在那里证明了下面的结果：

1) 对任意连续非负泛函 φ_t，存在一有界 Borel 函数 $f_n(x)$ 的序列，使对任意 $x\in\mathscr{R}^m$

$$\varphi_t=P_x-\lim\int_0^t f_n(x_s)\mathrm{d}s$$

2) 如果 $f(x)$ 是有界的非负 Borel 函数，而 φ_t 是连续的可加泛函，则

$$\psi_t=\int_0^t f(x_s)\mathrm{d}\varphi_s$$

是齐次连续非负可加泛函，而且可以选择 $f(x)$，使

$$\sup_{x\in\mathscr{R}^m}E_x\psi_t<\infty$$

即使 ψ_t 为 W 泛函.

我们指出，1) 中的函数 $f_n(x)$ 可以用过程的特征来表示. 例如，对 W 泛函，函数 $f_n(x)$ 可以取为

$$\frac{1}{h_n}E_x\psi_{k_n}$$

其中 $h_n\downarrow 0$.

我们先看由

$$\varphi_t = \int_0^t f(x_s)\mathrm{d}s$$

(其中 f 是 $\mathscr{R}^m$ 上的连续有界函数）所定义的泛函.

我们证明一个定理，它提供求 φ_t 和 x_t 的联合分布的可能性.

设

$$v(\lambda, x, t) = E_x \mathrm{e}^{-\varphi_t}\Phi(x_t)$$

其中 $\lambda > 0$，Φ 是连续有界函数. 函数 $v(\lambda, x, t)$ 可以通过齐次过程 $\xi(t)$ 来表示

$$v(\lambda, x, t) = E\Phi(x + \xi_t)\exp\left\{-\lambda\int_0^t f(x + \xi(s))\mathrm{d}s\right\} \tag{32}$$

定理 4 由式(32) 定义的函数 $v(\lambda, x, t)$ 满足积分方程

$$v(\lambda, x, t) = \int \Phi(y)\mathrm{d}F_t(y - x) - \lambda\int_0^t\int_{-\infty}^{\infty} v(\lambda, y, t - s) f(y)\mathrm{d}F_s(y - x)\mathrm{d}s \tag{33}$$

其中 $F_t(x)$ 是 $\xi(t)$ 的分布函数.

证 注意到

$$\frac{\mathrm{d}}{\mathrm{d}u}\exp\left\{-\lambda\int_u^t f(x + \xi(s))\mathrm{d}s\right\} = \lambda\exp\left\{-\lambda\int_u^t f(x + \xi(s))\mathrm{d}s\right\} f(x + \xi(u))$$

所以

$$\exp\left\{-\lambda\int_0^t f(x + \xi(s))\mathrm{d}s\right\} = 1 - \lambda\int_0^t \exp\left\{-\lambda\int_u^t f(x + \xi(s))\mathrm{d}s\right\} f(x + \xi(u))\mathrm{d}u$$

将该式乘以 $\Phi(\xi(t) + x)$ 并取数学期望，得

$$\begin{aligned}v(\lambda, x, t) = &\int \Phi(y)\mathrm{d}F_t(y - x) - \lambda E\int_0^t f(x + \xi(u)) \cdot \\ &E\left[\Phi(x + \xi(t))\exp\left\{-\lambda\int_u^t f(x + \xi(s))\mathrm{d}s\right\} \mid \xi(u)\right]\mathrm{d}u\end{aligned}$$

注意到

$$\begin{aligned}&E\big(\Phi(x + \xi(u) + [\xi(t) - \xi(u)]\big) \cdot \\ &\exp\left\{-\lambda\int_0^{t-u} f(x + \xi(u) + [\xi(s + u) - \xi(u)])\mathrm{d}s\right\} \mid \xi(u)\Big) = \\ &\left(E\Phi(z + \xi(t - u))\exp\left\{-\lambda\int_0^{t-u} f(z + \xi(s))\mathrm{d}s\right\}\right)_{z = x + \xi(n)} = \\ &v(\lambda, x + \xi(u), t - u)\end{aligned}$$

这是因为 $\xi(s + u) - \xi(u)$ 和 $\xi(u)$ 独立并且同分布. 因此

$$v(\lambda, x, t) = \int \Phi(y)\mathrm{d}F_t(y - x) - \lambda E\int_0^t f(x + \xi(t)) v(\lambda, x + \xi(u), t - u)\mathrm{d}u$$

由此得定理的结论.

注 1 对于 $\mathrm{Re}\,\lambda > 0$，$v(\lambda, x, t)$ 是 λ 的解析函数. 所以为求 $v(\lambda, x, t)$，只需对充分小的 $\lambda > 0$ 求出这个函数. 对 $\lambda t \parallel f \parallel < 1$，方程(33) 有唯一解，可以用逐

步逼近法求此解.

注 2 利用半群算子,可以把方程(33)化为

$$v(\lambda, x, t) = T_t\Phi - \lambda\int_0^t T_{t-s}[fv(\lambda, \cdot, s)]\mathrm{d}s \tag{34}$$

假设函数 Φ 和 $f \in \mathscr{C}^2$. 由(32)可见 $v(\lambda, x, t)$ 也属于 $\mathscr{C}^2$. 从而,$fv \in \mathscr{C}^2$. 但这时 $fv \in \mathscr{D}_A$,其中 A 是半群的生成算子. 所以存在

$$\frac{\mathrm{d}}{\mathrm{d}t}T_{t-s}[fv(\lambda, \cdot, s)] = T_{t-s}Afv(\lambda, \cdot, s)$$

因而存在

$$\frac{\partial}{\partial t}v(\lambda, x, t) = T_tA\Phi - \lambda f(x)v(\lambda, x, t) - \lambda\int_0^t T_{t-s}A[fv(\lambda, \cdot, s)]\mathrm{d}s$$

由 A 和 T_t 的可交换性知

$$T_tA\Phi - \lambda\int_0^t T_{t-s}A[fv(\lambda, \cdot, s)]\mathrm{d}s = A\left[T_t\Phi - \lambda\int_0^t T_{t-s}fv(\lambda, \cdot, s)\mathrm{d}s\right] = Av(\lambda, \cdot, s)$$

从而,$v(\lambda, x, t)$ 满足方程

$$\frac{\partial}{\partial t}v(\lambda, x, t) = Av(\lambda, x, t) - \lambda f(x)v(\lambda, x, t) \tag{35}$$

和初始条件 $v(\lambda, x, +0) = \Phi(x)$.(回忆,$A$ 是定理 1 中定义的算子.)

W 泛函 φ_t 完全决定于函数

$$G_\lambda(x) = E_x\int_0^\infty \mathrm{e}^{-\lambda t}\mathrm{d}\varphi_t$$

现在我们来说明,对某一独立增量过程类该函数具有何种形式. 我们假设过程 $\xi(t)$ 有 $E|\xi(t)|^{m+1} < \infty$,其中 m 是 $\mathscr{R}^m$ 的维数. 我们所要考虑的不是所有 W 泛函,而只是有有界承载子的泛函(后面将说明这一概念的含意). 如果 $f(x)$ 是非负有界连续函数,则量 ψ_t

$$\psi_t = \int_0^t f(x_s)\mathrm{d}\varphi_s$$

是非负泛函(关于这一点已有说明). 设在某闭集 E 上 $f(x) = 1$,那么对 $t < \tau$ 有 $\psi_t = \varphi_t$,其中 τ 是过程 x_t 首次流出集 E 的时刻. 由此可见,如果适当地选择函数 f,则可以使泛函 ψ_t 和 φ_t 以任意接近于 1 的概率在任意大的时间段上重合. 我们假设当 $|x| > c+1$ 时 $f = 0$,而当 $|x| \leqslant c$ 时 $f = 1$. 这时,在 x_t 属于集 $\{x: |x| \leqslant c+1\}$ 的情形下,泛函 ψ_t 递增. 这个集就是该泛函在所述情形下的承载子;它是有界的.

设

$$G_\lambda(x) = E_x\int_0^\infty \mathrm{e}^{-\lambda t}\mathrm{d}\psi_t$$

我们证明 $G_\lambda(x)$ 在 $\mathscr{R}^m$ 中对 Lebesgue 测度可积(所有限制正是为此而加的).

我们有

$$G_\lambda(x) \leqslant [P\{\sup_{s\leqslant t} |\xi(s)| > |x| - c\} + e^{-\lambda T}] \sup_y E_y \int_0^\infty e^{-\lambda t} d\psi_t$$

注意到

$$\sup_x E_x \psi_t \leqslant \sup_{|x|\leqslant c+1} E_x \varphi_t \cdot \|f\|$$

所以

$$\sup_x E_x \psi_{kt} \leqslant \sup_x E_x [\psi_{(k-1)t} + \theta_{(k-1)t} \varphi_t] \leqslant k \sup_x E_x \psi_t$$

从而

$$\sup_x E_x \int_0^\infty e^{-\lambda t} d\psi_t < \infty$$

因为 $|\xi(t)|$ 是半鞅,故对一切 N

$$P\{\sup_{s\leqslant T} |\xi(s)| > |x|\} \leqslant \frac{E|\xi(T)|^N}{|x|^N}$$

此外,对充分大的 T,$E|\xi(T)|^N = O(T^N)$. 故对大 $|x|$ 有

$$G_\lambda(x) = O\left(e^{-\lambda T} + \left(\frac{T}{|x|}\right)^{m+1}\right)$$

若取 $T = \alpha \ln |x|$,则

$$G_\lambda(x) = O\left(\left(\frac{\ln |x|}{|x|}\right)^{m+1} + \frac{1}{|x|^{\alpha\lambda}}\right) \tag{36}$$

即 $G_\lambda(x)$ 关于 Lebesgue 测度可积.

函数

$$\widetilde{G}_\lambda(z) = \int e^{i(z,x)} G_\lambda(x) dx$$

关于 z 正定. 我们证明函数 $[\lambda - K(-z)]\widetilde{G}_\lambda(z)$ 对 z 也正定. 注意

$$E_x G_\lambda(x_t) = E_x E_{x_t} \int_0^\infty e^{-\lambda s} d\psi_s = e^{\lambda t} E_x E\left(\int_t^\infty e^{-\lambda s} d\psi_s \mid \mathscr{N}_t\right) \leqslant e^{\lambda t} G_\lambda(x)$$

因此,函数 $e^{\lambda t} G_\lambda(x) - EG_\lambda(x + \xi(t))$ 非负并为函数 $e^{\lambda t} G_\lambda(x)$ 控制. 所以函数

$$\int [e^{\lambda t} G_\lambda(x) - EG_\lambda(x + \xi(t))] e^{i(z,x)} dx$$

以及(对 $\alpha > \lambda$)

$$\alpha^2 \int_0^\infty e^{-\alpha t} \int [e^{\lambda t} G_\lambda(x) - EG_\lambda(x + \xi(t))] e^{i(z,x)} dx dt =$$

$$\left[\frac{\alpha^2}{\alpha - \lambda} - \frac{\alpha^2}{\alpha - K(-z)}\right] \widetilde{G}_\lambda(z)$$

正定. 令 $\alpha \to \infty$ 取极限,可知函数 $[\lambda - K(-z)]\widetilde{G}_\lambda(z)$ 正定.

我们证明它不依赖 λ.

为此我们证明

$$\frac{\partial}{\partial\lambda}\widetilde{G}_\lambda(z)=-\frac{\widetilde{G}_\lambda(z)}{\lambda-K(-z)} \tag{37}$$

函数$\dfrac{\widetilde{G}_\lambda(z)}{\lambda-K(-z)}$是函数$\int\widetilde{G}_\lambda(x+y)F_\lambda(\mathrm{d}y)$的 Fourier 变换($F_\lambda$ 决定于式(5)).而

$$\int G_\lambda(x+y)F_\lambda(\mathrm{d}y)=E_x\int_0^\infty \mathrm{e}^{-\lambda t}G_\lambda(x_t)\mathrm{d}t=E_x\int_0^\infty \mathrm{e}^{-\lambda t}E_{x_t}\int_0^\infty \mathrm{e}^{-\lambda s}\mathrm{d}\psi_s\mathrm{d}t=$$

$$E_x\int_0^\infty\int_t^\infty \mathrm{e}^{-\lambda s}\mathrm{d}\psi_s\mathrm{d}t=E_x\int_0^\infty s\mathrm{e}^{-\lambda s}\mathrm{d}\psi_s=$$

$$-\frac{\partial}{\partial x}E_x\int_0^\infty \mathrm{e}^{-\lambda s}\mathrm{d}\psi_s=-\frac{\partial}{\partial\lambda}G_\lambda(x)$$

(因为$\dfrac{\partial}{\partial\lambda}G_\lambda(x)$有类似(36)的估计,所以可以在积分号下求微商.)式(37)得证.

因而,存在测度 v_ψ,使

$$[\lambda-K(-z)]\widetilde{G}_\lambda(z)=\int \mathrm{e}^{\mathrm{i}(z,x)}v_\psi(\mathrm{d}x)$$

这个测度满足条件:如果

$$m_\lambda(A)=\int v_\psi(A+x)F_\lambda(\mathrm{d}x)$$

(其中 $A+x=\{y:y-x\in A\}$),则 $m_\lambda(A)$ 关于 $\mathscr{R}^m$ 中的 Lebesgue 测度绝对连续.事实上

$$\int \mathrm{e}^{\mathrm{i}(z,x)}m_\lambda(\mathrm{d}x)=\frac{1}{\lambda-K(-z)}\int \mathrm{e}^{\mathrm{i}(z,x)}v_\psi(\mathrm{d}x)=$$

$$\int \mathrm{e}^{\mathrm{i}(z,x)}G_\lambda(\mathrm{d}x)$$

所以

$$m_\lambda(A)=\int_A G_\lambda(x)\mathrm{d}x$$

因而,函数 $G_\lambda(x)$ 决定于

$$G_\lambda(x)=\frac{\mathrm{d}}{\mathrm{d}x}m(\cdot)=\frac{\mathrm{d}}{\mathrm{d}x}\int v_\psi(\cdot+z)F_\lambda(\mathrm{d}z) \tag{38}$$

其中$\dfrac{\mathrm{d}}{\mathrm{d}x}m(\cdot)$表示测度 m 关于 Lebesgue 测度在点 x 的密度.

为研究测度 v_ψ 与相应泛函的联系,必须同时考虑两个泛函.

设 φ_t 和 ψ_t 是具有如上所述形状的两个泛函.那么

$$\int_0^\infty \mathrm{e}^{-\lambda t}\varphi_t\mathrm{d}\psi_t=\int_0^\infty \mathrm{e}^{-\lambda t}\int_0^t\mathrm{d}\varphi_s\mathrm{d}\psi_t=$$

$$\int_0^\infty e^{-\lambda s} d\varphi_s \int_s^\infty e^{-\lambda(t-s)} d\psi_t$$

$$E_x \int_0^\infty e^{-\lambda t} \varphi_t d\psi_t = E_x \int_0^\infty e^{-\lambda s} d\varphi_s E_x \left(\int_s^\infty e^{-\lambda(t-s)} d\psi_t \mid \mathscr{N}_s \right) =$$

$$E_x \int_0^\infty e^{-\lambda s} d\varphi_s E_{x_s} \int_0^\infty e^{-\lambda t} d\psi_t$$

其次，我们看到，对于可测有界函数 $f(x)$ 成立等式

$$E_x \int_0^\infty e^{-\lambda s} f(x_s) d\varphi_s = \frac{d}{dx} \int F_\lambda(y - \cdot) f(y) v_\varphi(dy) \tag{39}$$

其中 $y - A = \{z : y - z \in A\}$. 由于测度 $\int F_\lambda(y - \cdot) f(y) v_\varphi(dy)$ 关于测度

$$\int F_\lambda(y - \cdot) v_\varphi(dy) = \int v_\varphi(\cdot + y) F_\lambda(dy)$$

绝对连续，可知它也关于 Lebesgue 测度绝对连续. 为证明式(39)，我们先考虑

$$\varphi_t = \int_0^t g(x_s) ds$$

的情形. 那么

$$\int e^{i(z,y)} v_\varphi(dy) = [\lambda - K(-z)] \int E_x \int_0^\infty e^{-\lambda t} g(x_t) dt e^{i(z,x)} dx =$$

$$\int g(x) e^{i(z,x)} dx$$

因此，$\frac{dv_\varphi}{dx} = g(x)$，而(39) 是以下各式的推论

$$E_x \int_0^\infty e^{-\lambda s} f(x_s) g(x_s) ds = \int F_\lambda(dy) f(y+x) g(y+x)$$

和

$$\int e^{i(z,x)} \int F_\lambda(dy) f(x+y) g(x+y) dx = \frac{1}{\lambda - K(-z)} \int f(x) e^{i(z,x)} v_\varphi(dx)$$

$$\int e^{i(z,x)} \int F_\lambda(y - dx) f(y) v_\varphi(dy) = \int e^{-i(z,y-x)} F_\lambda(y - dx) \int e^{i(z,y)} f(y) v_\varphi(dy) =$$

$$\frac{1}{\lambda - K(-z)} \int f(x) e^{i(z,x)} v_\varphi(dx)$$

在一般场合需要利用同类型泛函的极限过渡. 因而

$$E_x \int_0^\infty e^{-\lambda t} \varphi_t d\psi_t = \frac{d}{dx} \int R_\lambda(y - \cdot) \frac{d}{dy} [R_\lambda(z - \cdot) v_\psi(dz)] v_\varphi(dy)$$

如果 $v_\varphi = v_\psi$，则对几乎一切 x 有

$$E_x \int_0^\infty e^{-\lambda t} d[\varphi_t - \psi_t]^2 = 2E_x \int_0^\infty e^{-\lambda t} (\varphi_t - \psi_t)(d\varphi_t - d\psi_t) = 0$$

因为

$$E_x \int_0^\infty e^{-\lambda t} \varphi_t d\psi_t = E_x \int_0^\infty e^{-\lambda t} \psi_t d\varphi_t = E_x \int_0^\infty e^{-\lambda t} \varphi_t d\varphi_t = E_x \int_0^\infty e^{-\lambda t} \psi_t d\psi_t$$

故对几乎一切 x 以概率 $P_x=1$ 对几乎所有 t 有 $\varphi_t=\psi_t$. 但由 φ_t 和 ψ_t 的连续性，对几乎所有 x 有 $P_x\{\varphi_t\equiv\psi_t\}=1$.

在什么情形下测度 v_φ 唯一决定泛函 φ 呢？下面的定理回答了这个问题.

定理 5 测度 v_φ 在给定类中唯一决定泛函 φ_t 的必要和充分条件是，对任意关于 Lebesgue 测度几乎处处为 0 的有界非负 Borel 函数 $f(x)$，$x\in\mathscr{R}^m$ 和 $t>0$，满足等式

$$P_x\left\{\int_0^t f(x_s)\mathrm{d}s=0\right\}=1$$

证 如果存在有界非负 Borel 函数，关于 Lebesgue 测度几乎处处为 0，并且对 $t>0$ 和 $x\in\mathscr{R}^m$

$$P_x\left\{\int_0^t f(x_s)\mathrm{d}s=0\right\}<1$$

则 $\varphi_t=\int_0^t f(x_s)\mathrm{d}s$ 是非零泛函，对应于测度 $v_\varphi(A)=\int_A f(x)\mathrm{d}x\equiv 0$. 由此证得定理条件的必要性.

如果定理的条件成立，则对 $v_\varphi=v_\psi$

$$\begin{aligned}0={}&E_x\int_0^\infty \mathrm{e}^{-\lambda t}E_{x_t}\int_0^\infty \mathrm{e}^{-\lambda s}[\varphi_s-\psi_s]^2\mathrm{d}s\mathrm{d}t=\\&E_x\int_0^\infty \mathrm{e}^{-\lambda t}E_x\left(\int_0^\infty \mathrm{e}^{-\lambda s}[\varphi(s+t)-\psi(s+t)-\varphi(t)+\psi(t)]^2\mathrm{d}s\mid\mathscr{N}_t\right)\mathrm{d}t=\\&E_x\int_0^\infty \mathrm{e}^{-\lambda t}\frac{[\varphi_t-\psi_t]^2}{\lambda}\mathrm{d}t-2E_x\int_0^\infty \mathrm{e}^{-\lambda t}[\varphi_t-\psi_t]\int_0^\infty \mathrm{e}^{-\lambda s}[\varphi_{s+t}-\psi_{s+t}]\mathrm{d}s\mathrm{d}t+\\&E_x\int_0^\infty \mathrm{e}^{-\lambda t}\int_0^\infty[\varphi_{t+s}-\psi_{t+s}]^2\mathrm{e}^{-\lambda s}\mathrm{d}s\mathrm{d}t\end{aligned}$$

因为 $E_x[\varphi(s+t)-\psi(s+t)\mid\mathscr{N}_t]=h(x_t)$，其中关于 Lebesgue 测度几乎处处 $h(x)=0$，故

$$E_x\int_0^\infty \mathrm{e}^{-\lambda t}[\varphi_t-\psi_t]\int_0^\infty \mathrm{e}^{-\lambda s}[\varphi_{t+s}-\psi_{t+s}]\mathrm{d}s\mathrm{d}t=0$$

因此

$$\frac{1}{\lambda}E_x\int_0^\infty \mathrm{e}^{-\lambda t}[\varphi_t-\psi_t]^2\mathrm{d}t=0$$

因为

$$E_x\int_0^\infty \mathrm{e}^{-\lambda t}\int_0^\infty \mathrm{e}^{-\lambda s}[\varphi_{t+s}-\psi_{t+s}]^2\mathrm{d}s\mathrm{d}t\geqslant 0$$

定理得证.

系 测度 v_φ 唯一决定泛函 φ，当且仅当 F_λ 关于 Lebesgue 测度绝对连续.

多维 Wiener 过程 设 $\xi(t)$ 是取值于 $\mathscr{R}^m$ 的连续齐次独立增量过程. 这样过程的特征函数形为

$$Ee^{i(z,\xi(t))}=\exp\left\{t\left[i(\boldsymbol{a},z)-\frac{1}{2}(Bz,z)\right]\right\} \tag{40}$$

其中向量 $\boldsymbol{a}\in\mathscr{R}^m$ 称做移动向量，而算子 B 称做扩散算子. 算子 B 是对称非负算子. 所以 $B=C^2$，其中 C 也是对称非负算子. 设 $w(t)$ 是 $\mathscr{R}^m$ 中的过程，其特征函数为

$$Ee^{i(z,\xi(t))}=\exp\left\{-\frac{1}{2}t(z,z)\right\} \tag{41}$$

即 $w(t)$ 是移动向量为 $\mathbf{0}$ 而扩散算子为 $\mathscr{R}^m$ 中单位算子 E 的过程. 容易看出，过程

$$\xi'(t)=t\boldsymbol{a}+Cw(t)$$

的特征函数与过程 $\xi(t)$ 相同，均为(40). 所以过程 $\xi(t)$ 和 $\xi'(t)$ 的性质相同，其相同泛函的分布相同. 由于过程 $\xi'(t)$ 通过过程 $w(t)$ 的表现十分简单，故为研究 $\xi'(t)$ 的许多性质，只需研究过程 $w(t)$ 的性质.

特征函数形如(41) 的过程称做 m 维 wiener 过程.

如果 C 是非退化的算子，则 $w(t)$ 也可以由过程 $\xi'(t)$ 表示. 算子 C 是非退化的，当且仅当算子 B 是非退化的. 具有非退化算子 B 的过程称做非退化过程. 我们指出，只有这种情形才值得研究. 事实上，设算子 B 的值域是 $\mathscr{R}^m$ 的子空间 L，而 N 是 L 在 $\mathscr{R}^m$ 中的正交补. 我们把过程 $\xi(t)$ 表为和

$$\xi(t)=\xi_1(t)+\xi_2(t)$$

其中 $\xi_1(t)\in L,\xi_2(t)\in N,\boldsymbol{a}=\boldsymbol{a}_1+\boldsymbol{a}_2$，其中 $\boldsymbol{a}_1\in L,\boldsymbol{a}_2\in N$. 那么 $\xi_2=t\boldsymbol{a}_2$，对 $z\in L$

$$Ee^{i(z,\xi_1(t))}=\exp\left\{t\left[i(z,\boldsymbol{a}_1)-\frac{1}{2}(Bz,z)\right]\right\}$$

因为在 L 中算子 B 是非退化的，故过程 $\xi_1(t)$ 在 L 中是非退化的. 而过程 $\xi_2(t)$ 是 t 的线性函数. 所以研究 $\xi(t)$ 归结为研究非退化过程 $\xi'(t)$.

以(40) 为特征函数的过程 $\xi(t)$ 的生成算子形为

$$Af=(\boldsymbol{a},\nabla)f-\frac{1}{2}(B\nabla,\nabla)f \tag{42}$$

其中 f 是二次连续可微函数(见定理 1). 而若 $\xi(t)$ 是 Wiener 过程，则对二次连续可微函数 f

$$Af=-\frac{1}{2}\Delta f \tag{43}$$

其中 Δ 是 Laplace 算子

$$\Delta f=\sum_1^m\frac{\partial f}{\partial x^k}$$

而 $x^1,\cdots,x^m$ 是 x 是某正交基中的坐标.

因为对所有 $\varepsilon>0$

$$P\{|\xi(t)|>\varepsilon\}\leqslant\frac{E|\xi(t)|^3}{\varepsilon^3}=o(t)$$

故容易看出,如果 f 在 $\mathscr{R}^m$ 中有界,则在每一个这样的点 x:在 x 的某一邻域内 f 是二次连续可微的,存在极限

$$\lim_{t\downarrow 0}\frac{T_tf(x)-f(x)}{t}=\lim_{t\downarrow 0}\frac{Ef(x+\xi(t))-f(x)}{t}=$$

$$(a,\nabla)f(x)+\frac{1}{2}(B\nabla,\nabla)f(x)$$

我们看 Wiener 过程 $w(t)$ 的某些性质.

设 S 是球心在点 O 的球,τ 是首次流出该球的时间. 那么由过程的连续性知,$w(\tau)$ 落到球的边界上. 设 Γ 是球的边界 S' 上的某一集合. 如果 U 是空间 $\mathscr{R}^m$ 的任一正交变换,则 $Uw(t)$ 也是连续的齐次独立增量过程,其特征函数为

$$Ee^{i(z,Uw(t))}=Ee^{i(U^{-1}z,w(t))}=\exp\left\{-\frac{1}{2}t(U^{-1}z,U^{-1}z)\right\}=$$

$$\exp\left\{-\frac{1}{2}t(z,z)\right\}$$

因此,$Uw(t)$ 也是 Wiener 过程,它的边沿分布和过程 $w(t)$ 的边沿分布相同. 以 τ' 表过程 $Uw(t)$ 首次流出球 S 的时间. 显然 $\tau'=\tau$. 所以

$$P\{w(\tau)\in\Gamma\}=P\{Uw(\tau')\in\Gamma\}=P\{Uw(\tau)\in\Gamma\}=$$

$$P\{w(t)\in U^{-1}\Gamma\}$$

其中 $U^{-1}\Gamma$ 在变换 U 中是 Γ 的逆象. 因而,S' 上的测度

$$m(\Gamma)=P\{w(\tau)\in\Gamma\}$$

关于球的一切旋转不变,即该测度与球面上的 Lebesgue 测度成比例,比例系数由条件 $m(S')=1$ 确定. 由 $\tau=\tau'$ 容易证明,$w(\tau)$ 不依赖于 τ. 这一事实可用来求变量 τ 和 $w(\tau)$ 的联合分布,其中 τ 是首达具有充分光滑边界的集的时刻.

定理 6 设 V 是一闭集,其边界 V' 具有如下性质:对任一点 $x_0\in V'$ 存在开锥体 K_{x_0}(x_0 是它的顶点)和 $\varepsilon>0$,使 $S_\varepsilon(x_0)\cap K_{x_0}\subset V$;设 τ_x 是过程 $w(t)+x$ 首达集 V 的时刻. 那么,对定义在 V' 上的任意连续有界函数 f 和 $\lambda>0$,当 $x\overline{\in}V$ 时函数

$$\Phi_\lambda(x)=Ee^{-\lambda\tau_x}f(w(\tau_x)+x)$$

满足方程

$$\lambda\Phi_\lambda(x)-\frac{1}{2}\Delta\Phi_\lambda(x)=0\tag{44}$$

其中 Δ 是 Laplace 算子,而且 $\lim\limits_{x\to x_0}\Phi_\lambda(x)=f(x_0)$,$x_0\in V'$,$x\overline{\in}V$.

证 设 $x\overline{\in}V$,$\varepsilon>0$,使 $S_\varepsilon(x)\cap V=\varnothing$. 那么

$$\Phi_\lambda(x)=Ee^{-\lambda\tau_\varepsilon}\Phi_\lambda(w(\tau_\varepsilon)+x)\tag{45}$$

其中 τ_ε 是首次流出球 $S_\varepsilon(x)$ 的时刻(为证明该式需利用

$$\theta_{\tau_\varepsilon} e^{-\lambda\tau} f(x(\tau)) = e^{-\lambda(\tau-\tau_\varepsilon)} f(x(\tau))$$

其中 $x(t)=w(t)+x$,θ 是马尔科夫过程 $x(t)$ 的推移算子). 由 τ_ε 和 $w(\tau_\varepsilon)$ 的独立性知

$$\Phi_\lambda(x) = E e^{-\lambda\tau_\varepsilon} \frac{1}{|S'_\varepsilon|}\int_{S'_\varepsilon(x)} \Phi_\lambda(x+y) d_y |S'| \tag{46}$$

其中 $d_y|S'|$ 是曲面的Lebesgue面积元素,$|S'_\varepsilon|$ 是以 ε 为半径的球的表面积,而 $S'_\varepsilon(x)$ 是 $S_\varepsilon(x)$ 的边界.

我们求随机变量 τ_ε 的矩. 设 S 是球心在原点半径等于 r 的球,$\tau_r(x)$ 是过程 $w(t)+x$ 首次流出该球的时刻. 由于过程 $w(t)+x$ 无吸收点,故由第二章 §5 的结果(见式(4) 及以后各式) 可知,对充分小的 r,$\tau_r(x)$ 有一切阶矩. 设

$$G(x) = E\tau_r(x)$$

仿照(46) 可得

$$G(x) = \frac{1}{|S'_\varepsilon|}\int_{S'_\varepsilon(x)} G(x+y) d_y |S'| + E\tau_\varepsilon \tag{47}$$

因为过程 $\lambda w\left(\frac{t}{\lambda^2}\right)$ 的累积量和过程 $w(t)$ 的累积量相同,故过程 $\lambda w\left(\frac{t}{\lambda^2}\right)$ 首次流出球 S_ε 的时刻 τ'_ε 等于$\frac{\lambda^2\tau_\varepsilon}{\lambda}$,而且与 τ_ε 有相同的分布. 所以

$$E\tau_\varepsilon = \lambda^2 E\frac{\tau_\varepsilon}{\lambda}$$

从而 $E\tau_\varepsilon = c\varepsilon^2$,其中 c 是某一常数. 函数 $c(x,x)$ 满足下列等式

$$\frac{1}{|S'_\varepsilon|}\int_{S'_\varepsilon(x)} c(x+y,x+y) d_y |S'| =$$

$$\frac{1}{|S'_\varepsilon|}\int_{S'_\varepsilon(x)} [c(x,x)+2c(x,y)+c\varepsilon^2] d_y |S'| =$$

$$c\varepsilon^2 + c(x,x)$$

因为

$$\int_{S'_\varepsilon(x)} (x,y) d_y |S'| = 0$$

因此对满足 $S_\varepsilon(x)\subset S$ 的一切 ε 有

$$\frac{1}{|S'_\varepsilon|}\int_{S'_\varepsilon(x)} [G(x+y)+c(x+y,x+y)] d_y |S'| = G(x)+c(x,x) \tag{48}$$

我们证明 $G(x)$ 是连续函数. 因为由过程的强马尔科夫性

$$P\{\tau_r(x_1) > \tau_r(x_2)+\delta\} \leqslant$$

$$P\left\{\sup_{0<t<\delta}[w(\tau_r(x_2)+t)-w(\tau_r(x_2))], w(\tau_r(x_2))+x_2) \leqslant \frac{|x_1-x_2|}{r}\right\} =$$

$$P\left\{\sup_{0<t<\delta}(w(t),z) \leqslant \frac{|x_1-x_2|}{r}\right\} \to 0$$

$x_1 - x_2 \to 0$(例如,由齐次过程的重对数定律),故当 $x_1 - x_2 \to 0$ 时,依概率 $\tau_r(x_1) \to \tau_r(x_2)$. 由矩的一致有界性:$\tau_r(x) \leqslant \tau_{2r}(0)$,可见 $E_r(x)$ 的连续性.

于是,函数 $G(x)+c(x,x)$ 连续并满足(48);因而它是调和的. 但对 $x \in S'$,$G(x)+c(x,x)=cr^2$,所以当 $x \in S$ 时它也是常数:$G(x)=c[r^2-(x,x)]$.

为求 c 我们指出

$$\frac{E_xG(x(\tau_\varepsilon)-G(x))}{E_x\tau_\varepsilon}=\frac{\frac{1}{|S'_\varepsilon|}\int_{S'_\varepsilon(x)}G(x+y)\mathrm{d}_y\ |\ S'\ |-G(x)}{E_x\tau_\varepsilon}=-1$$

因而对 $x \in S$,$G(x)$ 属于特征算子的定义域,且 $\mathfrak{U}G(x)=-1$. 但是生成算子也定义在二次连续可微函数上,而且 $\mathfrak{U}G=AG=\frac{1}{2}\times\Delta G$. 从而,$-\frac{1}{2}c\Delta(x,x)=-1$,即 $c=\frac{1}{m}$.

设 $G_2(x)=E[\tau_r(x)]^2$. 那么对 $S_\varepsilon(x)\subset S$

$$G_2(x)=E\tau_\varepsilon^2+2E\tau_\varepsilon\cdot\frac{1}{|S'_\varepsilon|}\int_{S'_\varepsilon(x)}G(x+y)\mathrm{d}_y\ |\ S'\ |$$
$$\frac{1}{|S'_\varepsilon|}\int_{S'_\varepsilon(x)}G_2(x+y)\mathrm{d}_y\ |\ S'\ |$$

因此

$$G_2(x)=E\tau_\varepsilon^2-2[E\tau_\varepsilon]^2+2E\tau_\varepsilon G(x)+\frac{1}{|S'_\varepsilon|}\int_{S'_\varepsilon(x)}G_2(x+y)\mathrm{d}_y\ |\ S'\ |$$

再次利用等式 $\tau'_\varepsilon=\lambda^2\tau_{\frac{\varepsilon}{\lambda}}$,可得 $E\tau_\varepsilon^2=c^2\varepsilon^4$. 所以

$$G_2(x)=\left(c_2-\frac{2}{m^2}\right)\varepsilon^4+2\frac{\varepsilon^2}{m}(r^2-(x,x))+$$
$$\frac{1}{|S'_\varepsilon|}\int_{S'_\varepsilon(x)}G_2(x+y)\mathrm{d}_y\ |\ S'\ |$$

用求 $G(x)$ 的同样方法,由该等式容易求出 $G_2(x)$

$$G_2(x)=\frac{m+4}{m(2m+2)}r^4+\frac{r^2}{m}(x,x)-\frac{1}{2m+2}(x,x)^2$$

特别

$$E\tau_\varepsilon^2=\frac{m+4}{m(2m+2)}\varepsilon^4$$

因此

$$E\mathrm{e}^{-\lambda\tau_\varepsilon}=1-\lambda E\tau_\varepsilon+O((E\tau_\varepsilon)^2)$$

如果 $\varphi(x)$ 是 S' 上的任意连续函数,则容易看出,函数

$$E\varphi(w(\tau_r(x))+x)$$

在 S 中是调和函数,而在边界 S' 上取 $\varphi(x)$ 为值. 所以

$$E\varphi(w(\tau_r(x))+x)=\int_{S'}\varphi(y)g_r(x,y)\mathrm{d}_y \mid S' \mid \tag{49}$$

其中

$$g_r(x,y)=c_m \frac{r^2-|x|^2}{r|x-y|^m}$$

由(49)可见，对任意 $\rho>0$，如果 $|x|<r-\rho$，则存在 c_ρ，使

$$P\{w(\tau_r(x))+x\in\Gamma\}\leqslant c_\rho P\{w(\tau_r(0))\in\Gamma\} \tag{50}$$

我们回到决定 $\Phi_\lambda(x)$ 的方程. 下证 $\Phi_\lambda(x)$ 连续. 为此只需验证，当 $x\to y$ 时依概率 $\tau_x\to\tau_y$. 但是

$$P\{\tau_x>\tau_y+\delta\}\leqslant P\{w(t+\tau_y)+x\,\overline{\in}\,K_{w(\tau_y)+y},t\leqslant\delta\}$$

其中 $K_{w(\tau_y)+y}$ 是定理条件中所说的锥体. 而该式右侧的概率又等于

$$P\{w(t)+x-y\,\overline{\in}\,K,t\leqslant\delta\}$$

其中 K 是以原点为顶点的一开锥体. 设 $\boldsymbol{z}\in K$，$|\boldsymbol{z}|=1$，是这样一个向量：对某个 $\alpha<1$ 有

$$\{x:(x,\boldsymbol{z})>\alpha|x|\}\in K$$

那么

$$P\{w(t)+x-y\,\overline{\in}\,K,t\leqslant\delta\}\leqslant P\{(w(t),\boldsymbol{z})\leqslant\alpha|w(t)|+(\boldsymbol{z},y-x),\iota\leqslant\delta\}$$

而

$$\varlimsup_{x\uparrow y}P\{(w(t),\boldsymbol{z})\leqslant\alpha|w(t)|+\boldsymbol{z}(y-x),t\leqslant\delta\}=$$
$$P\{(w(t),\boldsymbol{z})\leqslant\alpha|w(t)|,t\leqslant\delta\}$$

记 $w_1(t)=(w(t),\boldsymbol{z})$，$w_2(t)=w(t)-\boldsymbol{z}w_1(t)$. 因为当 $(u,\boldsymbol{z})=0$ 时

$$Ee^{i\lambda w_1(t)+(u,w_2(t))}=Ee^{i(\lambda\boldsymbol{z}+u,w(t))}=\exp\left\{-\frac{1}{2}t(\lambda\boldsymbol{z}+u,\lambda\boldsymbol{z}+u)\right\}=$$
$$\exp\left\{-\frac{\lambda^2t}{2}-\frac{t}{2}(u,u)\right\}$$

设 η_ρ 是首次出现 $w_1(t)=\rho+\sqrt{\frac{1}{t}\ln\ln\frac{1}{t}}$ 的时刻. 由重对数定律知，当 $\rho\to0$ 时 $\eta_\rho\to0$. 变量 η_ρ 与 $w_2(t)$ 独立. 因为 $\frac{w_2(t)}{\sqrt{t}}$ 的分布不依赖 t，故 $\frac{w_2(\eta_\rho)}{\sqrt{\eta_\rho}}$ 的分布不依赖 η_ρ. 所以

$$P\{(w(t),\boldsymbol{z})\leqslant\alpha|w(t)|,t\leqslant\delta\}\leqslant$$
$$P\left\{\rho+\sqrt{\eta_\rho\ln\ln\frac{1}{\eta_\rho}}\leqslant\alpha\sqrt{\left(\rho+\sqrt{\eta_\rho\ln\ln\frac{1}{\eta_\rho}}\right)^2+|w_2(\eta_\rho)|^2}\right\}=$$
$$P\left\{\rho+\sqrt{\eta_\rho\ln\ln\frac{1}{\eta_\rho}}\leqslant\alpha\left(\rho+\sqrt{\eta_\rho\ln\ln\frac{1}{\eta_\rho}}\right)\sqrt{1+\left|\frac{w_2(\eta_\rho)}{\sqrt{\eta_\rho}}\right|^2\frac{1}{\ln\ln\frac{1}{\eta_\rho}}}\right\}$$

因为 $\alpha < 1$，而且当 $\rho \to 0$ 时 $\ln \ln \frac{1}{\eta_\rho} \to +\infty$，又 $\frac{[w_2(\eta_\rho)]^2}{\eta_\rho}$ 依概率有界，所以最后的概率趋向 0. 因而，对一切 $\delta > 0$

$$\lim_{x \to y} P\{\tau_x > \tau_y + \delta\} = 0$$

设 D_ε 是这样一些点 x 的集合：$x \in V'$，存在向量 $\boldsymbol{z}_x$，使 $\{y:(\boldsymbol{z}_x, y - x) > (1-\varepsilon)|y-x|, |y-x| < \varepsilon\} \in V$. 那么，由定理的条件知 $\bigcup_{\varepsilon > 0} D_\varepsilon = V'$. 集 D_ε 随 ε 递增. 我们证明，通过选择 $\varepsilon > 0$ 可以使

$$\overline{\lim_{x \to y}} P\{w(\tau_x) + x \overline{\in} D_\varepsilon\} \tag{51}$$

任意地小. 设 $S_\rho(y) \cap V = \varnothing$，而 $\zeta(y)$ 是过程 $w(t) + x$ 首达 $S_\rho(y)$ 边界的时刻. 那么

$$P\{w(\tau_z) + x \overline{\in} D_\varepsilon\} = E[P\{w(\tau_z) + z \overline{\in} D_\varepsilon\}_{z = w(\zeta(x)) + x}] =$$
$$\int P\{w(\tau_z) + z \overline{\in} D_\varepsilon\} P\{w(\zeta(x)) + x \in \mathrm{d}z\}$$

因为当 $|x - y|$ 充分小时由(50)有

$$P\{w(\zeta(x)) + x \in \mathrm{d}z\} \leqslant L_1 P\{w(\zeta(y)) + y \in \mathrm{d}z\}$$

故

$$P\{w(\tau_x) + x \overline{\in} D_\varepsilon\} \leqslant L_1 P\{w(\tau_y) + y \overline{\in} D_\varepsilon\}$$

而由于当 $\varepsilon \to 0$ 时右侧的概率趋向 0，从而证明了，对充分小的 $\varepsilon > 0$，式(51)可以任意地小.

等式

$$\lim_{x \to y} P\{\tau_y > \tau_x + \delta, w(\tau_x) + x \in D_\varepsilon\} = 0$$

的证明与等式

$$\lim_{x \to 0} P\{\tau_x > \tau_y + \delta\} = 0$$

的证明完全相同. 由不等式

$$P\{\tau_y > \tau_x + \delta\} \leqslant P\{\tau_y > \tau_x + \delta, w(\tau_x) + x \in D_\varepsilon\} + P\{w(\tau_x) + x \overline{\in} D_\varepsilon\}$$

得

$$\lim_{x \to y} P\{\tau_y > \tau_x + \delta\} = 0$$

因此，当 $x \to y$ 时依概率 $\tau_x \to \tau_y$. 由此可见，$\Phi_\lambda(x)$ 连续，且当 $x \to x_0$ 时($x \overline{\in} V, x_0 \in V'$)，$\Phi_\lambda(x) \to f(x_0)$(当 $y \in V'$ 时 $\tau_y = 0$).

利用等式

$$E\mathrm{e}^{-\lambda\tau_\varepsilon} = 1 - \lambda E\tau_\varepsilon + O((E\tau_\varepsilon)^2)$$

由(46)可见

$$\lim_{\varepsilon \to 0} \frac{\frac{1}{|S'_\varepsilon|}\int_{S'_\varepsilon(x)} \Phi_\lambda(x+y)\mathrm{d}_y\, |S'| - \Phi_\lambda(x)}{E\tau_\varepsilon} = \lambda\Phi_\lambda(x)$$

设 $S_r(x_0)\cap V=\varnothing$，而函数 $U(x)$ 在 $S_r(x_0)$ 中满足方程

$$\frac{1}{2}\Delta U(x)=\lambda U(x) \tag{52}$$

其边界条件为：当 $x\to x_1$ 时，$U(x)\to\Phi_\lambda(x_1)$，$x_1\in S_r'(x_0)$. 因为 $\Phi_\lambda(x)$ 在 $S_r'(x_0)$ 上连续，所以这样的函数存在. 设 $F(x)=\Phi_\lambda(x)-U(x)$. $F(x)$ 在 $S_r(x_0)$ 内连续，而在 $S_r'(x_0)$ 上等于 0. 设 $x_1\in S_r(x_0)$ 是 $F(x)$ 的极大点. 那么

$$\lambda F(x_1)=\lim_{\varepsilon\to 0}\frac{1}{E\tau_\varepsilon}\left[\frac{1}{|S_\varepsilon'|}\int_{S_\varepsilon'(x_1)}F(x_1+y)\mathrm{d}_y\,|S'|-F(x_1)\right]\leqslant 0$$

我们用到 $U(x)$ 二次连续可微性，由此

$$\lim_{\varepsilon\downarrow 0}\frac{1}{E\tau_\varepsilon}\left[\frac{1}{|S_\varepsilon'|}\int_{S_\varepsilon'(x)}U(x+y)\mathrm{d}_y\,|S'|-U(x)\right]=AU(x)=\frac{1}{2}\Delta U(x)$$

同样可以证明 $F(x)\geqslant 0$. 从而在球 $S_r(x_0)$ 之内 $\Phi_\lambda(x)$ 与 $U(x)$ 重合. 所以，在球 $S_r(x_0)$ 之内函数 $\Phi_\lambda(x)$ 满足方程(44). 定理证完.

系　如果集 V 的边界 V' 满足定理的条件，则函数

$$\Phi_r(x)=P\{\tau(x)<\infty\}$$

满足方程

$$\Delta\Phi(x)=0\quad(x\overline{\in}V)$$

和边界条件

$$\lim_{x\to x_0}\Phi(x)=1\quad(x_0\in V')$$

为得到这个结果，只需在定理 6 中设 $\lambda=0$，$f(x)=1$. 特别，如果 V 是以坐标原点为心以 r 为半径的球，则

$$\Phi(x)=\left(\frac{r}{|x|}\right)^{m-2}\quad(m>2)$$

$$\Phi(x)=1\quad(m\leqslant 2)$$

事实上，当 $m\leqslant 2$ 时，$\Phi\equiv 1$ 是唯一一个调和函数，满足条件：当 $|x|=r$ 时 $\Phi(x)=1$. 设 $m\geqslant 3$. 那么，当 $t\to\infty$ 时 $w(t)\to\infty$. 所以 $\Phi(x)<1$，否则过程就会是回返的. 因为过程 $w(t)$ 的分布和过程 $\lambda w(\lambda^{-2}t)$ 的分布相同，故

$$\Phi_{\lambda r}(\lambda x)=\Phi_r(x)$$

由于对任何正交变换 U，过程 $w(t)$ 和 $Uw(t)$ 的分布相同，可见 $\Phi_r(x)=\varphi_r(|x|)$. 因而

$$\Phi_r(x)=g\left(\frac{r}{|x|}\right)$$

如果 $|x|>|y|>r$，则

$$\Phi_r(x)=\Phi_{|y|}(x)\cdot\Phi_r(y)$$

故

$$g\left(\frac{r}{|x|}\right)=g\left(\frac{r}{|y|}\right)\cdot g\left(\frac{|y|}{|x|}\right)$$

所以 $g(s)=s^{\alpha}$，而 α 的值由条件

$$\Delta\left(\frac{r}{|x|}\right)^{\alpha}=0$$

来求，即 $\alpha=m-2$.

现在研究当 $t\downarrow 0$ 时过程 $w(t)$ 的行为. 由 §1 的不等式(18) 有

$$P\{\sup_{0\leqslant s\leqslant t}|w(s)|>c\}\geqslant 2P\{|w(t)|>c\}$$

因为

$$P\{|w(t)|>c\}=K_m\int_{\frac{c}{\sqrt{t}}}^{\infty}r^{m-1}\mathrm{e}^{-\frac{r^2}{2}}\mathrm{d}r$$

其中

$$K_m^{-1}=\Gamma\left(\frac{m}{2}\right)2^{\frac{m-2}{2}}$$

故对任意 $\varepsilon>0$ 和 $\delta<1$

$$\int_0^{\delta}\frac{1}{t}P\left\{|w(t)|>(1+\varepsilon)\sqrt{2t\ln\ln\frac{1}{t}}\right\}\mathrm{d}t<\infty$$

$$\int_0^{\delta}\frac{1}{t}P\left\{|w(t)|>(1-\varepsilon)\sqrt{2t\ln\ln\frac{1}{t}}\right\}\mathrm{d}t=+\infty$$

和 §3 对一维情形完全一样，由这些关系式可以得出重对数定律.

定理 7 对于 Wiener 过程 $w(t)$ 有

$$P\left\{\overline{\lim_{t\downarrow 0}}\frac{|w(t)|}{\sqrt{2t\ln\ln\frac{1}{t}}}=1\right\}=1$$

注 同理可证

$$P\left\{\lim_{t\to\infty}\frac{|w(t)|}{\sqrt{2t\ln\ln t}}=1\right\}=1$$

当 $m>2$ 时，这一事实可以用来估计过程 $w(t)$ 向 ∞ 的增长速度.

定理 8 如果 $w(t)$ 是 $\mathscr{R}^m$ 中的 Wiener 过程，其中 $m>2$，则对一切 $\lambda>1$

$$P\left\{\lim_{t\to\infty}\frac{(\ln T)^{\frac{\lambda}{m}-\frac{1}{2}}}{\sqrt{T}}\inf_{t>T}|w(t)|\geqslant 1\right\}=1$$

证 设 τ_n 是过程 $w(t)$ 首达集合 $\{x:|x|\geqslant a^n\}$ 的时刻，其中 $a>1$. 那么，对任意 $R<2^n$

$$P\{\inf_{t>\tau_n}|w(t)|\leqslant R\}\leqslant\left(\frac{R}{a^n}\right)^m$$

因为左侧的概率等于"过程自点 y 始($|y|=2^n$) 于某一时刻到达球 $S_R(0)$"的概率. 选取一列 R_n，使

$$\sum_{n=1}^{\infty}\left(\frac{R_n}{a^n}\right)^m < \infty$$

那么,事件$\{\inf_{t>\tau_n} | w(t) | \leqslant R_n\}$ 中只出现有限多个. 从而

$$P\left\{\lim_{n\to\infty}\frac{1}{R_n}\inf_{t>\tau_n} | w(t) | \geqslant 1\right\} = 1$$

由重对数定律可知,对一切充分大的 n

$$1-\varepsilon \leqslant \frac{a^n}{\sqrt{2\tau_n \ln\ln \tau_n}} \leqslant 1+\varepsilon$$

所以对充分大的 n

$$(1-\varepsilon_1)\frac{2a^{2n}}{\ln\ln a^{2n}} < \tau_n < (1+\varepsilon_1)\frac{2a^{2n}}{\ln\ln a^{2n}}$$

如果 $R(t)$ 递增,而且

$$R\left((1+\varepsilon_1)\frac{2a^{2n+2}}{\ln\ln a^{2n}}\right) \leqslant R_n$$

则对充分大的 t

$$\left\{\frac{1}{R_n}\inf_{t>r_n} | w(t) | \geqslant 1\right\} \subset \left\{\frac{1}{R(t)}\inf_{s\geqslant t} | w(s) | \geqslant 1\right\}$$

$n=N,N+1,\cdots$. 如果选 $R(t)=\dfrac{\sqrt{t}}{(\ln t)^{\frac{\lambda}{m}-\frac{1}{2}}}$,其中 $\lambda > 1$,则可以断定

$$\sum_{m=1}^{\infty}\left(\frac{R_n}{a^n}\right)^m < \infty$$

定理得证.

分枝过程

第五章

§1 有限个质点的分枝过程

定义·母函数 马尔科夫分枝过程是一重要马尔科夫过程类.在最简单的场合,分枝过程用来描绘下面的情形.

假设,我们观察某一物理体系 Σ,此体系由有限个同一类型或若干不同类型的质点组成.随着时间的流逝,在不依赖于其他质点的情形下,每个质点可能消失,也可能变为其他质点群.新质点的行为和开始时一样,它或是消失或是产生其他质点,等.以后我们有时称体系 Σ 为群体.它在每个时刻 t 的状态可以完全由一组整数来表征,这些数标明,在给定的时刻该体系中每种类型的质点各有多少个.

可以归结为研究这类体系的问题,在自然界以及在技术中是很常见的.例如,宇宙线雨理论,基本粒子穿过物质的理论,以及生物群体的繁殖,传染病的流行,等等都属于这类问题.

在很多场合,可以假设体系 Σ 随时间的进化是随机的,并且具有马尔科夫性.这样的过程称做分枝过程.

最简单的分枝过程可以概括地描绘如下.假设质点有 m 种不同的类型，而且 m 有穷.我们把体系 Σ 在时刻 t 的状态看成一个向量 $\boldsymbol{\xi}(t)=(\xi^1(t),\xi^2(t),\cdots,\xi^m(t))$，其中第 k 个分量 $\xi^k(t)$ 表示在时刻 t 第 k 型质点的个数.因此，所有序列 $\boldsymbol{x}=(x^1,x^2,\cdots,x^m)$，其中 $x^k(k=1,2,\cdots,m)$ 是非负整数，组成的点阵 $\mathscr{X}$ 就是体系 Σ 的相空间.在这一节，我们自始至终以 $\mathscr{X}$ 表示上述相空间.

假设在某初始时刻 t_0 有 x^k 个第 k 型质点，$k=1,2,\cdots,m$.我们称这些质点为第一代质点.第一代的每个质点"生存"一定的时间段(时间段长一般只与质点的类型有关)，然后它要么消失，要么蜕变为 v^1 个第 1 型质点，v^2 个第 2 型质点，$\cdots$，v^m 个第 m 型质点.我们称这些质点为第二代质点.量 $v^1,v^2,\cdots,v^m$ 组成在 $\mathscr{X}$ 中取值的 m 维随机向量；根据定义，它的分布只依赖于质点蜕变的时刻和质点的类型.每个第二代质点与其他质点独立地"生存"，并且与同型原质点服从一样的概率规律；在某一时刻，它或是消失，或者蜕变为第三代质点，依此类推.

我们假设所考察体系自身封闭，也就是说，从外部流入质点(移入)或是自生质点都不可能.这样，倘若在某个时刻 t_1 有 $\boldsymbol{\xi}(t_1)=\mathbf{0}$($\mathbf{0}$ 表示 $\mathscr{X}$ 中的分量全为零的向量)，则对一切 $t>t_1$ 有 $\boldsymbol{\xi}(t)=\mathbf{0}$.

称自某个时刻起样本函数以概率 1 为 $\mathbf{0}$ 的过程 $\boldsymbol{\xi}(t)$ 为退化的.一般，过程 $\boldsymbol{\xi}(t)$ 迟早要变为 $\mathbf{0}$ 的概率叫做过程的退化概率.

群体中个体的个数(即和 $\|\boldsymbol{\xi}(t)\|=\xi^1(t)+\xi^2(t)+\cdots+\xi^m(t)$)可能在有限时间区间内无限增长.这个事件可视为体系的爆发.类似的情形导致下面一些课题(这些课题在分枝过程论中有着明显的意义)：过程的退化概率如何？体系在什么情形下爆发？当 $t\to\infty$ 时群体的渐近行为如何？

现在我们来正式定义分枝过程.

下面我们要考虑两种情形：t 取 $0,1,\cdots,n,\cdots$ 为值(离散时间)和 t 在 $[0,\infty)$ 上取值(连续时间).在这一小节将要引进的定义适用于一般情形.

设向量 $\boldsymbol{x},\boldsymbol{y}\in\mathscr{X}$.设 $p_{st}(\boldsymbol{x},\boldsymbol{y})$ 为转移概率，即在 $\boldsymbol{\xi}(s)=\boldsymbol{x}$ 的条件下，$\boldsymbol{\xi}(t)=\boldsymbol{y}$ 的条件概率，其中 $0\leqslant s<t$.记 $\boldsymbol{e}_i=(\delta_i^1,\delta_i^2,\cdots,\delta_i^m)$ 是 $\mathscr{X}$ 中的向量，其中 $\delta_i^i=1,\delta_i^j=0,i\neq j$.记 $p_{st}(\boldsymbol{i},\boldsymbol{y})=p_{st}(\boldsymbol{e}_i,\boldsymbol{y})$，$p_{st}(\boldsymbol{i},\boldsymbol{j})=p_{st}(\boldsymbol{e}_i,\boldsymbol{e}_j)$，即在转移概率中 $\boldsymbol{e}_i$ 简记为 $\boldsymbol{i}$.以后，我们对条件数学期望也使用类似的记号.

上面提出的，关于体系 Σ 中每个质点的演化对其他质点独立的假设，可以表为

$$p_{st}(\boldsymbol{x},\boldsymbol{y})=\sum\prod_{i=1}^{m}\prod_{j=1}^{x^i}p_{st}(\boldsymbol{i},\boldsymbol{y}_{ij})\tag{1}$$

其中右侧对一切这样的 $\boldsymbol{y}_{ij}$ 求和：$\boldsymbol{y}_{ij}\in\mathscr{X}(i=1,2,\cdots,m,j=1,2,\cdots,x^i)$ 且 $\sum\boldsymbol{y}_{ij}=\boldsymbol{y}$.这时，如果 $x^i=0$，则令

$$\prod_{j=1}^{0} p_{st}(\boldsymbol{i},\boldsymbol{y}_{ij})=\delta(\boldsymbol{y}_{ij})$$

其中若 $\boldsymbol{y}=\boldsymbol{0}$，则 $\delta(\boldsymbol{y})=\boldsymbol{1}$，而若 $\boldsymbol{y}\neq\boldsymbol{0}$，则 $\delta(\boldsymbol{y})=\boldsymbol{0}$. 等式(1) 表示，如果考虑向量 $\boldsymbol{y}$ 一切可能的表现 $\boldsymbol{y}=\sum_{i=1}^{m}\sum_{j=1}^{x^i}\boldsymbol{y}_{ij}$，$\boldsymbol{y}_{ij}\in\mathscr{X}$，并且求一切事件"在时刻 s 存在的第 i 型第 j 个质点($i=1,\cdots,m,j=1,2,\cdots,x^i$)，在时刻 t 产生由向量 $\boldsymbol{y}_{ij}$ 所表征的后代"的概率之和，就可以得到事件 $\boldsymbol{\xi}(t)=\boldsymbol{y}$ 的概率.

定义 1 相空间中的马尔科夫过程称为具有 m 种类型质点的分枝过程，如果它的转移概率满足式(1).

称等式(1) 为过程的分枝条件.

下面只考虑时间齐次过程. 于是

$$p_{st}(\boldsymbol{x},\boldsymbol{y})=p_{t-s}(\boldsymbol{x},\boldsymbol{y})$$

(关于这一点以后不再特别声明). 这样，分枝过程是状态可列齐次马尔科夫过程，其转移概率具有式(1) 所描绘的特殊构造.

可以给等式(1) 以略为不同的等价形式，而由于后者的直观性这将是更方便的形式.

设 $f(x)$ 是定义在 $\mathscr{X}$ 上的任一数值函数，而 $E_x f(\boldsymbol{\xi}(t))$ 是在 $\boldsymbol{\xi}(0)=\boldsymbol{x}$ 的条件下，随机变量 $f(\boldsymbol{\xi}(t))$ 的条件数学期望；$E_i f(\boldsymbol{\xi}(t))=E_{e_i} f(\boldsymbol{\xi}(t))$. 由式(1) 可见

$$E_x f(\boldsymbol{\xi}(t))=\sum_{\boldsymbol{y}\in\mathscr{X}}\sum_{\sum_{i=1}^{m}\sum_{j=1}^{x^t}\boldsymbol{y}_{ij}=\boldsymbol{y}} f\Big(\sum_{i=1}^{m}\sum_{j=1}^{x^i}\boldsymbol{y}_{ij}\Big)$$

$$\prod_{i=1}^{m}\prod_{j=1}^{x^i}p_t(\boldsymbol{i},\boldsymbol{y}_{ij})=\sum_{\substack{\boldsymbol{y}_{ij}\in\mathscr{X},\, i=1,2,\cdots,m\\ j=1,2,\cdots,x}} f\Big(\sum_{i=1}^{m}\sum_{j=1}^{x^i}\boldsymbol{y}_{ij}\Big)\times\prod_{i=1}^{m}\prod_{j=1}^{x^i}p_t(\boldsymbol{i},\boldsymbol{y}_{ij})$$

该式可化为

$$E_x f(\boldsymbol{\xi}(t))=E_x f\Big(\sum_{i=1}^{m}\sum_{j=1}^{x^i}\boldsymbol{\eta}_{ij}\Big) \tag{2}$$

其中 $\boldsymbol{\eta}_{ij}$ 是相互独立的随机向量族，每个向量取值于 $\mathscr{X}$，$\boldsymbol{\eta}_{ij}$ 的分布 $\{p_t(\boldsymbol{i},\boldsymbol{x}),\boldsymbol{x}\in\mathscr{X}\}$ 与 j 无关.

特别，如果设 $f(x)=x^k$，则由式(2) 得等式

$$E_x\boldsymbol{\xi}^k(t)=\sum_{i=1}^{m}x^i E_i\boldsymbol{\xi}^k(x)$$

而若令 $f(x)=(x^k-E_x\boldsymbol{\xi}^k(t))(x^r-E_x\boldsymbol{\xi}^r(t))$，则得

$$E_x[\boldsymbol{\xi}^k(t)-E_x\boldsymbol{\xi}^k(t)][\boldsymbol{\xi}^r(t)-E_x\boldsymbol{\xi}^r(t)]=$$

$$\sum_{i=1}^{m}x^i E_i[\boldsymbol{\xi}^k(t)-E_i\boldsymbol{\xi}^k(t)][\boldsymbol{\xi}^r(t)-E_i\boldsymbol{\xi}^r(t)]$$

如果记

$$a_i^r(t)=E_i\boldsymbol{\xi}^r(t)$$

$$d_i^{kr}(t)=E_i[\boldsymbol{\xi}^k(t)-E_i\boldsymbol{\xi}^k(t)][\boldsymbol{\xi}^r(t)-E_i\boldsymbol{\xi}^r(t)]$$

并引进矩阵

$$\boldsymbol{A}(t)=\{a_i^r(t)\}_{r,i=1,\cdots,m}$$

$$\boldsymbol{D}_i(t)=\{d_i^{kr}(t)\}_{k,r=1,\cdots,m}$$

则上面 1 阶和 2 阶矩的关系式可以化为

$$E_x\boldsymbol{\xi}(t)=\boldsymbol{A}(t)\boldsymbol{x} \tag{3}$$

$$E_x[\boldsymbol{\xi}(t)-E_x\boldsymbol{\xi}(t)][\boldsymbol{\xi}(t)-E_x\boldsymbol{\xi}(t)]'=\sum_{i=1}^{m}x^i\boldsymbol{D}_i(t) \tag{4}$$

这里，对于两个 m 维向量 $\boldsymbol{u}$ 和 $\boldsymbol{v}$，$\boldsymbol{uv}'$ 表示矩阵 $\{u^kv^r\}_{k,r=1,\cdots,m}$. 以后，我们把向量 $\boldsymbol{u}$ 和 $\boldsymbol{v}$ 看做由一个列向量构成的矩阵，而 $\boldsymbol{u}'$ 和 $\boldsymbol{v}'$ 是由一个行向量构成的矩阵. 这样

$$\boldsymbol{v}'\boldsymbol{u}=(\boldsymbol{u},\boldsymbol{v})=\sum_{k=1}^{m}v^ku^k$$

是向量 $\boldsymbol{u}$ 和 $\boldsymbol{v}$ 的数积.

在解决具有有限个质点的分枝过程论的问题时，常要利用母函数.

我们考虑序列 $\boldsymbol{w}=(w_1,w_2,\cdots,w_m)$ 的空间 C^m，其中 $w_k(k=1,2,\cdots,m)$ 是复数. 设 $|w_k|$ 是复数 w_k 的模；记 $\|\boldsymbol{w}\|$ 是向量 $\boldsymbol{w}\in C^m$ 的范数，定义为

$$\|\boldsymbol{w}\|=\max_{1\leqslant k\leqslant n}|w_k|$$

矩阵 $\boldsymbol{A}=\{a_j^k\}$，$k,j=1,\cdots,m$，的模定义为

$$\|\boldsymbol{A}\|=\max_{1\leqslant k\leqslant m}\sum_{j=1}^{m}|a_j^k|$$

这样

$$\|\boldsymbol{Aw}\|\leqslant\|\boldsymbol{A}\|\cdot\|\boldsymbol{w}\|,\ \|\boldsymbol{wA}\|\leqslant\|\boldsymbol{w}\|\cdot\|\boldsymbol{A}'\|$$

其中矩阵 $\boldsymbol{A}'$ 是 $\boldsymbol{A}$ 的转置.

称复向量 $\boldsymbol{w}=(w_1,w_2,\cdots,w_m)$ 的函数

$$g(\boldsymbol{w})=g(w_1,w_2,\cdots,w_m)=\sum_{x\in\mathscr{X}}p_xw_1^{x^1}w_2^{x^2}\cdots w_m^{x^m} \tag{5}$$

为数组 $\{p_x,x\in\mathscr{X}\}$ 的母函数. 如果 $|p_x|\leqslant c,x\in\mathscr{X}$，则在域 $\{|w_k|<1,k=1,\cdots,m\}$ 内级数(5)绝对收敛；而若

$$\sum_{x\in\mathscr{X}}|p_x|<\infty$$

则在域 $\{|w_k|\leqslant 1,k=1,\cdots,m\}$ 内级数(5)也绝对收敛. 在级数(5)收敛域的内点，$g(\boldsymbol{w})$ 是解析函数. 为简化书写，我们引进一些记号. 记 $\boldsymbol{w}'\cdot\boldsymbol{w}''$ 为向量 $(w'_1w''_1,w'_2w''_2,\cdots,w'_mw''_m)$，而以 $\boldsymbol{w}^x,x\in\mathscr{X}$，表示数量

$$\boldsymbol{w}^{x}=\prod_{k=1}^{m} w_{k}^{x^{k}}$$

显然

$$(\boldsymbol{w}' \cdot \boldsymbol{w}'')^{x}=(\boldsymbol{w}')^{x}(\boldsymbol{w}'')^{x}, \boldsymbol{w}^{(x_1+x_2)}=\boldsymbol{w}^{x_1}\boldsymbol{w}^{x_2}$$

设 $\boldsymbol{\eta}$ 是取值于 $\mathscr{X}$ 的随机向量，$\boldsymbol{\eta}=(\eta^1,\eta^2,\cdots,\eta^m)$，$p(\boldsymbol{x})=P\{\boldsymbol{\eta}=\boldsymbol{x}\}$，$\boldsymbol{x}\in\mathscr{X}$，而 $g(\boldsymbol{w})$ 是分布 $\{p(\boldsymbol{x}),\boldsymbol{x}\in\mathscr{X}\}$ 的母函数. 那么

$$g(\boldsymbol{w})=\sum_{\boldsymbol{x}\in\mathscr{X}} p(\boldsymbol{x})\boldsymbol{w}^{x}=E\boldsymbol{w}^{\eta}$$

这时

$$g(\mathbf{0})=P\{\boldsymbol{\eta}=\mathbf{0}\}, g(\mathbf{1})=1$$

其中 $\mathbf{0}$ 为零向量，$\mathbf{1}$ 分量全为 1 的向量. 对 $\|\boldsymbol{w}\|<1$，函数 $g(\boldsymbol{w})$ 无限可微，并且

$$\frac{\partial g(\boldsymbol{w})}{\partial w_k}=E\eta^k\boldsymbol{w}^{\eta-e_k}$$

$$\frac{\partial^2 g(\boldsymbol{w})}{\partial w_k\partial w_r}=E\eta^k(\eta^r-\delta^{kr})\boldsymbol{w}^{\eta-e_k-e_r}$$

等. 这时，如果

$$\sum_{\boldsymbol{x}\in\mathscr{X}} x^k p(\boldsymbol{x})<\infty, \sum_{\boldsymbol{x}\in\mathscr{X}} x^k(x^r-\delta^{kr})p(\boldsymbol{x})<\infty$$

则相应的有

$$E\eta^k=\lim_{w\to 1}\frac{\partial g(\boldsymbol{w})}{\partial w_k}$$

$$E\eta^k(\eta^r-\delta^{kr})=\lim_{w\to 1}\frac{\partial^2 g(\boldsymbol{w})}{\partial w_k\partial w_r}$$

不难证明：对于母函数成立连续性定理：如果(取值于 $\mathscr{X}$ 的)随机向量序列 $\boldsymbol{\eta}_n$ 的分布弱收敛于随机向量 $\boldsymbol{\eta}$ 的分布，则 $g_n(\boldsymbol{w})\to g(\boldsymbol{w})$，其中 $g_n(\boldsymbol{w})$ 和 $g(\boldsymbol{w})$ 分别是随机向量 $\boldsymbol{\eta}_n$ 和 $\boldsymbol{\eta}$ 的分布的母函数. 相反，如果 $g_n(\boldsymbol{w})\to g(\boldsymbol{w})$，$\|\boldsymbol{w}\|\leqslant 1$，则向量 $\boldsymbol{\eta}_n$ 的分布弱收敛于向量 $\boldsymbol{\eta}$ 的分布.

我们定义概率族 $\{p_t(k,\boldsymbol{x}),\boldsymbol{x}\in\mathscr{X}\}$ 的母函数如下

$$g_t(k,\boldsymbol{w})=\sum_{\boldsymbol{x}\in\mathscr{X}} p_t(k,\boldsymbol{x})w^k=E_k\boldsymbol{w}^{\xi(t)}$$

这里，当 $\boldsymbol{w}=\mathbf{0}$ 时，$\boldsymbol{w}^x$ 决定于条件

$$\boldsymbol{w}^{x}\big|_{\boldsymbol{w}=\mathbf{0}}=\delta(\boldsymbol{x})$$

我把序列 $\boldsymbol{p}_t(x)$ 和 $\boldsymbol{g}_t(w)$，其中

$$\boldsymbol{p}_t(\boldsymbol{x})=\{p_t(1,x),p_t(2,x),\cdots,p_t(m,x)\}$$

$$\boldsymbol{g}_t(\boldsymbol{w})=\{g_t(1,w),g_t(2,w),\cdots,g_t(m,w)\}$$

看做 m 维向量，并称函数 $\boldsymbol{g}_t(\boldsymbol{w})$ 为分枝过程的向量母函数.

分枝过程的母函数满足简单的函数方程，在解决一系列问题时，此方程有广泛应用. 为推出该方程我们注意到，由 Колмогоров－Chapman 方程和式(1)

得等式

$$p_{s+t}(k,\boldsymbol{z})=\sum_{\boldsymbol{x}\in\mathscr{X}}p_s(k,\boldsymbol{x})p_t(\boldsymbol{x},\boldsymbol{z})=\sum_{\boldsymbol{x}\in\mathscr{X}}p_s(k,\boldsymbol{x})\sum_{\sum\limits_{i,j}z_{ij}=\boldsymbol{z}}\prod_{i=1}^{m}\prod_{j=1}^{x^i}p_t(\boldsymbol{i},z_{ij})$$

两侧同乘以 $\boldsymbol{w}^{\boldsymbol{z}}$ 并对 $\boldsymbol{z}\in\mathscr{X}$ 求和,得

$$\sum_{\boldsymbol{z}\in\mathscr{X}}\sum_{\sum\limits_{i,j}z_{ij}=\boldsymbol{z}}\prod_{i=1}^{m}\prod_{j=1}^{x^i}p_t(\boldsymbol{i},z_{ij})\boldsymbol{w}^{\boldsymbol{z}}=\sum_{\boldsymbol{z}\in\mathscr{X}}\sum_{\sum\limits_{i,j}z_{ij}=\boldsymbol{z}}\prod_{i=1}^{m}\prod_{j=1}^{x^t}[p_t(\boldsymbol{i},z_{ij})w_j^{z_{ij}}]=$$

$$\prod_{i=1}^{m}\prod_{j=1}^{x^i}\Big[\sum_{z_{ij}\in\mathscr{X}}p_t(\boldsymbol{i},z_{ij})w_j^{z_{ij}}\Big]=$$

$$\prod_{i=1}^{m}[\boldsymbol{g}_t(\boldsymbol{i},\boldsymbol{w})]^{x^i}=[\boldsymbol{g}_t(\boldsymbol{w})]^{x}$$

由此可见

$$g_{s+t}(k,\boldsymbol{w})=\sum_{\boldsymbol{y}\in\mathscr{X}}p_s(k,\boldsymbol{y})[\boldsymbol{g}_t(\boldsymbol{w})]^{y}$$

或

$$g_{s+t}(k,\boldsymbol{w})=g_s(k,\boldsymbol{g}_t(\boldsymbol{w}))\quad(k=1,\cdots,m)\tag{6}$$

又可写为

$$g_{s+t}(\boldsymbol{w})=g_s(\boldsymbol{g}_t(\boldsymbol{w}))\tag{7}$$

在 $\boldsymbol{\xi}(0)=\boldsymbol{x}$ 的条件下,向量 $\boldsymbol{\xi}(t)$ 的分布的母函数

$$\boldsymbol{g}_t(\boldsymbol{x},\boldsymbol{w})=E_x\boldsymbol{w}^{\boldsymbol{\xi}(t)}$$

可以通过向量函数 $\boldsymbol{g}_t(\boldsymbol{w})$ 来表示. 事实上,由以上的推导有

$$E_x\boldsymbol{w}^{\boldsymbol{\xi}(t)}=\sum_{\boldsymbol{z}\in\mathscr{X}}p_t(\boldsymbol{x},\boldsymbol{z})\boldsymbol{w}^{\boldsymbol{z}}=\prod_{i=1}^{m}[\boldsymbol{g}_t(\boldsymbol{i},\boldsymbol{w})]^{x^i}$$

因此

$$\boldsymbol{g}_t(\boldsymbol{x},\boldsymbol{w})=[\boldsymbol{g}_t(\boldsymbol{w})]^{x}\tag{8}$$

该式表明,只要知道向量母函数 $\boldsymbol{g}_t(\boldsymbol{w})$ 就可以求出母函数 $\boldsymbol{g}_t(\boldsymbol{x},\boldsymbol{w})$. 我们称式(7) 为分枝过程母函数的函数方程.

离散时间分枝过程 考虑具有 m 种类型质点的离散时间分枝过程. 现在我们用 $n,r,\cdots$ 表示时间 t,并且设

$$p(\boldsymbol{x},\boldsymbol{y})=p_1(\boldsymbol{x},\boldsymbol{y}),g(\boldsymbol{w})=g_1(\boldsymbol{w})$$

$$g(\boldsymbol{x},\boldsymbol{y})=g_1(\boldsymbol{x},\boldsymbol{y}),g(k,\boldsymbol{w})=g_1(k,\boldsymbol{w})$$

过程向量母函数的函数方程可以写为

$$g_{n+r}(\boldsymbol{w})=g_n(g_r(\boldsymbol{w}))$$

它表明向量函数 $g_n(\boldsymbol{w})$ 可以由函数 $g(\boldsymbol{w})$ 的 n 次迭代而得到

$$g_2(\boldsymbol{w})=g(g(\boldsymbol{w})),\cdots,g_{n+1}(\boldsymbol{w})=g(g_n(\boldsymbol{w}))\tag{9}$$

考虑任意具有 m 种类型质点的离散时间分枝过程,并且研究如何给出这样

过程的问题.我们指出,知道了转移概率 $p(\boldsymbol{i},\boldsymbol{x}),\boldsymbol{x}\in\mathscr{X},i=1,2,\cdots,m$,就可以由式(1)求出 $p(\boldsymbol{y},\boldsymbol{x}),\boldsymbol{y}\in\mathscr{X}$;而由马尔科夫性就可以求出任意步的转移概率 $p_n(\boldsymbol{y},\boldsymbol{x})$.

同一问题可以利用母函数来求解如下:由概率 $p(\boldsymbol{i},\boldsymbol{x})$ 构造 $g(\boldsymbol{w})$;通过函数 $g(\boldsymbol{w})$ 的迭代求出 $g_n(\boldsymbol{w})$ 和母函数

$$g_n(\boldsymbol{x},\boldsymbol{w})=[g_n(\boldsymbol{w})]^x \tag{10}$$

我们证明逆命题:可以根据任意母函数 $g(k,\boldsymbol{w})$,利用所描述的方法来构造分枝过程.

定理 1 对任意数集 $\{p(k,\boldsymbol{x}),\boldsymbol{x}\in\mathscr{X}\},k=1,\cdots,m$,如果满足条件

$$p(k,\boldsymbol{x})\geqslant 0,\sum_{\boldsymbol{x}\in\mathscr{X}}p(k,\boldsymbol{x})=1\quad(k=1,\cdots,m)$$

则存在分枝过程,使

$$\boldsymbol{g}(k,\boldsymbol{w})=\sum_{\boldsymbol{x}\in\mathscr{X}}p(k,\boldsymbol{x})\boldsymbol{w}^x\quad(k=1,\cdots,m)$$

是一步转移概率的母函数.

证 我们首先指出,对 $|w_j|\leqslant 1(j=1,\cdots,m)$ 有 $|g(\boldsymbol{w})|\leqslant 1$;于是,对所考虑的 $\boldsymbol{w}$ 的值,可以依次决定函数 $g(\boldsymbol{w})$ 的迭代 $\boldsymbol{g}_n(\boldsymbol{w})=g(g_{n-1}(\boldsymbol{w}))$,而且 $|g_n(\boldsymbol{w})|\leqslant 1$.向量 $\boldsymbol{g}_n(\boldsymbol{w})$ 的分量 $g_n(k,\boldsymbol{w})$ 在域 $|w_j|<1(j=1,\cdots,m)$ 内是解析函数,而它分解为幂级数的系数是非负的.如果

$$g_n(k,\boldsymbol{w})=\sum_{\boldsymbol{x}\in\mathscr{X}}p_n(k,\boldsymbol{x})\boldsymbol{w}^x$$

则 $g_n(k,1)=\sum\limits_{\boldsymbol{x}}p_n(k,\boldsymbol{x})$,而由归纳法知,此和等于 1.我们根据式(10)引进函数 $g_n(\boldsymbol{x},\boldsymbol{w})$.函数 $g_n(\boldsymbol{x},\boldsymbol{w})$ 对 $|w_j|\leqslant 1$ 定义,而对 $|w_j|<1$ 解析;在函数 $g_n(\boldsymbol{x},\boldsymbol{w})$ 的幂级数分解式中 $\boldsymbol{w}^y$ 项的系数 $p_n(\boldsymbol{x},\boldsymbol{y})$ 非负,而它们的和等于 1:$\sum\limits_{y}p_n(\boldsymbol{x},\boldsymbol{y})=1$.

我们现在考虑随机核族 $\{p_n(\boldsymbol{x},\boldsymbol{y}),\boldsymbol{y}\in\mathscr{X}\},n=1,2,\cdots,\boldsymbol{x}\in\mathscr{X}$,证明它是马尔科夫核族并且满足分枝条件(1).由 $\boldsymbol{g}_n(\boldsymbol{x},\boldsymbol{w})$ 的定义知

$$\boldsymbol{g}_n(\boldsymbol{x},\boldsymbol{w})=\prod_{k=1}^{n}[g_n(k,\boldsymbol{w})]^{x^k}$$

其中 $\boldsymbol{x}=\sum\limits_{k}e_kx^k$.由于母函数唯一决定自己的系数,可见分布 $\{p_k(\boldsymbol{x},\boldsymbol{y}),\boldsymbol{y}\in\mathscr{X}\}$ 对应 $\mathscr{X}$ 中 x^1 个同分布 $\{p_n(1,\boldsymbol{y}),\boldsymbol{y}\in\mathscr{X}\}$ 的随机向量,x^2 个同分布 $\{p_n(2,\boldsymbol{y}),\boldsymbol{y}\in\mathscr{X}\}$ 的随机向量,$\cdots$,x^m 个同分布 $\{p_n(m,\boldsymbol{y}),\boldsymbol{y}\in\mathscr{X}\}$ 的随机向量之和,而且此和的全部 $x^1+x^2+\cdots+x^m$ 个被加项相互独立.这说明 $p_n(\boldsymbol{x},\boldsymbol{y})$ 满足分枝条件.我们现在验证概率 $p_n(\boldsymbol{x},\boldsymbol{y})$ 满足 Колмогоров－Chapman 方程.为此,我们考虑变量组

$$q(\boldsymbol{x},\boldsymbol{y})=\sum_{\boldsymbol{z}\in\mathscr{X}}p_n(\boldsymbol{x},\boldsymbol{z})p_r(\boldsymbol{z},\boldsymbol{y})$$

的母函数 $h(\boldsymbol{w})$. 有

$$h(\boldsymbol{w})=\sum_{\boldsymbol{y}\in\mathscr{X}}q(\boldsymbol{x},\boldsymbol{y})\boldsymbol{w}^{\boldsymbol{y}}=\sum_{\boldsymbol{z}\in\mathscr{X}}p_n(\boldsymbol{x},\boldsymbol{z})q_r(\boldsymbol{z},\boldsymbol{w})=$$
$$\sum_{\boldsymbol{z}\in\mathscr{X}}p_n(\boldsymbol{x},\boldsymbol{z})[g_r(\boldsymbol{w})]^{\boldsymbol{z}}=g_n(\boldsymbol{x},q_r(\boldsymbol{w}))$$

因为

$$g_{n+r}(\boldsymbol{x},\boldsymbol{w})=[g_{n+r}(\boldsymbol{w})]^{\boldsymbol{x}}=[g_n(g_r(\boldsymbol{w}))]^{\boldsymbol{x}}=g_n(\boldsymbol{x},g_r(\boldsymbol{w}))$$

故

$$h(\boldsymbol{w})=g_{n+r}(\boldsymbol{x},\boldsymbol{w})$$

由此可见

$$p_{n+r}(\boldsymbol{x},\boldsymbol{y})=\sum_{\boldsymbol{z}\in\mathscr{X}}p_n(\boldsymbol{x},\boldsymbol{y})p_r(\boldsymbol{z},\boldsymbol{y})$$

于是，$\{p_n(\boldsymbol{x},\boldsymbol{y}),\boldsymbol{y}\in\mathscr{X},\boldsymbol{x}\in\mathscr{X},n=1,2,\cdots\}$ 是马尔科夫核族；可以根据满足定理条件的变量组的任意向量母函数 $g(\boldsymbol{w})$，利用上述方法构造一分枝过程. 定理得证.

矩(离散时间) 设 $\boldsymbol{\xi}(n),n=0,1,2,\cdots$ 是具有 m 种类型质点的分枝过程. 过程 $\boldsymbol{\xi}(w)$ 的渐近行为的研究，基于向量 $\boldsymbol{\xi}(n)$ 的矩的性质. 先看一阶矩. 引进一矩阵 $\boldsymbol{A}(n)=\{a_j^k(n)\},k,j=1,2,\cdots,m$，其中 $a_j^k(n)=E_j\xi^k(n)$；令 $\boldsymbol{A}(1)=\boldsymbol{A}$，$a_j^k(1)=a_j^k$. 假设 $a_j^k<\infty,k,j=1,\cdots,m$. 由以上可知(见式(3))

$$E_x\boldsymbol{\xi}(n)=\boldsymbol{A}(n)\boldsymbol{x}$$

因为 $\boldsymbol{\xi}(n)$ 是马尔科夫过程，故

$$E_x\boldsymbol{\xi}(2)=E_xE_{\boldsymbol{\xi}(1)}\boldsymbol{\xi}(2)=E_x\boldsymbol{A}\boldsymbol{\xi}(1)=\boldsymbol{A}^2\boldsymbol{x}$$

而由归纳法有

$$E_x\boldsymbol{\xi}(n)=\boldsymbol{A}^n\boldsymbol{x}\ \text{或}\ \boldsymbol{A}(n)=\boldsymbol{A}^n$$

从具有非负元矩阵的一般定理可以推出矩阵 $\boldsymbol{A}^n$ 的渐近性质.

称矩阵 $\boldsymbol{B}$ 为非负的(记作 $\boldsymbol{B}\geqslant 0$)，如果它的所有元 $b_{kj}\geqslant 0$；矩阵 $\boldsymbol{B}$ 称为正的(记作 $\boldsymbol{B}>0$)，如果它的所有元 $b_{kj}>0$. 如果非负矩阵 $\boldsymbol{B}$ 的某次幂是正矩阵，则称 $\boldsymbol{B}$ 为素阵.

根据 Perron 定理①，非负矩阵 $\boldsymbol{B}$ 是素阵，当且仅当它有唯一绝对值最大的特征值 λ_1，即当且仅当，若 $\lambda_r,r=2,\cdots$，是矩阵 $\boldsymbol{B}$ 的特征值($\lambda_r\neq\lambda_1$)，则 $|\lambda_r|<|\lambda_1|$. 这时 λ_1 是正数，并且是特征方程的简单根，并且可以假设与它相对应的特征向量是正的.

以后我们有时假设分枝过程的矩阵 $\boldsymbol{A}=\boldsymbol{A}(1)$ 是素阵. 这时，矩阵 $\boldsymbol{A}$ 的渐近

① Гантмахер Ф. Р.《矩阵论》第十三章 §2(有中译本). —— 译者注

性质可以表征如下. 设 $\boldsymbol{u}=(u^1,u^2,\cdots,u^m)$ 是矩阵 $\boldsymbol{A}$ 的特征向量,对应于特征值 λ_1, $u^k>0$,而 $\boldsymbol{v}=(v^1,v^2,\cdots,v^m)$ 是矩阵 $\boldsymbol{A}'$ 的特征向量,也对应于特征值 λ_1,(其中 $\boldsymbol{A}'$ 是矩阵 $\boldsymbol{A}$ 的转置). 根据 Perron 定理,也可以假设向量 $\boldsymbol{v}$ 是正的,即 $v^k>0$. 假设向量 $\boldsymbol{u}$ 和 $\boldsymbol{v}$ 是规范的,即满足条件

$$(\boldsymbol{u},\boldsymbol{v})=\sum_{k=1}^{m}u^k v^k=1$$

令

$$\boldsymbol{A}_1=\boldsymbol{u}\boldsymbol{v}',\boldsymbol{A}_2=\boldsymbol{A}-\lambda_1\boldsymbol{A}_1$$

因为

$$\boldsymbol{A}_1\boldsymbol{A}=\boldsymbol{u}\boldsymbol{v}'\boldsymbol{A}=\boldsymbol{u}(\boldsymbol{A}'\boldsymbol{v})'=\boldsymbol{u}\lambda_1\boldsymbol{v}'=\lambda_1\boldsymbol{A}_1$$

$$\boldsymbol{A}\boldsymbol{A}_1=\boldsymbol{A}\boldsymbol{u}\boldsymbol{v}'=\lambda\boldsymbol{u}\boldsymbol{v}'=\lambda_1\boldsymbol{A}_1$$

$$\boldsymbol{A}_1^2=\boldsymbol{u}\boldsymbol{v}'\boldsymbol{u}\boldsymbol{v}'=\boldsymbol{u}(\boldsymbol{v}'\boldsymbol{u})\boldsymbol{v}'=\boldsymbol{u}\boldsymbol{v}'-\boldsymbol{A}_1$$

故

$$\boldsymbol{A}_2\boldsymbol{A}_1=(\boldsymbol{A}-\lambda_1\boldsymbol{A}_1)\boldsymbol{A}_1=\boldsymbol{0}=\boldsymbol{A}_1\boldsymbol{A}_2$$

$$\boldsymbol{A}^2=(\lambda_1\boldsymbol{A}_1+\boldsymbol{A}_2)(\lambda_1\boldsymbol{A}_1+\boldsymbol{A}_2)=\lambda_1^2\boldsymbol{A}_1+\boldsymbol{A}_2$$

利用归纳法得

$$\boldsymbol{A}^n=\lambda_1^n\boldsymbol{A}_1+\boldsymbol{A}_2^n \tag{11}$$

且

$$\boldsymbol{A}_1^2=\boldsymbol{A}_1,\boldsymbol{A}_1\boldsymbol{A}_2=\boldsymbol{A}_2\boldsymbol{A}_1=\boldsymbol{0} \tag{12}$$

设 λ 是矩阵 $\boldsymbol{A}_2$ 的特征值,$\boldsymbol{A}_2\boldsymbol{u}_1=\lambda\boldsymbol{u}_1$. 因为 $\boldsymbol{A}_1\boldsymbol{A}_2=\boldsymbol{0}$, 故 $\boldsymbol{A}_1\boldsymbol{u}_1=\boldsymbol{0}$. 所以 $\boldsymbol{A}\boldsymbol{u}_1=\boldsymbol{A}_2\boldsymbol{u}_1=\lambda\boldsymbol{u}_1$,即 λ 是矩阵 $\boldsymbol{A}$ 的特征值. 由等式 $\boldsymbol{A}_1\boldsymbol{u}=\boldsymbol{u}\boldsymbol{v}'\boldsymbol{u}=\boldsymbol{u}$ 可见 $\boldsymbol{u}_1\neq\boldsymbol{u}$,从而 $|\lambda|<\lambda_1$. 由矩阵 $\boldsymbol{B}^n$ 的表现的一般公式(见 Гантмахер《矩阵论》(有中译本)),可见:如果 μ_1 是矩阵 $\boldsymbol{B}$ 的绝对值最大的特征值,则存在常数 C 和 K,使矩阵 $\boldsymbol{B}^n$ 的任意元 $b_{kj}^{(n)}$ 满足 $|b_{kj}^{(n)}|\leqslant C|\mu_1|^n n^k$. 从而,存在 r, $0<r<1$,使

$$\frac{1}{\lambda_1^n}\boldsymbol{A}_2^n=O(r^n) \tag{13}$$

这样,矩阵 $\boldsymbol{A}^n$ 的渐近行为首先是由矩阵 $\lambda_1^n\boldsymbol{A}_1$ 来表征的. 特别,对任意向量 $\boldsymbol{q}$ 有

$$\lim_{n\to\infty}E_x\left(\frac{\boldsymbol{\xi}(n)}{\lambda_1^n},\boldsymbol{q}\right)=(\boldsymbol{v},x)(\boldsymbol{u},\boldsymbol{q}) \tag{14}$$

该式说明,当 $n\to\infty$ 时,$\lambda_1^{-n}\boldsymbol{\xi}(n)$ 以概率 1 收敛于某一具有固定方向的随机向量,而且此方向即向量 $\boldsymbol{u}$ 的方向. 在一阶矩存在的条件下,我们对 $\lambda_1>1$ 的情形证明这一点,而 $\lambda_1\leqslant 1$ 的情形放到以后讨论.

我们考虑向量 $\boldsymbol{\xi}(n)$ 的一阶矩. 令

$$\boldsymbol{B}(n)=\boldsymbol{B}(n,x)=E_x\boldsymbol{\xi}(n)\boldsymbol{\xi}'(n)$$

$$\boldsymbol{D}_i=E_i[\boldsymbol{\xi}(1)-E_i\boldsymbol{\xi}(1)][\boldsymbol{\xi}(1)-E_i\boldsymbol{\xi}(1)]'$$

由式(4)

$$E_x[\boldsymbol{\xi}(1)-E_x\boldsymbol{\xi}(1)][\boldsymbol{\xi}(1)-E_x\boldsymbol{\xi}(1)]'=\sum_{i=1}^{n}x^i\boldsymbol{D}_i$$

因而

$$E_x\boldsymbol{\xi}(1)\boldsymbol{\xi}'(1)=\sum_{i=1}^{m}x^i\boldsymbol{D}_i+\boldsymbol{A}xx'\boldsymbol{A}'$$

由过程 $\boldsymbol{\xi}(n)$ 的马尔科夫性得

$$\begin{aligned}\boldsymbol{B}(n+1)=E_xE_{\boldsymbol{\xi}(n)}\boldsymbol{\xi}(n+1)\boldsymbol{\xi}'(n+1)=\\ E_x\left[\boldsymbol{A}\boldsymbol{\xi}(n)\boldsymbol{\xi}'(n)\boldsymbol{A}'+\sum_{i=1}^{n}\xi^i(n)\boldsymbol{D}_i\right]=\\ \boldsymbol{A}\boldsymbol{B}(n)\boldsymbol{A}'+\sum_{i=1}^{m}(e_i'\boldsymbol{A}^n x)\boldsymbol{D}_i\end{aligned}$$

由此，在矩阵 $\boldsymbol{D}_i$，$i=1,\cdots,m$，有限的条件下，用归纳法可以推出矩阵 $\boldsymbol{B}(n)$ 有限，以及

$$\boldsymbol{B}(n+r)=\boldsymbol{A}^r\boldsymbol{B}(n)\boldsymbol{A}'^r+\sum_{j=0}^{r-1}\sum_{i=1}^{m}(e_i'\boldsymbol{A}^{n+j}x)\boldsymbol{A}^{r-j}\boldsymbol{D}_i\boldsymbol{A}'^{r-j}\tag{15}$$

定理 2 如果 $\boldsymbol{\xi}(t)$ 的二阶矩有穷，$\boldsymbol{A}$ 是素阵，$\lambda_1>1$，则向量 $\dfrac{\boldsymbol{\xi}(n)}{\lambda_1^n}$ 均方收敛于在空间有固定方向的随机向量，而且此方向与向量 $\boldsymbol{u}$ 的方向一致.

证 令 $\boldsymbol{\zeta}_n=\lambda_1^{-n}\boldsymbol{\xi}(n)$. 由式(15) 可见

$$E_x\boldsymbol{\zeta}_n\boldsymbol{\zeta}_n'=(\lambda_1^{-1}\boldsymbol{A})^nxx'(\lambda_1^{-1}\boldsymbol{A}')^n+\sum_{j=0}^{n-1}\sum_{i=1}^{m}\lambda_1^{-j}(e_i'\lambda_1^{-j}\boldsymbol{A}^jx)(\lambda_1^{-1}\boldsymbol{A})^{n-j}\boldsymbol{D}_i(\lambda_1^{-1}\boldsymbol{A}')^{n-j}\tag{16}$$

由矩阵 $\lambda_1^{-j}\boldsymbol{A}^j$，$j=1,2,\cdots,n,\cdots$，的元的一致有界性知，在上式中可以令 $n\to\infty$ 并取极限. 有

$$\lim_{n\to\infty}E_x\boldsymbol{\zeta}_n\boldsymbol{\zeta}_n'=(\boldsymbol{v},x)^2\boldsymbol{u}\boldsymbol{u}'+\sum_{j=0}^{\infty}\sum_{i=0}^{m}\lambda_i^{-2j}(e_i'\boldsymbol{A}^jx)(\boldsymbol{u}\boldsymbol{v}'\boldsymbol{D}_i\boldsymbol{v}\boldsymbol{u}')$$

因而，可知矩阵 $E_x\boldsymbol{\zeta}_n\boldsymbol{\zeta}_n'$ 一致有界. 因为

$$E_{\boldsymbol{\xi}(n)}(\boldsymbol{\zeta}_{n+r}-\boldsymbol{\zeta}_n)(\boldsymbol{\zeta}_{n+r}-\boldsymbol{\zeta}_n)'=\frac{\boldsymbol{B}(r,\boldsymbol{\zeta}_n)}{\lambda_1^{2r}}-(\lambda_1^{-1}\boldsymbol{A})^r\boldsymbol{\zeta}_n\boldsymbol{\zeta}_n'-\boldsymbol{\zeta}_n\boldsymbol{\zeta}_n'(\lambda_1^{-1}\boldsymbol{A}')^r+\boldsymbol{\zeta}_n\boldsymbol{\zeta}_n'$$

故利用式(15) 得等式

$$\begin{aligned}E_{\boldsymbol{\xi}(n)}(\boldsymbol{\zeta}_{n+r}-\boldsymbol{\zeta}_n)(\boldsymbol{\zeta}_{n+r}-\boldsymbol{\zeta}_n)'=[(\lambda_1^{-1}\boldsymbol{A})^r-\boldsymbol{I}]E_x\boldsymbol{\zeta}_n\boldsymbol{\zeta}_n'[(\lambda_1^{-1}\boldsymbol{A}')^r-\boldsymbol{I}]+\\ \sum_{j=0}^{n-1}\sum_{i=1}^{m}\lambda_1^{-(n+j)}[e_i'(\lambda_i^{-1}\boldsymbol{A})^{n+j}x]\cdot\\ (\lambda_1^{-1}\boldsymbol{A})^{r-j}\boldsymbol{D}_i(\lambda_1^{-1}\boldsymbol{A}')^{r-j}\end{aligned}$$

当 $n\to\infty$ 时，此式最后的双和号项关于 r 一致收敛于 0. 至于该式右侧的第一项，则利用式(16) 可以将其化为如下形式

$$(\overline{\boldsymbol{A}}^{n+r}-\overline{\boldsymbol{A}}^{n})xx'(\overline{\boldsymbol{A}}^{n+r}-\overline{\boldsymbol{A}}^{n})'+$$

$$\sum_{j=0}^{n-1}\sum_{i=0}^{m}\lambda_1^{-j}(e_j'\overline{\boldsymbol{A}}^{j}x)(\overline{\boldsymbol{A}}^{n+r-j}-\overline{\boldsymbol{A}}^{n-j})\boldsymbol{D}_i(\overline{\boldsymbol{A}}^{n+r-j}-\overline{\boldsymbol{A}}^{n-j})'$$

其中简记 $\overline{\boldsymbol{A}}=\lambda_1^{-1}\boldsymbol{A}$. 因为当 $n\to\infty$ 时,$\overline{\boldsymbol{A}}^n\to\boldsymbol{A}_1$,而级数关于 r 一致收敛,故此和收敛于 0. 因而,随机向量序列 $\boldsymbol{\zeta}(n)$ 均方收敛于极限 $\boldsymbol{\zeta}$,而且

$$E_x\boldsymbol{\zeta}\boldsymbol{\zeta}'=k\boldsymbol{u}\boldsymbol{u}'$$

其中

$$k=(\boldsymbol{v},x)^2+\sum_{i=1}^{m}\sum_{j=0}^{\infty}\frac{e_i'\boldsymbol{A}^jx\boldsymbol{v}'\boldsymbol{D}_i\boldsymbol{v}}{\lambda_1^{2j}}$$

又可写成

$$k=(\boldsymbol{v},x)^2+\sum_{i=1}^{m}\boldsymbol{v}'\boldsymbol{D}_i\boldsymbol{v}e_i'(\boldsymbol{I}-\lambda_1^{-2}\boldsymbol{A})^{-1}x$$

如果 $\boldsymbol{s}$ 是 R^m 中的任一向量,则

$$E_x(\boldsymbol{s},\boldsymbol{\zeta})^2=\boldsymbol{s}'(E_x\boldsymbol{\zeta}\boldsymbol{\zeta}')\boldsymbol{s}=k(\boldsymbol{s},\boldsymbol{u})^2$$

由此可见,对任意 x,向量 $\boldsymbol{\zeta}$ 的与 $\boldsymbol{u}$ 正交的分量几乎处处等于 0. 因而,向量 $\boldsymbol{\zeta}$ 的方向与向量 $\boldsymbol{u}$ 一致. 定理得证.

作为对该定理的补充,我们指出极限向量 $\boldsymbol{\zeta}$ 的 Laplace 变换的函数方程. 令

$$J(k,\boldsymbol{p})=E_k\mathrm{e}^{-(\boldsymbol{p},\boldsymbol{\zeta})},J_n(k,\boldsymbol{p})=E_k\mathrm{e}^{-(\boldsymbol{p},\boldsymbol{\zeta}_n)} \tag{17}$$

$$k=1,2,\cdots,m$$

其中 $\boldsymbol{p}$ 是 m 维复向量,$\boldsymbol{p}=(p_1,p_2,\cdots,p_m)$,而且 Re $p_k\geqslant 0$. 函数 $J_n(k,\boldsymbol{p})$ 与向量 $\boldsymbol{\xi}(n)$ 的母函数之间有密切联系

$$J_n(k,\boldsymbol{p})=g_n(k,\mathrm{e}^{-\frac{\boldsymbol{p}}{\lambda_1^m}}),\mathrm{e}^{-\boldsymbol{p}}=(\mathrm{e}^{-p_1},\mathrm{e}^{-p_2},\cdots,\mathrm{e}^{-p_m})$$

由式(9)有

$$J_{n+1}(\lambda_1\boldsymbol{p})=g(J_n(\boldsymbol{p}))$$

其中 $J_n(\boldsymbol{p})=(J_n(1,\boldsymbol{p}),\cdots,J_n(m,\boldsymbol{p}))$. 因为 1. i. m. $\boldsymbol{\zeta}_n=\boldsymbol{\zeta}$,故 $J_n(\boldsymbol{p})\to J(\boldsymbol{p})$,其中 $J(\boldsymbol{p})$ 是以 $J(k,\boldsymbol{p})$ 为分量的向量. 由于函数 $g(\boldsymbol{\omega})$ 在区域 $\{|w^k|\leqslant 1,k=1,\cdots,m\}$ 内连续,故当 $n\to\infty$ 时在式(10)中取极限可得如下函数方程

$$J(\lambda_1\boldsymbol{p})=g(J(\boldsymbol{p})) \tag{18}$$

此外,函数 $J(\boldsymbol{p})$ 满足下列关系式

$$J(k,\boldsymbol{0})=1,\left.\frac{\partial J(k,\boldsymbol{p})}{\partial p_r}\right|_{\boldsymbol{p}=\boldsymbol{0}}=-u^rv^k\quad(k,r=1,\cdots,m) \tag{19}$$

方程(18)可以用来求过程的退化概率. 设 q^k 是在 $\boldsymbol{\xi}(0)=e_k$ 的条件下,过程 $\boldsymbol{\xi}(n)$ 的退化概率,即

$$q^k=P\{\text{对某个 }n,\boldsymbol{\xi}(n)=\boldsymbol{0}\}=P_k\{\boldsymbol{\zeta}=\boldsymbol{0}\}$$

而 $\boldsymbol{q}=(q^1,q^2,\cdots,q^m)$. 显然

$$q^k = \lim_{\mathrm{Re}\, \boldsymbol{p} \to \infty} J(k, \boldsymbol{p})$$

如果在式(18) 中当 Re $\boldsymbol{p} \to \infty$ 时取极限,则得向量 $\boldsymbol{q}$ 所满足的方程

$$\boldsymbol{q} = g(\boldsymbol{q}) \tag{20}$$

定理 3 如果分枝过程 $\boldsymbol{\xi}(n)$ 的二阶矩有限,矩阵 $\boldsymbol{A}$ 是素阵,$\lambda_1 > 1$,则极限向量 $\boldsymbol{\zeta} = \mathrm{l.i.m.} \dfrac{\boldsymbol{\xi}(n)}{\lambda_1^n}$ 的条件分布的 Laplace 变换 $J(\boldsymbol{p})$ 满足函数方程(18),而过程的退化概率向量 $\boldsymbol{q}$ 满足方程(20).

我们证明方程(18) ~ (19) 的解在满足条件 $|J(\boldsymbol{p})| \leqslant 1$ 的函数类中唯一.

记 $|\boldsymbol{x}|$ ($\boldsymbol{x} \in \mathscr{R}^m$) 或 $|\boldsymbol{w}|$ ($\boldsymbol{w} \in \mathscr{C}^m$) 为分别以 $|x^k|$ 或 $|w_k|$ 为分量的向量,$k = 1, 2, \cdots, m$. 如果 $x_1^k \geqslant x_2^k$, $k = 1, \cdots, m$,就记 $x_1 \geqslant x_2$ ($x_1, x_2 \in \mathscr{R}^m$);如果 $x_1^k > x_2^k$, $k = 1, \cdots, m$,就记 $x_1 > x_2$. 用 $\boldsymbol{1}$ 表 $\mathscr{C}^m$(或 $\mathscr{R}^m$) 中所有分量都等于 1 的向量. 向量 $\boldsymbol{w} \in \mathscr{C}^m$ 又看成是由一行构成的矩阵.

下面的不等式显然

$$|g(\boldsymbol{w})| \leqslant g(|\boldsymbol{w}|) \tag{21}$$

这里应注意到,如果 $\boldsymbol{w} \geqslant \boldsymbol{0}$,则 $g(\boldsymbol{w}) \geqslant \boldsymbol{0}$.

引理 1 如果向量 $\boldsymbol{\xi}(1)$ 的一阶矩有限,而且 $\|\boldsymbol{w}'\| \leqslant 1$, $\|\boldsymbol{w}''\| \leqslant 1$,则

$$|g(\boldsymbol{w}') - g(\boldsymbol{w}'')| \leqslant |\boldsymbol{w}' - \boldsymbol{w}''| \boldsymbol{A}$$

事实上,对 $|w_k'| \leqslant 1$, $|w_k''| \leqslant 1$, $k = 1, 2, \cdots, m$,有

$$\left| \prod_{k=1}^m w_k' - \prod_{k=1}^m w_k'' \right| \leqslant \sum_{k=1}^m |w_k' - w_k''|$$

由此得

$$|(\boldsymbol{w}')^{x} - (\boldsymbol{w}'')^{x}| \leqslant \sum_{k=1}^m x^k |w_k' - w_k''|$$

因而

$$\begin{aligned} |g(j, \boldsymbol{w}') - g(j, \boldsymbol{w}'')| &\leqslant \sum_{\boldsymbol{x} \in \mathscr{X}} p(j, \boldsymbol{x}) |(\boldsymbol{w}')x - (\boldsymbol{w}'')^{x}| \leqslant \\ &\sum_{\boldsymbol{x} \in \mathscr{X}} \sum_{k=1}^{\infty} p(j, \boldsymbol{x}) x^k |w_k' - w_k''| = \\ &\sum a_j^k |w_k' - w_k''| \end{aligned}$$

于是引理得证.

现在证明函数方程(18) 的解的唯一性. 譬如,我们对非负实数 p_k 考虑方程(18) 的解,对 $\boldsymbol{p} = \boldsymbol{0}$ 这些解有满足条件(19) 的一阶偏导数. 假设存在两个这样的解 $J'(\boldsymbol{p})$ 和 $J''(\boldsymbol{p})$. 令 $J'(\boldsymbol{p}) - J''(\boldsymbol{p}) = \|\boldsymbol{p}\| \psi(\boldsymbol{p})$. 函数 $\psi(\boldsymbol{p})$ 对 $\boldsymbol{p} \neq \boldsymbol{0}$ 连续,而且由于条件(19) 当 $\boldsymbol{p} \downarrow \boldsymbol{0}$ 时 $\psi(\boldsymbol{p}) \to 0$. 由方程(18) 有

$$\begin{aligned} \lambda_1 \|\boldsymbol{p}\| \, |\psi(\lambda_1 \boldsymbol{p})| &= |J'(\lambda_1 \boldsymbol{p}) - J''(\lambda_1 \boldsymbol{p})| = \\ &|g(J'(\boldsymbol{p})) - g(J''(\boldsymbol{p}))| \leqslant \end{aligned}$$

$$\mathbf{A}\mid J'(\boldsymbol{p})-J''(\boldsymbol{p})\mid\leqslant$$
$$\|\boldsymbol{p}\|\mathbf{A}\mid\psi(\boldsymbol{p})\mid$$

由此对任意 n 得不等式

$$\mid\psi(\boldsymbol{p})\mid\leqslant\left(\frac{\mathbf{A}}{\lambda_1}\right)^n\psi\left(\frac{\boldsymbol{p}}{\lambda_1^n}\right)$$

令 $n\to\infty$，得 $\psi(\boldsymbol{p})\equiv 0$，由此得 $J'(\boldsymbol{p})=J''(\boldsymbol{p})$. 方程(18)～(19)的解的唯一性得证.

次临界情形　我们现在研究 $\lambda_1\leqslant 1$ 的情形($\lambda_1<1$ 的情形称为次临界情形). 我们证明，在这种情形下分枝过程以概率 1 退化. 在进行证明时要用到分枝过程的非自返性.

称分枝过程为非自返的，如果除 0 之外它的所有状态都是非自返的，即如果对 $x\neq 0$

$$P_x\{\text{对 } n \text{ 的无穷多个值有 } \boldsymbol{\xi}(n)=\boldsymbol{\xi}(0)\}=0$$

我们首先要证明，除了很明显的情形之外，具有素阵 $\mathbf{A}$ 的分枝过程是非自返的.

称过程为奇异的，如果任何型的质点经单位时间变为一个且只能变为一个质点. 换句话说，如果随时间的变化质点的总数不变，则过程是奇异的.

定理 4　具有素阵 $\mathbf{A}$ 的非奇异分枝过程是非自返的.

证　对于任何型的质点，它的后代在长为 n 的时间段内的退化概率是 n 的单调不减函数. 所以，如果对某个 n 有 $P_i\{\boldsymbol{\xi}(n)=\mathbf{0}\}>0$，则体系无穷多次返回状态 $a\boldsymbol{e}_i$(其中 a 是任意正数)的概率等于 0(Borel－Cantelli 定理). 从而，如果对每个 i 存在 n_i，使 $P_i\{\boldsymbol{\xi}(n_i)=\mathbf{0}\}>0$，则对任意 x 体系返回状态 x 的概率小于 1，因而无穷多次返回的概率等于 0. 于是，在这种情形下定理得证.

现在假设，对某些类型的质点(设这类型的编号为 $1,2,\cdots,r$)和任意 n 有 $P_i\{\boldsymbol{\xi}(n)=\mathbf{0}\}=0,i=1,2,\cdots,r$. 我们指出 $1,\cdots,r$ 型质点的总数不减. 为证明这一事实，只需考虑一个质点经单位时间的演化. 倘若对于 i 型质点($i\leqslant r$)，它在单位时间内不产生 1 型，…，r 型后代的概率小于 1，则它的所有后代都是 $r+1$ 型，…，m 型质点的概率也大于 0，从而该后代退化的概率也应大于 0，但是这与 $1,\cdots,r$ 型质点的定义矛盾.

记 $v(t)$ 为向量 $\boldsymbol{x}$ 的前 r 个分量的和. 由变量 $v(\boldsymbol{\xi}(n))$ 的已有性质可知，为证明定理只需证明存在 n_1，使 $P_z\{v(\boldsymbol{\xi}(n_1))>v(\boldsymbol{\xi}(0))\}>0$. 设 $\mathbf{A}^{n_0}>0$. 考虑序列 $\boldsymbol{\xi}(0),\boldsymbol{\xi}(n_0),\boldsymbol{\xi}(2n_0),\cdots$；显然，它是非奇异分枝过程. 如果 $r=m$，则存在 i，使 $P_i\{v(\boldsymbol{\xi}(n_0))>1\}>0$，否则过程是奇异的. 从而

$$P_x\{v(\boldsymbol{\xi}(2n_0))>v(z)\}\geqslant\sum_{k=1}^{\infty}P_x\{\xi^i(n_0)=k\}P_{ke_i}\{v(\boldsymbol{\xi}(n_0))>k\}$$

由 $\mathbf{A}^{n_0}>0$ 可见，对任意 $x(x\neq 0)$ 存在 k，使 $P_x\{\xi^i(n_1)=k\}>0$；而由 i 的选

择知，对一切 k 有 $P_{ke_i}\{v(\boldsymbol{\xi}(n_0))>k\}>0$. 这样对 $r=m$ 的情形有

$$P_x\{v(\boldsymbol{\xi}(n_0))>v(\boldsymbol{\xi}(0))\}>0 \quad (n_1=2n_0)$$

现在设 $1<r<m$. 向量 $\boldsymbol{\xi}(2n_0)$ 可表为 $\boldsymbol{\xi}(2n_0)=\boldsymbol{\xi}'+\boldsymbol{\xi}''$，其中向量 $\boldsymbol{\xi}'$ 表示对应 $\boldsymbol{\xi}(n_0)$ 的前 r 个分量的质点的后代，而 $\boldsymbol{\xi}''$ 表示对应 $\boldsymbol{\xi}(n_0)$ 的其他 $m-r$ 个分量的质点的后代. 显然有

$$v(\boldsymbol{\xi}(2n_0))=v(\boldsymbol{\xi}')+v(\boldsymbol{\xi}'')\geqslant v(\boldsymbol{x})+v(\boldsymbol{\xi}'')$$

由 $\boldsymbol{A}^{n_0}>0$ 知，$v(\boldsymbol{\xi}'')>0$ 的概率大于 0. 所以这时有 $P_x\{v(\boldsymbol{\xi}(2n_0))>v(\boldsymbol{\xi}(0))\}>0$. 定理得证.

注 不难构造出具有素阵 $\boldsymbol{A}$ 的非奇异自返分枝过程的例子. 例如，设过程有两个质点，经单位时间第一个质点以概率 1 消失，而第二个质点产生两个后代：一个是第一型质点，而另一个是第二型质点. 那么此过程就是非奇异自返过程.

利用所证明的定理不难验证，对 $\lambda_1\leqslant 1$ 分枝过程退化.

定理 5 设 $\boldsymbol{\xi}(n)$ 是非奇异分枝过程，矩阵 $\boldsymbol{A}$ 是素阵，$\lambda_1\leqslant 1$. 那么，过程 $\boldsymbol{\xi}(n)$ 以概率 1 退化.

证 设 $\|\boldsymbol{x}\|=x^1+x^2+\cdots+x^n(\boldsymbol{x}\in\mathscr{X})$. 那么 $\|\boldsymbol{\xi}(n)\|$ 为在时刻 n 存在的质点的总数. 由定理 4 知，极限 $\lim\|\boldsymbol{\xi}(n)\|$ 存在，并且不是等于 0 就是等于 ∞. 如果 $\lambda_1\leqslant 1$，则当 $n\to\infty$ 时矩阵 $\boldsymbol{A}^n$ 有界. 所以

$$E_x\,\underline{\lim}\,\|\boldsymbol{\xi}(n)\|\leqslant\underline{\lim}\,E_x\|\boldsymbol{\xi}(n)\|=\underline{\lim}\sum_{k=1}^{m}(\boldsymbol{A}^n\boldsymbol{x})^k\leqslant C$$

其中 $(\boldsymbol{A}^n\boldsymbol{x})^k$ 是向量 $\boldsymbol{A}^n\boldsymbol{x}$ 的第 k 个分量. 由此不等式可见 $P_x\{\lim\|\boldsymbol{\xi}(n)\|=\infty\}=0$，从而，对任意 $\boldsymbol{x}$ 有 $P_x\{\lim\|\boldsymbol{\xi}(n)\|=0\}=1$. 定理得证.

注 1 如果 $\lambda_1<1$，则由 Fatou 不等式得 $E_x\lim\|\boldsymbol{\xi}(n)\|=0$；而最后的式子成立，当且仅当对任意 x 自某个 n 起有 $P\{\boldsymbol{\xi}(n)=\boldsymbol{0}\}=1$，即过程 $\boldsymbol{\xi}(n)$ 退化. 这时，矩阵 $\boldsymbol{A}$ 的素性或过程 $\boldsymbol{\xi}(n)$ 的非奇异性可能不成立.

注 2 如果定理的条件成立，则在区域 $\|\boldsymbol{w}\|\leqslant r<1$ 内一致有

$$g_n(\boldsymbol{w})\to 1$$

而若 $\lambda_1<1$，则此式在区域 $\|\boldsymbol{w}\|\leqslant 1$ 内一致成立，并且不依赖上一定理的其他条件.

为在 $\lambda_1\leqslant 1$ 的情形下更确切的表征分枝过程的渐近行为，要用到对母函数 $g(k,\boldsymbol{w})$ 的一些估计.

引理 2 如果向量 $\boldsymbol{\xi}(1)$ 有有穷的一阶矩和二阶矩，$\|\boldsymbol{w}\|\leqslant 1$，则

$$1-g(|\boldsymbol{w}|)\geqslant|1-|\boldsymbol{w}||\boldsymbol{A}-\frac{1}{2}|1-|\boldsymbol{w}|||1-|\boldsymbol{w}||\widetilde{B}$$

其中 $\widetilde{\boldsymbol{B}}=\{\tilde{b}_r^{k_j}\}$，$k,j,r=1,\cdots,m$，$\tilde{b}_r^{k_j}=E_r\xi^k(1)[\xi^j(1)-\delta^{kj}]$，而 $|1-|\boldsymbol{w}|||1-|\boldsymbol{w}||\widetilde{\boldsymbol{B}}$ 表示以

$$\sum_{k,j=1}^{m}(1-|w_k|)(1|w_i|)\tilde{b}_r^{k_j} \quad (r=1,\cdots,m)$$

为分量的向量.

证 不难验证,如果 $\alpha_k \in [0,1]$,则

$$\prod_{k=1}^{n}(1-\alpha_k) \leqslant 1-\sum_{k=1}^{n}\alpha_k+\sum_{k<j}\alpha_k\alpha_j$$

从而

$$\begin{aligned}1-g(r,|w|)=\sum_{x\in\mathscr{X}}p(r,x)(1-|w|^x)\geqslant\sum_{x\in\mathscr{X}}p(r,x)\Big[\sum_{k=1}^{m}x^k(1-|w_k|)-\\ \sum_{k<j}x^kx^j(1-|w_k|)(1-|w_j|)-\\ \sum_{k}\frac{(x^k-1)x^k}{2}(1-|w_k|)^2\Big]=\\ \sum_{k=1}^{n}\alpha_r^k(1-|w_k|)-\frac{1}{2}\sum_{k,j=1}^{m}\tilde{b}_r^{kj}(1-|w_k|)(1-|w_j|)\end{aligned}$$

引理得证.

定理 6 设 $\boldsymbol{A}$ 为素阵,$\lambda_1<1$.那么在区域 $\|\boldsymbol{w}\|\leqslant 1$ 内一致有

$$\lim_{n\to\infty}\frac{1-g_n(\boldsymbol{w})}{\lambda_1^n}=h(\boldsymbol{w})\boldsymbol{v}' \tag{22}$$

其中函数 $h(\boldsymbol{w})$ 对 $\|\boldsymbol{w}\|\leqslant 1$ 有界,在区域 $\|\boldsymbol{w}\|<1$ 内 $h(\boldsymbol{w})$ 是解析函数,并且 $h(\boldsymbol{1})=0,h(\boldsymbol{0})>0$.

证 令

$$d_n(\boldsymbol{w})=\frac{1-g_n(\boldsymbol{w})}{\lambda_1^n}$$

首先注意到,由引理 1 和式(11),(13)

$$|d_n(\boldsymbol{w})|\leqslant\frac{|1-\boldsymbol{w}|\boldsymbol{A}^n}{\lambda_1^n}\leqslant c$$

其中 c 是常数,不依赖 n 和 $\boldsymbol{w}(\|\boldsymbol{w}\|\leqslant 1)$.由于函数 $g(\boldsymbol{w})$ 在区域 $\|\boldsymbol{w}\|\leqslant 1$ 内有一致有界的一阶和二阶偏导数,可见

$$\begin{aligned}d_{n+1}&=\frac{g(1)-g(g_n(\boldsymbol{w}))}{\lambda_1^{n+1}}=\\ &\frac{1}{\lambda_1^{n+1}}[(1-g_n(\boldsymbol{w}))\boldsymbol{A}+O(\|1-g_n(\boldsymbol{w})\|^2)]=\\ &d_n\frac{\boldsymbol{A}}{\lambda_1}+O(\lambda_1^{n-1})\end{aligned}$$

其中 $O(\lambda_1^{n-1})$ 是一向量,满足 $\|O(\lambda_1^{n-1}))\|\leqslant c_1\lambda_1^{n-1}$,而 c_1 是不依赖 $\boldsymbol{w}$ 和 n 的常数.利用归纳法得

$$d_{n+m}=d_n\left(\frac{\boldsymbol{A}}{\lambda_1}\right)^m+\sum_{k=0}^{m-1}O(\lambda_1^{n+k-1})\left(\frac{\boldsymbol{A}}{\lambda_1}\right)^k=$$

$$d_n\left(\frac{\boldsymbol{A}}{\lambda_1}\right)^m+O(\lambda_1^{n-1}))\tag{23}$$

所以

$$\| d_{n+m}-d_{n+l}\| \leqslant \| \left(\frac{\boldsymbol{A}}{\lambda_1}\right)^m-\left(\frac{\boldsymbol{A}}{\lambda_1}\right)^l \| \cdot c+\| O(\lambda_1^{n-1}))\|$$

从而当 $n\to\infty, m\to\infty, l\to\infty$ 时，在区域 $\|\boldsymbol{w}\|\leqslant 1$ 一致有 $\| d_{n+m}-d_{n+l}\|\to 0$. 于是，对 $\|\boldsymbol{w}\|\leqslant 1$ 极限 $\lim\limits_n d_n(\boldsymbol{w})=d(\boldsymbol{w})$ 存在，并且在区域 $\|\boldsymbol{w}\|<1$ 内是解析函数. 在式(23) 中令 $m\to\infty, n\to\infty$ 并取极限，得

$$d(\boldsymbol{w})=(d(\boldsymbol{w}),\boldsymbol{u})\boldsymbol{v}'$$

于是式(22) 得证；这时 $h_n(\boldsymbol{w})=(d(\boldsymbol{w}),\boldsymbol{u})$

由 $d(\boldsymbol{w})$ 的定义知，$d(\mathbf{1})=0$. 只剩下证明 $h(\mathbf{0})>0$. 令 $h_n(\boldsymbol{w})=(d_n(\boldsymbol{w}),\boldsymbol{u})$. 由引理 2 可推出不等式

$$d_{n+1}(\mathbf{0})\geqslant d_n(\mathbf{0})\frac{\boldsymbol{A}}{\lambda_1}-\frac{\lambda_1^{n-1}}{2}d_n(\mathbf{0})d_n(\mathbf{0})\widetilde{\boldsymbol{B}}$$

两侧同对向量 $\boldsymbol{u}$ 求数积，并且注意到向量 $\boldsymbol{u}$ 是正的，而且 $\boldsymbol{A}\boldsymbol{u}=\lambda_1\boldsymbol{u}$，可见存在一常数 c_2，使

$$h_{n+1}(\mathbf{0})\geqslant h_n(\mathbf{0})(1-c_2\lambda_1^{n-1})$$

由此可见，对充分大的 n

$$h_{n+m}(\mathbf{0})\geqslant h_n(\mathbf{0})\prod_{j=0}^{m-1}(1-c_2\lambda_1^{n+j-1})$$

$$h(\mathbf{0})\geqslant h_n(\mathbf{0})\prod_{j=0}^{\infty}(1-c_2\lambda_1^{n+j-1})$$

现在来证明对任意 n 有 $h_n(\mathbf{0})>0$. 事实上，如果 $w_k\in(0,1)$，则

$$1-g_n(\mathbf{0})\geqslant 1-g_n(\boldsymbol{w})\geqslant(1-\boldsymbol{w})\boldsymbol{A}^n-\frac{1}{2}(1-\boldsymbol{w})(1-\boldsymbol{w})\widetilde{\boldsymbol{B}}^n$$

由此得

$$h_n(\mathbf{0})\geqslant(1-\boldsymbol{w},\boldsymbol{u})-\frac{\lambda_1^{-n}}{2}((1-\boldsymbol{w})(1-\boldsymbol{w})\widetilde{\boldsymbol{B}}^n,\boldsymbol{u})$$

选择 $\boldsymbol{w}$，使它离 1 充分地近，得 $h_n(\mathbf{0})>0$. 定理得证.

在 $\boldsymbol{\xi}(n)>0$ 的条件下，下面的定理提供了关于 $n\to\infty$ 时向量 $\boldsymbol{\xi}(n)$ 的分布的信息.

定理 7 设 $\boldsymbol{A}$ 是素阵，$\lambda_1<1$. 那么，在 $\boldsymbol{\xi}(n)\neq\mathbf{0}$ 和 $\boldsymbol{\xi}(0)=\boldsymbol{x}$ 的条件下，向量 $\boldsymbol{\xi}(n)$ 的条件分布收敛于以不依赖于 $\boldsymbol{x}$ 的函数

$$g^*(\boldsymbol{w})=1-\frac{h(\boldsymbol{w})}{h(\mathbf{0})}\tag{24}$$

为母函数的分布．函数 $g^*(\boldsymbol{w})$ 满足函数方程

$$g^*(g(\boldsymbol{w}))=1-\lambda_1+\lambda_1 g^*(\boldsymbol{w}) \tag{25}$$

证 在 $\boldsymbol{\xi}(0)=\boldsymbol{x}$，$\boldsymbol{\xi}(n)>0$ 的条件下，向量 $\boldsymbol{\xi}(n)$ 的母函数记作 $g_n^*(\boldsymbol{x},\boldsymbol{w})$．那么

$$g_n^*(\boldsymbol{x},\boldsymbol{w})=E_x\{\boldsymbol{w}^{\boldsymbol{\xi}(n)} \mid \boldsymbol{\xi}(n)>\boldsymbol{0}\}=\frac{E_x\boldsymbol{w}^{\boldsymbol{\xi}(n)}-P_x\{\boldsymbol{\xi}(n)=\boldsymbol{0}\}}{1-P_x\{\boldsymbol{\xi}(n)=\boldsymbol{0}\}}=$$

$$\frac{g_n(\boldsymbol{x},\boldsymbol{w})-g_n(\boldsymbol{x},\boldsymbol{0})}{1-g_n(\boldsymbol{x},\boldsymbol{0})}=1-\frac{1-g_n(\boldsymbol{x},\boldsymbol{w})}{1-g_n(\boldsymbol{x},\boldsymbol{0})}$$

因为 $g_n(\boldsymbol{x},\boldsymbol{w})=[g_n(\boldsymbol{w})]^x$，则利用定理 6 得

$$\frac{1-g_n(\boldsymbol{x},\boldsymbol{w})}{1-g_n(\boldsymbol{x},\boldsymbol{0})}=\frac{1-\prod_1^m\{1-[1-g_n(\boldsymbol{x},\boldsymbol{w})]\}^{x^k}}{1-\prod_1^m\{1-[1-g_n(k,\boldsymbol{0})]\}^{x^k}}$$

$$\rightarrow\frac{h(\boldsymbol{w})(\boldsymbol{v},\boldsymbol{x})}{h(\boldsymbol{0})(\boldsymbol{v},\boldsymbol{x})}=\frac{h(\boldsymbol{w})}{h(\boldsymbol{0})}$$

这就证明了向量 $\boldsymbol{\xi}(n)$ 的极限条件分布的存在性和式(24)．

此外

$$g^*(g(\boldsymbol{w}))=1-\lim_n\frac{1-g_n(\boldsymbol{x},g(\boldsymbol{w}))}{1-g_n(\boldsymbol{x},g(\boldsymbol{0}))}\cdot\frac{1-g_n(\boldsymbol{x},g(\boldsymbol{0}))}{1-g_n(\boldsymbol{x},\boldsymbol{0})}$$

由等式

$$\lim_n\frac{1-g_n(\boldsymbol{x},g(\boldsymbol{w}))}{1-g_n(\boldsymbol{x},g(\boldsymbol{0}))}=\lim_n\frac{1-g_{n+1}(\boldsymbol{x},\boldsymbol{w})}{1-g_{n+1}(\boldsymbol{x},\boldsymbol{0})}=\frac{h(\boldsymbol{w})}{h(\boldsymbol{0})}$$

以及式(22) 得

$$\lim_n\frac{1-g_{n+1}(\boldsymbol{0})}{1-g_n(\boldsymbol{0})}=\lambda_1$$

因而

$$g^*(g(\boldsymbol{w}))=1-\lambda_1\frac{h(\boldsymbol{w})}{h(\boldsymbol{0})}=1-\lambda_1+\lambda_1 g^*(\boldsymbol{w})$$

定理得证．

由函数方程(25) 得

$$1-g^*(g_n(\boldsymbol{w}))=\lambda_1^n(1-g^*(\boldsymbol{w}))$$

而作为特殊情形有

$$1-g^*(g_n(\boldsymbol{0}))=\lambda_1^n \quad (n\geqslant 1)$$

在 $\boldsymbol{\xi}(n)\neq\boldsymbol{0}$ 的条件下，为求 $n\rightarrow\infty$ 时群体中质点的渐近数量的数学期望，需要对 $\boldsymbol{w}=\boldsymbol{1}$ 计算 $\nabla g^*(\boldsymbol{w})$．

为此，我们考虑极限

$$\lim_{s\downarrow 0}\frac{g^*(\boldsymbol{1})-g^*(1-s\boldsymbol{w})}{s}=\lim_{s\downarrow 0}\frac{h(\boldsymbol{1}-s\boldsymbol{w})}{sh(\boldsymbol{0})}=(\nabla g^*(\boldsymbol{1}),\boldsymbol{w})$$

如果仍使用定理 6 的证明中的记号，则有

$$h(\boldsymbol{w})=\lim_{n} h_{n}(\boldsymbol{w})=\lim_{n}(d_{n}(\boldsymbol{w}),\boldsymbol{u})$$

假设向量 $\boldsymbol{w}$ 非负，而且 $\|\boldsymbol{w}\|<1$. 由引理 1

$$h_{n}(\boldsymbol{w})\leqslant((\mathbf{1}-\boldsymbol{w}),\boldsymbol{u}) \tag{26}$$

另一方面，有

$$1-g_{n+1}(\boldsymbol{w})\geqslant(1-g_{n}(\boldsymbol{w}))\boldsymbol{A}-\frac{1}{2}(1-g_{n}(\boldsymbol{w}))(1-g_{n}(\boldsymbol{w}))\widetilde{\boldsymbol{B}}$$

并且仿照定理 6 的证明可得估计

$$h(\boldsymbol{w})\geqslant h_{n}(\boldsymbol{w})\prod_{j=0}^{\infty}(1-\lambda_{1}^{n+j-1}c\|\mathbf{1}-\boldsymbol{w}\|^{2})$$

这里，如果把 $\boldsymbol{w}$ 换成 $\mathbf{1}-s\boldsymbol{w}$（其中 $\boldsymbol{w}$ 仍然是非负向量，而且 $\|\boldsymbol{w}\|\leqslant 1$），并且考虑到不等式(26)，即可得到

$$(\boldsymbol{w},\boldsymbol{u})\geqslant\lim_{s\downarrow 0}\frac{h(\mathbf{1}-s\boldsymbol{w})}{s}\geqslant\lim_{s\downarrow 0}\frac{h_{n}(\mathbf{1}-s\boldsymbol{w})}{s}=(\boldsymbol{w},\boldsymbol{u})$$

于是

$$(\nabla g^{*}(\mathbf{1}),\boldsymbol{w})=\frac{(\boldsymbol{u},\boldsymbol{w})}{h(\mathbf{0})} \tag{27}$$

临界情形 已经清楚，当 $\lambda_1>1$ 时，分枝过程质点的数量无限增长；而当 $\lambda_1<1$ 时，过程以概率 1 退化. 称 $\lambda_1=1$ 的情形为临界情形. 如果再加上关于过程非奇异性的要求，则在这种情形下它仍以概率 1 退化. 与 $\lambda_1<1$ 的情形一样，对于 $\lambda_1=1$ 的情形，也可以考虑在 $\boldsymbol{\xi}(n)>0$ 的条件下 $n\to\infty$ 时向量 $\boldsymbol{\xi}(n)$ 的条件分布. 结果表明，在这些条件下向量 $\dfrac{\boldsymbol{\xi}(n)}{n}$ 的极限条件分布存在. 它对应于在空间中有固定方向（即向量 $\boldsymbol{u}$ 的方向）的向量，而此随机向量服从指数分布.

为简便计，我们限于考虑仅有一种类型质点的过程. 这时

$$g(w)=\sum_{k=0}^{\infty}p_{k}w^{k},\ p_{k}=P\{\boldsymbol{\xi}(1)=\boldsymbol{k}\mid\boldsymbol{\xi}(0)=\mathbf{1}\}$$

对过程的非奇异性的要求意味着 $p_1\neq 1$. 向量 $\boldsymbol{\xi}(1)$ 的一阶矩的矩阵现在化为一个数

$$a=\sum_{k=1}^{\infty}kp_{k}$$

对于临界状态，$a=1$，从而 $p_0\neq 1$. 由此可见，$g(\boldsymbol{w})$ 是非线性的. 现在我们只在线段 $w\in[0,1]$ 考虑函数 $g(w)$. 在此线段上 $g(w)$ 可微，$g'(1)=1$，而且对 $w\in(0,1)$ 有 $0<g'(w)<1$. 因为 $g(1)-g(w)-g'(\widetilde{w})(1-w)$，$w<\widetilde{w}<1$，而且 $g(1)=1$，故 $g(w)>w(w\in[0,1))$. 其次，$1>g_{n+1}(0)=g(g_{n}(0))>g_{n}(0)$. 令 $q=\lim g_{n}(0)$；q 是过程的退化概率. 因为 $g(q)=q$，故由以上知 $q=1$，而且方

程 $g(x)=x$ 在区间 $(0,1)$ 上无解. 因为

$$1-g_n(w)\leqslant |+1-g_n(0)|+|g_n(w)-g_n(0)|\leqslant 2(1-g_n(0))$$

故当 $n\to\infty$ 时对 $w\in[0,1]$ 一致有 $g_n(w)\to 1$. 现在估计差 $1-g_n(w)$ 的量级以进一步阐明此结果. 假设

$$b=g''(1)=\sum_{k=2}^{\infty}k(k-1)p_k<\infty$$

那么

$$g(w)=g(1)+(w-1)g'(1)+\frac{1}{2}(w-1)^2g''(1)+o((1-w)^2)=w+\frac{b}{2}(1-w)^2+o((1-w)^2)$$

所以, 当 $n\to\infty$ 时对 $w\in[0,1]$ 一致有

$$\frac{g_{n+1}(w)-g_n(w)}{1-g_n(w)}\to 0$$

$$\frac{g_{n+1}(w)-g_n(w)}{[1-g_n(w)]^2}\to\frac{b}{2}$$

我们要用恒等式

$$\frac{1}{1-g_{k+1}(w)}=\frac{1}{1-g_k(w)}+h_k(w)$$

其中

$$h_k(w)=\frac{\dfrac{g_{k+1}(w)-g_k(w)}{[1-g_k(w)]^2}}{1-\dfrac{g_{k+1}(w)-g_k(w)}{1-g_k(w)}}$$

将此恒等式从 1 到 n 对 k 求和, 然后除以 $n+1$, 得

$$\frac{1}{(n+1)[1-g_{n+1}(w)]}=\frac{1}{(n+1)[1-g(w)]}+\frac{1}{n+1}\sum_{k=1}^{n}h_k(w)$$

由此得

$$\lim\,(n+1)[1-g_{n+1}(w)]=\frac{2}{b}\tag{28}$$

它告诉我们, 在这种情形下应如何把随机变量 $\xi(n)$ 规范化, 以使极限分布退化.

设 E 表示在"开始时体系由一个质点组成"的条件下的条件数学期望. 那么 $E\xi(n)=1$, 而且

$$E\{\xi(n)\mid\xi(n)>0\}=\frac{E\xi(n)}{P\{\xi(n)>0\}}=\frac{1}{1-g_n(0)}=\frac{bn}{2}+o(n)$$

定理 8 如果 $a=1,b<\infty$, 则

$$\lim_{n\to\infty} P\left\{\frac{2}{bn}\xi(n) < t \mid \xi(n) > 0, \xi(0)=1\right\} = 1-\mathrm{e}^{-t} \tag{29}$$

证　考虑随机变量$\frac{2}{bn}\xi(n)$的条件分布的 Laplace 变换 $J_n(p)$

$$J_n(p) = E\{\mathrm{e}^{-\frac{2p}{bn}\xi(n)} \mid \xi(n)>0\} = \frac{g_n(w)-g_n(0)}{1-g_n(0)} =$$

$$1-\frac{n[1-g_n(w_n)]}{n[1-g_n(0)]}$$

其中 $w_n = \mathrm{e}^{-\frac{2p}{bn}}$. 令 $z_{nj} = 1-g_n(w_j)$. 那么,由以上有

$$\frac{1}{z_{n+1,j}} = \frac{1}{z_{nj}} + h_{nj}$$

其中

$$h_{nj} = \frac{\dfrac{g_{n+1}(w_j)-g_n(w_j)}{[1-g_n(w_j)]^2}}{1-\dfrac{g_{n+1}(w_j)-g_n(w_j)}{1-g_n(w_j)}}$$

而

$$\frac{1}{nz_{nn}} = \frac{1}{n(1-w_n)} + \frac{1}{n}\sum_{k=0}^{n} h_{kn}$$

若令 $w = g_n(w_n)$,则有

$$\lim_{n\to\infty} h_{kn} = \lim_{w\uparrow 1} \frac{\dfrac{g(w)-w}{(1-w)^2}}{1-\dfrac{g(w)-w}{1-w}} = \frac{b}{2}$$

因而

$$\lim \frac{1}{nz_{nn}} = \frac{b}{2p} + \frac{b}{2} = \frac{b}{2}\,\frac{p+1}{p}$$

于是

$$\lim J_n(p) = 1-\frac{p}{1+p} = \frac{1}{p+1} = J(p)$$

其中 $J(p)$ 是极限分布的 Laplace 变换. 定理得证.

连续时间分枝过程　设 $\boldsymbol{\xi}(t), t\geqslant 0$,是连续时间的齐次马尔科夫分枝过程. $\mathscr{X}$ 仍表示过程 $\boldsymbol{\xi}(t)$ 的相空间,即分量为非负整数的 m 维向量的点阵. 记 $p_t(\boldsymbol{x},\boldsymbol{y})$ 为过程 $\boldsymbol{\xi}(t)$ 的转移概率;和以前一样,记 $p_t(\boldsymbol{e}_i,\boldsymbol{y}) = p_t(\boldsymbol{i},\boldsymbol{y})$, $p_t(\boldsymbol{x},\boldsymbol{e}_j) = p_t(\boldsymbol{x},\boldsymbol{j})$, $p_t(\boldsymbol{e}_i,\boldsymbol{e}_j) = p_t(\boldsymbol{i},\boldsymbol{j})$. 假设转移概率满足条件

$$\lim_{t\downarrow 0} p_t(\boldsymbol{x},\boldsymbol{y}) = \delta(\boldsymbol{x},\boldsymbol{y})$$

我们首先看分枝过程的 Колмогоров 微分方程. 根据齐次马尔科夫过程的一般理论,存在极限

$$\lim_{t\downarrow 0}\frac{p_t(x,y)-\delta(x,y)}{t}=q(x,y)$$

我们只考虑规则分枝过程,即假设满足条件

$$-q(\boldsymbol{x},\boldsymbol{y})<\infty,\sum_{\boldsymbol{y}\in\mathscr{X}}q(\boldsymbol{x},\boldsymbol{y})=0$$

规则分枝过程的转移概率满足 Колмогоров 向后方程

$$\frac{\mathrm{d}p_t(\boldsymbol{i},\boldsymbol{x})}{\mathrm{d}t}=\sum_{\boldsymbol{y}\in\mathscr{X}}q(\boldsymbol{i},\boldsymbol{y})p_t(\boldsymbol{y},\boldsymbol{x})\quad(i=1,\cdots,m)\tag{30}$$

(以后处处分别以 $q(\boldsymbol{i},\boldsymbol{y}),q(\boldsymbol{x},\boldsymbol{j}),q(\boldsymbol{i},\boldsymbol{j})$ 表示 $q(\boldsymbol{e}_i,\boldsymbol{y}),q(\boldsymbol{x},\boldsymbol{e}_j),q(\boldsymbol{e}_i,\boldsymbol{e}_j)$.)此方程组是不完全的;而若给它补上 $p_t(z,x),z\in\mathscr{X}$,的导数的方程,则得到的是无穷方程组.如果考虑母函数,则由(30)不难得到母函数的常微分方程的有限闭方程组.将方程(30)乘以 $\boldsymbol{w}^{x},\boldsymbol{w}=(w_1,w_2,\cdots,w_m),|w_k|\leqslant 1$,然后对一切 $\boldsymbol{x}\in\mathscr{X}$求和,得

$$\frac{\mathrm{d}g_t(\boldsymbol{i},\boldsymbol{w})}{\mathrm{d}t}=\sum_{\boldsymbol{y}\in\mathscr{X}}q(\boldsymbol{i},\boldsymbol{y})g_t(\boldsymbol{y},\boldsymbol{w})$$

其中 $g_t(\boldsymbol{y},\boldsymbol{w})=\sum_{\boldsymbol{x}\in\mathscr{X}}p(\boldsymbol{y},\boldsymbol{x})\boldsymbol{w}^{x}$.因为 $g_t(\boldsymbol{y},\boldsymbol{w})=[g_t(\boldsymbol{w})]^{y}$,故上面的等式可以写成

$$\frac{\mathrm{d}g_t(\boldsymbol{i},\boldsymbol{w})}{\mathrm{d}t}=Q(\boldsymbol{i},g_t(\boldsymbol{w}))\quad(i=1,2,\cdots,m)\tag{31}$$

其中 $g_t(\boldsymbol{w})=(g_t(1,w),\cdots,g_t(m,w)),Q(\boldsymbol{i},\boldsymbol{w})=\sum_{\boldsymbol{y}\in\mathscr{X}}q(\boldsymbol{i},\boldsymbol{y})\boldsymbol{w}^{y}$.方程组(31)可以写成向量形式

$$\frac{\mathrm{d}g_t(\boldsymbol{w})}{\mathrm{d}t}=\boldsymbol{Q}(g_t(\boldsymbol{w}))\tag{32}$$

其中 $\boldsymbol{Q}(\boldsymbol{w})=(Q(1,w),Q(2,w),\cdots,Q(m,w))$ 是向量函数.函数 $g_t(\boldsymbol{w})$ 满足初始条件

$$g_0(\boldsymbol{w})=\boldsymbol{w}\tag{33}$$

在推导 Колмогоров 向前方程之前,我们先指出:分枝条件(1)容许用 $q(\boldsymbol{i},\boldsymbol{y}),i=1,2,\cdots,m$,来表示量 $q(\boldsymbol{x},\boldsymbol{y})$.事实上,由等式

$$\lim_{t\downarrow 0}\frac{p_t(x,y)}{t}=\sum_{\Sigma y_{iy}=y}\lim\frac{1}{t}$$

$$\prod_{i=1}^{m}\prod_{j=1}^{x^i}p_t(\boldsymbol{e}_i,\boldsymbol{y}_{ij})\tag{34}$$

可见(对 $\boldsymbol{x}\neq\boldsymbol{y}$),式(34)右侧的项不等于0,当且仅当对下标偶$(\boldsymbol{i},\boldsymbol{j})$有 $\boldsymbol{e}_i\neq\boldsymbol{y}_{ij}$,且 $\boldsymbol{x}+\boldsymbol{y}_{ij}-\boldsymbol{e}_i=\boldsymbol{y}$.而此时该项等于 $q(\boldsymbol{i},\boldsymbol{y}-\boldsymbol{x}+\boldsymbol{e}_i)$.在 $\boldsymbol{y}-\boldsymbol{x}+\boldsymbol{e}_i\in\mathscr{X}$的条件下,在式(34)右侧的和中有 x^i 个这样的项.当 $\min x^k<0$ 时设 $q(\boldsymbol{i},\boldsymbol{x})=0$,从而把函数 $q(\boldsymbol{i},\boldsymbol{z})$ 开拓到坐标皆为整数(正、负整数或0)的 m 维向量的点阵.那

么

$$q(\boldsymbol{x},\boldsymbol{y})=\sum_{i=1}^{m}x^{i}q(\boldsymbol{i},\boldsymbol{y}-\boldsymbol{x}+\boldsymbol{e}_{i})$$

由式(34)可见,上式对 $\boldsymbol{x}=\boldsymbol{y}$ 也成立.

根据所得到的公式,由马尔科夫过程的 Колиогоров 向前方程得

$$\frac{\mathrm{d}p_{t}(k,\boldsymbol{x})}{\mathrm{d}t}=\sum_{\boldsymbol{y}\in\mathscr{X}}p_{t}(k,\boldsymbol{y})q(\boldsymbol{y},\boldsymbol{x})=\sum_{i=1}^{m}\sum_{\boldsymbol{y}\in\mathscr{X},\boldsymbol{x}-\boldsymbol{y}+\boldsymbol{e}_{i}\in\mathscr{X}}p_{t}(k,\boldsymbol{y})y^{i}q(\boldsymbol{i},\boldsymbol{x}-\boldsymbol{y}+\boldsymbol{e}_{i})\quad(\boldsymbol{x}\in\mathscr{X})\tag{35}$$

此乃求函数 $p_{t}(k,\boldsymbol{x}),\boldsymbol{x}\in\mathscr{X}$,的无穷线性微分方程组.如果改为考虑母函数,则该方程组可以换成有穷的一阶线性偏微分方程组.事实上

$$\frac{\mathrm{d}g_{t}(k,\boldsymbol{w})}{\mathrm{d}t}=\sum_{\boldsymbol{x}\in\mathscr{X}}\sum_{\boldsymbol{y}\in\mathscr{X}}\sum_{i=1}^{m}y^{i}p_{t}(k,\boldsymbol{y})\boldsymbol{w}^{\boldsymbol{y}-\boldsymbol{e}_{i}}q(\boldsymbol{i},\boldsymbol{x}-\boldsymbol{y}+\boldsymbol{e}_{i})\boldsymbol{w}^{\boldsymbol{x}-\boldsymbol{y}+\boldsymbol{e}_{i}}=$$

$$\sum_{i=1}^{m}\sum_{\boldsymbol{y}\in\mathscr{X}}y^{i}p_{t}(k,\boldsymbol{y})\boldsymbol{w}^{\boldsymbol{y}-\boldsymbol{e}_{i}}\boldsymbol{Q}(\boldsymbol{i},\boldsymbol{w})$$

或

$$\frac{\mathrm{d}g_{t}(k,\boldsymbol{w})}{\mathrm{d}t}=\sum_{i=1}^{m}\boldsymbol{Q}(\boldsymbol{i},\boldsymbol{w})\frac{\partial g_{t}(k,\boldsymbol{w})}{\partial w_{i}}\quad(k=1,\cdots,m)\tag{36}$$

该方程组还应附上初始条件(33).

矩(连续时间) 假设

$$\sum_{\boldsymbol{x}\in\mathscr{X}}q(\boldsymbol{i},\boldsymbol{x})x^{k}=\alpha_{i}^{k}\neq\infty\quad(k,i=1,\cdots,m)\tag{37}$$

因为 $\boldsymbol{Q}(\boldsymbol{i},\boldsymbol{w})$ 在区域 $\|\boldsymbol{w}\|<1$ 内是解析函数,故在此区域内可以对方程(32)求微商.有

$$\frac{\mathrm{d}a_{j}^{k}(t,w)}{\mathrm{d}t}=\sum_{r=1}^{m}\boldsymbol{Q}_{j}^{r}(g_{t}(\boldsymbol{w}))a_{r}^{k}(t,w),a_{j}^{k}(0,w)=\delta_{j}^{k}\tag{38}$$

其中

$$\boldsymbol{Q}_{j}^{k}(t,w)=\frac{\partial\boldsymbol{Q}(\boldsymbol{j},\boldsymbol{w})}{\partial w_{k}}=\sum_{\boldsymbol{x}\in\mathscr{X}}q(j,\boldsymbol{x})x^{k}\boldsymbol{w}^{\boldsymbol{x}-\boldsymbol{e}_{k}}$$

而

$$a_{j}^{k}(t,w)=\frac{\partial\boldsymbol{g}_{t}(j,\boldsymbol{w})}{\partial w_{k}}$$

假设向量 $\boldsymbol{w}$ 的分量是正的,且 $w_{k}\uparrow 1$.那么,由 Lebesgue 定理

$$\lim_{w\uparrow 1}a_{j}^{k}(t,w)=\lim_{w\uparrow 1}E_{j}\xi^{k}(t)\boldsymbol{w}^{\xi(t)}=E_{j}\xi^{k}(t)=a_{j}^{k}(t)$$

而由 Dini 定理,关于 t 一致有 $\boldsymbol{g}_{t}(\boldsymbol{w})\to 1$.当 $\boldsymbol{w}\uparrow\boldsymbol{1}$ 时在等式

$$a_{j}^{k}(t,w)=\delta_{j}^{k}+\int_{0}^{t}\sum_{r=1}^{m}\boldsymbol{Q}_{j}^{r}(g_{s}(\boldsymbol{w}))a_{r}^{k}(s,w)\mathrm{d}s$$

中取极限,得

$$a_j^k(t)=\delta_j^k+\int_0^t\sum_{r=1}^m\alpha_j^r a_r^k(s)\mathrm{d}s$$

这样，如果条件(37)成立，则矩阵 $\boldsymbol{A}(t)$ 对 t 可微，并且满足方程

$$\boldsymbol{A}'(t)=\boldsymbol{A}(t)\boldsymbol{\alpha},\boldsymbol{A}(0)=\boldsymbol{I}$$

其中 $\boldsymbol{\alpha}$ 是以 α_j^k 为元的矩阵. 从而

$$\boldsymbol{A}(t)=\mathrm{e}^{\boldsymbol{\alpha}t}$$

此结果可以推广到高阶矩. 对方程(32)再求一次微商，得

$$\frac{\mathrm{d}\tilde{b}_i^{kl}(t,w)}{\mathrm{d}t}=\sum_{r=1}^m Q_j^r(g_t(w))\tilde{b}_r^{kl}(t,w)+\sum_{r,s=1}^m Q_j^{rs}(g_t(w))a_r^k(t,w)a_s^l(t,w)$$

其中

$$\tilde{b}_j^{kl}(t,w)=\frac{\partial^2 g_t(j,w)}{\partial w_k\partial w_l}=E\xi^k(t)[\xi^l(t)-\delta^{kl}]\boldsymbol{w}^{\xi-e_k-e_l}$$

而

$$Q_j^{rs}(w)=\frac{\partial^2\boldsymbol{Q}(\boldsymbol{j},\boldsymbol{w})}{\partial w_r\partial w_s}=\sum_{\boldsymbol{x}\in\mathscr{X}}q(j,\boldsymbol{x})x^r(x^s-\delta^{rs})\boldsymbol{w}^{x-e_r-e_s}$$

和前面同样，可以断定：在

$$\beta_j^{rs}=\sum_{\boldsymbol{x}\in\mathscr{X}}q(j,\boldsymbol{x})x^r(x^s-\delta^{rs})<\infty\quad(r,s,j=1,\cdots,m)\tag{39}$$

的条件下，矩

$$\tilde{b}_j^{kl}(t)=E_j\xi^k(t)[\xi^l(t)-\delta^{kl}]\quad(t>0)$$

存在，可微，并且满足方程

$$\frac{\mathrm{d}\tilde{b}_j^{kl}(t)}{\mathrm{d}t}=\sum_{r=1}^m\tilde{b}_r^{kj}(t)\alpha_j^r+\sum_{r,s=1}^m\beta_j^{rs}a_r^k(t)a_s^l(t)\tag{40}$$

$$\tilde{b}_j^{kl}(0)=0\quad(k,l,j=1,\cdots,m)$$

设 $\tilde{\boldsymbol{B}}^k(t)$ 为以 $\tilde{b}_j^{kl}(t),l,j=1,\cdots,m$，为元的矩阵；记 $\tilde{\boldsymbol{A}}^k(t)$ 为以 $\tilde{a}_j^{kl}$ 为元的矩阵，其中

$$\tilde{a}_j^{kl}=\sum_{r=1}^m a_r^k(t)\beta_j^{rl}$$

那么，方程组(40)的解可以表为

$$\tilde{\boldsymbol{B}}^k(t)=\int_0^t\boldsymbol{A}(\theta)\tilde{\boldsymbol{A}}^k(\theta)\mathrm{e}^{\boldsymbol{\alpha}(t-\theta)}\mathrm{d}\theta\tag{41}$$

我们把这些关系式化为略微不同的形式. 记 $\tilde{\boldsymbol{B}}_j(t)$ 为以 $\tilde{b}_j^{kl}(t),k,l=1,\cdots,m$，为元的矩阵. 由式(41)

$$\tilde{b}_j^{kl}(t)=\int_0^t\sum a_r^l(\theta)\alpha_j^k(\theta)\beta_s^{ir}a_j^s(t-\theta)\mathrm{d}\theta$$

于是

$$\tilde{\boldsymbol{B}}_j(t)=\int_0^t\boldsymbol{A}(\theta)\sum_{s=1}^m\boldsymbol{\beta}_s a_j^s(t-\theta)\boldsymbol{A}'(\theta)\mathrm{d}\theta\tag{42}$$

其中 $\boldsymbol{\beta}_j$ 是以 $\beta_j^{rs}, r, s = 1, \cdots, m$，为元的矩阵.

对于三阶矩可以得到类似的公式.

在研究连续时间分枝过程的渐近行为时，我们只假设成立条件(37)和(39)，而矩阵 $\boldsymbol{\alpha}$ 具有如下性质：

条件(Π)：存在 n，对任意 $k, j = 1, \cdots, m$，可以找到一列数 $r_1, r_2, \cdots, r_n, r_k = 1, 2, \cdots, m$，使

$$\alpha_{r_1}^k \alpha_{r_2}^{r_1} \cdots \alpha_j^{r_n} > 0$$

此条件的直观意义是：对任意 k 和 j，它保证"第 k 型质点经 n 次演变产生包含第 j 型质点的后代"的可能性.

由条件(Π)可知，对某充分大的 c，矩阵 $\boldsymbol{\alpha} + c\boldsymbol{I}$ 是非负的和素的. 从而，对它可以用 Perron 定理，以及在对离散时间场合研究矩阵 $\mathbf{A}$ 时由该定理所得到的结论. 这样，矩阵 $\boldsymbol{\alpha}$ 有简单最大特征值 μ_1（它现在未必是正的），而有一正特征向量与 μ_1 相对应，记作 $\boldsymbol{u}$；对应于同一特征值 μ_1 的转置矩阵 $\boldsymbol{\alpha}$ 的正特征向量记作 $\boldsymbol{v}$，并且假设向量 $\boldsymbol{u}$ 和 $\boldsymbol{v}$ 是由条件 $(\boldsymbol{u}, \boldsymbol{v}) = 1$ 规范化的. 矩阵 $\boldsymbol{\alpha}$ 可以写为

$$\boldsymbol{\alpha} = \mu_1 \boldsymbol{\alpha}_1 + \boldsymbol{\alpha}_2$$

其中 $\boldsymbol{\alpha}_1 = \boldsymbol{u}\boldsymbol{v}', \boldsymbol{\alpha}_1^2 = \boldsymbol{\alpha}_1, \boldsymbol{\alpha}_1\boldsymbol{\alpha}_2 = \boldsymbol{\alpha}_2\boldsymbol{\alpha}_1 = \mathbf{0}$，而矩阵 $\boldsymbol{\alpha}_2$ 的特征值的实部小于 μ_1.

由等式

$$\boldsymbol{\alpha}^n = \mu_1^n \boldsymbol{\alpha}_1 + \boldsymbol{\alpha}_2^n$$

可得

$$\mathrm{e}^{\boldsymbol{\alpha} t} = \mathrm{e}^{\mu_1 t} \boldsymbol{\alpha}_1 + \mathrm{e}^{\boldsymbol{\alpha}_2 t} = \mathrm{e}^{\mu_1 t} (\boldsymbol{\alpha}_1 + \boldsymbol{\psi}(t)) \tag{43}$$

其中 $\boldsymbol{\psi}(t)$ 是一矩阵，当 $t \to \infty$ 时它的元递减并且对某个 $c > 0$ 与函数 e^{-ct} 同阶.

现在不难确定矩阵 $\widetilde{\boldsymbol{B}}_j(t)$ 的渐近行为. 由于

$$\widetilde{\boldsymbol{B}}_j(t) = \mathrm{e}^{2\mu_1 t} \int_0^t \mathrm{e}^{-\mu_1(t-\theta)} [\mathrm{e}^{-\mu_1 \theta} \mathbf{A}(\theta)] \left[\sum_{s=1}^m \boldsymbol{\beta}_s \mathrm{e}^{-\mu_1(t-\theta)} a_j^s(t-\theta) \right] [\mathrm{e}^{-\mu_1(\theta)} \mathbf{A}(\theta)] \mathrm{d}\theta =$$

$$\mathrm{e}^{2\mu_1 t} \left\{ \int_0^t \mathrm{e}^{-\mu_1(t-\theta)} \left[\boldsymbol{\alpha}_1 \sum_s \boldsymbol{\beta}_s \mathrm{e}^{-\mu_1(t-\theta)} a_j^s(t-\theta) \right] \boldsymbol{\alpha}_1' \mathrm{d}\theta + \varepsilon_t \right\}$$

其中当 $t \to \infty$ 时 $\varepsilon_t \to 0$，故

$$\mathrm{e}^{-2\mu_1 t} \widetilde{\boldsymbol{B}}_j(t) = \boldsymbol{\alpha}_1 \sum_s \boldsymbol{\beta}_s \rho_j^s \alpha_1' + \varepsilon_t \tag{44}$$

这里 ρ_j^s 是矩阵

$$\boldsymbol{\rho} = \int_0^\infty \mathrm{e}^{-2\mu_1 t} \mathbf{A}(t) \mathrm{d}t = \int_0^\infty \mathrm{e}^{(\boldsymbol{\alpha} - 2\mu_1 \boldsymbol{I})t} \mathrm{d}t$$

的元. 我们注意到

$$\boldsymbol{\rho} = \frac{1}{2\mu_1} \left(\boldsymbol{I} - \frac{\boldsymbol{\alpha}}{2\mu_1} \right)^{-1}$$

令

$$k_j = \sum_{s=1}^{m} (\boldsymbol{v}'\boldsymbol{\beta}_s\boldsymbol{v})\rho_j^s \tag{45}$$

我们可以把式(44)写为

$$e^{-\mu_1\tau}\widetilde{\boldsymbol{B}}_j(t) = k_j\boldsymbol{u}\boldsymbol{u}' + \varepsilon_t \tag{46}$$

其中当 $t \to \infty$ 时 $\varepsilon_t \to 0$.

定理 9 如果矩阵 $\boldsymbol{\alpha}$ 满足条件(Π),而且条件(37)和(39)成立,则分枝过程 $\xi(t)$ 有有穷二阶矩,而式(46)决定它们的渐近行为.对 $\mu_1 > 0$,当 $t \to \infty$ 时向量 $e^{-\mu t}\boldsymbol{\xi}(t)$ 均方收敛于某一随机向量 $\boldsymbol{\zeta}$,且 $\boldsymbol{\zeta}$ 与 $\boldsymbol{u}$ 共线.

证 设 $\boldsymbol{\zeta}(t) = e^{-\mu_1 t}\boldsymbol{\xi}(t)$,$\boldsymbol{B}_j(t) = E_j\boldsymbol{\xi}(t)\boldsymbol{\xi}'(t)$,$\boldsymbol{D}_j(t)$ 是对角阵,对角线上的元为 $a_j^k(t)$,$k = 1,\cdots,m$. 注意到

$$\boldsymbol{B}_j(t) = \widetilde{\boldsymbol{B}}_j(t) + \boldsymbol{D}_j(t)$$

$$\begin{aligned}\delta = {} & E_j[\boldsymbol{\zeta}(t+\tau) - \boldsymbol{\zeta}(t)][\boldsymbol{\zeta}(t+\tau) - \boldsymbol{\zeta}(t)]' = \\ & e^{-2\mu_1(t+\tau)}\boldsymbol{B}_j(t+\tau) - e^{-\mu_1(2t+\tau)}E_j\boldsymbol{\xi}(t+\tau)\boldsymbol{\xi}'(t) - \\ & e^{-\mu_1(2t+\tau)}E_j\boldsymbol{\xi}(t)\boldsymbol{\xi}'(t+\tau) + e^{-2\mu_1 t}\boldsymbol{B}_j(t)\end{aligned}$$

利用过程 $\boldsymbol{\xi}(t)$ 的马尔科夫性得

$$\begin{aligned}E_j\boldsymbol{\xi}(t+\tau)\boldsymbol{\xi}'(t) = {} & E_j[E_{\boldsymbol{\xi}(t)}\boldsymbol{\xi}(t+\tau)]\boldsymbol{\xi}'(t) \\ & E_j\boldsymbol{A}(\tau)\boldsymbol{\xi}(t)\boldsymbol{\xi}'(t) = \\ & \boldsymbol{A}(\tau)\boldsymbol{B}_j(t)\end{aligned}$$

同理可得

$$E_j\boldsymbol{\xi}(t)\boldsymbol{\xi}'(t+\tau) = \boldsymbol{B}_j(t)\boldsymbol{A}'(\tau)$$

因为当 $t \to \infty$ 时 $e^{-\mu_1 t}\boldsymbol{A}(t) \to \boldsymbol{\alpha}_1$,$e^{-2\mu_1 t}\boldsymbol{D}_j(t) \to \boldsymbol{0}$,而 $\mu_1 > 0$,故

$$\begin{aligned}\delta = {} & e^{-2\mu_1(t+\tau)}\widetilde{\boldsymbol{B}}_j(t+\tau) - e^{-\mu_1\tau}\boldsymbol{A}(\tau)e^{-2\mu_1 t}\widetilde{\boldsymbol{B}}_j(t) - \\ & e^{-2\mu_1 t}\widetilde{\boldsymbol{B}}_j(t)e^{-\mu_1\tau}\boldsymbol{A}'(\tau) + e^{-2\mu_1 t}\widetilde{\boldsymbol{B}}_j(t) + \varepsilon_t' = \\ & 2k_j\boldsymbol{u}\boldsymbol{u}' - (\boldsymbol{\alpha}_1 + e^{-\mu_1\tau}e^{\boldsymbol{\alpha}_2\tau})k_j\boldsymbol{u}\boldsymbol{u}' - \\ & k_j\boldsymbol{u}\boldsymbol{u}'(\boldsymbol{\alpha}_1 + e^{-\mu_1\tau}e^{\boldsymbol{\alpha}_2\tau})' + \varepsilon_t''\end{aligned}$$

其中当 $t \to \infty$ 时 ε_t' 和 ε_t'' 趋于 0.

因为 $\boldsymbol{\alpha}_1\boldsymbol{u} = \boldsymbol{u}$,$\boldsymbol{\alpha}_2\boldsymbol{u} = (\boldsymbol{\alpha} - \mu_1\boldsymbol{\alpha}_1)\boldsymbol{u} = \mu_1\boldsymbol{u} - \mu_1\boldsymbol{u} = \boldsymbol{0}$,$e^{\boldsymbol{\alpha}_2\tau}\boldsymbol{u} = \boldsymbol{0}$,故由上式可知,当 $t \to \infty$ 时

$$\delta = \varepsilon_t'' \to 0$$

这就证明了均方极限 $\boldsymbol{\zeta} = \underset{t\to\infty}{\text{l. i. m.}}\,\zeta(t)$ 存在. 定理得证.

我们引进随机向量 $\boldsymbol{\zeta}$ 的分布的 Laplace 变换

$$J(k,p) = E_k e^{-p(\boldsymbol{u},\boldsymbol{\zeta})}$$

这里 p 是复数,Re $p \geqslant 0$. 以后我们假设 $\sum_{k=1}^{n}(u^k)^2 = 1$. 与过程 $\boldsymbol{\xi}(t)$ 同时我们可以考虑离散时间分枝过程 $\boldsymbol{\xi}(n\Delta)$,$\Delta > 0$,$n = 0,1,\cdots$. 向量 $\boldsymbol{\zeta}$ 的分布与向量

$e^{-\mu_1 n\Delta}\boldsymbol{\xi}(n\Delta)$ 的极限分布重合；所以，由式(18) 对任意 $t>0$ 有

$$J(k,e^{\mu_1 t}p)=g_t(k,\boldsymbol{J}(\boldsymbol{p})) \tag{47}$$

其中 $\boldsymbol{J}(\boldsymbol{p})$ 是以 $J(k,p)$ 为分量的向量. 将该式对 t 求微商，然后令 $t=0$，得微分方程组

$$\mu_1 pJ'(k,p)=\boldsymbol{Q}(k,\boldsymbol{J}(\boldsymbol{p})) \tag{48}$$

这时

$$J(k,0)=1,J'(k,0)=-v^k\left(\sum_{k=1}^{n}(u^k)^2=1\right)$$

我们来求过程的退化概率. 设

$$q^k=P_k\{\text{从某个 } t \text{ 起 } \boldsymbol{\xi}(t)=\boldsymbol{0}\}$$

而 $\boldsymbol{q}=(q^1,\cdots,q^m)$. 因为

$$q^k=\lim_{\mathrm{Re}\,p\to+\infty}J(k,p)$$

故由方程(47) 对任意 $t>0$ 有

$$q^k=g_t(k,\boldsymbol{q})$$

将此式对 t 求微商，再利用式(48) 可知，向量 $\boldsymbol{q}$ 满足关系式

$$\boldsymbol{Q}(k,\boldsymbol{q})=\boldsymbol{0}\quad(k=1,\cdots,m)$$

现在设 $\mu_1\leqslant 0$. 仍假设矩阵 $\boldsymbol{\alpha}$ 满足条件(Π). 以前对离散时间得到的某些结果，可以直接移到连续时间过程.

我们假设过程 $\boldsymbol{\xi}(t)$ 是可分的、右连续的和强马尔科夫的. 我们给出过程非自返的定义. 设 τ_1 是首次出现 $\boldsymbol{\xi}(t)\neq\boldsymbol{\xi}(0)$ 的时刻. 如果不存在这样一个时刻，则令 $\tau_1=\infty,\boldsymbol{\xi}(\infty)=\boldsymbol{b}$. 同样，定义 τ_2 为首次出现 $\boldsymbol{\xi}(t)\neq\boldsymbol{\xi}(\tau_1)$ 的时刻 t(如果 $\tau_1<\infty$ 而且这样的 t 存在的话)；若 $\tau_1=\infty$ 或 τ_2 不存在，则令 $\tau_2=\infty$；依此类推.

称过程 $\boldsymbol{\xi}(t)$ 为非自返的，如果对任意 $\boldsymbol{x}(\boldsymbol{x}\neq\boldsymbol{0})$，在序列

$$\boldsymbol{x}=\boldsymbol{\xi}(0),\boldsymbol{\xi}(\tau_1),\cdots,\boldsymbol{\xi}(\tau_n),\cdots$$

中状态 $\boldsymbol{x}$ 以概率 P_x 等于 1 只出现有限多次.

显然，过程 $\boldsymbol{\xi}(t)$ 是非自返的，当且仅当对任意 $\Delta>0$ 离散时间过程 $\boldsymbol{\xi}(n\Delta)$ 是非自返的.

这一点容许立即把定理 4 移到连续时间过程

定理 10 如果分枝过程 $\boldsymbol{\xi}(t),t\geqslant 0$，是非奇异的，而矩阵 $\boldsymbol{\alpha}$ 满足条件(Π)，则它是非自返的.

定理 11 如果过程 $\boldsymbol{\xi}(t)$ 非奇异，矩阵 $\boldsymbol{\alpha}$ 满足条件(Π)，而且 $\mu_1\leqslant 0$，则过程 $\boldsymbol{\xi}(t)$ 以概率 1 退化.

该定理的证明和定理 5 的证明没有区别.

在次临界情形和临界情形下($\mu_1\leqslant 0$) 过程的渐近性质与离散时间过程的

性质类似.

只有一种类型质点的分枝过程 现在我们来比较详细地研究只有一种类型质点的连续时间分枝过程.

这时集合$\mathscr{X}$和数列$0,1,\cdots,n,\cdots$重合,而$p_t(1,x)$是"体系在开始时有一个质点,而在时刻t有x个质点"的概率.令$q(1,n)=q_n$,$Q(w)=\sum_0^\infty q_n w^n$($w$是复数,$|w|\leqslant 1$),$g_t(w)=\sum_0^\infty p_t(1,n)w^n$.这时,对$k=0,2,3,\cdots$有$q_k\geqslant 0$,而$-q_1=q_0+q_2+\cdots$,$p_0(1,n)=\delta_{1n}$.代替微分方程组(32),这里是一个常微分方程

$$\frac{\mathrm{d}g_t(w)}{\mathrm{d}t}=Q(g_t(w)),g_0(w)=w \tag{49}$$

而代替方程组(36),是一阶线性偏微分方程

$$\frac{\partial g_t(w)}{\partial t}=Q(w)\frac{\partial g_t(w)}{\partial w},g_0(w)=w \tag{50}$$

容易指出它的解.此解形为

$$g_t(w)=\psi\left(t+\int_0^w\frac{\mathrm{d}v}{Q(v)}\right)$$

其中$\psi(t)$是函数$t=\varphi(w)=\int_0^w\frac{\mathrm{d}v}{Q(v)}$的反函数.以前引进的矩阵$\boldsymbol{\alpha}$在这里是一个数$\alpha=\sum_{n=1}^\infty nq_n=Q'(1)$,而矩阵$\boldsymbol{\alpha}$的特征值现在就是数$\alpha$本身.由以上可知:对$\alpha\leqslant 1$,过程的退化概率$q$等于1;而对$\alpha>1,q<1$.这时,退化概率是方程$Q(x)=0$的根.

注意到,对$x\in[0,1]$有$Q''(x)\geqslant 0$.因为$Q(1)=0$,故函数$Q(x)$在区间$(0,1)$上最多一次取0为值.因而,退化概率是方程$Q(x)=0$在线段$[0,1]$上的最小根.

现在我们来研究退化过程在时间段$(0,t)$上的退化概率$p_t(1,0)$,$t\to\infty$,的渐近行为.记$q(t)=p_t(1,0)$,$p(t)=1-q(t)$.

定理 12 如果$\alpha=Q'(1)\leqslant 0,\beta=Q''(1)<\infty$,则

$$p(t)\approx k\mathrm{e}^{\alpha t}\quad(\alpha<0)$$

$$p(t)\approx\frac{2}{Bt}\quad(\alpha=0)$$

证 因为$p_t(1,0)=q_t(0)$,故由方程(49)可见,函数$p(t)$满足方程

$$\frac{\mathrm{d}p(t)}{\mathrm{d}t}=-Q(1-p(t)),p(0)=1$$

利用有限增量公式,得

$$\frac{\mathrm{d}p(t)}{\mathrm{d}t}=-Q(1)+p(t)Q'(\theta)=P(t)Q'(\theta)$$

其中 θ 介于 $p(1,0)$ 和 1 之间. 因为 $Q'(x)$ 是单增函数,$\theta \to 1(t \to \infty)$,故 $Q'(\theta) = Q'(1) - \varepsilon(t)$,而 $\varepsilon(t) > 0, \lim\limits_{t\to\infty} \varepsilon(t) = 0$. 这样

$$\frac{\mathrm{d}p(t)}{\mathrm{d}t} = p(t)(\alpha - \varepsilon(t))$$

由此得

$$p(t) = \exp\left\{\alpha t - \int_0^t \varepsilon(\tau)\mathrm{d}\tau\right\}$$

注意到,对 $\theta < \theta' < 1$ 有

$$0 < \varepsilon(t) = Q'(1) - Q'(\theta) = Q''(\theta')(1-\theta') \leqslant$$
$$Q''(1)[1 - p_t(1,0)] \leqslant \beta \mathrm{e}^{\alpha t}$$

所以积分 $\int_0^\infty \varepsilon(t)\mathrm{d}t$ 有限. 由此可见,对 $\alpha < 0$ 有

$$p(t) \approx k\mathrm{e}^{\alpha t},\text{其中 } k = \exp\left(-\int_0^\infty \varepsilon(t)\mathrm{d}t\right)$$

现在看 $\alpha = 0$ 的情形. 有

$$\frac{\mathrm{d}p(t)}{\mathrm{d}t} = -Q(t)[1-p(t)] = -Q(1) + p(t)Q'(1) - \frac{p^2(t)}{2}Q''(\theta_1)$$

其中 θ_1 是区间$(p_t(1,0),1)$ 上的一个数. 因为当 $t \to \infty$ 时 $Q''(\theta_1) \to Q''(1)$,故

$$\frac{\mathrm{d}p(t)}{\mathrm{d}t} = -\frac{p^2(t)}{2}(\beta + \varepsilon(t))$$

其中 $\varepsilon(t) \to 0(t \to \infty)$. 由此可见

$$p(t) = \frac{2}{\beta t + \int_0^t \varepsilon(s)\mathrm{d}s + 2} = \frac{2}{\beta t} + o\left(\frac{1}{t}\right)$$

定理得证.

我们给定理12补充一个有关的结果,它涉及退化过程之概率 $p_t(1,n)$ 的渐近行为. 设

$$p(t,w) = 1 - g_t(w)$$

对 $w=0$ 有:$p(0,t) = 1 - q_t(0) = 1 - p_t(1,0) = p(t) \approx k\mathrm{e}^{\alpha t}$. 可以假设,对于 $w \neq 0$ 的情形,函数 $p(w,t)$ 也有同一递减速度. 为此我们设

$$\varphi(w,t) = \frac{p(w,t)}{p(t)} = \frac{1-g_t(w)}{p(t)}$$

注意,函数

$$g_t^*(w) = 1 - \varphi(w,t) = \sum_{n=1}^{\infty} \frac{p_t(1,n)}{p(t)} w^n$$

是质点个数 $v(t)$ 在"它于时刻 t 不等于 0"的条件下之条件分布的母函数.

定理 13 如果 $\alpha = Q'(1) < 0, \beta = Q''(1) < \infty$,则当 $t \to \infty$ 时,质点个数 $v(t)$ 在"过程于时刻 t 不退化$(v(t) \neq 0)$"的条件下的条件分布收敛,极限分布

的母函数为

$$g^*(w)=1-\exp\left\{\alpha\int_0^w \frac{\mathrm{d}v}{Q(v)}\right\}$$

证　考虑函数 $\varphi(w,t)$. 由(49) 可见, $\varphi(w,t)$ 满足方程

$$\frac{\mathrm{d}\varphi}{\mathrm{d}t}=-\frac{1}{p(t)}Q(1-p(t)\varphi)+\frac{\varphi}{p(t)}Q(1-p(t)) \tag{51}$$

将此式右侧按 Taylor 公式展开,得

$$\frac{\mathrm{d}\varphi}{\mathrm{d}t}=-\frac{1}{p(t)}\left[Q(1)-p(t)\varphi Q'(1)\ \frac{(p(t)\varphi)^2}{2}(Q''(1)+\varepsilon_1(t))\right]+\frac{\varphi}{p(t)}\cdot$$
$$\left[Q(1)-p(t)Q'(1)+\frac{p^2(t)}{2}(Q''(1)+\varepsilon_2(t))\right]$$

其中 $\varepsilon_1=Q''(\theta_1)-Q''(1)$, $\varepsilon_2=Q''(\theta_2)-Q''(1)$, θ_1 和 θ_2 分别为介于 $g_t(w)$ 与 1 和 $g_t(0)$ 与 1 之间的两个数. 当 $t\to\infty$ 时,在任意区域 $|w|\leqslant\rho<1$ 内一致有 $\varepsilon_1(t)\to 0$ 和 $\varepsilon_2(t)\to 0$. 上式可以写成

$$\frac{\mathrm{d}\varphi}{\mathrm{d}t}=-\frac{p(t)\varphi^2}{2}(\beta+\varepsilon_1)+\frac{p(t)\varphi}{2}(\beta+\varepsilon_2) \tag{52}$$

自某个充分大的 t 起,有

$$\frac{\mathrm{d}\varphi}{\mathrm{d}t}<\frac{p(t)\varphi}{2}\left(\beta+\frac{\beta}{2}\right)=\frac{3}{4}\beta p(t)\varphi$$

由此

$$\varphi(w,t)\leqslant\varphi(w,t_0)\exp\left\{-\frac{3}{4}\beta\int_{t_0}^t p(s)\mathrm{d}s\right\}$$

由于积分 $\int_{t_0}^{\infty}p(s)\mathrm{d}s$ 收敛,可见当 $t\to\infty$ 时函数 $\varphi(w,t)$ 有界. 所以方程(51) 可以表为

$$\frac{\mathrm{d}\varphi}{\mathrm{d}t}=\frac{p(t)\varphi}{2}[\beta(1-\varphi)+\varepsilon]$$
$$\varphi(w,0)=1-w$$

其中 $\varepsilon=\varepsilon_2-\varphi\varepsilon_1\to 0(t\to\infty)$. 如果把此方程的解表为

$$\varphi(w,t)=(1-w)\exp\left\{\frac{1}{2}\int_0^t p(s)[\beta(1-\varphi(w,s))+\varepsilon]\mathrm{d}s\right\}$$

则可以断定

$$\lim_{t\to\infty}\varphi(w,t)=K(w)$$

此外,由式(52) 有 $\lim\limits_{t\to\infty}\frac{\mathrm{d}\varphi}{\mathrm{d}t}=0$. 因为 $\varphi(w,t)$ 在圆 $|w|<1$ 内是解析函数,而且所涉及的极限运算在任何圆 $|w|\leqslant\rho<1$ 内都是一致的,故函数 $K(w)$ 在此圆内也是解析的,并且在任意圆 $|w|\leqslant\rho<1$ 内一致有

$$\lim_{t\to\infty}\frac{\mathrm{d}\varphi(w,t)}{\mathrm{d}w}=\frac{\mathrm{d}K(w)}{\mathrm{d}w}$$

为求函数 $K(w)$ 可以利用方程(50). 把 $g_t(w)=1-p(t)\varphi(w,t)$ 代入此方程，得

$$-p'(t)\varphi(w,t)-p(t)\frac{\mathrm{d}\varphi(w,t)}{\mathrm{d}t}=-Q(w)p(t)\frac{\mathrm{d}\varphi(w,t)}{\mathrm{d}w}$$

将此方程除以 $p(t)$，令 $t\to\infty$；由于 $\dfrac{p'(t)}{p(t)}\to\alpha(t\to\infty)$（见定理 12 的证明），得

$$\alpha K(w)=Q(w)\frac{\mathrm{d}K(w)}{\mathrm{d}w}$$

而且 $K(0)=\lim\limits_{t\to\infty}\varphi(0,t)=1$. 于是

$$K(w)=\mathrm{e}^{\alpha\int_0^w\frac{\mathrm{d}}{Q(v)}}$$

定理得证.

§2 连续状态分枝过程

如果分枝过程由大量不同类型的质点组成，则为了描绘群体的数量，往往引进相对量，即在给定时刻一定类型质点的数量对某个参数的比，而此参数表征群体中质点的数量级. 在其他类似的场合，则用一定类型的质点的质量或它们所占据的几乎体积来表征群体数量. 这时可以用向量来描述体系的状态：向量的维数等于质点的不同类型的个数，而其分量等于相应类型质点的体积（质量）. 和以前不同，过程的状态现在是用任意非负向量来表征的. 这时，分枝过程的基本性质可以概括地表述如下：随着时间的流逝，群体的每一部分的演变不依赖群体其余部分的演化.

在有些场合，有兴趣的是群体质点的类型可以构成任意集合的情形. 例如，考虑质点的内在区别的同时还要考虑它们的显著区别，即它们特征（以前称做类型）的区别，而这些特征是由一取无穷多个值的参数（能量，空间位置）来表征的.

这一节研究由 m 种类型连续分量（质量）构成的群体；下一节要研究具有有限种类型的有限个质点的过程，但是假设群体中的每个质点与某一马尔科夫过程相对应，它是在相空间中运动的.

设 E 是质点类型的任意集合；e 是 E 中的点；$\mathscr{E}$ 是 E 的子集（包括单点子集 $\{e\}$）的 σ 代数.

设 $b_*(\mathscr{E})$ 是 E 上一切复值的有界 $\mathscr{E}$ 可测函数的空间，而 $\mathscr{M}(\mathscr{E})$［$\mathscr{M}_+(\mathscr{E})$］是 $\mathscr{E}$ 上一切有限负荷［测度］的空间. 如果 $\mu\in\mathscr{M}(\mathscr{E})$，则记 $\|\mu\|$ 为负荷 μ 的完全变差. 设 $\mathfrak{L}_+=\mathfrak{L}_+(\mathscr{M}(\mathscr{E}))$ 是 $\mathscr{M}_+(\mathscr{E})$ 中包含它的一柱集的最小 σ 代数；这里所说

的柱集，即满足如下条件的测度 μ 的集合

$$c_k \leqslant \mu(A_k) \leqslant d_k \quad (k=1,\cdots,n)$$

其中 c_k,d_k 是任意实数，$A_k \in \mathscr{E}$ 是任意集. 对任意 $p=p(e) \in b_*(\mathscr{E})$ 和 $\mu \in \mathscr{M}(\mathscr{E})$，记

$$<p,\mu>=\int_E p(e)\mu(\mathrm{d}e)$$

定义 1 设 $\{v_t,\mathfrak{S}_t,P_v\}$ 是一齐次马尔科夫过程，$\{\mathscr{M}_+(\mathscr{E}),\mathfrak{L}\}$ 是它的相空间. 我们称此过程为具有连续状态并以 $\{E,\mathscr{E}\}$ 为质点类型空间的分枝过程 v_t，$t \geqslant 0$，如果它满足下列条件：

a) 对任意 $t>0$

$$P_0\{v_t=0\}=1 \tag{1}$$

而且对任意 $\varepsilon>0$，当 $\|v\| \to 0$ 时

$$P_v\{\|v(t)\|>\varepsilon\} \to 0 \tag{2}$$

b) 对任意 $p \in b_*(\mathscr{E})$，$\mathrm{Re}\, p \geqslant 0$，和 $v_i \in \mathscr{M}_+(\mathscr{E})$ 有

$$E_{v_1+v_2}\mathrm{e}^{-<p,v_t>}=E_{v_1}\mathrm{e}^{-<p,v_t>}E_{v_2}\mathrm{e}^{-<p,v_t>} \tag{3}$$

c) 过程 v_t 随机连续：对任意 $\varepsilon>0$

$$P_v\{\|v_t-v\|>\varepsilon\} \to 0 \quad (t \to 0)$$

条件(1) 表明质点可以自生但不存在移入；条件(2) 表明，小质量的群体增长到有限的规模需要很长的时间段；我们称条件(3) 为过程的分枝条件，它是分枝过程特有的基本性质：群体两个不同部分是相互独立地发展的.

对于只有有限多种质点的情形，一般定义可以大大简化. 这时，空间 E 由有限个点 $e_1,e_2,\cdots,e_m$ 组成；$\mathscr{M}_+(\mathscr{E})$ 与具有非负分量的 m 维向量的集合 $\mathscr{R}_+^m$ 等距：$\mu=(\mu^1,\cdots,\mu^m)$，$\mu^k=\mu(e_k)$；$\mathfrak{L}_m$ 可以等同于 $\mathscr{R}_+^m$ 中 Borel 子集的 σ 代数 $\mathfrak{B}_+^m$；v_t 是满足定义 1 中条件 a)，b)，c) 的马尔科夫过程，$(\mathscr{R}_+^m,\mathfrak{B}_+^m)$ 是它的相空间.

设

$$J(v,t,p)=E_v\mathrm{e}^{-<p,v_t>}$$

对 $p=-\mathrm{i}u$，$u \in b(\mathscr{E})$，$J(v,t,p)=J(v,t,-\mathrm{i}u)$ 是随机过程 v_t 的特征泛函，而对一般情形它是在 $v_0=v$ 的条件下，随机测度 v_t 的条件分布的 Laplace 变换.

由式(2) 可见，$J(v,t,p) \to 1(\|v\| \to 0)$. 由此可知，$J(v,t,p)$ 是 $v[v \in \mathscr{M}_+(\mathscr{E})]$ 的连续函数. 事实上，设 $v-v_n=\mu_n'-\mu_n''$，其中 μ_n' 是负荷 $v-v_n$ 的正变差，而 μ''_n 是它的负变差. 如果 $\|v-v_n\| \to 0$，则 $\|\mu'_n\| \to 0$，$\|\mu''_n\| \to 0$，$v+\mu''_n=v_n+\mu_n'$，而且由等式(3) 有

$$J(v,t,p)J(\mu_n'',t,p)=J(v_n,t,p)J(\mu_n',t,p)$$

由此得 $\lim J(v_n,t,p)=J(v,t,p)$

特别，由条件(3) 可见，对任意 $s_k>0$，λ，$\mathrm{Re}\,\lambda>0$（λ 是复数）有

$$J\left(\left(\sum_{1}^{n} s_k\right) v, t, \lambda p\right)=\prod_{k=1}^{n} J(s_k v, t, \lambda p)$$

所以，对固定的 v,t 和 p，函数 $J(sv,t,\lambda p)$ 可以视为某一随机连续齐次独立增量数值过程 $\zeta(s)$ 的分布的 Laplace 变换. 如果再假设 $p \geqslant 0, \lambda=-\mathrm{i}u$，则量 $\zeta(s)$ 是非负的. 所以，在这些条件下函数 $J(sv,t,-\mathrm{i}up)$ 有如下表示

$$J(sv,t,-\mathrm{i}up)=\exp s\left\{\mathrm{i}ua(v,t,p)+\int(\mathrm{e}^{\mathrm{i}uz}-1)\Pi(v,t,p,\mathrm{d}z)\right\}$$

其中 $a=a(v,t,p)\geqslant 0$，而测度 $\Pi(v,t,p,B), B\in\mathscr{R}^1$，满足

$$\Pi(v,t,p,\{0\})=0$$

$$\int_{|z|<c}\|z\|\Pi(v,t,p,\mathrm{d}z)<\infty \tag{4}$$

$$\Pi(v,t,p,\|z\|>\varepsilon)<\infty$$

如果设 $-\lambda p=\sum_{1}^{m}\mathrm{i}u_k p_k$，其中 u_k 是实数，而 $p_k=p_k(v)\geqslant 0$，则用同样的方法可以说明，$J(sv,t,\lambda p)$ 是随机连续的齐次独立和非负增量 m 维随机过程的特征函数. 从而

$$J\left(sv,t,-\mathrm{i}\sum_{1}^{n}u_k p_k\right)=\exp s\left\{\mathrm{i}(u,\boldsymbol{a}_m(v,t,p))+\int_{\mathscr{R}_+^m}(\mathrm{e}^{\mathrm{i}(u,z)}-1)\Pi_m(v,t,p,\mathrm{d}z)\right\} \tag{5}$$

其中 $\boldsymbol{a}_m(v,t,p)$ 是具有非负分量的 m 维向量，而测度 Π_m 定义在 $\mathfrak{B}_+^m$ 上并且满足条件(4)，其中 z 表示 $\mathscr{R}_+^m$ 中的点. 由特征函数表现为式(5) 的唯一性可得

$$a\left(vt,\sum_{k=1}^{m}u_k p_k\right)=\left(u,\boldsymbol{a}_m\left(v,t,\sum_{1}^{m}u_k p_k\right)\right)=\sum_{k=1}^{m}u^k a(v,t,p_k)$$

即 $a(v,t,p)$ 是 p 的线性泛函. 显然，$J(v,t,p)$ 是 p 的连续函数(对关于非负 p 的一致收敛或单调收敛而言). 从而，如果记

$$a(v,t,\chi_A)=a(v,t,A)$$

则作为 A 的函数 $a(v,t,A)$ 是 $\mathscr{E}$ 上的测度，并且

$$a(v,t,p)=\int_E p(e)a(v,t,\mathrm{d}e)$$

至于说对 v 的依赖关系，则 $a(v,t,p)$ 以及 $\Pi(v,t,p,B)$ 均为 v 的线性连续泛函.

为便于叙述，现在我们来考虑有限多种类型质点的情形. 那么，如前所指 $v=\sum_{k=1}^{m}x_k e_k$，并且可以把 $\mathscr{M}_+(\mathscr{E})$ 与空间 $\mathscr{R}_+^m$ 等同；代替函数 $p(e), e\in E$，我们考虑向量 $\boldsymbol{p}=(p^1,p^2,\cdots,p^m)$. 记 $a(e_k,t,\boldsymbol{p})=a_k(t,\boldsymbol{p})$. 那么 $a_k(t,p)=(\boldsymbol{p},\boldsymbol{a}_k(t))$，其中 $\boldsymbol{a}_k(t)$ 是具有非负分量的 m 维向量. 其次，记 $\Pi(e_k,t,1,B)=\Pi_k(t,B)$. 那么 $\Pi_k(t,B)$ 是测度，满足

$$\Pi_k(t,\{0\})=0,\int_{S_c}|z|\Pi_k(t,\mathrm{d}z)<\infty,\Pi_k(t,\bar{S}_c)<\infty \tag{6}$$

其中 S_c 是中心在点 0 半径为 $c(c>0)$ 的球，而 $\bar{S}_c$ 是 S_c 的补. 这时式(5) 形为

$$J_k(s,t,-\mathrm{i}\boldsymbol{u})=\exp s\left\{\mathrm{i}(\boldsymbol{u},\boldsymbol{a}_k(t))+\int_{\mathscr{R}_+^m}(\mathrm{e}^{\mathrm{i}(\boldsymbol{u},z)}-1)\Pi_k(t,\mathrm{d}z)\right\}$$

其中 $\boldsymbol{u}$ 是具有实分量 u^j 的向量，$J_k(s,t,-\mathrm{i}\boldsymbol{u})=J(se_k,t,-\mathrm{i}\boldsymbol{u})$.

记

$$\psi_k(t,\boldsymbol{p})=(\boldsymbol{p},\boldsymbol{a}_k(t))+\int(1-\mathrm{e}^{-(\boldsymbol{p},z)})\Pi_k(t,\mathrm{d}z) \tag{7}$$

因为函数 $J_k(s,t,\boldsymbol{p})$ 和 $\mathrm{e}^{-s\psi_k(t,\boldsymbol{p})}$ 在区域 Re $\boldsymbol{p}>0$ 内解析，并且在其边界上重合，所以对 Re $\boldsymbol{p}>0$ 有

$$J_k(s,t,\boldsymbol{p})=\mathrm{e}^{-s\psi_k(t,\boldsymbol{p})}$$

令

$$\boldsymbol{\psi}(t,\boldsymbol{p})=\{\psi_1(t,p),\psi_2(t,p),\cdots,\psi_m(t,p)\}$$

由等式(5) 可见

$$J(\boldsymbol{x},t,\boldsymbol{p})=\mathrm{e}^{-(\boldsymbol{\psi}(t,\boldsymbol{p}),\boldsymbol{x})} \tag{8}$$

这里在($\mathscr{E}$ 上的) 测度 v 的位置上是 $\mathscr{R}_+^m$ 中的向量 $\boldsymbol{x}$.

在推导上式时只用到随机过程 $\xi(t)$ 的分枝性. 现在我们利用该过程的马尔科夫性. 有

$$\begin{aligned}J(\boldsymbol{x},t+s,\boldsymbol{p})&=E_{\boldsymbol{x}}\mathrm{e}^{-(\boldsymbol{p},\xi(t+s))}=E_xE_{\xi(t)}\mathrm{e}^{-(\boldsymbol{p},\xi(s))}=\\&E_{\boldsymbol{x}}\mathrm{e}^{-(\xi(t),\psi(s,\boldsymbol{p}))}=\mathrm{e}^{-(x,\boldsymbol{\psi}[t,\boldsymbol{\psi}(s,\boldsymbol{p})])}\end{aligned}$$

在推导此等式时曾用到 Re $\psi_k(s,\boldsymbol{p})\geqslant 0$ 这一事实. 于是，函数 $\boldsymbol{\psi}(t,\boldsymbol{p})$ 满足下列函数方程

$$\boldsymbol{\psi}(t+s,\boldsymbol{p})=\boldsymbol{\psi}[t,\boldsymbol{\psi}(s,\boldsymbol{p})]\quad(t>0,s>0) \tag{9}$$

和初始条件

$$\boldsymbol{\psi}(0,\boldsymbol{p})=\boldsymbol{p} \tag{10}$$

后者由过程 v_t 的随机连续性推出. 方程(9) 是具有整数分量的分枝过程之母函数的函数方程.

我们证明，所得到的关系式完全表征具有连续状态和 m 种类型质点的分枝过程，此过程满足定义 1 的条件.

设已给向量函数族$\{\psi(t,p),t\geqslant 0\}$，满足下列条件：

a) 函数 $\psi(t,p)$ 定义在空间 C^m 中的锥体 Re $p\geqslant 0$ 上，并在此锥体上有表示(7)，其中 $a_k(t)\geqslant 0$，而测度 $\Pi_k(t,B)$ 具备性质(6).

b) 函数 $\psi(t,p)$ 满足函数方程(9) 和初始条件(10).

定理 1 在上述条件下，可以在相空间 $\mathscr{R}^m$ 中构造一分枝过程，使它的 Laplace 变换由式(8) 给出.

证 根据给定函数 $\psi(t,p)$ 定义函数 $J(x,t,p)=\mathrm{e}^{-(\psi(t,p),x)}$. 它是具有无穷可分分布的非负随机向量的 Laplace 变换. 设 $P_t(x,B)$ 是对应于此过程的随机核. 我们证明 $\{P_t(x,B),t>0\}$ 是马尔科夫核族. 为此考虑核 $P_t(x,B)$ 和 $P_s(x,B)$ 的卷积的 Laplace 变换. 因为

$$\iint\limits_{\mathscr{R}_+^m \mathscr{R}_+^m} \mathrm{e}^{-(p,z)} P_t(x,\mathrm{d}y)P_s(y,\mathrm{d}z)=\int_{\mathscr{R}_+^m} \mathrm{e}^{-(\psi(s,p),y)} P_t(x,\mathrm{d}y)=\mathrm{e}^{-(\psi[t,\psi(s,p)],x)}=$$

$$\mathrm{e}^{-(\psi(t+s,p),x)}=\int_{\mathscr{R}_+^m} P_{t+s}(x,\mathrm{d}y)\mathrm{e}^{-(p,y)}$$

故由于 Laplace 变换唯一决定分布,有

$$P_{t+s}(x,B)=\int_{\mathscr{R}_+^m} P_t(x,\mathrm{d}y)P_s(y,B)$$

从而,可以根据核族 $\{P_t(x,B),t>0\}$ 在相空间 $\mathscr{R}_+^m$ 中构造一马尔科夫过程. 由函数 $J(x,t,p)$ 的形状立即可以看出,此过程满足分枝过程的条件 a) 和 b);而由式(8) 和 $\psi(t,p)$ 的初始条件可知,此过程随机连续. 定理得证.

我们考虑 $\psi_k(t,p)$ 作为变元 t 的函数的性质. 首先证明函数 $\psi_k(t,p)$ 在点 $t=0$ 可微.

引理 1 对 $\mathrm{Re}\, p>0$ 存在极限

$$K(p)=\lim_{t\downarrow 0}\frac{\psi(t,p)-p}{t}$$

证 引进函数

$$\varphi_k(h,p)=\frac{1}{h}\int_0^h \psi_k(t,p)\mathrm{d}t$$

函数 $\varphi_k(h,p)$ 在区域 $\mathrm{Re}\, p>0$ 内是解析函数,而在闭区域 $\mathrm{Re}\, p\geqslant 0$ 上一致有界. 因为

$$\lim_{h\to 0}\varphi_k(h,p)=p_k$$

故对 $\mathrm{Re}\, p>0$,当 $h\to 0$ 时,函数 $\varphi_k(h,p)$ 的任意阶导数收敛于函数 p_k 的相应导数. 从而

$$\lim_{h\downarrow 0}\frac{\partial\varphi_k(h,p)}{\partial p_r}=\delta_{kr}$$

对方程(9) 求积分,得等式

$$\frac{1}{h}\int_0^h \psi(t+s,p)\mathrm{d}t=\varphi(h,\psi(s,p)),s>0$$

其中 $\varphi(h,p)=(\varphi_1(h,p),\cdots,\varphi_m(h,p))$,由此得

$$\varphi(h,\psi(s,p))-\varphi(h,p)=\frac{1}{h}\left\{\int_h^{s+h}\psi(t,p)\mathrm{d}t-\int_0^s\psi(s,p)\mathrm{d}t\right\}$$

利用 Taylor 公式得

$$(\nabla \boldsymbol{\varphi}(h,p)+\boldsymbol{Z})(\psi(s,p)-p)=\frac{1}{h}\left\{\int_{h}^{s+h}\psi(t,p)\mathrm{d}t-\int_{0}^{s}\psi(t,p)\mathrm{d}t\right\}$$

其中$\nabla \boldsymbol{\varphi}(h,p)$是矩阵，偏导数$\frac{\partial \varphi_k}{\partial p_j}(j=1,\cdots,m)$是它的第$k$行，$\boldsymbol{Z}$是一矩阵，当$\psi(s,p)-p\to 0$，即$s\to 0$时，矩阵$\boldsymbol{Z}$的元趋于0. 因为当$h\to 0$时$\nabla \boldsymbol{\varphi}(h,p)\to \boldsymbol{I}$，故对充分小的$\boldsymbol{h}$矩阵$\nabla \boldsymbol{\varphi}(h,p)$可逆. 所以对充分小的$h(h>0)$

$$\lim_{s\downarrow 0}\frac{\psi(s,p)-p}{s}=[\nabla \boldsymbol{\varphi}(h,p)]^{-1}\frac{1}{h}[\psi(h,p)-p] \tag{11}$$

注　由证明过程可见，如果p的变化域是区域$\mathrm{Re}p>0$内的任意紧集，则式(11)中的收敛对p一致.

由刚证明的引理和函数方程(9)立即可以得到函数$\psi(s,p)$的两个微分方程. 其中一个是常微分方程，但是非线性的，另一个是线性偏微分方程. 这些方程形为

$$\frac{\partial \psi(t,p)}{\partial t}=K[\psi(t,p)]\quad(\mathrm{Re}p>0) \tag{12}$$

$$\frac{\partial \psi(t,p)}{\partial t}=\nabla \psi(t,p)K(p)\quad(\mathrm{Re}p>0) \tag{13}$$

并且函数$\psi(t,p)$还满足初始条件(10).

为证明其中的第一个方程取$t_2>t_1$，并考虑关系式

$$\frac{\psi(t_2,p)-\psi(t_1,p)}{t_2-t_1}=\frac{\psi(t_2-t_1,\psi(t_1,p))-\psi(t_1,p)}{t_2-t_1}$$

由于式(11)中的收敛(对p)一致，并且令$t_2\downarrow t$，$t_1\uparrow t$，故可得方程(12). 因而导数$\frac{\partial \psi}{\partial t}$的存在性得证，所以为推导方程(13)只需对$\Delta t>0$考虑关系式

$$\frac{\psi(t+\Delta t,p)-\psi(t,p)}{\Delta t}=\frac{\psi(t,\psi(\Delta t,p))-\psi(t,p)}{\Delta t}=$$

$$[\nabla \psi(t,p)+O(\psi(\Delta t,p))]\frac{\psi(\Delta t,p)-p}{\Delta t}$$

令$\Delta t\downarrow 0$在此式中取极限，得方程(13).

定理2　设函数$\psi(t,p)$对应于满足定义1的条件(对$\mathrm{Re}\,p>0$)的连续状态分枝过程. 那么，$\psi(t,p)$对t可微，并且满足方程(12)，(13)和边界条件(10).

我们称向量函数$K(p)$为分枝过程的累积量. 现在来求它的一般表示.

仍然设$p=-\mathrm{i}\boldsymbol{u}$，其中$\boldsymbol{u}$是实分量向量. 由累积量的定义可见，$\mathrm{e}^{K_j(-\mathrm{i}\boldsymbol{u})}$是无穷可分分布的特征函数的极限，因而$\mathrm{e}^{K_j(-\mathrm{i}\boldsymbol{u})}$也是无穷可分分布的特征函数. 从而

$$K_j(-\mathrm{i}\boldsymbol{u})=\mathrm{i}(\boldsymbol{a}_j,\boldsymbol{u})-\frac{1}{2}(B_j\boldsymbol{u},\boldsymbol{u})+\int_{\mathscr{R}_+^m}\left(\mathrm{e}^{\mathrm{i}(\boldsymbol{u},z)}-1-\frac{\mathrm{i}(\boldsymbol{u},z)}{1+(z,z)}\right)\Pi_j(\mathrm{d}z) \tag{14}$$

其中 $\boldsymbol{a}_j$ 是一向量，B_j 是非负定对称算子，而测度 $\Pi_j(B)$ 具备相应的性质. 下面的引理对于所考虑的情形进一步说明函数 $K_j(-\mathrm{i}\boldsymbol{u})$ 的构造.

引理 2 假设 $\mathscr{R}^m$ 中无穷可分分布的累积量的序列

$$K^{(n)}(-\mathrm{i}\boldsymbol{u})=\mathrm{i}(a^{(n)},\boldsymbol{u})+\int_{\mathscr{R}_+^m}(\mathrm{e}^{\mathrm{i}(\boldsymbol{u},z)}-1)\Pi^{(n)}(\mathrm{d}z)$$

收敛于一累积量

$$K(-\mathrm{i}\boldsymbol{u})=\mathrm{i}(a,\boldsymbol{u})-\frac{1}{2}(B\boldsymbol{u},\boldsymbol{u})+\int_{\mathscr{R}_+^m}\left(\mathrm{e}^{\mathrm{i}(\boldsymbol{u},z)}-1-\frac{\mathrm{i}(\boldsymbol{u},z)}{1+(z,z)}\right)\Pi(\mathrm{d}z)$$

并且存在一子空间 $\mathscr{L}$，使对一切 n 有 $P_{\mathscr{L}}a^{(n)}\in\mathscr{R}_+^m\cap\mathscr{L}$，其中 $P_{\mathscr{L}}$ 是向 $\mathscr{L}$ 上的投影算子. 那么

$$\int_{|z|<1}|P_{\mathscr{L}}z|\,\Pi(\mathrm{d}z)<\infty$$

对一切 $u\in\mathscr{L}$ 有 $(Bu,u)=0$，$P_{\mathscr{L}}a\geqslant 0$.

证 因为

$$\lim_{n\to\infty}K^{(n)}(-\mathrm{i}P_{\mathscr{L}}\boldsymbol{u})=K(-P_{\mathscr{L}}\boldsymbol{u})$$

而

$$K^{(n)}(-\mathrm{i}P_{\mathscr{L}}\boldsymbol{u})=\mathrm{i}(P_{\mathscr{L}}a^{(n)},\boldsymbol{u})+\int_{\mathscr{R}_+^m}(\mathrm{e}^{\mathrm{i}(P_{\mathscr{L}}\boldsymbol{u},z)}-1)\Pi^{(n)}(\mathrm{d}z)$$

是集中在锥体 $\mathscr{R}_+^m\cap\mathscr{L}$ 上的无穷可分分布的累积量，故极限分布也集中在此锥体上. 因此，根据第四章 §1 定理 7 的系，该分布的累积量形为

$$K(-\mathrm{i}P_{\mathscr{L}}\boldsymbol{u})=\mathrm{i}(b,P_{\mathscr{L}}\boldsymbol{u})+\int_{\mathscr{R}_+^m\cap\mathscr{L}}(\mathrm{e}^{\mathrm{i}(P_{\mathscr{L}}\boldsymbol{u},z)}-1)\Pi_{\mathscr{L}}(\mathrm{d}z)$$

并且

$$\int_{\mathscr{R}_+^m\cap\mathscr{L}\cap\{|z|\leqslant 1\}}|z|\,\Pi_{\mathscr{L}}(\mathrm{d}z)<\infty$$

另一方面

$$K(-\mathrm{i}P_{\mathscr{L}}\boldsymbol{u})=\mathrm{i}(a,P_{\mathscr{L}}\boldsymbol{u})-\frac{1}{2}(BP_{\mathscr{L}}\boldsymbol{u},P_{\mathscr{L}}\boldsymbol{u})+$$
$$\int_{\mathscr{R}_+^m}\left(\mathrm{e}^{\mathrm{i}(P_{\mathscr{L}}\boldsymbol{u},z)}-1-\frac{\mathrm{i}(P_{\mathscr{L}}\boldsymbol{u},z)}{1+(z,z)}\right)\Pi(\mathrm{d}z)$$

将此式与上面的式子比较，即可得所要证的结果.

由刚证明的引理可见，式(14) 可化为

$$K_j(-\mathrm{i}\boldsymbol{u})=\mathrm{i}(\boldsymbol{a}_j,\boldsymbol{u})-\frac{b_j^2}{2}(\boldsymbol{u}\mathrm{i})^2+\int_{\mathscr{R}_+^m}\left(\mathrm{e}^{\mathrm{i}(\boldsymbol{u},z)}-1-\frac{\mathrm{i}\boldsymbol{u}^jz^j}{1+(z,z)}\Pi_j(\mathrm{d}z)\right)\tag{15}$$

其中向量 $\boldsymbol{a}_j$ 和测度 $\Pi_j(B)$ 满足：对 $k\neq j$ 有 $a_j^k>0$，而

$$\int_{S_c}\Big(\sum_{k\neq j}|z^k|+(z^j)^r\Big)\Pi_j(\mathrm{d}z)<\infty,\ \Pi_j(\bar{S}_c)<\infty\tag{16}$$

利用所得到的各式，可以容易地找出过程的生成算子的明显形式. 为此我

们指出，由函数 $K(-\mathrm{i}\boldsymbol{u})$ 的定义

$$\lim_{t\to 0}[\mathrm{e}^{-\mathrm{i}(\boldsymbol{u},x)}J(x,t,-\mathrm{i}\boldsymbol{u})]^{\frac{1}{t}}=\exp(K(-\mathrm{i}\boldsymbol{u}),x)$$

从而

$$\lim_{t\downarrow 0}\frac{\mathrm{e}^{-\mathrm{i}(\boldsymbol{u},x)}J(x,t,-\mathrm{i}\boldsymbol{u})}{t}=(K(-\mathrm{i}\boldsymbol{u}),x)$$

根据随机过程(Ⅰ)第三章 §1 的结果可见，对任意二次可微函数 $f(x)$，如果 $f(x)$ 及其一阶二阶偏导数有界，则

$$\mathfrak{U}f(x)=\lim_{t\downarrow 0}\frac{1}{t}\left[\int_{\mathscr{R}_+^m}f(y)P_t(x,\mathrm{d}y)-f(x)\right]=$$

$$\sum_{j=1}^{m}\left\{(\boldsymbol{a}_j,\nabla f)+\frac{b_j^2}{2}\frac{\partial^2 f}{(\partial x^j)^2}+\int_{\mathscr{R}_+^m}\left[f(x+z)-f(x)-\frac{z^j\dfrac{\partial f(x)}{\partial x^j}}{1+(y,y)}\right]\Pi_j(\mathrm{d}z)\right\}$$

§ 3　有分枝的一般马尔科夫过程

到现在为止我们所研究的分枝过程，其状态完全决定于每型质点的数目以及(在某些场合)质点的“年龄”. 为描绘体系的进化，在许多场合还需要考虑质点在相空间中的位置(并且此位置随时间连续地变化)，而质点的生存时间以演变的概率依赖于它在相空间的轨道. 分枝过程的基本性质 —— 各质点进化的独立性 —— 自然不变. 这一节就是研究这类过程.

过程的构造性描述　假设已给一可测空间 $\{\mathscr{X},\mathfrak{B}\}$，称之为过程的相空间. 有 m 种类型($T_1,\cdots,T_m$)的质点在此相空间中运动. 每型质点的个数在 0 到 ∞ 之间变化. 如果质点的总数在某一时刻变为 ∞，则过程在此时刻中断. 如果在开始时相空间中恰有一个质点，属于 T_k 型，则它一般沿某一中断齐次马尔科夫过程 $\{\mathscr{F}^{(k)},\mathscr{N}^{(k)},P_x^{(k)}\}$ 的轨道运动. 记 ζ_k 为此过程的中断时间. 那么在相空间中于时刻 ζ_k，一个 T_k 型的质点变为 $n_1,\cdots,n_m$ 个分别属于 $T_1,\cdots,T_m$ 型的质点，并且 n_i 个 T_i 型质点的位置分别为 $x_1^{(i)},\cdots,x_{n_i}^{(i)}$. 这些位置可以由 $\{\mathscr{X},\mathfrak{B}\}$ 上的随机测度 μ^i 来表征，这里测度 μ^i 定义为

$$\mu^i(B)=\sum_{k=1}^{n_i}\chi_B(x_k^{(i)})$$

测度 $\mu^i(B)$ 决定在演变时刻出现在集 B 中的 i 型质点的个数. 考虑形如

$$P\{\mu^i(B_j)=n_j^i,i=1,\cdots,m,j=1,\cdots,N\}$$

的边沿分布，其中 $B_1,\cdots,B_N$ 是任意一组两两不相交的集：$B_j\in\mathfrak{B}$，$\bigcup_{k=1}^{N}B_k=\mathscr{X}$. 那么随机测度 $\mu^1,\cdots,\mu^m$ 的联合分布，完全决定于它的上述边沿分布. 为求随机

测度 μ^i 和表示 T_k 型质点在时刻 $t<\zeta_k$ 之位置的变量的联合分布，我们引进概率

$$
\begin{aligned}
&Q_{t,x}^{(k)}(B_1,\cdots,B_N;n_1^1,\cdots,m_1^m,\cdots,n_N^1,\cdots,n_N^m)=\\
&P_x^{(k)}\{\zeta_k>t,\mu^i(B_j)=n_j^i,i=1,\cdots,m,j=1,\cdots,N\}
\end{aligned}\tag{1}
$$

这些概率是在“开始时在相空间中有一个 T_k 型质点”的条件下来计算的. 记 $P^{(k)}(t,x,B)$ 为过程 $\{\mathscr{F}^{(k)},\mathscr{N}^{(k)},P_x^{(k)}\}$ 的转移概率. 那么，概率 $Q_{t,x}^{(k)}$ 连同 $P^{(k)}(t,x,B)$ 完全决定 $x^{(k)}(t)(t<\zeta_k)$ 和 $\mu^i(i=1,2,\cdots,m)$ 的联合分布：对 $0<t_1<\cdots<t_n<s$

$$
\begin{aligned}
&P_x^{(k)}\{\zeta_k>s,x_{t_l}^{(k)}\in A_l,l=1,\cdots,n;\mu^i(B_j)=n_j^i,i=1,\cdots,m,j=1,\cdots,N\}=\\
&\int_{A_1}P^{(k)}(x,t_1,\mathrm{d}x_1)\int_{A_2}P^{(k)}(x_1,t_2-t_1,\mathrm{d}x_2)\cdot\cdots\cdot\\
&\int_{A_n}P^{(k)}(x_{n-1},t_n-t_{n-1},\mathrm{d}x_n)\cdot\\
&Q_{s-t_n,x_n}^{(k)}(B_1,\cdots,B_N;n_1^1,\cdots,n_1^m,\cdots,n_N^1,\cdots,n_N^m)
\end{aligned}\tag{2}
$$

概率 $Q_{t,x}^{(k)}(B_1,\cdots,B_N,n_1^1,\cdots,n_1^m,\cdots,n_N^1,\cdots,n_N^m)$ 宜于用关于 t 的 Laplace 变换给出

$$
\begin{aligned}
&q_\lambda^{(k)}(x,B_1,\cdots,B_N;n_1^1,\cdots,n_1^m,\cdots,n_N^1,\cdots,n_N^m)=\\
&\int_0^\infty \mathrm{e}^{-\lambda t}Q_{t,x}^{(k)}(B_1,\cdots,B_N;n_1^1,\cdots,n_1^m,\cdots,n_N^1,\cdots,n_N^m)\mathrm{d}t
\end{aligned}
$$

对任何一组 $B_1,\cdots,B_N,n_i^j$，作为 x 的函数 $q_\lambda^k(x,\cdot)$ 是过程 $x_t^{(k)}$ 的 λ 过份函数. 事实上

$$
\begin{aligned}
\int P^{(k)}(x,t,\mathrm{d}y)q_\lambda^{(k)}(y,\cdot)=&\int_0^\infty \mathrm{e}^{-\lambda t}\int P^{(k)}(t,x,\mathrm{d}y)Q_{s,y}^{(k)}(\cdot)\mathrm{d}s=\\
&\int_0^\infty \mathrm{e}^{-\lambda s}Q_{t+s,x}^{(k)}(\cdot)\mathrm{d}s
\end{aligned}
$$

因为，由式(2)

$$
\int P^{(k)}(t,x,\mathrm{d}y)Q_{s,y}^{(k)}(\cdot)=Q_{x,t+s}^{(k)}(\cdot)
$$

所以

$$
\mathrm{e}^{-\lambda t}\int P^{(k)}(t,x,\mathrm{d}y)q_\lambda^{(k)}(y,\cdot)=q_\lambda^{(k)}(x_i,\cdot)-\mathrm{e}^{-\lambda t}\int_0^t \mathrm{e}^{-\lambda t}Q_{s,x}^{(k)}(\cdot)\mathrm{d}s
$$

由最后的等式可知，$q_\lambda^{(k)}(x,\cdot)$ 是 λ 过份函数.

在相当广的条件下(第二章 §6，定理3)，可以把 λ 过份函数 $q_\lambda^{(k)}(x,\cdot)$ 与过程 $x_t^{(k)}$ 的 $-W$ 泛函 $\varphi_t^{(k)}(\cdot)$ 相联系，使

$$
q_\lambda^{(k)}(x,\cdot)=E_x^{(k)}\int_0^\infty \mathrm{e}^{-\lambda t}\mathrm{d}\varphi_t^{(k)}(\cdot)
$$

我们指出，量

$$\varphi_t^{(k)} = \sum_{n_1^1,\cdots,n_1^m,\cdots,n_N^1,\cdots,n_N^m} \varphi_t^{(k)}(B_1,\cdots,B_N;n_1^1,\cdots,n_1^m,\cdots,n_N^1,\cdots,n_N^m)$$

(这里对一切非负 n_j^i 求和) 有限并且也是 W 泛函. 这由下式可见

$$\begin{aligned} E_x^{(k)}\int_0^\infty \mathrm{e}^{-\lambda t}\,\mathrm{d}\varphi_t^{(k)} = & \sum_{n_1^1,\cdots,n_N^m} q_\lambda^{(k)}(x;B_1,\cdots,B_N,n^1,\cdots,n_1^m,\cdots,n_N^1,\cdots,n_N^m) = \\ & \int_0^\infty \mathrm{e}^{-\lambda t}P_x^{(k)}\{\zeta_k > t\}\mathrm{d}t = \\ & E_x^{(k)}\int_0^\infty \mathrm{e}^{-\lambda t}\chi_{\{\zeta_k>t\}}\mathrm{d}t = \\ & E_x\,\frac{1-\mathrm{e}^{-\lambda\zeta_k}}{\lambda} \end{aligned} \tag{3}$$

因而,泛函 $\varphi_t^{(k)}$ 不依赖于 $B_1,\cdots,B_N$.

我们现在假设,对于过程$\{\mathscr{F}^{(k)},\mathscr{N}^{(k)},P_x^{(k)}\}$,$\sigma$ 代数 $\mathscr{N}_{t+0}^{(k)}$ 包含在 $\mathscr{N}_t^{(k)}$ 对任意测度 $P_x^{(k)}$ 的完备化中. 那么,仿照第三章 §4(见式(8)),由不等式

$$\varphi_t^{(k)}(B_1,\cdots,B_N,n_1^1,\cdots,n_1^m,\cdots,n_N^1,\cdots,n_N^m) \leqslant \varphi_t^{(k)}$$

可以证明,存在一函数 $G^{(k)}(x,B_1,\cdots,B_N;n_1^1,\cdots,n_1^m,\cdots,n_N^1,\cdots,n_N^m)$,使

$$\begin{aligned} &\varphi_t^{(k)}(B_1,\cdots,B_N;n_1^1,\cdots,n_1^m,\cdots,n_N^1,\cdots,n_N^m) = \\ &\int_0^t G^{(k)}(x_s^{(k)},B_1,\cdots,B_N;n_1^1,\cdots,n_1^m,\cdots,n_N^1,\cdots,n_N^m)\mathrm{d}\varphi_s^{(k)} \end{aligned} \tag{4}$$

函数 $G^{(k)}(x,B_1,\cdots,B_N;n_1^1,\cdots,n_1^m,\cdots,n_N^1,\cdots,n_N^m)$ 非负,并且满足

$$\sum_{n_1^1\cdots n_N^m} G^{(k)}(x,B_1,\cdots,B_N;n_1^1,\cdots,n_1^m,\cdots,n_N^1,\cdots,n_N^m) = 1 \tag{5}$$

它可以解释为在"演变发生在点 x"的条件下,在演变之后事件$\{\mu^i(B_j)=n_j^i,i=1,\cdots,m,j=1,\cdots,N\}$ 的概率.

由式(3) 可见,泛函 $\varphi_t^{(k)}$ 完全决定于转移概率 $P^{(k)}(t,x_k,B)$. 所以,为了给出随机变量 $x_t^{(k)}$,$(t<\zeta_k)$,和 $\mu^1,\cdots,\mu^m$ 的联合分布,只需给出转移概率 $P^{(k)}(t,x,B)$ 和函数

$$G^{(k)}(x,B_1,\cdots,B_N,n_1^1,\cdots,n_1^m,\cdots,n_N^1,\cdots,n_N^m)$$

在演变之后,每一个新出现的质点(在不依赖于其他质点的情形下) 开始自己的运动,而且如果它是 T_k 型,则它沿过程$\{\mathscr{F}^{(k)},\mathscr{N}^{(k)},P_x^{(k)}\}$ 的轨道运动.

过程的基本特征是概率

$$P_{t,x}^{(k)}(N,B_1,\cdots,B_N;n_1^1,\cdots,n_1^m,\cdots,n_N^1,\cdots,n_N^m) \tag{6}$$

它是如下事件的概率:在开始时位于点 x 的一个 T_k 型质点,经过时间 t 变为 $n_1^i+\cdots+n_N^i$ 个 T_i,$i=1,\cdots,m$ 型质点,而且集合 $B_j\in\mathfrak{B}$ 包含 n_j^i 个 T_i 型质点.

概率(6) 宜于用母函数给出. 设

$$\psi_{t,x}^{(k)}(N,B_1,\cdots,B_N,z_1^1,\cdots,z_1^m,\cdots,z_N^1,\cdots,z_N^m) =$$

$$\sum_{n_1^1,\cdots,n_N^m} P_{t,x}^{(k)}(N,B_1,\cdots,B_N,n_1^1,\cdots,n_1^m,\cdots,n_N^1,\cdots,$$
$$n_N^m)(z_1^1)^{n_1^1}\cdots(z_N^m)^{n_N^m}$$

原来,可以同时对一切 $N,B_1,\cdots,B_N$,用如下方式给出函数 $\psi_{t,x}^{(k)}(\cdot)$. 记 $\mu_t^i(\cdot)$ 为 $\mathfrak{B}$ 上的随机测度,其中 $\mu_t^i(B)$,$B\in\mathfrak{B}$,表示在时刻 t 位于集 B 中的 T_i 型质点的个数. 那么,对 $z_j^i\leqslant 1$

$$\psi_{t,x}^{(k)}(N,B_1,\cdots,B_N,z_1^1,\cdots,z_N^m)=E_x^{(k)}\prod_{i=1}^m\prod_{j=1}^N(z_t^i)^{\mu_t^i(B_j)}=$$
$$E_x^{(k)}\prod_{i=1}^m \mathrm{e}^{\sum_{j=1}^N \ln z_j^i\cdot\mu_t^i(B_j)}$$

记 $\varphi^i(x)=-\ln z_j^i$,$x\in B_j$. 那么

$$\sum_{j=1}^N \ln z_j^i\mu_t^i(B)=-\int\varphi^i(x)\mu_t^i(\mathrm{d}x)$$

所以

$$\psi_{t,x}^{(k)}(N,B_1,\cdots,B_N,z_1^1,\cdots,z_N^m)=E_x^{(k)}\exp\left\{-\sum_1^m\int\varphi^i(x)\mu_t^i(\mathrm{d}x)\right\}$$

于是,概率组(6)唯一决定于泛函

$$\psi_{t,x}^{(k)}(\varphi^1,\cdots,\varphi^m)=E_x^{(k)}\exp\left\{-\sum_1^m\int\varphi^i(x)\mu_t^i(\mathrm{d}t)\right\}\qquad(7)$$

我们称此泛函为母泛函(仿照母函数),它对一切非负 $\mathfrak{B}$ 可测函数 $\varphi^1(x),\cdots,\varphi^m(x)$ 定义.

同样,对概率族 $Q_{t,x}^{(k)}(\cdot)$ 也可以定义母泛函. 如果 μ^i 是随机测度,它决定在演变发生后的瞬时每个集合中 T_i 型质点的数量,则概率族 $Q_{t,x}^{(k)}(\cdot)$ 的母泛函决定于

$$q_{t,x}^{(k)}(\varphi^1,\cdots,\varphi^m)=E_x^{(k)}\exp\left\{-\sum_1^m\int\varphi^i(x)\mu^i(\mathrm{d}x)\right\}\chi_{\{\zeta_k>t\}}\qquad(8)$$

母泛函 $\psi_{t,x}^{(k)}$ 和 $q_{t,x}^{(k)}$ 以某个方程相联系;如果假设过程中断于相空间中首次聚焦无穷个质点的时刻,则可以由此方程求出 $\psi_{t,x}^{(k)}$. 我们来推导此方程.

假设开始时相空间中有一个质点,它位于点 x,属于 T_k 型. 那么

$$\psi_{t,x}^{(k)}(\varphi^1,\cdots,\varphi^{(m)})=E_x^{(k)}\exp\left\{-\sum_1^m\int\varphi^i(x)\mu_t^i(\mathrm{d}x)\right\}\chi_{\{\zeta_k>t\}}+$$
$$E_x^{(k)}\exp\left\{-\sum_1^m\int\varphi^i(x)\mu_t^i(\mathrm{d}x)\right\}\chi_{\{\zeta_k\leqslant t\}}=$$
$$E_x^{(k)}\exp\{-\varphi^k(x_t^{(k)})\}\chi_{\{\zeta_k>t\}}+$$
$$E_x^{(k)}E\left(\exp\left\{-\sum_1^m\int\varphi^i(x)\mu_t^i(\mathrm{d}x)\right\}\mid\zeta_k,\mu^1,\cdots,\mu^m\right)\chi_{\{\zeta_k\leqslant t\}}$$
$$(9)$$

第一项等于

$$\int e^{-\varphi^k(y)} P^{(k)}(t,x,dy)$$

为计算第二项,我们假设在演变发生的时刻有强马尔科夫性,即在演变发生之后,过程的行为就像它在一开始就有相应数量的各型质点一样.注意,在从构造上描绘过程时,我们并不明显地假设有强马尔科夫性,只是假设每个质点的行为,就像它单独时的行为一样,不依赖其他的质点.我们假设,在开始时每种类型各有若干个质点,而 $v^i(B)$ 表位于集 B 中质点的个数.那么

$$E\exp\left\{-\sum_1^m\int\varphi^i(x)\mu_t^i(dx)\right\}=\prod_{k=1}^m\prod_{j=1}^{n_k}E_{x_j^k}^{(k)}\exp\left\{-\sum_1^m\int\varphi^i(x)\mu_t^i(dx)\right\}$$

其中 $v^k(B)=\sum_{j=1}^{n_k}\chi_B(x_j^k)$,即 n_k 是 T_k 型质点数,$x_1^k,\cdots,x_{n_k}^k$ 是它们的初始位置.所以

$$E\exp\left\{-\sum_1^m\int\varphi^i(x)\mu_t^i(dx)\right\}=\prod_{k=1}^m\prod_{j=1}^{n_k}\psi_{t,x_j^k}^{(k)}(\varphi^1,\cdots,\varphi^m)=$$
$$\exp\left\{-\sum_{k=1}^m\int[-\ln\psi_{t,x}^{(k)}(\varphi^1,\cdots,\varphi^m)]v^k(dx)\right\}\tag{10}$$

(注意,$\varphi^i\geqslant0$,$-\ln\psi_{t,x}^{(k)}\geqslant0$).由等式(10)以及在时刻 ζ_k 的强马尔科夫性,得

$$E\left(\exp\left\{-\sum_1^m\int\varphi^i(x)\mu_t^i(dx)\right\}\middle|\zeta_k,\mu^1,\cdots,\mu^m\right)=$$
$$\exp\left\{-\sum_{i=1}^m\int[-\ln\psi_{t-\zeta_k,x}^{(i)}(\varphi^1,\cdots,\varphi^m)]\mu^i(dx)\right\}$$

我们现在根据函数 $q_{t,x}^{(k)}(\varphi^1,\cdots,\varphi^m)$ 定义积分

$$\int_0^t q_{ds,x}^{(k)}(\varphi_s^1,\cdots,\varphi_s^m)=E_x^{(k)}\exp\left\{-\sum_{k=1}^m\int\varphi_{\zeta_k}^i(x)\mu^i(dx)\right\}\chi_{\{\zeta_k<t\}}\tag{11}$$

其中 $\varphi_s^i(x)$ 为 $\mathfrak{B}\times\mathfrak{B}_+$ 可测,$\mathfrak{B}_+$ 是$[0,\infty)$上 Borel 集的 σ 代数.显然,该积分唯一决定于泛函 $q_{t,x}^{(k)}(\varphi^1,\cdots,\varphi^m)$,因为对 s 的阶梯函数,此泛函唯一决定积分(11).利用积分(11)可以把式(9)化为

$$\psi_{t,x}^{(k)}(\varphi^1,\cdots,\varphi^m)=\int e^{-\varphi^k(y)}P^{(k)}(t,x,dy)+\int_0^t q_{ds,x}^{(k)}(-\ln\psi_{t-s,x}^{(1)}(\varphi^1,\cdots,\varphi^m),\cdots,$$
$$-\ln\psi_{t-s,x}^{(m)}(\varphi^1,\cdots,\varphi^m))\tag{12}$$

为了摆脱非平常的(11)型积分,我们指出:函数

$$q_{t,x}^{(k)}(\varphi^1,\cdots,\varphi^m)$$

关于非减函数

$$F_x^{(k)}(t)=P_x^{(k)}\{\zeta_k\leqslant t\}$$

绝对连续,因为对 $s<t$ 由式(8)有

$$|q_{t,x}^{(k)}(\varphi^1,\cdots,\varphi^m)-q_{s,x}^{(k)}(\varphi^1,\cdots,\varphi^m)|\leqslant P_x^{(k)}\{s<\zeta_k<t\}$$

所以

$$q_{0,x}^{(k)}(\varphi^1,\cdots,\varphi^m)-q_{t,x}^{(k)}(\varphi^1,\cdots,\varphi^m)=\int_0^t P_{s,x}^{(k)}(\varphi^1,\cdots,\varphi^m)\mathrm{d}F_x^{(k)}(s) \qquad (13)$$

其中 $P_{s,x}^{(k)}(\varphi^1,\cdots,\varphi^m)$ 是一个对变量的全体可测的函数. 利用式(13) 可得

$$\int_0^t q_{\mathrm{d}s,x}^{(k)}(\varphi_s^1,\cdots,\varphi_s^m)=\int_0^t P_{s,x}^{(k)}(\varphi_s^1,\cdots,\varphi_s^m)\mathrm{d}F_x^{(k)}(s)$$

于是,方程(13) 化为

$$\psi_{t,x}^{(k)}(\varphi^1,\cdots,\varphi^m)=\int \mathrm{e}^{-\varphi^k(y)}P^{(k)}(t,x,\mathrm{d}y)+\int_0^t P_{s,x}^{(k)}(-\ln\psi_{t-s,x}^{(1)}(\varphi^1,\cdots,\varphi^m),\cdots,-\ln\psi_{t-s,x}^{(m)}(\varphi^1,\cdots,\varphi^m))\mathrm{d}F_x^{(k)}(s) \qquad (14)$$

这是一个方程组($k=1,\cdots,m$). 可以用逐步逼近法求解:设

$${}_0\psi_{t,x}^{(k)}(\varphi^1,\cdots,\varphi^m)=\int \mathrm{e}^{-\varphi^k(y)}P^{(k)}(t,x,\mathrm{d}y)$$

$${}_{n+1}\psi_{t,x}^{(k)}(\varphi^1,\cdots,\varphi^m)=\int \mathrm{e}^{-\varphi^k(y)}P^{(k)}(t,x,\mathrm{d}y)+\int_0^t P_{t,x}^{(k)}(-\ln[{}_n\psi_{t-s,x}^{(1)}(\varphi^1,\cdots,\varphi^m)],\cdots,-\ln[{}_n\psi_{t-s,x}^{(m)}(\varphi^1,\cdots,\varphi^m)])\mathrm{d}F_x^{(k)}(s) \qquad (15)$$

$$n=0,1,\cdots$$

利用归纳法可以验证:${}_n\psi_{t,x}^{(k)}$ 非负,关于 n 不减,以 1 为界. 所以存在极限

$$\psi_{t,x}^{(k)}=\lim_{n\to\infty}{}_n\psi_{t,x}^{(k)}$$

而这些极限满足方程组(14). 如果它有唯一解,则这样就决定了过程的母泛函. 用逐步逼近法所得到的解,是方程组(14) 的不大于 1 的最小非负解.

构造马尔科夫过程 为运用马尔科夫过程论中的一般方法来研究有分枝的马尔科夫过程,最好是设法用一特别马尔科夫过程类来描绘这样的过程(例如,像在半马尔科夫过程的场合一样). 在这一节里就要解决这个问题. 只需考虑只有一种类型质点的情形. 因为,如果以 $\mathscr{A}$ 表质点的各类型所构成的集合(它可以是任意的),则可以考虑集合 $\mathscr{X}\times\mathscr{A}$ 上只有一种类型的质点的过程;相点 (x,a),$x\in\mathscr{X}$,$a\in\mathscr{A}$,一方面确定质点在相空间 $\mathscr{X}$ 中的位置 x,另一方面确定了质点的类型 a. 显然,过程于演变发生前在 $\mathscr{X}\times\mathscr{A}$ 中的运动,完全决定于马尔科夫过程族 $\{\mathscr{F}^{(a)},\mathscr{N}^{(a)},P_x^{(a)}\}$,因为在演变发生之前,过程的分量 a 不变.

这样,设 $\{\mathscr{X},\mathfrak{B}\}$ 是一相空间. 我们考虑形如上一小节所描绘的有一种类型质点的过程. 这样过程的状态完全决定于质点的数量以及它们在相空间中的位置. 因为质点都是相同的,故坐标的重新排列不改变过程的状态(这里,我们简称相空间中的位置为坐标).

我们构造过程的相空间如下.

设 $\widetilde{\mathscr{X}}_n$,$n\geqslant 1$,是这样一个空间:$\widetilde{\mathscr{X}}_n$ 中的每一个点与 $\mathscr{X}^n$ 中点 $(x_1,\cdots,x_n)$ 的一个集合一一对应. 每个这样集合中点的坐标仅排列的顺序不同. 以 $\widetilde{\mathfrak{B}}_n$ 表 σ 代数

$\mathfrak{B}^n$ 在上述 $\mathscr{X}^n$ 到 $\widetilde{\mathscr{X}}_n$ 的映射中的象. 我们再引进一个空间 $\widetilde{\mathscr{X}}_0$,它由唯一一点构成,此点亦记作 $\widetilde{\mathscr{X}}_0$. 如果在相空间中没有质点,则认为过程处于状态 $\widetilde{\mathscr{X}}_0$. 如果在相空间$\{\mathscr{X},\mathfrak{B}\}$ 中有坐标为 $x_1,\cdots,x_n$ 的n 个质点,则过程位于点$(x_1,\cdots,x_n)\in\widetilde{\mathscr{X}}_n$. 于是,所有集 $\widetilde{\mathscr{X}}_n,n=0,1,\cdots$,的并构成过程的相空间,记作 $\widetilde{\mathscr{X}}$. 记 $\widetilde{\mathfrak{B}}$ 为包含 $\widetilde{\mathscr{X}}_0$ 和 σ 代数 $\widetilde{\mathfrak{B}}_n$ 的、空间 $\widetilde{\mathscr{X}}$ 的子集的最小 σ 代数. 可以把有分枝的马尔科夫过程与相空间$\{\widetilde{\mathscr{X}},\widetilde{\mathfrak{B}}\}$ 中的一个马尔科夫过程相联系. 对于有分枝的齐次过程,此过程也是齐次的. 自然应局限于考虑在"过程开始位于 $\widetilde{\mathscr{X}}_n$ 中"的条件下,首次流出每个集 $\widetilde{\mathscr{X}}_n$ 的时间大于0的过程. 由加在过程上的其他条件可知,为此只需使在"过程开始位于 $\widetilde{\mathscr{X}}_1$ 中"的条件下,首次流出 $\widetilde{\mathscr{X}}$ 的时间是正的.

设 $P(t,\tilde{x},\widetilde{B}),\tilde{x}\in\widetilde{\mathscr{X}},\widetilde{B}\in\widetilde{\mathfrak{B}}$,是过程的转移概率. 我们现在讨论,为使各质点的演变相互独立,$P(t,\tilde{x},\widetilde{B})$ 应满足哪些条件?

记 μ_t 是决定时刻t 质点在$\{\mathscr{X},\mathfrak{B}\}$ 中的分布的随机测度、为求 $P(t,\tilde{x},\widetilde{B})$,只需对不同的集 $B\in\mathscr{X}$知道其边沿分布 $\mu_t(B)$,而后者决定于

$$E\exp\left\{-\int_{\mathscr{X}}\varphi(x)\mu_t(\mathrm{d}x)\right\} \tag{16}$$

(这里,数学期望是在过程的初始状态为 $\tilde{x}$ 的条件下求的). 但是,如果在时刻 t 过程位于点$(x_1,\cdots,x_n)\in\widetilde{\mathscr{X}}_n$,则

$$\exp\left\{-\int_{\mathscr{X}}\varphi(x)\mu_t(\mathrm{d}x)\right\}=\exp\left\{-\sum_{k=1}^{n}\varphi(x_k)\right\}$$

因而,如果设

$$f(\tilde{x})=\prod_{k=1}^{n}f(x_k),\tilde{x}\in\widetilde{\mathscr{X}},\tilde{x}=(x_1,\cdots,x_n) \tag{17}$$
$$\tilde{f}(\widetilde{\mathscr{X}}_0)=1,f(x)=\mathrm{e}^{-\varphi(x)}$$

则可以看出,转移概率完全决定于积分

$$\int\tilde{f}(\tilde{y})P(t,\tilde{x},\mathrm{d}\tilde{y})$$

其中 $\tilde{f}(\tilde{x})$ 形如(17).

设 $\tilde{x}\in\widetilde{\mathscr{X}}_m,\tilde{x}=(x_1,\cdots,x_m)$. 显然,为使不同质点的演化相互独立,必须使表现

$$\mu_t=\sum_{i=1}^{m}\mu_t^{(i)} \tag{18}$$

中的随机测度 $\mu_t^{(i)}$ 相互独立,其中 $\mu_t^{(i)}$ 是开始时位于点 x_i 的质点的后代在$\{\mathscr{X},\mathfrak{B}\}$ 中的分布. 那么,如果把(18) 代入(16),并且在满足独立性的前提下求数学期望,就可以得到

$$E_{\tilde{x}}\exp\left\{-\int_{\mathscr{X}}\varphi(x)\mu_t(\mathrm{d}x)\right\}=\prod_{k=1}^{m}g(x_k)$$

其中

$$g(x_k)=E_{\tilde{x}=x_k}\exp\left\{-\int_{\mathscr{X}}\varphi(x)\mu_t(\mathrm{d}x)\right\}$$

而若 $\tilde{x}=\widetilde{\mathscr{X}}_0$，则 $\mu_t(\mathscr{X})=0$，并且

$$E_{\tilde{x}}\exp\left\{-\int_{\mathscr{X}}\varphi(x)\mu_t(\mathrm{d}x)\right\}=1$$

因而

$$\int\tilde{f}(\tilde{y})P(t,\tilde{x},\mathrm{d}y)=\tilde{g}(\tilde{x}) \tag{19}$$

其中 $\tilde{f}$ 决定于式(17)；而若在式(17) 中把 f 换成 g，则 $\tilde{g}(\tilde{x})$ 也具有(17) 的形式. 函数 f 和 g 满足不等式 $0\leqslant f\leqslant 1$ 和 $0\leqslant g\leqslant 1$.

我们引进定义在 $\widetilde{\mathscr{X}}$ 上的 $\widetilde{\mathfrak{B}}$ 可测函数 $\tilde{f}(\tilde{x})$ 的空间 $\widetilde{\mathscr{M}}_{\widetilde{\mathscr{X}}}$：对每个 $\tilde{f}(\tilde{x})\in\widetilde{\mathscr{M}}_{\widetilde{\mathscr{X}}}$ 存在一 $\mathfrak{B}$ 可测函数 $f(x)$，$0\leqslant f\leqslant 1$，使

$$\tilde{f}(\tilde{x})=\prod_{k=1}^{m}f(x_k),\tilde{x}\in\widetilde{\mathscr{X}}_n,\tilde{x}=(x_1,\cdots,x_n),\tilde{f}(\widetilde{\mathscr{X}}_0)=1 \tag{20}$$

其次，设 $\mathscr{M}_{\mathscr{X}}$ 是 $\mathfrak{B}$ 可测函数 $f(x)$，$0\leqslant f\leqslant 1$，的集合. 如果在函数 $\tilde{f}(\tilde{x})\in\widetilde{\mathscr{M}}_{\widetilde{\mathscr{X}}}$ 而 $f(x)\in\mathscr{M}_{\mathscr{X}}$ 之间存在关系(20)，则写为

$$\tilde{f}(\tilde{x})=S[f](\tilde{x})$$

对于任意 $\widetilde{\mathfrak{B}}$ 可测的有界函数 $\psi(\tilde{x})$，我们定义过程的半群算子 $\widetilde{T}_t$

$$\widetilde{T}_t\psi(\tilde{x})=\int\psi(\tilde{y})P(t,\tilde{x},\mathrm{d}\tilde{y}) \tag{21}$$

那么，由式(19) 知，集 $\widetilde{\mathscr{M}}_{\widetilde{\mathscr{X}}}$ 关于算子族 $\widetilde{T}_t$ 的不变性是分枝过程的基本性质. 所以，自然地提出下面的一般定义.

定义 1　相空间 $\{\widetilde{\mathscr{X}},\widetilde{\mathfrak{B}}\}$ 中的任一齐次马尔科夫过程称做相空间 $\{\mathscr{X},\mathfrak{B}\}$ 中的齐次分枝过程，如果满足下列条件：

a) 伴随过程的算子半群 T_t 把 $\widetilde{\mathscr{M}}_{\widetilde{\mathscr{X}}}$ 变到 $\widetilde{\mathscr{M}}_{\widetilde{\mathscr{X}}}$；

b) 在开始时过程位于 $\widetilde{\mathscr{X}}_n$ 中的条件下，它流出集 $\widetilde{\mathscr{X}}_n$ 的时刻是正的，而且过程关于该时刻具有强马尔科夫性；

c) $\widetilde{\mathscr{X}}_0$ 是吸收状态，过程在时刻 $\zeta=\sup\limits_n\tau_n$ 中断，其中 τ_n 是首次流出 $\bigcup\limits_{k=0}^{n}\widetilde{\mathscr{X}}_k$ 的时刻.

$\widetilde{\mathscr{M}}_{\widetilde{\mathscr{X}}}$ 上的半群完全决定于从 $\mathscr{M}_{\mathscr{X}}$ 到 $\mathscr{M}_{\mathscr{X}}$ 的变换族；记此变换族为 $G_t(f)$，它满足条件

$$T_tS[f]=S[G_t(f)] \tag{22}$$

由 T_t 的半群性质可以得到变换族 $G_t(f)$ 的下列关系式

$$G_{t+s}(f)=G_t(G_s(f)) \tag{23}$$

我们称 $G_t(f)$ 为生成变换族. 显然，$G_t(f)$ 有下列性质

1）$G_t(f) \leqslant 1$；

2）对 $f_1 \leqslant f_2$ 有 $G_t(f_1) \leqslant G_t(f_2)(f_1, f_2 \in \mathscr{M}_{\mathscr{X}}$；对 $f_n, f \in \mathscr{M}_{\mathscr{X}}$，如果 $f_n \uparrow f$（或 $f_n \downarrow f$），则 $G_t(f) = \lim\limits_{n\to\infty} G_t(f_n)$.

下面的一条性质不那么显然：

3）如果 $B_1, \cdots, B_n \in \mathfrak{B}$ 两两不相容，并且 $\bigcup\limits_k B_k = \mathscr{X}$，而 $f(x) = \sum\limits_{k=1}^{n} z_k \chi_{B_k}(x)$，其中 $0 \leqslant z_k \leqslant 1, k = 1, \cdots, n$，则函数

$$G_t(f) = q(z_1, \cdots, z_n)$$

对 $|z_1| \leqslant 1, \cdots, |z_n| \leqslant 1$ 为 $z_1, \cdots, z_n$ 的解析函数，并且在该区域内可以展成具有非负系数的幂级数.

事实上

$$G_t(f) = \widetilde{T}_t S[f] = \sum_{m=0}^{\infty} \int_{\widetilde{\mathscr{X}}_m} \prod_{i=1}^{m} \sum_{k=1}^{n} z_k \chi_{B_k}(x_i) P(t, x, \mathrm{d}(x_1, \cdots, x_m)) \quad (24)$$

其中 $x \in \widetilde{\mathscr{X}}$ 是初始点，而 $\widetilde{x} = (x_1, \cdots, x_m)$ 是集 $\widetilde{\mathscr{X}}_m$ 中的变点. 合并 $z_1^{l_1}, \cdots, z_n^{l_n}$ 项的系数，可以看出它们是非负的；而因为 $G_t(f) \leqslant 1$，故 $z_1, \cdots, z_n$ 的幂的级数收敛；因此，该级数在区域 $|z_i| \leqslant 1$ 内绝对并且一致收敛，而在区域 $|z_i| < 1$ 内是解析函数.

设 $G_t(f)$ 是从 $\mathscr{M}_{\mathscr{X}}$ 到 $\mathscr{M}_{\mathscr{X}}$ 的映射族，满足(23) 和条件 1) ~ 3). 我们证明，这时存在一"减弱的" 转移概率 $P(t, \widetilde{x}, \widetilde{B})$，$(\widetilde{x} \in \widetilde{\mathscr{X}}, B \in \widetilde{\mathfrak{B}})$，使以式(21) 与 $P(t, \widetilde{x}, \widetilde{B})$ 相联系的半群 $\widetilde{T}_t$ 满足等式(22). 先定义 $P(t, x, B)$，即所需要求的转移概率，其中 $\widetilde{x} = x, \widetilde{x} \in \widetilde{\mathscr{X}}_1$. 设

$$L_{t,x}^{(m)}(B_1, B_2, \cdots, B_N, n_1, \cdots, n_N) = \frac{1}{m!} \frac{\partial^{n_1 + \cdots + n_N}}{\partial z_1^{n_1} \cdots \partial z_N^{n_N}} G_t\Big(\sum_{k=1}^{N} z_k \chi_{B_k}(x)\Big) \Big|_{z_1 = 0, \cdots, z_N = 0}$$

其中 $m = n_1 + \cdots + n_N$，$\bigcup\limits_{k=1}^{N} B_k = \mathscr{X}$，而 B_i 两两不相交. 如果

$$\widetilde{B}_m = \{\widetilde{x} = (x_1, \cdots, x_m) : x_1 \in B_{i_1}, \cdots, x_m \in B_{i_m}\} \quad (25)$$

则令

$$P(t, x, \widetilde{B}_m) = L_{t,x}^{(m)}(B_1, \cdots, B_N, n_1, \cdots, n_N) \quad (26)$$

$$n_k = \sum_{j=1}^{m} \delta_{k, i_j}$$

记 $\widetilde{\mathfrak{B}}_m(B_1, \cdots, B_m)$ 为 $\widetilde{\mathfrak{B}}_m$ 中形如(25) 的集合的代数. 式(26) 在代数 $\widetilde{\mathfrak{B}}_m(B_1, \cdots, B_m)$ 上决定 $P(t, x, \widetilde{B}_m)$. 如果 $B'_1, \cdots, B'_N, B'_i \in \mathfrak{B}$，满足条件：$\bigcup\limits_{k=1}^{N} B'_k = \mathscr{X}$，$B'_i$ 两两不相交，而且 $\widetilde{\mathfrak{B}}_m(B_1, \cdots, B_N) \subset \widetilde{\mathfrak{B}}_m(B'_1, \cdots, B'_N)$，则

$$P(t, x, \widetilde{B}_m) = \sum P(t, x, \widetilde{B}'_m)$$

其中左侧对包含在形如(25) 的集合 $\widetilde{B}_m$ 中的一切集

$$\widetilde{B}'_m=\{\widetilde{x}=(x_1,\cdots,x_m):x_1\in B'_{i_1},\cdots,x_m\in B'_{i_m}\}$$

求和.为证明此结果只需看到:对满足 $B'_i\subset B_k$ 的一切 i 和 k,当 $z'_i=z_k$ 时,有

$$G_t\Big(\sum_{k=1}^{N}z_k\chi_{B_k}\Big)=G_t\Big(\sum_{k=1}^{N}z'_k\chi_{B'_k}\Big)$$

所以,在形如 $\widetilde{\mathfrak{B}}_m(B_1,\cdots,B_N)$ 的一切代数的并上所建立的函数 $P(t,x,\widetilde{B})$ 是完全可加的,上述代数的并记作 $\widetilde{\mathfrak{B}}_m^0$.

如果 f 是任意有限 $\mathfrak{B}$ 可测函数,则对任意 m,$\prod_{k=1}^{m}f(x_k)$ 作为 $\widetilde{x}=(x_1,\cdots,x_m)$ 的函数为 $\widetilde{\mathfrak{B}}_m^0$ 可测.如果 $f(x)=\sum_{i=1}^{N}z_i\chi_B(x)$,则由(26)得

$$\int S[f](\widetilde{y})P(t,x,\mathrm{d}\widetilde{y})=\sum_{m=0}^{\infty}\frac{1}{m!}\sum_{n_1+\cdots+n_N=m}z_1^{n_1}\cdots z_N^{n_N}\cdot$$
$$\frac{\partial^m}{\partial z_1^{n_1}\cdots\partial z_N^{n_N}}G_t\Big(\sum_{k=1}^{N}z'_k\chi_{B_k}(x)\Big)\Big|_{z'_1=0,\cdots,z'_N=0}=G_t(f)$$

这里令 $P(t,x,\widetilde{\mathscr{X}}_0)=G_t(1(x))$.现在定义算子 $\widetilde{T}_t$

$$\widetilde{T}_tf(x)=\int S[f](\widetilde{y})P(t,x,\mathrm{d}\widetilde{y})=G_t(f)(x)$$

它暂时在有限函数 $f\in\mathscr{M}_{\mathscr{X}}$ 上定义.当 f 单调变化时,利用 $G_t(f)$ 的连续性可知,对一切 $f\in\mathscr{M}_{\mathscr{X}}$

$$\int S[f](\widetilde{y})P(t,x,\mathrm{d}\widetilde{y})=G_t(f)(x)=\widetilde{T}_tf(x)\tag{27}$$

(注意,虽然 $P(t,x,\widetilde{B}_m)$ 只有限可加,对任意有界 $\mathfrak{B}$ 可测函数 f,可以用一般方法定义积分

$$\int_{\widetilde{\mathscr{X}}_m}\prod_{k=1}^{m}f(x_k)P(t,x,\mathrm{d}(x_1,\cdots,x_m))$$

所以,(27) 中的积分也对 $f\in\mathscr{M}_{\mathscr{X}}$ 有定义.)

设 $\mathfrak{B}^0$ 是所有 σ 代数 $\mathfrak{B}_m^0$ 的并.在 $\mathfrak{B}^0$ 上用如下方法定义一有限可加测度 $P(t,\widetilde{x},\widetilde{B})$.设 $\widetilde{x}=(x_1,\cdots,x_m)$,$\widetilde{B}\in\mathfrak{B}_n^0$,$\widetilde{B}=B\times\cdots\times B$(即 $\widetilde{B}=\{\widetilde{x}\in\widetilde{\mathscr{X}}_n:x_i\in B,i=1,\cdots,n\}$).令

$$P(t,\widetilde{x},\widetilde{B})=\sum_{n_1+\cdots+n_m=n}P(t,x_1,\widetilde{B}_n)\cdots P(t,x_m,\widetilde{B}_{n_m})\tag{28}$$

其中 $\widetilde{B}_0=\widetilde{\mathscr{X}}_0$,$\widetilde{B}_k\subset\widetilde{\mathscr{X}}_k$,$\widetilde{x}\in\widetilde{B}_k$,如果 $x_i\in B,i=1,\cdots,k$,$\widetilde{x}=(x_1,\cdots,x_k)$.对于上述形的集 $\widetilde{B}$ 知道了 $P(t,\widetilde{x},\widetilde{B})$,就可以把 $P(t,\widetilde{x},\widetilde{B})$ 唯一地开拓到整个 σ 代数 $\widetilde{\mathfrak{B}}^0$.这一点容易证明,只需注意到我们所给出的定义等价于:对 $\widetilde{x}\in\widetilde{\mathscr{X}}_m$,$\widetilde{x}=(x_1,\cdots,x_m)$

$$\int_{\widetilde{\mathscr{X}}_m}P(t,\widetilde{x},\mathrm{d}(y_1,\cdots,y_n))\prod_{k=1}^{n}f(y_k)=\frac{1}{n!}\frac{\partial^n}{\partial\lambda^n}\prod_{k=1}^{m}G(\lambda f)(x_j)\tag{29}$$

事实上，如果对形如 $f(y)=\sum_{i=1}^{N}z_i\chi_{B_i}(y)$ 的函数知道

$$\int_{\widetilde{\mathscr{X}}_n}P(t,\tilde{x},\mathrm{d}(y_1,\cdots,y_n))\prod_{k=1}^{n}f(y_k)$$

就可以对 $\widetilde{B}\subset\widetilde{\mathscr{X}}_n$ 求出 $P(t,\tilde{x},\widetilde{B})$，其中若 $x_1\in B_{i_1},\cdots,x_n\in B_{i_n}$，则 $\tilde{x}=(x_1,\cdots,x_n)\in\widetilde{B}$.

因而，可以构造一有限可加转移概率 $P(t,\tilde{x},\widetilde{B})$，使对一切 $f\in\widetilde{\mathscr{M}}_{\widetilde{\mathscr{X}}}$，积分 $\int P(t,\tilde{x},\mathrm{d}\tilde{y})\tilde{f}(\tilde{y})$ 有定义，并且对 $f\in\mathscr{M}_{\mathscr{X}}$ 有

$$\widetilde{T}f(\tilde{x})=\int P(t,\tilde{x},\mathrm{d}\tilde{y})S[f](\tilde{y})=S[G_t(f)](\tilde{x})\tag{30}$$

由于对 $\widetilde{B}\in\widetilde{\mathfrak{B}}_0$，$P(t,\tilde{x},\widetilde{B})$，$\tilde{x}\in\widetilde{\mathscr{X}}_m$ 作为 $\tilde{x}$ 的函数，可以表为形如 $\prod_{k=1}^{m}\tilde{f}_k(\tilde{x})$，$f\in\mathscr{M}_{\mathscr{X}}$ 的函数的线性组合（这由(29)可以得知），故可以确定

$$\int P(t,\tilde{x},\mathrm{d}\tilde{y})P(s,\tilde{y},\widetilde{B})$$

利用(23)和(30)可知，在 $\widetilde{\mathscr{M}}_{\widetilde{\mathscr{X}}}$ 上有

$$\widetilde{T}_t\widetilde{T}_s\tilde{f}(\tilde{x})=\widetilde{T}_{t+s}\tilde{f}(\tilde{x})$$

因为 $\widetilde{T}_{t+s}f(\tilde{x})$ 唯一决定 $P(t+s,\tilde{x},\widetilde{B})$，故对 $\widetilde{B}\in\widetilde{\mathfrak{B}}^0$

$$\int P(t,\tilde{x},\mathrm{d}\tilde{y})P(t,\tilde{y},\widetilde{B})=P(t+s,\tilde{x},\widetilde{B})$$

于是，$P(t,\tilde{x},\widetilde{B})$ 与转移概率的区别仅仅在于它只在代数 $\widetilde{\mathfrak{B}}^0$ 上定义，并且在此代数上有限可加. 如果 $\mathscr{X}$ 是可分度量空间，而 $\mathfrak{B}$ 是它的 Borel 集的 σ 代数，则 $P(t,\tilde{x},\widetilde{B})$ 也必定完全可加，从而可以把它开拓到 $\mathfrak{B}$ 上.

过程的特征算子 设 $\mathscr{X}$ 是一拓扑空间，$\mathfrak{B}$ 是 $\mathscr{X}$ 上的连续函数所产生的 σ 代数. 那么，在每一个 $\mathscr{X}_m$ 上定义了与 $\mathscr{X}$ 中的拓扑相容的拓扑，而 $\widetilde{\mathfrak{B}}_m$ 由 $\mathscr{X}_m$ 上的连续函数产生. 如果对点 $\tilde{x}\in\widetilde{\mathscr{X}}$，把它在 $\widetilde{\mathscr{X}}_m$ 中的邻域定义为它在 $\mathscr{X}$ 中的邻域，这样就在 $\widetilde{\mathscr{X}}$ 中定义了拓扑. 那么，每一个集合 $\widetilde{\mathscr{X}}_m$ 既是 $\widetilde{\mathscr{X}}$ 中的开集，同时也是 $\widetilde{\mathscr{X}}$ 中的闭集. 设 $\widetilde{U}$ 是点 $\tilde{x}$ 的邻域，并且完全内含于 $\tilde{x}$ 所在的那个集合 $\widetilde{\mathscr{X}}_m$ 之中. 设 τ_U 是过程首次流出邻域 U 的时刻；其次，设 ζ 是过程首次流出 $\widetilde{\mathscr{X}}_m$ 的时刻（$\tilde{x}\in\widetilde{\mathscr{X}}_m$ 是过程的初始位置）. 那么，对于任意有界连续函数 $f(\tilde{x})$，$\tilde{x}\in\widetilde{\mathscr{X}}$，有

$$E_{\tilde{x}}f(\tilde{x}(\tau_U))=E_{\tilde{x}}f(\tilde{x}(\tau_U))\chi_{\{\tau_U<\zeta\}}+E_{\tilde{x}}f(\tilde{x}(\tau_U))\chi_{\{\tau_U\geqslant\zeta\}}$$

其中 $\tilde{x}(t)$ 是马尔科夫分枝过程在相空间 $(\widetilde{\mathscr{X}},\widetilde{\mathfrak{B}})$ 中的轨道，这里（和以后）$E_{\tilde{x}}$ 和 $P_{\tilde{x}}$ 都表示与过程相联系的数学期望和概率. 我们现在指出

$$E_{\tilde{x}}f(\tilde{x}(\tau_U))\chi_{\{\tau_U=\zeta\}}=E_{\tilde{x}}f(\tilde{x}(\zeta))\chi_{\{\tau_U=\zeta\}}=E_{\tilde{x}}f(\tilde{x}(\zeta))-E_{\tilde{x}}f(\tilde{x}(\zeta))\chi_{\{\tau_U<\zeta\}}$$

假设过程 $\tilde{x}(t)$ 是强马尔科夫的. 那么

$$E_{\tilde{x}} f(\tilde{x}(\zeta)) \chi_{\{\tau_U<\zeta\}} = E_{\tilde{x}}[E_{x(\tau_U)} f(\tilde{x}(\zeta))] \chi_{\{\tau_U<\zeta\}}$$

我们引进算子 $\mathscr{T}$:$\mathscr{T}f(\tilde{x}) = E_{\tilde{x}} f(\tilde{x}(\zeta))$. 那么

$$E_x f(\tilde{x}(\tau_U)) = E_{\tilde{x}} f(\tilde{x}(\tau_U)) \chi_{\{\tau_U<\zeta\}} + \mathscr{T}f(\tilde{x}) - E_{\tilde{x}} \mathscr{T}f(x(\tau_U)) \chi_{\{\tau_U<\zeta\}}$$

现在我们考虑 $\tilde{\mathscr{X}}_m$ 中的一马尔科夫过程:在时刻 ζ 之前此过程与 $\tilde{x}(t)$ 重合,而在时刻 ζ 此过程中断. 与此过程相联系的数学期望和概率记作 $E_x^{(m)}$ 和 $P_x^{(m)}$,而过程本身记作 $\tilde{x}^{(m)}(t)$. 由上一等式得

$$E_{\tilde{x}} f(\tilde{x}(\tau_U)) - f(\tilde{x}) = E_{\tilde{x}}^{(m)}[f(\tilde{x}^{(m)}(\tau_U)) - \mathscr{T}f(\tilde{x}^{(m)}(\tau_U))] - [f(\tilde{x}) - \mathscr{T}f(\tilde{x})] \tag{31}$$

因而,如果函数 $f(\tilde{x}) - \mathscr{T}f(\tilde{x})$,$\tilde{x} \in \tilde{\mathscr{X}}_m$,属于特征算子 $\tilde{\mathfrak{U}}^{(m)}$ 的定义域,则函数 $f(\tilde{x})$,$\tilde{x} \in \tilde{\mathscr{X}}_m$,属于过程 $\tilde{x}(t)$ 的特征算子 $\tilde{\mathfrak{U}}$ 的定义域. 这时

$$\tilde{\mathfrak{U}} f(x) = \tilde{\mathfrak{U}}^{(m)}[f(x) - \mathscr{T}f(x)]$$

为求特征算子 $\tilde{\mathfrak{U}}$,只需求出算子 $\mathscr{T}$ 和特征算子 $\tilde{\mathfrak{U}}^{(m)}$.

我们利用只有一类质点的过程的构造性定义. 转移概率 $P(t,x,B)$ 和概率 $Q_{t,x}(B_1,\cdots,B_N,n_1,\cdots,n_N)$ 是这种过程的基本特征:转移概率 $P(t,x,B)$,$x \in \mathscr{X}$,$B \in \mathfrak{B}$,决定质点在演变发生之前的运动;而 $Q_{t,x}(B_1,\cdots,B_N,n_1,\cdots,n_N)$ 是如下事件的概率:质点的运动始于点 x,演变发生在 t 之后的时刻,质点蜕变为 $n_1+\cdots+n_N$ 个质点,其中 n_i 个质点落入集 B_i,$i=1,\cdots,N$(集 B_i 为 $\mathfrak{B}$ 可测,两两不相交,而且 $\bigcup_{i=1}^{N} B_i = \mathscr{X}$). 我们看如何通过过程的这些特征来表示算子 $\mathscr{T}$ 和 $\tilde{\mathfrak{U}}^{(m)}$. 由于 $\tilde{\mathscr{X}}_0$ 是吸收点,故

$$\tilde{\mathfrak{U}} f(\tilde{\mathscr{X}}_0) = 0 \tag{32}$$

所以,应对 $\tilde{x} \overline{\in} \tilde{\mathscr{X}}_0$ 求 $\mathscr{T}f(\tilde{x})$,而对 $m>0$ 求 $\tilde{\mathfrak{U}}^{(m)}$. 先设 $\tilde{x} \in \tilde{\mathscr{X}}_1$. 如果 $\tilde{x}=(x) \in \tilde{\mathscr{X}}_1$,则把 $\tilde{x}$ 与 $x \in \mathscr{X}$ 等同. 为求算子 $\mathscr{T}$ 只需找出随机核 $\mathscr{T}(x,\tilde{B})$,其中 $\tilde{B} \in \tilde{\mathfrak{B}}$. 此核完全决定于积分

$$\int \mathscr{T}(x,\mathrm{d}\tilde{y}) S[f](\tilde{y})$$

其中 $f \in \mathscr{M}_{\mathscr{X}}$,因为知道了这些积分,也就可以确定

$$\int_{\tilde{\mathscr{X}}_m} \mathscr{T}(x,\mathrm{d}\tilde{y}) S[f](\tilde{y}) \tag{33}$$

而形如 $S[f]$,$f \in \mathscr{C}_{\mathscr{X}}$ 的函数的线性组合,关于有界收敛拓扑可以逼近 $\mathscr{C}_{\mathscr{X}}$ 中的任何有界连续函数. 但是对 $f=\sum_{k=1}^{N} z_k \chi_{B_k}(x)$,$0 \leqslant z_k \leqslant 1$,满足等式

$$\int \mathscr{T}(x,\mathrm{d}\tilde{y}) S\left[\sum_{k=1}^{N} z_k \chi_{B_k}(x)\right](\tilde{y}) = \sum_{n_1,\cdots,n_N} Q_{0,x}(B_1,\cdots,B_N,n_1,\cdots,n_N) z_1^{n_1} \cdots z_N^{n_N} \tag{34}$$

通过在(34)中取极限可以看出,式(33)对一切 $f \in \mathscr{M}_{\mathscr{X}}$ 成立. 从而可以确定核

$\mathcal{T}(x,\tilde{B})$ 以及算子 $\mathcal{T}$.

现在设 $\tilde{x}\in\tilde{\mathcal{X}}_m$. 如果 $\tilde{x}=(x_1,\cdots,x_m)$，而 ζ 是过程首次流出 $\tilde{\mathcal{X}}_m$ 的时刻，则 $\zeta=\min[\zeta_1,\cdots,\zeta_m]$，其中 ζ_k 是自点 x_k 出发的质点蜕变的时刻. 我们假设随机变量 ζ_k 的分布连续. 由于这些变量独立，故其中任何两个重合的概率等于 0. 因此 ζ 只与 $\zeta_1,\cdots,\zeta_m$ 中的一个重合. 如果 $\zeta=\zeta_k$，而且自点 x_k 出发的质点蜕变为 n 个质点，则在体系中共有 $n+m-1$ 个质点. 设 $\mu^{(k)}$ 是随机测度，它决定在时刻 ζ_k 出现的质点的位置. 那么在时刻 ζ_k 位于集 B 中的质点的个数等于

$$\mu^{(k)}(B)+\sum_{j\neq k}\chi_B(x_j(\zeta_k))$$

其中过程 $x_j(t)$ 决定自点 x_j 出发的质点的运动，随机变量 $\mu^{(k)}(B)$ 和 ζ_k 以及 $x_j(t)(j\neq k)$ 相互独立. 因此，表征质点在时刻 ζ 的分布的随机测度 μ 决定于等式

$$\mu(B)=\sum_{k=1}^{m}\Big[\mu^{(k)}(B)+\sum_{j\neq k}\chi_B(x_j(\zeta_k))\Big]\prod_{j\neq k}\chi_{\{\zeta_j>\zeta_k\}}\tag{35}$$

现在我们注意到，对 $f\geqslant 0$

$$E_x\mathrm{e}-\int f(x)\mu(\mathrm{d}x)=\int\mathcal{T}(\tilde{x},\mathrm{d}\tilde{y})S[\mathrm{e}^{-f}](\tilde{y})\tag{36}$$

由(35) 可见

$$\int f(x)\mu(\mathrm{d}x)=\sum_{k=1}^{m}\Big[f(x)\mu^{k}(\mathrm{d}x)+\sum_{j\neq k}f(x_j(\zeta_k))\Big]\prod_{j\neq k}\chi_{\{\zeta_j>\zeta_k\}}$$

于是

$$\mathrm{e}^{-\int f(x)\mu(\mathrm{d}x)}=\sum_{k=1}^{m}\exp\Big\{-\int f(x)\mu^{(k)}(\mathrm{d}x)-\sum_{j\neq k}f(x_j(\zeta_k))\Big\}\prod_{j\neq k}\chi_{\{\zeta_j>\zeta_k\}}\tag{37}$$

因为$\prod_{j\neq k}\chi_{\{\zeta_j>\zeta_k\}}$ 只取 0 或 1 为值，而这些乘积之和不大于 1. 如果对固定的 $\mu^{(k)}$ 和 ζ_k 求数学期望，则由 $x_j(t)$ 的相互独立性，以及它们对 $\mu^{(k)}$ 和 ζ_k 的独立性可见

$$E\Big[\exp\Big\{-\sum_{j\neq k}f(x_j(\zeta_k))\Big\}\prod_{j\neq k}\chi_{\{\zeta_j>\zeta_k\}}\Big|\zeta_k\Big]=\prod_{j\neq k}\int\mathrm{e}^{-f(y)}P(\zeta_k,x_j,\mathrm{d}y)$$

所以对 $\tilde{x}=(x_1,\cdots,x_m)$

$$\int\mathcal{T}(\tilde{x},\mathrm{d}\tilde{y})S[\mathrm{e}^{-f}](\tilde{y})=\sum_{k=1}^{m}E_{x_k}\exp\{-f(x)\mu(\mathrm{d}x)\}\prod_{j\neq k}\int\mathrm{e}^{-f(y)}P(\zeta_k,x_j,\mathrm{d}y)\tag{38}$$

其中 E_{x_k} 表示$E_{\tilde{x}}$，$\tilde{x}\in\tilde{\mathcal{X}}$，$\tilde{x}=(x_k)$，而测度 μ 决定质点在蜕变时刻的分布(数学期望是在“开始时体系中有一个质点”的条件下求的). 仿照得到等式(7) 和(8) 的情形，根据函数 $Q_{t,x}(B_1,\cdots,B_N,n_1,\cdots,n_N)$ 可以确定

$$E_x\mathrm{e}^{-\int f(x)\mu(\mathrm{d}x)\chi_{\{\zeta>i\}}}=q_{t,x}(f)$$

如果泛函 $q_{t,x}(f)$ 已给，则对$[0,\infty)$上的任意右连续函数 $\alpha(s)$ 有

$$E_x \exp\left\{-\int f(x)\mu(\mathrm{d}x)\right\}\alpha(\zeta) = -\int_0^\infty \alpha(s)\mathrm{d}_s q_{s,x}(f) \tag{39}$$

利用此式由式(38)可得

$$\int \mathcal{T}(\tilde{x},\mathrm{d}\tilde{y})S[\mathrm{e}^{-f}](\tilde{y}) = \sum_{k=1}^m -\int_0^\infty \left[\prod_{j\neq k}\int \mathrm{e}^{-f(y)}P(s,x_j,\mathrm{d}y)\right]\mathrm{d}_s q_{s,x_k}(f)$$

如果引进伴随转移概率 $P(s,x,\mathrm{d}y)$ 的半群 T_s，则可将上式化为更方便的形式. 设 $\varphi \in \mathscr{M}_{\mathscr{X}}$. 那么在 $q_{s,x}(f)$ 连续的条件下有

$$\int \mathcal{T}(\tilde{x},\mathrm{d}\tilde{y})S[\varphi](\tilde{y}) = -\sum_{k=1}^m \int_0^\infty \prod_{j=1}^m T_s\varphi(x_j)\frac{1}{T_s\varphi(x_k)}\mathrm{d}_s q_{s,x_k}(-\ln\varphi) =$$
$$\int_0^\infty \prod_{j=1}^m [T_t\varphi(x_j)]\exp\left\{\int_0^t \frac{1}{T_s\varphi(x_j)}\mathrm{d}q_{s,x_j}(-\ln\varphi)\right\}\cdot$$
$$\mathrm{d}_t\prod_{j=1}^m \exp\left\{-\int_0^t \frac{1}{T_s\varphi(x_j)}\mathrm{d}q_{s,x_j}(-\ln\varphi)\right\} \tag{40}$$

对 $\varphi \in \mathscr{M}_{\mathscr{X}}$ 记

$$W_{t,x}(\varphi) = \exp\left\{-\int_0^t \frac{1}{T_s\varphi(x)}\mathrm{d}q_{s,x}(-\ln\varphi)\right\} \tag{41}$$

那么 $\mathcal{T}(\tilde{x},\tilde{B})$ 最终决定于

$$\int \mathcal{T}(\tilde{x},\mathrm{d}\tilde{y})S[\varphi](\tilde{y}) = \int_0^\infty S\left[\frac{T_t\varphi}{W_{t,\cdot}(\varphi)}\right](\tilde{x})\mathrm{d}_t S[W_{t,\cdot}(\varphi)](\tilde{x}) \tag{42}$$

除特征算子 $\tilde{\mathfrak{U}}^{(m)}$，我们再定义过程 $\tilde{\mathscr{X}}^{(m)}(t)$ 的生成算子 $A^{(m)}$①

$$\tilde{A}^{(m)}f(\tilde{x}) = \lim_{t\downarrow 0}\frac{E_x^{(m)}f(\tilde{x}_t^{(m)}) - f(\tilde{x})}{t} \quad (\tilde{x}\in\tilde{\mathscr{X}}_m) \tag{43}$$

满足下列条件的 f 属于算子 $\tilde{A}^{(m)}$ 的定义域：f 使上式中的极限存在，而且极限号后面的式子关于 t 和 x 有界. 显然，若 $\tilde{x} = (x_1,\cdots,x_m)$，则

$$E_x^{(m)}f(\tilde{x}_t^{(m)}) = \int\cdots\int P(t,x_1,\mathrm{d}y_1)\cdots P(t,x_m,\mathrm{d}y_m)f(y_1,\cdots,y_m)$$

因此，式(43)中的极限至少对满足下列条件的函数 f 存在：

a)

$$\frac{1}{t}\left[\int P(t,x_k,\mathrm{d}y_k)f(y_1,\cdots,y_m) - f(y_1,\cdots,x_k,\cdots,y_m)\right]$$

关于一切 $t, y_i \in \mathscr{X}, x_k \in \mathscr{X}$，有界；

b) 对每个 $\tilde{x}$，极限

$$\lim_{t\downarrow 0}\frac{1}{t}\left[\int P(t,x_k,\mathrm{d}y_k)f(y_1,\cdots,y_m) - f(y_1,\cdots,x_k,\cdots,y_m)\right]$$

---

① 通常定义特征算子是为了以后根据它来建立生成算子，在过程充分规则的条件下，这两个算子在连续函数上重合.

存在，当 $y_1,\cdots,y_m$ 在 $\widetilde{x}$ 的某邻域变化时，收敛关于 $y_1,\cdots,y_m$ 是一致的.

如果条件 a）和 b）成立，则

$$\widetilde{A}^{(m)}f(\widetilde{x})=\sum_{k=1}^{m}A_{x_k}f(\widetilde{x}) \tag{44}$$

其中若把 $f(\widetilde{x})$ 看成一个变量 x_k 的函数（其他变量固定），则 A_{x_k} 表示半群 $T_t(T_tf(x)=\int P(t,x,\mathrm{d}y)f(y))$ 的算子 A 用于函数 $f(\widetilde{x})$. 特别，如果 $f(\widetilde{x})=\prod_{k=1}^{m}f_k(x_k)$，$\widetilde{x}=(x_1,\cdots,x_m)$，则为条件 a）和 b）成立，需使 $f_k\in\mathscr{D}_A$，其中 $\mathscr{D}_A$ 是算子 A 的定义域；这时

$$\widetilde{A}^{(m)}\prod_{k=1}^{m}f_k(x_k)=\sum_{k=1}^{m}\Big(\prod_{i\neq k}f_i(x_i)\Big)Af_k(x_k) \tag{45}$$

附　　注

第一章

§1. 本书中称为广义马尔科夫过程的，过程论的一般定义、分类和基本方程，是 A. H. Колмогоров 在他的著名论文"概率论的解析方法"[1] 中提出来的. 这篇文章不但是马尔科夫过程论的基础，而且也是一般随机过程论的基础. W. Feller[1] 研究了马尔科夫过程之 Колмогоров 方程的解的存在性定理，并且在 [2] 中研究了广义跳跃马尔科夫过程. 在第四章中要详细研究独立增量过程，而弱可微马尔科夫过程，则放到这部专著的随机过程(Ⅲ)中去研究.

§2，§3. Doob[2] 发展并分析了马尔科夫随机函数的概念. 我们所用的马尔科夫过程的定义，是 Дынкин[5] 提出的. 本章中的内容以及以后各节内容的基本出处是 Дынкин[5] 及 Blumenthal 和 Getoor[1] 等专著.

§4. Doob[2] 最早就特殊情形明晰地表述和证明了强马尔科夫性. Юшкевич[1] 和 Chung(钟开莱)[1] 研究了可列状态齐次马尔科夫过程的强马尔科夫性. Дынкин[5]，Дынкин 和 Юшкевич[1]，Blumenthal[1] 研究了一般情形的强马尔科夫过程. 与循序可测性有关的过程之性质的研究见 Doob 和 Chung 的文章[1].

§5. 很多作者研究了可乘泛函的特别类(例如，Kac[2]). 可乘泛函的一般定义、马尔科夫过程的子过程理论、根据可乘泛函构造子过程等属于 Дынкин[5].

§6. 马尔科夫族是 Дынкин[5] 引进的. 马尔科夫过程右连续的准则是 Kinney[1] 给出的；连续性定理是 Kinney[1] 和 Дынкин[1] 证明的. 拟左连续的概念是 Hunt 引进的，"标准过程"的名称是 Дынкин 引进的. 在 Doob 和 Chung 的文章[1] 中证明了循序可测过程的存在定理.

第二章

运用Banach空间中线性变换的半群理论，来研究一般时间齐次马尔科夫过程的特别方法属于 W. Feller[3],[4]. Е. Б. Дынкин 和他的学生进一步运用了这一方法，并且给出了对相当广的过程类的构造性描述. 它们 所取得的结果后经归纳和整理，收进 Е. Б. Дынкин 的专著《马尔科夫过程》[6]. 对于深入研究齐次马尔科夫过程，这部专著至今仍然是基本参考书. 本书的第二章并不追求 Е. Б. Дынкин 专著中那样的一般性，然而它却包含上述专著中所没有的一系列结果，其中有些结果还是第一次发表. 作者选择了略有不同的叙述内容的方案，并且使用了简化记号.

§§1～4. 这里主要介绍马尔科夫过程论的熟知事实.

§5. 关于强马尔科夫性的定义和条件在第一章的附注中已经提到. 特征算子的概念是 Е. Б. Дынкин[3] 引进的. 在研究规则化了的过程的特征算子与原过程的特征算子的联系时，我们引用了 Е. Б. Дынкин 的结果[2]. 在首次流出一切紧集的时刻中断的过程的构造，看来本书还是第一次介绍. 在构造不中断强马尔科夫过程时延用的思路，与 Е. Б. Дынкин 在[4] 中对跳跃马尔科夫过程提出的思想相似.

§6. 可乘泛函和可加泛函的定义属于 Е. Б. Дынкин. 关于这一点在第一章的附注中已经提到. M. Koc[1] 最早研究了 Wiener 过程的积分型可加泛函. 这篇文章激起了一系列其他工作，特别是 Е. Б. Дынкин[2] 的工作. 从此开始了对泛函的一般研究. P. A. Meyer[1] 研究了上述形泛函的一般性质. 在可加泛函中特别受到重视的是 W 泛函；这个名称是 Дынкин 引进的. В. А. Волконсий[2] 利用积分的极限得到了一些 W 泛函类的表现. Е. Б. Дынкин 把这种表现推广到一切 W 泛函. Е. Б. Дынкин 在[6] 一书的第 Ⅳ 章详尽地阐述了 W 泛函理论. 我们指出，本书中把一切连续泛函表为积分型泛函的极限(定理 1). Hunt[1] 引进了过份函数的概念，并且研究了过份函数与可加泛函的联系. М. Г. Шур 在[1],[2] 中继续作了这方面的研究. 我们这里提出了对应于已给过份函数的 W 泛函存在的条件. 这些条件的表述完全不同于 М. Г. Шур 所提的条件，它也适用于非标准过程. В. А. Волконский[1] 研究了一般形马尔科夫过程之时间的随机替换.

第三章

Doob(见[1],那里还援引了更早期的文献)研究了齐次跳跃马尔科夫过程的样本函数的结构,以及根据过程的无穷小特征来构造跳跃马尔科夫过程的问题.

Колмогоров[3] 证明了,可列状态的齐次过程的转移概率在 0 点可微.钟开莱在一系列文章中对有可列个状态的过程进行了研究;他的结果以及其他作者的一些结果收进了其专著[1].

半马尔科夫过程是 Lévy[3] 和 Smith[1] 引进的.

第四章

§1. Bachelier[1] 最早研究了连续的独立增量过程. N. Wiener[1] 对 Wiener 过程及其样本函数的性质进行了严格的研究. B. Finetti[1], A. H. Колмогоров[1], P. Lévy[1] 等研究了一般独立增量过程. P. Lévy 证明过程的中心化定理,找到了特征函数的一般形式(A. H. Колмогоров[1] 对方差有限和齐次过程的情形指出了特征函数). A. Я. Хинчин[1] 研究了跳跃独立增量过程.根据过程的跃度构造的随机测度是 K. Ito(伊藤·清)[1](又见[2])引进的,它还研究了此测度的性质.过程跳跃的条件及变差有界的条件是 A. B. Скороход 得到的.

§2. 许多作者进行过对独立增量过程基本泛函的性质的研究.这里 F. Spitzer 的工作[1] 起了重要作用. Б. А. Рогозин[1] 推广了 F. Spitzer 的结果,他研究了越过由和的序列所给水平的跳跃的分布;他还把这些研究推广到独立增量过程[3].关于跳跃度和跳跃时刻联合分布的更一般结果属于 Д. В. Гусак[1]:定理 4 重述了他的结果.过程的上确界和过程值的联合分布是 Д. В. Гусак 和 B. C. Королюк[2] 得到的.对于对称过程,Baxter 和 Donsker[1] 得到了过程绝对值之最大值的分布(即它对空间和时间的重 Laplace 变换). A. B. Скороход 在[1]中最早进行了对有同号跳的过程的研究,并在此文中建立了 $\xi(t)$ 的特征和 τ_x 之间的联系.式(72)是 B. M. Золотарев[2] 和 A. A. Боровков[1] 证明的,而式(73)是 Э. С. Штатланд[2] 证明的. P. Lévy 证明了式(75).

§3. Э. С. Штатланд 在[1]中证明了定理 1 的命题 1;他对有同号跳跃的过程也证明了命题 2. Б. А. Рогозин 在 Э. С. Штатланд 对一般情形的证明中发现

了错误,并在[4]中给出了正确的证明. 定理 2 属于 A. B. Скороход[1]. Wiener 过程的重对数定律是 A. Я. Хинчин[1] 得到的. A. Я. Хинчин 在文章[2]中研究了稳定过程的局布增长的性质. B. M. Золотарев 在[1]中援引了与定理 5 类似的结果. A. Я. Хинчин 在[3]中证明,对没有扩散的过程,以概率 1 有 $\frac{\lim_{t\downarrow 0}|\xi(t)|}{\sqrt{t\ln\ln\frac{1}{t}}}=0$. 定理 6 是 Б. A. Рогозин[3] 证明的. Б. B. Гнеденко[1] 研究了独立增量过程的重对数定律.

§4. A. B. Скороход[2] 研究独立增量过程的非负可加泛函.

第五章

最初与家庭的生存问题相联系,研究了最简单情形的分枝过程. 在 Harris 的专著[3]中,相当完整地反映了此理论在 1963 年以前的历史和基本结果. Колмогоров 和 Дмнтриев[1] 最早给出了有多型质点的分枝过程的一般定义和研究. A. M. Яглом[1] 确立了有一类质点的分枝过程的渐近行为,而 Harris[1], Jirina[1], Севастьянов[3] 研究了有多型质点的情形. Jirina[2] 引进了具连续状态集的分枝过程. §2 的叙述以 Рыжов 和 Скороход 的文章[1]为基础. Watanabe 的文章[1]讨论了二维情形. Севастьянов[2] 研究了带扩散的分枝过程. Moyal[1], Скороход[1] 以及 Watanabe, Ikeda 和 Nagasawa 的一列文章(例如[1])中分析了分枝过程的一般定义.

参考文献

Бакстер, Донскер(Baxter J. ,Donsker M).

[1] On the distribution of the supremum functional for processes with stationary, independent increments, Trans. Amer. Math. Soc. 85(1957),73.

Боровков А. А.

[1] О времени Первого Прохождения для одного класса Процессов с независимыми Приращениями, Теория вероятностей и ее Применения X(1965),360-364.

Башелье(Bachelier P.)

[1] Theorie de la speculation, Ann. Sci. Ecole Norm. Sup. 17(1900),21-86.

Блюменталь(Blumenthal R. M.)

[1] An extended Markov property, Trans. Amer. Math. Soc. 85(1957),52-72.

Ьлюменталь, гетур(Blumenthal R. M. ,Getoor R. K.)

[1] Markov Processes and Potential Theory, N. Y. :Academic Press,1968.

Ватанабе(Watanabe S.)

[1] On two-dimensional Markov processes with branching property, Trans. Amer Math. Soc. 136(1969),447-466.

Ватанабе, Икеда, Нагасава(Watanabe S. ,Ikeda N. ,Nagasawa M.)

[1] Branching Markov processes, Ⅰ, Ⅱ, Ⅲ, J. Math. Kyoto Univ. 8,2(1968). 233-278, 364-410,9,1(1969),95-160.

Винер(Wiener N. D.)

[1] Differential space, J. Math. Phys. Mass. Inst. Technology 2(1923). 131-174.

[2] Generalized harmonic analysis, Acta Math. 55(1930),117-258.

Волконский В. А.

[1] Случайная замена времени в строго марковских Процессах, Теория вероятностей и ее Применения Ⅲ(1958),332-350.

[2] Аддитнвные функционалы от марковских Процессов, Труды Моск. матем. о-ва 9(1960). 143-189.

Гнеденко Б. В.

[1] О росте однородных случайных Процессов с независимыми Приращениями, Изв. АН СССР. серия матем. 7(1943),89-110.

[2] К теории роста однородных случайных Процессов с независимыми Приращениями. Сб. трудов ин-та математ. АН УССР. 10(1948),60-82.

Гнеденко Б. В. ,Колиогоров А. Н.

[1] Предельные расПределения для сумм независимых случайных величин. М. -Л. , Гостехнздат,1949.(中译本:《相互独立的随机变量之和的极限分布》(王寿仁译)).

Гусак Д. В.

[1] О совместном расПределении времени и величины Первого Перескока для однородных Процессов с независимыми Приращениями,Теория вероятностей и ее Применения ⅩⅣ,1(1969),15-23.

Гусак Д. В. ,Королюк В. С.

[1] О моменте Первого Прохождения заданного уровня для Процессов с независимыми Приращениями,Теория вероятностей и ее Применения ⅩⅢ, 3(1968),471-478.

[2] О совместном расПределении Процесса со стандартными Приращениями и его максимума. Теория вероятностей и ее Применения ⅩⅣ,3(1969),421-430.

Дуб(Doob J. L.)

[1] Markoff chains-denumerable case,Trans. Amer. Math. Soc. 58(1945),455-473.

[2] Вероятностные Процессы,М. ,ИЛ,1958(Перевод кннги 《Stochastic processes》, New York-London,1953).

Дуб. Чжун(Doob J. L. Chung K. L.)

[1] Fields,Optionality and Measurability,Amer. J. Math. 87(1965),397-424.

Дынкин Е. Б.

[1] Критерий неПрерывности и отсутетвия разрывов второго рода для траекторий марковского случайного Процесса,Изв. АН СССР. серия матем. 16(1952), 563-572.

[2] Функционалы от траекторий марковских случайных Процессов,ДАН СССР 104(1955),691-694.

[3] Инфинитезимальные оПераторы марковских Процессов. Теория вероятностей и ее Применения Ⅰ(1956),38-60.

[4] Скачкообразные марковские Процессы,Теория вероятностей и ее Применения Ⅲ(1958),41-60.

[5] Основания теорин марковских Процессов,М. ,Физматгиз,1959,(中译本:《马尔科夫过程论基础》(王梓坤译)).

[6] Марковские Процессы,М. ,Физматгиз,1963.

Дынкин Е. Б. ,Юшкевич А. А.

[1] Строго марковские Процессы,Теория вероятностей и ее Применения,Ⅰ(1956), 149-155.

Золотарев, В. М.

[1] Аналог закона Повторного логарифма для ПолунеПрерывных устойчивых Процессов, Теория вероятностей и ее Применения Ⅸ(1964), 566.

[2] Момент Первого Прохождсния уровня и Поведение на бесконечности одного класса Процессов с независимыми Приращениями, Теорня вероятностей и ее Применения Ⅲ(1969), 724-733.

Ито(Itô K.)

[1] On stochastic processes Japan J. Math. 18(1942), 261-301.

[2] Вероятностные Процессы, выП. Ⅰ, М., ИЛ, 1960. (中译本:伊藤清《随机过程》(刘璋温译)).

Иржина(Jirina M.)

[1] АсимПтотическое Поведение ветвящихся случайных Процессов, Czechoslovak. Math. J. 7(1957), 130-153.

[2] Stochastic branching processes with continuous state space, Chechoslovak. Math. J. 8(1958), 292-313.

Кац(Kac M.)

[1] On distribution of certain Wiener functionals, Trans. Amer. Math. Soc. 65(1949), 1-13.

[2] On some connection between probability theory and differential equations, Proc. 2nd Berkeley Symp. Math. Statist., Probability, 1950, 189-215.

Кинни(Kinney J. R.)

[1] Continuity properties of sample functions of Markov processes, Trans. Amer. Math. Soc. 74(1953), 280-302.

Колмогоров А. Н.

[1] Об аналитических методах в теории вероятностей, УсПехи матем. наук 5(1938), 5-41(Перевод статьи из Math. Ann. (1931), 415-458). (中译本:《概率论的解析方法》(郑绍濂译)).

[2] Sulla forma generale di un processo stocastico omogeneo. Atti Accad. Lincei 15(1932), 805-808; 866-869.

[3] К воПросу о дифференцируемости Переходных вероятностей в однородных По времени Процессах Маркова со счетным числом состояний, Ученые заПиски МГУ 148, Математика 4(1951). 53-59.

Колмогоров А Н., Дмитриев Н. А.

[1] Ветвящиеся случайные Процессы, ДАН СССР 56, 1(1947), 7-10.

Леви(Lévy P.)

[1] Sur les integrales dont les elements sont des variables aleatorres independents. Ann. Scuola Norm. Sup. Pisa 2(1934),337-366. 4(1935). 217-218.

[2] Processus stochastiques et mouvement brownien,Paris,1948.

[3] Processus semi-markoviens,Proc:Ⅲ Internat. Congr. Math. (Amsterdam). (1954). 416-426.

Мейер(Meyer P.)

[1] Fonctionelles multiplicatives et additives de Markov,Ann. Inst. Fourier, Grenoble 19(1962),125-230.

Мойал(Moyal J. E.)

[1] Multipltcative population chains,Proc. Roy. Soc. A266,1327(1962),519-526.

Рогозин Б. А.

[1] О расПределении величины Первого Перескока. Теория вероятностей и ее Применения Ⅸ(1964),498-515.

[2] О некоторых классах Процессов с независнмыми Приращениями. Теория вероятностей и ее Применения Ⅹ(1965),527-531.

[3] О расПределении некоторых функционалов,связанных с граничными задачами для Процессов с независимыми Приращениями,Теория вероятностей и ее Применения Ⅺ(1966),656-670.

[4] О локальном Повелении Процессов с независимыми Приращениями. Теория вероятностей и ее Применения ⅩⅢ(1968),507-512.

Рыжов Ю. М. Скороход А. В.

[1] Однородные ветвящиеся Процессы с конечным числом тиПов и неПрерывно меняющейся массой,Теория вероятностей и ее Применения ⅩⅤ(1970),722-726.

Севастьянов Б. А.

[1] Теория ветвящихся случайных Процессов,усПехи матем. наук 6,6(1951),47-99.

[2] Ветвящиеся случайные Процессы для частиц,диффундирую щих в ограниченной области,Теориия вероятностей и ее Применения Ⅲ(1958),121-136.

[3] Переходные явления в ветвящихся случайных Процессах,Теория вероятностей и ее Применения Ⅳ(1959),121-135.

Скороход А. В.

[1] Ветвящиеся диффузионные Процессы,Теория вероятностей и ее Применения Ⅸ, 3(1964),492-497.

[2] Случайные Процессы с независимыми,Приращениями,М. ,Изд-во《Наука》,1967.

[3] Неотрицательные аддитивные функционалы от Процесса с независимыми Приращениями,в сб. ;Теория вероятностей и математическая статистика,Изд-во

Киевск. ун-та, 4(1971).

Смит(Smith R. L.)

[1] Regenerative stochastic processes, Proc. Roy. Soc. Edinburgh A 232(1955), 6-31.

СПицер(Spitzer F.)

[1] A combinatorial lemma and its application to probability theory, Trans. Amer. Math. Soc. 82(1956), 323-339.

[2] ПринциПы случайного блуждания, М. Изд-во《Мир》, 1969.

Феллер(Feller W.)

[1] Zur Theorie der stochastischen Prozesse. Math. Ann. 113(1936), 113-160.

[2] On integro-differential equations for purely discontinuous Markov processes, Trans. Amer. Math. Soc 46 (1940)488-515.

[3] The parabolic differential equations and the associated semigroups of transformations, Ann. Math. 55(1952), 468-519.

[4] Diffusion processes in one dimension, Trans. Amer. Math. Soc. 77(1954), 1-31.

Финетти(Finetti B.)

[1] Sulla funzioni a incremento aleatorio, Rend. Acad. Noz. Lincei Cl. Sci. Fis. Math. Natur. (6)10(1829), 163-168.

Хант(Hunt J. A.)

[1] Markoff processes and potentials, Illinois J. Math. 1(1957), 44-93, 316-369, 2(1958), 151-213(русский Перевод:《Марковские Процессы и Потенциалы》, М., ИЛ, 1962).

Харрис(Harris T. E.)

[1] Some mathematical models for branching processes, Proc. 2nd Berkeley Symp. Math. Statist. Probability, 1951, 305-328.

[2] Теория ветвящихся случайных Процессов. М., иед-во《Мир》, 1966.

Хинчин А. Я.

[1] АсимПтотические законы теории вероятностей, М.-Л, ОНТИ, 1936.

[2] Две теоремы о стохастическнх Процессах с однотиПными Приращениями, Матем. сб. 3(45):3(1938). 577-584.

[3] О локальном росте однородных стохастических Процессов без Последействия, Изв. АН СССР, серия матем. 5-6(1939), 487-508.

Чжун Кай-Лай(Kai-Lai Chung)

[1] Однородные цеПи Маркова, М. Изд-во《Мир》, 1964(Переводкниги《Markov chains with stationary transition probabilities》, Springer-Verlag, 1960).

Штатланд Э. С.

[1] О локальных свойствах Процессов с независимыми Приращениями, Теория вероятностей и ее Применения Ⅹ, 2(1965), 344-350.

[2] О расПределении максимума Процесса с независимыми Приращениями, Теория вероятностей и ее Применения Ⅹ, 3(1965), 531-535.

Шур М. Г.

[1] НеПрерывные аддитивные функционалы от марковских Процессов и эксцессивные функции, ДАН СССР 137(1961), 800-803.

[2] Эксцессивные функции и аддитивные функционалы от марковских Процессов, ДАН СССР 143(1962), 293-296.

Юшкевич А. А.

[1] О строго марковских Процессах. Теория вероятностей и ее Применения Ⅱ(1957), 187-213.

Яглом А. М.

[1] Некоторые Предельные теоремы теории ветвящихся случайных Процессов. ДАН СССР 56(1947)795-798.

索　　引

一画～三画

四　画

五　画

六　画

七　画

八　画

九　画

十　画

十一画

十二画以上

其　他

哈尔滨工业大学出版社刘培杰数学工作室
已出版(即将出版)图书目录

书　名	出版时间	定　价	编号
新编中学数学解题方法全书(高中版)上卷	2007－09	38.00	7
新编中学数学解题方法全书(高中版)中卷	2007－09	48.00	8
新编中学数学解题方法全书(高中版)下卷(一)	2007－09	42.00	17
新编中学数学解题方法全书(高中版)下卷(二)	2007－09	38.00	18
新编中学数学解题方法全书(高中版)下卷(三)	2010－06	58.00	73
新编中学数学解题方法全书(初中版)上卷	2008－01	28.00	29
新编中学数学解题方法全书(初中版)中卷	2010－07	38.00	75
新编中学数学解题方法全书(高考复习卷)	2010－01	48.00	67
新编中学数学解题方法全书(高考真题卷)	2010－01	38.00	62
新编中学数学解题方法全书(高考精华卷)	2011－03	68.00	118
新编平面解析几何解题方法全书(专题讲座卷)	2010－01	18.00	61
新编中学数学解题方法全书(自主招生卷)	2013－08	88.00	261
数学眼光透视	2008－01	38.00	24
数学思想领悟	2008－01	38.00	25
数学应用展观	2008－01	38.00	26
数学建模导引	2008－01	28.00	23
数学方法溯源	2008－01	38.00	27
数学史话览胜	2008－01	28.00	28
数学思维技术	2013－09	38.00	260
从毕达哥拉斯到怀尔斯	2007－10	48.00	9
从迪利克雷到维斯卡尔迪	2008－01	48.00	21
从哥德巴赫到陈景润	2008－05	98.00	35
从庞加莱到佩雷尔曼	2011－08	138.00	136
从比勃巴赫到德·布朗斯	即将出版		
数学解题中的物理方法	2011－06	28.00	114
数学解题的特殊方法	2011－06	48.00	115
中学数学计算技巧	2012－01	48.00	116
中学数学证明方法	2012－01	58.00	117
数学趣题巧解	2012－03	28.00	128
三角形中的角格点问题	2013－01	88.00	207
含参数的方程和不等式	2012－09	28.00	213

哈尔滨工业大学出版社刘培杰数学工作室已出版(即将出版)图书目录

书　　名	出版时间	定　价	编号
数学奥林匹克与数学文化(第一辑)	2006－05	48.00	4
数学奥林匹克与数学文化(第二辑)(竞赛卷)	2008－01	48.00	19
数学奥林匹克与数学文化(第二辑)(文化卷)	2008－07	58.00	34
数学奥林匹克与数学文化(第三辑)(竞赛卷)	2010－01	48.00	59
数学奥林匹克与数学文化(第四辑)(竞赛卷)	2011－08	58.00	87

发展空间想象力	2010－01	38.00	57
走向国际数学奥林匹克的平面几何试题诠释(上、下)(第1版)	2007－01	68.00	11,12
走向国际数学奥林匹克的平面几何试题诠释(上、下)(第2版)	2010－02	98.00	63,64
平面几何证明方法全书	2007－08	35.00	1
平面几何证明方法全书习题解答(第1版)	2005－10	18.00	2
平面几何证明方法全书习题解答(第2版)	2006－12	18.00	10
平面几何天天练上卷·基础篇(直线型)	2013－01	58.00	208
平面几何天天练中卷·基础篇(涉及圆)	2013－01	28.00	234
平面几何天天练下卷·提高篇	2013－01	58.00	237
平面几何专题研究	2013－07	98.00	258
最新世界各国数学奥林匹克中的平面几何试题	2007－09	38.00	14
数学竞赛平面几何典型题及新颖解	2010－07	48.00	74
初等数学复习及研究(平面几何)	2008－09	58.00	38
初等数学复习及研究(立体几何)	2010－06	38.00	71
初等数学复习及研究(平面几何)习题解答	2009－01	48.00	42
世界著名平面几何经典著作钩沉——几何作图专题卷(上)	2009－06	48.00	49
世界著名平面几何经典著作钩沉——几何作图专题卷(下)	2011－01	88.00	80
世界著名平面几何经典著作钩沉(民国平面几何老课本)	2011－03	38.00	113
世界著名解析几何经典著作钩沉——平面解析几何卷	即将出版		
世界著名数论经典著作钩沉(算术卷)	2012－01	28.00	125
世界著名数学经典著作钩沉——立体几何卷	2011－02	28.00	88
世界著名三角学经典著作钩沉(平面三角卷Ⅰ)	2010－06	28.00	69
世界著名三角学经典著作钩沉(平面三角卷Ⅱ)	2011－01	28.00	78
世界著名初等数论经典著作钩沉(理论和实用算术卷)	2011－07	38.00	126
几何学教程(平面几何卷)	2011－03	68.00	90
几何学教程(立体几何卷)	2011－07	68.00	130
几何变换与几何证题	2010－06	88.00	70
计算方法与几何证题	2011－06	28.00	129
几何瑰宝——平面几何500名题暨1000条定理(上、下)	2010－07	138.00	76,77
三角形的解法与应用	2012－07	18.00	183
近代的三角形几何学	2012－07	48.00	184
一般折线几何学	即将出版	58.00	203
三角形的五心	2009－06	28.00	51
三角形趣谈	2012－08	28.00	212
解三角形	2014－01	28.00	265
圆锥曲线习题集(上)	2013－06	68.00	255

哈尔滨工业大学出版社刘培杰数学工作室已出版（即将出版）图书目录

书名	出版时间	定价	编号
俄罗斯平面几何问题集	2009－08	88.00	55
俄罗斯几何大师——沙雷金论数学及其他	2014－01	48.00	271
俄罗斯平面几何 5000 题	2011－03	58.00	89
俄罗斯初等数学问题集	2012－05	38.00	177
俄罗斯函数问题集	2011－03	38.00	103
俄罗斯组合分析问题集	2011－01	48.00	79
俄罗斯初等数学万题选——三角卷	2012－11	38.00	222
俄罗斯初等数学万题选——代数卷	2013－08	68.00	225
俄罗斯初等数学万题选——几何卷	2014－01	68.00	226
463 个俄罗斯几何老问题	2012－01	28.00	152
近代欧氏几何学	2012－03	48.00	162
罗巴切夫斯基几何学及几何基础概要	2012－07	28.00	188
超越吉米多维奇——数列的极限	2009－11	48.00	58
Barban Davenport Halberstam 均值和	2009－01	40.00	33
初等数论难题集(第一卷)	2009－05	68.00	44
初等数论难题集(第二卷)(上、下)	2011－02	128.00	82,83
谈谈素数	2011－03	18.00	91
平方和	2011－03	18.00	92
数论概貌	2011－03	18.00	93
代数数论(第二版)	2013－08	58.00	94
初等数论的知识与问题	2011－02	28.00	95
超越数论基础	2011－03	28.00	96
数论初等教程	2011－03	28.00	97
数论基础	2011－03	18.00	98
解析数论基础	2012－08	28.00	216
数论入门	2011－03	38.00	99
数论开篇	2012－07	28.00	194
解析数论引论	2011－03	48.00	100
复变函数引论	2013－10	68.00	269
无穷分析引论(上)	2013－04	88.00	247
无穷分析引论(下)	2013－04	98.00	245
数学分析中的一个新方法及其应用	2013－01	38.00	231
数学分析例选:通过范例学技巧	2013－01	88.00	243
三角级数论(上册)(陈建功)	2013－01	38.00	232
三角级数论(下册)(陈建功)	2013－01	48.00	233

哈尔滨工业大学出版社刘培杰数学工作室已出版(即将出版)图书目录

书　名	出版时间	定　价	编号
三角级数论(哈代)	2013－06	48.00	254
基础数论	2011－03	28.00	101
超越数	2011－03	18.00	109
三角和方法	2011－03	18.00	112
谈谈不定方程	2011－05	28.00	119
整数论	2011－05	38.00	120
随机过程(Ⅰ)	2014－01	78.00	224
随机过程(Ⅱ)	2014－01	68.00	235
整数的性质	2012－11	38.00	192
初等数论 100 例	2011－05	18.00	122
初等数论经典例题	2012－07	18.00	204
最新世界各国数学奥林匹克中的初等数论试题(上、下)	2012－01	138.00	144,145
算术探索	2011－12	158.00	148
初等数论(Ⅰ)	2012－01	18.00	156
初等数论(Ⅱ)	2012－01	18.00	157
初等数论(Ⅲ)	2012－01	28.00	158
组合数学浅谈	2012－03	28.00	159
同余理论	2012－05	38.00	163
丢番图方程引论	2012－03	48.00	172
平面几何与数论中未解决的新老问题	2013－01	68.00	229

历届 IMO 试题集(1959—2005)	2006－05	58.00	5
历届 CMO 试题集	2008－09	28.00	40
历届加拿大数学奥林匹克试题集	2012－08	38.00	215
历届美国数学奥林匹克试题集:多解推广加强	2012－08	38.00	209
历届国际大学生数学竞赛试题集(1994－2010)	2012－01	28.00	143
全国大学生数学夏令营数学竞赛试题及解答	2007－03	28.00	15
全国大学生数学竞赛辅导教程	2012－07	28.00	189
历届美国大学生数学竞赛试题集	2009－03	88.00	43
前苏联大学生数学奥林匹克竞赛题解(上编)	2012－04	28.00	169
前苏联大学生数学奥林匹克竞赛题解(下编)	2012－04	38.00	170
历届美国数学邀请赛试题集	2014－01	48.00	270

整函数	2012－08	18.00	161
多项式和无理数	2008－01	68.00	22
模糊数据统计学	2008－03	48.00	31

哈尔滨工业大学出版社刘培杰数学工作室
已出版(即将出版)图书目录

书　　名	出版时间	定　价	编号
模糊分析学与特殊泛函空间	2013－01	68.00	241
受控理论与解析不等式	2012－05	78.00	165
解析不等式新论	2009－06	68.00	48
反问题的计算方法及应用	2011－11	28.00	147
建立不等式的方法	2011－03	98.00	104
数学奥林匹克不等式研究	2009－08	68.00	56
不等式研究(第二辑)	2012－02	68.00	153
初等数学研究(Ⅰ)	2008－09	68.00	37
初等数学研究(Ⅱ)(上、下)	2009－05	118.00	46,47
中国初等数学研究　2009 卷(第 1 辑)	2009－05	20.00	45
中国初等数学研究　2010 卷(第 2 辑)	2010－05	30.00	68
中国初等数学研究　2011 卷(第 3 辑)	2011－07	60.00	127
中国初等数学研究　2012 卷(第 4 辑)	2012－07	48.00	190
数阵及其应用	2012－02	28.00	164
绝对值方程—折边与组合图形的解析研究	2012－07	48.00	186
不等式的秘密(第一卷)	2012－02	28.00	154
不等式的秘密(第二卷)	2014－01	38.00	268
初等不等式的证明方法	2010－06	38.00	123
数学奥林匹克问题集	2014－01	38.00	267
数学奥林匹克不等式散论	2010－06	38.00	124
数学奥林匹克不等式欣赏	2011－09	38.00	138
数学奥林匹克超级题库(初中卷上)	2010－01	58.00	66
数学奥林匹克不等式证明方法和技巧(上、下)	2011－08	158.00	134,135
近代拓扑学研究	2013－04	38.00	239

新编 640 个世界著名数学智力趣题	2014－01	88.00	242
500 个最新世界著名数学智力趣题	2008－06	48.00	3
400 个最新世界著名数学最值问题	2008－09	48.00	36
500 个世界著名数学征解问题	2009－06	48.00	52
400 个中国最佳初等数学征解老问题	2010－01	48.00	60
500 个俄罗斯数学经典老题	2011－01	28.00	81
1000 个国外中学物理好题	2012－04	48.00	174
300 个日本高考数学题	2012－05	38.00	142
500 个前苏联早期高考数学试题及解答	2012－05	28.00	185

哈尔滨工业大学出版社刘培杰数学工作室已出版(即将出版)图书目录

书　　名	出版时间	定　价	编号
博弈论精粹	2008－03	58.00	30
数学 我爱你	2008－01	28.00	20
精神的圣徒　别样的人生——60 位中国数学家成长的历程	2008－09	48.00	39
数学史概论	2009－06	78.00	50
数学史概论(精装)	2013－03	158.00	272
斐波那契数列	2010－02	28.00	65
数学拼盘和斐波那契魔方	2010－07	38.00	72
斐波那契数列欣赏	2011－01	28.00	160
数学的创造	2011－02	48.00	85
数学中的美	2011－02	38.00	84

王连笑教你怎样学数学——高考选择题解题策略与客观题实用训练	2014－01	48.00	262
最新全国及各省市高考数学试卷解法研究及点拨评析	2009－02	38.00	41
高考数学的理论与实践	2009－08	38.00	53
中考数学专题总复习	2007－04	28.00	6
向量法巧解数学高考题	2009－08	28.00	54
高考数学核心题型解题方法与技巧	2010－01	28.00	86
数学解题——靠数学思想给力(上)	2011－07	38.00	131
数学解题——靠数学思想给力(中)	2011－07	48.00	132
数学解题——靠数学思想给力(下)	2011－07	38.00	133
我怎样解题	2013－01	48.00	227
2011 年全国及各省市高考数学试题审题要津与解法研究	2011－10	48.00	139
新课标高考数学——五年试题分章详解(2007～2011)(上、下)	2011－10	78.00	140,141
30 分钟拿下高考数学选择题、填空题	2012－01	48.00	146
全国中考数学压轴题审题要津与解法研究	2013－04	78.00	248
高考数学压轴题解题诀窍(上)	2012－02	78.00	166
高考数学压轴题解题诀窍(下)	2012－03	28.00	167

格点和面积	2012－07	18.00	191
射影几何趣谈	2012－04	28.00	175
斯潘纳尔引理——从一道加拿大数学奥林匹克试题谈起	2012－12	18.00	228
李普希兹条件——从几道近年高考数学试题谈起	2012－10	18.00	221
拉格朗日中值定理——从一道北京高考试题的解法谈起	2012－10	18.00	197
闵科夫斯基定理——从一道清华大学自主招生试题谈起	2012－10	18.00	198
哈尔测度——从一道冬令营试题的背景谈起	2012－08	28.00	202

哈尔滨工业大学出版社刘培杰数学工作室
已出版(即将出版)图书目录

书　　名	出版时间	定　价	编号
切比雪夫逼近问题——从一道中国台北数学奥林匹克试题谈起	2013－04	38.00	238
伯恩斯坦多项式与贝齐尔曲面——从一道全国高中数学联赛试题谈起	2013－03	38.00	236
卡塔兰猜想——从一道普特南竞赛试题谈起	2013－06	18.00	256
麦卡锡函数和阿克曼函数——从一道前南斯拉夫数学奥林匹克试题谈起	2012－08	18.00	201
贝蒂定理与拉姆贝克莫斯尔定理——从一个拣石子游戏谈起	2012－08	18.00	217
皮亚诺曲线和豪斯道夫分球定理——从无限集谈起	2012－08	18.00	211
平面凸图形与凸多面体	2012－10	28.00	218
斯坦因豪斯问题——从一道二十五省市自治区中学数学竞赛试题谈起	2012－07	18.00	196
纽结理论中的亚历山大多项式与琼斯多项式——从一道北京市高一数学竞赛试题谈起	2012－07	28.00	195
原则与策略——从波利亚“解题表”谈起	2013－04	38.00	244
转化与化归——从三大尺规作图不能问题谈起	2012－08	28.00	214
代数几何中的贝祖定理(第二版)——从一道 IMO 试题的解法谈起	2013－08	38.00	193
成功连贯理论与约当块理论——从一道比利时数学竞赛试题谈起	2012－04	18.00	180
磨光变换与范·德·瓦尔登猜想——从一道环球城市竞赛试题谈起	即将出版		
素数判定与大数分解	即将出版	18.00	199
置换多项式及其应用	2012－10	18.00	220
许瓦兹引理——从一道西德 1981 年数学奥林匹克试题谈起	即将出版		
椭圆函数与模函数——从一道美国加州大学洛杉矶分校(UCLA)博士资格考题谈起	2012－10	38.00	219
差分方程的拉格朗日方法——从一道 2011 年全国高考理科试题的解法谈起	2012－08	28.00	200
拉姆塞定理——从王诗宬院士的一个问题谈起	即将出版		
力学在几何中的一些应用	2013－01	38.00	240
高斯散度定理、斯托克斯定理和平面格林定理——从一道国际大学生数学竞赛试题谈起	即将出版		
康托洛维奇不等式——从一道全国高中联赛试题谈起	即将出版		
西格尔引理——从一道第 18 届 IMO 试题的解法谈起	即将出版		

哈尔滨工业大学出版社刘培杰数学工作室已出版(即将出版)图书目录

书　　名	出版时间	定　价	编号
罗斯定理——从一道前苏联数学竞赛试题谈起	即将出版		
拉克斯定理和阿廷定理——从一道IMO试题的解法谈起	2013－04	58.00	246
毕卡大定理——从一道美国大学数学竞赛试题谈起	即将出版		
贝齐尔曲线——从一道全国高中联赛试题谈起	即将出版		
拉格朗日乘子定理——从一道2005年全国高中联赛试题谈起	即将出版		
雅可比定理——从一道日本数学奥林匹克试题谈起	2013－04	48.00	249
李天岩一约克定理——从一道波兰数学竞赛试题谈起	即将出版		
整系数多项式因式分解的一般方法——从克朗耐克算法谈起	即将出版		
布劳维不动点定理——从一道美国数学奥林匹克试题谈起	即将出版		
压缩不动点定理——从一道高考数学试题的解法谈起	即将出版		
伯恩赛德定理——从一道英国数学奥林匹克试题谈起	即将出版		
布查特一莫斯特定理——从一道上海市初中竞赛试题谈起	即将出版		
数论中的同余数问题——从一道普特南竞赛试题谈起	即将出版		
范·德蒙行列式——从一道美国数学奥林匹克试题谈起	即将出版		
中国剩余定理——从一道美国数学奥林匹克试题的解法谈起	即将出版		
牛顿程序与方程求根——从一道全国高考试题解法谈起	即将出版		
库默尔定理——从一道IMO预选试题谈起	即将出版		
卢丁定理——从一道冬令营试题的解法谈起	即将出版		
沃斯滕霍姆定理——从一道IMO预选试题谈起	即将出版		
卡尔松不等式——从一道莫斯科数学奥林匹克试题谈起	即将出版		
信息论中的香农熵——从一道近年高考压轴题谈起	即将出版		
约当不等式——从一道希望杯竞赛试题谈起	即将出版		
拉比诺维奇定理	即将出版		
刘维尔定理——从一道《美国数学月刊》征解问题的解法谈起	即将出版		
卡塔兰恒等式与级数求和——从一道IMO试题的解法谈起	即将出版		
勒让德猜想与素数分布——从一道爱尔兰竞赛试题谈起	即将出版		
天平称重与信息论——从一道基辅市数学奥林匹克试题谈起	即将出版		
艾思特曼定理——从一道CMO试题的解法谈起	即将出版		
一个爱尔特希问题——从一道西德数学奥林匹克试题谈起	即将出版		
有限群中的爱丁格尔问题——从一道北京市初中二年级数学竞赛试题谈起	即将出版		
贝克码与编码理论——从一道全国高中联赛试题谈起	即将出版		

哈尔滨工业大学出版社刘培杰数学工作室已出版(即将出版)图书目录

书　　名	出版时间	定　价	编号
中等数学英语阅读文选	2006－12	38.00	13
统计学专业英语	2007－03	28.00	16
统计学专业英语(第二版)	2012－07	48.00	176
幻方和魔方(第一卷)	2012－05	68.00	173
尘封的经典——初等数学经典文献选读(第一卷)	2012－07	48.00	205
尘封的经典——初等数学经典文献选读(第二卷)	2012－07	38.00	206

实变函数论	2012－06	78.00	181
非光滑优化及其变分分析	2014－01	48.00	230
疏散的马尔科夫链	即将出版		
初等微分拓扑学	2012－07	18.00	182
方程式论	2011－03	38.00	105
初级方程式论	2011－03	28.00	106
Galois 理论	2011－03	18.00	107
古典数学难题与伽罗瓦理论	2012－11	58.00	223
代数方程的根式解及伽罗瓦理论	2011－03	28.00	108
线性偏微分方程讲义	2011－03	18.00	110
N 体问题的周期解	2011－03	28.00	111
代数方程式论	2011－05	28.00	121
动力系统的不变量与函数方程	2011－07	48.00	137
基于短语评价的翻译知识获取	2012－02	48.00	168
应用随机过程	2012－04	48.00	187
矩阵论(上)	2013－06	58.00	250
矩阵论(下)	2013－06	48.00	251
抽象代数:方法导引	2013－06	38.00	257

闵嗣鹤文集	2011－03	98.00	102
吴从炘数学活动三十年(1951～1980)	2010－07	99.00	32

吴振奎高等数学解题真经(概率统计卷)	2012－01	38.00	149
吴振奎高等数学解题真经(微积分卷)	2012－01	68.00	150
吴振奎高等数学解题真经(线性代数卷)	2012－01	58.00	151
高等数学解题全攻略(上卷)	2013－06	58.00	252
高等数学解题全攻略(下卷)	2013－06	58.00	253
钱昌本教你快乐学数学(上)	2011－12	48.00	155
钱昌本教你快乐学数学(下)	2012－03	58.00	171

联系地址:哈尔滨市南岗区复华四道街 10 号　哈尔滨工业大学出版社刘培杰数学工作室
网　　址:http://lpj.hit.edu.cn/
邮　　编:150006
联系电话:0451－86281378　　13904613167
E-mail:lpj1378@163.com